深入理解
FFmpeg

刘 歧 赵 军 杜金房 赵文杰 宋韶颖 著

武爱敏 审校

人民邮电出版社

北京

图书在版编目（CIP）数据

深入理解FFmpeg / 刘歧等著. -- 北京 ：人民邮电
出版社，2023.11
ISBN 978-7-115-62136-8

Ⅰ. ①深… Ⅱ. ①刘… Ⅲ. ①视频系统－系统开发
Ⅳ. ①TN94

中国国家版本馆CIP数据核字(2023)第118901号

内 容 提 要

　　本书详细介绍了开源音视频处理软件 FFmpeg 的使用，按照所讲述的内容及读者的不同层次，本书划分为上下两篇。上篇为基础与参数详解，介绍了 FFmpeg 的基本组成部分、工具使用，以及封装、转码、流媒体、滤镜和设备操作。下篇为 API 使用及开发，介绍了 FFmpeg 封装、编解码和滤镜部分的 API 使用操作，相关操作均以实例方式进行说明，包括新旧 API 的操作方法和异同，并给出了大量的 API 使用、自定义功能模块、基于 FFmpeg 的 API 开发自己的播放器的示例，以及其在实际开源软件中的应用等。

　　本书不仅适合音视频流媒体处理的研发人员、对音视频技术应用和实时音视频通信感兴趣的技术人员，还适合高等院校计算机相关专业的学生阅读。

◆ 著　　　刘　歧　赵　军　杜金房　赵文杰　宋韶颖
　　责任编辑　佘　洁
　　责任印制　王　郁　焦志炜

◆ 人民邮电出版社出版发行　　北京市丰台区成寿寺路 11 号
　　邮编　100164　电子邮件　315@ptpress.com.cn
　　网址　https://www.ptpress.com.cn
　　北京天宇星印刷厂印刷

◆ 开本：787×1092　1/16
　　印张：34.5　　　　　　　　2023 年 11 月第 1 版
　　字数：920 千字　　　　　　2024 年 10 月北京第 7 次印刷

定价：139.80 元

读者服务热线：(010)81055410　印装质量热线：(010)81055316
反盗版热线：(010)81055315
广告经营许可证：京东市监广登字 20170147 号

推荐语

FFmpeg 是当今仍在开发的最复杂的开源软件之一，其中许多贡献者都是志愿者。虽然这在开源运动之初很常见，但对今天为大多数互联网视频基础设施提供支持的软件来说，这种情况是相当不寻常的。多年来，围绕 FFmpeg 出现了一个非常强大的中国社区，这实在令人耳目一新。事实上，当今一些最活跃的 FFmpeg 开发人员都来自中国，本书的一些作者也是活跃的 FFmpeg 开发人员。

我真心希望这本书能够为中国的 FFmpeg 用户更好地理解如何使用、增强、掌握和扩展 FFmpeg 提供帮助，并为中国和世界带来更多的开源应用案例。

——Jean-Baptiste Kempf，FFmpeg 社区委员会成员，VideoLAN 主席，VLC 开发者

FFmpeg 功能强大，是音视频领域最具影响力的开源项目之一。刘歧可谓是 FFmpeg 中国社区的领军人物，自《FFmpeg 从入门到精通》出版五年之后，他再次推出力作《深入理解 FFmpeg》，继续带领大家体会 FFmpeg 的博大精深。

——马思伟，北京大学教授

我在大学教授"多媒体通信系统"课程多年，课程的实践环节也是以 FFmpeg 为主要工具。刘歧之前写的书一直是我推荐的主要工具书之一，方便同学们在实操中随时参考。时隔多年，刘歧与多位技术专家联合出版了这本《深入理解 FFmpeg》。本书内容更加丰富，技术覆盖更加全面，且实践性强，详细介绍了 FFmpeg 的方方面面，从基本知识到工具使用，再到 SDK 接口的调用、与第三方工具的集成，以及自定义模块的开发等，是学习 FFmpeg 的不二之选。

刘歧与本书其他作者有十多年的多媒体技术研发经验，研发过多个短视频和直播产品，并应用于国内主流短视频平台。刘歧也是国内最早成为 FFmpeg 官方代码的维护者之一，技术过硬，为人谦和，乐于助人，被大家亲切地称为"大师兄（悟空）"。相信通过阅读本书，你也能在"大师兄"的加持下获益匪浅。

——宋利，上海交通大学教授，"媒矿工厂"负责人

我与作者刘歧已经是相识十一年的老朋友了。这十多年，他一直活跃在 FFmpeg 社区并持续做出积极的贡献，是 FFmpeg 社区的核心维护者之一，与其他核心维护者建立了密切的关系。

编写一本书绝非易事，与读书笔记有很大不同，前者需要时间沉淀。尽管现在关于 FFmpeg 的文档和图书已经相当丰富，但毫无疑问，市面上仍然缺乏更权威和更准确的相关书籍。我认为书籍内容的准确性至关重要，一个细微的错误观念可能导致开发者产生理解上的巨大偏差。因此，当进入一个新领域时，我会阅读对该领域有深刻理解的人所写的图书，这是因为他们作品内容的准确性更高，能够帮助我更高效地进入这个领域。而《深入理解 FFmpeg》正是这样一本好书，值

得向大家推荐。

——杨成立，开源项目 SRS（Simple Realtime Server）创始人、技术委员会成员

2017 年，我在 LiveVideoStack 成立不久就认识了"大师兄"（刘歧），他向我介绍了多媒体技术与行业的背景信息，并给我推荐了许多关键的技术人，这为我们第一次举行 LiveVideoStackCon 提供了关键支撑。多年来，他一直有求必应，总是充满热情，这种热情也感染着身边的朋友和同事。

参与开源项目需要牺牲大量个人时间，能坚持多年更属不易。如今《深入理解 FFmpeg》终于出版了，通过阅读本书，相信大家可以了解关于 FFmpeg 的最新功能与使用方法，从源头理解 FFmpeg 背后的设计逻辑与考量。希望大家借助 FFmpeg，让自己和团队更上一层楼。

——包研，LiveVideoStack 联合创始人

能为读者推荐刘歧的新书，我感到非常荣幸。在与他相识的将近 20 年里，我很钦佩他作为一位技术专家、架构师的卓越能力，以及他对 FFmpeg 的深刻理解。

刘歧在转向流媒体技术领域之前，曾在安全、Linux 内核与嵌入式系统研发领域长期工作。扎实的技术基础使他在解决问题时总能够追根溯源，严谨求实。他积极投身于音视频转码框架的开发，其框架在商业环境中经受住了考验，稳定运行。正是凭借丰富的实战经验，他决定撰写这本针对 FFmpeg 的著作。书稿历经长时间打磨，反映在他对每行代码、每项指令的认真审查，这种严谨的态度获得了音视频行业同仁的高度认可。

经过多年沉淀，刘歧与几位同行合作完成了《深入理解 FFmpeg》这本书。在这段时间里，他对 FFmpeg 进行了更为深入的研究，拓展了自己的视野。期间，他不仅成功创办了自己的企业，还成为 FFmpeg 的全球资深维护者。特别值得一提的是，赵文杰和宋韶颖的加入为该书增色不少。赵文杰作为资深音视频专家，长期致力于直播技术的研发；宋韶颖则是音视频工程落地领域的资深专家。这本书对技术人员而言无疑是一份宝贵的学习资料。

我对刘歧以及参与编著本书的几位朋友充满信心，相信他们会持续保持对技术的热情，为中国的音视频技术社区注入更多活力。本书也将成为指导、启发众多技术从业者的重要资源，帮助他们更好地应对技术挑战，实现创新突破！

——刘帅，好未来教研云负责人

序

缘起

随着移动互联网的发展和网络基础设施的逐步升级，我们经历了从 UGC 到 PGC、从 PC 端到移动端、从图片到视频、从点播到直播的巨大变迁。如今，各种音视频应用逐渐成为主流，而它们大多是基于 FFmpeg 实现的。可以说，FFmpeg 就是音视频界的"瑞士军刀"，让高级而神秘的技术在不知不觉中飞入寻常百姓家，极大地促进了互联网的繁荣。如今这把军刀的功能越发丰富，不仅能解决各种实际问题，还成了一本多媒体百科全书。工作之余，每次翻阅其文档代码，都会有新的惊喜。

我自 2007 年接触 FFmpeg，不知不觉已经 16 年有余。FFmpeg 在这些年间经历了多次巨大的架构变化，功能也愈发强大。最初，我们只是将它用作 MPlayer 的解码库之一，但它逐渐支持的 Codec、Format 和 Protocol 已经超越了 MPlayer，甚至还支持了 MPlayer 的 Filter。因此，无论是在播放端、服务器端、制作端还是推流端，几乎所有需求都可以通过 FFmpeg 实现。近几年 FFmpeg 的架构经过了跳跃式调整，加入了大量的音视频处理滤镜，并集成了神经网络框架，原有的 Format 如今也被拆分成了 Muxer 和 Demuxer 两个大的模块，编解码接口从原有的单一操作接口变成了模块定制者高可选性接口，无论是从使用者还是开发者的角度看，都更加灵活了。因为该项目的活跃度比较高，项目发布的品控也越来越好，已经逐渐发展成为音视频领域广为应用的基础组件。回顾这些年接触过的开发者，国内有很多人从事相关应用开发，但真正贡献了核心代码的却寥寥无几。

初识

2016 年，在 Maintainer 页面上突然出现了一个中国人的名字——Steven Liu，这是令人惊讶的，也让我对他颇感好奇，并期待认识。后来听说了一个叫做 OnVideo 的创业项目，我才了解他本人与我有着二度联系，不禁感叹世界之小。我与他一见如故，之后交集颇多，这更加让我相信在这个世界上，有缘的人终会相识相聚。这位化名为"大师兄"（悟空）的刘歧，有着非常感染我的性格——东北人与生俱来的乐观与风趣，以及他对技术真挚的热爱。尽管工作繁忙，他仍然对开源社区倾注了大量心血，无论是解答问题还是推进开发，他总是慷慨奉献、一丝不苟。他身上所散发的是一种无问西东的信念，在当今时代，修建大教堂已逐渐成为一种奢侈，相比之下，他选择砌墙，这让我们相形见绌。我很期望有机会为他和社区做点什么，给优秀的人和有意义的事寻求更大的平台。

共事

2019 年，偶然的合作机会促使"大师兄"加入了快手，参与了快手音视频技术架构的研发与升级。凭借丰富的音视频基础架构设计经验，"大师兄"帮助我们实现了音视频基础组件的优化，并且成功上线了先进的图片格式，帮助业务节省了不少成本。当我得知"大师兄"正在撰写本书时，十分认同这件事的价值，遂为本书撰写了序言，希望能尽绵薄之力，促进行业发展。

榜样

在我看来，作为程序员，参与知名开源项目是对个人技能发展的高级追求。为什么这么说呢？成功的开源项目并不多，通常它们都能很好地解决某个基础性需求，是众多优秀程序员智慧的结晶。对于有技术追求的开发者来说，深入掌握 FFmpeg 的架构思想、开发协作流程以及解决问题的方法，对提升其自身的软件开发能力会有很大帮助。在公司写代码时，通常只有一两个人进行代码审查，但在社区中，可能会有几十甚至几百人对你的代码进行审查，其中包括世界级专家。要成为这种项目的 Maintainer，需要付出大量努力，真正为项目贡献智慧并赢得社区的信任，这样你也有可能成为那个世界级专家。在过去十年中，"大师兄"通过卓越的贡献赢得了尊重，成为难得一见的 Maintainer，并且在快手内部，他也在积极帮助对音视频技术感兴趣的同事加深对 FFmpeg 社区与音视频技术的了解，确实是我们学习的楷模。

推荐理由

"大师兄"对 FFmpeg 的理解之深入，决定了本书在内容的全面性、理论与实践的结合方面都是令人期待的。

许多热爱多媒体应用的开发者在实践中会遇到很多问题，尽管偶尔可以通过高手的指点解决一些临时问题，但仍然会频繁遇到新的困难。为什么会这样呢？往往是因为缺乏系统化的知识体系，无法真正入门，就更不用说深入学习了。因此，对于那些希望入门、入行音视频的读者，本书系统地梳理了从 FFmpeg 基本命令行到高级应用的各个方面，能够带你走入多媒体技术的殿堂。

此外，对那些具有一定多媒体专业背景知识但不知如何实践的读者来说，认真阅读本书可以对理论如何结合实践有一个全新的认识。音视频算法再也不是抽象枯燥的公式和标准，而是在鲜活的应用场景中解决实际问题的利器。对那些已经熟悉多媒体开发的读者来说，本书是一本全面的手册和工具，可以帮助你查漏补缺，阅读完后必定会有所收获。

最后，对那些希望深入学习多媒体架构知识，甚至像"大师兄"一样成为社区贡献者、成为

Committer 的程序员们来说，本书也是一本很好的指南。以 Linux 操作系统学习为例，从基本使用开始，一步步向搭建互联网服务器、深入调优、进行内核开发、构建大型系统演进，这是一个逐渐深入的过程。学习 FFmpeg 也是如此，开发者从使用各种命令行处理、阅读代码以了解背后的原理，到使用 FFmpeg 解决实际问题、完成模块级别的开发、参与架构改进，再到融会贯通并为社区做贡献，这也是学习必经之路径。FFmpeg 的分层模块化架构思想与 Linux 内核类似，十分简洁优美，其中还包含丰富的图像与视频基础库和网络协议实现、底层汇编优化等。建议大家站在前辈巨人的肩膀上，学习他们所写架构的精髓，从实践的角度构建你的程序员世界观，从而完成从小工到大师的成长过程。

　　本书由浅入深，是一个值得探索的宝库，希望每个热爱技术的同学都能像"大师兄"一样，不断学习、不断实践、不断进步，让我们一起推动中国开源技术的发展，成为全球开发者的引领者。相信在"大师兄"的指导下，本书一定会成为你技术之路上的良师益友。让我们一同期待这本书的面世，为 FFmpeg 和音视频行业的发展贡献一份力量！

　　祝愿本书能够成为经典，为众多技术爱好者带来更多的启发和收获！

　　祝愿开源社区蓬勃发展，推动中国技术的崛起！

于冰

快手高级副总裁、研发线负责人

2023 年 7 月 5 日于北京

前　言

为什么要写这本书

在过去几年中，人们的日常生活、工作方式发生了巨大变化，短视频、互动直播、在线教育、云上会议等音视频使用场景深入各行各业，井喷式的需求使得音视频技术也发生了许多改变。

回顾音视频技术的整体发展，可以将其粗略地分为 3 个阶段。第一阶段，音视频的传输方式"简单粗暴"，仅能通过模拟信号进行传输；第二阶段，音视频数据开始数字化，诞生了如 DVD、DVB 等一系列数字存储、传输技术，同时开始延展出更多针对网络的编解码技术、流媒体传输和存储等细分技术；第三阶段，随着终端硬件能力的提升和移动互联网的发展，音视频技术进一步细分，编解码技术持续演进，流媒体传输协议也开始面向特定场景演化，派生出点播、超低延时直播、互动直播、短视频、在线会议、在线视频编辑、VR/AR/MR 等不同形态。

整个音视频领域正朝着超高清、低延时、强互动等方向演进，音视频相关的应用在人们日常生活中的使用频次也越来越高。同时，网络、计算机设备、移动终端、高性能计算等相关技术也快速迭代，再加上大模型技术的爆火和 AIGC 技术的加持，演化出更多的场景，其中所涉及的音视频处理技术也被越来越多的技术人员所需要。与此同时，开源项目已经成为行业的基石之一，FFmpeg 也成为音视频处理技术不可或缺的套件，深刻理解和灵活使用 FFmpeg 已经成为一项基础技能。作为一个持续了 20 多年的开源项目，随着时间的发展，FFmpeg 也与这个令人兴奋的时代一起不断更新迭代。

通过与众多从业人员进行 FFmpeg 相关的开发讨论与交流，笔者了解到，很多公司尤其是云服务相关的公司对 FFmpeg 的使用各有不同，主要分为两类：基于命令行和使用其 API。所以本书也分为上下篇进行介绍，上篇以 FFmpeg 命令行使用的介绍为主，下篇以 FFmpeg API 的介绍为主。当然，因为 FFmpeg 社区的蓬勃发展，演化迅速，所以本书讲解的内容将会尽力跟随其最新版本。另外，笔者将会持续与广大读者沟通交流 FFmpeg 相关技术，希望能够为同行或者对 FFmpeg 感兴趣的读者提供参考，也希望本书能够帮助大家提高工作效率，解决工作和学习中的实际问题。

这些年来，FFmpeg 相关的中文内容越来越多，但细读下来，内容或多或少会随着 FFmpeg 的更新迭代而过时。所以，本书在讲解 FFmpeg 的知识的同时，也会尽量带上其设计的背后原因或背景，以及音视频的基础知识，以期让读者能够"知其然知其所以然"，尽量把"魔术师背后的箱子"一并打开。

笔者之前编写的《FFmpeg 从入门到精通》（以下简称《入门》）一书出版后，得到许多读者的各种反馈，主要包括以下几点：

- 命令行部分的内容偏多。
- API 使用部分的内容偏少。
- 希望能了解命令行参数和实际代码的对应关系。
- 需要多举一些代码例子。
- 需要对音视频基础知识做一些铺垫性介绍。

有几点需要说明，《入门》一书没有加入大量的代码举例，首先是因为雷霄骅博士的博客内容已经可以覆盖 FFmpeg 的大部分使用场景，所以没有在书中重复编写；其次是 FFmpeg 官方代码用例目录也涉及大量场景和使用案例。但是在该书出版之后，还是会接收到一些读者对于在书中加入代码、使用用例及背景知识的期望。另外，近几年低延迟直播、超低延迟直播、视频会议及实时互动也有了迅猛的发展和实质的进步，FFmpeg 也应用于很多 RTC（Real-Time Communication，实时通信）场景。因此，本书着重增加了以下内容：

- 音视频基础知识讲解。
- 以性能为目标的硬件加速的编解码。
- 更多的容器封装细节讲解，特别是 FLV、MP4、MPEG-TS 等格式。
- 详细的 API 使用说明和指导。
- API 使用的具体举例。
- 自定义 FFmpeg 模块的方法（主要是针对刚涉足 FFmpeg 模块的开发者）。
- 在云剪辑中常用的音视频处理技术。
- 在 RTC 场景下对 FFmpeg 的使用。

除了以上列出的，读者在阅读本书时会发现更多有趣的内容。本书偏重于实战，其目标是希望读者通过阅读本书，解决或解答在使用 FFmpeg 处理音视频时遇到的大多数问题和疑虑。虽然本书总体上比较专业且有深度，但第 1 章加入的音视频知识降低了学习门槛，可以让刚涉足音视频领域的读者轻松入门。

FFmpeg 是音视频处理的"瑞士军刀"，几乎任何与音视频相关的软件中都会出现 FFmpeg 的身影。让不了解音视频的读者快速了解音视频和 FFmpeg，让已经对 FFmpeg 有所了解的读者尝试理解 FFmpeg 的方方面面，便是作者写作本书的初衷。

此外，本书作者群的庞大也使得我们可以取不同领域作者之长项，让本书内容更加丰富，也更有深度。在作者之中，除赵文杰是《入门》的作者外，杜金房、宋韶颍和赵军是新加入的作者，他们既是 FFmpeg 的开发者，也是重度用户，在音视频领域都有很深的技术功底和丰富的工作经验，在相关开源软件中也多有贡献。他们对本书内容的掌控，以及对文字细节的精益求精也让本书更上一层楼。

读者对象

- 音视频技术应用相关人员
- 音视频流媒体技术的研发人员
- 对音视频流媒体处理开发感兴趣的技术人员
- 对实时音视频通信技术感兴趣的人员
- 高等院校计算机相关专业师生

如何阅读本书

本书包含 17 章。按照所讲述的内容及读者的不同层次，可以划分为以下两篇。

上篇为基础与参数详解。包括第 1～9 章，介绍了 FFmpeg 的基本组成、工具使用、封装操作、转码操作、流媒体操作、滤镜操作和设备操作。

下篇为 API 使用及开发。包括第 10～17 章，介绍了 FFmpeg 封装、编解码和滤镜部分的 API 使用操作，相关操作均以实例方式进行说明，包括新 API 及旧 API 的操作方法和异同，及其在实际的开源软件中的应用等。

本书基于 FFmpeg 6.0 版本进行讲解，如果你已经能够通过源代码独立安装 FFmpeg，那么可以跳过第 1、2 章，直接从第 3 章开始阅读；如果你对参数解读和举例没有兴趣，或者只希望使用 FFmpeg 的 API 进行开发，那么可以跳过前 9 章，直接从第 10 章开始阅读。笔者建议最好从第 1 章开始阅读，因为前 9 章中参数详解和 FFmpeg 工具举例有助于读者更流畅地使用 API 操作 FFmpeg 的内部和各功能模块。另外，前面章节也加入了 FFmpeg 作为开源项目的发展历程等有趣的内容。

勘误和支持

由于笔者的水平有限，加之在编写的同时各位作者还承担着繁重的开发工作，书中难免会出现一些错误或者不准确的地方，恳请读者批评指正。如果读者有任何宝贵意见，可以发送邮件到 lq@chinaffmpeg.org。真诚期待您的反馈。

另外，本书代码相关举例部分可以在 FFmpeg 源代码的 doc/examples 目录下获得，还可以通过 FFmpeg 官方网站的文档获得：https://ffmpeg.org/doxygen/trunk/examples.html。

FFmpeg 发展了至少 22 年，积累了极其丰富的资料。本书篇幅有限，不能涵盖所有的内容，很多其他社区的资源同样值得参考，这些地方也是各位作者获取信息的来源，一并推荐给读者。

官方文档资料网址如下：

- FFmpeg 官方文档：http://ffmpeg.org/documentation.html
- FFmpeg 官方 wiki：https://trac.ffmpeg.org

中文经典资料网址如下：

- 雷霄骅博士总结的资料：http://blog.csdn.net/leixiaohua1020
- ChinaFFmpeg：http://bbs.chinaffmpeg.com

除了以上这些信息，读者还可以通过 Google、百度等搜索引擎获得大量相关资料。FFmpeg 本身也提供了命令参数的详细说明，读者可以查看 FFmpeg 的帮助信息，后面的章节将会对此进行详细介绍。另外，作为开源项目的另一个好处就是：源码面前，了无秘密。读者可以直接基于 FFmpeg 的开源代码学习，这也是几位作者真实的学习经历。

致谢

感谢本书的联合作者杜金房、宋韶颖、赵文杰、赵军对本书的辛勤付出，他们在繁忙的工作中抽出时间完成书稿的编写，其过程非常艰苦。

感谢快手音视频技术部的汪亚强、林德才对本书大量技术内容提出准确的修改建议，他们的努力使得本书中的技术内容更精准。

感谢 FFmpeg 社区的朋友们对本书提供的大力支持，感谢蓝汛、高升、金山云、学而思网校、烟台小樱桃、腾讯云与快手的伙伴们长期的支持与贡献，没有他们也就不会有这本书的问世。

感谢人民邮电出版社的佘洁老师与其他编辑老师们，感谢他们的耐心指导与帮助，引导本书作者顺利地完成了全部书稿。

感谢 FFmpeg 社区、LiveVideoStack 社区提供了很好的技术沟通与交流的平台，帮助作者们更好地成长。

感谢我的爱人和孩子一直以来对我的工作和写作的支持与理解，正是他们的默默支持，才使得我有更多的时间和精力投入工作及写作中。

谨以此书献给我最亲爱的家人、朋友、同事，以及众多为互联网、流媒体添砖加瓦的从业者们。

刘歧
2023 年 8 月于快手总部

服务与支持

提交勘误

作者和编辑尽最大努力来确保书中内容的准确性，但难免会存在疏漏。欢迎您将发现的问题反馈给我们，帮助我们提升图书的质量。

当您发现错误时，请登录异步社区（https://www.epubit.com），按书名搜索，进入本书页面，单击"发表勘误"，输入勘误信息，单击"提交勘误"按钮即可（见下图）。本书的作者和编辑会对您提交的相关信息进行审核，确认并接受后，您将获赠异步社区的 100 积分。积分可用于在异步社区兑换优惠券、样书或奖品。

与我们联系

我们的联系邮箱是 contact@epubit.com.cn。

如果您对本书有任何疑问或建议，请您发邮件给我们，并请在邮件标题中注明本书书名，以便我们更高效地做出反馈。

如果您有兴趣出版图书、录制教学视频，或者参与图书翻译、技术审校等工作，可以发邮件给我们。

如果您所在的学校、培训机构或企业，想批量购买本书或异步社区出版的其他图书，也可以发邮件给我们。

如果您在网上发现有针对异步社区出品图书的各种形式的盗版行为，包括对图书全部或部分内容的非授权传播，请您将怀疑有侵权行为的链接发邮件给我们。您的这一举动是对作者权益的保护，也是我们持续为您提供有价值的内容的动力之源。

关于异步社区和异步图书

"异步社区"是人民邮电出版社旗下IT专业图书社区，致力于出版精品IT图书和相关学习产品，为作译者提供优质出版服务。异步社区创办于2015年8月，提供大量精品IT图书和电子书，以及高品质技术文章和视频课程。更多详情请访问异步社区官网 https://www.epubit.com。

"异步图书"是由异步社区编辑团队策划出版的精品IT专业图书的品牌，依托于人民邮电出版社的计算机图书出版积累和专业编辑团队，相关图书在封面上印有异步图书的LOGO。异步图书的出版领域包括软件开发、大数据、人工智能、测试、前端、网络技术等。

异步社区

微信服务号

目　　录

上篇　基础与参数详解

下篇　API 使用及开发

上篇

基础与参数详解

　　在本篇中我们会假设读者已经具备基本的 shell 命令行执行或者编程相关经验，但并不需要拥有视频、音频、流媒体相关知识，也不会假定读者已经熟悉 FFmpeg 命令行工具的方方面面。本篇会针对音视频技术应用时常遇到的概念或者问题，讲解其基础原理、常用的 FFmpeg 命令行；从安装、编译、定制 FFmpeg 开始，用 FFmpeg 命令行工具完成最常见的音视频任务，同时详细讲解 FFmpeg 的各类参数，还有示例说明。本篇囊括了对最常用容器格式标准的解读，包括 FLV、MP4、MPEG-TS 等；描述了 FFmpeg 社区在不同时期的重要发展历程。另外，我们也讲解了硬件加速方案，它是 FFmpeg 社区在面临性能挑战问题时的应对方法之一。

　　世界一直在变化，且速度似乎在不断加快。我们必须应对更多新的编程语言、新的工具、新的系统、新的知识，当然还有对旧的、不合理地方的改变。但是，一些不变的东西、一些稳定的点或者知识、过去的教训及其造就的洞察力可以助力我们未来的工作。本书的基本主题就是基于这些持久的概念，在变与不变中交织前进。

第 1 章

多媒体基础

欢迎来到弦歌缭绕、五彩斑斓的数字世界。FFmpeg 就像数字世界的魔法师,它可以随意改变声音和色彩,尽情装点这个世界;也可以扭曲这里的时间和空间,打造通向元宇宙的时空隧道。

本书将带你认识和掌控 FFmpeg,在学习各种"魔法"的同时深入理解其背后的原理。在深入了解 FFmpeg 之前,我们先来学习多媒体基础知识,以便大家能顺利踏上 FFmpeg 的探索之旅,在后面的道路上能顺利通关,以不变应万变。这些基础知识无须死记硬背,在后面的章节中,我们还会反复看到它们。如果你已经准备好了,那我们就启程吧!

1.1 从现实世界到数字世界

现实世界是丰富多彩的,人类的老祖宗早就发明了文字和绘画,记录了波澜壮阔的历史和文化,但对于历史世界的感知,人们还要依靠脑海中的想象。19 世纪,随着磁带、留声机和胶片等分别被发明出来,人们才可以通过声光真正地感受到曾经发生的故事。而随后的电影、电视和计算机更是可以把现实世界无微不至地描述和记录下来。

随着数学和科学技术的发展,人们不仅可以用抽象的数字与符号来描述和解释世界的规律,而且还能将它们应用到日常生活中。如今,计算机和手机已成为人们生活中不可缺少的一部分。

时间在现实生活中是线性、连续的,而在数字世界中是离散的。连续的量是无限的,而离散的量是有限的。数学的神奇之处就是可以在连续和离散、无限和有限之间自由转换。比如人们在现实生活中感受到的温度、声音、颜色等,都是连续的量。通过一定的技术转换,可以将这些连续的信息以不连续的 0 和 1 这样的二进制数保存到计算机中,需要的时候再反向转换出来,通过传感器、扬声器、显示器等全方位刺激人的神经和各种感觉,还原当时的场景,并让人身临其境般感受到。这就是科技的魔法和魅力。

1.1.1 颜色和图像

我们先从颜色说起。自然界的颜色来自于太阳光,太阳光是白光,在三棱镜下可以分解为七色光,也就是人们常说的"红橙黄绿蓝靛紫";反过来,七色光也可以合成白光。后来人们发现,只需要三色光就可以合成白光。人们把这 3 种颜色命名为三原色，即红、绿、蓝，通常以英文字母 R（Red）、G（Green）、B（Blue）表示。像太阳、显示器、灯泡之类的发光体是可以直接发光的，这也是人们可以直接看到的光。

有些材料是可以透光的。比如我们常见的各种霓虹灯，其实里面的灯泡发的是白光（当然，实际上是各种颜色的光组成了白光），而通过在灯泡外面罩上不同颜色的单色透光材料（比如塑料片或玻璃），把其他颜色的光都吸收掉，便可以显示出不同颜色的单色光。不同颜色的灯光变幻闪烁，便有了五彩斑斓的效果。

我们日常所见的不发光体，比如桌子、书本等，它们需要靠反光才能被我们的眼睛看到。反光的原理也很容易理解——它们吸收了其他颜色的光，未被吸收的光被反射出来，我们就看到了它们的颜色。比如红旗只反射红光，而白纸则反射一切颜色的光（当然它也吸收一些光，要不然就成镜子了），黑纸则吸收一切颜色的光。也可以这样理解，一切不发光体其实没有颜色，只是吸收和反射光的颜色的程度不同。这也就是为什么用红光照射白纸，看到的是红色，因为在这种情况下没有其他颜色的光供它反射；而不管用什么颜色的光照射黑色的物体仍是黑色，因为它们本来就不反射光。

所以，不发光体的颜色是由组成它的材料的吸光性决定的，而这些材料的"颜色"与我们眼睛看到的实际颜色是"相反"的。但按人们的习惯，我们也以实际看到的颜色为它们命名，这里有 3 种主要的颜色，称为三基色，分别是红、黄、蓝。理论上，把具有这 3 种颜色的物质（颜料，可以想象为很细的粉末或油墨）按不同的比例混合起来，就能得到我们想要的任何颜色。但很不幸，在自然界中，要找到纯净的单色色素是很难的，为了让我们制造出来的东西或印刷出来的作品的颜色与我们的期望无限接近，在大多数时候需要在颜料中掺入黑色。也正是因为这个原因，印刷业常用颜料的颜色通常是青（Cyan）、品红（Magenta，又称洋红）、黄（Yellow）和黑（blacK），简称 CMYK。在计算机领域中，这被称为 CMYK 色彩空间。如果你用过 PhotoShop，就一定对这种色彩空间很熟悉，因为很多人用它来制作印刷品和海报。

在本书中，我们很少用到 CMYK 色彩空间，因为 FFmpeg 主要用于音视频的处理，而音视频一般在计算机或电视屏幕上播放，屏幕属于"发光体"。因此，在数字显示世界中，一般都使用 RGB 色彩空间。

一幅图像往往是一个二维的矩形块，有宽度和高度。在计算机中，图像的存储一般使用位图（Bitmap），也就是使用一个一个的点来表示，这个点称为像素（Pixel）。比如宽和高分别为 352 和 288 的图像，即横向有 352 像素，纵向有 288 像素，一共有 101 376 像素。如果是 RGB 色彩的图像，则每个颜色分量称为一个通道（Channel），通常每个像素的每种颜色用 1 字节（8 位）表示，3 种颜色就需要 3 字节，共 24 位，因而这种颜色表示也称为 24 位真彩色。这种 8 位的 RGB 色彩空间可以表示 16 777 216（2^{24}）种不同的颜色。

为了描述"透明"的图像，在每个像素上增加一个表示透明度的分量，称为 Alpha 通道，占 1 字节，可以表示 256（2^8）种不同的透明度。这种色彩空间称为 RGBA，这样一个像素就占 4 字节。由于 4 字节正好是一个 32 位整数，而计算机对整数的计算比一个一个字节计算高效，因此通常用整数来对图像进行计算。但这样就带来一个问题，那就是不同计算机的体系结构是不一样的，主要表现在字节序上。也就是说，一个 32 位的整数需要占 4 字节，而在 CPU 和内存中，地址的实际排列可能是低字节在前，也可能是高字节在前，分别称为小端序和大端序（来源于剥鸡蛋先从小头开始剥还是从大头开始剥）。但在不同体系结构的计算机中存储的图像需要互通，因此就出现了很多不同的存储方式，如 RGBA、ABGR、BGRA、ARGB 等。

在早期，人们还无法制作彩色的胶片和照片，普遍使用的是灰度图像，如我们常见的黑白照片。在计算机中存储时灰度图像的每像素只需要 1 字节，可以表示 256 种灰度。一般用全 0 表示黑，全 1（即 255）表示白，中间就是各种灰度。因此，灰度图像比彩色图像占用更少的存储空间。

此外还有一种单色图像，即每像素只需要用 1 位表示，非黑即白。因此 1 字节可以表示 8 像素，这大大节省了空间，但图像的表现力更差。单色图像的一个典型应用场景就是条型码或二维码。不过有时候为了好看，二维码也用灰度或彩色表示，甚至在中间覆盖一些装饰性的彩色图标等。

1.1.2   电影、电视和视频

在电影发明之前，最接近电影的艺术莫过于我国的皮影戏了。然而皮影戏只能现场演出，不能存储播放。普遍认为，电影的发明是源于人们发现了视觉暂留现象①。后来，人们又发现用"似动现象"②来解释电影原理似乎更为合理。如图 1-1 所示，所有交叉点的小圆点都是白色的，但看起来像是有些小黑点在动。不管怎么说，电影画面其实就是在人眼前闪过的一帧一帧图像，如果快到一定程度（每秒 24 帧以上），人眼就误以为这些图像是连续的，如果每帧图像间都有微小的差异，则经过一段时间累积后人眼就看到图像在运动了。

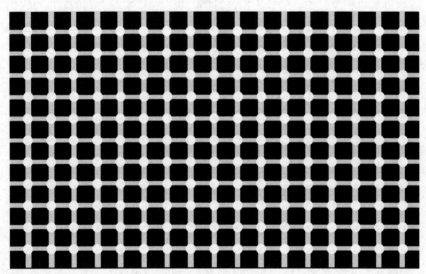

图 1-1   似动现象

所以，人们看到的电影其实是快速闪过的、一帧一帧的不连续的图像，每秒闪过的帧数就称为帧率（FPS，Frames Per Second）。后来，电视被发明出来。早期的电视使用阴极射线管（CRT，Cathode Ray Tube）显示器（早期的计算机显示器也是这种），原理是利用阴极电子枪发射电子，在阳极高压的作用下射向荧光屏，使荧光粉发光，同时电子束在偏转磁场的作用下做上、下、左、右的移动来进行扫描。电子束是一行一行扫描的，从上到下扫描完一遍后即能显示一幅图像，称为一"场"。由于荧光粉发光非常短暂，因此电子枪需要不断地扫描才能保持画面的亮度。早期显示器的场频通常与电网频率一致，即 50Hz 或 60Hz。受当时的电源及滤波技术限制，可能会因滤波不良造成非同步干扰。这种干扰表现为在屏幕上出现滚动的黑色横条，其滚动频率为电网频率

---

① 视觉暂留现象又称"余晖效应"，即人眼在观察景物时，光信号传入大脑神经需经过一段短暂的时间，而光的作用结束后视觉形象并不立即消失，这种残留的视觉称为"后像"，视觉的这一现象则被称为"视觉暂留"。
② 简单来讲就是人眼的错觉，本来不动的物体看起来像是在动。

与场频之间的差拍。现在这个问题已经解决，场频不必与电网频率同步，一般取 60～70Hz，高的可达 100Hz，85Hz 是 VESA 标准的刷新速率，用 85Hz 以上的刷新率显示图像才无闪烁感。早期由于受技术条件的限制，电子束并不是一行挨着一行扫描的，而是一场扫描奇数行，下一场扫描偶数行，称为隔行扫描，又叫交错扫描。在后面我们可以看到，很多技术、标准和术语都是在实际应用中受各种技术限制及应对技术限制而制定和发明出来的。

现在，液晶显示器（LCD，Liquid Crystal Display）代替 CRT 显示器成为主流显示设备。液晶显示器的基本显示单元也是像素，同样需要一行一行地刷新显示，常见的液晶显示器刷新频率有 60Hz 和 75Hz 等。显示器上横向和纵向像素的数量就称为显示器的分辨率，一般以"宽×高"表示，如常见的 1080p（1920×1080）、720p（1280×720）。其中，p 指逐行扫描，如果是 1080i，则指隔行扫描。所以，完整扫完 1 帧（一场）图像，主要是由图像的高度（行数）决定的，这也是为什么我们常说 1080p，而不说 1920p[①]。

液晶本身是不发光的，需要使用背光源。而更新的 OLED（Organic Light-Emitting Diode，有机发光二极管）显示器则不需要背光源，因为它自己就可以发光。这些都是显示技术。除了图像本身外，图像的靓丽程度跟显示技术也息息相关。苹果公司的设备都使用了很高端的显示屏，Pro 版的 iPhone 支持 120Hz 的刷新频率，iPhone 和计算机的视网膜屏（Retina）更是可以提供超过平常分辨率一倍的分辨率[②]。

一块屏的分辨率达到 300ppi 以上，我们就叫它视网膜屏。ppi（Pixels Per Inch，每英寸的像素数，也称 dpi，Dots Per Inch）是描述最高分辨能力的单位。视力为 1.0 的人观看离双眼 10～12 英寸（约 25～30 厘米）的手机屏时，最高能分辨 300ppi。只有当图像与显示器的分辨率匹配时，才能达到最好的显示效果。

图像一帧一帧地快速切换，就形成了视频。fps 描述的是 1 秒内闪过的帧数，目前常见的视频都是 25fps 以上的。1 帧 1080p 的图像有 2 073 600 像素，如果按 8 位色深的 RGB 格式存储，需要约 6MB 的存储空间，按 25fps 计算，1 秒钟就需要 150MB，典型的 1.5 小时的电影需要约 800GB 的存储空间。如果从网上实时观看视频，视频传输速率一般以 bit/s（即 Bit Per Second）计算，根据上面的计算结果，需要 1200Mbit/s 的带宽，超过一个千兆以太网的带宽。

为了降低存储空间和传输带宽的占用，可以使用视频压缩技术，视频压缩也称为"视频编码"。常用的视频压缩技术的原理是运动估计和运动补偿。简单来说，就是两点：其一，人眼并不是对所有颜色都敏感，因而可以去掉一些颜色，对图像进行压缩，这称为有损压缩，也是一些典型图像如 JPEG 的主要压缩原理；其二，一般来说，两帧图像间的差异其实不大，可以根据这个特性，只存储或传输图像间的差异信息，而不是整帧图像。常见的视频编码如 H.264(AVC)、H.265(HEVC)、VP8、AV1 等都是基于这些原理压缩的。图像压缩后可以大大降低存储空间和带宽的占用，比如常见的 1080p@25fps 视频，只需要 2Mbit/s～4Mbit/s 的传输带宽就够了。值得一提的是，实际占用的带宽与视频的复杂度（画面细节、运动快慢程度等）和帧率、分辨率都是正相关的，比如同样分辨率和帧率的视频，一部动作片肯定比课堂上老师讲课的视频要占用更多的带宽（因为前者帧间变化更多、差异更大），提高分辨率和帧率也会相应提高所需带宽。

在音视频应用中，视频在传输到对端后要进行"解码"，即将压缩过的视频再转换成一帧一帧的图像，才能送到显示器上显示。整个过程合起来称为"编解码"。

[①] 显示器大多数是横屏的，也就是宽度大于高度，但也有人把显示器竖着放。而现在的手机大部分是竖屏，但习惯上还是把分辨率称为 1080p。

[②] 没有对比就没有伤害。当你将视线从普通显示器转到视网膜显示器时，可能只是感觉看得更清晰了些，好像没有质的变化；但当你再将视线转回普通显示器时，就会发现后者的颗粒感相当明显。

需要编解码的视频图像一般不使用 RGB 色彩空间，而是使用一种称为 YUV 的色彩空间。两者之间有直接的对应关系，但由于转换过程涉及浮点运算，转换是有损的，但对人眼来说几乎无法分辨，因而是完全可以接受的。YUV 也是一种颜色编码方法，"Y"表示明亮度，"U"和"V"则分别表示色度和浓度。不同于 RGB 图像一般按像素存储（如 RGBRGBRGBRGB），YUV 图像一般按平面存储，即将所有的 Y 放到一起，所有的 U 放到一起，所有的 V 放在一起（如 YYYYUUUUVVVV），其中每一部分称为一个平面。这种存储方式的一个好处就是，在广播电视中，当接收到一帧图像时，黑白电视机只需要播放 Y 平面（黑白图像），而忽略代表颜色的 U 和 V 平面。当然，彩色电视机则需要播放所有平面的数据。

在这种编码算法下，如果编码后一帧的数据丢失，则会影响后面的解码，如果强行解码，就会出现花屏等现象（因为部分图像间的差异信息找不到了）。因而，在实际的编码器上，一般会对图像分组，分组后的图像称为 GoP（Group of Pictures）。每隔一定数量（比如 100 帧）的图像，就对一帧完整的图像进行编码，其编码过程不依赖于它前后的图像，这里主要是不依赖图像间的差异编码。这种不依赖前后图像、可单独编解码的图像一般被称为 I 帧，因此整个 GoP 序列的第 1 帧也被称为关键帧[①]。这样，即使前面丢了很多数据，只要一个新的关键帧到来，就能继续正确地解码。GoP 可以是固定的，也可以是按需的（比如没有数据丢失就不用生成关键帧，或者丢失比较严重时就多生成几个关键帧）。有些编码器有场景检测功能，即在场景切换时，两帧间差异太大，以至于共同信息较少或者根本没有共同的信息，这时候就直接生成一个关键帧。

在视频编码中，除前面介绍的 I 帧外，还有 P 帧（前向预测编码图像帧），它会参考前面的图像，仅对差异部分编码；以及 B 帧（双向预测编码图像帧），它不仅参考前面的帧，还参考后面的帧，压缩率更高，可以节省更多带宽和存储空间，常用于视频文件的存储。由于 B 帧需要参考后面的帧，收到 B 帧后不能立即解码，在实时音视频应用中会带来延迟，因而在实时通信中一般不使用 B 帧。3 种帧的关系如图 1-2 所示（视频帧产生顺序为从左到右，箭头为帧的参考方向）。

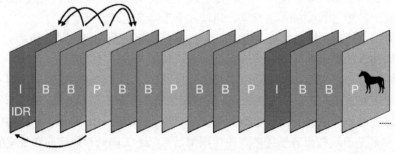

图 1-2　I 帧、P 帧、B 帧示意图

1.1.3　音频

前面我们讲了视频，下面再来说说音频。声音是由振动引起的。为了将现实世界中的音频（连续的）放到数字世界（离散的）中，需要执行一个模数转换（Analog-Digital Conversion，ADC），

[①] 即 Key Frame，在 H.264 中一般为 IDR（Instantaneous Decoding Refresh）帧，IDR 帧又称为立即刷新图像。在实际应用中，还有普通的 I 帧（Intra-coded picture）。I 帧和 IDR 帧还是有区别的，所有 IDR 帧都是 I 帧，但不是所有 I 帧都是 IDR 帧。简单来说，每个 GoP 里的第 1 个 I 帧是 IDR 帧，后续的 I 帧虽然能独立解码，但它前/后面的 P 帧（或 B 帧）可能会参考 I 帧后/前面的帧，但 GoP 内的帧参考不会跨越 IDR 帧。当然，在 H.265 或其他编解码中，对 IDR 帧和 I 帧的定义还是有更细微区别的，但总的来说关键帧就是为了刷新图像的。在此为简洁见，并未特别区分 I 帧和 IDR 帧。

通过传声器的炭精薄片振动调制电流，变成数字信号。模数转换的逆运算称为数模转换（DAC），根据数字信号驱动扬声器振动发声。

为了理解振动，我们先来看看正弦曲线和正弦波。正弦曲线跟圆有关。我们用圆规匀速旋转，就可以在纸上画一个圆；圆规的运动轨迹在纵轴上的投影表现为上下运动，如果将上下运动在横轴（时间轴）上展开，就可以画出一个正弦曲线，它是一个振幅随时间变化的曲线。振动规律符合正弦曲线的波就称为正弦波。正弦波是完美的波，正如圆是完美的图形一样。圆每转一圈，就对应正弦波的一个周期，如果不停地转下去，就会出现一个连续的周期性的正弦波。单位时间内圆能转多少次，就是圆旋转的频率，也对应正弦波的频率。圆的半径决定了正弦波振动的高度，即振幅。圆规从圆周哪个位置开始画决定正弦波的相位（简单起见，我们在此忽略对相位的讨论）。圆与正弦波的关系如图 1-3 所示。

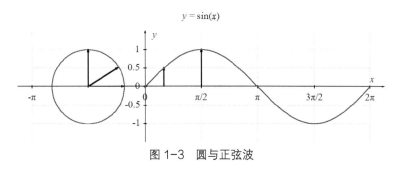

图 1-3　圆与正弦波

但世界是不完美的。世界上有各种美妙的声音，也有各种噪声。不过，不完美的世界也有完美的数学——借助傅里叶变换，任何声音的波形都可以分解为有限个或无限个完美的正弦波，也可以理解为分解为很多个有着不同转速、不同半径的圆。圆的半径决定声音的大小（响度、音量），转速决定频率。振幅越大，声音就越大；频率越大，声音就越"尖"（比如通常来说女声比男声尖，那是因为女性声带振动得快，即在单位时间内振动的次数比男性多）。如图 1-4 所示是几种不同频率的正弦波及它们的叠加波形图。

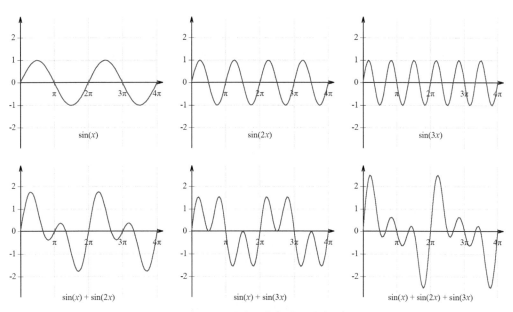

图 1-4　正弦波及叠加波形示意图

傅里叶变换的原理如图 1-5 所示。时域中的音频波形如图 1-5a 所示，它的振幅（z 轴）是随时间（x 轴）变化的，可以分解为多个不同振幅（z 轴，振幅分别为 1.5、0.8、1.2）、不同频率（$1/2\pi$、$1/\pi$、$3/2\pi$）的正弦波，如图 1-5b 所示。这些正弦波在频域的投影如图 1-5c 所示。也就是说，在频域中，只能看到不同频率对应的振幅。如果想检测某一频率是否存在，或者想消除某些频率的波，在频域中处理起来就非常简单。图 1-5b 中的图像看起来有些乱，把它以 z 轴为中心顺时针旋转，让不同频率的波在 y 轴延伸，可以更加直观地看到频率（频谱）分布。其中图 1-5d、e、f 分别是旋转 45°、60° 及 80° 的三维视图[①]。当旋转角度变成 90° 的时候，就又回到了图 1-5c，不同频率的波变成了以振幅为高度的竖线，这就是原始音频波形的频谱图。总之，xz 平面是时域图像，yz 平面是频域图像，时域和频域表示的其实是同一个信号，只是看问题的角度不同。

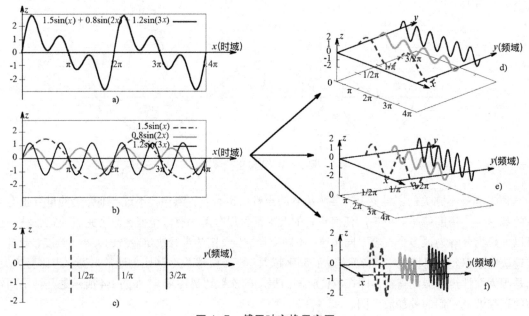

图 1-5　傅里叶变换示意图

有趣的是，声音的大小变化并不是线性的，即声音的刺激与人真正听到的感觉不是线性的，而是呈对数关系。一个对数曲线示意图如图 1-6 所示，x 轴为声音的刺激量，y 轴为人的感觉量，即声音的响度（音量），声音的响度以分贝（dB）表示。关于分贝大小与一般人听觉感受的对应关系，读者可以自行查阅了解。

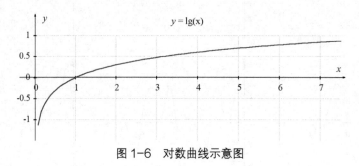

图 1-6　对数曲线示意图

---

① 严格来讲，为了能让三维视图看起来更直观，图中的图像同时也以 y 轴为中心适当地旋转，只是正文中为了描述方便及突出重点，只提到了 z 轴。

响度大小决定是否能听见（听清），而频率大小决定听到的内容。人耳对响度和频率的敏感度如图 1-7 所示（注意，横轴的刻度不是线性的）。

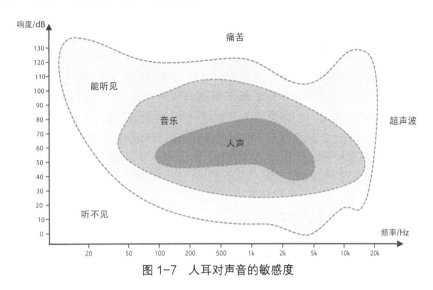

图 1-7　人耳对声音的敏感度

通过采样、量化和编码 3 个步骤，可以将模拟信号转换为数字信号。采样又称为抽样，它是在时域中按一定的时间间隔（T_s）对模拟信号进行抽样（如图 1-8 所示），得出一些离散值，然后通过量化和编码过程将这些离散值变成数字信号。单位时间内抽样的次数称为抽样频率，又称采样率。从图 1-8 中可以看出，抽样频率越高，也就是在单位时间内的采样点越密，离散时间信号与原信号就越接近。但抽样频率不能无限高，那究竟应该多高才能与原信号足够接近呢？根据抽样定理[①]，当抽样频率是模拟信号频率带宽（最高频率与最低频率的差值）的两倍时，就能够完全还原原来的模拟信号。

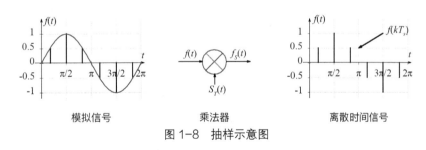

图 1-8　抽样示意图

模数转换通常使用 PCM（Pulse Code Modulation，脉冲编码调制）方法，它是一种通用的将模拟信号转换成以 0 和 1 表示的数字信号的方法。就普通的电话业务来讲，一般来说，人的声音频率范围为 300～3400Hz，通过滤波器过滤超过 4000Hz 的频率，便得到 4000Hz 以内的模拟信号。然后根据抽样定理，使用 2 倍于带宽的抽样频率（即 8000Hz）进行抽样，便得到离散的数字信号。使用 PCM 方法得到的数字信号就称为 PCM 信号，一般一次抽样得到的值（称为 Sample）用 2 字节（16 位）来表示。

与视频类似，音频信号也可以进行压缩。在传统电话业务中，一般使用 A 律和 μ 律[②]进行压

---

① 又称采样定理或奈奎斯特·香农定理。

② PCM 的两种压缩方式（实际为压扩法，因为有的部分是压缩，有的是扩张。目的是给小信号更多的位数以提高语音质量）。北美洲使用 μ 律，我国和欧洲使用 A 律。这两种压缩方法很相似，都采用 8 位的编码并获得 12~13 位的语音质量。但在低信噪比的情况下，μ 律比 A 律略好。A 律也用于国际通信，因此，凡是涉及 A 律和 μ 律转换的情况，都由使用 μ 律的国家负责。

缩，它们可以将每一个抽样值从 16 位压缩到 8 位，这样每秒钟就得到 64000（8×8000）位的信号，通常简称为 64kbit/s，这也是一路传统电话通信所需的带宽。

电话业务一般只适用于传播人的声音，对于一些高清音乐则会失真严重。为了达到更好的效果，就需要提高抽样频率。现代的 4G VoLTE 和 5G NR 通话可以使用 16kHz 的抽样频率，相比传统电话声音就更清晰，也称为高清（HD）语音。我们平常听的音乐都使用 32kHz 或更高的采样率，CD 音质使用 44.1kHz，一些高清音乐也使用 48kHz 甚至 96kHz 的采样率。

有两个以上声道的音频称为立体声。最简单的立体声分为左、右两个声道，可以区分音源的远近和位置，听起来更真实。一般来说，双声道立体声的音频都会交错存储，如果以 L 代表左声道的一个采样点、R 代表右声道的一个采样点，则采样数据在内存或文件中的存储方式类似"LRLRLRLR…"。有的音视频文件包含更多声道，称为环绕立体声，可以区分前后左右的声音，听起来更震撼，有身临其境的感觉。

1.1.4　音视频封装、传输和未来

不知不觉，你已经从现实世界走到数字世界了，你还适应吗？

将音频和视频组合在一起称为封装，有时是为了存储到文件，有时是为了实时传输。典型的文件封装方式如 MP4，针对文件的元数据及音视频有很多不同的容器，音频和视频一般也是交错存储的，这主要是为了可以实时播放和同步。对于音视频网络传输，在广播电视领域一般使用 TS（Transport Stream，传输流或者 MPEG-TS）封装和传输，音频和视频也是交错发送的，主要是为了保证实时性。RTMP 流一般用于 CDN 推拉流，也是音频和视频交错发送。SIP 及 WebRTC 通信的实时性更好一些，使用 RTP 流传输，音频和视频使用不同的流（不同的端口号）发送，有时为了节省端口号也会合并到一个流上发送。

前面讲了立体声，不管有几个声道，本质上还是 2D 的声场。如果再加上上、下声场，就称为 3D 音频、3D 全景声或 6DoF 空间声场等。最近几年，AR（增强现实）、VR（虚拟现实）及元宇宙的概念非常火。3D 音视频等都需要更多的声道和全景 360°的图像及视频支持，而 6DoF 即 6 种自由度（Degrees of Freedom）。简单来讲，音视频到了 3D 以后，不仅需要更多的存储空间（如 3D 全息图像的点云存储需要海量的存储空间）来描述各声道、图像视角之间的关系，还要支持头部及肢体转动时的实时反馈，以便通过耳机、头显、传感器等设备还原出一个真实世界。

1.2　视频图像像素点的数据格式

前面我们大体讲了一下颜色和图像的基本原理，并初步了解了几种不同的色彩空间。随着图像输出设备支持的规格不同，色彩空间也有所不同，不同的色彩空间能展现的色彩明暗程度、颜色范围等也不同。下面我们再进一步探讨这些色彩空间和像素点的数据格式。

1.2.1　图像的位深

众所周知，一个二进制位可以表示 0 和 1 两种状态。在计算机中，1 字节由 8 位组成，可以表示 256（即 2^8）种状态。也就是说 1 字节可以表示 256 种颜色。如果是灰度图像，则表示 256

种不同的灰度。表示颜色所使用的位数就称为颜色的位深。彩色图像通常以 R、G、B 三色表示，每个单色分别计算位深。我们常说的 24 位真彩色就是 3 种位深为 8 的 R、G、B 颜色的混合，可以表示 16 777 216（即 2^{24}）种颜色。

如果需要表示更多颜色，就需要更多位。常见的有 10 位位深，表示一个 RGB 像素需要 30 位，将近 4 字节。随着 4K、8K 视频的出现，以及人们对图像质量越来越高的要求，也出现了 12 位、16 位的位深格式。16 位位深的 RGB 像素（每种颜色分量占 2 字节）需要 6 字节的存储空间。在下面的介绍中，为了便于计算，如果没有特别说明，都使用 8 位位深。

1.2.2 FourCC

世界上有如此多的色彩和图像格式，为了表示不同的图像类型和像素排列格式，人们发明了 FourCC[①]代码。FourCC 代码是一个 32 位无符号整数，使用大端序编码 4 个 ASCII 字符序列。我们前面讲过的 RGBA、ARGB 等都是 FourCC。与 RGB 色彩空间类似，YUV 图像也有多种像素类型，如 YUYV、YUY2、UYUV 等，而且 YUV 图像也支持 Alpha 通道，如 YUVA 和 AYUV 等。

苹果公司最早在 Macintosh 中使用了这种 4 字节表示法，后来在业界得到了广泛使用，便有了正式的名称——FourCC。微软在 DirectX 中也使用了 FourCC[②]。FFmpeg 使用 MKTAG 宏定义了一些类似 FourCC 的代码[③]，不过没有完整的 FourCC 列表，FFmpeg 内部也没有各种图像格式与 FourCC 的一一对应关系。但是，在音视频领域中，FourCC 经常出现，理解它们有助于我们理解各种像素格式，以及不同系统中图像格式的对应关系。

有一些 FourCC 代码比较直观，如 RGBA，字母表示与内存中的排列顺序也相同；有的就稍差一点，如 Y444，它表示 YUV444 格式；常用的 YUVI420 格式的图像的 FourCC 代码为 YV12 或 NV12，就不那么直观了。后面还会详细解释一些 FourCC。

1.2.3 灰度模式表示

在 20 世纪八九十年代，国内大多数家庭看的还是黑白电视，黑白电视图像就是以灰度模式展现的图像。在数字时代，灰度图像也以数字形式存储。一般来说，使用 8 位位深（取值范围为 0～255）表示像素的灰度，即像素的明暗程度。0 为最黑暗的模式，255 为最亮的模式。色彩表示范围如图 1-9 所示。

8 位位深的一个像素点正好占用 1 字节。一张图像占用的存储空间大小计算方式也比较简单，即：占用空间 = 宽度(W) × 高度(H) × 1B。举个例子，一帧分辨率为 352×288 的灰度图像，占用的存储空间为 352×288×1B，也就是 101 376 字节。

图 1-9 灰度图

1.2.4 YUV 色彩表示

YUV 诞生于黑白电视向彩色电视过渡的时期。黑白视频是只有 Y（Luma 或 Luminance，即亮度）分量的视频，也就是灰阶值。在彩色电视中，除了 Y 以外，还使用 U 和 V 来表示图像的色

---

① 全称是 Four Character Code，即 4 个字符编码。
② 参见 https://learn.microsoft.com/zh-cn/windows/win32/directshow/fourcc-codes 和 https://learn.microsoft.com/en-us/windows/win32/ medfound/10-bit-and-16-bit-yuv-video-formats。
③ 如 MKTAG('y', 'u', 'v', '2')。

度（Chrominance 或 Chroma，C）。U 和 V 也分别称为 Cb、Cr，分别代表蓝色通道和红色通道与亮度的差值。所以说，U 和 V 其实是色差信号（这也是为什么模拟电视的信号连接线也叫色差线），它们告诉电视要偏移某像素的颜色，而不改变其亮度，或者说 UV 信号告诉显示器使得某个颜色亮度依某个基准偏移。UV 的值越高，代表该像素会有更饱和的颜色。图 1-10 所示是 YUV 中 UV 分量数值分布的平面图，其中 Y 分量值为 0.5。

上面所说的 C 其实等于 Cb+Cr，也就是 U+V，YUV 也就是 YCbCr。有些人会说，Y′UV、YUV、YCbCr、YPbPr 等专有名词实际上有些差异，但我们并不想把事情弄得如此复杂，所以本书中我们把这些统称为 YUV。Y′UV、YUV、YCbCr、YPbPr 在实际使用时也常有混淆或重叠的情况。

从历史的演变来说，YUV 和 Y′UV 通常用来编码电视的模拟信号，Y′ 的上标符号一般表征经过了伽玛校正；而 YCbCr 则用来描述数字影像信号，适合数字化的视频与图片压缩及传输，如 MPEG、JPEG。现今数字化的 YUV 使用得更为广泛。

术语 YUV 本身在技术和科学文献中没有精确的定义。为了避免歧义，最好的方法是参考国际标准文件中各种 YUV 色彩空间变体的描述。我们说的 YUV 很多时候是指 YCbCr。

原图与 YUV 的 Y 通道、U 通道和 V 通道的图像示例如图 1-11 所示。

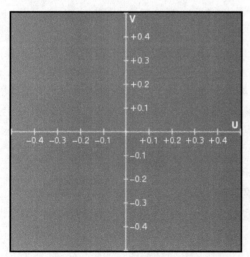

图 1-10　YUV 中 UV 分量数值分布平面图[1]　　　　图 1-11　YUV 通道原图与各分量图像示例[2]

YUV 图像可以由 RGB 图像转换而来，对应的计算公式如下：

$$Y = 0.299 \times R + 0.587 \times G + 0.114 \times B$$
$$U = -0.169 \times R - 0.331 \times G + 0.5 \times B + 128$$
$$V = 0.5 \times R - 0.419 \times G - 0.081 \times B + 128$$

[1] 图片来自维基百科。
[2] 图片来自维基百科。

　　其中，RGB 图像是经伽玛预校正后[①]的。从公式中可以看出，黑色图像的 RGB 值为(0, 0, 0)，YUV 值为(0, 128, 128)。有时候在使用 YUV 色彩空间时会看到亮绿色的纯色图像，那可能是由某些错误导致所有像素的 YUV 值为(0, 0, 0)引起的[②]。

　　相对于 Y 来说，人眼对 UV 不大敏感，因此，可以在图像存储时降低 UV 分量的分辨率（采样率），以节省存储空间，而这种降采样后的图像看起来与原图像没有多大差别。YUV 的像素存储格式一般采用"A:B:C"表示法，根据采样和降采样的程度不同，以及像素排列格式的不同，有很多不同的表示。为了便于理解，下面以 352×288 和 2×2 的图像大小为例，分别详细介绍各采样格式的区别。其中，2×2 图像的 4 个像素编号如图 1-12 所示。

图 1-12　4 像素图像示意图

1. YUV444 格式

　　YUV444 表示 4:4:4 的 YUV 取样，水平每 4 像素中 YUV 各取 4 个，即每像素中 YUV 各取 1 个。所以每 1×1 像素 Y 占 1 字节，U 占 1 字节，V 占 1 字节，YUV444 格式下平均每像素占(1+1+1)×8bit/1pix = 24bpp（bpp 为 Bit Per Pixel，即每像素位数），即 3 字节。那么 352×288 分辨率的一帧图像占用的存储空间为 352×288×24/8 = 304 128 (字节)。这种格式实际上是一种全采样格式，它与 RGB 格式的图像占用相同的存储空间。

　　YUV444 格式的图像可以有两种存储格式：按像素存储和按平面存储。以 2×2 的图像为例，像素存储格式为 $Y_1U_1V_1 Y_2U_2V_2 Y_3U_3V_3 Y_4U_4V_4$，平面存储格式为 $Y_1Y_2Y_3Y_4 U_1U_2U_3U_4 V_1V_2V_3V_4$。

2. YUV422 格式

　　YUV422 表示 4:2:2 的 YUV 取样，水平每 2 像素（即 2×1 的 2 像素）中 Y 取样 2 个，U 取样 1 个，V 取样 1 个，所以每 2×1 像素 Y 占 2 字节，U 占 1 字节，V 占 1 字节，YUV422 格式下平均每像素占(2+1+1)×8bit/2pix = 16bpp。那么 352×288 分辨率的一帧图像占用的存储空间为 352×288×16/8 = 202 752 (字节)。

　　该格式对应的 FourCC 代码有 YUYV、YVYU、UYVY、VYUY 等，表示 U、V 的不同取样点和 YUV 分量的不同排列顺序。其中 YUYV 与 YUY2 的实际存储格式相同，对于 2×2 的图像，像素存储格式为 $Y_1U_1Y_2V_2Y_3U_3Y_4V_4$。可以看到，与 YUV444 的图像格式相比，由于省略了 V_1、U_2、V_3、U_4，从而节省了 4 字节的存储空间。在实际显示时，缺少的 U 和 V 使用相邻像素的 U 和 V 补充回来即可，反正人眼也看不出多大差别。

3. YUV411 格式

　　YUV411 表示 4:1:1 的 YUV 取样，水平每 4 像素（即 4×1 的 4 像素）中 Y 取样 4 个，U 取样 1 个，V 取样 1 个，所以每 4×1 像素 Y 占 4 字节，U 占 1 字节，V 占 1 字节，YUV411 格式下平均每像素占(4+1+1)×8bit/4pix = 12bpp。那么 352×288 分辨率的一帧图像占用的存储空间为 352×288×12/8 = 152 064 (字节)。对应的 FourCC 代码为 Y411，像素存储格式在此略过。

4. YUV420 格式

　　YUV420 表示 4:2:0 的 YUV 取样，水平每 2 像素与垂直每 2 像素（即 2×2 的 2 像素）中 Y 取

[①] 伽玛（Gamma）校正是一种针对图像或视频帧的预失真校正。CRT 显示器所产生的信号强度不是输入电压的线性函数，相反，它与信号幅度的功率成正比，也称为伽玛。另外，人眼对光的强度的感知程度也不是光的强度的线性函数，人眼在黑暗环境下的辨识能力要强于明亮环境，因此也需要对颜色进行校正。

[②] 注意，数字视频中的 YUV 值通常不是全值域的，即一般每个分量的取值范围为 16～235，而不是 0～255。如在 FFmpeg 中，YUV420P 像素格式就不是全值域的，而 YUVJ420P 则是。在后面还有更多关于图像值域的解释。

样 4 个, U 取样 1 个, V 取样 1 个, 所以每 2×2 像素 Y 占 4 字节, U 占 1 字节, V 占 1 字节, YUV420 格式下平均每像素占(4+1+1) × 8bit/4pix = 12bpp。那么 352×288 分辨率的一帧图像占用的存储空间为 352×288×12/8 = 152 064 (字节), 相比 YUV444 格式正好节约一半的空间。

以上是标准的解释, 但似乎还是无法解释 4:2:0 中 "0" 的含义。确实, 这个表示法就是比较令人费解。其实可以换一种方法理解: 对于水平每 4 像素, Y 取 4 个, U 取 2 个, V 取 0 个, 这便是 4:2:0 的含义。但是, 这个解释并不完整。在下一行取样时, 应该是 Y 取 4 个, U 取 0 个, V 取 2 个, 即 4:0:2。所以说, 这里的 4:2:0 其实是代表了 4:2:0 和 4:0:2 两种情况, 它们在奇偶行交错出现。

这种图像格式又称为 YUVI420, 其实就是把邻近的 4 像素 (2×2, 即当前像素、右、下、右下) 都用同一个 U 和 V, 而原先的 Y 不变。正是基于这个原因, 一般的编码器都要求原始图像的宽和高是偶数。除此之外, 编码器一般会将图像划分成 2×2、4×4、8×8、16×16 等块进行各种预测和比较。常见的 H.264、H.265、VP8、AV1 等都是以它为基础进行编解码的。

这种图像格式使用得非常广泛。为便于理解, 我们以一幅 4×4 的图像进行拆解, 如图 1-13 所示。它表示 YUV444 格式的图像, 其中每个像素分量的下标以(i,j)表示, 分别表示第 i 行第 j 列。

图 1-13   YUV444 像素格式

把它转换成以平面形式存储的格式, 即 Y、U、V 平面分别连续存储, 如图 1-14 所示。

图 1-14   YUV 平面存储格式

把 3 个平面分开来看会更直观, 如图 1-15 所示。

图 1-15   YUV 3 个平面的示意图

对 2×2 区域的 4 个 U 和 V 像素进行下采样, 只保留一个 U 和 V, 如图 1-16 所示。

图 1-16   U、V 下采样示意图

把有效采样的 YUV 数据连续排列，便得到最终数据，如图 1-17 所示。

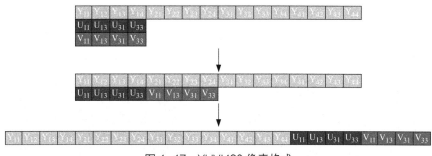

图 1-17 YUVI420 像素格式

在上述下采样的过程中，我们使用了 2×2 图像区域中最左上角的 U 和 V 值，实际上，可以使用 4 个值中的任意一个，甚至也可以使用它们的平均值。但由于这 4 个值其实非常接近，并且人眼对它们也不敏感，因而在实际使用时一般都是用最简单的方法来随便选取一个。

上述格式对应的 FourCC 代码为 I420 或 IYUV。此外，还有一种 YV12 格式，与 I420 的区别是 U 和 V 平面的顺序相反，如图 1-18 所示。在安卓系统中，普遍使用 NV12 的像素格式，它与 I420 格式相比，Y 平面没有区别，但 U 和 V 平面像素是交错存储的，是一种"半平面半交错"的存储方式，如图 1-19 所示。

图 1-18 YV12 像素格式

图 1-19 NV12 像素格式

1.2.5 RGB 色彩表示

三原色光模式又称 RGB 颜色模型或红绿蓝颜色模型，是一种加色模型，将红（Red）、绿（Green）、蓝（Blue）三原色的色光以不同的比例相加，便合成各种色彩的光。如图 1-20 所示是一个光的合成示意图。

RGB 颜色模型的主要用途是在电子系统中检测、表示和显示图像，其原理是利用大脑强制视觉生理模糊化（失焦），将红、绿、蓝三原色子像素合成一个色彩像素，产生感知色彩（其实此真彩色并非加色法所产生的合成色彩，因为该三原色光从来没有重叠在一起，只是人类为了"想"看到色彩，大脑强制眼睛失焦而形成的）。RGB 颜色模型在传统摄影中也有应用，在电子时代之前，基于人类对颜色的感知，RGB 颜色模型已经有了坚实的理论支撑。

RGB 是一种依赖于设备的颜色空间，不同设备对特定 RGB 值的检测和展现不一样。颜色物质（荧光剂或者

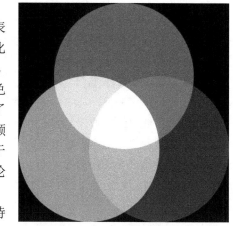

图 1-20 三原色合成示意图

染料）和它们对红、绿和蓝的单独展现情况随制造商的不同而不同，甚至同样设备在不同时间的展现情况也不同。在彩色 CRT 显示器中，各种颜色荧光粉的排列如图 1-21 所示。其中 R、G、B 三个荧光点代表一个像素，由于这些荧光点离得非常近，人眼看起来就像是光被混合在一起了一样。不同显示器的荧光点的排列也不一样。图 1-22 展示了一些不同显示设备的荧光点（或发光点）排列方式。

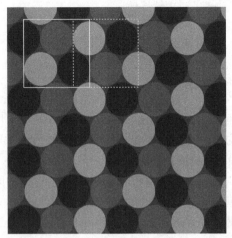

图 1-21   CRT 显示器颜色排列

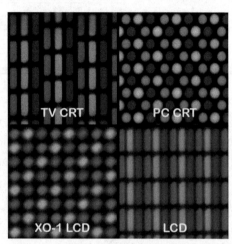

图 1-22   不同显示器的荧光点排列方式[①]

　　三原色的原理不是由物理原因，而是由生理原因造成的。人的眼睛内有 3 种辨别颜色（黄绿、绿和蓝紫）的锥形感光细胞，如果辨别黄绿色的细胞受到的刺激略高于辨别绿色的细胞，人的感觉是黄色；若受到的刺激大大高于辨别绿色的细胞，人的感觉是红色。虽然这 3 种细胞并不是分别对红色、绿色和蓝色最敏感，但这 3 种颜色的光可以分别对 3 种锥形细胞产生刺激。

　　不同生物眼中辨别颜色的细胞并不相同，例如鸟类眼中有 4 种分别对不同波长光线敏感的细胞，而一般哺乳动物只有两种，所以对它们来说只有两种原色光。

　　既然"三原色的原理不是由物理原因，而是由生理原因造成的"，那么前面所说的"用三种原色的光以不同的比例加到一起，形成各种颜色的光"显然就不大合适了。使用三原色并不足以重现所有的色彩，准确的说法应该是"将三原色光以不同的比例复合后，对人的眼睛可以形成与各种频率的可见光等效的色觉"。只有那些在三原色的色度所定义的颜色三角内的颜色，才可以利用三原色的光以非负量相加混合得到。例如，红光与绿光按某种比例复合，对 3 种锥形细胞刺激后产生的色觉可与眼睛对单纯的黄光的色觉等效。但绝不能认为红光与绿光按某种比例复合后生成黄光，或黄光是由红光和绿光复合而成的。

　　使用 8 位位深对 RGB 像素进行编码，每像素需要 24 位，这是当前主流的标准表示方法，用于真彩色与 JPEG 或者 TIFF 等图像文件格式里的通用颜色交换。它可以产生 1600 多万种颜色组合，对人类的眼睛来说，其中有许多颜色是无法确切分辨的。上述定义使用名为"全值域 RGB"的约定。颜色值也经常被映射到 0.0 到 1.0 之间，这样可以方便地映射到其他数字编码上。

　　使用每原色 8 位的全值域 RGB 可以有 256 个级别的"白-灰-黑"深浅变化，255[②]个级别的红色、绿色和蓝色（及它们的等量混合）的深浅变化，但是其他色相的深浅变化要少一些。由于伽玛校正（非线性）的影响，256 个级别不表示同等间隔的强度。

---

① 图片来源：https://github.com/leandromoreira/digital_video_introduction。
② 因为 0 表示没有色彩值，所以这里的色彩值是 255 个级别。

在典型使用上，数字视频的 RGB 不是全值域的。视频 RGB 使用有比例和偏移量的约定，即（16，16，16）是黑色，（235，235，235）是白色。例如，这种比例和偏移量用在了 CCIR 601 的数字 RGB 定义中。

RGB 常见的展现方式分 16 位模式和 32 位模式。16 位模式通常由 RGB565、BGR565、ARGB1555、ABGR1555 等不同的模式表示，其中的数字表示色彩对应的位数。一般每种原色各为 5 位，多出的 1 位分给绿色，因此绿色变为 6 位，这主要是因为人眼对绿色更敏感。但某些情况下每种原色各占 5 位，余下的 1 位不使用。

32 位模式（也称为 ARGB8888）实际就是 24 位模式，余下的 8 位不用于表示颜色，这种模式是为了提高数据处理的速度（每像素正好对应一个 32 位整数）。同样在一些特殊情况下，如 DirectX、OpenGL 等环境，余下的 8 位用来表示像素的透明度（Alpha）。如图 1-23 所示是 RGB 色彩分布直方图。

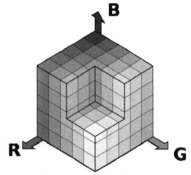

一般来说，我们理解的 RGB 都是线性的。但在 CRT 显示器中，色彩的亮度跟输入电压的关系不是线性的，而是呈指数关系，这个指数就称为伽玛（γ）。伽玛是一个经验值，而不是用数学公式计算出来的，而且，不同的设备（包括但不限于 CRT 显示器）的伽玛值也不一样，一般伽玛取值为 2.5。考虑到人眼对光线的反应也不是线性的，需要对伽玛曲线小区间的线性关系做一定的修正，业界一般使用 2.2 作为修正后的伽玛值。从图 1-24a 可以看出，伽玛曲线在线性曲线的下方，这样显示器显示出来的图像会比实际图像暗一些。为了看到正常的

图 1-23　RGB 色彩分布直方图[①]

图像，就需要对显示设备进行校正，但是校正显示设备太复杂，更经济的做法是修改图像本身。如图 1-24b 所示，如果将原来的线性曲线校正成向上突起的曲线，那么原来的伽玛曲线就会变成线性的。这个校正的伽玛值为 2.2 的倒数，约等于 0.45。

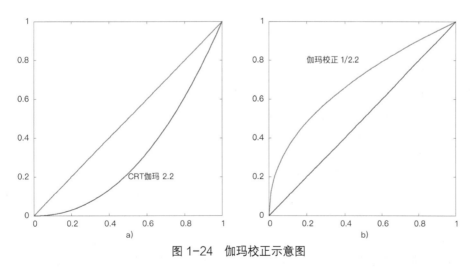

图 1-24　伽玛校正示意图

照相机的感光器件是线性的，得到的是线性的 RGB 图像。而经过伽玛校正后的图像所使用的 RGB 空间是非线性的，称为 sRGB（Standard RGB），它是由微软公司和惠普公司在 1996 年一起开发的一种色彩空间标准，这种标准得到业界许多厂商的支持。sRGB 对应的就是伽玛 0.45 所在

---

① 图片来自维基百科。

的色彩空间，校正公式为：校正后的值 = 校正前的值 $^{0.45}$。一般来说，实际的图像都是使用非线性的 sRGB 空间（包括使用调色板选择颜色时），而在做图像计算和处理（比如将亮度加倍）时，则使用线性 RGB 空间更方便。

现在，LCD 和 OLED 显示器成为显示设备的主流产品，理论上它们不存在 CRT 显示器的非线性问题，但为了能正常显示已经成为标准的 sRGB 图像，这些显示器也参照 CRT 显示器做了伽玛校正。

1.2.6 HSL 与 HSV 色彩表示

虽然视频的采集和最终终端播放采用的都是 RGB 色彩空间，但是对人眼而言，RGB 其实并不直观，比如我们很难马上反应得出粉红色的 RGB 色值。为了能够更直观地表示颜色，HSL 和 HSV 色彩模型被引入，它们是通过将 RGB 色彩空间中的点映射到圆柱坐标系中实现的，这两种表示方法都试图做到比基于笛卡儿直角坐标系的几何结构 RGB 更加直观。比如，想从黄色过渡到红色，只需要调整色相即可，而饱和度和亮度可以保持不变。因此，HSL 和 HSV 一般更适合人的色彩感知，而 RGB 更适合应用于显示领域。

HSL 即色相（Hue）、饱和度（Saturation）、亮度（Lightness），HSV 即色相（Hue）、饱和度（Saturation）、明度（Value），又称 HSB，其中 B 即英语 Brightness 的首字母。色相（H）是色彩的基本属性，就是平常所说的颜色名称，如红色、黄色等。饱和度（S）是指色彩的纯度，越高则色彩越纯，越低则逐渐变灰，取值范围为 0～100%。明度（V）、亮度（L）的取值范围为 0～100%。

HSL 和 HSV 二者都把颜色描述为圆柱坐标系内的点，这个圆柱的中心轴取值范围为自底部的黑色到顶部的白色，而在它们中间的是灰色，绕这个轴的角度对应"色相"，到这个轴的距离对应"饱和度"，而沿着这个轴的高度对应"亮度""色调"或"明度"。

这两种表示的目的类似，但在方法上有所区别。二者在数学上都是圆柱，但 HSV 在概念上可以被认为是颜色的倒圆锥体（黑色在下顶点，白色在上底面圆心）；而 HSL 在概念上表示一个双圆锥体和圆球体（白色在上顶点，黑色在下顶点，最大横切面的圆心是灰色）。注意，尽管在 HSL 和 HSV 中"色相"指相同的性质，但它们的"饱和度"的定义是明显不同的。

因为 HSL 和 HSV 是依赖设备的 RGB 的简单变换，(h, s, l) 或 (h, s, v) 三元组定义的颜色依赖于所使用的特定红色、绿色和蓝色（加法原色），每个独特的 RGB 设备都伴随一个独特的 HSL 和 HSV 空间，但是 (h, s, l) 或 (h, s, v) 三元组在被约束于特定 RGB 空间（比如 sRGB）时就更明确了。

HSV 模型在 1978 年由埃尔维·雷·史密斯创建，它是三原色光模式的一种非线性变换，如果说 RGB 加色法是三维直角坐标系，那么 HSV 模型就是球面坐标系。HSV 模型通常用于计算机图形应用中。HSV 模型在日常图像处理场景中应用得更普遍一些，其中色相表示为圆环，可以使用一个独立的三角形来表示饱和度和明度。在这种方式下，选择颜色可以首先在圆环中选择色相，再从三角形中选择想要的饱和度和明度。

HSV 模型的另一种可视方法是圆锥体。在这种表示中，色相被表示为绕圆锥中心轴的角度，饱和度被表示为从圆锥的横截面的圆心到这个点的距离，明度被表示为从圆锥的横截面的圆心到顶点的距离。某些表示使用了六棱锥体，这种方法更适合在一个单一物体中展示这个 HSV 色彩空间。但是由于它的三维本质，它不适合在二维计算机界面中选择颜色。

HSV 色彩空间还可以表示为类似于上述圆锥体的圆柱体，色相沿着圆柱体的外圆周变化，饱和度沿着距离横截面的圆心的远近变化，明度沿着横截面到底面和顶面的距离变化。这种表示可能被认为是 HSV 色彩空间更精确的数学模型，但是在实际中可区分出的饱和度和色相的级别数目

随着明度接近黑色而减少。此外计算机使用有限精度
范围来存储 RGB 值，这约束了精度，再加上人类颜色
感知的限制，使得圆锥体表示在多数情况下更实用，
如图 1-25 所示。

HSL 类似于 HSV。对于一些人来说，HSL 更好
地反映了"饱和度"和"亮度"作为两个独立参数的
直觉观念，但是对于另一些人来说，它的饱和度定义
是错误的，因为非常柔和的几乎白色的颜色在 HSL 中
可以被定义为是完全饱和的。对于 HSV 和 HSL 哪个
更适合于作为人类用户界面是有争议的。

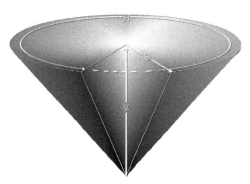

图 1-25 HSV 圆锥图[①]

W3C 的 CSS3 规定声称"HSL 的优点是它对称于亮与暗（HSV 就不是这样）"，这意味着，在
HSL 中，饱和度分量总是从完全饱和色变化到等价的灰色（在 HSV 中，在极大值 V 的时候，饱
和度从全饱和色变化到白色，这可以被认为是反直觉的）；在 HSL 中，亮度跨越从黑色经过选择
的色相到白色的完整范围（在 HSV 中，V 分量只走一半行程，从黑色到选择的色相）。

在软件中，通常以一个线性或圆形色相选择器，以及在其中为选定的色相选取饱和度和明度
或亮度的一个二维区域（通常为方形或三角形）形式，给用户提供基于色相的颜色模型（HSV 或
HSL）。在这种表示下，HSV 和 HSL 之间的区别就无关紧要了。但是很多程序还允许用户通过线
性滑块或数值录入框来选择颜色的明度或亮度，而对于这些控件通常要么使用 HSL，要么使用 HSV
（而非二者），但传统上 HSV 更常用。

1.3 视频逐行和隔行扫描、NTSC 与 PAL 制式

本节将要介绍的这些术语都来自电视和 CRT 显示器，它们的产生都有相关的历史原因。有些
术语和技术随着时代的发展已经不再使用了，而有一些则深深影响了现代音视频技术，并以某种
形式继续发挥着作用。

1.3.1 逐行与隔行扫描

隔行扫描（Interlaced）是一种将图像显示在扫描式显示
设备上的方法，如阴极射线管（CRT）。相比逐行扫描，隔
行扫描设备交替扫描偶数行和奇数行，占用带宽比较小。在
PAL 制式和 NTSC 制式中，都是先扫描奇数行，即奇数场，
再扫描偶数行。隔行扫描效果如图 1-26 所示。

非隔行扫描（即逐行扫描）通常从上到下扫描每帧图像。
这个过程消耗的时间比较长，阴极射线的荧光衰减将造成人
眼视觉的闪烁感觉。当频宽受限时，使用逐行扫描可能无法
达到人眼感觉没有闪烁的效应，因此通常采用一种折衷的办
法，即每次只传输和显示一半的扫描线，即一场只包含偶数行（即偶场）或者奇数行（即奇场）

图 1-26 隔行扫描效果图

① 图片来自维基百科。

扫描线。由于视觉暂留效应，人眼不会注意到每场只有一半的扫描行，而会认为看到的是一帧完整的图像。

假设使用 CRT 显示器，那么如果不使用隔行扫描，就需要采用下面的方式之一：

- 将传输频宽加倍，按帧而不是按场传输图像。这能够提高图像品质，提供的有效分辨率和闪烁速率是相同的。
- 使用相同的传输频宽，按帧传输分辨率为原来一半的图像。这时候图像细节少了，闪烁速率仍旧相同。
- 使用相同的传输频宽，按帧传输图像，但是帧率为隔行扫描场率的一半。这时闪烁速率降低一半，眼睛非常容易产生疲劳。
- 与上一个相同，但是使用一个数字缓存将同一帧显示两次。这时闪烁速率相同，但是显示器上的运动图像看起来不那么平滑，影响视觉质量。

通常有一种误解是，偶场和奇场是由同一帧图像分拆得来的。实际上，摄像机采集的方式和隔行扫描显示的方式是完全相同的。当摄像机采集图像时，偶场和奇场不是同时采集的。例如在一个每秒 50 场的摄像机中，第 122 行和第 124 行的采集在采集第 121 行和第 123 行的大约 1/50 秒之后进行。所以如果把一个偶场和奇场简单拼合在一起，水平方向的运动会造成两场边界不能完美拼合。

在现代显示器和电视中，由于非隔行扫描显示刷新率的提高，使用者已经不再会感觉到闪烁现象，因此，隔行扫描技术已经逐渐被取代。

1.3.2 NTSC 制式

NTSC 制式又简称为 N 制，是 1952 年 12 月由美国国家电视系统委员会（National Television System Committee，NTSC）制定的彩色电视广播标准，两大主要分支是 NTSC-J（日本标准）与 NTSC-US（又名 NTSC-U/C，美国、加拿大标准）。它们属于同制式，每秒 60 场，扫描线为 525 行，隔行扫描，水平分辨率相当于 330，画面比例为 4:3。

NTSC 制式的色度信号调制包括平衡调制和正交调制两种，解决了彩色、黑白电视广播兼容问题，但存在相位容易有损、色彩不太稳定的缺点，故有人戏称 NTSC 为 "Never The Same Color" 或 "Never Twice the Same Color"（不会重现一样的色彩）。美国、加拿大、墨西哥等大部分美洲国家，以及日本、韩国、菲律宾等国均采用这种制式。

美国国家电视系统委员会于 1940 年成立，隶属于美国联邦通信委员会（FCC），成立的目的是解决各公司不同的电视制式的分歧，从而统一全国电视发送制式。1941 年 3 月，委员会根据无线电制造协会于 1936 年的建议，发布了关于黑白电视机技术的标准。该标准能提升更高的图像画质。NTSC 制式使用 525 条扫描线，较 RCA 公司使用的 441 线更高（当时此标准已经在 NBC 网络使用）。而飞歌公司、DuMont 公司有意将扫描线提升至 605～800 线之间。NTSC 标准同时建议帧幅为每秒 30 帧，每帧由两场交错扫描线组成，每场由 262.5 条线组成，每秒约 60 场。委员会在最后建议使用 4:3 画面比例，并使用 FM 调制伴音（在当时是新技术）。

1950 年 1 月，委员会的职责改为为彩色电视制定标准化的标准。在 1953 年 12 月，崭新的电视制式名称直接使用该组织名称的简写，也就是今天所称的 NTSC 制式（后来又定义为 RS-170A）。该彩色电视标准保留了与黑白电视机的兼容性。彩色信号加载在原黑白信号的副载波中，大约是 3.58MHz（4.5×455/572MHz）。为了消除由彩色信号及伴音信号所产生的图像干扰，每秒帧幅由 30 帧稍微下调至 29.97 帧，同时线频由 15 750Hz 稍微下降至 15 734.264Hz。

在彩色电视标准还没有统一时，当时美国本土的电视台、电器公司都有各自的标准。其中一种为哥伦比亚广播公司使用的制式。这个标准不能与黑白电视兼容，它使用彩色旋转轮，因为技术所限，扫描线由官方标准 525 线下降至 405 线，但场频则由每秒 60 帧大幅提升至每秒 144 帧（恰巧为 24 帧等效倍数值）。1951 年，美国国防动员办公室（ODM）限制广播，间接使得各家公司相继放弃自家制式，而归功于法律诉讼成功，RCA 公司可以继续使用自家制式广播直至 1951 年 6 月。哥伦比亚广播公司自家制式亦在 1953 年 3 月废止，同年 12 月 17 日由联邦通信管理委员会的 NTSC 制式取代。

NTSC 彩色电视标准后来被其他国家采用，包括美洲国家及日本。在数字电视广播大行其道的今天，传统 NTSC 广播制式逐渐淡出历史。自 2009 年开始，美国电视已经完全实施数字化，再也没有电视节目使用 NTSC 制式播出了。

1.3.3　PAL 制式

PAL 制式是电视广播中色彩调频的一种方法，全名为逐行倒相（Phase Alternating Line）。除了北美、东亚部分地区使用 NTSC 制式，中东、法国及东欧采用 SECAM 制式以外，世界上大部分地区都是采用 PAL 制式。PAL 制式于 1963 年由德国人沃尔特·布鲁赫提出，当时他在 Telefunken 公司工作。

20 世纪 50 年代，西欧正计划推广彩色电视广播，不过当时 NTSC 制式本身已有不少缺陷，比如当接收条件差时容易发生色相转移现象。为了克服 NTSC 制式本身的缺点，欧洲开始自行研发适合欧洲本土的彩色电视制式，也就是后来的 PAL 制式和 SECAM 制式。两者图像频率同为 50Hz，不同于 NTSC 的 60Hz，更适合欧洲本身的 50Hz 交流电源频率。

英国广播公司是最早使用 PAL 制式的电视台，于 1964 年在 BBC2 试播，1967 年正式开始全彩广播；德国在 1967 年开始使用 PAL 制式广播；国际电信联盟于 1998 年在其出版物上将 PAL 制式正式定义为 "Recommendation ITU-R BT.470-6, Conventional Television Systems"。

PAL 发明的原意是要在兼容原有黑白电视广播格式的情况下加入彩色信号。PAL 的原理与 NTSC 接近。"逐行倒相"的意思是每行扫描线的彩色信号会跟上一行倒相，作用是自动改正在传播中可能出现的错相。早期的 PAL 电视机没有特别的组件来改正错相，有时严重的错相仍然会被肉眼明显看到。近年的 PAL 电视机会把上一行的色彩信号跟下一行的色彩信号平均起来再显示，这样 PAL 的垂直色彩分辨率会低于 NTSC；但人眼对色彩的敏感程度比对光的明暗要弱，因此影响不是很明显。

NTSC 电视机需要色彩控制来手动调节颜色，这也是 NTSC 的最大缺陷之一。

PAL 本身是指色彩系统，经常被配以 625 线、每秒 25 帧画面、隔行扫描的电视广播格式，如 B、G、H、I、N。PAL 也有配以其他分辨率的格式，如巴西使用的 M 广播格式为 525 线、29.97 帧（与 NTSC 格式一样），用 NTSC 彩色副载波，但巴西是使用 PAL 彩色调频的。现在大部分的 PAL 电视机能收看以上所有不同系统格式。很多 PAL 电视机甚至能同时收看基带的 NTSC-M，例如电视游戏机、录影机等的 NTSC 信号，但是它们不一定能接收 NTSC 广播。

当影像信号是以基带发送时（例如电视游戏机、录影机等），便没有以上所说的各种以字母区分广播格式的区别了。在这种情况下，PAL 的意思是指 625 条扫描线、每秒 25 帧画面、隔行扫描、PAL 色彩调频。对于数字影像如 DVD 或数字广播，制式也没有区别，此时 PAL 是指 625 条扫描线、每秒 25 帧画面、隔行扫描，即与 SECAM 一模一样。

英国、中国香港、中国澳门使用的是 PAL-I，中国大陆使用的是 PAL-D，新加坡使用的是 PAL B/G 或 D/K。

1.4   帧率、PTS 和 DTS

由于技术条件的限制，早期电视的刷新频率是由交流电的频率决定的。一般来说，使用 PAL 制式的国家使用 50Hz 的交流电[①]，而使用 NTSC 制式的国家大都使用 60Hz 的交流电。由于隔行扫描，实际的帧率减半，便有了 25 帧/秒和 30 帧/秒两种帧率。

电影一般是以每秒 24 帧拍摄（这是保证人眼能看到连贯视频动作的最低帧数），在 PAL 制式的电视上播放电影时会以每秒 25 帧播放，播放的速度因而比电影院内或 NTSC 电视广播（NTSC 由于差距太大会做相应调整）加快了 4%。这种差别不太明显，但电影内的音乐会因而变得高了一个半音（有人说是 0.7 个半音）。如果电视台在广播时没有加以调校补偿，观众仔细聆听便会发现音高的区别。

NTSC 制式的帧率本应该是 30 帧/秒，但为了解决由彩色信号及伴音信号所产生的图像干扰问题，调至 29.97 帧/秒。实际上 29.97 是个近似值，它本是一个无限循环小数，转换成分数形式便是 30000/1001，也就是说，在 30 帧/秒的帧率下，本来 1000 秒可以播放 3 万帧，调慢后需要 1001 秒才可以播放 3 万帧。

29.97 与 30 实际上没多大区别，以 30 帧/秒制的视频可以直接在 NTSC 制式的电视上播出，但需要注意调整音视频同步。如果不加调整，对于一部 2 小时的电影，播放到最后，音视频大约会相差 7 秒（(30−29.97)(帧/秒) ×3600(秒) ×2/30(帧/秒)）。

现在的数字视频和数字显示器已没有这些问题，但为了兼容这些不同帧率的视频源还需要做各种适配和转换。上面描述了帧率 24 与 25、30 与 29.97 间的转换方法。如果帧率差距比较大，就需要均匀地丢帧或插帧，并适当融合插帧处前后两帧的内容以便过渡得更平滑。

上面讲的都是固定帧率的视频。在互联网上的实时音视频应用中，当网络条件不好时（拥塞、丢包），通信双方会协商降低码率，相应地可能会降低分辨率和帧率，降低分辨率会导致模糊，降低帧率会导致画面跳跃（卡顿），但总比花屏或长时间卡住要好。这种非恒定的码率和帧率就称为可变码率（Variable Bit Rate，VBR）和可变帧率（Variable Frame Rate，VFR）。

在视频编码时，每帧被编码的图像都有一个时间戳，以便在播放时能正确地显示时间。时间戳可以是真正的钟表时间（一般使用相对时间），在帧率恒定的情况下也可以直接使用 1、2、3、4……这样的连续时间戳，这个时间戳就称为 PTS（Presentation Time Stamp），即播放时间。

有些视频编码（如 H.264 和 H.265）中有 B 帧。解码器在收到 B 帧后不能直接解码，而是要等到收到它后面的与之相关的 P、B 帧后才能解码，也就是说，如果解码器收到帧的顺序是 IBBP，实际的解码顺序是 IPBB，但播放顺序仍是 IBBP，这就是播放时间和解码时间不一致的现象。每帧图像也有一个独立的解码时间戳，即 DTS（Decode Time Stamp）。在没有 B 帧的情况下，PTS 和 DTS 可以是相同的。

1.5   图像分辨率与宽高比

当人们谈论流畅、标清、高清、超高清等清晰度指标的时候，其实主要想表达的是分辨率。

[①] 当然也有例外，比如巴西就使用 60Hz 交流电，电视为 PAL-M 制式，但场频与 NTSC 制式的电视一样，也是 60Hz，每秒 29.97 帧。

但除了分辨率之外还需要结合视频的类型、场景等设置合适的码率，随着视频平台竞争越来越激烈，网络与存储的开销越来越高，有了各种定制的编码及图像处理算法，以便在相同分辨率的情况下做出更多的优化，比如极速高清、极致高清、窄带高清等。但是人们常规对流畅、标清、高清、超高清等清晰度的理解，普遍还是以分辨率为主导的理解。一般而言，分辨率越高代表影像质量越好，能表现出越多的细节；但同时因为记录的信息越多，文件也会越大。个人计算机里影像的分辨率主要由像素密度和像素总数组成，像素密度为单位长度内的像素数量除以单位长度，单位为 ppi（Pixels Per Inch）。像素密度越高，说明像素越密集，如 5ppi 表示每英寸有 5 像素，500ppi 表示每英寸有 500 像素，像素密度的数值高，图片和视频的清晰度就高。像素总数为图像、影像中单独一帧图所含像素的数量，单位为像素，计算方式为长边的像素数乘以短边的像素数。在提到显示分辨率的时候，人们常常会提到宽高比，即 DAR（Display Aspect Ratio）。如图 1-27 所示为不同分辨率的图像。

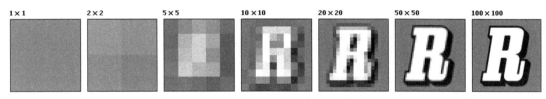

图 1-27　不同分辨率的图像

在日常应用中各家公司的分辨率档位定义不尽相同，但是在国际标准中还是有一个参考定义的，并且分辨率都有定义名称，读者可自行上网查看定义的规格。

1.6　图像的色彩空间

当人们日常看电视和计算机屏幕中或打印机打印出来的视频图像的时候，同一张图像会有颜色差异，甚至不同的计算机屏幕、不同的电视看到的视频图像有时也会存在颜色差异。之所以会出现这样的差异，主要是受到了色彩空间参数的影响。这里说的色彩空间也叫色域，就是指某种表色模式所能表达的颜色的范围区域，也指具体设备，如显示器、打印机等印刷和复制所能表现的颜色范围。而不同的标准支持的范围不同，如图 1-28～图 1-30 所示，它们分别为基于 CIE 模型表示 BT601、BT709 和 BT2020 的色彩范围。

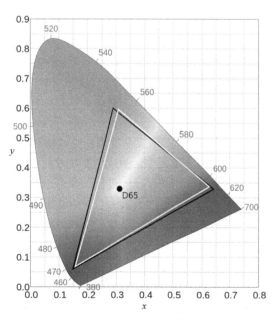

图 1-28　BT601 色彩范围

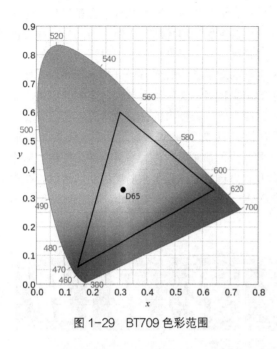

图 1-29   BT709 色彩范围

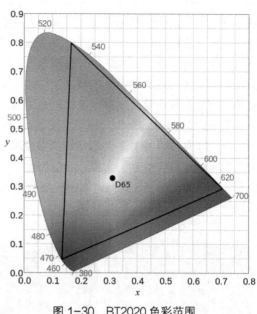

图 1-30   BT2020 色彩范围

色彩空间除了 BT601、BT709 和 BT2020 以外，还有很多标准格式，具体的标准就不在本书一一列举了。在用到的时候，需要使用参考标准（如 H.273）进行对比。当有人反馈偏色问题时，可以优先考虑是否是由色彩空间的问题导致的，一般需要确定的参数包括视频格式、色彩原色、转换特性和矩阵系数。

1.7   音频采样数据格式

音频信号的关键指标声音是振动产生的声波，通过介质（气体、固体、液体）传播并能被人或动物的听觉器官所感知的波动现象。声音的频率一般以赫兹（Hz）表示，指每秒周期性振动的次数。而分贝是用来表示声音强度的单位，记为 dB。当前我们在计算机、手机、MP3 中所接触的音频更精准地说应该是数字音频，数字音频出现的目的在于能够有效地录音、制作和分发。现在音乐之所以能广泛地在网络及网络商店流传都仰赖数字音频及其编码方式，音频以文件的方式在网络上流传而不必依赖实体介质，这样就大幅度节省了生产与传播的成本。

在模拟信号系统中，声音由空气中传递的声波通过转换器（如麦克风）转存为电流信号的电波。而重现声音则是相反的过程，即通过放大器将电子信号转成物理声波，再借由扩音器播放。经过转存、编码、复制及放大后或许会丧失声音的真实度，但仍然能够保持与其基音、声音特色相似的波形。模拟信号容易受到噪声及变形的影响，相关器材电路所产生的电流更是无可避免。在信号较为纯净的录音过程里仍然存在许多噪声及损耗。而当音频数字化后，损耗及噪声只在数字和模拟间转换时才会产生。

数字音频通过从模拟信号中采样并转换成二进制（1/0）信号，并以二进制式电子、磁力或光学信号，而非连续性时间、连续电子或机电信号存储。这些信号之后会进一步被编码以便修正存储或传输时产生的错误，然而在数字化过程中，这个为了校正错误的编码步骤并不严谨。在广播或者所录制的数字系统中，以频道编码的处理方式来避免数字信号的流失是必要的一环。在信号出现错误时，离散的二进制信号中允许编码器拨出重建后的模拟信号。频道编码的其中一例就是CD所使用的八比十四调制。

数字音频通过 ADC（模数转换器）将模拟信号转换成数字信号，ADC 对音频频率进行采样并转换成特定的位分辨率。例如，CD 音频的采样率为 44.1kHz（即每秒采样 44 100 次 ），每个声道都以 16 位解析。对双声道而言，它具有"左"和"右"两个声道。如果模拟信号的带宽未受限，那就必须在转换前使用降噪滤波器以避免声音产生损失。

这样处理后的数字音频是可被存储和传输的。数字音频文件能够被存储在一片 CD、数字音频播放器、硬盘、U 盘或其他任何存储设备里。数字信号可以被处理数字信号的音频滤波器或音效所改变。MP3、AAC、Vorbis、FLAC 等技术经常被用于压缩音频文件的大小，并且可以通过流媒体方式传输到各种设备上。

最后，数字音频还能通过 DAC 转换回模拟信号。如同 ADC 技术一样，DAC 会在特定的采样频率及采样比特下运作，但是经过了超采样、上下采样等过程，有时难以保证音频的采样频率能够与原始的采样频率相同。

通过 ADC 将模拟信号转换成数字信号，或通过脉冲编码调制（Pulse Code Modulation，PCM）对连续变化的模拟信号进行采样、量化和编码，转换成离散的数字信号，这样就实现了音频信号的采集。我们常说的 PCM 文件就是未经封装的音频原始文件或者叫做音频"裸数据"。

1.7.1　声道

声道（Sound Channel）是指声音在录制或播放时在不同空间位置采集或回放的相互独立的音频信号，声道数也就是声音录制时的音源数量或回放时相应的扬声器数量。为了加深对声道的理解，我们来看一下声道布局的示意图，如图 1-31 所示。

当我们坐在中间时，不同声道的声音让我们感觉它们来自不同的方向。这只是一个简单的示意图，常见的声道布局如表 1-1 所示。

从表 1-1 的信息中可以看出，不同的场景使用不同的声道，效果也会不同；而为了尽量还原声音现场的体验，产生了这么多数量的声道。

图 1-31　声道布局的示意图

表 1-1　声道布局

示意图	系统名	声道数	前左+前右	前中	中前左+中前右	上前左+上前右	侧左+侧右	后左+后右	正后	后上左+后上右
	单声道	1.0	×	✓	×	×	×	×	×	×
	立体声	2.0	✓	×	×	×	×	×	×	×
	立体声	3.0	✓	✓	×	×	×	×	×	×

续表

示意图	系统名	声道数	前左+前右	前中	中前左+中前右	上前左+上前右	侧左+侧右	后左+后右	正后	后上左+后上右
	环绕立体声	3.0	✓	×	×	×	×	×	✓	×
	四声道立体声	4.0	✓	×	×	×	×	✓	×	×
	侧位四声道	4.0	✓	×	×	×	✓	×	×	×
	立体声	4.0	✓	✓	×	×	×	×	✓	×
	前部为主五声道	5.0	✓	✓	×	×	×	✓	×	×
	侧位为主五声道	5.0	✓	✓	×	×	✓	×	×	×
	全景声	5.1.4	✓	×	✓	✓	✓	×	×	✓
	扩展环绕立体声	6.0	✓	✓	×	×	×	✓	✓	×
	侧位环绕立体声	6.0	✓	✓	×	×	✓	×	✓	×
	扩展环绕立体声	7.1	✓	✓	✓	×	×	×	×	×
	环绕立体声	7.0	✓	×	×	×	✓	✓	×	×
	全景声	7.1.4	✓	✓	×	✓	✓	✓	×	✓
	八声道	8.0	✓	✓	×	×	✓	✓	✓	×
	环绕立体声	9.0	✓	✓	×	✓	✓	✓	×	✓
	全景声	11.1.4	✓	✓	✓	×	每侧多2个音频通道	每侧多2个音频通道	✓	✓

1.7.2　采样率

采样率（也称为采样速度或者采样频率）定义了每秒从连续信号中提取并组成离散信号的采

样个数，它用赫兹（Hz）表示。采样率的倒数称为采样周期或采样时间，它是采样的时间间隔。注意，不要将采样率与比特率（Bit Rate，也称码率）相混淆，后者是每秒产生的二进制位数。

根据奈奎斯特采样定理，采样之后的数字信号能保留的原始信号的频宽基本上是采样率的一半。

在数字音频领域，常用的采样率如下。

- 8000Hz：电话所用的采样率，对于人说话的声音已经足够。
- 11 025Hz：AM 调幅广播所用的采样率。
- 22 050 和 24 000Hz：无线电广播（FM 调频广播）所用的采样率。
- 32 000Hz：MiniDV 数码视频 Camcorder、DAT（LP 模式）所用的采样率。
- 44 100Hz：音频 CD 所用的采样率，也常用于 MPEG-1 音频（VCD、SVCD、MP3）。
- 47 250Hz：Nippon Columbia（Denon）开发的世界上第一款商用 PCM 录音机所用的采样率。
- 48 000Hz：MiniDV、数字电视、DVD、DAT、电影和专业音频所用的数字声音采样率。
- 50 000Hz：20 世纪 70 年代后期出现的由 3M 和 Soundstream 开发的第一款商用数字录音机所用的采样率。
- 50 400Hz：三菱 X-80 数字录音机所用的采样率。
- 96 000 或 192 000Hz：DVD-Audio、一些 LPCM DVD 音轨、蓝光光盘音轨和 HD-DVD（高清晰度 DVD）音轨所用的采样率。
- 2.8224MHz：SACD、索尼和飞利浦联合开发的，被称为 Direct Stream Digital 的 1 位 Sigma-Delta 调制过程所用的采样率。

从上可以看出，从 8000 到 32 000、48 000 等都是倍数关系，比较容易理解，而且 8000 的由来我们在前面也讲过。而 11 025、22 050、44 100 等也是倍数关系，但它们都不是 1000 的整数倍，算起来会比较麻烦，且后面的"零头"为什么看起来那么奇怪呢？

我们先从 44 100 说起，其实没有人知道它是怎么来的，因为 CD 的标准就是如此。有人说这个数字正好是最小的 4 个质数的平方的乘积，即 $2^2 \times 3^2 \times 5^2 \times 7^2 = 44\ 100$，这或许是一个巧合，或许真的是曾经有一个天才一拍脑袋想出这么一个频率，但更令人信服的来源是下面这种解释。

人的听觉频率范围大约是 20kHz，根据采样定理，使用 40kHz 的采样频率就够了，如果再加10%，也就是 44kHz，而非 44.1kHz。多出的 100 是从哪里来的呢？这要从数码录音说起。早期的数码录音就是一个 PCM 编码器加录像机，所以，数据音频信号是在录像机（录像带）中存储的。PAL 制式的录像机每帧有 625 条扫描线，但实际可用的扫描线为 588 条，由于隔行扫描，扫描线减半，就成了 294 条。每条扫描线可以存储 3 个采样点的信息，场频为 50Hz，因而采样点数量为294×50×3 = 44 100。同样，NTSC 制式的设备有 525 条扫描线，实际可用的有 490 条，减半为 245，场频为 60Hz，因而为 245×60×3 = 44 100。这是巧合吗？还是说这个数字竟然真的就是这么神奇？当然，如果按实际场频 59.94Hz 计算，NTSC 制式实际能存储的采样点数量为 245×59.94×3 = 44 056。实际上，早期日本的确有一些采用 44.056kHz 频率的数码录音，但后来都统一到 44.1kHz 了。至于 22 050 和 11 025，应该都是由 44 100 下采样来的，这样可以节省存储空间和带宽。

1.7.3　采样位深

采样位深就是每个采样点用多少位来表示，如位深是 16 就代表每个采样点需要 16 位来存储。从物理意义上来说，位深代表的是振动幅度所能表达的精确程度或者粒度。假设数字信号在–1～1的区间，如果位深为 16 位，那么第 1 位表示正负号，剩下的 15 位可表示范围为 0～32 767，那么振幅就可以精确到 1/32 768 的粒度。

我们一般在网络电话中用的就是 16 位位深，这样不太会影响听觉体验，并且存储和传输的耗费也不是很大。而在做音乐或者有更高保真度要求的场景中则可以使用 32 位甚至 64 位的位深来减少失真。而选择用 8 位位深时失真则比较严重，在计算机与互联网发展早期，受到音频技术与网络条件限制，很多音频都是 8 位的采样位深，声音会显得比较模糊，如今也只有一些电话和对讲机等设备还在使用 8 位位深。

1.7.4 带宽计算

通过对音频部分的声道、采样率、采样位深的讲解，我们应该可以很方便地计算 PCM 音频文件使用的空间或者占用的带宽了。例如，一个双声道立体声、采样率是 48 000、采样位深是 16 位、时长为 1 分钟的音频所占用的存储空间的计算公式如下：

$$存储空间 = 声道数 \times 采样率 \times 采样位深 \times 时长$$
$$= 2 \times 48\,000 \times 16 \times 60$$
$$= 92\,160\,000\text{bit} = 11\,520\,000\text{B} = 11.52\text{MB}$$

在媒体传输时占用的带宽如下：

$$带宽 = \frac{92\,160\,000\text{bit}}{60\text{s}} = 15\,360\,000\text{bit}/\text{s} = 1536\text{kbit}/\text{s} = 1.536\text{Mbit}/\text{s}$$

很显然，原始格式的音频采样需要的存储空间和传输带宽还是挺高的，使用 MP3 或 AAC 编码可以将音频压缩（有损）到大约原来的 1/10 大小，这样可以节省很多存储空间和带宽。但要注意，在一些人工智能应用中需要用到语音识别时，尽量不要重采样或使用有损压缩，那样会影响识别的准确率。

1.8 小结

在本章，我们带大家了解了多媒体的基础知识。这些基础知识和基本概念在后面的章节中都会用到，对于理解和使用 FFmpeg 至关重要。

首先，所有的概念和原理都来源于人们的生产和生活，而数字化则是对现实世界的抽象和映射。在从现实到抽象的过程中，不可避免地会"丢失"一些信息，但同时也给人们带来了标准化和规范化，以及更多的想象空间。通过数字世界的存储，人们可以"看"到历史上世界的样子；通过远程音视频的传输，人们可以实时地看到远处的世界，并可以与世界各个角落的人实时互动交流。打破时间和空间的限制，这就是音视频数字化最大的意义。

本章还介绍了音视频数字化的相关背景和逻辑、技术以及相关限制等。与音频相关的重要概念有采样率、声道、采样位深等；与视频相关的主要就是分辨率、帧率、色彩空间和 DTS 及 PTS等。将音频和视频结合，通过网络在时间线上"动"起来，就形成了音视频流媒体，而将音视频通过网络实时传输的技术就是实时音视频技术，又称 RTC。

不管是音视频处理还是 RTC 传输，FFmpeg 都是很有用、很重要的工具。有了这些基础知识，从下一章起，我们就可以正式踏上 FFmpeg 探索之旅了。

第 2 章

FFmpeg 简介

FFmpeg 一词在不同场景下表示的意思不尽相同。大致来说有两方面的意思，一方面指的是多媒体相关的工具集，包含 ffmpeg、ffplay、ffprobe 等，用于转码、播放、格式分析等；另一方面是指一组音视频编解码、媒体处理的开发套件，为开发者提供丰富的多媒体处理的 API 调用接口及相应的辅助工具库。

FFmpeg 提供了多种媒体格式的封装和解封装，以及编解码等，包括多种音视频编码、字幕、不同协议的流媒体、丰富的色彩格式转换、音频采样率转换等。FFmpeg 的内部框架提供了丰富的 API 及可扩展的插件系统，既可以灵活地使用多种封装与解封装、编码与解码的插件，也可以灵活地基于其框架进一步扩展。另外，依据 FFmpeg 编译的选项不同，FFmpeg 在 LGPL-2.1（及之后）版本或 GPL-2.0（及之后）版本下发布，具体使用哪个版本的协议实际上取决于在编译时选择了哪些编译选项。

FFmpeg 中的 "FF" 指的是 "Fast Forward"。曾经有人在 FFmpeg 的邮件列表询问 "FF" 是不是代表 "Fast Free" 或者 "Fast Fourier"，FFmpeg 项目的创立者 Fabrice Bellard 回信说："Just for the record, the original meaning of 'FF' in FFmpeg is 'Fast Forward'…" FFmpeg 中的 "mpeg" 则是人们通常理解的 Moving Picture Experts Group（动态图像专家组），其实也可以理解为 Multimedia Processing EnGine。作为一个全面的多媒体处理套件，FFmpeg 从 2000 年发展至今，其中的 FF 已经因为 FFmpeg 的强大，足以支撑这些不同的意义，所以不用以完美的心态纠结其完全准确的含义。

2.1 FFmpeg 的发展历史

"History is the memory of things said and done"（历史是说过和做过的事情的记忆），要想深入了解一个软件、一个系统，首先要了解其发展史。下面就来介绍一下 FFmpeg 的整体发展过程。

FFmpeg 起初是由法国天才程序员 Fabrice Bellard[①]在 2000 年开发。后来发展到 2003 年，Fabrice Bellard 找到了 FFmpeg 的接手人，这个人就是至今还在维护 FFmpeg 的 Michael Niedermayer。Michael Niedermayer 对 FFmpeg 的贡献非常大，他开发了 FFmpeg 内的 libswresample、libswscale、

[①] 关于 Fabrice Bellard 的公开可见信息并不太多，但其成就非同一般。除 FFmpeg 外，他还编写了著名虚拟化模拟器 QEMU、OpenGL 实现、4GLTE 和 5GNR 软基站、JavaScript 引擎，让 Windows 2000 和 Linux X Window 从浏览器运行，甚至还创造了使用桌面计算机计算圆周率的世界纪录。更多信息可以从他的个人网站（https://bellard.org/）上窥其一二。他被称为天才程序员绝非夸赞，而是事实。

H.264 Decoder 等，并将 libavfilter 这个滤镜子系统加入 FFmpeg 项目，使得 FFmpeg 能够做的多媒体处理更加多样、更加方便。自 FFmpeg 发布了 0.5 版本之后，社区的开发进展缓慢，很长一段时间没有进行新版本发布，直到 FFmpeg 的版本控制系统被迁移到 Git（作为版本控制服务器）并构建了相应的其他基础设施，FFmpeg 的开发进展才又开始加快。当然那也是时隔多年之后了。2011 年 1 月，FFmpeg 项目中一些提交者对 FFmpeg 的项目管理方式不满意，分裂出了一个新的项目，命名为 Libav①。随后，一些操作系统（如 Debian）也开始使用 Libav。需要说明的是，该项目目前基本处于停滞状态，大部分分裂出去的开发者已经重归 FFmpeg 社区（但确实还有少量核心开发者并未回归）。2015 年 8 月，Michael Niedermayer 主动辞去 FFmpeg 项目负责人职务。事情的起因是 Michael Niedermayter 从 Libav 中反向移植了大量代码和功能至 FFmpeg 中，这引起一些争议。而 Michael Niedermayer 辞职的主要目的是希望两个项目最终能够一起发展。

依据时间顺序，我们对 FFmpeg 及其社区的大事件做一个简单的回顾。

- 2000 年：Fabrice Bellard 创立这个项目，最初的目的是实现 MPEG 编码/解码库。随后，这个库作为多媒体引擎被继承到播放器项目 MPlayer 中。时至今日，很多 FFmpeg 开发者或贡献者依然来自一些开源播放器项目，诸如 VLC、MPV（它以 MPlayer 的继任者的姿态出现）。
- 2003 年：Fabrice Bellard 离开该项目，Michael Niedermayer 作为项目的主要领导和维护者开始维护这个项目。FFmpeg 原生的 H.264 解码器及对应的解复用在 FFmpeg 中出现（需要注意的是，H.264 的相关标准此时实际上还只是一个草案状态，未正式成为标准）；开发人员开始尝试社区的无损压缩 Codec FFV1。
- 2005 年：Vorbis Decoder 出现在 FFmpeg 中。
- 2006 年：开发速度缓慢（大约每个月有 100 个提交），且开发者少于 30 人。
- 2009 年 3 月：发布版本 0.5，这是 FFmpeg 项目的第一个正式发布版本。
- 2010 年：FFmpeg 原生的 VP8 解码器远快于谷歌的 libvpx 中的 VP8 解码器。
- 2011 年 1 月：FFmpeg 社区爆发"骚乱"②，接着，Libav 被创立，整个社区出现了严重的分裂。
- 2011~2014 年：Michael 开始把 Libav 的增强部分的 Patch 合并回 FFmpeg，同时开始迅速修复 FFmpeg 安全方面的问题（这使得不同的 Linux 发行版本开始逐步从 Libav 切换回 FFmpeg）。他一方面尝试让 FFmpeg 与 Libav 两者可以兼容，另一方面劝说 Libav 的开发者回归 FFmpeg 社区。
- 2014 年：Michael Niedermayer 在邮件列表中公开宣布辞去领导者的角色，不过他仍然保留了维护者的角色。
- 2015 年：最初的决策委员被选举出来，基本依据其对 FFmpeg 的贡献程度，FFmpeg 社区开始以决策委员会的方式运作。决策委员会人员主要可以参与表决和决定 FFmpeg 的功能发展方向，在与 FFmpeg 相关的重大事项上具有表决与建议权限，以引导 FFmpeg 社区更好地发展。
- 2019 年：FFmpeg 扩充决策委员，同年来自全球各地的 FFmpeg 开发者在日本东京聚会，参与 VideoLan 开发者大会，共同决策改组社区委员会和技术委员会，并确定每年至少召开一次碰头会，同步社区成员的想法与计划。

作为一套开源的音视频编解码套件，FFmpeg 可以通过互联网自由获取。FFmpeg 的源码 Git

---

① Libav 的官网为 https://libav.org，但其开发基本已经停滞。
② 参见 https://lwn.net/Articles/423702。

库提供了多站同步的获取方式，可以从以下地址获取 FFmpeg 的源代码：

- https://git.ffmpeg.org/ffmpeg.git
- http://git.videolan.org/?p=ffmpeg.git
- https://github.com/FFmpeg/FFmpeg

FFmpeg 发展至今，已经被许多开源项目采用，比如 ijkplayer、ffmpeg2theora、VLC、MPlayer、HandBrake、Blender、Google Chrome、FreeSWITCH 等。DirectShow/VFW 的 ffdshow 和 QuickTime 的 Perian 也采用了 FFmpeg。由于 FFmpeg 是在 LGPL/GPL 协议下发布的，任何人都可以自由使用，但必须严格遵守 LGPL/GPL 协议。就像行业"黑话"一般，FFmpeg 及音视频领域也有一些行话，下面简单介绍一些相关术语，第一次读可能有些困惑，但你在阅读了本书的其他部分之后再回顾，可能会有顿悟的感觉。所以若第一次不太明白，可以跳过这些。

- 容器（Container）格式：一种文件封装类型，里面主要包含了流，一般会使用一个特定的后缀名标识，例如 .mov、.avi、.wav 等。
- 流（Stream）：在容器中存储音频（Audio）或者视频（Video）、字幕（Subtitle）等数据。
- 元数据（Metadata）：一般位于容器之中，告诉我们一些额外的信息，一个常见的例子是 MP3 文件中的 ID3 tag。
- 编解码器（Codec）：它实际上是 enCOder 与 DECoder 这两个词的混搭。大部分情况下我们指的是一种压缩标准，如我们说的 AVC/H.264、HEVC/H.265、VVC/H.266、AV1 等。

如果在生活中找一个类比，容器格式与流和元数据的关系有点类似于电线的包装方式，我们用外包装材料，把单股的电线根据需要封装起来成为一个整体，容器格式好像整条电线，流好像电线内部的不同颜色的线缆，元数据则好像电线外面的标识，用于表示一些额外的信息，如图 2-1 所示。

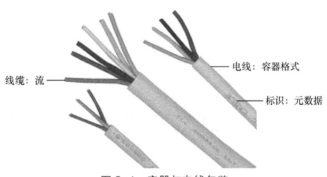

图 2-1　容器与电线包装

2.2　FFmpeg 的基本组成

FFmpeg 框架可以简单分为两层，上层是以 ffmpeg、ffplay、ffprobe 为代表的命令行工具；其底层支撑是一些基础库，包含 AVFormat、AVCodec、AVFilter、AVDevices、AVUtils 等模块库，细节结构如图 2-2 所示。下面就对这些底层支撑模块做一个大概的介绍。

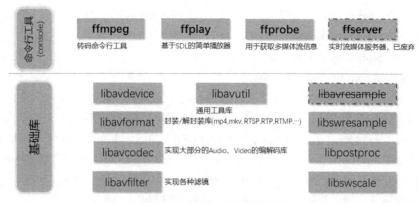

图 2-2   FFmpeg 基础模块

2.2.1   封装/解封装模块 AVFormat

AVFormat 中实现了目前多媒体领域中的绝大多数媒体封装格式和流媒体协议，包括封装器（Muxer）和解封装器（Demuxer），包含如 MP4、FLV、MKV、TS 等文件格式的封装和解封装，以及 RTMP、RTSP、MMS、HLS 等网络流媒体协议的支持等。

FFmpeg 是否支持某种媒体封装格式，取决于编译时是否包括该格式的 Demuxer 和 Muxer。另外，如果 FFmpeg 不支持某些新的容器格式，可以根据实际需求，进行媒体封装格式的扩展，增加相应的封装格式。其主要的工作是：在 AVFormat 中，按照 FFmpeg 内部框架的要求，增加自己的封装、解封装处理模块。这些会在后面部分讲解。

2.2.2   编/解码模块 AVCodec

AVCodec 中实现了目前多媒体领域绝大多数常用的编解码格式，既支持编码，也支持解码。AVCodec 除了以原生的方式（即 FFmpeg 不依赖其他第三方库，完全自己实现）支持 H.264、AAC、MJPEG 等媒体编解码格式外，也可以通过集成第三方库的方式来支持第三方编解码器。例如 H.264（AVC）编码需要使用 x264 编码器；H.265（HEVC）编码需要使用 x265 编码器；MP3（mp3lame）编码需要使用 libmp3lame 编码器。如果希望增加新的编解码格式，或者支持硬件编解码加速，需要在 AVCodec 中增加相应的编/解码模块。关于更多 AVCodec 的使用信息以及如何扩展，我们将会在后面章节进行详细介绍。

2.2.3   滤镜模块 AVFilter

AVFilter 库提供了一个通用的音频、视频、字幕等滤镜处理框架。在 AVFilter 中，滤镜框架可以有多个输入和多个输出。滤镜处理的例子如图 2-3 所示。

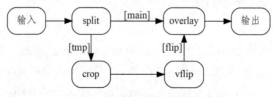

图 2-3   FFmpeg AVFilter 示例

这个例子将输入的视频切割成两部分流，一部分流抛给 crop 与 vflip 滤镜处理模块进行操作，另一部分保持原样；当 crop 与 vflip 滤镜处理操作完成后，将流合并到原有的 overlay 图层中，并显示在最上面一层，输出新的视频。对应的命令行如下：

```
ffmpeg -i INPUT -vf "split [main][tmp]; [tmp] crop=iw:ih/2:0:0, vflip [flip]; [main][flip]
overlay=0:H/2" OUTPUT
```

原始视频如图 2-4 所示。以上命令执行完成之后，该命令将自动退出，生成的视频结果是保留视频的上半部分，同时上半部分会镜像到视频的下半部分，二者合成后作为输出视频，如图 2-5 所示。

图 2-4 运行前

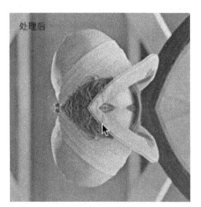

图 2-5 运行后

下面简单说明一下滤镜的构成规则：
- 相同滤镜的线性链用逗号分隔。
- 不同滤镜的线性链之间用分号分隔。

有些过滤器的输入是一个参数列表，参数列表被指定在过滤器名称和一个等号之后，并且用冒号分开。也存在没有音频、视频输入的源过滤器（即 source filter），以及不会有音频、视频输出的汇集过滤器（即 sink filter）。在以上示例中，crop 与 vflip 使用的是同一个滤镜处理的线性链，split 滤镜和 overlay 滤镜使用的是另外一个线性链，一个线性链接入另一个线性链汇合处时是通过方括号括起来的标签进行标示的。在这个例子中，两个流处理后是通过[main]与[tmp]进行关联汇合的。split 滤镜将分割后的视频流的第 2 部分打上标签[tmp]，将该部分流通过 crop 滤镜进行处理，然后进行纵坐标调换操作，打上标签[flip]，并将[main]标签与[flip]标签合并。[flip]标签的视频流从视频的左边最中间的位置开始显示，就出现了如图 2-5 所示的镜像效果。

2.2.4 设备模块 AVDevice

AVDevice 提供了一些常用的输入输出设备的处理框架。比如在 macOS 和 iOS 上，一般使用 AVFoundation 调用底层的音视频及共享桌面输入。在 Windows 上，常用 dshow（DirectShow）作为音视频输入。而在 Linux 上有更多的选择：音频输入输出设备有 oss（Open Sound System）、alsa（Advanced Linux Sound Architecture）、fbdev（Frame Buffer）、openal（OpenAL）、pulse（Pulse Audio）等，视频设备有 opengl（OpenGL）、video4linux2（Video for Linux）、x11grab（基于 XCB 的 X11 桌面捕获）等。sdl 及 sdl2（SDL，Simple Directmedia Layer）是一个跨平台的输出设备的不同版本，在大多数平台上都能用。

除此之外值得一提的是，AVDevice 还有一个名为 lavfi 的虚拟输入设备，它允许使用 Libavfilter

的滤镜链或表达式作为输入或输出设备。通过它，可以很方便地生成很多"假"的音频（如某一频率的声音或高斯白噪声）和视频流（如纯色或渐变的 RGB 图像序列等）。该设备在作为示例或测试时很常用，本书后面的很多例子也用到了它。

2.2.5   图像转换模块 swscale

swscale 模块提供了底层的图像转换 API 接口，它允许进行图像缩放和像素格式转换。常用于将图像从 1080p 转换成 720p 或者 480p 等这样的缩放操作，或者将图像数据从 YUV420P 转换成 YUYV，或 YUV 转换成 RGB 等操作。可见，libswscale 库主要是执行高度优化的图像缩放和色彩空间及像素格式转换操作。经常会看到 libswscale 和 libyuv 的一个对照比较，但实际情况下需要评估缩放算法、支持的色彩空间、性能等以做出正确的选择。具体来说，这个库可以执行以下转换。

- 重新缩放：即改变视频尺寸的处理，其有几个重新缩放的选项和算法可用。与此同时，需要注意缩放通常是一个有损失的过程，缩放也需要在图像质量、缩放性能等限定条件下进行折中权衡。
- 像素格式转换：这是转换图像格式和图像色彩空间的过程，例如从平面格式的 YUV420P 到 RGB24 打包格式。它还处理打包转换，即从打包布局（所有属于不同平面的像素交错在同一个缓冲区，如 RGB 格式）转换为平面布局（所有属于同一平面的采样数据存储在一个专门的缓冲区或"平面"，如 YUV420P）。如果源和目的色彩空间不同，这通常也是一个有损失的过程。

2.2.6   音频转换模块 swresample

swresample 模块提供了音频重采样等。例如它允许操作音频采样、音频通道布局转换与布局调整，主要执行高度优化的音频重采样、Rematrixing 和采样格式转换操作。具体来说，这个库可以执行以下转换。

- 重采样：执行改变音频采样率的处理，例如从 44 100Hz 的高采样率转换到 8000Hz 的低采样率。从高采样率到低采样率的音频转换是一个有损失的过程，该库有多个重采样选项和算法可用。
- 格式转换：执行采样类型的转换过程，例如从 16 位有符号采样格式转换为无符号 8 位或浮点类型的采样格式。它还处理打包转换，如从打包布局变换到平面布局。
- Rematrixing：改变通道布局的过程，例如从立体声到单声道。当输入通道数量多于输出通道数量时，这个过程是有损失的，因为它涉及不同的增益因子和混合。

其他各种音频转换（如拉伸和填充）需要通过专用选项启用。

2.2.7   编解码工具 ffmpeg

ffmpeg 是 FFmpeg 源码编译后生成的一个可执行程序，可以作为命令行工具使用。ffmpeg 最主要的流程从上层理解起来并不难，过程看似简单，但因为其重要性，我们会反复提及与回顾。

- 解封装（Demuxing），或称解复用
- 解码（Decoding）
- 编码（Encoding）

- 封装（Muxing），或称复用

其中，整体处理的工作流程如图 2-6 所示。

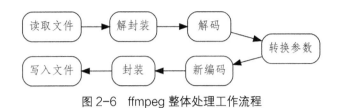

图 2-6　ffmpeg 整体处理工作流程

首先 ffmpeg 读取输入源，然后通过 Demuxer 将音视频包进行解封装，这个动作通过调用 libavformat 中的接口即可实现；接下来通过 Decoder 解码，将音视频压缩数据通过 Decoder 解包成为 YUV 或者 PCM 这样的"裸"数据，Decoder 通过 libavcodec 中的接口即可实现；然后将对应的数据通过 Encoder 编码，编码可以通过 libavcodec 中的接口实现；接下来将编码后的音视频数据包通过 Muxer 封装，Muxer 封装通过 libavformat 中的接口即可实现；最后将输出内容写入指定的文件中。

2.2.8　播放器 ffplay

FFmpeg 不但可以提供转码、转封装等功能，同时还可以提供简单的播放相关功能。使用 FFmpeg 的 AVFormat 与 AVCodec 可以播放各种媒体文件或者媒体流，也可以在命令选项中使用 AVFilter 相关功能来间接完成一些其他特殊功能。一般而言，我们选择 ffplay 这个简单的播放工具完成上述功能。如果想要使用 ffplay，系统首先需要有 SDL 库来支持跨平台的渲染与显示。ffplay 作为 FFmpeg 源码编译后生成的另一个可执行程序，与 ffmpeg 在 FFmpeg 项目中充当的角色不同，它的主要作用是作为播放测试工具使用，提供音视频显示和播放，也能用于显示音频的波形信息等。

> 注意：有时通过源代码编译生成 ffplay 不一定能够成功，因为 ffplay 旧版本依赖 SDL-1.2，而 ffplay 新版本依赖 SDL-2.0，安装对应的 SDL 库才能编译生成 ffplay。

2.2.9　多媒体分析器 ffprobe

ffprobe 是 FFmpeg 源码编译后生成的另一个可执行程序。ffprobe 是一个非常强大的多媒体分析工具，可以从媒体文件或者媒体流中获得用户想要了解的媒体信息，比如音频的格式、视频的宽高、媒体文件的时长等参数信息等。它除了用于分析媒体容器中音频的编码格式、采样率、通道数目，以及视频的编码格式、宽高等以外，还用于分析媒体文件中媒体的总时长、复合码率等信息。使用 ffprobe 还可以深入分析媒体文件中每个压缩媒体包的长度、包的类型、包对应的帧的信息等。第 3 章将会对 ffprobe 进行详细介绍。

2.3　不同平台下的编译

FFmpeg 官方网站提供了已经编译好的可执行文件，因为 FFmpeg 是开源的，所以也可以根据自己的需要进行手动编译。FFmpeg 官方建议用户自己编译使用 FFmpeg 的最新稳定版本以应对安全问题，以及使用更新的特性。对于一些操作系统，比如 Linux 系统，无论是 Ubuntu 还是 RedHat，如果使用系统提供的源来安装 FFmpeg 时会发现，其版本相对比较老旧，使用 `apt-get install ffmpeg` 或者 `yum install ffmpeg` 安装 FFmpeg 时，默认支持的版本较老，有些新的功能并不支持，如一些新的封装格式或者通信协议等。因此使用者或者开发者了解编译 FFmpeg 就至关重要了，而且这样也方便以后根据自己的需求进行功能的裁剪。

2.3.1　Windows 平台编译 FFmpeg

在 Windows 平台中编译 FFmpeg 需要使用 msys2，后者提供了一系列工具链，以辅助编译 Windows 的本地化程序。关于 msys2 的详细介绍和安装方法可以参照 https://www.msys2.org。如果不希望使用 msys2 而使用 Visual Studio 的话，则需要消耗很多时间以支持 Visual Studio 平台。感兴趣的读者可以上网查找支持的方法。截至本书编写时，官方提供的 Windows 开发包还是使用 msys2 工具链编译的。msys 是 minimal system 的缩写，主要完成的工作为 UNIX on Windows 的功能。显而易见，这是一个仿真 UNIX 环境的 Windows 工具集，在此，我们不会介绍 msys2 环境本身的安装配置过程，而着重于基于它在 Windows 上编译 FFmpeg。msys 环境准备好之后，我们就正式进入编译的环节。

1）进入 FFmpeg 源码目录，执行 `./configure`。如果一切正常，会看到如下信息：

```
install prefix          /usr/local

source path             .

C compiler              gcc

C library               mingw64

... 此处省略大量输出内容

makeinfo enabled        yes

makeinfo supports HTML  no
```

2）配置成功后执行 `make`。在 MinGW 环境下编译 FFmpeg 是一个比较漫长的过程。

3）执行 `make install`。到此为止，FFmpeg 在 Windows 上的编译完成，此时我们可以尝试使用 FFmpeg 命令行来验证我们的编译结果。执行 `./ffmpeg.exe -h`：

```
./ffmpeg.exe -h

ffmpeg version n6.0 Copyright (c) 2000-2023 the FFmpeg developers

  built with gcc 12.1.0 (crosstool-NG 1.25.0.55_3defb7b)

  configuration: --enable-gpl

  libavutil      58. 2.100 / 58. 2.100

  libavcodec     60. 3.100 / 60. 3.100

  libavformat    60. 3.100 / 60. 3.100

  libavdevice    60. 1.100 / 60. 1.100
```

```
libavfilter      9. 3.100  /  9. 3.100

libswscale       7. 1.100  /  7. 1.100

libswresample    4. 10.100 /  4. 10.100

libpostproc      57. 1.100 / 57. 1.100
```

Hyper fast Audio and Video encoder

usage: ffmpeg [options] [[infile options] -i infile]... {[outfile options] outfile}...

注意: 举例的这个编译配置方式编译出来的仅仅为最简易的 FFmpeg,并没有 H.264、H.265 等 Codec 的编码支持。如果需要支持更多的功能特性,还需要根据实际需要进行更加细致的定制,这部分会在后面详细介绍。

2.3.2　Linux 平台编译 FFmpeg

前面介绍过,很多 Linux 的发行版本源中已经包含了 FFmpeg,例如 Ubuntu / Fedora 的镜像源中包含了安装包,但是版本相对来说比较老,有些甚至不支持 H.264、H.265 编码,或者不支持 RTMP 等。为了支持这些协议格式和编码格式,需要自己手动编译 FFmpeg。默认编译 FFmpeg 的时候,需要用到 nasm 汇编器对 FFmpeg 中的汇编部分进行编译。如果不用汇编部分的代码,可以不安装 nasm 汇编器,这种情况一般认为不大合适,除非我们并不在意性能。如果没有安装 nasm,执行默认配置的时候,会出现以下错误提示:

```
[lq@chinaffmpeg 6.0]$ ../ffmpeg/configure

nasm/yasm not found or too old. Use --disable-x86asm for a crippled build.



If you think configure made a mistake, make sure you are using the latest

version from Git.  If the latest version fails, report the problem to the

ffmpeg-user@ffmpeg.org mailing list or IRC #ffmpeg on irc.libera.chat.

Include the log file "ffbuild/config.log" produced by configure as this will help

solve the problem.
```

根据以上错误提示,可以使用--disable-x86asm 来取消汇编优化编译配置。这么做的话就不会编译 FFmpeg 的汇编代码部分。但一般不应该取消汇编优化,除非是在调试 C 原型代码的时候。如果需要支持汇编优化,需要环境中有 nasm 或者可以通过安装 nasm 汇编器来解决。

```
curl -O
https://www.nasm.us/pub/nasm/releasebuilds/2.15.05/nasm-2.15.05.tar.gz
```

命令行执行后将会下载 nasm 源代码包。

```
 curl -O
https://www.nasm.us/pub/nasm/releasebuilds/2.15.05/nasm-2.15.05.tar.gz

 % Total    % Received % Xferd  Average Speed   Time    Time     Time  Current

                                Dload  Upload   Total   Spent    Left  Speed

16 1591k   16  265k    0     0  52809      0  0:00:30  0:00:05  0:00:25 55226
```

下载 nasm 汇编器并执行 configure 后，可以通过 make 编译，执行 make install 即可。
然后再回到 FFmpeg 源代码目录中进行之前的 configure 操作，之前的错误提示就会消失。

```
install prefix          /usr/local

source path             src

C compiler              gcc

C library

... 此处省略大量输出内容

makeinfo supports HTML    no

xmllint enabled          yes
```

2.3.3　macOS 平台编译 FFmpeg

有些开发者在 macOS 平台上使用 FFmpeg 进行一些音视频编转码或流媒体处理等操作，此时
需要生成 macOS 平台相关的 FFmpeg 可执行程序。在 macOS 平台上编译 FFmpeg 前，首先需要安
装所需要的编译环境，在 macOS 平台上使用的编译工具链为 LLVM。

```
Apple clang version 13.1.6 (clang-1316.0.21.2.5)

Target: x86_64-apple-darwin21.4.0

Thread model: posix

InstalledDir:
/Applications/Xcode.app/Contents/Developer/Toolchains/XcodeDefault.xctoolchain/usr/bin
```

另外，由于 macOS 的版本不同，如果是基于 Intel 的平台，依然需要安装 nasm 汇编编译工具，
否则在生成 Makefile 时会报告未安装 nasm 工具的错误。

在 LLVM 下使用源码编译安装 FFmpeg 的方法与 Linux 平台基本相同，因为它们同属于 POSIX
兼容的操作系统。将 FFmpeg 从 git://source.ffmpeg.org/ffmpeg.git 中下载下来。源代码下载成功后，
可以进入编译阶段，通过类似之前的 configure 操作即可完成基本的编译工作。

```
install prefix          /usr/local/

source path             /Users/liuqi/multimedia/upstream_ffmpeg/ffmpeg

... 此处省略大量输出内容

makeinfo supports HTML    no

xmllint enabled          yes
```

接着只需要执行 make 与 make install 即可。

2.4　FFmpeg 特性的选择与定制

FFmpeg 本身支持大量音视频编码格式、文件封装格式与流媒体传输协议，但是依然有可能不

能满足特定的需求。FFmpeg 所做的是提供一套基础的框架，所有的编码格式、文件封装格式与流
媒体协议可以作为 FFmpeg 的模块挂载在 FFmpeg 框架中，这些模块可以以第三方外部库的方式提
供支持，也可以选择直接与 FFmpeg 一体，成为 FFmpeg 原生实现的一部分。通过 FFmpeg 源码的
configure 命令，可以查看 FFmpeg 支持的音视频编码格式、文件封装格式与流媒体传输协议，
对于 FFmpeg 不支持的格式，可以通过 configure --help 查看是否有第三方外部库支持，然
后通过增加对应的编译参数选项进行支持。

```
External library support:

    Using any of the following switches will allow FFmpeg to link to the
    corresponding external library. All the components depending on that library
    will become enabled, if all their other dependencies are met and they are not
    explicitly disabled. E.g. --enable-libopus will enable linking to
    libopus and allow the libopus encoder to be built, unless it is
    specifically disabled with --disable-encoder=libopus.

    Note that only the system libraries are auto-detected. All the other external
    libraries must be explicitly enabled.

    Also note that the following help text describes the purpose of the libraries
    themselves, not all their features will necessarily be usable by FFmpeg.

    --disable-alsa              disable ALSA support [autodetect]
    --disable-appkit            disable Apple AppKit framework [autodetect]
    ... 大量输出内容省略
    --enable-vapoursynth        enable VapourSynth demuxer [no]
    --disable-vulkan            disable Vulkan code [autodetect]
    --disable-xlib              disable xlib [autodetect]
    --disable-zlib              disable zlib [autodetect]
```

通过以上帮助信息的输出内容可以看到，FFmpeg 支持的外部库比较多。需要注意的是，这些
项目是独立于 FFmpeg 发展的，所以，需要根据实际情况来选择最新版本或者用户实际使用的版本。
更多的外部第三方库可以参考 FFmpeg 官方文档的扩展库页面[①]。这些外部库可以通过 configure
进行定制，在编译好的 FFmpeg 可执行程序中也可以看到编译时定制的外部库。

```
ffmpeg version n6.0 Copyright (c) 2000-2023 the FFmpeg developers
  built with gcc 8 (GCC)
  configuration: --enable-libxml2 --enable-libx264 --enable-libx265 --enable-gpl
--disable -optimizations --disable-stripping --enable-vaapi --enable-hwaccel='h263_vaapi,
av1_vaapi,h264_vaapi,hevc_vaapi,mjpeg_vaapi,mpeg2_vaapi,mpeg4_vaapi,vc1_vaapi,vp9_vaapi,
wmv3_vaapi' --prefix=/usr/local/ffmpeg/ --enable-openssl --enable-nonfree
    libavutil      58.  2.100 / 58.  2.100
    libavcodec     60.  3.100 / 60.  3.100
    libavformat    60.  3.100 / 60.  3.100
    libavdevice    60.  1.100 / 60.  1.100
    libavfilter     9.  3.100 /  9.  3.100
    libswscale      7.  1.100 /  7.  1.100
    libswresample   4. 10.100 /  4. 10.100
    libpostproc    57.  1.100 / 57.  1.100
```

假如需要自己配置 FFmpeg 支持哪些格式，如仅支持 H.264 视频与 AAC 音频编码，可以调整
配置项简化如下：

```
./configure --enable-libx264 --enable-libfdk-aac --enable-gpl --enable-nonfree
```

如配置后输出的基本信息所示，如果要支持 H.264 与 AAC，需要系统中包括 libx264 与 libfdk-aac

---

① 参见 https://ffmpeg.org/general.html#External-libraries。

的第三方库，否则会出现错误提示。支持 H.265 编码与支持 H.264 基本类似，编译安装 x265 后，在执行 FFmpeg 的 Configure 命令时，只需要增加--enable-libx265 即可。支持其他对应的编码与此类似。

注意：从 2016 年年初起，FFmpeg 自身的 AAC 编码器质量逐步好转，至 2016 年年底，libfaac 已从 FFmpeg 源代码中剔除，但依然可以使用第三方 libfdk-aac 库来执行 AAC 的编解码支持。

FFmpeg 默认支持的音视频编码格式、文件封装格式与流媒体传输协议比较多，因此编译的 FFmpeg 文件较大。而在有些应用场景中并不需要 FFmpeg 支持如此多的编码、封装或者协议，为了减小最终编译出来的库的体积（如在手机端等须注意最终包大小的场景等），这时候可以通过 configure --help 查看一些有用的选项以用作后续的裁减。

可以通过一些选项关闭不需要的编解码、封装/解封装与协议等模块，示例如下：

```
./configure --disable-encoders --disable-decoders --disable-hwaccels --disable-muxers
--disable-demuxers --disable-parsers --disable-bsfs --disable-protocols --disable-indevs
--disable-devices --disable-filters
```

关闭所有的模块后，可以看到 FFmpeg 的编译配置项输出信息几乎为空。此时可以根据定制需要，再加上自己所需要的模块，如希望编译时支持 H.264 视频编码和 AAC 音频编码、封装为 MP4，则可以通过如下方式支持：

```
./configure --disable-filters --disable-encoders --disable-decoders --disable-
hwaccels --disable-muxers --disable-demuxers --disable-parsers --disable-bsfs --disable-
protocols --disable-indevs --disable-devices  --enable-libx264 --enable-libfdk-aac --enable-
gpl --enable-nonfree --enable-muxer=mp4
```

通过细致的编译选项的配置，最终编译生成的 FFmpeg 及库等的大小会比默认编译时小很多。

2.4.1　编码器支持

FFmpeg 源代码中可以包含的编码格式非常多，常见的和不常见的都可以在编译配置列表中见到。一般通过使用编译配置命令./configure --list-encoders 参数来查看。

a64multi	h263	movtext	eac3
adpcm_g722	h264_videotoolbox	rv10	libx264
adpcm_g726le	hevc_amf	msmpeg4v3	zlib
adpcm_ima_alp	hevc_mf	msvideo1	prores
adpcm_ima_amv	hevc_nvenc	nellymoser	mjpeg_qsv
adpcm_ima_wav	hevc_videotoolbox	pcm_alaw	gif
adpcm_swf	jpeg2000	pcm_dvd	ssa
... 省略大量输出信息			
dvbsub	libwebp	pcm_u24le	wrapped_avframe
png	libxavs2	pgm	g723_1
flv	mjpeg	ppm	

从输出信息可以看出，FFmpeg 支持的编码器非常全面，如 AAC、AC3、H.264、H.265、MPEG4、

MPEG2VIDEO、PCM、FLV1 等格式的编码器。为了节省输出内容所占篇幅，以上输出内容做了大量精简，更详细的信息可在本地尝试操作后自行查看，获得的信息会更全面一些。另外，相对于其他模块，FFmpeg 对编码器的支持所依赖的第三方库更多一些。

2.4.2　解码器支持

FFmpeg 源代码本身包含了很多解码格式。解码过程主要是将压缩过的编码内容进行解压缩。解码器的支持可以通过 ./configure --list-decoders 命令进行查看。

aac	dsicinvideo	motionpixels	rscc
aac_at	dss_sp	movtext	rv10
aac_fixed	dst	mp1	rv20
aac_latm	dvaudio	mp1_at	rv30
aasc	dvbsub	mp1float	rv40

... 此处省略了大量输出内容

dsd_lsbf	mjpeg_qsv	realtext	yuv4
dsd_lsbf_planar	mjpegb	rl2	zero12v
dsd_msbf	mlp	roq	zerocodec
dsd_msbf_planar	mmvideo	roq_dpcm	zlib
dsicinaudio	mobiclip	rpza	zmbv

输出信息列出了 FFmpeg 所支持的解码器模块，包括 MPEG4、H.264（AVC）、H.265（HEVC）、MP3 等。

2.4.3　封装支持

FFmpeg 的封装（Muxing，也称为复用）即将压缩后的码流封装到一个容器格式中。如果要知道 FFmpeg 源代码支持哪些容器格式，可以用命令 ./configure --list-muxers 查看。

a64	filmstrip	mp3	rawvideo
ac3	fits	mp4	rm
adts	flac	mpeg1system	roq
adx	flv	mpeg1vcd	rso
aiff	framecrc	mpeg1video	rtp
alp	framehash	mpeg2dvd	rtp_mpegts
amr	framemd5	mpeg2svcd	rtsp
amv	g722	mpeg2video	sap

... 此处省略大量输出内容

dts	microdvd	pcm_u24be	webp
dv	mjpeg	pcm_u24le	webvtt
eac3	mkvtimestamp_v2	pcm_u32be	wsaud
f4v	mlp	pcm_u32le	wtv
ffmetadata	mmf	pcm_u8	wv
fifo	mov	pcm_vidc	yuv4mpegpipe
fifo_test	mp2	psp	

从封装格式（Muxer，也称为复用格式）信息中可以看到，FFmpeg 可以支持生成裸流文件，例如 H.264、AAC、PCM，也支持一些常见的容器格式，例如 MP3、MP4、FLV、M3U8、WEBM 等。

2.4.4　解封装支持

FFmpeg 的解封装（Demuxing，也称为解复用）即将封装在容器里面压缩的音频流、视频流、字幕流、数据流等提取出来。如果要查看 FFmpeg 源代码支持哪些可以解封装的容器格式，可以通过命令 ./configure --list-demuxers 进行查看。

aa	filmstrip	libmodplug	rm
aac	fits	libopenmpt	roq
aax	flac	live_flv	rpl
ac3	flic	lmlm4	rsd

... 此处省略了大量输出内容

ea	jacosub	r3d	yop
ea_cdata	jv	rawvideo	yuv4mpegpipe
eac3	kux	realtext	
epaf	kvag	redspark	
ffmetadata	libgme	rl2	

从解封装格式（Demuxer，也称为解复用格式）信息中可以看到，FFmpeg 源码中支持的 Demuxer 非常多，包含图片（image）、MP3、FLV、MP4、MOV、AVI 等。另外，还有一些特定的功能也以解封装模块的方式实现，如上面的 ffmetadata。

2.4.5　通信协议支持

FFmpeg 不仅支持本地的多媒体处理，还支持网络流媒体的处理。它支持的网络流媒体协议很全面，可以通过命令 ./configure --list-protocols 进行查看。

async	hls	librtmpte	rtmpt
bluray	http	libsmbclient	rtmpte

cache	httpproxy	libsrt	rtmpts
concat	https	libssh	rtp
concatf	icecast	libzmq	sctp
crypto	ipfs	md5	srtp
data	ipns	mmsh	subfile
ffrtmpcrypt	libamqp	mmst	tcp
ffrtmphttp	librist	pipe	tee
file	librtmp	prompeg	tls
ftp	librtmpe	rtmp	udp
gopher	librtmps	rtmpe	udplite
gophers	librtmpt	rtmps	unix

从协议相关信息列表中可以看到，FFmpeg 支持的流媒体协议较多，包括 MMS、HTTP、HTTPS、RTMP、RTP，甚至支持 TCP、UDP 这些基础网络协议，还支持本地文件 file 协议，以及多个文件拼接串流的 concat 协议，以及区块链技术中的 ipfs 协议。关于流媒体的通信协议部分，后面的章节会有详细介绍。

2.5 小结

本章重点介绍了 FFmpeg 的发展历程。对于一个发展了超过 22 年的项目，其背后是各种曲折的历史，更是大量社区成员努力的结果。随后介绍了 FFmpeg 源代码的获取、安装、编译等基本操作，对容器格式的封装与解封装、音视频编码与解码格式的支持，以及对流媒体传输协议的支持。总体而言，FFmpeg 所支持的容器格式、编解码标准、流媒体协议都非常全面，是一款功能强大的多媒体处理工具和开发套件，因此它被称为**多媒体领域的"瑞士军刀"**也是名不虚传。

> 从 2020 年开始，FFmpeg 官方不继续提供开发者版本的调用库了，但是开发者中有热心的志愿者提供了对应的 release 版本的脚本代码库。如果有需要的话可以自行维护自己的一套代码库，毕竟 FFmpeg 本身是开源的，并且构建自己的发行版本的脚本代码库也是开源的。更多内容可以参考 FFmpeg 发行版本构建脚本的代码库：https://github.com/BtbN/FFmpeg-Builds。

第 3 章

FFmpeg 工具使用基础

FFmpeg 工程中常用的工具是 ffmpeg、ffprobe、ffplay，分别作为编解码工具、媒体内容分析工具和播放器使用。所谓"工欲善其事，必先利其器"，想要用好 FFmpeg 处理媒体相关事务，这 3 个工具则是重要的入口。本章将重点介绍这 3 个工具的常用命令，使我们对 FFmpeg 有一个基础但全面的了解。同时通过实践演练，让大家能更好地学会并应用这些命令，以更好地理解 FFmpeg 的相关知识。实践始终是本书所倡导的，毕竟"纸上得来终觉浅，绝知此事要躬行"。

3.1 ffmpeg 常用命令

ffmpeg 在执行音视频编解码、转码等操作时非常便利，很多场景下转码直接使用 ffmpeg 即可。通过 ffmpeg --help 命令可以看到 ffmpeg 常见的命令，大概分为以下 6 个部分：

- ffmpeg 信息查询部分
- 公共操作参数部分
- 文件主要操作参数部分
- 视频操作参数部分
- 音频操作参数部分
- 字幕操作参数部分

ffmpeg 信息查询部分主要参数如下：

```
usage: ffmpeg [options] [[infile options] -i infile]... {[outfile options] outfile}...

Getting help:
    -h      -- print basic options
    -h long -- print more options
    -h full -- print all options (including all format and codec specific options, very long)
    -h type=name -- print all options for the named decoder/encoder/demuxer/muxer/
filter/bsf/protocol
    See man ffmpeg for detailed description of the options.

Print help / information / capabilities:
-L                  show license
-h topic            show help
-? topic            show help
-help topic         show help
--help topic        show help
-version            show version
```

```
-buildconf        show build configuration
-formats          show available formats
-muxers           show available muxers
-demuxers         show available demuxers
-devices          show available devices
-codecs           show available codecs
-decoders         show available decoders
-encoders         show available encoders
-bsfs             show available bit stream filters
-protocols        show available protocols
-filters          show available filters
-pix_fmts         show available pixel formats
-layouts          show standard channel layouts
-sample_fmts      show available audio sample formats
-dispositions     show available stream dispositions
-colors           show available color names
-sources device   list sources of the input device
-sinks device     list sinks of the output device
-hwaccels         show available HW acceleration methods
```

通过 ffmpeg --help 查看到的帮助信息是 ffmpeg 命令的基础信息。如果想查看高级参数部分，可以使用 ffmpeg --help long 参数；如果希望获得全部的帮助信息，可以使用 ffmpeg --help full 参数。使用-L 参数，可以看到 ffmpeg 目前所支持的 license 协议；使用-version 可以查看 ffmpeg 的版本，包括子模块的详细版本信息，如 libavformat、libavcodec、libavutil、libavfilter、libswscale、libswresample 等的版本信息。

在使用 ffmpeg 转码或者转封装时，可能会遇到无法解析的媒体文件格式或者无法生成对应的媒体文件格式，而提示不支持生成对应的媒体文件格式的情况，这时候就需要查看当前使用的 ffmpeg 是否支持对应的容器文件格式，可以使用 ffmpeg -formats 参数来查看。

此时输出的内容分为以下 3 个部分：

- 第 1 列是关于容器文件封装格式的 Demuxing 与 Muxing 支持情况，D 表示支持解封装（Demuxing），E 表示支持封装（Muxing）。
- 第 2 列是容器文件格式在 FFmpeg 中使用的简短名字。
- 第 3 列是容器文件格式的补充说明。

同样，使用 ffmpeg 命令执行解码或者编码时，想查看 ffmpeg 是否支持相应编码或解码格式，可以使用 ffmpeg -codecs 查看全部信息，也可以使用 ffmpeg -encoders 查看 ffmpeg 是否支持对应的编码器，使用 ffmpeg -decoders 查看 ffmpeg 是否支持相应的解码器。

执行 ffmpeg -codecs 命令后输出的信息中包含以下 3 部分内容：

- 第 1 列表征了该 Codec 是否支持解码（D 为 Decoding）和编码（E 为 Encoding），编码的音频、视频、字幕、数据等类型，或者只有 I 帧的编码压缩格式，以及有损和无损压缩类型。
- 第 2 列是 Codec 格式对应的名字。
- 第 3 列是 Codec 的详细说明，如果一个对应的 Codec 有多个实现可以支持，也会在小括号中显示出来。

执行 ffmpeg -encoders 或 ffmpeg -decoders 命令后输出信息中同样包含 3 部分内容：

- 第 1 列表征了音频、视频、字幕的类型，帧级别和 Slice 级别的多线程支持，该编码器是否处于实验而非产品级别状态，是否支持 draw_horiz_band 和直接渲染模式。
- 第 2 列是编码器格式在 FFmpeg 中使用的名字。

- 第 3 列是编码格式的补充性说明。

除了查看 ffmpeg 支持的封装与解封装格式、编码与解码类型以外，还可以查看 ffmpeg 支持哪些滤镜，使用的命令是 `ffmpeg -filters`。输出信息包含以下 4 列内容：

- 第 1 列表征了时间轴支持信息、Slice 线程支持信息、动态命令支持信息、音频 IO、视频 IO、动态输入输出、媒体源或者 sink 过滤器。
- 第 2 列是滤镜的名字。
- 第 3 列表征了输入输出格式，以及是否支持多输入、多输出等，例如音频转音频、视频转视频、创建音频、创建视频等操作。
- 第 4 列是滤镜的作用说明。

使用 `ffmpeg --help full` 命令可以查看 ffmpeg 支持的所有封装格式、编解码器和滤镜处理器以及详细的选项信息，打印出来的信息超过 1.5 万行，使用起来不是特别便利。因此 FFmpeg 也支持单纯查询特定 Demuxer 或者 Muxer 选项的方式。如果要了解 ffmpeg 支持的具体某一种 Demuxer、Muxer 类型，可以使用类似 `ffmpeg -h encoder/decoder/muxer/demuxer/filter=xxx` 的命令来查看具体容器、编解码器、滤镜的详细参数。

例如查看 FLV 封装器的参数支持，使用的命令是 `ffmpeg -h muxer=flv`，输出的信息包含以下两部分：

- 第 1 部分为 FLV 封装的默认配置描述，如扩展名、MIME 类型、默认的视频编码格式、默认的音频编码格式等。
- 第 2 部分为 FLV 封装时可以支持的配置参数及相关说明。

同样，查看 FLV 解封装器的参数支持使用的是命令 `ffmpeg -h demuxer=flv`。

接着查看 H.264 编码器 libx264 在 FFmpeg 中支持的编码参数，使用命令 `ffmpeg -h encoder=h264`。H.264（AVC）的编码参数信息包含以下两部分：

- 第 1 部分为 H.264 所支持的基本编码方式、支持的多线程编码方式（例如帧级别多线程编码或 Slice 级别多线程编码）、编码器所支持的像素的色彩格式。
- 第 2 部分为编码的具体配置参数及相关说明。

而查看 H.264（AVC）的解码参数支持的命令自然如法炮制，使用命令 `ffmpeg -h decoder=h264`。除了编码器、解码器以外，也可以查看具体滤镜的参数支持情况。这里查看 colorkey 滤镜的命令为 `ffmpeg -h filter=colorkey`。colorkey 滤镜参数信息包含以下两部分：

- 第 1 部分为 colorkey 所支持的色彩格式信息、多线程处理方式，以及输入或输出支持。
- 第 2 部分为 colorkey 所支持的参数及说明。

关于使用 ffmpeg 查询具体选项的介绍到此告一段落。下面详细介绍使用 ffmpeg 来执行封装转换、解码和编码，以及转码流程。

3.1.1　封装转换

FFmpeg 的封装转换（转封装）功能主要基于 AVFormat 模块，通过 libavformat 库进行 Mux 和 Demux 操作。我们知道，多媒体文件的格式多种多样，在 FFmpeg 的实现中，这些格式中很多操作参数是公用的，而其他特定参数使用上述命令即可查询。下面详细介绍一下这些与容器格式相关的公用参数。

通过查看 `ffmpeg --help full` 信息，找到 AVFormatContext 参数部分，在这个参数下面的所有参数均为封装转换可使用的参数，如表 3-1 所示。

表 3-1　ffmpeg AVFormatContext 主要参数帮助

参数	类型	说明
avioflags	标记	format 的缓冲设置，默认为 0，即使用缓冲的方式 direct：无缓冲状态
probesize	整数	在进行媒体数据处理前获得文件内容的大小，可用在预读取文件头时提高速度，也可以设置足够大的值来读取足够多的音视频数据信息
fflags	标记	flush_packets：立即将 packets 数据刷新写入文件中 genpts：输出时按照正常规则产生 pts nofillin：不要通过计算的方式填写 AVPacket 缺失的值 igndts：忽略 dts discardcorrupt：丢弃损坏的帧 sortdts：尝试以 dts 的顺序输出 keepside：不合并数据 fastseek：快速 seek（定位）操作，但是不够精确 latm：设置 RTP MP4_LATM 生效 nobuffer：直接读取或者写出，不存入 buffer，用于直播采集时可降低延迟 bitexact：不写入随机或者不稳定的数据
seek2any	整数	支持随意 seek，这个 seek 不以 keyframe 为参考
analyzeduration	整数	指定解析媒体需要的音视频的时长，这里设置的值越大，解析的音视频流信息越准。如果为了播放达到秒开效果，这个值可以设置得小一些，但是获得的流信息会有不准确的问题
codec_whitelist	列表	设置可以解析的 Codec 的白名单
format_whitelist	列表	设置可以解析的 Format 的白名单
output_ts_offset	整数	设置输出文件的起始时间

　　这些是通用的封装、解封装操作的参数，可以与后面章节中介绍的转封装操作、解封装操作对应的命令行参数搭配使用。另外，由于部分参数并未完整提及，读者可以使用上面的方式继续查看。

3.1.2　解码和编码

　　FFmpeg 编解码部分的功能主要通过 AVCodec 这个模块来完成，通过使用 libavcodec 库进行解码与编码操作。多媒体领域的编码格式种类很多，FFmpeg 把这些操作分为通用操作和基于特定编解码器的操作，目前还是有很多基本的操作参数是通过通用设置来支持的。下面详细介绍这些通用的参数。

　　使用命令 `ffmpeg --help full` 可以看到 AVCodecContext 参数列表信息，如表 3-2 所示。在这个选项下面的所有参数均为编解码可以使用的参数，但实际上需要注意，并不是每个编解码器都完全支持这些参数。

　　ffmpeg 编解码参数中还有一些更细化的参数在本小节中并未太多提及，可以根据本小节中提到的方法查看更多的内容。本小节重点介绍了常用的通用参数，在后面章节中介绍编码操作时可以配合对应的例子使用。

表 3-2   ffmpeg AVCodecContext 主要参数

参数	类型	说明
b	整数	设置音频与视频码率，可以认为是音视频加起来的码率，默认为 200kbit/s。使用该参数变体 b:v 设置视频码率，b:a 设置音频码率
ab	整数	设置音频的码率，默认是 128kbit/s
g	整数	设置视频 GoP（可以理解为关键帧间隔）大小，默认是 12 帧一个 GoP
ar	整数	设置音频采样率，默认为 0
ac	整数	设置音频通道数，默认为 0
bf	整数	设置连续编码为 B 帧的个数，默认为 0
maxrate	整数	最大码率设置，与 bufsize 一同使用即可，默认为 0
minrate	整数	最小码率设置，配合 maxrate 与 bufsize 可以设置为 CBR 模式，平时很少使用，默认为 0
bufsize	整数	设置控制码率的 buffer 的大小，默认为 0
keyint_min	整数	设置关键帧最小间隔，默认为 25
sc_threshold	整数	设置场景切换支持，默认为 0
me_threshold	整数	设置运动估计阈值，默认为 0
mb_threshold	整数	设置宏块阈值，默认为 0
profile	整数	设置音视频的 profile，默认为 -99
level	整数	设置音视频的 level，默认为 -99
timecode_frame_start	整数	设置 GoP 帧的开始时间，需要在 non-drop-frame 默认情况下使用
channel_layout	整数	设置音频通道的布局格式
threads	整数	设置编解码工作的线程数

3.1.3 转码流程

ffmpeg 工具的主要用途为编码、解码、转码和媒体格式转换等，其中转码差不多覆盖了上面的所有操作，因此我们重点介绍一下转码（参考 2.2.7 节介绍的 ffmpeg 整体处理工作流程图）。

前面已经介绍了可以设置转码的相关参数，而转码操作有时也会伴随着封装格式的改变。可以通过设置 AVCodec 与 AVFormat 的参数，改变封装格式与编码格式。下面举一个例子。

```
ffmpeg -i ~/Movies/input1.rmvb -vcodec mpeg4 -b:v 200k -r 15 -an output.mp4
```

命令执行后输出基本信息如下：

```
Input #0, rm, from '/Users/liuqi/Movies/input1.rmvb':
  Metadata:
    Modification Date: 5/3/2008 11:15:56
  Duration: 01:40:53.44, start: 0.000000, bitrate: 408 kb/s
    Stream #0:0: Audio: cook (cook / 0x6B6F6F63), 22050 Hz, stereo, fltp, 20 kb/s
    Stream #0:1: Video: rv40 (RV40 / 0x30345652), yuv420p, 608x320, 377 kb/s, 23.98 fps,
23.98 tbr, 1k tbn, 1k tbc
  Stream mapping:
    Stream #0:1 -> #0:0 (rv40 (native) -> mpeg4 (native))
Press [q] to stop, [?] for help
Output #0, mp4, to 'output.mp4':
```

```
    Metadata:
      encoder        : Lavf57.71.100
      Stream #0:0: Video: mpeg4 ( [0][0][0] / 0x0020), yuv420p, 608x320, q=2-31, 200 kb/s,
15 fps, 15360 tbn, 15 tbc
      Metadata:
        encoder        : Lavc57.89.100 mpeg4
      Side data:
        cpb: bitrate max/min/avg: 0/0/200000 buffer size: 0 vbv_delay: -1
frame= 376 fps=0.0 q=7.0 Lsize=822kB time=00:00:25.00 bitrate=269.3kbits/s  speed=64.3x
```

从输出信息中可以看到，以上输出的参数中使用了前面介绍过的参数：

- 转封装格式从 RMVB 格式转为 MP4
- 视频编码从 RV40 转为 MPEG4
- 视频码率从原来的 377 kbit/s 转为 200 kbit/s
- 视频帧率从原来的 23.98 fps 转为 15 fps
- 转码后的文件中不包括音频（-an 参数）

这个例子的流程与前面提到的流程相同：首先解封装，需要解封装的格式为 RMVB；然后解码，其中视频格式为 RV40，音频格式为 COOK，找到它们对应的解码器执行解码操作；解码后的视频会被编码为 MPEG4，而音频被丢弃了；随后封装为一个没有音频的 MP4 文件。

3.2 ffprobe 常用命令

在 FFmpeg 工具套件中，除了作为多媒体处理工具的 ffmpeg 以外，还有作为多媒体信息分析查看工具的 ffprobe。ffprobe 主要用来查看和分析多媒体文件。下面看一下 ffprobe 中常用的基本命令。

3.2.1 ffprobe 常用参数

ffprobe 有许多选项（参数），可以用来指定输出的格式、查看的信息等。下面是一些常用的选项：

- -v：指定输出的详细程度。0 为较少的信息，9 为更多的信息。
- -show_format：查看媒体文件的容器信息，包括格式、时长、码率等。
- -show_streams：查看媒体文件的流信息，包括编码格式、帧率、分辨率等。
- -show_chapters：查看媒体文件的章节信息。
- -of：指定输出的格式，支持的格式包括 JSON、XML 等。

下面是一个使用这些选项的例子，它查看名为 video.mp4 的媒体文件的详细信息，并以 JSON 格式输出。

```
ffprobe -v 9 -show_format -show_streams -show_chapters -of json video.mp4
```

其中，-v 9 选项指定输出的日志级别，其中 9 是最高级别。-show_format 选项表示要显示媒体文件的基本格式信息。-show_streams 选项表示要显示媒体文件中的视频、音频和字幕流的信息。-show_chapters 选项表示要显示媒体文件中的章节信息。-of json 选项表示以 JSON 格式输出信息。最后，video.mp4 是媒体文件的名称。ffprobe 的参数比较多，可以用命令 ffprobe --help 来查看详细的帮助信息。

```
Simple multimedia streams analyzer
usage: ffprobe [OPTIONS] INPUT_FILE

Main options:
-L                  show license
-h topic            show help
-? topic            show help
-help topic         show help
--help topic        show help
-version            show version
-buildconf          show build configuration
-formats            show available formats
-muxers             show available muxers
-demuxers           show available demuxers
-devices            show available devices
-codecs             show available codecs
-decoders           show available decoders
-encoders           show available encoders
-bsfs               show available bit stream filters
-protocols          show available protocols
-filters            show available filters
-pix_fmts           show available pixel formats
-layouts            show standard channel layouts
-sample_fmts        show available audio sample formats
-dispositions       show available stream dispositions
-colors             show available color names
-loglevel loglevel  set logging level
-v loglevel         set logging level
-report             generate a report
-max_alloc bytes    set maximum size of a single allocated block
-cpuflags flags     force specific cpu flags
-cpucount count     force specific cpu count
-hide_banner hide_banner  do not show program banner
-sources device     list sources of the input device
-sinks device       list sinks of the output device
-f format           force format
-unit               show unit of the displayed values
-prefix             use SI prefixes for the displayed values
-byte_binary_prefix use binary prefixes for byte units
-sexagesimal        use sexagesimal format HOURS:MM:SS.MICROSECONDS for time units
-pretty             prettify the format of displayed values, make it more human readable
-print_format format  set the output printing format (available formats are: default,
compact, csv, flat, ini, json, xml)
-of format          alias for -print_format
-select_streams stream_specifier  select the specified streams
-sections           print sections structure and section information, and exit
-show_data          show packets data
-show_data_hash     show packets data hash
-show_error         show probing error
-show_format        show format/container info
-show_frames        show frames info
-show_entries entry_list  show a set of specified entries
-show_log           show log
-show_packets       show packets info
-show_programs      show programs info
-show_streams       show streams info
-show_chapters      show chapters info
-count_frames       count the number of frames per stream
-count_packets      count the number of packets per stream
-show_program_version  show ffprobe version
-show_library_versions show library versions
-show_versions      show program and library versions
-show_pixel_formats show pixel format descriptions
```

```
-show_optional_fields  show optional fields
-show_private_data  show private data
-private            same as show_private_data
-bitexact           force bitexact output
-read_intervals read_intervals  set read intervals
-i input_file       read specified file
-o output_file      write to specified output
-print_filename print_file  override the printed input filename
-find_stream_info   read and decode the streams to fill missing information with heuristics
```

上面信息为 ffprobe 常用的操作参数，也是 ffprobe 的基础参数，例如查看 log、每一个音频或者视频数据包信息、节目信息、流信息、每一个流有多少帧、每一个流有多少个音视频包、视频像素点的格式等。有了这些基本参数，下面通过示例加深理解。

3.2.2 ffprobe 使用示例

下面使用 ffprobe 来实际分析一些媒体文件，以获得更充分的认识。

1）使用 ffprobe -show_packets input.flv 查看多媒体数据包信息。show_packets 查看的多媒体包信息使用[PACKET]标签，其中包含的字段信息如表 3-3 所示。

表 3-3　packet 字段说明

字段	说明
codec_type	多媒体类型，例如视频包、音频包等
stream_index	多媒体的流索引
pts	多媒体的显示时间值
pts_time	把多媒体显示时间显示为时钟时间格式
dts	多媒体解码时间值
dts_time	把多媒体解码时间显示为时钟时间格式
duration	多媒体包占用的时间值
duration_time	根据不同格式计算的多媒体包占用的时间值
size	多媒体包的大小
pos	多媒体包所在的文件偏移位置
flags	多媒体包标记，关键包与非关键包的标记

除了以上字段和信息外，还可以通过 ffprobe -show_data -show_packets input.flv 组合参数来查看包中的具体数据。

```
[PACKET]
codec_type=video
stream_index=0
pts=120
pts_time=0.120000
dts=120
dts_time=0.120000
duration=40
duration_time=0.040000
size=263
pos=20994
flags=__
data=
00000000: 0000 0103 019e 6174 4107 ac85 be46 3d0a  ......atA....F=.
```

```
00000010: 6c38 18c7 dd94 d449 0abf 97d3 0ed8 6f4c  l8.....I......oL
00000020: 199b 08e3 69cc 09bc 502a 3709 c5a8 797a  ....i...P*7...yz
......因篇幅太长省略
000000c0: 2d67 5f15 6d82 a411 ce0f 23db 3c83 c3bc  -g_.m.....#.<...
000000f0: 75b9 472a 0f61 8312 de06 4516 1e17 09af  u.G*.a....E.....
00000100: 43da 5200 bf1a f9                         C.R....
[/PACKET]
```

在输出的内容中看到了多媒体包中包含的数据，初始信息为 0000 0103 019e 6174，那么可以根据输出中的 pos，也就是文件偏移位置查看。此时 pos 的值为 20994，将其转换为十六进制，得知位置为 0x00005202，加上 FLVTAG（参考 4.2 节的表 4-25）头部分的数据之后的偏移位置与 data 的数据是可以对应的。可以使用 Linux 下的 xxd input.flv 命令查看。

```
00005200: 171a 0900 010c 0000 7800 0000 0027 0100  ........x....'..
00005210: 0000 0000 0103 019e 6174 4107 ac85 be46  ........atA....F
00005220: 3d0a 6c38 18c7 dd94 d449 0abf 97d3 0ed8  =.l8.....I......
00005230: 6f4c 199b 08e3 69cc 09bc 502a 3709 c5a8  oL....i...P*7...
00005240: 797a dc01 40b1 4b6b ccd8 e9a1 7ea4 0340  yz..@.Kk....~..@
00005250: 70dc 2fce 861c 0168 c813 287c 0410 dfff  p./....h..(|....
00005260: ae0d 4f25 01d1 594b 96a6 79f4 0a1e 9ab4  ..O%..YK..y.....
00005270: 6e1d 946f 494d f72c 86d1 03f1 a420 ef38  n..oIM.,..... .8
00005280: d759 ce25 a113 db4a 79c1 a04b a91b 908e  .Y.%...Jy..K....
00005290: 063d cea8 383d b4f4 d190 be3a 6943 1698  .=..8=.....:iC..
```

通过 ffprobe 读取 packets 来进行对应的数据分析，使用 show_packets 与 show_data 配合可以更加精确地分析。

2）除了 packets 与 data 外，ffprobe 还可以分析多媒体的封装格式，使用 ffprobe -show_format output.mp4 命令即可。封装相关信息在输出中使用[FORMAT]标签。

```
[FORMAT]
filename=output.mp4
nb_streams=1
nb_programs=0
format_name=mov,mp4,m4a,3gp,3g2,mj2
format_long_name=QuickTime / MOV
start_time=0.000000
duration=10.080000
size=212111
bit_rate=168342
probe_score=100
[/FORMAT]
```

对输出信息关键字段的说明如表 3-4 所示。

表 3-4 format 关键字段说明

字段	说明
filename	文件名
nb_streams	媒体中包含的流的个数
nb_programs	节目数
format_name	使用的封装模块的名字
format_long_name	封装完整名称
start_time	媒体文件的起始时间
duration	媒体文件的总时间长度
size	媒体文件的大小
bit_rate	媒体文件的码率

　　参考表 3-4 中介绍的字段,可以看到上面这个视频文件只有 1 个流通道,起始时间是 0.000000,总时间长度为 10.080000,文件大小为 212 111 字节,码率为 168 342 bit/s。这个文件的格式有可能是 MOV、MP4、M4A、3GP、3G2 或者 MJ2,ffprobe 之所以会这么输出,是因为这几种封装格式在 ffmpeg 中所识别的标签基本相同,所以会有多种显示方式,而其他封装格式不一定是这样的。下面我们再看一个 WMV 的封装格式。

```
[FORMAT]
filename=input.wmv
nb_streams=1
nb_programs=0
format_name=asf
format_long_name=ASF (Advanced / Active Streaming Format)
start_time=0.000000
duration=10.080000
size=1306549
bit_rate=1036943
probe_score=100
[/FORMAT]
```

　　这个 input.wmv 文件中包含一个流通道,文件封装格式为 ASF。

　　3)使用 ffprobe -show_frames input.flv 命令可以查看视频文件中的帧信息,输出的帧信息使用[FRAME]标签。

　　使用-show_frames 参数可以查看每一帧的信息,其中一些重要字段如表 3-5 所示。

表 3-5　frame 重要字段说明

字段	说明	值
media_type	帧的类型（视频、音频、字幕等）	video
stream_index	帧所在的索引区域	0
key_frame	是否是关键帧	1
pkt_pts	Frame 包的 pts	0
pkt_pts_time	Frame 包的 pts 的时间显示	0.080000
pkt_dts	Frame 包的 dts	80
pkt_dts_time	Frame 包的 dts 的时间显示	0.080000
pkt_duration	Frame 包的时长	N/A
pkt_duration_tine	Frame 包的时长时间显示	N/A
pkt_pos	Frame 包所在文件的偏移位置	344
width	帧显示的宽度	1280
height	帧显示的高度	714
pix_fmt	帧的图像色彩格式	yuv420p
pict_type	帧类型	I

　　使用 Elecard StreamEye 工具打开并查看 MP4 时,会很直观地看到帧类型信息。用 ffprobe 的 pict_type 同样可以看到视频的帧是 I 帧、P 帧还是 B 帧。每一帧的大小也同样可以通过 ffprobe 的 pkt_size 查看。

　　通过-show_streams 参数可以查看多媒体文件中的流信息。流信息使用[STREAMS]标签,其中重要字段说明如表 3-6 所示。

表 3-6　streams 重要字段说明

字段	说明	值
index	流所在的索引区域	0
codec_name	编码名	h264
codec_long_name	编码全名	MPEG-4 part 10
profile	编码的 profile	High
level	编码的 level	31
has_b_frames	包含 B 帧信息	2
codec_tyoe	编码类型	video
codec_time_base	编码的时间戳计算基础单位	1/50
pix_fmt	图像显示的色彩格式	yuv420p
coded_width	图像的宽度	1280
coded_height	图像的高度	714
codec_tag_string	编码的标签数据	[0][0][0][0]
r_frame_rate	实际帧率	25/1
avg_frame_rate	平均帧率	25/1
time_base	时间基数（用来计算 timestamp）	1/1000
bit_rate	码率	200000
max_bit_rate	最大码率	N/A
nb_frames	帧数	N/A

4）ffprobe 使用前面的参数可以获得 key-value 格式的显示方式，有时需要计算机对输出信息进行处理，则可以定义输出的格式，我们使用 ffprobe -print_format 或者 ffprobe -of 参数来设定相应的输出格式，其支持的格式包括 XML、INI、JSON、CSV、FLAT 等。下面列举几个不同输出格式的例子。

通过 ffprobe -of xml -show_streams input.flv 得到的 XML 输出格式如下：

```
<?xml version="1.0" encoding="UTF-8"?>

<ffprobe>

    <streams>

        <stream index="0" codec_name="h264" codec_long_name="H.264 / AVC / MPEG-4 AVC / MPEG-4 part 10" profile="High" codec_type="video" codec_time_base="1/50" codec_tag_string="[0][0][0][0]" codec_tag="0x0000" width="1280" height="714" coded_width="1280" coded_height="714" has_b_frames="2" sample_aspect_ratio="1:1" display_aspect_ratio="640:357" pix_fmt="yuv420p" level="31" chroma_location="left" field_order="progressive" refs="1" is_avc="true" nal_length_size="4" r_frame_rate="25/1" avg_frame_rate="25/1" time_base="1/1000" start_pts="80" start_time="0.080000" bit_rate="200000" bits_per_raw_sample="8">

            <disposition default="0" dub="0" original="0" comment="0" lyrics="0" karaoke="0" forced="0" hearing_impaired="0" visual_impaired="0" clean_effects="0" attached_pic="0" timed_thumbnails="0"/>
```

```
        </stream>

    </streams>

</ffprobe>
```

从输出内容可以看到，输出的内容格式为 XML 格式。如果原有的业务中本身可以解析 XML 格式，其实不需要更改解析引擎，直接将输出内容输出为 XML 格式即可，解析引擎解析 Packet 信息时会很方便。

使用 ffprobe -of ini -show_streams input.flv 可得到 INI 格式输出，这种格式可以用于擅长 INI 解析的项目。

```
[streams.stream.0]
index=0
codec_name=h264
codec_long_name=H.264 / AVC / MPEG-4 AVC / MPEG-4 part 10
profile=High
codec_type=video
codec_time_base=1/50
codec_tag_string=[0][0][0][0]
codec_tag=0x0000
width=1280
height=714
coded_width=1280
coded_height=714
has_b_frames=2
```

使用 ffprobe -of flat -show_streams input.flv 可输出如下 FLAT 格式：

```
streams.stream.0.index=0
streams.stream.0.codec_name="h264"
streams.stream.0.codec_long_name="H.264 / AVC / MPEG-4 AVC / MPEG-4 part 10"
streams.stream.0.profile="High"
streams.stream.0.codec_type="video"
streams.stream.0.codec_time_base="1/50"
streams.stream.0.codec_tag_string="[0][0][0][0]"
streams.stream.0.codec_tag="0x0000"
streams.stream.0.width=1280
streams.stream.0.height=714
```

直接可以获得 Packet 属于哪个 Stream，从而获得 Stream 对应的 Packet 的信息。

使用 ffprobe -of json -show_packets input.flv 可输出如下 JSON 格式：

```
{
    "packets": [
        {
            "codec_type": "video",
            "stream_index": 0,
            "pts": 80,
            "pts_time": "0.080000",
            "dts": 0,
            "dts_time": "0.000000",
            "size": "8341",
            "pos": "344",
            "flags": "K_"
        },
        {
            "codec_type": "video",
            "stream_index": 0,
            "pts": 240,
            "pts_time": "0.240000",
            "dts": 40,
            "dts_time": "0.040000",
```

```
              "duration": 40,
              "duration_time": "0.040000",
              "size": "6351",
              "pos": "8705",
              "flags": "__"
          },
```

使用 ffprobe -of csv -show_packets input.flv 可输出如下 CSV 格式：

```
packet,video,0,80,0.080000,0,0.000000,N/A,N/A,N/A,N/A,8341,344,K_
packet,video,0,240,0.240000,40,0.040000,40,0.040000,N/A,N/A,6351,8705,__
packet,video,0,160,0.160000,80,0.080000,40,0.040000,N/A,N/A,5898,15076,__
packet,video,0,120,0.120000,120,0.120000,40,0.040000,N/A,N/A,263,20994,__
packet,video,0,200,0.200000,160,0.160000,40,0.040000,N/A,N/A,4922,21277,__
packet,video,0,280,0.280000,200,0.200000,40,0.040000,N/A,N/A,3746,26219,__
packet,video,0,320,0.320000,240,0.240000,40,0.040000,N/A,N/A,2305,29985,__
packet,video,0,360,0.360000,280,0.280000,40,0.040000,N/A,N/A,1767,32310,__
packet,video,0,440,0.440000,320,0.320000,40,0.040000,N/A,N/A,1329,34097,__
packet,video,0,400,0.400000,360,0.360000,40,0.040000,N/A,N/A,202,35446,__
```

通过各种格式输出，可以使用对应的绘图方式绘制出可视化图形。例如输出 CSV 格式后使用 Excel 以表格形式打开，然后将表格中的数据以图形方式绘制出来，如图 3-1 和图 3-2 所示。

	A	B	C	D	E	F	G	H	I	J	K	L	M	N
1	packet	video	0	80	0.08	0	0	N/A		N/A	N/A	8341	344	K
2	packet	video	0	240	0.24	40	0.04	40	0.04	N/A	N/A	6351	8705	_
3	packet	video	0	160	0.16	80	0.08	40	0.04	N/A	N/A	5898	15076	_
4	packet	video	0	120	0.12	120	0.12	40	0.04	N/A	N/A	263	20994	_
5	packet	video	0	200	0.2	160	0.16	40	0.04	N/A	N/A	4922	21277	_
6	packet	video	0	280	0.28	200	0.2	40	0.04	N/A	N/A	3746	26219	_
7	packet	video	0	320	0.32	240	0.24	40	0.04	N/A	N/A	2305	29985	_
8	packet	video	0	360	0.36	280	0.28	40	0.04	N/A	N/A	1767	32310	_
9	packet	video	0	440	0.44	320	0.32	40	0.04	N/A	N/A	1329	34097	_
10	packet	video	0	400	0.4	360	0.36	40	0.04	N/A	N/A	202	35446	_
11	packet	video	0	520	0.52	400	0.4	40	0.04	N/A	N/A	2058	35668	_
12	packet	video	0	480	0.48	440	0.44	40	0.04	N/A	N/A	137	37746	_
13	packet	video	0	680	0.68	480	0.48	40	0.04	N/A	N/A	1031	37903	_
14	packet	video	0	600	0.6	520	0.52	40	0.04	N/A	N/A	73	38954	_
15	packet	video	0	560	0.56	560	0.56	40	0.04	N/A	N/A	54	39047	

图 3-1   使用 Excel 查看以 CSV 格式输出的媒体信息

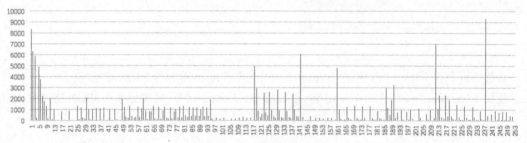

图 3-2   转换图形方式输出

图形绘制出来后，可以看到对应的图形与 StreamEye 基本相同，如图 3-3 所示。

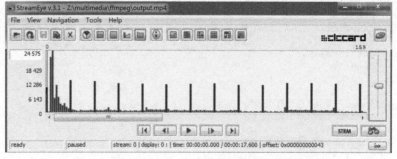

图 3-3   StreamEye 中流媒体帧信息的可视化图

5）使用 select_streams 可以查看音频（a）、视频（v）、字幕（s）的信息。例如配合 show_frames 查看视频的帧信息。

```
ffprobe -show_frames -select_streams v -of xml input.mp4
```

命令执行后可以看到输出的信息如下：

```
<?xml version="1.0" encoding="UTF-8"?>

<ffprobe>

    <frames>

        <frame   media_type="video"   stream_index="0"   key_frame="1"   pkt_pts="0"
pkt_pts_time="0.000000"  pkt_dts="0"  pkt_dts_time="0.000000"  best_effort_timestamp="0"
best_effort_timestamp_time="0.000000"  pkt_duration="640"  pkt_duration_time="0.040000"
pkt_pos="48" pkt_size="8341" width="1280" height="714" pix_fmt="yuv420p" sample_aspect_
ratio="1:1" pict_type="I" coded_picture_number="0" display_picture_number="0" interlaced_
frame="0" top_field_first="0" repeat_pict="0"/>

        <frame media_type="video" stream_index="0" key_frame="0" pkt_pts="640" pkt_pts_
time="0.040000" pkt_dts="640" pkt_dts_time="0.040000" best_effort_timestamp="640" best_
effort_timestamp_time="0.040000" pkt_duration="640" pkt_duration_time="0.040000" pkt_pos=
"20638" pkt_size="263" width="1280" height="714" pix_fmt="yuv420p" sample_aspect_ratio="1:
1" pict_type="B" coded_picture_number="3" display_picture_number="0" interlaced_frame="0"
top_field_first="0" repeat_pict="0"/>

        <frame media_type="video" stream_index="0" key_frame="0" pkt_pts="1280" pkt_
pts_time="0.080000" pkt_dts="1280" pkt_dts_time="0.080000" best_effort_timestamp="1280"
best_effort_timestamp_time="0.080000"  pkt_duration="640"  pkt_duration_time="0.040000"
pkt_pos="14740" pkt_size="5898" width="1280" height="714" pix_fmt="yuv420p" sample_aspect_
ratio="1:1" pict_type="B" coded_picture_number="2" display_picture_number="0" interlaced_
frame="0" top_field_first="0" repeat_pict="0"/>

        <frame media_type="video" stream_index="0" key_frame="0" pkt_pts="1920" pkt_
pts_time="0.120000" pkt_dts="1920" pkt_dts_time="0.120000" best_effort_timestamp="1920"
best_effort_timestamp_time="0.120000"  pkt_duration="640"  pkt_duration_time="0.040000"
pkt_pos="20901" pkt_size="4922" width="1280" height="714" pix_fmt="yuv420p" sample_aspect_
ratio="1:1" pict_type="B" coded_picture_number="4" display_picture_number="0" interlaced_
frame="0" top_field_first="0" repeat_pict="0"/>
```

从上面内容可以看到，输出的 frame 信息全部为视频相关信息。在实际应用中如果不需要使用所有的字段信息，可以通过 ffprobe 的 show_entries 参数配合 show_packets、show_frames、show_format、show_streams、show_programs、show_chapters，指定对应的字段即可。show_entries 参数后面的变量名为 show_packets、show_frames、show_format、show_streams、show_programs、show_chapters 参数输出的标签，字段即标签开始到结束之间的字段，从而输出字段对应的值。例如在实际使用时需要得到视频文件中视频流所有关键帧的时间戳和对应的文件位置，那么可以按以下方式组合参数：

```
ffprobe -of xml -select_streams v -show_packets -show_entries packet=codec_type,pts_
time,flags,pos input.mp4 | grep flags=\"K
```

如果有多个视频流，则可以再通过 stream_index 过滤。

```
ffprobe -of xml -select_streams v -show_packets -show_entries packet=stream_index,
codec_type,pts_time,flags,pos input.mp4 | grep flags=\"K | grep stream_index=\"0
```

以上参数输出的内容如下：

```
<packet codec_type="video" stream_index="0" pts_time="0.000000" pos="36" flags="K_"/>
```

```
<packet codec_type="video" stream_index="0" pts_time="0.750000" pos="23090" flags="K_"/>

<packet codec_type="video" stream_index="0" pts_time="1.500000" pos="45428" flags="K_"/>

<packet codec_type="video" stream_index="0" pts_time="2.250000" pos="79187" flags="K_"/>

<packet codec_type="video" stream_index="0" pts_time="3.000000" pos="109510" flags="K_"/>

<packet codec_type="video" stream_index="0" pts_time="3.750000" pos="139205" flags="K_"/>

<packet codec_type="video" stream_index="0" pts_time="4.500000" pos="169374" flags="K_"/>

<packet codec_type="video" stream_index="0" pts_time="5.250000" pos="192339" flags="K_"/>
```

... 其余内容过多重复，这里省略 ...

6）使用 loglevel 可查看 MP4 视频文件的 moov 位置。当在线视频播放服务中使用 MP4 视频时，要求 MP4 视频文件中 moov box 放在 ftyp box 之后、mdat box 之前，否则一般会对 moov box 做二次处理，使其前移到文件的头部。在 FFmpeg 中，一般使用-movflags faststart 参数将 moov box 前移，而确认 moov box 位置可以使用下面的命令：

```
ffprobe -v trace input.mp4 2>&1|grep "parent:'root'"
```

输出内容如下：

```
[mov,mp4,m4a,3gp,3g2,mj2 @ 0x7ff9ba607d40] type:'ftyp' parent:'root' sz: 36 8 40044295

[mov,mp4,m4a,3gp,3g2,mj2 @ 0x7ff9ba607d40] type:'free' parent:'root' sz: 8 44 40044295

[mov,mp4,m4a,3gp,3g2,mj2 @ 0x7ff9ba607d40] type:'mdat' parent:'root' sz: 40019476 52 40044295

[mov,mp4,m4a,3gp,3g2,mj2 @ 0x7ff9ba607d40] type:'moov' parent:'root' sz: 24775 40019528 40044295
```

使用 ffprobe 还可以查看很多信息，如果需要进一步学习，可以根据本节介绍的方法查看详细选项。

3.3　ffplay 常用命令

在编译旧版本 FFmpeg 源代码时，如果系统中包含了 SDL-1.2 版本，会默认编译生成 ffplay；如果不包含 SDL-1.2 或者版本不是 SDL-1.2，则无法生成 ffplay 文件。所以如果想使用 ffplay 进行流媒体播放测试，需要安装 SDL-1.2。而在新版本的 FFmpeg 源代码中，ffplay 需要 SDL-2.0 之后的版本。ffplay 使用 SDL 的原因主要是 SDL 是一个跨平台的多媒体开发库，屏蔽了不同平台诸如 Windows、Linux、macOS 相关的底层细节，使得 ffplay 可以很方便地同时支持多个平台。但随之也引入了一些限制，比如经常会被问到的 ffplay 是否支持硬解码与渲染一体加速的问题，ffplay 实际上并未支持，究其原因，ffplay 和其他 FFmpeg 工具集一样，它们最初是作为工具提供，并没有打算开发为一个完备可用的播放器方案。通常我们在 FFmpeg 中使用 ffplay 作为播放器，其实 ffplay 不但可以做播放器，还可以作为很多音视频数据的图形化分析工具，例如通过 ffplay 可以看到视频图像的运动估计方向、音频数据的波形等。

3.3.1 ffplay 常用参数

ffplay 不仅是播放器，同时也是测试 FFmpeg 的 Codec 组件、Format 组件以及 Filter 功能的可视化工具，并且可以做可视化的媒体参数分析。基本参数可以通过 ffplay --help 进行查看。大多数参数在前面已经介绍过，这里不再赘述。一些未介绍过的参数说明如表 3-7 所示。

表 3-7　ffplay 基础帮助信息

参数	说明
x	强制设置视频显示窗口的宽度
y	强制设置视频显示窗口的高度
s	设置视频显示的宽高
fs	强制全屏显示
an	屏蔽音频
vn	屏蔽视频
sn	屏蔽字幕
ss	根据设置的秒进行定位拖动
t	设置播放视频/音频长度
bytes	设置定位拖动的策略，0 为不可拖动，1 为可拖动，−1 为自动
nodisp	关闭图形化显示窗口
f	强制使用设置的格式进行解析
window_title	设置显示窗口的标题
af	设置音频的滤镜
vf	设置视频的滤镜
codec	强制使用设置的 Codec 进行解码
autorotate	自动旋转视频

常见参数可以手动进行尝试。

1）从视频的第 30 秒开始播放，播放 10 秒钟的文件，可以使用如下命令：

```
ffplay -ss 30 -t 10 input.mp4
```

2）播放视频时播放器的窗口显示为自定义标题，使用如下命令：

```
ffplay -window_title "Hello World, This is a sample" output.mp4
```

显示窗口如图 3-4 所示，增加了窗口标题。

下面是另外一个使用 ffplay 打开网络直播流并带有播放窗口标题的例子，其使用以下命令：

```
ffplay -window_title "播放测试" rtmp://up.v.test.com/live/stream
```

命令执行后效果如图 3-5 所示。

图 3-4　ffplay 设置播放器窗口标题

图 3-5　ffplay 播放网络直播流并带有标题的窗口

基本参数介绍完毕，下面进一步介绍 ffplay 的高级参数。

3.3.2　ffplay 高级参数

使用 ffplay --help 参数可以看到帮助信息比较多，其中包含了高级参数，如表 3-8 所示。

表 3-8　ffplay 高级参数

参数	说明
ast	设置将要播放的音频流
vst	设置将要播放的视频流
sst	设置将要播放的字幕流
stats	输出多媒体播放状态
fast	非标准化规范的多媒体兼容优化
sync	音视频同步设置，可设置根据音频时间参考、视频时间参考或者外部扩展时间参考
autoexit	多媒体播放完毕自动退出 ffplay，ffplay 默认播放完毕不退出播放器
exitonkeydown	当有按键按下事件产生时退出 ffplay
exitonmousedown	当有鼠标按键事件产生时退出 ffplay
loop	设置多媒体文件循环播放次数
framedrop	当 CPU 资源占用过高时，自动丢帧
infbuf	设置无极限的播放器 buffer，这个选项常见于实时流媒体播放场景
vf	视频滤镜设置
acodec	强制使用设置的音频解码器
vcodec	强制使用设置的视频解码器
scodec	强制使用设置的字幕解码器

下面将这些参数与前面介绍过的一些参数进行组合使用。

1）从 20 秒播放一个视频，播放时长为 10 秒，播放完成后自动退出 ffplay，播放器的窗口标题为 "Hello World"。为了确认播放时长正确，可以通过系统命令 time 查看命令运行时长。

```
time ffplay -window_title "Hello World" -ss 20 -t 10 -autoexit output.mp4
```

该命令执行完毕之后的输出如下：

```
real    0m10.783s

user    0m8.401s

sys     0m0.915s
```

从输出的内容分析来看，实际消耗时间为 10.783 秒，用户控件消耗 8.401 秒，情况基本相符。

2）强制使用 H.264 解码器来解码 MPEG4 格式的视频，将会报错。

```
ffplay -vcodec h264 output.mp4
```

从输出的信息可以看到，使用 H.264 解码器来解码 MPEG4 时会得到"no frame"的错误，视频也解析不出来。

3）在前面举过的例子中，比较多的是 MPEG-TS 单节目的流。下面举一个 MPEG-TS 多节目的流，这种单个文件中包含多个节目的场景常见于广电行业的视频中。

```
Input #0, mpegts, from '/Users/liuqi/Movies/movie/ChinaTV-11.ts':
  Duration: 00:01:50.84, start: 42860.475344, bitrate: 37840 kb/s
  Program 12
    Metadata:
      service_name    : BBB1
      service_provider: BBB
    Stream #0:0[0x3dc]: Video: mpeg2video (Main) ([2][0][0][0] / 0x0002), yuv420p(tv, top
first), 544x480 [SAR 20:17 DAR 4:3], Closed Captions, 29.97 fps, 29.97 tbr, 90k tbn, 59.94 tbc
    Stream #0:1[0x3dd](eng): Audio: mp2 ([4][0][0][0] / 0x0004), 48000 Hz, mono, s16p, 128 kb/s
  Program 13
    Metadata:
      service_name    : BBB 9
      service_provider: BBB
    Stream #0:4[0x3f0]: Video: mpeg2video (Main) ([2][0][0][0] / 0x0002), yuv420p(tv, top
first), 544x480 [SAR 20:17 DAR 4:3], Closed Captions, 29.97 fps, 29.97 tbr, 90k tbn, 59.94 tbc
    Stream #0:5[0x3f1](eng): Audio: mp2 ([4][0][0][0] / 0x0004), 48000 Hz, mono, s16p, 128 kb/s
  Program 14
    Metadata:
      service_name    : BBB12
      service_provider: BBB
    Stream #0:6[0x404]: Video: mpeg2video (Main) ([2][0][0][0] / 0x0002), yuv420p(tv, top
first), 544x480 [SAR 20:17 DAR 4:3], Closed Captions, 29.97 fps, 29.97 tbr, 90k tbn, 59.94 tbc
    Stream #0:7[0x405](eng): Audio: mp2 ([4][0][0][0] / 0x0004), 48000 Hz, mono, s16p,
128 kb/s
  Program 15
    Metadata:
      service_name    : BBB Low
      service_provider: BBB
    Stream #0:8[0x418]: Video: mpeg2video (Main) ([2][0][0][0] / 0x0002), yuv420p(tv, top
first), 544x480 [SAR 20:17 DAR 4:3], Closed Captions, 29.97 fps, 29.97 tbr, 90k tbn, 59.94 tbc
    Stream #0:9[0x419](eng): Audio: mp2 ([4][0][0][0] / 0x0004), 48000 Hz, mono, s16p, 128 kb/s
```

当视频流中出现多个 Program 时，与常规的播放方式稍有所不同，需要指定对应的流，这可以通过 vst、ast、sst 参数指定。例如希望播放 Program 13 中的音视频流，视频流编号为 4，音频流编号为 5，则通过如下命令行指定：

```
ffplay -vst 4 -ast 5 ~/Movies/movie/ChinaTV-11.ts
```

播放效果如图 3-6 所示。

通过 Program 13 中的信息可以看到，该流名称为 service_name，对应的值是 BBB 9，而指定音视频流播放之后播放出来的图像也能够与之对应。

图 3-6　ffplay 选择跨 Program 的流播放

4）如果使用 ffplay 播放视频时希望加载字幕文件，则可以通过加载 ASS 或者 SRT 字幕文件来解决。下面举一个加载 SRT 字幕的例子，首先编辑 SRT 字幕文件，字幕文件的内容如下，且命名为 input.srt。

```
1
00:00:01.000 --> 00:00:30.000
Test Subtitle by Steven Liu

2
00:00:30.001 --> 00:00:60.000
Hello Test Subtitle

3
00:01:01.000 --> 00:01:10.000
Test Subtitle2 by Steven Liu

4
00:01:11.000 --> 00:01:30.000
Test Subtitle3 by Steven Liu
```

然后通过 filter 将字幕文件加载到播放数据中。使用如下命令：

```
ffplay -window_title "Test Movie" -vf "subtitles=input.srt" output.mp4
```

通过这条命令看到播放的效果如图 3-7 所示。可以看到，SRT 格式的文字字幕已经加入视频中并展现了出来。

图 3-7　ffplay 播放视频并加载字幕流

3.3.3 ffplay 的数据可视化分析应用

除了可以播放视频流媒体文件，ffplay 还可以作为简化版本的可视化的视频流媒体分析工具。例如当播放音频文件时，若需要判断文件声音是否正常、分析噪声数据等，可以直接使用 ffplay 播放音频文件，并在播放的时候将解码后的音频数据以音频波形的形式显示出来，如图 3-8 所示。

```
ffplay -showmode 1 output.mp3
```

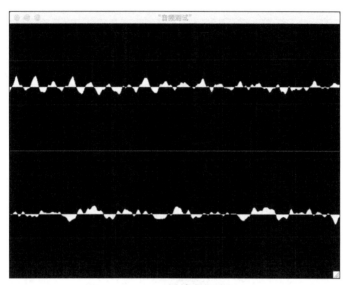

图 3-8 ffplay 播放音频波形显示

可以看到，音频播放时的波形可以通过振幅显示出来，可以用来查看音频的播放情况。

例如，当播放视频时体验解码器是如何解码每个宏块的，可以使用以下命令：

```
ffplay -debug vis_mb_type -window_title "show vis_mb_type" -ss 20 -t 10 -autoexit
output.mp4
```

显示窗口内容如图 3-9 所示。

图 3-9 ffplay 播放视频显示宏块

在输出的视频信息中可以看到不同颜色的方块，这些颜色代表的信息如表 3-9 所示。

表 3-9　宏块显示颜色说明

宏块及颜色	宏块类型条件	说明
■①	IS_PCM (MB_TYPE_INTRA_PCM)	无损（原始采样不包含预测信息）
■	(IS_INTRA && IS_ACPRED) || IS_INTRA16x16	16×16 帧内预测
■	IS_INTRA4x4	4×4 帧内预测
■	IS_DIRECT	无运动向量处理（B 帧分片）
■	IS_GMC && IS_SKIP	16×16 跳宏块（P 或 B 帧分片）
■	IS_GMC	全局运动补偿（与 H.264 无关）
■	!USES_LIST(1)	参考过去的信息（P 或 B 帧分片）
■	!USES_LIST(0)	参考未来的信息（B 帧分片）
■	USES_LIST(0) && USES_LIST(1)	参考过去和未来信息（B 帧分片）

例如，通过 ffplay 查看 B 帧预测与 P 帧预测信息，将信息在窗口中显示出来，可使用以下命令：

```
ffplay -vismv pf output.mp4
```

显示效果如图 3-10 所示。

图 3-10　ffplay 播放视频显示预测信息

通过图 3-10 中的箭头可以看到 P 帧预测的信息。而 vismv 参数则是用来显示图像解码时的运动向量信息的，可以设置 3 种类型的运动向量显示参数，如表 3-10 所示。

表 3-10　运动向量显示参数

参数	说明
pf	P 帧向前运动估计显示
bf	B 帧向前运动估计显示
bb	B 帧向后运动估计显示

这个 vismv 参数将会在未来被替换，而更多的是使用 codecview 这个 filter 来进行设置。如上面的图像也可以通过下面这条命令完成：

```
ffplay -flags2 +export_mvs -ss 40 output.mp4 -vf codecview=mv=pf+bf+bb
```

---

① 宏块颜色为彩图，可通过配套资源获取。

3.3.4 ffplay 快捷键

虽然 ffplay 在播放时不带控制 UI，但是支持了常用的快捷键来控制播放，如表 3-11 所示。测试快捷键功能时，建议切换到英文输入法，以减少一些不必要的按键失误。

表 3-11 ffplay 常用快捷键列表

快捷键名称	功能
f	切换全屏/非全屏
s	逐帧显示图像
w	显示图像和声音波形之间切换
← 左方向键	后退 10 秒
→ 右方向键	前进 10 秒
↑ 上方向键	前进 1 分钟
↓ 下方向键	后退 1 分钟
鼠标右键单击	调整指定的位置，此时认为整个图像的宽度就是时间轴的长度
鼠标左键双击	切换全屏/非全屏
m	静音切换
9 和 0	增大和减小音量，9 和 0 位于功能键区
/和*	增大和减小音量，/和*位于小键盘区
p	暂停/恢复播放
q 和 ESC	退出播放

3.4 小结

本章对 FFmpeg 中的 ffmpeg、ffprobe、ffplay 做了相应的介绍，读者可以实操运行这些命令，以获得一些感性认识。

- ffmpeg 主要用于音视频编解码，作为一个高性能的视频和音频转换器，它既可以从本地文件或网络流读取媒体数据，也可以从现场的音频/视频源抓取数据，还可以在任意的采样率之间进行转换，并通过高质量的滤镜在运行时调整视频的大小等。
- ffprobe 主要用于音视频内容分析，从多媒体流中收集信息并以易读的方式打印出来以供分析等。
- ffplay 主要用于音视频播放、可视化分析，是个简单且支持各个平台的媒体播放器，使用 FFmpeg 库和 SDL 库，主要被用作各种 FFmpeg API 的测试。

通过对 3 个应用程序的介绍，相信大家已经学会使用 FFmpeg 的相关工具集来分析、转换、播放媒体文件，以及执行基本的操作并掌握一定的使用规则了。不过 FFmpeg 命令行所支持的参数非常庞大，唯有先掌握好这些基础操作，才能在碰到实际问题的时候，使用更有创造性的方式来解决。不要害怕动手与出错，大胆实验，小心求证，正如物理学家、诺贝尔奖得主玻尔说的："所谓专家，就是在极小领域内犯过所能犯的全部错误的人。"[①]

[①] 玻尔的原文是：An expert is someone who has made all the mistakes that can be made in a very narrow field.

第 4 章

封装与解封装

本章将重点介绍如何使用 FFmpeg 进行媒体格式的封装与解封装。前面已经介绍过 FFmpeg 支持的容器格式（也可以称为媒体封装格式）的多样性与全面性，本章不会完全列举所有容器格式或者流媒体协议，而是着重介绍常见的容器格式和流媒体协议。

在进入正题前，先简单回顾一下封装格式的作用。容器格式是一种允许将单个或多个音频、视频、字幕等数据流存入单个文件的文件格式，通常伴随着用于识别和进一步详细说明这些数据流的元数据，元数据一般被存储在文件的头部，有时候也被称为音视频关键数据索引。典型的音视频多媒体容器格式如 FLV、MP4、MPEG-TS、RMVB 和 AVI 等。较简单的容器格式可以包含不同类型的音频、视频流，而更高级的容器格式可以支持多个音频和视频流、字幕、章节信息、元数据（或称为标签），以及播放各种类型的流所需的同步信息。同时，容器格式需要解决如图 4-1 所示的这些问题。

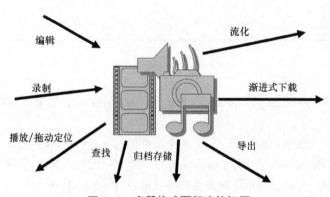

图 4-1　容器格式要解决的问题

从图 4-1 可以看到，容器格式的设计至少需要考虑如下这些需求：

- 捕获视频图像、音频信号。
- 文件的交换与下载，包括增量下载与播放。
- 本地播放。
- 编辑、组合、快速定位与搜索等。
- 流式播放及拉流录制。

容器格式的设计和使用需要考虑逻辑、时序和物理结构。本章主要介绍多媒体领域最常见的容器格式，一方面熟悉容器格式的设计细节，另一方面也介绍与 FFmpeg 相关的操作。

4.1　视频文件转 MP4

在互联网常见的格式中，跨平台最好的应该是 MP4 文件。MP4 文件既可以在 PC 平台播放，也可以在 Android、iOS 等移动平台中播放，而且使用系统默认的播放器即可播放。同时它也被 MSE（Media Source Extensions）[①]所支持，这意味着浏览器的生态也支持它。MP4 文件包含视频和音频基本流，以及正确播放和编辑所需的上下文信息（通常称为元数据）。粗略地说，MP4 文件分为两个主要部分：**元数据**（moov）和**音视频数据**（mdat）。其中，元数据 moov 包含通用信息，如每个音频、视频帧的时间信息和偏移量等；mdat 包含视频和音频帧，通常以交错顺序（尽管也支持所谓的平面顺序，实际上 MP4 也支持把音频和视频放在两个不同的文件中）存放。请注意，MP4 中的视频帧没有以起始码[②]作为前缀，而是使用长度；然而，我们可以通过元数据中相应表里的偏移量轻松地访问任何音频、视频帧。

MP4 文件格式的基础是 ISO BMFF（ISO Base Media File Format），最初源自苹果的 QuickTime 文件格式，然后由 MPEG（ISO/IEC JTC1/SC29/WG11）进行了开发和标准化定制。第 1 版 MP4 文件格式规范是在 2001 年发布的，在 QuickTime 格式规范基础上创建，被称为 MPEG-4 文件格式 "版本 1"，作为 ISO/IEC 14496-1:2001 发布，属于 MPEG-4 "第 1 部分：系统的修订"。2003 年，MP4 文件格式第 1 版被修订，并被 MPEG-4 "第 14 部分：MP4 文件格式"（ISO/IEC 14496-14:2003）取代，通常被称为 MPEG-4 文件格式 "版本 2"。ISO BMFF（ISO/IEC 14496-12:2004 或 ISO/IEC 15444-12:2004）主要是为基于时间的媒体文件定义一个一般性的结构。

另外，因为 ISO 标准在 ISO BMFF/MP4 中使用 "**box**" 这个词，而苹果的 QuickTime 文档使用 "**atom**" 这个词，二者可以视为相同，所以本书也混用了 box 和 atom 这两个词，但含意是一样的。

MP4 文件格式中包含多个子容器，每个子容器在标准中都称为 box 或 atom，在交流时通常不翻译成容器、盒子、箱子，因为容易给对方造成理解上的困扰。前面讲过的 moov 及 mdat 等，都是 box。

ISO BMFF 文件格式包含结构和媒体数据信息，主要用于媒体数据的时序化展示，如音频、视频等；也支持非时序化的数据，如元数据。通过以不同的方式构建文件，在同一个基本规范下其产生的文件可用于完成以下任务：

- 捕获、采集音视频裸数据。
- 交换和下载，包括增量下载和播放。
- 本地播放。
- 编辑、合成。
- 从流媒体服务器传输流媒体，以及将流媒体捕获到文件。

在了解这些背景后，接下来首先重点介绍 MP4 封装的基本格式。

---

① MSE 规范定义了基于 ISO BMFF 的媒体源扩展字节流格式规范，最新的规范参考 https://w3c.github.io/mse-byte-stream-format-isobmff。

② AVC/H.264、HEVC/H.265、VVC/H.266 的基本视频流包含一个特定的比特模式 0x000001 或者 0x00000001（被称为起始码），这些模式主要用于划分 NALU（例如帧或片）的边界。

4.1.1 MP4 格式标准介绍

MP4 格式标准其实来自一系列标准，比较重要的如下：

- ISO-14496 Part 12，定义了一个通用可扩展的基本框架和一些通用的 box，该标准被简称为 ISO BMFF。
- ISO-14496 Part 14，定义了 MP4 文件格式，派生于 ISO BMFF，即 ISO-14496 Part 12。
- ISO-14496 Part 15，是在 ISO-14496 Part 12 基础上定义如何封装 AVC、HEVC（最近的版本扩展了 VVC 等）的 NALU。

这些标准的内容分散在不同的文档中，它们的关系如图 4-2 所示。

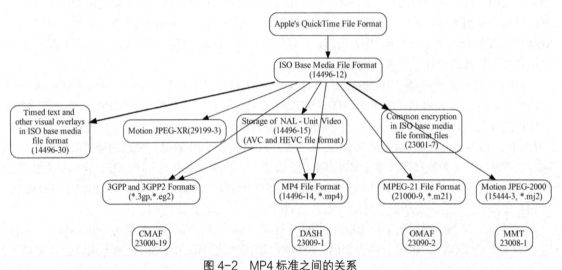

图 4-2　MP4 标准之间的关系

下面介绍一些重要的信息。如果要了解 MP4 的格式信息，首先要弄清楚以下几个概念：

- MP4 文件由许多个 box 与 FullBox 组成，无一例外，如图 4-3 和图 4-4 所示。
- 每个 box 由 header 和 data 两部分组成。
- FullBox 则是 box 的扩展，以 box 结构为基础，在 header 中增加 8 位的 version 标志和 24 位的 flags 标志。增加 version 标志意味着这个 box 有了灵活扩展的可能，而 flags 标志则是在特定 FullBox 中定义的。

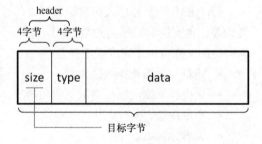

图 4-3　MP4 box 基本结构

- header 包含了整个 box 的长度大小（size）和类型（type），类型是一个典型的 4 字符的标签，一般被称为 FourCC。当 size 等于 0 时，代表这个 box 是文件的最后一个 box；当 size 等于 1 时，说明 box 长度需要更多的位来描述，在后面会定义一个 64 位的 largesize 来描述 box 的长度，如图 4-4 所示。当 type 为 uuid 时，说明这个 box 中的数据是用户自定义扩展类型。

随着 4K 视频和高帧率视频等高比特率视频的出现，越来越多超过 4GB 的视频正在被录制。视频数据被写入名为"mdat"的 box 中，但如果 box 的大小为 32 位，当文件大小超过 4GB 时就不够了，为此，需要提供一个扩展的尺寸，即将 box 头部的 size 设置为 1，而 largesize 作为一个 64 位无符号整数用来记录大于 4GB 的 box 的长度。

这也意味着一个大小为 1 的 box 是不存在的，box 的"大小+类型"必须**至少有 8 字节**。

另外，固定的 4 字节的大小（size）也使得解析一个 box 或者跳过一个 box 变得非常便利。

- data 为 box 的实际数据，可以是纯媒体数据，也可以是更多的子 box。这意味着 box 是分层嵌套的，即一个 box 里可以有多个 box，并可以多层嵌套，如图 4-5 所示。
- 当一个 box 中 data 是一系列的子 box 时，这个 box 又可以称为 Container（容器）box。

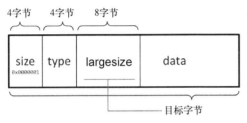

图 4-4　MP4 扩展 box

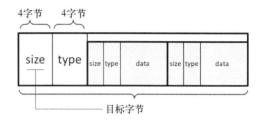

图 4-5　MP4 box 嵌套 box

box 和 FullBox 的准确定义如下：

```
aligned(8) class Box (unsigned int(32) boxtype,
                      optional unsigned int(8)[16] extended_type) {
    unsigned int(32) size;
    unsigned int(32) type = boxtype;
    if (size == 1) {
        unsigned int(64) largesize;
    } else if (size == 0) {
        // box extends to end of file
    }
    if (boxtype == 'uuid') {
        unsigned int(8)[16] usertype = extended_type;
    }
}
aligned(8) class FullBox(unsigned int(32) boxtype, unsigned int(8) v, bit(24) f)
 extends Box(boxtype) {
 unsigned int(8) version = v;
 bit(24) flags = f;
}
```

表 4-1 中列出了 MP4 文件中常用的 box 类型和组成方式，其中标记"√"的为必要的 box，否则为可选的 box。

表 4-1　MP4 参考 box 列表

容器名						必选	描述
一级	二级	三级	四级	五级	六级		
ftyp						√	文件类型
pdin							下载进度信息
moov						√	音视频数据的元数据信息
	mvhd					√	电影文件头
	trak					√	流的 track（轨道）

续表

容器名						必选	描述
一级	二级	三级	四级	五级	六级		
		tkhd				√	流信息的 track 头
		tref					track 参考容器
		edts					edit list 容器
			elst				edit list 元素信息
		mdia				√	track 里面的 media 信息
			mdhd			√	media 信息头
			hdlr			√	media 信息的句柄
			minf			√	media 信息容器
				vmhd			视频 media 头（只存在于视频的 track）
				smhd			音频 media 头（只存在于音频的 track）
				hmhd			提示 media 头（只存在于提示的 track）
				nmhd			空 media 头（其他的 track）
				dinf		√	数据信息容器
					dref	√	数据参考容器，track 中 media 的参考信息
				stbl		√	采样表容器，用于描述时间与数据所在的位置
					stsd	√	采样描述（codec 类型与初始化信息）
					stts	√	采样时间（decoding）
					ctts		采样时间（composition）
					stsc	√	chunk 采样，数据片段信息
					stsz		采样大小
					stz2		采样大小详细描述
					stco	√	chunk 偏移信息，数据偏移信息
					co64		64 位 chunk 偏移信息
					stss		同步采样表
					stsh		采样同步表
					padb		采样 padding
					stdp		采样退化优先描述
					sdtp		独立于可支配采样描述
					sbgp		采样组
					sgpd		采样组描述
					subs		子采样信息
	mvex						视频扩展容器
		mehd					视频扩展容器头
		trex				√	track 扩展信息
	ipmc						IPMP 控制容器
moof							视频分片

续表

容器名						必选	描述
一级	二级	三级	四级	五级	六级		
	mfhd					√	视频分片头
	traf						track 分片
		tfhd				√	track 分片头
		trun					track 分片 run 信息
		sdtp					独立和可支配的采样
		sbgp					采样组
		subs					子采样信息
mfra							视频分片访问控制信息
	tfra						track 分片访问控制信息
	mfro					√	拼分片访问控制偏移量
mdat							media 数据容器
free							空闲区域
skip							空闲区域
	udta						用户数据
		cprt					copyright 信息
meta							元数据
	hdlr					√	定义元数据的句柄
	dinf						数据信息容器
		dref					元数据的源参考信息
	ipmc						IPMP 控制容器
	iloc						所在位置信息容器
	ipro						样本保护容器
		sinf					计划信息保护容器
			frma				原格式容器
			imif				IPMP 信息容器
			schm				计划类型容器
			schi				计划信息容器
	iinf						容器所在项目信息
	xml						XML 容器
	bxml						binary XML 容器
	pitm						主要参考容器
	fiin						文件发送信息
		paen					partition 入口
			fpar				文件片段容器
			fecr				FEC Reservoir
		segr					文件发送 session 组信息

续表

容器名						必选	描述
一级	二级	三级	四级	五级	六级		
		gitn					组 ID 转名称信息
		tsel					track 选择信息
meco							追加的 metadata 信息
	mere						metabox 关系
		meta					metadata（元数据）
styp							分段类型
sidx							分段索引
ssix							子分段索引
prft							生产者参考时间

在 MP4 文件中，box 的基本层次排列与表 4-1 的描述没有太大差别，但顺序上可能有所变化。当然，因为 MP4 标准中描述的 moov 与 mdat 的存放位置前后并没有强制要求，所以有时 moov 被存放在 mdat 的后面，有时 moov 被存放在 mdat 的前面。在互联网的视频点播中，如果希望 MP4 文件被快速打开，则需要将 moov 存放在 mdat 的前面，如果放在后面，需要将 MP4 文件下载完成后才可以进行播放。从实践的角度看，moov 放在文件头部更为合适一些。当然，在实际生成 MP4 文件时，由于 moov 中的一些信息事先无法预测，需要在文件即将结束时才能获取到，所以一般都是在生成完毕后再移动到文件头部的。

解析 MP4 多媒体文件时，需要一些关键的信息，下面介绍一些 box 的重要相关信息。

1. moov 解析

前面已经介绍过，moov 定义了 MP4 文件的元数据信息，在 MP4 文件中有且仅有一个，moov 里面包含的子 box 作为描述媒体数据的信息的容器。这些元数据信息被存储在不同类型的子 box 中。一般来说，元数据被存储在 moov box 中，而多媒体的实际数据，如音频或视频数据，则在 moov box 中被引用，但不包含在其中。

moov 至少包含以下 3 种 box 中的一种。

- mvhd：Movie Header box，存放多媒体信息头的容器，这是最常见的形式。
- cmov：Compressed Movie box，压缩过的电影信息容器。
- rmra：Reference Movie box，参考电影信息容器。

它也可以包含其他容器，例如影片剪辑信息 Clipping box（clip）、一个或几个 trak box、一个 Color Table box（ctab），以及一个 User Data box（udta）。

moov 本质上是其他 box 的一个容器，这些 box 组合在一起描述了多媒体的内容。从高层结构看，moov 通常包含 trak box，而 trak box 又包含 mdia box。最低层的子 box 则包含非 box 格式的数据，通常以表格或一组数据元素的形式出现。例如，一个 trak box 包含一个 edts box，而 edts box 又包含一个 elst box，这个子 box 包含以编辑列表形式存在的数据。如果读者现在并不太明白其细节，不用担心，所有这些 box 都将在后面详细讨论。

moov 中最为常见的是 mvhd，它定义了整个多媒体文件的 timescale、duration 等显示特性。而 trak 中定义了多媒体文件中的一个 track 的信息，track 指的是多媒体文件中可以独立操作的媒体单位，例如一个声道是一个 track，一个视频流也是一个 track。

使用二进制查看工具打开一个 MP4 文件查看其内容，可以了解前面所讲的 MP4 文件容器信息。

```
00000000: 0000 0020 6674 7970 6973 6f6d 0000 0200  ... ftypisom....
00000010: 6973 6f6d 6973 6f32 6176 6331 6d70 3431  isomiso2avc1mp41
00000020: 0000 22bb 6d6f 6f76 0000 006c 6d76 6864  .."..moov...lmvhd
00000030: 0000 0000 0000 0000 0000 0000 0000 03e8  ................
00000040: 0000 2716 0001 0000 0100 0000 0000 0000  ..'.............
00000050: 0000 0000 0001 0000 0000 0000 0000 0000  ................
00000060: 0000 0000 0001 0000 0000 0000 0000 0000  ................
```

读取这个 moov 的方式如表 4-2 所示。

表 4-2　moov 参数

字段	长度/字节	描述
尺寸	4	这个 Movie Header box 的字节数
类型	4	moov

根据解析的这个容器的字节长度可以看到，该容器共包含 0x000022bb（8891）字节，类型为 moov。下面继续在 moov 这个容器中往下解析，下一个容器大小为 0x0000006c（108）字节，类型为 mvhd。

```
00000090: 0000 0003 0000 11de 7472 616b 0000 005c  ........trak...\
000000a0: 746b 6864 0000 0003 0000 0000 0000 0000  tkhd............
000000b0: 0000 0001 0000 0000 0000 2710 0000 0000  ..........'....
000000c0: 0000 0000 0000 0000 0000 0000 0001 0000  ................
000000d0: 0000 0000 0000 0000 0000 0001 0000 0000  ................
000000e0: 0000 0000 0000 0000 0000 0000 4000 0000  ............@...
000000f0: 0500 0000 02ca 0000 0000 0030 6564 7473  ...........0edts
00000100: 0000 0028 656c 7374 0000 0000 0000 0002  ...(elst........
00000110: 0000 0050 ffff ffff 0001 0000 0000 2710  ...P..........'.
00000120: 0000 07d0 0001 0000 0000 114a 6d64 6961  ...........Jmdia
00000130: 0000 0020 6d64 6864 0000 0000 0000 0000  ... mdhd........
00000140: 0000 0000 0000 61a8 0003 d090 55c4 0000  ......a.....U...
00000150: 0000 002d 6864 6c72 0000 0000 0000 0000  ...-hdlr........
00000160: 7669 6465 0000 0000 0000 0000 0000 0000  vide............
00000170: 5669 6465 6f48 616e 646c 6572 0000 0010  VideoHandler....
00000180: f56d 696e 6600 0000 1476 6d68 6400 0000  .minf....vmhd...
```

分析完 mvhd 之后，moov 中的下一个容器是 trak，容器的大小是 0x000011de（4574）字节，类型是 trak。解析完这个 trak 之后，接下来又是一个 trak，解析方式与之前 trak 的解析相同。可以看到，下面文件内容的 trak 的大小为 0x00001007（4103）字节。另外，trak box 有两种，分别为 media track 和 hint track，前者用于保存 media 相关信息，后者包含用于流媒体的打包信息。

```
00001270: 067f 0000 1007 7472 616b 0000 005c 746b  ......trak...\tk
00001280: 6864 0000 0003 0000 0000 0000 0000 0000  hd..............
00001290: 0002 0000 0003 0000 2716 0000 0000 0000  ........'.......
000012a0: 0000 0000 0001 0100 0000 0001 0000 0000  ................
000012b0: 0000 0000 0000 0000 0000 0001 0000 0000  ................
000012c0: 0000 0000 0000 0000 4000 0000 0000 0000  ........@.......
000012d0: 0000 0000 0000 0024 6564 7473 0000 0000  .......$edts....
000012e0: 001c 656c 7374 0000 0000 0000 0001 0000  ..elst..........
000012f0: 2716 0000 0001 0000 0000 0f7f 6d64 6961  '...........md
00001300: 6961 0000 0020 6d64 6864 0000 0000 0000  ia... mdhd......
00001310: 0000 0000 0000 0000 bb80 0007 5400 55c4  ............T.U.
00001320: 0000 0000 002d 6864 6c72 0000 0000 0000  .....-hdlr......
00001330: 0000 736f 756e 0000 0000 0000 0000 0000  ..soun..........
00001340: 0000 536f 756e 6448 616e 646c 6572 0000  ..SoundHandler..
00001350: 000f 2a6d 696e 6600 0000 1073 6d68 6400  ..*minf...smhd.
00001360: 0000 0000 0000 0000 0000 2464 696e 6600  .........$dinf.
```

解析完这个音频的 trak 之后，接下来可以看到还有一个 moov 容器中的子容器，即 udta 容器。这个 udta 容器的解析方式与前面的方式基本相同。从下面的文件数据中可以看到，它的大小为 0x00000062（98）字节。

```
00002270: e600 2c03 d900 2c12 e000 0000 6275 6474  ..,...,.....budt
00002280: 6100 0000 5a6d 6574 6100 0000 0000 0000  a...Zmeta.......
00002290: 2168 646c 7200 0000 0000 0000 006d 6469  !hdlr........mdi
000022a0: 7261 7070 6c00 0000 0000 0000 0000 0000  rappl...........
000022b0: 002d 696c 7374 0000 0025 a974 6f6f 0000  .-ilst...%.too..
000022c0: 001d 6461 7461 0000 0001 0000 0000 4c61  ..data........La
000022d0: 7666 3537 2e36 362e 3130 3200 0000 0866  vf57.66.102....f
000022e0: 7265 6500 2bf2 9e6d 6461 7400 0003 3d06  ree.+..mdat...=.
```

根据前面描述的信息得知，udta+视频 trak+音频 trak+mvhd+moov 所有容器的总大小刚好为 8891 字节，与前面得出的 moov 的大小相等。

前面描述了针对 moov 及下面的子容器的解析。接下来继续解析 moov 子容器中的子容器。

2. mvhd 解析

mvhd box 在 moov box 里面，包含了与整个播放展示相关的元数据。诸如文件的创建和修改时间等信息，它告诉我们视频播放器总时长、time scale、播放速度和初始音量。

```
00000020: 0000 22bb 6d6f 6f76 0000 006c 6d76 6864  ..".moov...lmvhd
00000030: 0000 0000 0000 0000 0000 0000 0000 03e8  ................
00000040: 0000 2716 0001 0000 0100 0000 0000 0000  ..'.............
00000050: 0000 0000 0001 0000 0000 0000 0000 0000  ................
00000060: 0000 0000 0001 0000 0000 0000 0000 0000  ................
00000070: 0000 0000 4000 0000 0000 0000 0000 0000  ....@...........
00000080: 0000 0000 0000 0000 0000 0000 0000 0000  ................
00000090: 0000 0003 0000 11de 7472 616b 0000 005c  ........trak...\
```

从文件内容中可以看到，mvhd 的大小为 0x0000006c 字节，mvhd 的解析方式如表 4-3 所示。

表 4-3   mvhd 参数

字段	长度/字节	描述
尺寸	4	Movie Header box 的字节数
类型	4	mvhd
版本	1	Movie Header box 的版本，取值为 0 或 1。这表示某些字段应该以不同的方式进行解析。如果是 1，那么生成时间、修订时间和 duration 是 64 位/8 字节的值，否则它们将是 32 位/4 字节的值
标志	3	扩展的 Movie Header 标志，这里为 0
生成时间	4/8	Movie box 的起始时间。基准时间是 1904-1-1 0:00 AM
修订时间	4/8	Movie box 的修订时间。基准时间是 1904-1-1 0:00 AM
timescale	4	时间计算单位，就像系统时间单位转换为 60 秒一样，这里是一个全局的 timescale。MP4 同时也支持每个 track 单独的 timescale，如果 timescale 是 90000，那么文件中一个片段的 duration 为 180180，可以转换为秒：180180/90000 = 2.002 秒
duration	4/8	通过这个值可以得到影片的播放时长；但在 HLS+fMP4 场景下，要求这个字段为 0
播放速度	4	1.0 为正常播放速度（16.16 的浮点表示）
播放音量	2	1.0 为最大音量（8.8 的浮点表示）

续表

字段	长度/字节	描述
保留	10	这里为 0
矩阵结构	36	该矩阵定义了此 Movie 中两个坐标空间的映射关系
预定义	24	预定义
下一个 track ID	4	下一个待添加 track 的 ID 值。0 不是一个有效的 ID 值

按照表 4-3 的方式对文件数据解析出来的 mvhd 内容对应的信息如表 4-4 所示。

表 4-4　mvhd 参数值

字段	结论值
尺寸	0x0000006c
类型	mvhd
版本	0x00
标志	0x000000
生成时间	0x00000000
修订时间	0x00000000
timescale	0x000003e8（1000）
duration	0x00002716（10006）
播放速度	0x00010000（1.0）
播放音量	0x0100（1.0）
保留	0x00 00 00 00 00 00 00 00 00 00
矩阵结构	0x00010000,0,0,0,0x00010000,0,0,0,0x40000000
预定义部分	24 个 0x00
下一个 track ID	0x00000003

其中播放速度为 16.16 定点小数模式的表示方式。以上面的 0x00010000 为例。

十六进制 rate = 0x00010000，二进制 rate = 0b00000000000000010000000000000000，转换为 16.16 的定点小数 rate = 0b0000000000000001.0000000000000000，十进制 rate = 1.0。

解析 mvhd 之后，可以看到下一个 trak ID 为 0x00000003。接下来就开始解析 trak，解析出来的 trak 同样也包含了多个子容器。

3. trak 解析

trak 定义了媒体文件中一个 track（轨道）的信息。一个媒体文件可以包含多个 track，每个 track 都是独立的，有自己的时间和空间占用的信息。每个 trak 容器都有与它关联的媒体容器描述信息。使用 trak 的主要目的如下：

- 包含媒体数据的引用和描述（media track）。
- 包含 modifier track 信息。
- 包含流媒体协议的打包信息（hint track），hint track 可以引用或者复制对应的媒体采样数据。

hint track 和 modifier track 必须保证完整性，与至少一个 media track 同时存在。一个 trak 中要求必须有一个 Track Header box（tkhd）、一个 Media box（mdia），其他的 box 都是可选的。例如：

- Track 剪辑容器：Track Clipping box（clip）

- Track 画板容器：Track Matte box（matt）
- Edit 容器：Edit box（edts）
- Track 参考容器：Track Reference box（tref）
- Track 配置加载容器：Track Load Settings box（load）
- Track 输出映射容器：Track Input Map box（imap）
- 用户数据容器：User Data box（udta）

解析参数如表 4-5 所示。

表 4-5　trak 数据通用参数表

字段	长度/字节	描述
尺寸	4	这个 box 的大小
类型	4	tkhd/mdia/clip/matt 等

打开 MP4 文件查看文件中的二进制数据，如下：

```
00000090: 0000 0003 0000 11de 7472 616b 0000 005c  ........trak...\
000000a0: 746b 6864 0000 0003 0000 0000 0000 0000  tkhd............
000000b0: 0000 0001 0000 0000 0000 2710 0000 0000  ..........'.....
000000c0: 0000 0000 0000 0000 0000 0001 0000        ................
000000d0: 0000 0000 0000 0000 0000 0001 0000        ................
000000e0: 0000 0000 0000 0000 0000 4000 0000        ..........@.....
000000f0: 0500 0000 02ca 0000 0000 0030 6564 7473  ...........0edts
00000100: 0000 0028 656c 7374 0000 0000 0000 0002  ...(elst........
00000110: 0000 0050 ffff ffff 0001 0000 0000 2710  ...P..........'.
00000120: 0000 07d0 0001 0000 0000 114a 6d64 6961  ...........Jmdia
00000130: 0000 0020 6d64 6864 0000 0000 0000 0000  ... mdhd........
00000140: 0000 0000 0000 61a8 0003 d090 55c4 0000  ......a.....U...
00000150: 0000 002d 6864 6c72 0000 0000 0000 0000  ...-hdlr........
00000160: 7669 6465 0000 0000 0000 0000 0000 0000  vide............
```

从文件的数据内容中可以看到，这个 trak 的大小为 0x000011de（4574）字节，下面的子容器的大小为 0x0000005c（92）字节，子容器的类型为 tkhd；跳过 92 字节后，接下来读到的 trak 的子容器的大小为 0x00000030（48）字节，子容器的类型为 edts；跳过 48 字节后，接下来读到的 trak 子容器的大小为 0x0000114a（4426）字节，子容器的类型为 mdia。可以分析得到，trak 容器信息（8）+tkhd（92）+edts（48）+mdia（4426）子容器的大小刚好为 4574 字节。trak 读取完毕。

4. tkhd 解析

tkhd 放在 trak box 里，每个 track 只能有一个 tkhd。它是强制性的，包含描述单个轨道的特性的元数据。解析 tkhd 容器的方式如表 4-6 所示。

表 4-6　tkhd 参数

字段	长度/字节	描述
尺寸	4	这个 box 的字节数
类型	4	tkhd
版本	1	这个 box 的版本
标志	3	有效的标志如下： • 0x0001：track 生效 • 0x0002：track 被用在 Movie 中 • 0x0004：track 被用在 Movie 预览中 • 0x0008：表示宽度和高度字段不以像素单位表示

续表

字段	长度/字节	描述
生成时间	4/8	Movie box 的起始时间。基准时间是 1904-1-1 0:00 AM
修订时间	4/8	Movie box 的修订时间。基准时间是 1904-1-1 0:00 AM
trackID	4	唯一标志该 track 的一个非零值
保留	4	这里为 0
duration	4/8	trak 的 duration，在电影的时间戳中，与 trak 的 edts list 的时间戳建立关联，然后进行时间戳计算，得到对应 track 的播放时间坐标。但在 HLS+ fMP4 场景下，要求这个字段为 0
保留	8	这里为 0
layer	2	视频层，默认为 0，值小的在上层
alternate group	2	track 分组信息，默认为 0，表示该 track 未与其他 track 有群组关系
音量	2	播放此 track 的音量，1.0 为正常音量
保留	2	这里为 0
矩阵结构	36	该矩阵定义了此 track 中两个坐标空间的映射关系
宽度	4	如果该 track 是 Video track，此值为图像的宽度（16.16 浮点表示）
高度	4	如果该 track 是 Video track，此值为图像的高度（16.16 浮点表示）

可以看到 tkhd 中的很多字段信息与 mvhd 有些类似，原因其实容易理解，mvhd 描述整个文件的公共信息，而 tkhd 描述整个文件中某个 track 的信息。下面具体看一个 tkhd 的内容，然后根据表 4-6 做一个信息的对应。这个 tkhd 对应的值如表 4-7 所示。

表 4-7　视频 tkhd 对应参数值

字段	长度/字节	值
尺寸	4	0x0000005c（92）
类型	4	tkhd
版本	1	00
标志	3	0x000003（这个 track 生效并且用在这个影片中）
生成时间	4	0x00000000
修订时间	4	0x00000000
trackID	4	0x00000001
保留	4	0x00000000
duration	4	0x00002710（10000）
保留	8	0x00 00 00 00 00 00 00 00
layer	2	0x0000
alternate group	2	0x0000
音量	2	0x0000
保留	2	0x0000
矩阵结构	36	00 01 00 00 00 00 00 00 00 00 00 00 00 00 00 00 00 01 00 00 00 00 00 00 00 00 00 00 00 00 00 00 40 00 00 00

续表

字段	长度/字节	值
宽度	4	0x05000000（1280.00），结合下面的字段，可以获取 Video 的宽与高
高度	4	0x02ca0000（714.00）

以上为解析视频 trak 容器的 tkhd。下面再分析一下音频的 tkhd。

```
00001270: 067f 0000 1007 7472 616b 0000 005c 746b  ......trak...\tk
00001280: 6864 0000 0003 0000 0000 0000 0000 0000  hd..............
00001290: 0002 0000 0000 0000 2716 0000 0000 0000  ........'.......
000012a0: 0000 0000 0001 0100 0000 0001 0000 0000  ................
000012b0: 0000 0000 0000 0000 0000 0001 0000 0000  ................
000012c0: 0000 0000 0000 0000 0000 4000 0000 0000  ..........@.....
000012d0: 0000 0000 0000 0000 0024 6564 7473 0000  .........$edts..
000012e0: 001c 656c 7374 0000 0000 0000 0001 0000  ..elst..........
000012f0: 2716 0000 0000 0001 0000 0000 0f7f 6d64  '.............md
00001300: 6961 0000 0020 6d64 6864 0000 0000 0000  ia... mdhd......
00001310: 0000 0000 0000 0000 bb80 0007 5400 55c4  ............T.U.
00001320: 0000 0000 002d 6864 6c72 0000 0000 0000  .....-hdlr......
00001330: 0000 736f 756e 0000 0000 0000 0000 0000  ..soun..........
```

解析 trak 的基本方法前面已经讲过，现在重点解析音频的 tkhd 的内容，并用表格形式将数据表示出来，如表 4-8 所示。

表 4-8   音频 tkhd 参数值

字段	长度/字节	描述
尺寸	0x0000005c（92）	
类型	4	tkhd
版本	1	00
标志	3	0x000003（这个 track 生效并且用在这个影片中）
生成时间	4	0x00000000
修订时间	4	0x00000000
trackID	4	0x00000002
保留	4	0x00000000
duration	4	0x00002716（10006）
保留	8	0x00 00 00 00 00 00 00 00
layer	2	0x0000
alternate group	2	0x0001
音量	2	0x0100
保留	2	0x0000
矩阵结构	36	00 01 00 00 00 00 00 00 00 00 00 00 00 00 00 00 00 01 00 00 00 00 00 00 00 00 00 00 00 00 00 00 40 00 00 00
宽度	4	0x00000000（00.00），很明显，对于 Audio，宽度和高度这两个字段无意义
高度	4	0x00000000（00.00）

从上述两个例子中可以看出，音频与视频的 trak 的 tkhd 大小相同，但因为里面的内容描述的是音频轨道，所以其类型和取值有所不同。至此 trak 的 tkhd 解析完毕。

5. mdia 解析

解析完 tkhd 之后，接下来分析一下 trak 的子容器。Media box 的类型是 mdia，是一个容器 box，其必须包含如下容器：

- 媒体头容器：Media Header box（mdhd）
- 句柄参考容器：Handler Reference box（hdlr）
- 媒体信息容器：Media Information box（minf）
- 用户数据容器：User Data box（udta）

这个容器的解析方式如表 4-9 所示。

表 4-9　mdia 容器参数

字段	长度/字节	描述
尺寸	4	这个 box 的大小
类型	4	mdia

下面参考一下 MP4 文件的数据。

```
00000120: 0000 07d0 0001 0000 0000 114a 6d64 6961  ...........Jmdia
00000130: 0000 0020 6d64 6864 0000 0000 0000 0000  ... mdhd........
00000140: 0000 0000 0000 61a8 0003 d090 55c4 0000  ......a.....U...
00000150: 0000 002d 6864 6c72 0000 0000 0000 0000  ...-hdlr........
00000160: 7669 6465 0000 0000 0000 0000 0000 0000  vide............
00000170: 5669 6465 6f48 616e 646c 6572 0000 0010  VideoHandler....
00000180: f56d 696e 6600 0000 1476 6d68 6400 0000  .minf....vmhd...
00000190: 0100 0000 0000 0000 0000 0000 2464 696e  ............$din
000001a0: 6600 0000 1c64 7265 6600 0000 0000 0000  f....dref.......
000001b0: 0100 0000 0c75 726c 2000 0000 0100 0010  .....url .......
000001c0: b573 7462 6c00 0000 a973 7473 6400 0000  .stbl....stsd...
000001d0: 0000 0000 0100 0000 9961 7663 3100 0000  .........avc1...
```

从文件的内容可以看到，这个 mdia 容器的大小为 0x0000114a（4426）字节，mdia 容器下面包含了三大子容器，分别为 mdhd、hdlr 和 minf，其中 mdhd 大小为 0x00000020（32）字节；hdlr 大小为 0x0000002d（45）字节；minf 大小为 0x000010f5（4341）字节；mdia 容器信息（8）+mdhd（32）+hdlr（45）+minf（4341）容器大小刚好为 4426 字节。后面分别看看这 3 个子容器的内容。

6. mdhd 解析

mdhd 被包含在各个 track 中，描述 Media 的 Header，包含的信息如表 4-10 所示。

表 4-10　mdhd 容器参数

字段	长度/字节	描述
尺寸	4	这个 box 的字节数
类型	4	mdhd
版本	1	这个 box 的版本
标志	3	这里为 0
生成时间	4	Movie box 的起始时间。基准时间是 1904-1-1 0:00 AM
修订时间	4	Movie box 的修订时间。基准时间是 1904-1-1 0:00 AM

续表

字段	长度/字节	描述
timescale	4	时间计算单位,可见每个 track 可以有单独的 timescale
duration	4	这个媒体 track 的 duration
语言	2	媒体的语言码
质量	2	媒体的回放质量

根据 ISO14496-Part-12 标准中的描述可以知道,当版本字段为 0 时,解析与当版本字段为 1 时的解析稍有不同。这里介绍的为常见的解析方式,即使用 4 字节/32 位的版本。下面根据表 4-10 的解析方式将对应的数据解析出来。

```
00000120: 0000 07d0 0001 0000 0000 114a 6d64 6961  ...........Jmdia
00000130: 0000 0020 6d64 6864 0000 0000 0000 0000  ... mdhd.......
00000140: 0000 0000 0000 61a8 0003 d090 55c4 0000  ......a.....U..
00000150: 0000 002d 6864 6c72 0000 0000 0000 0000  ...-hdlr.......
```

从打开的文件的内容中可以逐一解析,如表 4-11 所示。

表 4-11　mdhd 参数对应值

字段	长度/字节	描述
尺寸	4	0x00000020(32)
类型	4	mdhd
版本	1	0x00
标志	3	0x000000
生成时间	4	0x00000000
修订时间	4	0x00000000
timescale	4	0x000061a8(25000)
duration	4	0x0003d090(250000)
语言	2	0x55c4
质量	2	0x0000

从表 4-11 可以看出,这个 Media Header 的大小是 32 字节,类型是 mdhd,版本为 0,生成时间与修订时间都为 0,计算单位时间是 25000,媒体时间戳长度为 250000,语言编码是 0x55C4(具体代表的语言可以参考标准 ISO 639-2/T)。这样,mdhd 的内容就解析完毕了。

注意:音频时长可以根据 duration / timescale 的方式计算,根据本例中的数据可以计算出音频的时间长度为 10 秒。

7. hdlr 解析

hdlr 描述了媒体流的媒体类型,可以根据这个 box 的内容,确定对应 track 的具体类型是 Video、Audio 或者其他。该容器中包含的内容如表 4-12 所示。

表 4-12　hdlr 容器参数

字段	长度/字节	描述
尺寸	4	这个 box 的字节数
类型	4	hdlr

续表

字段	长度/字节	描述
版本	1	这个 box 的版本
标志	3	这里为 0
handle 的预定义	4	handler 的预定义
handle 的子类型	4	media handler 或 data handler 的类型。如果 component type 是 mhlr，这个字段定义了数据的类型，例如，vide 是 video 数据，soun 是 sound 数据；如果 component type 是 dhlr，这个字段定义了数据引用的类型，例如，alis 是文件的别名
保留	12	保留字段，默认为 0
component name	可变	这个 component 的名字，也就是生成此 media 的 media handler。该字段的长度可以为 0

根据表 4-12 的读取方式，读取示例文件中的内容数据如下：

```
00000140: 0000 0000 0000 61a8 0003 d090 55c4 0000  ......a.....U...
00000150: 0000 002d 6864 6c72 0000 0000 0000 0000  ...-hdlr........
00000160: 7669 6465 0000 0000 0000 0000 0000 0000  vide............
00000170: 5669 6465 6f48 616e 646c 6572 0000 0010  VideoHandler....
00000180: f56d 696e 6600 0000 1476 6d68 6400 0000  .minf....vmhd...
```

根据文件内容看到的信息，对应的值如表 4-13 所示。

表 4-13 hdlr 参数对应值

字段	长度/字节	值
尺寸	4	0x0000002d（45）
类型	4	hdlr
版本	1	0x00
标志	3	0x00
handle 的预定义字段	4	0x00000000
handle 的类型	4	vide，表明是 Video track
保留	12	0x0000 0000 0000 0000 0000 0000
component name	可变	VideoHandler'\0'

从表 4-13 中解析出来的对应的值可以看出，这是一个视频 track 对应的数据，对应组件的名称为 VideoHandler，并以一个 0x00 结尾。hdlr 容器解析完毕。

8. minf 解析

minf 包含了很多重要的子容器，例如与音视频采样等信息相关的容器。minf 容器中的信息将作为音视频数据的映射存在，其内容信息如下。

- 视频信息头：Video Media Information Header（vmhd 子容器）
- 音频信息头：Sound Media Information Header（smhd 子容器）
- 数据信息：Data Information（dinf 子容器）
- 采样表：Sample Table（stbl 子容器，描述具体的数据与时间、位置等信息的对应关系）

解析 minf 的方式在前面已经介绍过，下面详细介绍如何解析 vmhd、smhd、dinf 及 stbl 容器。

9. vmhd 解析

vmhd box 用于描述一些与视频 track 编码无关的通用信息，但目前看来用处并不大。vmhd 容器内容的格式如表 4-14 所示。

表 4-14　vmhd 参数

字段	长度/字节	描述
尺寸	4	这个 box 的字节数
类型	4	vmhd
版本	1	这个 box 的版本
标志	3	固定为 0x000001
图形模式	2	传输模式，传输模式指定的布尔值
Opcolor	6	颜色值，RGB 颜色值

读取容器中的内容，其数据如下：

```
00000170: 5669 6465 6f48 616e 646c 6572 0000 0010  VideoHandler....
00000180: f56d 696e 6600 0000 1476 6d68 6400 0000  .minf....vmhd...
00000190: 0100 0000 0000 0000 0000 0000 2464 696e  ............$din
000001a0: 6600 0000 1c64 7265 6600 0000 0000 0000  f....dref.......
```

根据文件中的内容将数据解析出来，对应值如表 4-15 所示。

表 4-15　vmhd 参数对应值

字段	长度/字节	值
尺寸	4	0x00000014
类型	4	vmhd
版本	1	0x00
标志	3	0x000001
图形模式	2	0x0000
Opcolor	6	0x0000 0000 0000

表 4-15 为视频 Header 的解析。下面看一下音频 Header 的解析。

10. smhd 解析

smhd box 与 vmhd box 类似，主要用在音频 track 上。smhd 容器的格式如表 4-16 所示。

表 4-16　smhd 参数

字段	长度/字节	描述
尺寸	4	这个 box 的字节数
类型	4	smhd
版本	1	这个 box 的版本
标志	3	固定为 0
均衡	2	音频的均衡用来控制计算机的两个扬声器的声音混合效果，一般是 0
保留	2	保留字段，默认为 0

文件中音频对应的数据如下：

```
00001350: 000f 2a6d 696e 6600 0000 1073 6d68 6400  ..*minf....smhd.
00001360: 0000 0000 0000 0000 0000 2464 696e 6600  ..........$dinf.
00001370: 0000 1c64 7265 6600 0000 0000 0000 0100  ...dref.........
```

根据文件内容将数据解析出来后，对应的值如表 4-17 所示。

表 4-17　smhd 参数对应值

字段	长度/字节	值
尺寸	4	0x00000010
类型	4	smhd
版本	1	0x00
标志	3	0x000000
均衡	2	0x0000
保留	2	0x0000

11. dinf 解析

dinf 是一个描述数据信息的容器，定义了音视频数据的信息，它包含子容器 dref。下面举一个解析 dinf 及其子容器 dref 的例子，dref 解析方式如表 4-18 所示。

表 4-18　dref 参数

字段	长度/字节	描述
尺寸	4	这个 box 的字节数
类型	4	dref
版本	1	这个 box 的版本
标志	3	固定为 0
条目数目	4	data reference（数据参考）的数目
数据参考	—	每个 data reference 就像容器的格式一样，包含以下数据成员
尺寸	4	这个 box 的字节数
类型	4	如 url/urn 等类型
版本	1	这个 data reference 的版本
标志	3	目前只有一个标志：0x0001
数据	可变	data reference 信息

12. stbl 解析

stbl 为采样列表容器（Sample Table box），该容器包含转化媒体时间到实际的 sample（样本或者采样点）的信息，也表征了如何进一步解析 sample 的信息，例如，视频数据是否需要解压缩、解压缩采用的是什么编码算法等。它包含的子容器如下。

- 采样描述容器：Sample Description box（stsd）
- 采样时间容器：Time To Sample box（stts）
- 采样同步容器：Sync Sample box（stss）
- Chunk 采样容器：Sample To Chunk box（stsc）

- 采样大小容器：Sample Size box（stsz）
- Chunk 偏移容器：Chunk Offset box（stco）
- Shadow 同步容器：Shadow Sync box（stsh）

stbl 包含 track 中 media sample 的所有时间和数据索引，利用 stbl，就可以定位 sample 到媒体时间、文件位置的映射关系，决定其类型、大小，以及如何在其他容器中找到紧邻的 sample。如果它所在的 track 没有引用任何数据，那么它就不是一个有用的 media track，不需要包含任何子 box。如果它所在的 track 引用了数据，那么**必须**包含以下子 box。

- 采样描述容器（stsd）：它主要包含解码器所需要的基本信息，里面的细节规定一般与特定的编码器相关。一般新的 Codec 需要注册一下，可以参考 http://mp4ra.org/#/codecs，从中查到已经注册的 Codec 的描述信息及对应的标准。
- 采样大小容器（stsz）。
- Chunk 采样容器（stsc）。
- Chunk 偏移容器（stco）。

所有的子表都有相同的 sample 数目。

stbl 是必不可少的一个 box，而且必须包含至少一个条目，因为它包含了检索 media sample 的索引信息。没有 sample description 就不能计算出 media sample 存储的位置。采样同步容器（stss）是可选的，如果没有，规范上规定这表明所有的 sample 都是采样同步的。但是很可惜，很多 MP4 文件并未遵循这个规定，使得我们无法按照标准规定的方式使用 stss，因为标准规定，在没有这个 box 时认为所有 sample 都是可同步的。

下面描述了媒体数据是如何使用一组交错布局的音视频数据的，以及 stbl 如何包含一组用来识别各个样本位置的表格。标准部分的文字其实写得非常清晰了，但通过实例分析，对理解不同 box（stco、stsz、stsc 等）中表格的定义之间的关系会有很大帮助。

首先回顾一下标准中的一些定义。

- track：轨道，表示一些 sample 的集合，对于媒体数据来说，表示一个视频或者音频序列。
- chunk：块，一个 track 的几个连续 sample 组成的单元称为一个 chunk，同一 chunk 内的 sample 是连续的，它是一个逻辑概念。在 fMP4 格式中，则使用 run 来表征类似的意思。
- sample：采样，与一个时间戳相关的所有数据，一般对应视频中的一个帧，或对应 Audio 中一段压缩的音频。一般而言，同一个 track 中不可能有两个或者多个 sample 具有相同的时间戳。

一个 track 由连续的 chunk 组成，而 chunk 则包含多个连续的 sample。track 和 sample 的概念比较容易理解，chunk 这个概念则需要多思考一下，其原因主要是增加一个中间的层，这样的好处是不用直接做 track 到 sample 的映射，这些 box 的大小可以通过增加的 chunk 层得以可控，毕竟 Butler Lampson 很早就告诉我们，"计算机科学领域的任何问题都可以通过增加一个间接的中间层来解决"。下面例子的数据来自一个真实的文件，该文件有两个轨道（轨道 1 是音频轨道，轨道 2 是视频轨道），一个 mdat 部分位于文件开始的 121 915 字节处。每个轨道都有一个 stbl 容器，因此每个 track 有自己的一套完整的采样表。

（1）stco

它通过一个 offset 定义了每个 chunk 到文件开头的位置。Audio track 1 的 stco box 的内容示例如下：

```
Has header:
{"size": 1312, "type": "stco"}
```

```
Has values:
{
    "version": 0,
    "flags": "0x000000",
    "entry_count": 324,
    "entry_list": [
        { "chunk_offset": 121923 } ,
        { "chunk_offset": 897412 } ,
        { "chunk_offset": 1170432 } ,
        { "chunk_offset": 1426814 } ,
        ...
    ]
}
```

Video track 2 的内容示例如下：

```
Has header:
{"size": 1224, "type": "stco"}

Has values:
{
    "version": 0,
    "flags": "0x000000",
    "entry_count": 302,
    "entry_list": [
        { "chunk_offset": 130635 },
        { "chunk_offset": 904603 },
        { "chunk_offset": 1177851 },
        { "chunk_offset": 1434346 },
            ...
    ]
}
```

轨道 1 的第 1 个 chunk（字节偏移量为 121923）在 mdat 头的 8 字节之后立即开始，接着是轨道 2 的第 1 个 chunk，而轨道 2 又接着轨道 1 的第 2 个 chunk，以此类推，交替进行。轨道 1 由 324 个 chunk 组成，轨道 2 由 302 个 chunk 组成，所以 chunk 在轨道之间并不是完美交错的状态，有些轨道 1 的 chunk 与另一个轨道 1 的 chunk 相邻。

注意：MP4 其实也定义了 co64 box，以记录各个 chunk 的偏移量。这个 box 允许 64 位偏移，这对于超过 4GB 的文件是必要的。但如果是较小的文件，还是建议使用 stco box（只允许 32 位偏移量），因为在这种情况下可以节省该表的空间。对于容器格式，overhead 问题也是一个非常重要的问题，它影响存储、分发成本，也影响播放体验。

（2）stsc

该 box 里包含的表用于计算一个给定 chunk 里包含多少个 sample。对于 track 1，stcs box 里的表的内容示例如下：

```
Has header:
{"size": 52, "type": "stsc"}

Has values:
{     "version": 0,
    "flags": "0x000000",
    "entry_count": 3,
    "entry_list": [
        { "first_chunk": 1,
          "samples_per_chunk": 12,
          "samples_description_index": 1 } ,
        { "first_chunk": 2,
```

```
              "samples_per_chunk": 11,
              "samples_description_index": 1 } ,
          { "first_chunk": 324,
              "samples_per_chunk": 5,
              "samples_description_index": 1 }
      ]
  }
```

对于 track 2，其每个 chunk 包含的 sample 的数目如下：

```
Has header:
{"size": 1180, "type": "stsc"}

Has values:
{
    "version": 0,
    "flags": "0x000000",
    "entry_count": 97,
    "entry_list": [
        { "first_chunk": 1,
            "samples_per_chunk": 31,
            "samples_description_index": 1 },
        { "first_chunk": 2,
            "samples_per_chunk": 30,
            "samples_description_index": 1 },
        { "first_chunk": 17,
            "samples_per_chunk": 29,
            "samples_description_index": 1 },
        { "first_chunk": 18,
            "samples_per_chunk": 28,
            "samples_description_index": 1 }
        ... 省略若干行类似内容
    ]
}
```

由此我们可以确定，轨道 1 的 chunk 1 包含 12 个连续的 sample，chunk 2 到 chunk 323 包含 11 个 sample，其他剩下的 chunk 都包含 5 个 sample。对于第 2 个 track，其第 1 个 chunk 将包含 31 个连续的 sample，第 2 个 chunk 包含 30 个 sample（第 3 个 chunk 到第 16 个 chunk 也是如此，这里由"下一个 entry. first_chunk−当前 entry.first_chunk = 17−2"来决定），第 17 个 chunk 包含 29 个 sample，第 18 个 chunk 包含 28 个 sample，以此类推。通过上面的 stco、stsc box 的内容可以看出，使用 chunk、sample 这样的两级结构，使得描述最终 sample 所需要的数据量大为减少，这是通过增加一个间接的层 chunk 实现的。

（3）stsz

stsz box 里的表说明了给定 track 内的每个单独 sample 的大小（以字节为单位）。track 1 的 stsz box 里的内容如下：

```
Has header:
{"size": 14256, "type": "stsz"}

Has values:
{
    "version": 0,
    "flags": "0x000000",
    "sample_size": 0,
    "sample_count": 3559,
    "entry_list": [
        { "entry_size": 682 } ,
        { "entry_size": 683 } ,
        { "entry_size": 682 } ,
```

```
... 省略若干行类似内容
        { "entry_size": 715 } ,
        { "entry_size": 669 } ,
        { "entry_size": 667 } ,
    ]
 }
```

track 2 的 stsz box 里的内容如下：

```
Has header:
{"size": 34160, "type": "stsz"}

Has values:
 {     "version": 0,
    "flags": "0x000000",
    "sample_size": 0,
    "sample_count": 8535,
    "entry_list": [
        { "entry_size": 532641 },
        { "entry_size": 53341 },
... 省略若干行类似内容
        { "entry_size": 414 },
        { "entry_size": 8474 },
    ]
  }
```

track 1 似乎完全由小的 sample 组成（原因是音频的采样一般比较小，即使编码后，其大小的差异也不是很大），所有的样本大小大致相同，大约为 600~700 字节。track 2 在每 sample 的字节大小上有很大的变化。如果你有一些视频编解码器的知识（在这个例子中实际上是 HEVC 编码），可能就知道其原因在于 I、B 和 P 帧有不同的压缩效率。你甚至可能根据这些采样的大小猜到 GoP 的大致结构。从 stco 和 stsc 我们可以知道，track 1 的前 12 个 sample 在 chunk 1 中连续，从文件开始的 121923 字节位置开始，而每个 sample 的具体位置用对应 chunk 的位置加上其 sample 的大小即可得到。

（4）stts

在随机访问的时候，最终用户不太可能希望看到"定位到第 3000 个样本"这样的使用方式，更可能的要求是"从第 100 秒开始"这种时间方式。而 stts box 就用于将每个 sample 映射到时间上，从而很好地解决了这个问题。

track 1 的 stts box 的内容如下：

```
Has header:
{"size": 24, "type": "stts"}

Has values:
{
    "version": 0,
    "flags": "0x000000",
    "entry_count": 1,
    "entry_list": [
        {
            "sample_count": 3559,
            "sample_delta": 1024
        }
    ]
}
```

track 2 的 stts box 的内容如下：

```
Has header:
{"size": 24, "type": "stts"}
```

```
Has values:
{
    "version": 0,
    "flags": "0x000000",
    "entry_count": 1,
    "entry_list": [
        {
            "sample_count": 8535,
            "sample_delta": 1
        }
    ]
}
```

两个表都正好有一个条目。这意味着每个轨道的所有 sample 都有相同的持续时间。标准确实允许 stts 表中有多个条目，它规定，"Decoding Time to Sample box 包含解码时间的 delta，$DT(n+1) = DT(n) + STTS(n)$，其中 $STTS(n)$ 是第 n 个 sample 的（未压缩）表项"。也就是说，一个给定 sample 的解码时间是由轨道中所有前面 sample 的累积时间确定的，这其实带来了一个潜在的依赖问题，这意味着解码显示当前帧，会依赖前面的帧的时间数据。在 fMP4/CMAF 场景，因为有可能从中间任意位置解码，使用了绝对时间而非这种有依赖关系的方式来描述时间。另外，这里也可以看到 stts box 描述使用了 RLE（Run-Length Encoding）的编码方式，这样上面描述恒定帧率的时候，只需要一个 entry（条目）就可以了。

采样 delta 是以什么单位来衡量的呢？我们可以通过查看媒体 box 中定义的时间尺度（timescale）值，即轨道对应的 mdhd box 来了解。对于 track 1，timescale 值为 24000，表示单位为 1/24000 秒，所以 track 1 中所有样本的持续时间为 1024/24000 秒。对于 track 2，timescale 值为 60，表示单位为 1/60 秒，所以 track 2 中所有样本的持续时间为 1/60 秒（考虑到 track 2 是以 60 帧录制的视频轨道，这并不是一个令人惊讶的结果）。

（5）示例小结

从上面的例子中我们可以确定 mdat 中前几个块和采样的字节和时间偏移，如表 4-19 所示。

表 4-19　块和采样的字节和时间偏移

轨道/块序号(ID)（从 tkhd 和 stco 获得）	块偏移（从 stco 获得）	每个块的采样（从 stsc 获得）	采样大小（从 stsz 获得）	采样偏移（从 stco、stsc 和 stsz 合并采样数据）	采样时间变化量（从 stts 获得）	以秒为单位的开始时间为准的采样时间偏移（从 stts 和 mdhd 计算时间转换合并获得）
1/1	121923	12	682	121923	1024	0.00
			683	122605	1024	0.04
			682	123288	1024	0.09
			683	123970	1024	0.13
			683	124653	1024	0.17
			682	125336	1024	0.21
...	...	...	...	...	...	...
2/2	904603	30	360	904603	1	0.52
			...	...	...	...
			425	1158382	1	0.95
			8764	1158807	1	0.97
			2417	1167571	1	0.98
			444	1169988	1	1.00

13. edts 解析

edts 定义了创建 Movie 媒体文件中的一个 track 的一部分媒体，所有的 edts 数据都在一个表里，包括每一部分的时间偏移量和长度，如表 4-20 所示。如果没有该表，这个 track 就会被立即播放。一个空的 edts 用来定位到 track 的起始时间偏移位置。

表 4-20　edts 参数

字段	长度/字节	描述
尺寸	4	这个 box 的字节数
类型	4	edts

trak 中的 edts 数据如下：

```
000000f0: 0500 0000 02ca 0000 0000 0030 6564 7473   ...........0edts
00000100: 0000 0028 656c 7374 0000 0000 0000 0002   ...(elst........
00000110: 0000 0050 ffff ffff 0001 0000 0000 2710   ...P..........'.
00000120: 0000 07d0 0001 0000 0000 114a 6d64 6961   ...........Jmdia
```

这个 edts box 的大小为 0x00000030（48）字节，类型为 edts；其中包含了 elst 子容器，elst 子容器的大小为 0x00000028（40）字节，edts 容器+elst 子容器的大小为 48 字节。至此，edts 容器解析完毕。对 edts box 特别是 elst box 做一个更一步的说明，elst 因为在逻辑上把 trak 做了一个偏移，很多播放器或者对应的工具支持得并不是很好，所以碰到这个 box 需要注意兼容性问题。

至此，一般的 MP4 文件的格式解析标准已经介绍完毕。读者可以根据对应的解析方式解析 MP4 文件，读取 MP4 中的音视频数据和对应的媒体信息。另外，使用二进制查看工具解析 MP4 文件需要一字节一字节地解析，比较耗费时间和精力，可以借助分析工具进行辅助解析。后续会介绍 MP4 文件的常用分析工具及 FFmpeg 对解析 MP4 文件的支持情况。不过在进入这部分内容前，我们暂停一下，先看看当前很受追捧的 fMP4 与 CMAF。

4.1.2　Fragment MP4 与 CMAF

前面提及的 MP4 内容本身适用于存储和点播场景。我们知道，直播场景中的传输是流式的，在这种情况下，针对流式场景下的 Fragment MP4（又称 fMP4）及后来的 CMAF 被提了出来。在正式进入前，我们先看看一般的 MP4 文件有哪些问题。

在普通模式下，MP4 单一的 moov box 模式的限制如下：

- 在写入全部数据之前不能写入该 box，这样对于捕获/实时录制是一个挑战。如果没有写入最后的 moov box，意味着前面的工作完全白费，并且还没有什么机会修复这个文件。
- 对于几个小时的电影来说，moov box 的大小可能相当大，这对内存优化来说是个问题。对于网络播放场景，大的 moov box 意味着需要先行下载大量的数据才能开始播放，很多时候高达几兆大小的 moov box 并不少见，这对于快速播放显示并不是什么好事。

基于上面这些问题，fMP4 及后来的 CMAF 被提出来。其基本原理是，将一部电影或直播流划分为较小的片段，称为分片，分片这种能力是流媒体应用的关键。与原来等待一个完整的 MP4 文件的下载相比，我们更希望每次下载的时间不超过几秒钟，这样就可以在下载的过程中同时播放。此外，随着网络条件的变化，我们还希望能够在不同版本的流媒体之间无缝切换，以便得到更高或更低的分辨率，或者更多或更少的压缩比。这就是自适应比特率流媒体的特点。同时，分片越短，就越能快速地适应网络环境的变化。但不幸的是，这给压缩和分发也带来一些挑战。

一个 fMP4 流由一个**初始化段**和一连串的**媒体段**组成。初始化段类似于一个未分片文件的开始，它由一个 ftyp box 和一个 moov box 组成。moov box 包含额外的信息，以表明流是切片的，主要包括一个 mvex[①]box。不过与上面的传统 MP4 相比较，fMP4 的 moov box 只存储了文件级别的媒体信息，因此比传统 MP4 文件的 moov box 要小很多。mvex 是 fMP4 的标准 box，它的作用是告诉 Demuxer 端这是一个 fMP4 文件，具体的 sample 信息内容不再放到 trak 里，而是放到每一个 moof 中。

音视频切片文件由一个 moof（movie fragment）box 和一个 mdat box 组成，前者包含该片段的元数据，后者包含部分音频、视频的有效载荷。moof box 存放的是 fragment（分片）级别的元信息，用于描述所在的 fragment。该类型的 box 在普通的 MP4 文件中是不存在的，而在 fMP4 文件中，每个 fragment 都会有一个 moof 类型的 box。moof 和 moov 类似，它包含了当前片段中 MP4 的相关元信息，但将 moov 的部分信息变成了多个 moof 这样的方式。另外，一般而言，普通的 MP4 文件只有一个 mdat box，而 fMP4/CMAF 文件则有多个 mdat box。它也可能在开始时有一个 styp box，styp 就像 ftyp 一样，但针对的是一个音视频切片片段。在一个正确编码的流中，每个媒体 fragment 都可以被解码和播放，除去需要所依赖的初始化片段外，任何其他片段的信息都不再需要。粗略来讲，fMP4 的构成如下：

```
1 ftyp
1 moov
N [moof mdat] // 一起构成分片
1 mfra
```

fMP4 格式早期在微软的 Smooth Streaming 架构中被提出，有趣的是，当时微软已经有了 ASF[②]（Advanced Systems Format），而其 Smooth Streaming 技术依然选择了基于 ISO BMFF 的 fMP4 作为分发格式。具体的原因可以参考 Smooth Streaming 的主要贡献者 Alex Zambelli 在描述该技术时的博客文章，在这篇博客文章中，Alex Zambelli 还清晰地用图 4-6 解释了 fMP4 格式的高层视图及分片部分的构成。

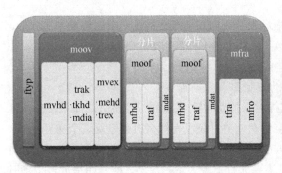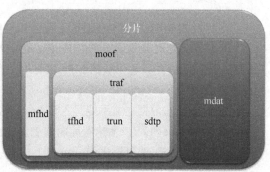

图 4-6   fMP4 与分片

上面的 mvex box 是可选的，其由 mehd 和 trex 组成，其中，mehd 是可选的，它指定整个文

件的持续时间，整个文件的持续时间对应于最长的轨道持续时间（包含所有分片）；trex 是必选的
（如果 mvex 存在），每个轨道都有一个单独的 trex，这个 box 为其轨道（track_ID）指定默认的标
志和值。在 moof box 中，对应特性如果没有被标识或设置对应的值，解码器将从 trex box 中获取
对应轨道的默认值。

通常每个封闭的 GoP 都作为一个单独的分片来存储，这种分片模式被称为基于关键帧的分片。
使用的 FFmpeg 命令一般如下：

```
ffmpeg -i in.h264 -c:v copy -f mp4 -movflags frag_keyframe+empty_moov frag_out.mp4
```

下面介绍 CMAF（通用媒体应用格式，Common Media Application Format），它是一种可扩展
的格式，用于打包分段的媒体对象，以便在自适应媒体流中在终端用户设备上传输和解码。使用
CMAF 的最初目的是简化基于 HTTP 的流媒体的交付。它是一个新兴的标准，有助于降低成本和
复杂性，并可以结合其他技术来减少端到端的延迟。CMAF 通过与 HLS 和 DASH 协议合作，在一
个统一的传输容器文件下打包数据，简化了播放设备的媒体传输过程。

值得再提的是，CMAF 本身不是一个协议，而是一种格式，它包含一套容器和标准，用于统
一 HLS 和 MPEG-DASH 等协议底层的单一媒体流。CMAF 以 ISO BMFF 为基础，为分片的内容
定义两个基础的 brand（品牌）：cmfc 和 cmf2。其限定主要如下。

cmfc 品牌的约束如下：

- 定义了 ISO BMFF box 中的一些默认值。
- 每个文件只包含一个媒体，这意味着音频和视频存储在不同的文件中，这个特性带来了灵
  活性，但也带来了一些挑战。
- 每个分片有一个单一的轨道片段（moof）。
- 视频轨道中存在 ColorInformation box 和 PixelAspectRatio box。
- 在每个轨道分片中存在一个 tfdt box，在 MPEG DASH 格式中，分片在时间上可能是不连
  续的。因此，DASH 要求每个分片（即每个 traf box）中都要有 tfdt box。注意，tfdt box 指
  定了当前分片的解码时间（以 mvhd 时间尺度为单位，当前分片中第 1 个样本的解码时间，
  实际上 tfdt 是分片的一个时间锚点）。
- edit list 被限定为仅在媒体跳过时使用。

在 cmfc 品牌的基础上，cmf2 品牌进一步限定如下：

- 不应使用 edit list。
- 可以使用负的 composition 偏移。
- 样本默认值应在每个轨道分片中重复出现。

4.1.3　MP4 分析工具

在实际应用中我们经常需要对 MP4 文件进行分析。分析 MP4 封装格式的工具比较多，除了
FFmpeg 之外，还有一些常用工具，如 Elecard StreamEye、MP4Box、mp4info、mediainfo、l-smash、
Bento4 等。下面简单介绍这几款常用工具，具体的使用方法请参考相应的文档或者命令行帮助。

1. Elecard StreamEye

Elecard StreamEye 是一款非常强大的视频信息查看工具，能够查看帧的排列信息，将 I 帧、P
帧、B 帧以不同颜色的柱状展现出来，而且柱的长短根据帧的大小展示。我们还能够通过 Elecard

StreamEye 分析 MP4 的封装内容信息，包括流、宏块、文件头、图像及文件的信息等；还能够根据每帧的顺序进行逐帧查看，看到每一帧的详细信息与状态。同时，它也简单支持一些容器格式的信息查看。使用 Elecard StreamEye 查看 MP4 信息如图 4-7 所示。

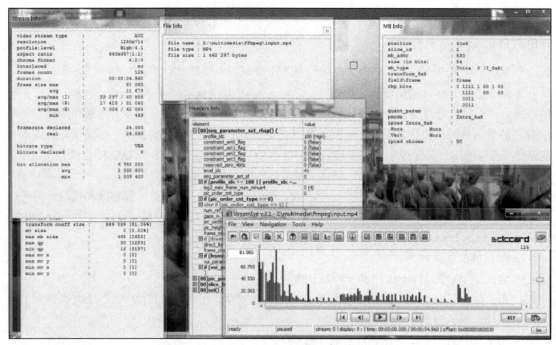

图 4-7　Elecard StreamEye 查看 MP4 信息

2. MP4Box

MP4Box 是 GPAC 项目中的一个组件，它是一个命令行工具，可以通过 MP4Box 命令针对媒体文件进行合成、拆解等操作。其操作信息大概如下：

```
MP4Box [option] input [option]
 -h general         general options help
 -h hint            hinting options help
 -h dash            DASH segmenter help
 -h import          import options help
 -h encode          encode options help
 -h meta            meta handling options help
 -h extract         extraction options help
 -h dump            dump options help
 -h swf             Flash (SWF) options help
 -h crypt           ISMA E&A options help
 -h format          supported formats help
 -h rtp             file streamer help
 -h live            BIFS streamer help
 -h all             all options are printed
 -nodes             lists supported MPEG4 nodes
 -node NodeName      gets MPEG4 node syntax and QP info
 -xnodes            lists supported X3D nodes
 -xnode NodeName     gets X3D node syntax
 -snodes            lists supported SVG nodes
 -languages          lists supported ISO 639 languages
 -boxes             lists all supported ISOBMF boxes and their syntax
```

```
   -quiet              quiet mode
   -noprog             disables progress
   -v                  verbose mode
   -logs               set log tools and levels, formatted as a ':'-separated list of
toolX[:toolZ]@levelX
   -log-file FILE      sets output log file. Also works with -lf FILE
   -log-clock or -lc   logs time in micro sec since start time of GPAC before each log
line.
   -log-utc or -lu     logs UTC time in ms before each log line.
   -version            gets build version
   -- INPUT            escape option if INPUT starts with - character
```

从以上帮助信息可以看到,MP4Box 还有很多子帮助项,例如 DASH 切片、编码、metadata、BIFS 流、ISMA、SWF 相关帮助信息等。下面使用 MP4Box 分析一下 output.mp4 的信息,内容如下:

```
* Movie Info *
Track # 1 Info - TrackID 1 - TimeScale 25000
Media Duration 00:00:10.000 - Indicated Duration 00:00:10.000
Track has 2 edit lists: track duration is 00:00:10.080
Media Info: Language "Undetermined (und)" - Type "vide:avc1" - 250 samples
Visual Track layout: x=0 y=0 width=1280 height=714
MPEG-4 Config: Visual Stream - ObjectTypeIndication 0x21
AVC/H264 Video - Visual Size 1280 x 714
    AVC Info: 1 SPS - 1 PPS - Profile High @ Level 4.1
    NAL Unit length bits: 32
    Pixel Aspect Ratio 1:1 - Indicated track size 1280 x 714
    Chroma format YUV 4:2:0 - Luma bit depth 8 - chroma bit depth 8
    SPS#1 hash: 1B6511945AA7E9C7DE258A277BF95A423D4FC5B9
    PPS#1 hash: DC73BC45117A5611E4C7638CE58777ED2E22E887
Self-synchronized
    RFC6381 Codec Parameters: avc1.640029
    Average GOP length: 41 samples

Track # 2 Info - TrackID 2 - TimeScale 48000
Media Duration 00:00:10.005 - Indicated Duration 00:00:10.005
Track has 1 edit lists: track duration is 00:00:10.006
Media Info: Language "Undetermined (und)" - Type "soun:mp4a" - 469 samples
MPEG-4 Config: Audio Stream - ObjectTypeIndication 0x40
MPEG-4 Audio AAC LC - 2 Channel(s) - SampleRate 48000
Synchronized on stream 1
    RFC6381 Codec Parameters: mp4a.40.2
Alternate Group ID 1
    All samples are sync
```

从输出内容可以看到,对应的解析信息,例如 timescale、duration 之类的信息,与前面介绍的 MP4 原理一节中所看到的解析 MP4 文件得到的数据相同。

3. mp4info

mp4info 也是一个不错的 MP4 分析工具,而且是可视化工具,可以将 MP4 文件中的各 box 解析出来,并将其中的数据展现出来,分析 MP4 内容时使用 mp4info 会更方便。

如图 4-8 所示,通过 mp4info 可以解析 MP4 文件容器,解析的 box 格式可以直接展现出来。相关 box 解析信息比之前逐字节地读取和解析方便很多,也更加直观。

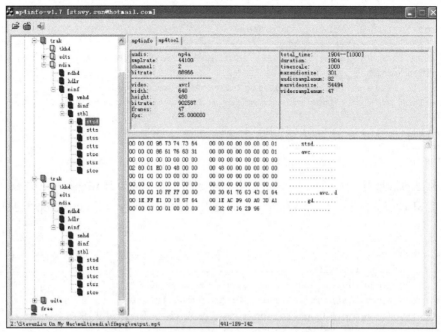

图 4-8　mp4info 查看 MP4 文件容器信息

4.1.4　MP4 在 FFmpeg 中的 Demuxer

根据前面介绍的查看 FFmpeg 的 MP4 的 Demuxer 的方法，使用命令行 ffmpeg -h demuxer=mp4 来查看 MP4 的 Demuxer 信息如下：

```
Demuxer mov,mp4,m4a,3gp,3g2,mj2 [QuickTime / MOV]:
    Common extensions: mov,mp4,m4a,3gp,3g2,mj2,psp,m4b,ism,ismv,isma,f4v,avif.
```

如输出内容所示，通过查看 FFmpeg 的 help 信息，可以看到 MP4 的 Demuxer 与 mov、3gp、m4a、3g2、mj2、avif 的 Demuxer 相同，原因是这些文件格式本身都是从 ISO BMFF 派生出来的。解封装 MP4 文件时参数如表 4-21 所示。

表 4-21　FFmpeg 解封装 MP4 常用参数

参数	类型	说明
use_absolute_path	布尔	可以通过绝对路径加载外部的 track，可能会有安全影响，默认不开启
seek_streams_individually	布尔	根据单独流进行 seek，默认开启
ignore_editlist	布尔	忽略 EditList box 信息，默认不开启
advanced_editlist	布尔	修改流索引以反映 EditList box 所描述的时间线。当 ignore_editlist 设置为 false 时这个选项才有效。如果 ignore_editlist 和这个选项都设置为 false，那么只有流索引的起点被修改，以反映 EditList box 描述的初始停留时间或起始时间戳。默认为 true
use_mfra_for	整型	对于可 seek 的分片输入，如果存在的话，从 Media Fragment Random Access box 中设置分片的起始时间戳 auto：自动检测是否将 mfra 时间戳设置为 PTS 或 DTS（默认）

参数	类型	说明
use_mfra_for	整型	dts：将 mfra 时间戳设置为 DTS pts：将 mfra 时间戳设置为 PTS 0：不使用 mfra 来设置时间戳
use_tfdt	布尔	对于分片输入，将片段的起始时间戳设置为 tfdt box 中的 baseMediaDecodeTime。默认为启用，这将优先使用 tfdt 来设置 DTS。禁用则使用来自 sidx box 的 earliest_presentation_time。在这两种情况下，如果 mfra box 里的时间戳可用，并且 use_mfra_for 被设置为 PTS 或 DTS，就会使用它
ignore_chapters	布尔	忽略 chapters 信息，默认不开启
enable_drefs	布尔	外部 track 支持，默认不开启
export_all	布尔	将 udta 内未被识别的 box 作为元数据条目导出。box 类型的前 4 个字符被设置为密钥。默认为 false
export_xmp	布尔	将 XMP_box 和 uuid box 的全部内容导出为一个字符串，键为 xmp。注意，如果 export_all 被设置，而这个选项没有被设置，XMP_box 的内容仍然被导出，但密钥为 XMP_。默认为 false
activation_bytes	二进制	解密 Audible AAX 和 AAX+文件所需的 4 字节密钥
audible_fixed_key	二进制	用于处理 Audible AAX/AAX+文件的固定密钥。它已经被预先设置好了，所以没有必要再指定
decryption_key	二进制	16 字节的密钥，十六进制，用于解密使用 ISO 通用加密（CENC/AES-128 CTR；ISO/IEC 23001-7）加密的文件
max_stts_delta	整型	写在 trak 的 stts box 中的非常高的采样 delta 可能偶尔是有意为之，但通常它们是错误的，或者在被视为有符号的 32 位整数时，用于存储 DTS 校正的负值。这个选项让用户设置一个上限，超过这个上限，delta 将被钳制为 1。如果大于上限的值是负值，则会将其转换为 int32 并用来调整后续的 DTS。单位是轨道时间刻度。范围是 0～UINT_MAX。默认值是 UINT_MAX−48000*10

通过 FFmpeg 解封装时也可以使用参数 ignore_editlist 来忽略 EditList box 对 MP4 进行解封装。关于 MP4 的 Demuxer 操作通常使用默认配置即可，在这里不过多地解释与举例。

4.1.5 MP4 在 FFmpeg 中的 Muxer

在前面一节提到，MP4 与 mov、3gp、m4a、3g2、mj2 的 Demuxer 相同，它们的 Muxer 也差别不大，但是是不同的 Muxer，尽管在 FFmpeg 中使用的是同一套格式进行的封装与解封装。MP4 的封装相对解封装来说稍微复杂一些，因为封装时可选参数多一些，如表 4-22 所示。

表 4-22　FFmpeg 封装 MP4 常用参数

参数	值	说明
movflags		MP4 Muxer 标记
	rtphint	增加 RTP 的 hint track
	empty_moov	初始化空的 moov box

续表

参数	值	说明
movflags	frag_keyframe	在视频关键帧处切片
	separate_moof	对于每一个 track 写独立的 moof / mdat box
	frag_custom	对于每一个 caller 请求，刷新一个片段
	isml	创建实时流媒体（创建一个直播流发布点）
	faststart	将 moov box 移动到文件的头部
	omit_tfhd_offset	忽略 tfhd 容器中的基础数据偏移
	disable_chpl	关闭 Nero Chapter 容器
	default_base_moof	在 tfhd 容器中设置 default-base-is-moof 标记
	dash	兼容 DASH 格式的 MP4 分片
	frag_discont	分片不连续式设置 discontinuous 信号
	delay_moov	延迟写入 moov 信息，直到第 1 个分片切出来，或者第 1 片被刷新
	global_sidx	在文件的开头设置公共的 sidx 索引
	write_colr	写入 colr 容器
	write_gama	写入被弃用的 gama 容器
moov_size	正整数	设置 moov 容器的最大大小
rtpflags		设置 RTP 传输相关的标记
	latm	使用 MP4A-LATM 方式传输 AAC 音频
	rfc2190	使用 RFC2190 传输 H.264、H.263
	skip_rtcp	忽略使用 RTCP
	h264_mode0	使用 RTP 传输 mode0 的 H264
	send_bye	当传输结束时发送 RTCP 的 BYE 包
skip_iods	布尔型	不写入 iods 容器
iods_audio_profile	0~255	设置 iods 的音频 profile 容器
iods_video_profile	0~255	设置 iods 的视频 profile 容器
frag_duration	正整数	切片最大的 duration
min_frag_duration	正整数	切片最小的 duration
frag_size	正整数	切片最大的大小
ism_lookahead	正整数	预读取 ISM 文件的数量
video_track_timescale	正整数	设置所有视频的时间计算方式
brand	字符串	写 major brand
use_editlist	布尔型	使用 editlist
fragment_index	正整数	下一个分片编号
mov_gamma	0~10	gama box 的 gamma 值
frag_interleave	正整数	交错分片样本
encryption_scheme	字符串	加密的方案
encryption_key	二进制	密钥
encryption_kid	二进制	密钥标识符

从参数的列表中可以看到，MP4 的 Muxer 支持的参数比较复杂，例如支持在视频关键帧处切片、支持设置 moov 容器的最大大小、支持设置 encrypt 加密方案等。下面对常见的参数进行举例。

1. faststart 使用案例

正常情况下，FFmpeg 生成的 moov 在 mdat 写完成之后才写入，可以通过参数 faststart 将 moov 容器移动至 mdat 前面。下面举一个例子：

```
ffmpeg -i input.flv -c copy -f mp4 output.mp4
```

使用 mp4info 查看 output.mp4 的容器出现顺序，如图 4-9 所示。

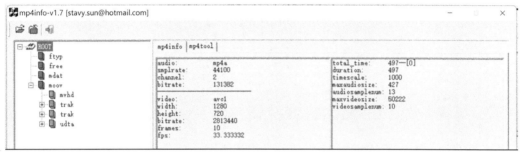

图 4-9　MP4 文件默认 moov 存储位置

可以看到图 4-9 中 moov 容器是在 mdat 的后面，如果使用参数 faststart 就会在生成完上述结构之后将 moov 移动到 mdat 前面。

```
ffmpeg -i input.flv -c copy -f mp4 -movflags faststart output.mp4
```

再使用 mp4info 查看 MP4 的容器顺序，可以看到 moov 被移动到 mdat 前面，如图 4-10 所示。

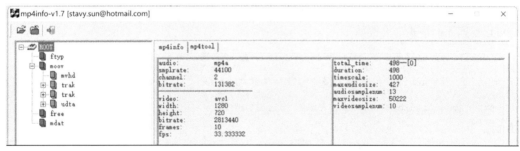

图 4-10　MP4 文件 moov 移动到 mdat 前面

2. dash 参数使用案例

当生成 DASH 格式的时候，会使用一种特殊的 MP4 格式。我们可以通过 dash 参数进行生成。

```
ffmpeg -i input.flv -c copy -f mp4 -movflags dash output.mp4
```

使用 mp4info 查看容器格式信息，稍微有些特殊，具体的信息在前面均有介绍，如图 4-11 所示。

从图 4-11 中可以看到，这个 DASH 格式的 MP4 文件存储的容器信息与常规的 MP4 格式有些差别，主要以 3 种容器为主：sidx、moof 与 mdat。

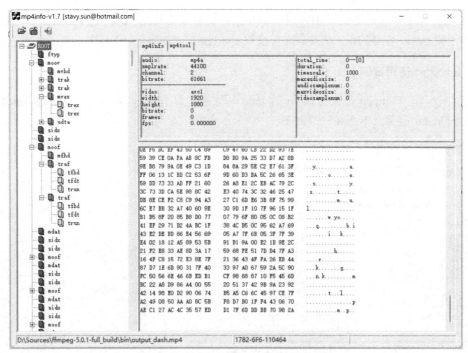

图 4-11   DASH 格式的 MP4 文件存储

3. isml 参数使用案例

ISMV 为微软发布的一个流媒体格式，是 Microsoft Smooth Streaming 技术的基础。FFmpeg 通过参数 isml 可以发布 ISML 直播流，将 ISMV 推流至 IIS 服务器，并可以通过参数 isml 进行转换。下面看看这个已经在实际中很少见的格式。

```
ffmpeg -re -i input.mp4 -c copy -movflags isml+frag_keyframe -f ismv Stream
```

可以观察流的格式，大致如下：

```
^@^@^@^Tftypisml^@^@^B^@piff^@^@^F<uuid??^K0?^T^Q⊡/^H^@ ^L?f^@^@^@^@<?xml version=
"1.0" encoding="utf-8"?>
<smil xmlns="http://www.w3.org/2001/SMIL20/Language">
<head>
<meta name="creator" content="Lavf57.71.100" />
</head>
<body>
<switch>
<video systemBitrate="2183592">
<param name="systemBitrate" value="2183592" valuetype="data"/>
<param name="trackID" value="1" valuetype="data"/>
<param name="systemLanguage" value="und" valuetype="data"/>
<param name="trackName" value="video_und" valuetype="data"/>
<param name="CodecPrivateData" value="0000000167640029ACD9805005BF93011000000300100
000030328F18319A00000000168E97B2C8B" valuetype="data"/>
<param name="FourCC" value="H264" valuetype="data"/>
<param name="MaxWidth" value="1280" valuetype="data"/>
<param name="MaxHeight" value="714" valuetype="data"/>
<param name="DisplayWidth" value="1280" valuetype="data"/>
<param name="DisplayHeight" value="714" valuetype="data"/>
</video>
<audio systemBitrate="120463">
<param name="systemBitrate" value="120463" valuetype="data"/>
<param name="trackID" value="2" valuetype="data"/>
<param name="systemLanguage" value="und" valuetype="data"/>
```

```
<param name="trackName" value="audio_und" valuetype="data"/>
<param name="FourCC" value="AACL" valuetype="data"/>
<param name="CodecPrivateData" value="119056E500" valuetype="data"/>
<param name="AudioTag" value="255" valuetype="data"/>
<param name="Channels" value="2" valuetype="data"/>
<param name="SamplingRate" value="48000" valuetype="data"/>
<param name="BitsPerSample" value="16" valuetype="data"/>
<param name="PacketSize" value="4" valuetype="data"/>
</audio>
</switch>
</body>
</smil>
```

生成的文件格式的原理类似 HLS，使用 XML 格式进行索引，索引内容主要包含了音频流的关键信息，例如视频宽、高以及码率等，然后刷新切片内容进行直播。另外，它的一些技术思想其实已经被诸如 LL-HLS、LL-DASH 等低延迟直播技术所吸收。

4. Apple 平台的兼容问题

在封装 HEVC 码流的时候，FFmpeg 默认生成的 MP4 经常会面临在 Apple 相关平台上的播放兼容问题，核心是需要 -tag:v hvc1。如果没有这个标签，VLC 打开该视频没有问题，但 QuickTime 播放器则不行。该标签修复了 QuickTime 的问题，使得可以在 Apple 相关平台上正确地播放。使用的命令示例如下：

```
ffmpeg -i input.mp4 -c:v libx265 -c:a aac -crf 25 -tag:v hvc1 outputh265.mp4
```

原因是 HEVC 视频在进行 MP4 封装的时候，可以使用不同的编解码标签，根据 ISO/IEC FDIS 14496-15:2019 中 8.4.1 节的 HEVC 视频流定义，有 hvc1 和 hev1 两种模式。这两者的区别在于参数集（SPS、PPS、VPS）在 MP4 文件中的位置不同。ISO/IEC FDIS 14496-15:2019 的 8.3.2 节指出："在视频图像中使用的参数集必须在包含该视频图像的样本之前或在该视频图像的样本中发送。对于一个特定样本条目适用的视频流，当样本条目名称为'hvc1'时，视频参数集、序列参数集和图像参数集应仅存储在样本条目中；而当样本条目名称为'hev1'时，可存储在样本条目和样本中。"

由上面可以得出如下结论：

- hvc1 参数集存储在样本条目的带外（即在 stsd 的下面）。
- hev1 参数集被存储在样本条目的带外或样本的带内（即 SPS/PPS/VPS NALU 在码流/mdat box 内）。

Mac 上的 QuickTime 播放器只支持 hvc1。在 Apple 设备上播放 HLS，Apple 也更倾向于 hvc1。

4.2 视频文件转 FLV

在网络直播与点播场景中，FLV 也是一种常见的格式。FLV 是 Adobe 发布的一种可作为直播也可以作为点播的封装格式。其封装格式非常简单，均以 FLVTAG 的形式存在，并且每一个 TAG 都是独立存在的。接下来详细介绍一下 FLV 标准。

4.2.1 FLV 文件标准介绍

FLV 文件格式分为两部分：一部分为 FLV 文件头，另一部分为 FLV 文件内容。

1. FLV 文件头格式解析

如表 4-23 所示,FLV 文件头格式中签名字段占用 3 字节,最终组成的 3 个字符为 FLV。然后是文件的版本,常见的为 1。接下来的 1 字节前边 5 位为 0,接着音频展示设置为 1,然后下一位为 0,再下一位为视频展示,设置为 1,那么如果是一个音视频都能展示的 FLV 文件,这个字节应设置为 0x05(00000101)。最后是 4 字节的数据,为 FLV 文件头数据的偏移位置。

表 4-23　FLV 文件头

字段	占用位数	说明
签名字段(Signature)	8	字符 F(0x46)
签名字段(Signature)	8	字符 L(0x4C)
签名字段(Signature)	8	字符 V(0x56)
版本(Version)	8	文件版本(例如 0x01 为 FLV 版本 1)
保留标记类型(TypeFlagsReserved)	5	固定为 0
音频标记类型(TypeFlagsAudio)	1	1 为显示音频标签
保留标记类型(TypeFlagsReserved)	1	固定为 0
视频标记类型(TypeFlagsVideo)	1	1 为显示视频标签
数据偏移(DataOffset)	32	这个头的字节

以下面的 FLV 文件为例具体分析一下。

```
00000000: 464c 5601 0500 0000 0900 0000 0012 0001  FLV.............
00000010: 7400 0000 0000 0000 0200 0a6f 6e4d 6574  t..........onMet
00000020: 6144 6174 6108 0000 0010 0008 6475 7261  aData.......dura
00000030: 7469 6f6e 0040 2428 f5c2 8f5c 2900 0577  tion.@$(...\)..w
```

从 FLV 文件数据内容分析出结果如下。

- 3 字节的标签:F、L、V
- 1 字节的 FLV 文件版本:0x01
- 5 位的保留标记类型:00000b
- 1 位的音频显示标记类型:1b
- 1 位的保留标记类型:0b
- 1 位的视频显示标记类型:1b
- 4 字节的文件头数据偏移:0x00000009

至此,FLV 的文件头解析完毕。

2. FLV 文件内容格式解析

如表 4-24 所示,FLV 文件内容格式主要为 FLVTAG。FLVTAG 分为两部分,分别为 Header 部分与 Body 部分,如表 4-25 所示。

表 4-24　FLV 文件 TAG 排列方式

字段	类型大小	说明
上一个 TAG 的大小(PreTagSize0)	4 字节(32 位)	一直是 0
TAG1	FLVTAG(FLVTAG 是一个类型)	第 1 个 TAG

字段	类型大小	说明
上一个 TAG 的大小（PreTagSize1）	4 字节（32 位）	上一个 TAG 字节的大小，包括 TAG 的 Header+Body，TAG 的 Header 大小为 11 字节，所以这个大小为 11 字节+TAG 的 Body 的大小
TAG2	上一个 TAG 的大小（PreTagSize0）	第 2 个 TAG
……	……	……
上一个 TAG 的大小（PreTagSizeN−1）	4 字节（32 位）	

表 4-25   FLVTAG 格式

字段	类型大小	说明
保留（Reserved）	2 位	为 FMS 保留，应该是 0
滤镜（Filter）	1 位	主要用来做文件内容加密处理 0：不预处理 1：预处理
TAG 类型（TagType）	5 位	8（0x08）：音频 TAG 9（0x09）：视频 TAG 18（0x12）：脚本数据（ScriptData，例如 Metadata）
数据大小（DataSize）	24 位	TAG 的 Data 部分的大小
时间戳（Timestamp）	24 位	以毫秒为单位的展示时间 0x000000
扩展时间戳（TimestampExtended）	8 位	针对时间戳增加的补充时间戳
流 ID（StreamID）	24 位	一直是 0
TAG 的 Data（Data）	音频/视频/脚本数据	音视频媒体数据，可包含 startcode

从表 4-25 中可以看到 FLVTAG 的 Header 部分信息如下：

- 保留位占 2 位，最大为 11b。
- 滤镜位占 1 位，最大为 1b。
- TAG 类型占 5 位，最大为 11111b，与保留位、滤镜位共用一字节，常见的为 0x08、0x09、0x12。在处理时，一般默认保留位与滤镜位设置为 0。
- 数据大小占用 24 位（3 字节），最大为 0xFFFFFF（16 777 215）字节。
- 时间戳占用 24 位（3 字节），最大为 0xFFFFFF（16 777 215）毫秒，转换为秒等于 16 777 秒，转换为分钟为 279 分钟，转换为小时为 4.66 小时。所以如果使用 FLV 格式，这个时间戳最大可以存储 4.66 小时。
- 扩展时间戳占用 8 位（1 字节），最大为 0xFF（255），扩展时间戳使得 FLV 原有的时间戳得到扩展，不仅仅局限于 4.66 小时，可以存储更久，1193 小时，转换为以天为单位大约为 49.7 天。
- 流 ID 占用 24 位（3 字节），最大为 0xFFFFFF；不过 FLV 中一直将这个存储为 0。

在 FLVTAG 的 Header 之后存储的为 TAG 的 Data，大小为 FLVTAG 的 Header 中 DataSize 存储的大小，存储的数据分为视频数据、音频数据及脚本数据。下面分别介绍这 3 种数据格式。

（1）VideoTag 数据格式解析

如果从 FLVTAG 的 Header 中读取到 TagType 为 0x09，则该 TAG 为视频数据 TAG，FLV 支持多种视频格式，如表 4-26 所示。

表 4-26　VideoTag 数据格式

字段	类型大小	说明
帧类型（FrameType）	4 位	视频帧类型，下面为主要定义的值 1：为关键帧（H.264 使用，可以 seek 的帧） 2：为 P 或 B 帧（H.264 使用，不可以 seek 的帧） 3：仅应用于 H.263 4：生成关键帧（服务器端使用） 5：视频信息/命令帧
编码标识（CodecID）	4 位	Codec 类型定义，下面是对应的编码值与对应的编码 2：Sorenson H.263（用得少） 3：Screen Video（用得少） 4：On2 VP6（偶尔用） 5：带 Alpha 通道的 On2 VP6（偶尔用） 6：Screen Video 2（用得少） 7：H.264（使用得非常频繁）
H.264 的包类型（AVCPacketType）	当 Codec 为 H.264 编码时占用 8 位（1 字节）	当 H.264 编码封装在 FLV 中，需要以下 3 类 H.264 的数据 0：H.264 的 Sequence Header 1：NALU（H.264 做字节流时需要用的） 2：H.264 的 Sequence End
CTS（CompositionTime）	当 Codec 为 H.264 编码时占用 24 位（3 字节）	CTS 用于表示 PTS 和 DTS 之间的差值，若编码使用 B 帧，则 DTS 和 PTS 不相等
视频数据	视频数据	压缩过的视频数据

（2）AudioTag 数据格式解析

从 FLVTAG 的 Header 中解析到 TagType 为 0x08，则这个 TAG 为音频 TAG，与视频 TAG 类似，音频 TAG 里面可以封装的压缩音频编码也可以有很多种，如表 4-27 所示。

表 4-27　AudioTag 数据格式

字段	类型大小	说明
声音格式（SoundFormat）	4 位	不同的值代表着不同的格式 0：线性 PCM，大小端取决于平台 1：ADPCM 音频格式 2：MP3 3：线性 PCM，小端 4：Nellymoser 16kHz Mono 5：Nellymoser 8kHz Mono 6：Nellymoser

字段	类型大小	说明
声音格式（SoundFormat）	4 位	7：G.711 A-law 8：G.711 mu-law 9：保留 10：AAC 11：Speex 14：MP3 8kHz 15：设备支持的声音 格式 7、8、14、15 均为保留；使用频率非常高的为 AAC、MP3、Speex
音频采样率（SoundRate）	2 位	不同的值代表不同采样率 0：5.5kHz 1：11kHz 2：22kHz 3：44kHz 有些音频为 48kHz 的 AAC 也可以被包含进来，不过也是采用 44kHz 的方式存储，因为音频采样率在标准中只用 2 位来表示不同的采样率，所以一般为 4 种
采样大小（SoundSize）	1 位	下面的值表示不同的采样大小 0：8 位采样 1：16 位采样
音频类型（SoundType）	1 位	0：Mono sound 1：Stereo sound
音频包类型（AACPacketType）	当音频为 AAC 时占用 8 位（1 字节）	0：AAC Sequence Header 1：AAC raw
音频数据	音频数据	具体的编码的音频数据

（3）ScriptData 数据格式解析

当 FLVTAG 读取的 TagType 为 0x12 时，这个数据位表征是 ScriptData 类型。ScriptData 常见的展现方式为 FLV 的 Metadata，里面存储的一般为 AMF 数据，如表 4-28 所示。

表 4-28 ScriptData 数据格式

字段	类型大小	说明
类型（Type）	8 位（1 字节）	不同的值代表 AMF 格式的不同类型 0：Number 1：Boolean 2：String 3：Object 4：MovieClip（保留，不支持）

字段	类型大小	说明
类型（Type）	8 位（1 字节）	5：Null 6：Undefined 7：Reference 8：ECMA Array 9：Object end marker 10：Strict Array 11：Date 12：Long String
数据（ScriptDataValue）		按照类型进行对应的 AMF 解析

其他相关 FLV 的 ScriptData 内容解析部分可以参考 FLV 标准文档[①]，其中会有更多详细说明。

4.2.2   FLV Muxer 参数说明

使用 FFmpeg 的 FLV Muxer 生成 FLV 格式，从它的选项角度而言比较简单。FFmpeg 生成 FLV 文件时可以使用的参数也非常少，如表 4-29 所示。

表 4-29   FFmpeg 的 FLV Muxer 参数

参数	类型	说明
flvflags	flag	设置生成 FLV 时使用的 flag aac_seq_header_detect：添加 AAC 音频的 Sequence Header no_sequence_end：生成 FLV 结束时不写入 Sequence End no_metadata：生成 FLV 时不写入 metadata no_duration_filesize：用于直播时不在 metadata 中写入 duration 与 filesize add_keyframe_index：生成 FLV 时自动写入关键帧索引信息到 metadata 头

根据列表中的参数可以看到，在生成 FLV 文件时，写入视频、音频数据时均需要写入 Sequence Header 数据，如果 FLV 视频流中没有 Sequence Header，那么视频很有可能不会被显示；如果 FLV 音频流中没有 Sequence Header，那么音频很有可能不会被播放。使用 FFmpeg 中的参数 flvflags 的值并设置为 aac_seq_header_detect，这将会写入音频 AAC 的 Sequence Header，这也是 FLV Muxer 的默认设置。

4.2.3   文件转 FLV 举例

从前文标准中可以看到 FLV 封装中可以支持的视频和音频编码，如果封装 FLV 时视频或者音频不符合上述标准，则肯定封装不进 FLV，并且会报错。下面尝试将不在前文列表中的 AC-3 音频封装进 FLV，看看会出现什么问题。

```
ffmpeg -i input_ac3.mp4 -c copy -f flv output.flv
```

---

① http://download.macromedia.com/f4v/video_file_format_spec_v10_1.pdf。

命令行执行后输出内容如下：

```
Input #0, mov,mp4,m4a,3gp,3g2,mj2, from 'input_ac3.mp4':
  Duration: 00:00:10.02, start: 0.000000, bitrate: 2378 kb/s
    Stream #0:0(und): Video: h264 (High) (avc1 / 0x31637661), yuv420p, 1280x714 [SAR 1:1
DAR 640:357], 2183 kb/s, 25 fps, 25 tbr, 25k tbn, 50 tbc (default)
    Stream #0:1(und): Audio: ac3 (ac-3 / 0x332D6361), 48000 Hz, stereo, fltp, 192 kb/s (default)
[flv @ 0x7fe624809200] FLV does not support sample rate 48000, choose from (44100, 22050, 11025)
[flv @ 0x7fe624809200] Audio codec ac3 not compatible with flv
Could not write header for output file #0 (incorrect codec parameters ?): Function not implemented
Stream mapping:
  Stream #0:0 -> #0:0 (copy)
  Stream #0:1 -> #0:1 (copy)
    Last message repeated 1 times
```

从输出的内容中可以看到，因为 AC-3 音频编码格式并没有被 FLV 容器支持，所以报错。为了解决这类问题，可以进行转码，将 AC-3 音频转换为 AAC 或者 MP3 这类 FLV 标准支持的音频。

```
ffmpeg -i input_ac3.mp4 -vcodec copy -acodec aac -f flv output.flv
```

如果原媒体文件中的音视频编码格式本身就是 FLV 标准所支持的格式，那么只用转封装（通常称为 Remuxing）即可，无须执行转码操作。所以，如果只是从一种封装格式转成 FLV 格式的话，可以先确认源文件中的编码格式是否是 FLV 所支持的。在日常中，经常有人询问 H.265 是否可以封装在 FLV 中，由前面列出的 FLV 支持的视频编码格式清单中可以看到，FLV 的标准并不支持 H.265，如果想要支持，需要自行在 FFmpeg 中定制。

4.2.4 生成带关键索引的 FLV

在网络视频点播文件为 FLV 格式时，早期人们常用 yamdi[①]工具先对 FLV 文件进行一次转换，该工具依据 FLV 文件中的关键帧建立一个索引，并将索引写入 metadata 头中，这样播放端就可以依据这些索引信息执行快进、跳转等操作。这个功能目前用 FFmpeg 同样可以实现，使用参数 add_keyframe_index 即可。

```
ffmpeg -i input.mp4 -c copy -f flv -flvflags add_keyframe_index output.flv
```

在上述命令行执行之后，生成的 output.flv 文件中的 metadata 中即带有关键帧的索引信息。

```
00000180: 0041 4614 6100 0000 0000 0868 6173 5669  .AF.a......hasVi
00000190: 6465 6f01 0100 0c68 6173 4b65 7966 7261  deo....hasKeyfra
000001a0: 6d65 7301 0100 0868 6173 4175 6469 6f01  mes....hasAudio.
000001b0: 0100 0b68 6173 4d65 7461 6461 7461 0101  ...hasMetadata..
000001c0: 000c 6361 6e53 6565 6b54 6f45 6e64 0101  ..canSeekToEnd..
000001d0: 0008 6461 7461 7369 7a65 0041 4612 fc00  ..datasize.AF...
000001e0: 0000 0000 0976 6964 656f 7369 7a65 0041  .....videosize.A
000001f0: 44dc cd00 0000 0000 0961 7564 696f 7369  D........audiosi
00000200: 7a65 0041 035d 4800 0000 0000 0d6c 6173  ze.A.]H......las
00000210: 7474 696d 6573 7461 6d70 0040 23eb 851e  ttimestamp.@#...
00000220: b851 ec00 156c 6173 746b 6579 6672 616d  .Q...lastkeyfram
00000230: 6574 696d 6573 7461 6d70 0040 22f5 c28f  etimestamp.@"...
00000240: 5c28 f600 146c 6173 746b 6579 6672 616d  \(...lastkeyfram
00000250: 656c 6f63 6174 696f 6e00 4144 87b4 0000  elocation.AD....
00000260: 0000 0009 6b65 7966 7261 6d65 7303 000d  ....keyframes...
00000270: 6669 6c65 706f 7369 7469 6f6e 730a 0000  filepositions...
00000280: 0007 0040 8b58 0000 0000 0000 4127 c19a  ...@.X......A'..
00000290: 0000 0000 0041 345c fd00 0000 0000 413a  .....A4\......A:
```

---

① https://yamdi.sourceforge.net/ Yet Another MetaData Injector for FLV。

```
000002a0: ff15 0000 0000 0041 405d d100 0000 0000  .......A@].....
000002b0: 4142 3661 8000 0000 0041 4488 0480 0000  AB6a.....AD.....
000002c0: 0000 0574 696d 6573 0a00 0000 0700 0000  ...times........
000002d0: 003f f28f 5c28 f5c2 8f00 .......?..\(...
000002e0: 400e 147a e147 ae14 0040 168f 5c28 f5c2  @..z.G...@..\(..
000002f0: 8f00 401d 9999 9999 999a 0040 20e1 47ae  ..@......@ .G.
00000300: 147a e100 4022 f5c2 8f5c 28f6 0900  .z..@"...\(.....
```

如文件数据内容所示，该 FLV 文件中包含了关键帧索引信息。需要注意：这些关键帧索引信息并不是 FLV 的标准字段，但是由于被广泛使用，已经成为常用的字段，所以 FFmpeg 中同样也支持了这个功能。

4.2.5　FLV 文件格式分析工具

有时候需要分析 FLV 内容，可以考虑使用 FlvParse 这个可视化工具，如图 4-12 所示。

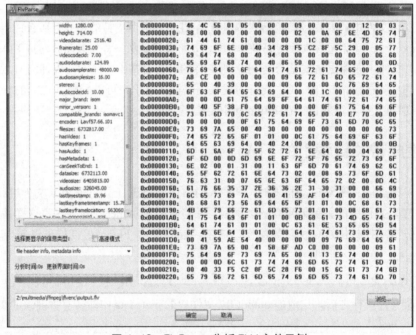

图 4-12　FlvParse 分析 FLV 文件示例

除了 FlvParse 工具，还可以使用 FlvAnalyzer 工具对 FLV 文件进行分析。打开 FlvAnalyzer 之后分析 FLV 文件，看到的信息会比 FlvParse 更全面，如图 4-13 所示。

除了以上两款 FLV 分析工具之外，还可以使用 ffprobe 来分析 FLV 文件，并且后者能够将关键帧索引的相关信息打印出来。

```
ffprobe -v trace -i output.flv
```

上述命令行执行的效果如下：

```
[flv @ 0x7f84ab002a00] Format flv probed with size=2048 and score=100
[flv @ 0x7f84ab002a00] Before avformat_find_stream_info() pos: 13 bytes read:32768
seeks:0 nb_streams:0
[flv @ 0x7f84ab002a00] type:18, size:762, last:-1, dts:0 pos:21
[flv @ 0x7f84ab002a00] keyframe stream hasn't been created
[flv @ 0x7f84ab002a00] type:9, size:48, last:-1, dts:0 pos:798
[flv @ 0x7f84ab002a00] keyframe filepositions = 875 times = 0
```

```
[flv @ 0x7f84ab002a00] keyframe filepositions = 778445 times = 1000
[flv @ 0x7f84ab002a00] keyframe filepositions = 1334525 times = 3000
[flv @ 0x7f84ab002a00] keyframe filepositions = 1769237 times = 5000
[flv @ 0x7f84ab002a00] keyframe filepositions = 2145186 times = 7000
[flv @ 0x7f84ab002a00] keyframe filepositions = 2387139 times = 8000
[flv @ 0x7f84ab002a00] keyframe filepositions = 2691081 times = 9000
```

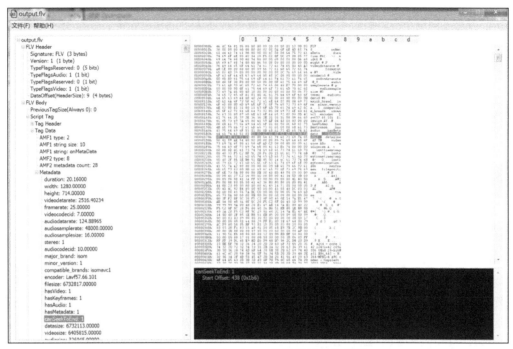

图 4-13　FlvAnalyzer 分析 FLV 文件示例

从输出的内容中可以看到，信息中包含了 keyframe 关键帧存储在文件中的偏移位置及时间戳。至此，FFmpeg 封装 FLV 文件的常用功能介绍完毕。

4.3　视频文件转 MPEG-TS

MPEG-TS 在 MPEG-2 第 1 部分中被标准化[①]，最初专门为数字视频广播（DVB）应用而设计，与其对应的 MPEG-PS 多用于存储媒体，并在 DVD 中得到应用。相较而言，MPEG-TS 面向传输，它将流划分为**基本流**，这些流被分割成小块。同时，系统信息以固定的时间间隔发送，因此接收器可以随时播放流。此外，该格式使用前向纠错（Forward Error Correction，FEC）技术，允许在接收器处纠正传输错误。MPEG-TS 格式显然是为在有损传输通道上使用而设计的。

从系统层面定义，TS/PS 文件可以分成 3 层。

- ES 层：由单独的音频流（如 MP3）、视频流（如 H.264）组成基本数据流（Elementary Stream，ES）。
- PES 层：将 ES 按一定的规则进行封装，例如 H.264 以访问单元（Access Unit，AU）作为拆分单元，并打上时间戳，组成分组的基本数据流（Packetized Elementary Stream，PES）。

---

① 参见 https://www.iso.org/standard/75928.html。

- TS/PS 层：将 PES 包进行切分后再封装成固定大小（通常为 188 字节）的传输流（Transport Stream，TS）包，同时还将一些节目信息也封装成 TS 包，又称为片段（section），两者共同组成 TS 层。

基本的打包流程如图 4-14 所示，来自编码器的 ES 首先被转化为 PES。由此添加的 PES 头包括一个流标识符、PES 包的长度、媒体时间戳，以及其他信息。接下来，PES 被分割成 184 字节的小块，并通过向每个小块添加 4 字节的头，变成 TS。最终的 TS 由固定长度为 188 字节的数据包组成。每个 TS 数据包头都带有 PID（packet identifier，数据包标识符），PID 将 TS 数据包和 TS 数据包中的基本流联系起来。

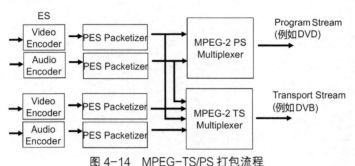

图 4-14   MPEG-TS/PS 打包流程

MPEG-TS 标准的包长度是 188 字节。日本通过在标准的 188 字节的数据包中增加一个 4 字节的时间码（TimeCode，TC）字段，使之变为 192 字节的数据包，一般用于数字摄像机、录音机和播放器。还有一种是 204 字节的，是在 188 字节的基础上加上 16 字节的 FEC 构成。FFmpeg 同时支持这 3 种格式变种。

MPEG-TS 包的基本结构如图 4-15 所示。

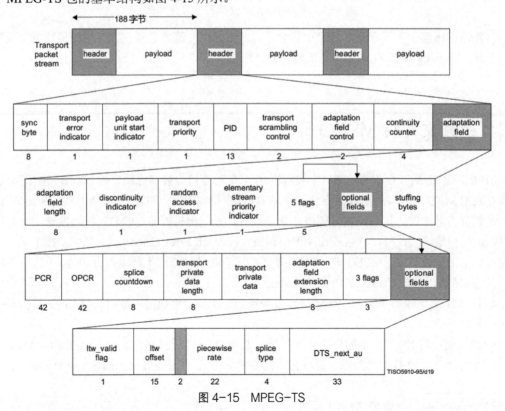

图 4-15   MPEG-TS

4.3.1 MPEG-TS 格式简介

MPEG-TS 没有像许多其他文件类型（包括程序流）那样使用全局文件头，而是在每个数据包前都有一个头部。这个数据包的头部结构设计非常清晰，并且正好占 4 字节，这使得流式的解析会非常便利。

1. MPEG-TS 的头部

表 4-30 详细列出了 MPEG-TS 重要的头部信息。

表 4-30　MPEG-TS 重要的头部信息

名称	位数	掩码（大端）	描述
同步字节	8	0xff000000	固定为 0x47（ASCII 字符 G）
传输错误标识（TEI）	1	0x800000	表明数据包是否损坏
有效载荷单元开始指示符 （PUSI）	1	0x400000	当这个数据包包含一个新的有效载荷单元的第 1 字节时，设置它。在传输过程中接收器据此可以知道它何时开始提取数据
传输优先级	1	0x200000	设置为 1 时，表示在同一 PID 内该包的优先级更高
PID	13	0x1fff00	包标识符，有些 PID 已经被固定下来了，比如 PSI 表就有固定的 PID
传输加扰控制（TSC）	2	0xc0	00 表示未加扰，其他 3 个取值 01、10、11 则由其他标准进一步定义
自适应字段控制	2	0x30	表明是否有自适应字段或者 payload 在后面跟随。00，保留；01，只有 data(payload)，没有附加字段参数；10，只有附加字段参数，没有 data(payload)；11，附加字段参数 +data(payload)
连续计数器	4		数据流内的有效载荷数据包的序列号（PID 8191 除外）在其 PID 内从 0x00 至 0x0F 递增，条件是有效载荷标志被设置。在接收侧用于检查是否有包丢失
自适应字段	可变		当自适应字段控制是 10 或 11 时存在
有效载荷（payload）	可变		当自适应字段控制是 01 或 11 时存在。payload 可以是 PES 包、PSI 或者其他数据

表 4-30 显示了 MPEG-TS 头的格式，包括每个字段包含的位数。许多值都是 4 字节中的特定位，所以需要进行位掩码操作以读取对应的值。这就是提供 32 位掩码的原因。

（1）同步字节

同步字节（sync byte）是一个完整的字节。使用一个完整的字节是一个有意的设计，目的是使定位和找到 TS 数据包的开始位置变得容易。读取媒体内容，直到找到两个连续的 188 字节的数据，起始字节都是 0x47，然后就可以按标准解析后面的数据了。

（2）数据包标识符

数据包标识符，简称 PID，用于识别与同一数据流有关的数据包。有些 PID 是保留的，这样能快速寻找特定的数据，如 PSI（Program Specific Information）表。

（3）有效载荷单元开始指示符

有效载荷单元开始指示器或简称 PUSI，在特定的有效载荷开始时将被设置为真。例如，当

PSI 在有效载荷中时，这个标志被设置为 1。另一个重要的例子是 PES 数据包的开始。

（4）连续计数器

它在每个 PID 内递增，并在 0x00 到 0x0F 之间循环递增，当自适应字段控制位中设置了有效载荷标志时递增。可用于在传递给解码器之前对数据包进行排序，并识别空隙。注意，有些播放器如 VLC 会默认检查该计数器是否递增，而 FFmpeg 的 MPEG-TS Demuxer 则默认忽略该检查。

（5）自适应字段

简单看完了 TS 头部的固定 4 字节部分，来看看自适应字段部分，如表 4-31 所示。

表 4-31　自适应字段的字段

名称	位数	掩码（大端）	描述
自适应字段长度	8		紧接着这个字节的自适应字段的字节数
非连续标识	1	0x80	如果当前的 TS 数据包相对连续计数器或节目时钟参考（PCR）处于不连续状态，则设置；非连续标识的主要目的是使分片的 TS 容易串联成一个文件或插入 TS 流中。注意，TS 流通常是由一些基本媒体流（视频和音频）组成的。如果你想把 TS 流串联到另一个流中，需要在开始（即每个基本流的第 1 个数据包）时设置该标识，否则解码器会错误地认为数据包丢失或时间不同步
随机访问标识	1	0x40	当数据流可以从这一点上无错误地解码时设置
ES 优先级标识	1	0x20	设置时表示该 ES 有更高优先级
PCR 标志	1	0x10	设置时表示存在 PCR 字段
OPCR 标志	1	0x08	设置时表示存在 OPCR 字段
splice countdown 标志	1	0x04	设置时表示存在 splice countdown 字段
传输私有数据标志	1	0x02	设置时表示存在私有数据传输
自适应字段扩展标志	1	0x01	设置时表示存在自适应字段扩展

2. MPEG-TS 的 payload 部分

（1）PSI

PSI 是一个"表"的集合。每个表都以一个特定的头开始，其定义如下，这些都包含在数据包的有效载荷中。PSI 表是一种可以触发有效载荷单元开始指示器设置的数据包类型。ISO/IEC 13818-1（MPEG-2 第一部分：系统）[①]定义的 PSI 数据包含如下 4 个表：

- 节目关联表（Program Association Table，PAT）
- 条件访问表（Conditional Access Table，CAT）
- 节目映射表（Program Map Table，PMT）
- 网络信息表（Network Information Table，NIT）

PSI 的每个表结构都被分成几个部分（section）。每个 section 可以跨越多个传输流数据包。一个传输流数据包也可以包含具有相同 PID 的多个 section。自适应字段也出现在携带 PSI 数据的 TS 数据包中。PSI 数据永远不会被加扰，这样接收端的解码器就可以轻松识别流的属性。

构成 PAT 和 CAT 的部分与预定义的 PID（数据包标识符）相关联，一个流中可能有多个独立的 PMT 部分；每个部分都有一个特定的用户定义的 PID，并将一个节目编号映射到描述该节目的流的元数据上。PMT 部分的 PID 是在 PAT 中定义的，而且是唯一在那里定义的 PID。流本身包含

---

① 参见 https://www.iso.org/standard/75928.html。

在 PES 数据包中，用户定义的 PID 在 PMT 中指定。

与数据包的头类似，该表是一个定义明确的结构。

（2）PAT

PAT 的表数据本质上给出一个映射，说明哪些 PID 是哪些节目的一部分。这个表被定义使用固定的 PID 0x0000、表 ID 0x00。所有的表都以校验和结束，其保证数据在传输中是正确的。在 HLS 中，标准要求我们处理的是单一的节目流。这个表的好处是给了我们一个在处理其余流时可以期待的 PID 列表。

（3）PMT

PMT 描述了每个 PID 的内容，因此与 PAT 相结合，可以获取数据流内容，如果是在多节目环境中，则是该特定节目的内容。在 PMT 里面有一个节目时钟参考（PCR）的 PID 参考，解码器可以用它来同步播放多个数据流。由这个 PID 识别的数据包将在该数据包的适配字段中包含一个时间戳，这个时间戳用于在解码器中生成一个时钟，PTS 是相对这个值而言的。

这里再回顾一下基本流（ES）的概念，它是实际传输的媒体数据。到目前为止所描述的其他内容用于帮助将 ES 送到最终播放端，并将其重新组装以用于播放。基本的流类型是一个 8 位的值，所以可能有 256 个值，其中许多是预先定义好的。有几个部分是私人定义的，还有的部分被保留。

流类型的一些示例值如下。

- 27：H.264
- 15：AAC 音频

在 PMT 内还有额外的描述符，但解码器并不一定会使用。

（4）PES

简单回顾一下，一个视频基本流由一个序列的所有视频数据组成，包括序列头部和序列的所有子部分。一个 ES 只携带一种类型的数据（视频或音频），来自一个视频或音频编码器。

PES 由一个单一的 ES 产生，被封装成数据包，每个包的开始都有一个附加的数据包头部。一个 PES 只包含一种类型的数据，例如来自同一个视频或音频编码器的数据。PES 包的长度是可变的，不像 TS 包是固定包长，其可能比 TS 包长很多。当 TS 包由 PES 形成时，PES 头总是放在 TS 包有效载荷的开头，紧随 TS 包头。剩余的 PES 包内容填充到连续的 TS 包的有效载荷中，直到 PES 包全部封装完。当最后需要封装的 PES 包部分的长度小于 TS 包的数据部分长度时，最后的 TS 包可能通过塞入字节 0xFF（全为 1）来填充为固定长度。每个 PES 包头包括一个 8 位流 ID，识别有效载荷的来源。另外，PES 包头还可能包含时间参考，如 PTS（显示时间戳，解码器呈现解码后的音频或视频的时间）、DTS（解码时间戳，解码器解码接入单元的时间）、ESCR（基本流时钟参考），如图 4-16 所示。

简单介绍一下 PES 的头部字段。

- stream_id：音频为 0xc0～0xdf，即十进制 192～223；视频为 0xe0~0xef，即十进制 224～239。
- PES_packet_length：即该字段后的字节数，只有视频数据流可取 0，表示任意长度。
- optional PES HEADER：只有 stream_id 为音频/视频时才包含该部分。

一般而言，为了保证兼容性，对 PES 有更多的限定，主要如下：

- 每个视频 PES 包从视频访问单元（AU）的开头开始。这里更明确地解释一下，对于 AVC/HEVC 编码流的封装需要包含 AUD（Access Unit Delimiter）。AUD 是个特殊的 NALU，它用来分隔 AU，虽然 AUD 在编码标准中是可选的，但有的播放器要求必须有 AUD 才能识别一帧图像。

- 每个 PES 包包含不超过一个编码的视频帧（可能包含一个或两个编码的场或一个完整的帧）。
- 每个 PES 头都包含一个 PTS。

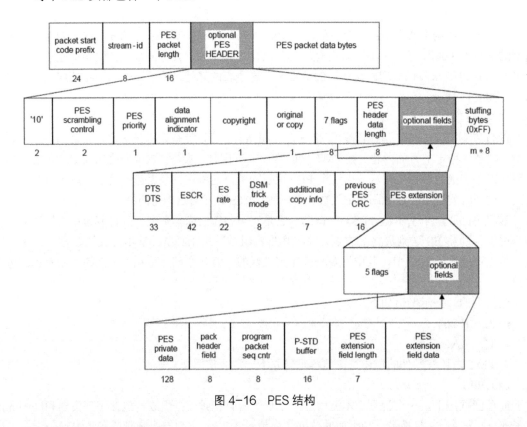

图 4-16　PES 结构

3. MPEG-TS 的一些特性

MPEG-TS 有一些奇怪的特性。它是为以太网产生之前的世界而建立的，包括失序的数据包检测和远程时间同步等功能。这些功能是数字无线广播所需要的，但在互联网上，这些通常是通过 TCP 和每个设备的高精度时钟来处理的。MPEG-TS 还使用 188 字节的固定数据包大小，每个数据包以一个同步字节开始，以确定数据包的开始。同样，当在一个随机的位置加入一个多播流时，如改变电视频道时，这个特性有用，但当视频被保存为文件并通过 HTTP 拉取时，就没有必要了，如 HLS 场景下。有时候并不需要这些特性，但这些仍然会占用文件的空间。对于高码率的文件来说，这不是一个问题，但在低带宽环境中开销可能很大。在互联网时代，有限的带宽恰恰是最需要充分利用比特的场景，特别是在手机普及的今天。

每 188 字节的 TS 数据包有一个 4 字节的头。这个头包含同步字节、一些标志位、一个数据包 ID（或 PID，用于识别唯一的音频或视频流）和一个连续计数器（用于识别丢失或失序的数据包）。每一帧都有一个预置的分组基本流（PES）头。PES 头至少有 14 字节（如果帧解码时间与呈现时间不匹配，即有 B 帧，则为 19 字节），并对帧的时间戳等进行编码。因此，第 1 个数据包最多有 170 字节可用，而随后的数据包有 184 字节可用。如果一个帧小于 170 字节，则它必须被填充以消耗整个数据包。如果一个帧是 171 字节，则需要第 2 个数据包，因此需要 376 字节来传输 171 字节的有效载荷，使所需带宽增加一倍以上。在现实中，低于 170 字节的帧也并不少见。所以，在码率低于 1Mbit/s 时，10%或更多的额外开销并不罕见。

另外，MPEG-TS 格式并未考虑 seek 问题，没有带对应的全局索引信息，这一般需要应用自行解决，在 HLS 场景下是用 I 帧播放列表的方式来解决这个问题的。

4.3.2　MPEG-TS Muxer 参数说明

在 FFmpeg 中，封装 MPEG-TS 的详细参数如表 4-32 所示，主要集中在 PID 设置、时间间隔设置等功能上。

表 4-32　MPEG-TS Muxer 参数说明

参数	类型	说明
mpegts_transport_stream_id	整型	设置 transport_stream_id，默认值是 0x0001
mpegts_original_network_id	整型	设置 original_network_id。这是 DVB 中一个网络的唯一标识符。它的主要用途是通过 Original_Network_ID 和 Transport_Stream_ID 对服务进行唯一识别。默认值为 0x0001
mpegts_service_id	整型	设置 service_id，即 DVB 中的节目。默认值为 0x0001
mpegts_service_type	整型	设置 ETSI-EN 300 468 中的 service_type，取值为 0~255，支持 digital_tv(1)，数字电视；digital_radio(2)，数字广播；teletext(3)，Teletext；advanced_codec_digital_radio(10)，高级编解码数字广播；mpeg2_digital_hdtv(17)，MPEG2 数字高清电视；advanced_codec_digital_sdtv（22），高级编解码数字标清电视；advanced_codec_digital_hdtv（25），高级编解码数字高清电视；hevc_digital_hdtv（31），HEVC 数字电视服务
mpegts_pmt_start_pid	整型	设置 PMT 起始 PID（取值为 32~8186，默认为 4096），这个选项在 m2ts 模式下没有作用，在 m2ts 模式下 PMT 的 PID 是固定的 0x0100
mpegts_start_pid	整型	设置第 1 个 PID 的大小（32~8186，默认为 256），这个选项在 m2ts 模式下没有作用，在 m2ts 模式下 PID 是固定的
mpegts_m2ts_mode	布尔	支持 m2ts 模式，主要由文件后缀名开启该模式
muxrate	整型	设置 MPEG-TS 封装之后的码率，用在 CBR 模式下，而默认情况下是 VBR
pes_payload_size	整型	最小 PES packet payload 的大小，默认大小为 2930
mpegts_flags	标记	resend_headers，在写下一个数据包前重新发送 PAT/PMT；latm，AAC 使用 LATM 打包格式；pat_pmt_at_frames，在每个视频帧上重新发送 PAT 和 PMT；system_b，使用 System B（DVB）而非系统 A（ATSC）；initial_discontinuity，将初始数据包标记为不连续的；nit，传输 NIT 表
mpegts_copyts	布尔	如果被设置为 1，则保留原始的时间戳。默认值是-1，这将导致时间戳的偏移，使它从 0 开始（默认为 auto）
tables_version	整型	设置 PAT、PMT、SDT 和 NIT 的版本号。该选项允许更新流结构，以便用户可以检测到变化。要做到这一点，需要重新打开输出 AVFormatContext（在使用 API 的情况下）或重新启动 FFmpeg 实例，循环改变 tables_version 值。默认为 0
omit_video_pes_length	布尔	省略视频数据包的 PES 数据包长度，指定此字段后，PES 数据包长度被设置为 0，表示 PES 数据包可以是任意长度。只有当 PES 包的有效载荷是视频基本流时，才能使用零值。默认为 true

续表

参数	类型	说明
pcr_period	整型	PCR 传输时间间隔，注意它是以毫秒（millisecond）为单位（默认为-1），这意味着 PCR 间隔将被自动确定：CBR 流使用 20 毫秒，VBR 流使用帧持续时间的最高倍数，但要低于 100 毫秒
pat_period	持续时间	PAT/PMT 传输时间间隔，以秒为单位。默认为 0.1
sdt_period	持续时间	SDT 传输时间间隔，以秒为单位。默认为 0.5
nit_period	持续时间	NIT 传输时间间隔，以秒为单位。默认为 0.5

上面参数的意义都比较明显，但需要提及的是，如果要用 FFmpeg 创建一个恒定速率的 TS 流，必须使用-muxrate 参数。视频流编码不一定是 CBR 模式；但是视频速率的峰值加上音频速率不能超过 muxrate。这个主要是在广电领域，当需要 TS 流传输是恒定速率时使用。

另外，FFmpeg 实现的 MPEG-TS 的 Muxer 或者 Demuxer，本身并没有严格地按照 DVB 的标准，所以在广电这些对 TS 格式要求非常严格的领域，需要仔细地调整对应的参数来满足其要求。

4.3.3　MPEG-TS 格式分析工具

当需要分析 MPEG-TS 内容时，可以考虑使用 EasyICE 或者 DVB Inspector，如图 4-17 所示。

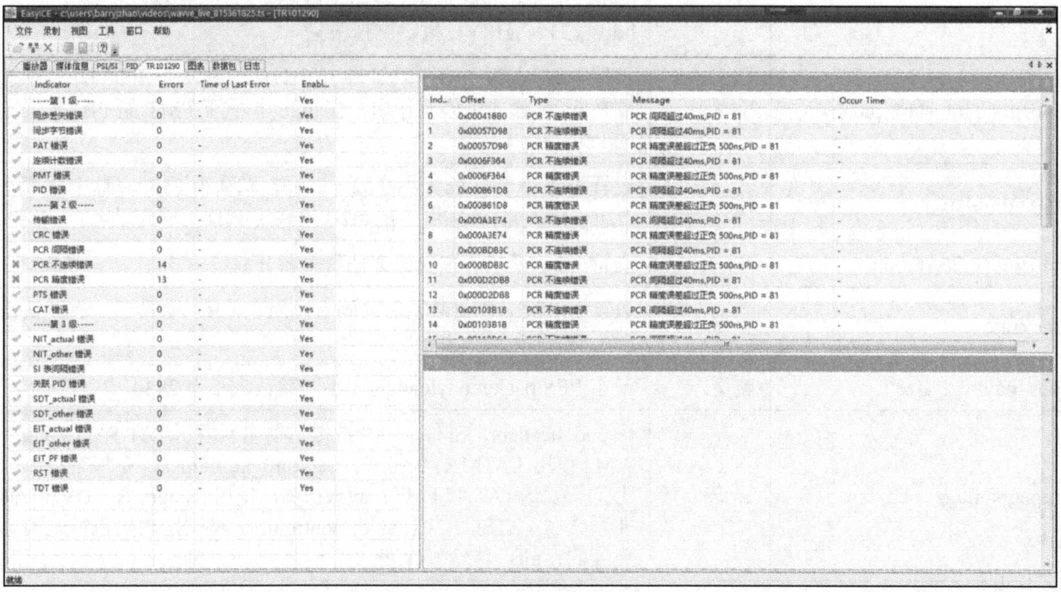

图 4-17　EasyICE

EasyICE 中比较有特色的功能是 TR101-290 符合性测试，ETSI TR 101-290（ETR 290）[1]定义了监测 MPEG 传输流（MPEG-TS）的测量准则，有 3 个优先级。满足这三级延迟的要求对在广电领域的 MPEG-TS 的兼容性来说非常重要，如果你的产品基于广电场景，强烈建议满足 EasyICE 的 TR101-290 符合性测试。

另一个不错的分析工具是 DVB Inspector[2]，如图 4-18 所示。它的码率视图分析在基于一个恒

---

① 具体的细节可以参考最新的标准：https://www.etsi.org/deliver/etsi_tr/101200_101299/101290/01.04.01_60/tr_101290v010401p.pdf。
② 这个项目位于 https://www.digitalekabeltelevisie.nl/dvb_inspector/。

定码率的传输流分析时非常有价值，也能用于分析 MPEG-TS 的 overhead 问题。

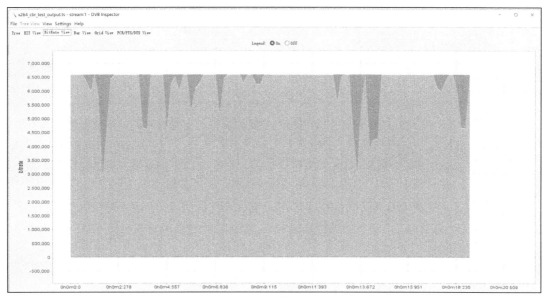

图 4-18   DVB Inspector

4.4 视频文件转 HLS

HTTP 实时流（HTTP Live Streaming，HLS）[1]是一个基于 HTTP 的自适应码率流媒体通信协议，由 Apple 公司开发，于 2009 年发布。在媒体播放器、网络浏览器、移动设备和流媒体服务器中对该协议的支持很普遍。HLS 类似 MPEG-DASH，它的工作方式是将整个流分解为一连串基于 HTTP 的小文件来下载，每个文件下载一个可能无限制的整体传输流的短块。同时，它使用扩展的 M3U 播放列表描述相关的信息，将不同码率编码的可用数据流列表发送给客户端。

图 4-19 来自 Apple 官网，它很好地展示了 HLS 的基本架构。

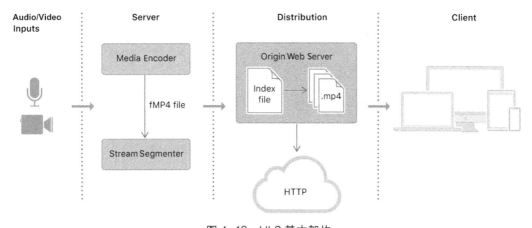

图 4-19   HLS 基本架构

---

① HLS 相关信息可以从 Apple 官网获取，那里有大量有用的信息。

最初，HLS 使用 H.264 作为 MPEG-2 TS 分片封装的视频编解码器，对分段文件的引用包含在 M3U8 清单文件中。2016 年，苹果公司为 fMP4 文件增加了字节范围寻址及对 H.265 视频编码格式的支持。HTTP 字节范围请求允许将片段指定为更大的 URL 的字节范围，并将片段合并为一个大文件。这一更新的主要好处如下：

- 提高了缓存性能。因为媒体播放器是按顺序浏览一个较大的文件，而不是从不同的位置下载每个片段。
- 需要管理的文件数量大幅减少，而不需要管理大量的小文件分片。
- 能够在 HLS 和 MPEG-DASH 中使用相同的媒体文件，这使得不同的播放器之间具有更广泛的兼容性。

HLS 内容支持加密，一般用 AES-128 进行加密。对于 HTTP 的分发，可以使用一个额外的 SSL 加密层。

目前与 HLS 存在竞争的协议是 MPEG-DASH，但二者解决的问题及使用的技术基础有很多是相似的，甚至是一致的，二者更多的竞争是在生态、技术迭代速度等领域。表 4-33 是一个简单的比较，读者可以了解一下二者的异同。

表 4-33 HLS 与 MPEG-DASH 的简单比较

特性	HLS	MPEG-DASH
支持基于 HTTP 的 ABR 串流	是	是
CDN 支持情况	被大部分 CDN 支持	被大部分 CDN 支持
DRM 技术	一般使用 Apple Fairplay	一般使用 Microsoft PlayReady 和 Google Widevine
支持 CENC（Common Encryption）和 fMP4	是	是
支持的浏览器和 OS	iOS、Safari 原生支持，其他需要扩展支持	基本需要扩展支持
低延迟技术	LL-HLS	LL-DASH
广告插入	支持 VAST & VPAID[①]	支持 VAST & VPAID
容器格式支持	早期只有 MPEG-TS，后来加入了 MP4	MP4，后来 Google 扩展了 WebM
Video Codec 支持	H.265、H.264	没有限定 Video Codec，由 MP4/WebM 支持的 Video Codec 决定
Audio Codec 支持	AAC-LC、HE-AAC v1 & v2、xHE-AAC、Apple Lossless、FLAC	没有限定 Audio Codec，由 MP4/WebM 支持的 Audio Codec 决定

4.4.1 HLS 标准的 M3U8 介绍

HLS 所使用的 M3U8 基于 M3U 播放列表扩展而来，主要用于将分片文件以列表形式描述，既支持直播又支持点播。下面看一个 M3U8 最简单的例子。

```
#EXTM3U
#EXT-X-VERSION:3
```

---

① VAST，全称是 Video Ad Serving Template，即广告分发技术，使视频播放器能够与广告服务器协调以获取视频广告。VPAID，即 Video Player Ad-Serving Interface Definition，是另一类广告分发技术，它也允许视频广告单元与视频播放器互动。VPAID 使广告商能够向用户提供富媒体和互动广告。另外，VPAID 允许广告商记录用户如何与他们的视频广告互动的数据。

```
#EXT-X-TARGETDURATION:4
#EXT-X-MEDIA-SEQUENCE:0
#EXTINF:3.760000,
out0.ts
#EXTINF:1.880000,
out1.ts
#EXTINF:1.760000,
out2.ts
#EXTINF:1.040000,
out3.ts
#EXTINF:1.560000,
out4.ts
```

从这个例子中可以看到下面几个字段。

1. EXTM3U

M3U8 文件必须包含的标签，并且必须在文件的第 1 行。

2. EXT-X-VERSION

M3U8 文件的版本，常见的是 3。其实版本已经发展了很多了，直至本书截稿时，已经发布了 RFC8216 参考标准版本[①]。经历了这么多版本，期间也做了不少标签的增删。例如在版本 2 以后支持 EXT-X-KEY 标签，在版本 3 以后支持浮点 EXTINF 的 duration 值，在版本 4 以后支持 EXT-X-BYTERAGE 与 EXT-X-I-FRAMES-ONLY 标签，在版本 5 以后支持 EXT-X-KEY 的格式说明 KEYFORMAT 与 KEYFORMATVERSION，以及 EXT-X-MAP 标签，在版本 6 以后支持 EXT-X-MAP 标签里面不包含 EXT-X-I-FRAMES-ONLY 标签。当然，在一些版本中也删除了一些标签，例如版本 6 中删除了 EXT-X-STREAM-INF 与 EXT-X-I-FRAME-STREAM-INF 标签，版本 7 中删除了 EXT-X-ALLOW-CACHE 标签。后续又增加了对低延迟的支持等。

3. EXT-X-TARGETDURATION

每一个分片都会有一个自己的 duration（时长），这个标签是最大分片浮点数时长四舍五入后的整数值，例如 1.02 取整为 1，2.568 向后取整为 3。如果在 M3U8 分片列表中最大的 duration 的数值为 5.001，那么这个 EXT-X-TARGETDURATION 值将会为 5。这个值是所有分片时长的整数部分的上限，而较长的分片片段则可能触发播放卡顿或其他错误。

4. EXT-X-MEDIA-SEQUENCE

M3U8 直播时的直播切片序列，当打开 M3U8 时，以这个标签的值为参考，播放对应的序列号的切片。分片必须是动态改变的，并且序列号不能相同，为递增序。

当 M3U8 列表中没有出现 EXT-X-ENDLIST 标签时，无论这个 M3U8 列表中有多少分片，播放分片都从倒数第 3 片开始播放，如果不满 3 片则不播放。当然，有些播放器是自行定制的，可能未遵照这个原则。如果前一片分片与后一片分片的序号不连续，播放可能会出错，那么需要使用 EXT-X-DISCONTINUITY 标签来解决这个错误。以播放当前分片的 duration 时间刷新 M3U8 列表，然后做对应的加载动作。如果播放列表在刷新之后与之前的列表相同，那么在播放当前分片 duration 一半的时间内再刷新一次。

---

① 参见 https://www.rfc-editor.org/rfc/rfc8216。另外，HLS 相关信息可以从 Apple 官网获取。

5. EXTINF

EXTINF 为 M3U8 列表中每一个分片的 duration，如上面例子中的第 1 个分片的 duration 为 3.760000 秒。在 EXTINF 标签中除了 duration 值，还可以包含可选的描述信息，主要为标注切片信息，使用逗号分隔开。EXTINF 下面的信息为具体的分片信息，分片存储路径可以为相对路径，也可以为绝对路径，还可以为互联网的 URL 链接地址。

除了以上这些标签外，还有一些标签同样是常用标签。

6. EXT-X-ENDLIST

EXT-X-ENDLIST 标签表明这个 M3U8 文件不会再有更多的切片产生，可以理解为这个 M3U8 已停止更新，并且播放分片到这个标签后结束。M3U8 不仅可以作为直播，也可以作为点播形式存在，在 M3U8 文件中保留所有切片信息，最后使用 EXT-X-ENDLIST 结尾，这个 M3U8 即为点播 M3U8。

7. EXT-X-STREAM-INF

EXT-X-STREAM-INF 标签主要出现在多级 M3U8 文件中，例如 M3U8 中包含子 M3U8 列表，或者在主 M3U8 中包含多码率 M3U8 时。该标签后需要跟一些属性，说明如下。

1）BANDWIDTH：最高码率值，为播放 EXT-X-STREAM-INF 下对应的 M3U8 时占用的最大码率，这个参数是 EXT-X-STREAM-INF 标签中必须要包含的属性。

2）AVERAGE-BANDWIDTH：平均码率值，为播放 EXT-X-STREAM-INF 下对应的 M3U8 时占用的平均码率，这个参数是可选参数。

3）CODECS：用来声明 EXT-X-STREAM-INF 下对应的 M3U8 里的音频编码、视频编码的信息，例如当 AAC-LC 的音频与视频为 H.264 Main Profile、Level 3.0 时，CODECS 值则为"mp4a.40.2, avc1.4d401e"。这个属性应该出现在 EXT-X-STREAM-INF 标签里，但是并不是在所有的 M3U8 中都可以看到，仅供参考。

4）RESOLUTION：M3U8 中视频的宽高信息描述，这个属性是一个可选属性。

5）FRAME-RATE：子 M3U8 中的视频帧率，这个属性依然是一个可选属性。

下面针对 EXT-X-STREAM-INF 举一个实际的例子。

```
#EXTM3U
#EXT-X-STREAM-INF:BANDWIDTH=1280000,AVERAGE-BANDWIDTH=1000000
http://example.com/low.m3u8
#EXT-X-STREAM-INF:BANDWIDTH=2560000,AVERAGE-BANDWIDTH=2000000
http://example.com/mid.m3u8
#EXT-X-STREAM-INF:BANDWIDTH=7680000,AVERAGE-BANDWIDTH=6000000
http://example.com/hi.m3u8
#EXT-X-STREAM-INF:BANDWIDTH=65000,CODECS="mp4a.40.5"
http://example.com/audio-only.m3u8
```

这个 M3U8 文件使用了 4 个 EXT-X-STREAM-INF 标签来标注子 M3U8 的属性，分别是：最高码率为 1.28Mbit/s 和平均码率为 1Mbit/s 的 M3U8，最高码率为 2.56Mbit/s 和平均码率为 2Mbit/s 的 M3U8，最高码率为 7.68Mbit/s 和平均码率为 6Mbit/s 的 M3U8，以及只有 65kbit/s 的音频编码的 M3U8。

上面只是简单介绍了一些 HLS 的常用选项，更具体的可直接参考 RFC 及 Apple 网站上的信息。HLS 的设计非常简洁有效，本身也并未使用特别多的新技术，它是基于已有标准的一次创新，并随着业界的技术发展趋势而进化，是一个典型的互联网协议的设计与迭代的过程，且在业界使用广泛，值得我们下功夫学习。

4.4.2　HLS Muxer 参数

FFmpeg 自带 HLS 的封装参数，指定 HLS 格式即可进行 HLS 的封装，但是生成 HLS 时有各种参数可以进行设置，例如设置 HLS 列表中切片的前置路径、生成 HLS 的 TS 切片时设置 TS 的分片参数、生成 HLS 时设置 M3U8 列表中保存的 TS 个数等，如表 4-34 所示。

表 4-34　FFmpeg 的 HLS 封装参数

参数	类型	说明
start_number	整数	设置 M3U8 列表的第 1 片分片的编号
hls_time	浮点数	设置每一片的切片时长
hls_list_size	整数	设置 M3U8 中分片个数
hls_ts_options	字符串	设置 TS 切片的参数
hls_wrap	整数	设置切片索引回滚的边界值，该参数已经被废弃
hls_allow_cache	整数	设置 M3U8 中 EXT-X-ALLOW-CACHE 标签
hls_base_url	字符串	设置 M3U8 中每一片切片的前置路径
hls_segment_filename	字符串	设置切片名模板
hls_key_info_file	字符串	设置 M3U8 加密的 key 文件路径
hls_subtitle_path	字符串	设置 M3U8 字幕路径
hls_flags	标签（整数）	设置 M3U8 文件列表的操作如下 single_file：生成一个媒体文件索引与字节范围 delete_segments：删除 M3U8 文件中不包含的过期的 TS 切片文件 round_durations：生成的 M3U8 切片信息的 duration 为整数 discont_start：生成 M3U8 时在列表前加 discontinuity 标签 omit_endlist：在 M3U8 末尾不追加 endlist 标签
strftime	布尔	设置 M3U8 文件序号为本地时间戳
strftime_mkdir	布尔	根据本地时间戳生成目录
hls_playlist_type	整数	设置 M3U8 列表为事件或者点播列表
method	字符串	设置 HTTP 属性
http_user_agent	字符串	设置 HTTP 请求的 User-Agent
var_stream_map	字符串	设置 HLS 多码流变量映射
cc_stream_map	字符串	设置 HLS 多码流的 Closed Captions 模式映射
http_persistent	字符串	设置使用 HTTP 持续连接，也可以理解为复用 HTTP 链接模式，默认值为启用
master_pl_name	字符串	设置 HLS 多码流模式下的主列表 M3U8 名，而在最新的标准中，已经用多变体播放列表（Multivariant Playlist）这个名字替代之前的主播放列表（Master Playlist）

4.4.3　HLS Muxer 举例说明

一般情况下，从文件转 HLS 直播时使用的参数如下。

```
ffmpeg -i input.mp4 -c copy -f hls -bsf:v h264_mp4toannexb output.m3u8
```

输出内容如下：

```
#EXTM3U
#EXT-X-VERSION:3
#EXT-X-TARGETDURATION:10
#EXT-X-MEDIA-SEQUENCE:37
#EXTINF:5.120000,
output37.ts
#EXTINF:3.680000,
output38.ts
#EXTINF:5.720000,
output39.ts
#EXTINF:9.600000,
output40.ts
#EXTINF:0.240000,
output41.ts
```

因为默认是 HLS 直播，所以生成的 M3U8 文件内容会随着切片的产生而更新。观察上面的命令会发现一个特殊之处，命令行中多了一个参数-bsf:v h264_mp4toannexb，这个参数的作用是将 MP4 中的 H.264 数据转换为 H.264 Annex B 标准格式。Annex B 标准编码常见于实时传输流中，是 MPEG-TS 要求的码流封装格式。如果源文件为 TS 或者将裸 Annex B 格式的 H.264 流作为直播传输流的源文件，则不需要这个参数，这个参数的作用在第 7 章会再次提及，不熟悉的读者可以直接跳到 7.2.3 节的 h264_mp4toannexb 部分阅读。生成 HLS 时还有其他的一些参数可以设置，下面一一介绍。

1. start_number 参数

start_number 参数设置 M3U8 列表中的第 1 片的序列数。我们尝试使用 start_number 参数设置 M3U8 中第 1 片的序列数为 300，命令行如下：

```
ffmpeg -i input.mp4 -c copy -f hls -bsf:v h264_mp4toannexb -start_number 300 output.m3u8
```

输出的 M3U8 内容如下：

```
#EXTM3U
#EXT-X-VERSION:3
#EXT-X-TARGETDURATION:4
#EXT-X-MEDIA-SEQUENCE:300
#EXTINF:3.760000,
output300.ts
#EXTINF:1.880000,
output301.ts
#EXTINF:1.760000,
output302.ts
#EXTINF:1.040000,
output303.ts
#EXTINF:1.560000,
output304.ts
```

从输出的 M3U8 内容可以看到，切片的第 1 片编号是 300，上面的命令行参数-start_number 生效。

2. hls_time 参数

hls_time 参数设置 M3U8 列表中切片的 duration。例如，使用如下命令行控制转码切片长度为 10 秒左右一片。这个切片规则采用的方式为从关键帧处开始切片，所以在 GoP 不均匀的时候，其切片时间并不是很均匀。这时候如果先转码控制 GoP 变得均匀，再进行切片，则可以控制得非常规律。

```
ffmpeg -i input.mp4 -c copy -f hls -bsf:v h264_mp4toannexb -hls_time 10 output.m3u8
```

执行命令行后，输出的 M3U8 内容如下：

```
#EXTM3U
#EXT-X-VERSION:3
#EXT-X-TARGETDURATION:11
#EXT-X-MEDIA-SEQUENCE:0
#EXTINF:10.480000,
output0.ts
#EXTINF:9.920000,
output1.ts
#EXTINF:9.840000,
output2.ts
#EXTINF:9.880000,
output3.ts
#EXTINF:7.640000,
output4.ts
```

从输出的 M3U8 内容可以看到，TS 文件的每一片的时长都是在 10 秒左右，hls_time 10
参数生效。

3. hls_list_size 参数

hls_list_size 参数设置 M3U8 列表中 TS 切片的个数，通过 hls_list_size 可以控制 M3U8 列表中
TS 分片的个数。命令行如下：

```
ffmpeg -i input.mp4 -c copy -f hls -bsf:v h264_mp4toannexb -hls_list_size 3 output.m3u8
```

命令执行后输出的 M3U8 内容如下，列表中最多有 3 个 TS 分片。

```
#EXTM3U
#EXT-X-VERSION:3
#EXT-X-TARGETDURATION:2
#EXT-X-MEDIA-SEQUENCE:2
#EXTINF:1.760000,
output2.ts
#EXTINF:1.040000,
output3.ts
#EXTINF:1.560000,
output4.ts
```

从输出的 M3U8 内容可以看到，在 M3U8 文件窗口中只保留了 3 片 TS 的文件信息，hls_list_size
设置生效。

4. hls_wrap 参数

hls_wrap 为设置 M3U8 列表中 TS 刷新回滚的参数，TS 分片序号等于 hls_wrap 参数设置的数
时则回滚。命令行如下：

```
ffmpeg -i input.mp4 -c copy -f hls -bsf:v h264_mp4toannexb -hls_wrap 3 output.m3u8
```

命令行执行后输出的 M3U8 内容如下，当切片序号大于 2 时，序号回滚为 0。

```
#EXTM3U
#EXT-X-VERSION:3
#EXT-X-TARGETDURATION:7
#EXT-X-MEDIA-SEQUENCE:62
#EXTINF:5.000000,
```

```
output2.ts
#EXTINF:6.960000,
output0.ts
#EXTINF:3.200000,
output1.ts
#EXTINF:3.840000,
output2.ts
#EXTINF:0.960000,
output0.ts
```

从输出的 M3U8 内容可以看到，生成的 TS 序号已经被回滚，M3U8 内容中出现了两个编号为 2、两个编号为 0 的 TS 片。

注意：FFmpeg 中 hls_wrap 配置参数对 CDN 缓存节点的支持并不友好，并且会引起很多不兼容的问题，在新版本的 FFmpeg 中该参数已经被弃用。

5. hls_base_url 参数

hls_base_url 为设置 M3U8 列表中文件路径前置基本路径的参数。在 FFmpeg 中生成 M3U8 时写入的 TS 切片路径默认为与 M3U8 生成的路径相同，但是实际上 TS 所存储的路径既可以为本地绝对路径，也可以为相对当前路径，还可以为网络路径，使用 hls_base_url 参数自行设置可以达到该效果。命令行如下：

```
ffmpeg -i input.mp4 -c copy -f hls -hls_base_url http://192.168.0.1/live/ -bsf:v h264_mp4toannexb output.m3u8
```

命令行执行后输出的 M3U8 内容如下，在 M3U8 中增加了绝对路径。

```
#EXTM3U
#EXT-X-VERSION:3
#EXT-X-TARGETDURATION:4
#EXT-X-MEDIA-SEQUENCE:0
#EXTINF:3.760000,
http://192.168.0.1/live/output0.ts
#EXTINF:1.880000,
http://192.168.0.1/live/output1.ts
#EXTINF:1.760000,
http://192.168.0.1/live/output2.ts
#EXTINF:1.040000,
http://192.168.0.1/live/output3.ts
#EXTINF:1.560000,
http://192.168.0.1/live/output4.ts
```

从输出的 M3U8 内容可以看到，每一个 TS 文件前面都加上了一个"http"链接前缀，hls_base_url 设置的参数生效。

6. hls_segment_filename 参数

hls_segment_filename 为设置 M3U8 列表中切片文件名的规则模板的参数。如果不设置 hls_segment_filename 参数，生成的 TS 切片文件名模板与 M3U8 的文件名模板相同。设置 hls_segment_filename 规则命令行如下：

```
ffmpeg -i sintel-1280-surround.mp4 -c copy -vframes 1000 -f hls -hls_segment_filename test_output-%d.ts -bsf:v h264_mp4toannexb output.m3u8
```

命令行执行后输出的 M3U8 内容如下，TS 切片规则可以通过参数被正确地设置。

```
$ ls -l test_output-*
-rw-r--r-- 1 junzhao  staff  1685044 1 21 14:46 test_output-0.ts
```

```
-rw-r--r--  1 junzhao  staff   2362408  1 21 14:46 test_output-1.ts
-rw-r--r--  1 junzhao  staff   1784872  1 21 14:46 test_output-2.ts
-rw-r--r--  1 junzhao  staff  52330928  1 21 14:46 test_output-3.ts
BARRYJZHAO-MB1:FFmpeg junzhao$ cat output.m3u8
#EXTM3U
#EXT-X-VERSION:3
#EXT-X-TARGETDURATION:10
#EXT-X-MEDIA-SEQUENCE:0
#EXTINF:10.416667,
test_output-0.ts
#EXTINF:10.416667,
test_output-1.ts
#EXTINF:10.416667,
test_output-2.ts
#EXTINF:10.416667,
test_output-3.ts
#EXT-X-ENDLIST
```

从输出的 M3U8 内容与打开的 M3U8 文件名来看，TS 分片的文件名前缀与 M3U8 文件名已经不相同，说明可以通过参数 hls_segment_filename 为 HLS 的 TS 分片单独设置文件名。

7. hls_flags 参数

hls_flags 参数有一些子参数，子参数包含了正常文件索引、删除过期切片、整数显示 duration、在列表开始插入 discontinuity 标签及 M3U8 结束不追加 endlist 标签等。

（1）delete_segments 子参数

使用 delete_segments 参数可删除不在 M3U8 列表中的旧文件。这里需要注意，FFmpeg 删除切片时会根据 hls_list_size 的大小加 1 作为删除的依据。命令行如下：

```
ffmpeg -f lavfi -i testsrc2=s=176x144:r=15 -vcodec libx264 -g 30 -r:v 15 -f hls -hls_time 2 -hls_list_size 4 -hls_flags delete_segments -t 30 output-test.m3u8
```

该命令中，hls_list_size 为 4，命令行执行后最后生成的切片与 M3U8 列表文件内容如下：

```
BARRYJZHAO-MB1:FFmpeg junzhao$ ls *.ts
output-test10.ts output-test11.ts output-test12.ts output-test13.ts output-test14.ts
BARRYJZHAO-MB1:FFmpeg junzhao$ cat output-test.m3u8
#EXTM3U
#EXT-X-VERSION:3
#EXT-X-TARGETDURATION:2
#EXT-X-MEDIA-SEQUENCE:11
#EXTINF:2.000000,
output-test11.ts
#EXTINF:2.000000,
output-test12.ts
#EXTINF:2.000000,
output-test13.ts
#EXTINF:2.000000,
output-test14.ts
```

从输出的内容可以看到，切片已经切到了第 15 片（切片默认从 0 开始作为索引），但是目录中只有从编号 10～14 的 5（hls_list_size+1）个切片，其他早期的切片全部被删除。这是因为使用了 -hls_flags delete_segments 参数，它删除了前面的 0～9 号切片，保留的 TS 切片数刚好是 5 个。

（2）round_durations 子参数

使用 round_durations 子参数实现切片信息的 duration 为整数值。命令行如下：

```
ffmpeg -i input.mp4 -c copy -f hls -hls_flags round_durations -bsf:v h264_mp4toannexb output.m3u8
```

命令行执行后生成的 M3U8 内容如下，duration 为整型。

```
#EXTM3U
#EXT-X-VERSION:3
#EXT-X-TARGETDURATION:4
#EXT-X-MEDIA-SEQUENCE:0
#EXTINF:4,
output0.ts
#EXTINF:2,
output1.ts
#EXTINF:2,
output2.ts
#EXTINF:1,
output3.ts
#EXTINF:2,
output4.ts
```

从输出的 M3U8 文件内容中可以看到，每一片 TS 的时长均为整数，而不是平常看到的浮点数，设置的 hls_flags round_durations 生效。

（3）discont_start 子参数

discont_start 子参数在生成 M3U8 时，在切片信息前插入 discontinuity 标签。该方法可以用于相邻 TS 切片之间出现不连续，比如时间戳跳转，或者 TS 的连续计数器不连续等时。命令行如下：

```
ffmpeg -i input.mp4 -c copy -f hls -hls_flags discont_start -bsf:v h264_mp4toannexb
output.m3u8
```

命令行执行后生成的 M3U8 内容如下，在切片前加入了 discontinuity 标签。

```
#EXTM3U
#EXT-X-VERSION:3
#EXT-X-TARGETDURATION:4
#EXT-X-MEDIA-SEQUENCE:0
#EXT-X-DISCONTINUITY
#EXTINF:3.760000,
output0.ts
#EXTINF:1.880000,
output1.ts
#EXTINF:1.760000,
output2.ts
#EXTINF:1.040000,
output3.ts
#EXTINF:1.560000,
output4.ts
```

从输出的 M3U8 内容可以看到，在第 1 片 TS 信息的前面有一个 EXT-X- DISCONTINUTY 标签，这个标签常用作切片不连续时的特别声明。

（4）omit_endlist

omit_endlist 子参数在生成 M3U8 结束时在文件末尾不追加 endlist 标签。因为在常规生成 M3U8 文件结束时，FFmpeg 会默认写入 endlist 标签。使用这个参数可以控制在 M3U8 结束时不写入 endlist 标签。命令行如下：

```
ffmpeg -i sintel-1280-surround.mp4 -c copy -vframes 2000 -f hls -hls_flags omit_endlist
-bsf:v h264_mp4toannexb output.m3u8
```

命令行执行完成之后，在文件转 M3U8 结束之后，M3U8 文件的末尾处不会追加 endlist 标签。

```
BARRYJZHAO-MB1:FFmpeg junzhao$cat output.m3u8
#EXTM3U
#EXT-X-VERSION:3
```

```
#EXT-X-TARGETDURATION:7
#EXT-X-MEDIA-SEQUENCE:8
#EXTINF:1.625000,
output8.ts
#EXTINF:5.958333,
output9.ts
#EXTINF:5.833333,
output10.ts
#EXTINF:7.416667,
output11.ts
#EXTINF:1.875000,
output12.ts
```

从输出的 M3U8 内容可以看到，在生成 HLS 文件结束时并没有在 M3U8 末尾处追加 EXT-X-ENDLIST 标签。

（5）split_by_time

split_by_time 子参数生成 M3U8 时是根据 hls_time 参数设定的数值作为秒数参考对 TS 进行切片的，并不一定要遇到关键帧。在之前的例子中可以看到，设定 hls_time 参数值之后，切片生成的 TS 的 duration 有时远大于设定的值，使用 split_by_time 可以解决这个问题。命令行如下：

```
ffmpeg -i input.ts -c copy -f hls -hls_time 2 -hls_flags split_by_time output.m3u8
```

命令行执行完成之后，hls_time 参数设置的切片 duration 已经生效。效果如下：

```
#EXTM3U
#EXT-X-VERSION:3
#EXT-X-TARGETDURATION:3
#EXT-X-MEDIA-SEQUENCE:61
#EXTINF:2.040000,
output61.ts
#EXTINF:2.000000,
output62.ts
#EXTINF:1.920000,
output63.ts
#EXTINF:2.080000,
output64.ts
#EXTINF:0.520000,
output65.ts
```

从输出的内容可以看到，生成的切片在没有遇到关键帧时依然可以与 hls_time 设置的切片的时长相差不多。

注意：split_by_time 参数必须与 hls_time 配合使用，并且使用 split_by_time 参数时有可能会影响首画面体验，例如出现花屏或者首画面显示慢的问题，因为视频的第 1 帧不一定是关键帧。

8. strftime 参数

strftime 参数用于设置 HLS 切片文件名，以及为 M3U8 文件中的切片信息文件命名，值为生成 TS 切片文件时实时获取的当前系统时间。命令行如下：

```
ffmpeg -re -i sintel-1280-surround.mp4 -c copy -vframes 2000 -f hls -strftime 1 -bsf:v h264_mp4toannexb output.m3u8
```

命令行执行后生成的内容如下：

```
BARRYJZHAO-MB1:FFmpeg junzhao$ ls -l output*.ts
-rw-r--r-- 1 junzhao staff  471316 1 21 15:27 output-1674286028.ts
-rw-r--r-- 1 junzhao staff 1617364 1 21 15:27 output-1674286029.ts
-rw-r--r-- 1 junzhao staff 1207148 1 21 15:27 output-1674286035.ts
```

```
-rw-r--r--  1 junzhao  staff   1297012  1 21 15:27 output-1674286041.ts
-rw-r--r--  1 junzhao  staff    287640  1 21 15:27 output-1674286049.ts
BARRYJZHAO-MB1:FFmpeg junzhao$ cat output.m3u8
#EXTM3U
#EXT-X-VERSION:3
#EXT-X-TARGETDURATION:7
#EXT-X-MEDIA-SEQUENCE:8
#EXTINF:1.625000,
output-1674286028.ts
#EXTINF:5.958333,
output-1674286029.ts
#EXTINF:5.833333,
output-1674286035.ts
#EXTINF:7.416667,
output-1674286041.ts
#EXTINF:1.875000,
output-1674286049.ts
#EXT-X-ENDLIST
```

从输出的 M3U8 内容与 TS 切片的命名可以看到，切片的名称是以本地时间的形式来命名的。这个命令还有一个有趣的地方就是它加上了 -re 这个参数，原因是切片操作很快，不同的切片可能在相同的时间生成而导致文件被覆盖，加上 -re 这个参数，可以避免出现类似 "[hls muxer @ 0x7f8516824800] Duplicated segment filename detected: output-1674285954.ts" 这样的警告。

9. method 参数

method 参数为设置 HLS 将 M3U8 及 TS 文件上传至 HTTP 服务器的方法，这个功能使用的前提是需要有一台 HTTP 服务器，支持上传相关的方法，如 PUT、POST 等。可以尝试使用 Nginx 的 webdav 模块来完成这个功能，使用 method 参数的 PUT 方法可以实现通过 HTTP 推流 HLS 的功能。首先需要配置一个支持上传文件的 HTTP 服务器，本例使用 Nginx 作为 HLS 直播的推流服务器，需要支持 WebDAV 功能。Nginx 配置如下：

```
location / {
    client_max_body_size 10M;
    dav_access            group:rw  all:rw;
    dav_methods PUT DELETE MKCOL COPY MOVE;
    root    html/;
}
```

配置完成后启动 Nginx 即可。然后通过 FFmpeg 执行 HLS 推流命令行如下：

```
ffmpeg -i input.mp4 -c copy -f hls -hls_time 3 -hls_list_size 0 -method PUT -t 30
http://127.0.0.1/test/output_test.m3u8
```

命令行执行后，在 Nginx 对应的配置目录下将会有 FFmpeg 推流上传的 HLS 相关 M3U8 及 TS 文件，效果如下：

```
BARRYJZHAO-MB1:FFmpeg junzhao$ ls -l /usr/local/nginx/html/test/
total 5856
-rw-rw-rw-  1 nobody  admin      224  7 18 19:59 output_test.m3u8
-rw-rw-rw-  1 nobody  admin  1373152  7 18 19:59 output_test0.ts
-rw-rw-rw-  1 nobody  admin   838856  7 18 19:59 output_test1.ts
-rw-rw-rw-  1 nobody  admin   564188  7 18 19:59 output_test2.ts
-rw-rw-rw-  1 nobody  admin   209432  7 18 19:59 output_test3.ts
BARRYJZHAO-MB1:FFmpeg junzhao$ cat /usr/local/nginx/html/test/output_test.m3u8
#EXTM3U
#EXT-X-VERSION:3
#EXT-X-TARGETDURATION:4
```

```
#EXT-X-MEDIA-SEQUENCE:0
#EXTINF:3.760000,
output_test0.ts
#EXTINF:3.640000,
output_test1.ts
#EXTINF:2.080000,
output_test2.ts
#EXTINF:0.520000,
output_test3.ts
#EXT-X-ENDLIST
```

10. 输出多码率 HLS

HLS 参考标准支持动态多码率切换，FFmpeg 的 HLS 输出同样也支持生成多码率码流的 M3U8，使用 var_stream_map 参数并配合 map 参数实现流的一一对应即可达到目的。这里值得注意的是，var_stream_map 参数里使用的是字符串，这个字符串是用户自己手动输入的，内容的编写需要认真拼写，避免因拼写错误出现异常结果。关于 var_stream_map 里的关键字与规则如表 4-35 所示。

表 4-35　var_stream_map 关键字与规则

关键字	说明
language	用于标记音频的语言信息，例如 ENG 代表英语、CHN 代表中国、JPN 代表日语。更多信息可以阅读参考标准 ISO-3166[①]
default	用于标记当前流是否为默认使用的流
name	用于标记当前流的名称
agroup	用于标记当前音频流的组名
sgroup	用于标记当前字幕流的组名
v,s,a	分别表示视频流、字幕流、音频流

每一组流对应一个 map 的流，每一个流使用空格分隔，每一个流的属性用逗号（","）分隔，属性与对应的值用冒号做键与值的对应（key:value）。下面举一个例子。

```
ffmpeg -i input.mp4 -b:a:0 32k -b:a:1 64k -b:v:0 1000k  -map 0:a -map 0:a -map 0:v -f
hls  -var_stream_map "a:0,agroup:aud_low,default:yes,language:ENG a:1,agroup:aud_high,
language:CHN v:0,agroup:aud_low"  -master_pl_name master.m3u8  -t 30 output%v.m3u8
```

这条命令行是将输入的 input.mp4 转码出音频码率为 32kbit/s、64kbit/s 的两路音频流，视频码率为 1Mbit/s 的视频流。输出共 3 路流，用 map 做流的对应，然后使用 var_stream_map 对每一路流进行属性设置。第 1 路为 32kbit/s 的音频流，agroup 标识为 aud_low，为默认使用的音频流，该音频流为英语；第 2 路音频流的标识是 aud_high，该流为中文；第 3 路为视频流，对应的 agroup 为 aud_low。也就是说这是个多码流的 M3U8，默认播放的是视频和对应低码率的、音频为英语的音频流。对应输出的 master.m3u8 中的内容如下：

```
#EXTM3U
#EXT-X-VERSION:3
#EXT-X-MEDIA:TYPE=AUDIO,GROUP-ID="group_aud_low",NAME="audio_0",DEFAULT=YES,LANGUAG
E="ENG",URI="output0.m3u8"
    #EXT-X-MEDIA:TYPE=AUDIO,GROUP-ID="group_aud_high",NAME="audio_1",DEFAULT=NO,LANGUAG
E="CHN",URI="output1.m3u8"
```

① ISO-3166 定义的名称用于表示国家及其地区名称的代码。参见 https://www.iso.org/iso-3166-country-codes.html。

```
#EXT-X-STREAM-INF:BANDWIDTH=1170400,RESOLUTION=1920x800,CODECS="avc1.640028,mp4a.
40.2",AUDIO="group_aud_low"
  output2.m3u8
```

至此，FFmpeg 转 HLS 的功能介绍完毕。

4.5   视频文件切片

视频文件切片与 HLS 基本类似，但是 HLS 切片在标准中只支持 TS 格式的切片，并且是直播与点播切片，既可以使用 segment 方式切片，也可以使用 ss 加上 t 参数进行切片，可以将 segment 视为一个通用的切片 Muxer，不过这些功能在一起会让用户有些困惑。下面重点介绍一下 segment 与 ss 加上 t 参数对视频文件切片的方法。

4.5.1   segment 切片参数

表 4-36 为 segment 生成文件切片的详细参数列表，有些参数与 HLS Muxer 的参数基本相同。下面着重介绍一些不同的部分。

表 4-36   FFmpeg 的 segment 切片参数

参数	类型	说明
reference_stream	字符串	切片参考用的 stream
segment_format	字符串	切片文件格式
segment_format_options	字符串	切片格式的私有操作
segment_list	字符串	切片列表主文件名
segment_list_flags	标签	m3u8 切片有以下两种存在形式：live、cache
segment_list_size	整数	列表文件长度
segment_list_type	—	列表类型如下：flat、csv、ext、ffconcat、m3u8、hls
segment_atclocktime	布尔	时钟频率生效参数，启动定时切片间隔用
segment_clocktime_offset	时间值	切片时钟偏移
segment_clocktime_wrap_duration	时间值	切片时钟回滚的 duration
segment_time	字符串	切片的 duration
segment_time_delta	时间值	用于设置切片变化时间值
segment_times	字符串	设置切片的时间点
segment_frames	字符串	设置切片的帧位置
segment_wrap	整数	列表回滚阈值
segment_list_entry_prefix	字符串	写文件列表时写入每个切片路径的前置路径
segment_start_number	整数	列表中切片的起始基数
strftime	布尔	设置切片名为生成切片的时间点
break_non_keyframes	布尔	忽略关键帧而按照时间切片
individual_header_trailer	布尔	默认在每个切片中都写入文件头和文件结束容器

续表

参数	类型	说明
write_header_trailer	布尔	只在第 1 个文件写入文件头和在最后一个文件写入文件结束容器
reset_timestamps	布尔	每一个切片都重新初始化时间戳
initial_offset	时间值	设置初始化时间戳偏移

4.5.2　segment 切片举例

1．segment_format 指定切片文件的格式

使用 segment_format 可指定切片文件的格式。前面讲述过 HLS 切片主要为 MPEG-TS 文件格式，在 segment 中，可以根据 segment_format 来指定切片文件的格式，既可以为 MPEG-TS 切片，也可以为 MP4 切片，还可以为 FLV 切片等。举例如下：

```
ffmpeg -i input.mp4 -c copy -f segment -segment_format mp4 test_output-%d.mp4
```

这个命令行用于将一个 MP4 文件切割为 MP4 切片，切出来的切片文件的时间戳与上一个 MP4 的结束时间戳是连续的。

查看文件列表和文件内容如下：

```
ls -l test_output-*.mp4

-rw-r--r--  1 liuqi  staff  1332928  7 18 20:01 test_output-0.mp4
-rw-r--r--  1 liuqi  staff   435067  7 18 20:01 test_output-1.mp4
-rw-r--r--  1 liuqi  staff   376366  7 18 20:01 test_output-2.mp4
-rw-r--r--  1 liuqi  staff   242743  7 18 20:01 test_output-3.mp4
-rw-r--r--  1 liuqi  staff   507397  7 18 20:01 test_output-4.mp4
```

查看第 1 个 MP4 切片的最后时间戳如下：

```
ffprobe -v quiet -show_packets -select_streams v test_output-0.mp4 2> x|grep pts_time
| tail -n 3

pts_time=3.680000
pts_time=3.800000
pts_time=3.760000
```

查看第 2 个 MP4 切片的开始时间戳如下：

```
ffprobe -v quiet -show_packets -select_streams v test_output-1.mp4 2> x|grep pts_time
| head -n 3

pts_time=3.840000
pts_time=3.920000
pts_time=3.880000
```

从示例中可以看到，test_output-0.mp4 的最后视频时间戳与 test_output-1.mp4 的起始时间戳刚好为一个正常的 duration，也就是 0.040 秒。

2．segment_list 与 segment_list_type 指定切片索引列表

使用 segment 切割文件时，不仅可以切割 MP4，同样可以切割 TS 或者 FLV 等文件，生成的文件索引列表也可以指定名称。当然，列表不仅仅是 M3U8，也可以是其他格式。

（1）生成 ffconcat 格式索引文件

```
ffmpeg -i input.mp4 -c copy -f segment -segment_format mp4 -segment_list_type ffconcat
-segment_list output.lst test_output-%d.mp4
```

上面这条命令将生成 ffconcat 格式的索引文件 output.lst，这个文件将会生成如下 MP4 切片的文件列表：

```
BARRYJZHAO-MB1:FFmpeg junzhao$ ls -l test_output-*.mp4
-rw-r--r--  1 liuqi    staff  1332928  7 18 20:09 test_output-0.mp4
-rw-r--r--  1 liuqi    staff   435067  7 18 20:09 test_output-1.mp4
-rw-r--r--  1 liuqi    staff   376366  7 18 20:09 test_output-2.mp4
-rw-r--r--  1 liuqi    staff   242743  7 18 20:09 test_output-3.mp4
-rw-r--r--  1 liuqi    staff   507397  7 18 20:09 test_output-4.mp4
BARRYJZHAO-MB1:FFmpeg junzhao$ cat output.lst
ffconcat version 1.0
file test_output-0.mp4
file test_output-1.mp4
file test_output-2.mp4
file test_output-3.mp4
file test_output-4.mp4
```

从输出的文件与 output.lst 内容可以看到，输出的列表是 ffconcat 格式，这种格式常见于虚拟轮播等场景。

（2）生成 FLAT 格式索引文件

```
ffmpeg -i input.mp4 -c copy -f segment -segment_format mp4 -segment_list_type flat
-segment_list filelist.txt test_output-%d.mp4
```

上面这条命令将生成如下 MP4 切片的文本文件列表：

```
BARRYJZHAO-MB1:FFmpeg junzhao$
-rw-r--r--  1 liuqi    staff  1332928  7 18 20:13 test_output-0.mp4
-rw-r--r--  1 liuqi    staff   435067  7 18 20:13 test_output-1.mp4
-rw-r--r--  1 liuqi    staff   376366  7 18 20:13 test_output-2.mp4
-rw-r--r--  1 liuqi    staff   242743  7 18 20:13 test_output-3.mp4
-rw-r--r--  1 liuqi    staff   507397  7 18 20:13 test_output-4.mp4
BARRYJZHAO-MB1:FFmpeg junzhao$ cat filelist.txt
test_output-0.mp4
test_output-1.mp4
test_output-2.mp4
test_output-3.mp4
test_output-4.mp4
```

从以上内容可以看到，切片列表被列在了一个 TXT 文本中。

（3）生成 CSV 格式索引文件

```
ffmpeg -i input.mp4 -c copy -f segment -segment_format mp4 -segment_list_type csv
-segment_list filelist.csv test_output-%d.mp4
```

上面这条命令将会生成 CSV 格式的列表文件。列表文件中的内容分 3 个字段：文件名、文件起始时间、文件结束时间。

```
BARRYJZHAO-MB1:FFmpeg junzhao$ls -l test_output-*.mp4
-rw-r--r--  1 liuqi    staff  1332928  7 18 20:16 test_output-0.mp4
-rw-r--r--  1 liuqi    staff   435067  7 18 20:16 test_output-1.mp4
-rw-r--r--  1 liuqi    staff   376366  7 18 20:16 test_output-2.mp4
-rw-r--r--  1 liuqi    staff   242743  7 18 20:16 test_output-3.mp4
-rw-r--r--  1 liuqi    staff   507397  7 18 20:16 test_output-4.mp4
BARRYJZHAO-MB1:FFmpeg junzhao$ cat filelist.csv
test_output-0.mp4,0.000000,3.840000
```

```
test_output-1.mp4,3.840000,5.720000
test_output-2.mp4,5.720000,7.480000
test_output-3.mp4,7.480000,8.520000
test_output-4.mp4,8.520000,10.080000
```

从输出的内容可以看到，切片文件的信息列入 CSV 文件，CSV 文件可以用类似操作数据库的方式进行操作，也可以根据 CSV 生成视图图像。

（4）生成 M3U8 格式索引文件

```
ffmpeg -i input.mp4 -c copy -f segment -segment_format mp4 -segment_list_type m3u8
-segment_list output.m3u8 test_output-%d.mp4
```

M3U8 列表不仅仅可以生成 MPEG-TS 格式文件，同样可以生成其他格式。

```
BARRYJZHAO-MB1:FFmpeg junzhao$ ls -l test_output-*.mp4
-rw-r--r-- 1 liuqi staff 1332928 7 18 20:17 test_output-0.mp4
-rw-r--r-- 1 liuqi staff  435067 7 18 20:17 test_output-1.mp4
-rw-r--r-- 1 liuqi staff  376366 7 18 20:17 test_output-2.mp4
-rw-r--r-- 1 liuqi staff  242743 7 18 20:17 test_output-3.mp4
-rw-r--r-- 1 liuqi staff  507397 7 18 20:18 test_output-4.mp4
BARRYJZHAO-MB1:FFmpeg junzhao$ cat output.m3u8
#EXTM3U
#EXT-X-VERSION:3
#EXT-X-MEDIA-SEQUENCE:0
#EXT-X-ALLOW-CACHE:YES
#EXT-X-TARGETDURATION:4
#EXTINF:3.840000,
test_output-0.mp4
#EXTINF:1.880000,
test_output-1.mp4
#EXTINF:1.760000,
test_output-2.mp4
#EXTINF:1.040000,
test_output-3.mp4
#EXTINF:1.560000,
test_output-4.mp4
#EXT-X-ENDLIST
```

从输出的内容可以看到，输出的 M3U8 与使用 HLS 模块生成的 M3U8 基本相同。

3. reset_timestamps 设置切片时间戳归零

使用 reset_timestamps 可以将每一个切片的时间戳归零。命令行如下：

```
ffmpeg -i input.mp4 -c copy -f segment -segment_format mp4 -reset_timestamps 1
test_output-%d.mp4
```

命令行执行完成之后，可以查看一下是否每一个切片的时间戳都从 0 开始。先查看一下生成的切片文件。

```
ls -l test_output-*.mp4

-rw-r--r-- 1 liuqi staff 1332928 7 19 10:29 test_output-0.mp4
-rw-r--r-- 1 liuqi staff  435043 7 19 10:30 test_output-1.mp4
-rw-r--r-- 1 liuqi staff  376342 7 19 10:30 test_output-2.mp4
-rw-r--r-- 1 liuqi staff  242719 7 19 10:30 test_output-3.mp4
-rw-r--r-- 1 liuqi staff  507373 7 19 10:30 test_output-4.mp4
```

然后查看一下第 1 片的末尾时间戳。

```
ffprobe -v quiet -show_packets -select_streams v test_output-0.mp4 2> x|grep pts_time
| tail -n 3
```

```
pts_time=3.680000
pts_time=3.800000
pts_time=3.760000
```

再查看一下第 2 片的开始时间戳。

```
ffprobe -v quiet -show_packets -select_streams v test_output-1.mp4 2> x|grep pts_time
| head -n 3
```

```
pts_time=0.000000
pts_time=0.080000
pts_time=0.040000
```

从输出效果来看,每一片的开始时间戳均已经归零,参数设置生效。

4. segment_times 按照时间点切片

对文件进行切片时,有时需要均匀地切片,有时需要按照指定的时间长度进行切片,segment 可以根据指定的时间点进行切片。举个例子如下:

```
ffmpeg -re -i input.mp4 -c copy -f segment -segment_format mp4 -segment_times 3,9,12
test_output-%d.mp4
```

从命令行的参数可以看到,分别在第 3 秒、第 9 秒、第 12 秒这 3 个时间点进行切片。

4.5.3　使用 ss 与 t 参数切片

在 FFmpeg 中,使用 ss 可以进行视频文件的定位,ss 所传递的参数为时间值,t 所传递的参数是时间间隔值。下面举个例子来说明 ss 与 t 的作用。

1. 使用 ss 指定剪切开头

在前面章节中介绍 FFmpeg 基本参数时,粗略介绍过 FFmpeg 的基本转码原理,FFmpeg 自身的 ss 参数可以作为切片起始时间点。例如,从一个视频文件的第 8 秒开始截取内容。

```
ffmpeg -ss 8 -i input.mp4 -c copy output.ts
```

命令行执行后,生成的 output.ts 将会比 input.mp4 的视频少 8 秒钟,因为 output.ts 是从 input.mp4 的第 8 秒开始截取的。使用前面介绍过的 ffprobe 分别获得 input.mp4 与 output.ts 的文件 duration 进行对比,信息如下:

```
ffprobe -v quiet -show_format input.mp4 |grep duration; ffprobe -v quiet -show_format
output.ts |grep duration
```

```
duration=10.000000
duration=2.000000
```

如输出结果所示,input.mp4 的 duration 是 10 秒,而 output.ts 的 duration 是 2 秒,相差 8 秒。

2. 使用 t 指定视频总长度

使用 FFmpeg 截取视频除了可以指定开始截取位置以外,还可以指定截取数据的长度,FFmpeg 的 t 参数可以指定截取的视频长度。例如,截取 input.mp4 文件的前 10 秒数据。

```
ffmpeg -i input.mp4 -c copy -t 10 -copyts output.ts
```

命令行执行之后,会生成一个时间从 0 开始的 output.ts。查看一下 input.mp4 与 output.ts 的起始时间与长度相关信息。

```
ffprobe -v quiet -show_format input.mp4 |grep start_time; ffprobe -v quiet -show_format
output.ts |grep start_time
```

```
start_time=0.000000
start_time=0.000000
```

```
ffprobe -v quiet -show_format input.mp4 |grep duration; ffprobe -v quiet -show_format
output.ts |grep duration
```

```
duration=10.000000
duration=10.000000
```

从两个文件的 duration 信息可以看到，input 的 start_time 是 0，duration 是 10.000000，而 output.ts 的 start_time 也是 0，duration 则是 10.000000，参数生效。

3. 使用 output_ts_offset 指定输出 start_time

FFmpeg 支持 ss 与 t 两个参数一同使用来切割视频的某一段，并指定输出文件的 start_time。实现上述功能可以使用 output_ts_offset 参数。

```
ffmpeg -i input.mp4 -c copy -t 10 -output_ts_offset 120 output.mp4
```

命令行执行之后输出的 output.mp4 文件的 start_time 将被指定为 120。效果如下：

```
[FORMAT]
filename=output.mp4
nb_streams=2
nb_programs=0
format_name=mov,mp4,m4a,3gp,3g2,mj2
format_long_name=QuickTime / MOV
start_time=120.000000
duration=10.000000
size=2889109
bit_rate=2309901
probe_score=100
TAG:major_brand=isom
TAG:minor_version=512
TAG:compatible_brands=isomiso2avc1mp41
TAG:encoder=Lavf57.71.100
[/FORMAT]
```

从输出的内容可以看到，start_time 从 120 秒开始，而 duration 是 10 秒，指定开始时间与 duration 操作生效。

4.6 视频文件的音视频流抽取

在某些情况下，除了分析封装数据，我们还需要分析音视频流部分。本节将重点介绍如何抽取音视频数据，FFmpeg 支持直接从音视频封装中抽取音视频数据。下面举几个例子。

4.6.1 提取 AAC 音频流

除了转封装、转码，FFmpeg 还可以提取音频流，例如需要提取音频流并保存到另一个封装中。下面看一下 FFmpeg 提取 MP4 文件中 AAC 音频流的方法。

```
ffmpeg -i input.mp4 -vn -acodec copy output.aac
```

执行上述命令之后，输出如下信息：

```
Input #0, mov,mp4,m4a,3gp,3g2,mj2, from 'input.mp4':
...... 略去少量内容
    Stream #0:1(und): Audio: aac (LC) (mp4a / 0x6134706D), 48000 Hz, stereo, fltp, 120
kb/s (default)
  Output #0, adts, to 'output.aac':
    Stream #0:0(und): Audio: aac (LC) (mp4a / 0x6134706D), 48000 Hz, stereo, fltp, 120
kb/s (default)
Stream mapping:
  Stream #0:1 -> #0:0 (copy)
Press [q] to stop, [?] for help
size=     150kB time=00:00:09.98 bitrate= 123.4kbits/s speed=1.3e+03x
video:0kB audio:147kB subtitle:0kB other streams:0kB global headers:0kB muxing overhead:
2.179079%
```

从输出的内容可以看到，输入的 MP4 文件中包含视频流与音频流，输出信息中只有 AAC 音频，生成的 output.aac 文件内容则为 AAC 音频流数据。

4.6.2　提取 H.264 视频流

有时在视频编辑场景中需要提取视频流，或者与另一路视频流进行合并等，此时也可以使用 FFmpeg 来完成。

```
ffmpeg -i input.mp4 -vcodec copy -an output.h264
```

通过 FFmpeg 将视频中的视频流提取出来，执行上面命令后，输出信息如下：

```
Input #0, mov,mp4,m4a,3gp,3g2,mj2, from 'input.mp4':
...... 略去少量内容
    Stream #0:1(und): Audio: aac (LC) (mp4a / 0x6134706D), 48000 Hz, stereo, fltp, 120
kb/s (default)
  Output #0, h264, to 'output.h264':
    Stream #0:0(und): Video: h264 (High) (avc1 / 0x31637661), yuv420p, 1280x714 [SAR 1:1
DAR 640:357], q=2-31, 2183 kb/s, 25 fps, 25 tbr, 25 tbn, 25 tbc (default)
  Stream mapping:
    Stream #0:0 -> #0:0 (copy)
  Press [q] to stop, [?] for help
  frame=  250 fps=0.0 q=-1.0 Lsize=    2666kB time=00:00:10.00 bitrate=2183.8kbits/s
speed=1.41e+03x
  video:2666kB audio:0kB subtitle:0kB other streams:0kB global headers:0kB muxing overhead:
0.010222%
```

从输出的内容可以看到，输入的 MP4 文件中包含音频流与视频流，输出信息中只有 H.264 视频，生成的 output.h264 则为 H.264 视频流文件。

4.6.3　提取 H.265 视频流

与 H.264 的提取方法类似，再举一个从 MP4 文件中提取 H.265 数据的例子。

```
ffmpeg -i input.mp4 -vcodec copy -an -bsf hevc_mp4toannexb -f hevc output.hevc
```

执行这条命令后，输出信息如下：

```
Input #0, mov,mp4,m4a,3gp,3g2,mj2, from 'input_hevc.mp4':
...... 略去少量内容
    Stream #0:1(und): Audio: aac (LC) (mp4a / 0x6134706D), 48000 Hz, stereo, fltp, 128
kb/s (default)
  Output #0, hevc, to 'output.hevc':
    Stream #0:0(und): Video: hevc (Main) (hev1 / 0x31766568), yuv420p(tv, progressive),
1280x714 [SAR 1:1 DAR 640:357], q=2-31, 1044 kb/s, 25 fps, 25 tbr, 25 tbn, 25 tbc (default)
  Stream mapping:
    Stream #0:0 -> #0:0 (copy)
  Press [q] to stop, [?] for help
  frame=  252 fps=0.0 q=-1.0 Lsize=    1290kB time=00:00:10.00 bitrate=1056.4kbits/s
speed=1.32e+03x
  video:1290kB audio:0kB subtitle:0kB other streams:0kB global headers:1kB muxing overhead:
0.000000%
```

由于输入文件 input.mp4 的容器格式为 MP4，MP4 中存储的视频数据并不是标准的 Annex B 格式，所以需要将 MP4 的视频存储格式转存为 Annex B 格式，输出的 HEVC 格式文件可以直接使用播放器进行观看。

4.7 系统资源使用情况

在使用 FFmpeg 进行格式转换、编码转换操作时，所占用的系统资源各有不同。如果使用 FFmpeg 仅仅转换封装格式而非转换编码，所使用的 CPU 资源并不多。下面看一个转封装时的 CPU 使用率的例子。

```
ffmpeg -re -i input.mp4 -c copy -f mpegts output.ts
```

执行了上面这条命令之后，使用 top 命令查看 CPU 使用率，如图 4-20 所示。

```
top - 15:59:19 up 36 days,  1:26,  2 users,  load average: 0.08, 0.03, 0.04
Tasks:   1 total,   1 running,   0 sleeping,   0 stopped,   0 zombie
Cpu(s):  0.3%us,  0.3%sy,  0.0%ni, 99.0%id,  0.0%wa,  0.0%hi,  0.0%si,  0.3%st
Mem:    502276k total,   257628k used,   244648k free,     3756k buffers
Swap:  1015800k total,    13020k used,  1002780k free,   168380k cached

  PID USER      PR  NI  VIRT  RES  SHR S %CPU %MEM    TIME+  COMMAND
 8862 root      20   0 49972 9268 3080 R  0.7  1.8   0:00.19 ffmpeg
```

图 4-20 FFmpeg 转封装时 CPU 的使用情况

通过图 4-20 可以看出，使用 FFmpeg 进行封装转换时并不会占用大量的 CPU 资源，因为此时主要以读取、写入音视频数据为主，并不涉及复杂的计算。如果使用 FFmpeg 进行编码转换，则需要进行大量的计算，从而会占用大量的 CPU 资源。

```
ffmpeg -re -i input.mp4 -vcodec libx264 -acodec copy -f mpegts output.ts
```

命令执行后则开始进行转码操作，执行之后使用 top 查看 CPU 使用率，如图 4-21 所示。

```
top - 16:30:22 up 36 days,  1:57,  2 users,  load average: 0.58, 0.17, 0.05
Tasks:   1 total,   1 running,   0 sleeping,   0 stopped,   0 zombie
Cpu(s):100.0%us,  0.0%sy,  0.0%ni,  0.0%id,  0.0%wa,  0.0%hi,  0.0%si,  0.0%st
Mem:    502276k total,   360796k used,   141480k free,     4988k buffers
Swap:  1015800k total,    13020k used,  1002780k free,   184796k cached

  PID USER      PR  NI  VIRT  RES  SHR S %CPU %MEM    TIME+  COMMAND
 8882 root      20   0  137m  93m 4424 R 99.9 19.0   0:18.05 ffmpeg
```

图 4-21 FFmpeg 转码时 CPU 的使用情况

从图 4-21 可以看到使用 FFmpeg 进行视频编码转换时 CPU 的使用情况，CPU 使用率相对比较高。在转码时 CPU 使用率会非常高，因为涉及大量的计算，CPU 使用情况取决于计算的复杂程度。

4.8   小结

容器格式是一个重要但又极易被忽视的知识点，一般认为它属于系统层，但一直被学术界所忽视。任何编码格式的使用都面临存储、分发、编辑、overhead 等挑战，一般而言，我们需要关注容器中数据的组织结构、音视频编码格式、时间戳、元信息、如何支持 seek 操作，以及是否支持流化和录制等。另外，也需要有合适的工具来分析容器格式异常或者错误。

在本章中，我们重点分析了常用的 MP4、FLV、MPEG-TS、HLS 标准格式，并给出了相应的 FFmpeg 实例。通过本章的学习，读者可以掌握大部分媒体文件格式转换的实现方法，并对这些容器格式有更深入的了解，从而有能力使用 FFmpeg 来完成相关的任务。

第5章

编码与转码

上一章介绍了音视频容器封装格式，以及使用 FFmpeg 进行容器封装格式的转换等。本章将重点介绍音视频编码、转码功能，以及使用 FFmpeg 进行音视频编码转换。

所有在互联网上传播的媒体文件都需要被压缩，以便快速地从一个地方传输到另一个地方。媒体文件的快速传播在过去几年中变得尤为重要，因为原始媒体文件的质量和尺寸在不断增长，内容制作者和发行者都在提升人们消费的界限。最新的设备有望提供 HDR/HDR+、4K 和 8K 分辨率、60fps/120fps 高帧率质量的内容。然而，提供高质量的媒体内容是有成本的，无论是处理、存储还是传输。

这就是编解码器（Codec）发挥作用的地方。编解码器是一种压缩媒体数据的设备、程序或者标准[①]，以实现更快的传输或者降低存储空间。Codec 一词是 **enCOde** 和 **DECode** 两个术语的缩略语的组合。一般认为第一个标准化的视频编解码器是 H.261，由国际电信联盟（ITU）视频编码专家组于 1988 年批准，并于 1990 年公开推出。迄今为止的每一个主流使用的编解码器都基于混合编码方案[②]，在空间域利用预测（使用内部预测以及运动补偿），在变换域对产生的残差信号进行编码。在实际应用中，最常使用的变换方法是离散余弦变换（Discrete Cosine Transform，DCT）。HEVC 混合编码框架如图 5-1 所示。

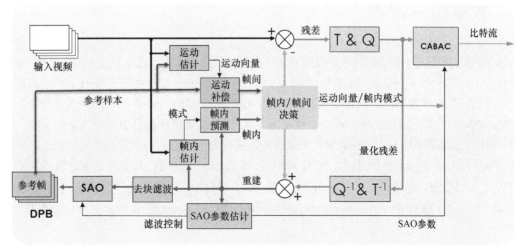

图 5-1　HEVC 混合编码框架示意

---

① Codec 在不同场景下表征的意义不大一样，可以视为压缩设备、程序或者标准。但在不同的上下文场景下，我们能很容易地区分。
② 并不是每个视频编解码器都是基于混合编码方案的，但当前使用最为广泛的视频编解码器都是基于混合方案。可能基于 AI 的编解码技术能够改变这一事实。

　　视频混合编码主要涉及的流程包含分区、预测、变换、量化、环路滤波、熵编码等关键技术。

　　使用分区的主要原因是精确地处理预测。一般而言，在移动较多的区域使用较小的块，而在静态背景上使用较大的块。一旦分区完成，就可以在它们之上做出预测。主要有两类预测：一是帧间预测，主要考虑时间冗余，需要发送运动向量和残差；二是帧内预测，考虑空间冗余，需要发送预测方向和残差。在预测之后，就得到残差块（预测分区与真实分区的差值），然后用某种方式对残差块进行变换，就得到一些结果。这样在随后的步骤中，对这些变换后的结果进行分析，就可以知道哪些像素丢弃后依然能保持图像整体的质量了。DCT 无疑是最重要的变换方式之一，可以使用它将一张图像转换到频域，这时候大多数能量会集中在低频部分，所以丢掉高频系数能减少描述图像所需的数据量，同时不会牺牲太多的图像质量。接下来对系数进行量化以达到压缩的目的，最后一步则是对量化后的数据执行无损的熵编码，这主要是利用了语法元素间的相关性以进一步压缩，这样就产生了适合存储或者传输的码流。这就是编码的基本流程，解码流程反其道而行之即可。

　　鉴于市场上有许多不同的商业模式和应用，而全球对更高效的媒体文件传输的需求越来越大，不同组织或者联盟因为种种原因而崛起，我们可能会遇到多种 Codec。编解码器的发展基本上分为几个"流派"，以解决没有一个编解码器能适合所有使用情况的问题。下面是几个主要的视频编码标准制定的"流派"。

- 标准制定组织。ITU-T 视频编码专家组（VCEG）和 ISO/IEC JTC1 运动图像专家组（MPEG）。
- 基于公司/联盟的组织。典型的如开放媒体联盟（AOMedia）。
- 国标。典型如 AVS 系列，包含 AVS、AVS+、AVS2、AVS3 等。

　　虽然几派都专注于改善媒体传输，但它们之间的关键区别在于：ITU-T 和 ISO/IEC JTC1 标准制定组织创造了专利技术，需要为编解码器的部署支付专利费；开放媒体联盟则是开发开源的编解码器；而 AVS 系列则着重于自主编码标准和国产化问题。然而需要注意的是，尽管如此，对于这些编解码器的"开放"程度一直存在一些争议。

5.1　软编码 H.264

　　当前网络中常见的视频编码格式要数 H.264（AVC）[①]最为火热，支持 H.264 的封装格式很多，如 RTMP、FLV、MP4、HLS（M3U8）、MKV、TS 等。FFmpeg 本身并不支持 H.264 编码器，而是采用了集成第三方模块的方式进行支持，如 x264 和 OpenH264。x264 和 OpenH264 二者各有各的优势，OpenH264 开源比较晚，最初主要是为了 RTC 等低延迟场景且版权更为宽松一些。不过目前 x264 还是最常用的 H.264 编码器，主要因为其优异的压缩性能和良好的工程实践。这里我们重点介绍 FFmpeg 中 x264 的使用。使用 x264 进行 H.264 编码时，所支持的像素格式主要包括 yuv420p、yuvj420p、yuv422p、yuvj422p、yuv444p、yuvj444p、nv12、nv16、nv21、yuv420p10le、yuv422p10le、yuv444p10le、nv20le、gray、gray10le。通过 `ffmpeg -h encoder=libx264` 可以查看。

```
Encoder libx264 [libx264 H.264 / AVC / MPEG-4 AVC / MPEG-4 part 10]:
    General capabilities: dr1 delay threads
```

[①] H.264 即 AVC（Advanced Video Coding），H.265 即 HEVC（High-Efficiency Video Coding），它们都有两个名称，主要是因为是这两个编解码器标准都是由 MPEG 和国际电信联盟（ITU）联合标准化的。H.266 即 VVC（Versatile Video Coding），原因相同。

```
Threading capabilities: other
    Supported pixel formats: yuv420p yuvj420p yuv422p yuvj422p yuv444p yuvj444p nv12 nv16
nv21 yuv420p10le yuv422p10le yuv444p10le nv20le gray gray10le
```

其支持的输入格式较多，并且能同时支持8位和10位位深。下面详细介绍一下FFmpeg中x264的参数。

5.1.1　x264 编码参数简介

x264大概是最为知名的H.264编码器了，FFmpeg中支持了很多x264的编码参数，其实现上主要是把x264的参数映射到FFmpeg里，一部分是以FFmpeg公共参数的方式，另一部分是以编码器特定参数的方式。同样，也可以使用x264本身的参数形式来进行控制。现在FFmpeg更建议后一种方式，其原因在于前面这种映射操作有些弊端，一是将x264的参数映射到FFmpeg的参数时容易出现语义上的细微差异，另外，如果底层libx264这样的第三方库发生变化，如新增、删除或者改变相关参数，FFmpeg也需要变化，使得耦合比较重，所以社区目前更偏向后一种方式（使用命令查看一下FFmpeg支持libx264、libx265的参数数目也可以看到，如 `ffmpeg -h encoder=libx264` 命令）。具体在FFmpeg中能支持的x264参数如表5-1所示。

表 5-1　x264 参数

参数	类型	说明
preset	字符串	编码器预设参数（默认 medium），后面会详细说明具体的参数设置
tune	字符串	调优编码参数，后面会详细说明调优的参数细节
profile	字符串	编码 profile 档级设置
fastfirstpass	布尔	在 2pass 的第一遍编码时使用快速设置，默认值为 true
level	字符串	编码 level 层级设置
passlogfile	字符串	2pass 的统计文件名
wpredp	字符串	P 帧加权预测设置
a53cc	布尔	使用 A53 Closed Captions（如果可用的话），默认值为 true
x264opts	字符串	设置 x264 专有参数，但是是字符串形式，目前更偏向使用 x264-params
crf	浮点数	选择质量恒定模式[①]
crf_max	浮点数	选择质量恒定模式最大值
qp	整数	恒定量化参数控制
aq-mode	整数	自适应量化（Adaptive Quantization）模式（默认为-1），包含 none (0)、variance (1)、autovariance (2)、autovariance-biased (3)
aq-strength	浮点数	自适应量化强度，用于减少平坦和纹理区域的块效应和模糊，取值为-1～FLT_MAX，默认为-1
psy	浮点数	使用 psychovisual 优化
psy-rd	字符串	psychovisual 优化强度，使用<psy-rd>:<psy-trellis>这样的格式
rc-lookahead	整数	预读帧设置，用于帧类型决策和码率控制，但增加这个值会增加相应的编码延迟

① Constant Rate Factor（CRF）是 x264 和 x265 编码器的默认质量（和速率）控制方式，同样也适用于 libvpx。对于 x264 和 x265，可以设置的范围为 0～51 之间的浮点数，较低的数值会获得更好的质量，但代价是文件尺寸更大；更高的值意味着更多的压缩，但在某些时候你会注意到质量的下降。从实现上说，CRF 通过降低"不太重要"的帧的质量来实现这一点。从经验上说，一个±6 的 CRF 变化导致大约一半/两倍的文件大小，这可以用来粗略估计 CRF 和最终码率之间的变化关系。

续表

参数	类型	说明
weightb	浮点数	B 帧加权预测设置
weightp	整数	使用显式加权预测来改善 P 帧的压缩，支持 none、simple、smart 三种模式
ssim	布尔	计算打印 SSIM 值
intra-refresh	布尔	使用 Periodic Intra Refresh 替代 IDR 帧
bluray-compat	布尔	蓝光兼容参数设置
b-bias	整数	B 帧使用频率设置
b-pyramid	整数	使用 B 帧作为参考帧：none(0)、strict(1)、normal(2)
mixed-refs	布尔	每一个 partition 一个参考，而不是每一个宏块一个参考
8x8dct	布尔	8×8 矩阵变换，用于 high profile
fast-pskip	布尔	对 P 帧进行早期跳过检测
aud	布尔	带 AUD 分隔标识，在 MPEG-TS 封装的时候，建议带上 AUD，避免潜在的兼容问题
mbtree	布尔	宏块树控制
deblock	字符串	环路去块效应滤波参数，使用 alpha:beta 格式
cplxblur	浮点数	减少波动 QP 参数
partitions	字符串	逗号分隔的 partition 列表，可以包含如下值：p8x8, p4x4, b8x8, i8x8, i4x4, none, all
direct-pred	整数	运动向量预测模式：none(0)、spatial(1)、temporal(2)、auto(3)
slice-max-size	整数	切片的最大 size 值
stats	字符串	2pass 的统计文件名
nal-hrd	整数	HRD 信号信息设置：None、VBR、CBR
avcintra-class	整数	AVC-Intra class 50/100/200/300/480，取值为–1～480，默认为–1
me_method	整数	运动估计方法，取值为–1～4，默认为–1，同 motion-est
motion-est	整数	运动估计方法，取值为–1～4，默认为–1
forced-idr	布尔	强行设置关键帧为 IDR 帧
coder	整数	熵编码器选择：default、cavlc、cabac、vlc、ac，其中 cavlc=vlc，cabac=ac
b_strategy	整数	I/P/B 帧选择策略
chromaoffset	整数	QP 色度和亮度之间的差异参数
sc_threshold	整数	场景切换阈值参数
noise_reduction	整数	降噪处理参数
udu_sei	布尔	是否使用 User Data Unregistered SEI，默认为 false
x264-params	字典	与 x264opts 类似，但是使用由 “:” 分隔的 key=value 参数列表，更建议使用它而非 x264opts

以上为 FFmpeg 支持的 x264 编码参数，设置参数后编码生成的文件可以通过一些外部协助工具进行查看分析，例如 Elecard、Bitrate Viewer、ffprobe 等。另外，x264 默认会打印设置的参数，这也可以被用于检查 x264 参数设置是否如预期。

5.1.2　H.264 编码举例

在前一节已经给出了 FFmpeg 中 H.264 编码器 libx264 的操作参数，它的编码选项非常丰富，下面说明一些重要的参数，并据此举一些实际常用的例子。

1．编码器预设参数设置

preset 可用来权衡压缩效率和编码速度。如果指定一个预设的 preset，它所做的改变将在所有其他参数被应用之前被应用。一般来说，应该把这个选项设置为能承受的最慢的速度。x264 preset 详细的参数说明可以使用 `x264 --fullhelp` 查看，找到 x264 帮助信息中 preset 参数项之后，可以看到其包含以下几种预设参数。

1）ultrafast：最快的编码方式。除了默认设置外，增加以下参数设置。

```
--no-8x8dct --aq-mode 0 --b-adapt 0 --bframes 0 --no-cabac --no-deblock --no-mbtree --me
dia --no-mixed-refs --partitions none --rc-lookahead 0 --ref 1 --scenecut 0 --subme 0
--trellis 0 --no-weightb --weightp 0
```

2）superfast：超级快速的编码方式。除了默认设置外，增加以下参数设置。

```
--no-mbtree --me dia --no-mixed-refs --partitions i8x8,i4x4 --rc-lookahead 0 --ref 1
--subme 1 --trellis 0 --weightp 1
```

3）veryfast：非常快速的编码方式。除了默认设置外，增加以下参数设置。

```
--no-mixed-refs --rc-lookahead 10 --ref 1 --subme 2 --trellis 0 --weightp 1
```

4）faster：稍微快速的编码方式。除了默认设置外，增加以下参数设置。

```
--no-mixed-refs --rc-lookahead 20 --ref 2 --subme 4 --weightp 1
```

5）fast：快速的编码方式。除了默认设置外，增加以下参数设置。

```
--rc-lookahead 30 --ref 2 --subme 6 --weightp 1
```

6）medium：折中的编码方式。这是 x264 的默认设置，参数全部为默认设置值。从 mediainfo 获取到的信息可以看到，实际上的设置如下。

```
cabac=1 / ref=3 / deblock=1:0:0 / analyse=0x3:0x113 / me=hex / subme=7 / psy=1 /
psy_rd=1.00:0.00 / mixed_ref=1 / me_range=16 / chroma_me=1 / trellis=1 / 8x8dct=1 / cqm=0
/ deadzone=21,11 / fast_pskip=1 / chroma_qp_offset=-2 / threads=1 / lookahead_threads=1 /
sliced_threads=0 / nr=0 / decimate=1 / interlaced=0 / bluray_compat=0 / constrained_intra=0
/ bframes=3 / b_pyramid=2 / b_adapt=1 / b_bias=0 / direct=1 / weightb=1 / open_gop=0 / weightp=2
/ keyint=250 / keyint_min=25 / scenecut=40 / intra_refresh=0 / rc_lookahead=40 / rc=crf /
mbtree=1 / crf=23.0 / qcomp=0.60 / qpmin=0 / qpmax=69 / qpstep=4 / ip_ratio=1.40 / aq=1:1.00
```

7）slow：慢的编码方式。除了默认设置外，增加以下参数设置。

```
--direct auto --rc-lookahead 50 --ref 5 --subme 8 --trellis 2
```

8）slower：更慢的编码方式。除了默认设置外，增加以下参数设置。

```
--b-adapt 2 --direct auto --me umh --partitions all --rc-lookahead 60 --ref 8 --subme
9 --trellis 2
```

9）veryslow：非常慢的编码方式。除了默认设置外，增加以下参数设置。

```
--b-adapt 2 --bframes 8 --direct auto --me umh --merange 24 --partitions all --ref 16
--subme 10 --trellis 2 --rc-lookahead 60
```

10）placebo：最慢的编码方式。除了默认设置外，增加以下参数设置。

```
--bframes 16 --b-adapt 2 --direct auto --slow-firstpass --no-fast-pskip --me tesa
--merange 24 --partitions all --rc-lookahead 60 --ref 16 --subme 11 --trellis 2
```

根据设置参数的不同，所编码出来的图像质量和压缩率也会有所不同。当然，编码复杂度的差异导致编码时间也不同。设置相关的预设（preset）参数后，很多参数也会被 preset 的设置所影响，我们需要了解具体的参数含义。为了方便操作，一般先通过 preset 进行设置，然后再做其他参数的调整。下面看一下相同的机器中分别设置 ultrafast 与 medium 参数后的转码效率对比。

```
ffmpeg -i skyfall2-trailer.mp4 -c:v libx264 -preset ultrafast -b:v 2000k output.mp4
```

命令行执行后输出内容如下：

```
Input #0, mov,mp4,m4a,3gp,3g2,mj2, from '/data/ffmpeg_build/skyfall2-trailer.mp4':
  Metadata:
    major_brand    : mp42
    minor_version  : 0
    compatible_brands: isom
    creation_time  : 2012-07-31T00:31:48.000000Z
  Duration: 00:02:30.77, start: 0.000000, bitrate: 4002 kb/s
    Stream #0:0[0x1](eng): Video: h264 (Main) (avc1 / 0x31637661), yuv420p(tv, progressive),
1920x1080 [SAR 1:1 DAR 16:9], 3937 kb/s, 23.98 fps, 23.98 tbr, 24k tbn (default)
      Metadata:
        creation_time  : 2012-07-31T00:31:48.000000Z
        handler_name   : MP4 Video Media Handler
        vendor_id      : [0][0][0][0]
        encoder        : AVC Coding
    Stream #0:1[0x2](eng): Audio: aac (LC) (mp4a / 0x6134706D), 44100 Hz, stereo, fltp,
61 kb/s (default)
      Metadata:
        creation_time  : 2012-07-31T00:31:48.000000Z
        handler_name   : MP4 Sound Media Handler
        vendor_id      : [0][0][0][0]
  File 'output.mp4' already exists. Overwrite? [y/N] y
  Stream mapping:
    Stream #0:0 -> #0:0 (h264 (native) -> h264 (libx264))
  Press [q] to stop, [?] for help
  [libx264 @ 0x4aec6c0] using SAR=1/1
  [libx264 @ 0x4aec6c0] using cpu capabilities: MMX2 SSE2Fast SSSE3 SSE4.2 AVX FMA3 BMI2 AVX2
  [libx264 @ 0x4aec6c0] profile Constrained Baseline, level 4.0, 4:2:0, 8-bit
  [libx264 @ 0x4aec6c0] 264 - core 164 r3094 bfc87b7 - H.264/MPEG-4 AVC codec - Copyleft
2003-2022 - http://www.videolan.org/x264.html - options: cabac=0 ref=1 deblock=0:0:0
analyse=0:0 me=dia subme=0 psy=1 psy_rd=1.00:0.00 mixed_ref=0 me_range=16 chroma_me=1
trellis=0 8x8dct=0 cqm=0 deadzone=21,11 fast_pskip=1 chroma_qp_offset=0 threads=12 lookahead_
threads=2 sliced_threads=0 nr=0 decimate=1 interlaced=0 bluray_compat=0 constrained_intra=0
bframes=0 weightp=0 keyint=250 keyint_min=23 scenecut=0 intra_refresh=0 rc=abr mbtree=0
bitrate=2000 ratetol=1.0 qcomp=0.60 qpmin=0 qpmax=69 qpstep=4 ip_ratio=1.40 aq=0
  ...... 省略部分输出
  frame= 3615 fps=294 q=-1.0 Lsize=   37436kB time=00:02:30.73 bitrate=2034.5kbits/s dup=1
drop=0 speed=12.3x
  video:37420kB audio:0kB subtitle:0kB other streams:0kB global headers:0kB muxing
overhead: 0.041638%
  [libx264 @ 0x4aec6c0] frame I:15    Avg QP:27.60  size: 55186
  [libx264 @ 0x4aec6c0] frame P:3600  Avg QP:29.67  size: 10414
  [libx264 @ 0x4aec6c0] mb I  I16..4: 100.0%  0.0%  0.0%
  [libx264 @ 0x4aec6c0] mb P  I16..4: 13.9%  0.0%  0.0%  P16..4: 12.9%  0.0%  0.0%  0.0%
0.0%    skip:73.1%
  [libx264 @ 0x4aec6c0] final ratefactor: 32.28
  [libx264 @ 0x4aec6c0] coded y,uvDC,uvAC intra: 12.7% 17.5% 4.7% inter: 4.2% 3.7% 0.3%
  [libx264 @ 0x4aec6c0] i16 v,h,dc,p: 46% 29% 12% 14%
  [libx264 @ 0x4aec6c0] i8c dc,h,v,p: 62% 19% 15%  4%
  [libx264 @ 0x4aec6c0] kb/s:2033.10
```

从命令行执行后输出的内容中可以看到，在我们的例子中，在转码的预设参数为 ultrafast 模式下，转码的速度为 12.3 倍速，并且可以从全部的输出信息中看到视频流中帧类型的统计信息、详细的编码参数设置的对应的值，以及使用的 CPU 的多媒体加速指令信息等。从最后的输出信息中可以看到，它并不包含 B 帧编码信息，与编码参数设置的 bframes=0 刚好相对应。如果编码结果不如你的预期的话，基本上上面打印的这些详细信息也能够帮助你很快地定位大部分的问题。接下来看一下设置为 medium 模式后的速度与画质等。

```
Input #0, mov,mp4,m4a,3gp,3g2,mj2, from '/data/ffmpeg_build/skyfall2-trailer.mp4':
  Metadata:
    major_brand     : mp42
    minor_version   : 0
    compatible_brands: isom
    creation_time   : 2012-07-31T00:31:48.000000Z
  Duration: 00:02:30.77, start: 0.000000, bitrate: 4002 kb/s
    Stream #0:0[0x1](eng): Video: h264 (Main) (avc1 / 0x31637661), yuv420p(tv, progressive),
1920x1080 [SAR 1:1 DAR 16:9], 3937 kb/s, 23.98 fps, 23.98 tbr, 24k tbn (default)
      Metadata:
        creation_time   : 2012-07-31T00:31:48.000000Z
        handler_name    : MP4 Video Media Handler
        vendor_id       : [0][0][0][0]
        encoder         : AVC Coding
    Stream #0:1[0x2](eng): Audio: aac (LC) (mp4a / 0x6134706D), 44100 Hz, stereo, fltp,
61 kb/s (default)
      Metadata:
        creation_time   : 2012-07-31T00:31:48.000000Z
        handler_name    : MP4 Sound Media Handler
        vendor_id       : [0][0][0][0]
Stream mapping:
  Stream #0:0 -> #0:0 (h264 (native) -> h264 (libx264))
Press [q] to stop, [?] for help
[libx264 @ 0x48cb6c0] using SAR=1/1
[libx264 @ 0x48cb6c0] using cpu capabilities: MMX2 SSE2Fast SSSE3 SSE4.2 AVX FMA3 BMI2 AVX2
[libx264 @ 0x48cb6c0] profile High, level 4.0, 4:2:0, 8-bit
[libx264 @ 0x48cb6c0] 264 - core 164 r3094 bfc87b7 - H.264/MPEG-4 AVC codec - Copyleft
2003-2022 - http://www.videolan.org/x264.html - options: cabac=1 ref=3 deblock=1:0:0 analyse=
0x3:0x113 me=hex subme=7 psy=1 psy_rd=1.00:0.00 mixed_ref=1 me_range=16 chroma_me=1 trellis=1
8x8dct=1 cqm=0 deadzone=21,11 fast_pskip=1 chroma_qp_offset=-2 threads=12 lookahead_threads=
2 sliced_threads=0 nr=0 decimate=1 interlaced=0 bluray_compat=0 constrained_intra=0
bframes=3 b_pyramid=2 b_adapt=1 b_bias=0 direct=1 weightb=1 open_gop=0 weightp=2 keyint=250
keyint_min=23 scenecut=40 intra_refresh=0 rc_lookahead=40 rc=abr mbtree=1 bitrate=2000
ratetol=1.0 qcomp=0.60 qpmin=0 qpmax=69 qpstep=4 ip_ratio=1.40 aq=1:1.00
......省略部分输出
frame= 3615 fps= 57 q=-1.0 Lsize=   37633kB time=00:02:30.65 bitrate=2046.4kbits/s dup=1
drop=0 speed=2.37x
video:37593kB audio:0kB subtitle:0kB other streams:0kB global headers:0kB muxing
overhead: 0.105472%
[libx264 @ 0x48cb6c0] frame I:127   Avg QP:18.19  size: 61994
[libx264 @ 0x48cb6c0] frame P:1276  Avg QP:22.77  size: 14791
[libx264 @ 0x48cb6c0] frame B:2212  Avg QP:24.86  size:  5311
[libx264 @ 0x48cb6c0] consecutive B-frames: 11.8% 10.8% 27.3% 50.1%
[libx264 @ 0x48cb6c0] mb I  I16..4: 56.2% 27.2% 16.6%
[libx264 @ 0x48cb6c0] mb P  I16..4: 10.3% 14.1%  0.8%  P16..4: 18.8%  3.4%  1.2%  0.0%
0.0%  skip:51.4%
[libx264 @ 0x48cb6c0] mb B  I16..4:  1.4%  1.2%  0.1%  B16..8: 18.7%  1.7%  0.2%  direct:
1.4%  skip:75.2%  L0:48.9% L1:48.5% BI: 2.6%
[libx264 @ 0x48cb6c0] final ratefactor: 25.52
[libx264 @ 0x48cb6c0] 8x8 transform intra:47.6% inter:77.4%
[libx264 @ 0x48cb6c0] coded y,uvDC,uvAC intra: 23.0% 33.1% 9.2% inter: 4.3% 6.1% 0.4%
[libx264 @ 0x48cb6c0] i16 v,h,dc,p: 51% 27%  9% 14%
[libx264 @ 0x48cb6c0] i8 v,h,dc,ddl,ddr,vr,hd,vl,hu: 35% 20% 29%  2%  3%  3%  3%  2%  3%
```

```
[libx264 @ 0x48cb6c0] i4 v,h,dc,ddl,ddr,vr,hd,vl,hu: 27% 26% 19%  4%  5%  5%  5%  4%  4%
[libx264 @ 0x48cb6c0] i8c dc,h,v,p: 64% 18% 14%  3%
[libx264 @ 0x48cb6c0] Weighted P-Frames: Y:11.0% UV:8.6%
[libx264 @ 0x48cb6c0] ref P L0: 70.2% 11.0% 13.6%  5.1%  0.1%
[libx264 @ 0x48cb6c0] ref B L0: 86.0% 11.7%  2.3%
[libx264 @ 0x48cb6c0] ref B L1: 97.3%  2.7%
[libx264 @ 0x48cb6c0] kb/s:2042.50
```

从以上输出内容中可以看到，设置 medium 模式后，转码速度为 2.37 倍速，虽然速度降低了，但画质却比 ultrafast 时有明显的提升。从全部输出信息中也能够看到更多详细的编码参数设置信息，比如从这一段输出信息中可以明确看到有 B 帧编码信息，而 B 帧一般可以保证在相同码率时，清晰度相对 ultrafast 编码出来的视频画质有一定的提升。如图 5-2 所示为这两种 preset 下的画质清晰度对比。

图 5-2　medium 与 ultrafast 标准输出视频清晰度对比

图 5-2 中左边图像部分是通过 medium 转码之后的图像，右边是通过预设参数 ultrafast 转码之后的图像。很显然，左右侧图像质量差异比较大，右侧图像的马赛克非常明显，特别是树木部分，主要是因为两个 preset 中所设置的编码参数不同，编码参数不相同导致了编码质量的差异。特别是因为左侧 B 帧的使用，使得最终的编码质量更优，上面的转码信息的统计输出也间接说明了一些问题。ultrafast 和 medium preset 所对应的编码参数细节意义可以参考前面的参数说明。另外，关于编码参数的完整设置，如果只有最终 x264 编码的流，可以通过 mediainfo 工具查看确认。以上面的 ultrafast preset 为例，可以看到编码参数的设置如下：

```
[root@VM_69_111_centos /data/ffmpeg/t_ffmpeg]# mediainfo output-u.mp4
General
Complete name                            : output-u.mp4
Format                                   : MPEG-4
Format profile                           : Base Media
Codec ID                                 : isom (isom/iso2/avc1/mp41)
File size                                : 36.6 MiB
Duration                                 : 2 min 30 s
Overall bit rate                         : 2 034 kb/s
Writing application                      : Lavf59.24.100

Video
ID                                       : 1
```

```
Format                          : AVC
Format/Info                     : Advanced Video Codec
Format profile                  : Baseline@L4
Format settings                 : 1 Ref Frames
Format settings, CABAC          : No
Format settings, Reference frames : 1 frame
Codec ID                        : avc1
Codec ID/Info                   : Advanced Video Coding
Duration                        : 2 min 30 s
Bit rate                        : 2 000 kb/s
Maximum bit rate                : 2 033 kb/s
Width                           : 1 920 pixels
Height                          : 1 080 pixels
Display aspect ratio            : 16:9
Frame rate mode                 : Constant
Frame rate                      : 23.976 (24000/1001) FPS
Color space                     : YUV
Chroma subsampling              : 4:2:0
Bit depth                       : 8 bits
Scan type                       : Progressive
Bits/(Pixel*Frame)              : 0.040
Stream size                     : 36.5 MiB (100%)
Writing library                 : x264 core 164 r3094 bfc87b7
Encoding settings               : cabac=0 / ref=1 / deblock=0:0:0 / analyse=0:0 /
me=dia / subme=0 / psy=1 / psy_rd=1.00:0.00 / mixed_ref=0 / me_range=16 / chroma_me=1 /
trellis=0 / 8x8dct=0 / cqm=0 / deadzone=21,11 / fast_pskip=1 / chroma_qp_offset=0 / threads=12
/ lookahead_threads=2 / sliced_threads=0 / nr=0 / decimate=1 / interlaced=0 / bluray_compat=0
/ constrained_intra=0 / bframes=0 / weightp=0 / keyint=250 / keyint_min=23 / scenecut=0 /
intra_refresh=0 / rc=abr / mbtree=0 / bitrate=2000 / ratetol=1.0 / qcomp=0.60 / qpmin=0 /
qpmax=69 / qpstep=4 / ip_ratio=1.40 / aq=0
Language                        : English
Codec configuration box         : avcC
```

2. H.264 编码优化

使用 tune 参数调优 H.264 编码时，可以包含如下几个场景：film、animation、grain、stillimage、psnr、ssim、fastdecode、zerolatency。这几种场景所使用的 x264 参数均有差异，主要与 preset 一起，进一步针对输入内容做优化。如果指定了一个 tune，这些参数的变化将在 preset 之后、所有其他参数之前应用。如果源内容与可用的 tune 之一相匹配，则可以使用这个对应的选项，否则不建议设置。

1）film：用于高质量的电影内容，使用低强度的 deblocking。除默认参数配置外，还设置了以下参数。

`--deblock -1:-1 --psy-rd <unset>:0.15`

2）animation：适用于动画片，使用更高强度的 deblocking 和更多的参考帧。除默认参数配置外，还设置了以下参数。

`--bframes {+2} --deblock 1:1 --psy-rd 0.4:<unset> --aq-strength 0.6 --ref {Double if >1 else 1}`

3）grain：保留老的、有颗粒的电影素材中的颗粒结构。除默认参数配置外，还设置了以下参数。

`--aq-strength 0.5 --no-dct-decimate --deadzone-inter 6 --deadzone-intra 6 --deblock -2:-2 --ipratio 1.1 --pbratio 1.1 --psy-rd <unset>:0.25 --qcomp 0.8`

4）stillimage：适合于类似幻灯片这种变换较慢的内容。除默认参数配置外，还设置了以下参数。

`--aq-strength 1.2 --deblock -3:-3 --psy-rd 2.0:0.7`

5）psnr：除默认参数配置外，还设置了以下参数。

```
--aq-mode 0 --no-psy
```

6）ssim：除默认参数配置外，还设置了以下参数。

```
--aq-mode 2 --no-psy
```

7）fastdecode：允许通过禁用某些过滤器、CABAC 等来加速解码。除默认参数配置外，还设置了以下参数。

```
--no-cabac --no-deblock --no-weightb --weightp 0
```

8）zerolatency：适合于快速编码和低延迟流媒体。除默认参数配置外，还设置了以下参数。

```
--bframes 0 --force-cfr --no-mbtree --sync-lookahead 0 --sliced-threads --rc-lookahead 0
```

在使用 FFmpeg 与 x264 进行 H.264 直播编码并进行推流时，一般建议将 tune 参数设置为 zerolatency，它会显著降低因编码导致的延迟。

3. H.264 的 profile 和 level 设置

这里的 profile 和 level 的设置与 H.264 标准文档 ISO-14496-Part10 中描述的 profile 和 level 的信息基本相同，x264 编码器支持 baseline、main、high、high10、high4:2:2、high4:4:4 predictive 共 6 种 profile 参数设置。profile 不同，编码器能使用的编码工具集合也不同。

baseline profile 是最简单的 profile，必须由所有解码器支持。它可能对实时应用很有用，如视频会议，其中编码器和解码器必须快速运行。main profile 被广泛使用，它在压缩性能和计算复杂性之间提供了一个良好的折衷，适用于基本的标清电视广播。constrained baseline profile 是 main profile 的一个子集，在低复杂性、低延迟的应用中很受欢迎，如移动视频。high profile 则提供额外的工具来提高高清电视的压缩率。

baseline profile 支持 I 和 P slice（分片）、基本的 4×4 整数变换、使用 CAVLC 进行熵编码，主要用于实时应用，如视频会议或低处理能力的平台。它的特点是复杂性低，但编码效率相应也最低。它还支持 3 种提高传输效率的工具：FMO、ASO 和冗余片，这些都是 constrained baseline profile 不支持的。不过在实际的场景中，这 3 个工具使用得并不太多。

extended profile 是 baseline profile 的一个超集。extended profile 主要在 baseline profile 的基础上扩展了几种容错技术。它使用 B slice 并支持交错视频编码。这个 profile 是针对流媒体视频的，它的特点是压缩率更高，但也更复杂。这个 profile 支持为流媒体设计的特殊 slice：SI 和 SP slice，这些允许服务器在需要时可在不同的码率流之间切换。

main profile 是 constrained baseline profile 的一个超集。main profile 使用 I、P 和 B slice 且支持 CABAC 熵编码，同时也支持 CAVLC。它支持 B slice 的预测模式，如加权预测。它可以与渐进式或隔行式视频一起工作。它缺少一些 baseline profile 和 extended profile 所支持的容错技术。这个 profile 文件主要用于数字非高清电视广播。

high profile 是 main profile 的一个超集。high profile 提供了比其他 profile 更高的压缩率，但实施复杂性和计算成本有所增加。它增加了一些额外的工具，如 8×8 变换和 8×8 预测、支持与频率有关的量化器权重的量化器 scale 矩阵、单独的 Cr 和 Cb 量化器参数，以及单色视频。它主要用于高清晰度应用场景。例如，它被用来在蓝光光盘上存储高清视频，并被用于高清电视广播。

high10 profile（Hi10P）是建立在 high profile 之上的，增加了 10 位的图片精度的支持。在实际的场景中，H.264 的"10 位"使用并不多，主要是"10 位"一般对应更高的分辨率，而这并非

H.264 所特别擅长的领域。

　　high4:2:2 profile（Hi422P）增加了对 4:2:2 色度子采样格式的支持，同时使用高达 10 位/样本的图像精度。它主要针对使用隔行扫描视频的专业应用。这个 profile 建立在 high10 profile 的基础上。

　　high4:4:4 predictive profile（Hi444PP）是建立在 high4:2:2 profile 之上的。它支持高达 4:4:4 的色度采样、每个采样高达 14 位和有效的无损区域编码，以及将每张图片编码为 3 个独立的颜色平面。

　　AVC/H.264 标准所规定的具体的编码工具可以参考表 5-2，x264 编码的 profile 设置细节也可以参考这个表。

表 5-2　H.264 编码 profile 所对应的编码工具

	baseline	extended	main	high	high 10	high 4:2:2	high 4:4:4 predictive
I 和 P 分片	是	是	是	是	是	是	是
B 分片	否	是	是	是	是	是	是
SI 和 SP 分片	否	是	否	否	否	否	否
多参考帧	是	是	是	是	是	是	是
环内去块滤波	是	是	是	是	是	是	是
CAVLC 熵编码	是	是	是	是	是	是	是
CABAC 熵编码	否	否	是	是	是	是	是
Flexible Macroblock Ordering (FMO)	是	是	否	否	否	否	否
Arbitrary Slice Ordering (ASO)	是	是	否	否	否	否	否
Redundant Slices (RS)	是	是	否	否	否	否	否
数据分片	否	是	否	否	否	否	否
Interlaced Coding (PICAFF，MBAFF)	否	是	是	是	是	是	是
4:2:0 Chroma 格式	是	是	是	是	是	是	是
4:0:0 Chroma 格式	否	否	否	否	是	是	是
4:2:2 Chroma 格式	否	否	否	否	否	是	是
4:4:4 Chroma 格式	否	否	否	否	否	否	是
8 位采样	是	是	是	是	是	是	是
9、10 位采样	否	否	否	否	是	是	是
11～14 位采样	否	否	否	否	否	否	是
8×8 和 4×4 变换适配	否	否	否	是	是	是	是
量化缩放矩阵	否	否	否	是	是	是	是
Cb/Cr 量化分离控制	否	否	否	是	是	是	是
色彩平面分离编码	否	否	否	否	否	否	是
无损预测编码	否	否	否	否	否	否	是

　　level 规定了解码器能够处理的视频的大小。它规定了视频的最大码率和每秒的最大宏块数。级数范围为 1～5，有中间级数（如 1.1、1.2、1.3 等）。一个在特定 level 上运行的解码器也必须处理其下的所有级数。

level 设置则与 ISO-14496-Part10 参考中 Annex A 中描述的表格完全相同，如表 5-3 所示。

表 5-3　H.264 level 参数

level 值	最大宏块解码速度	帧最大尺寸	最大码率（VCL）	baseline、extended、high profile 最大码率（VCL）	high 10 profile 最大码率（VCL）	high10 4:2:2 和 high10 4:4:4 预测配置文件最大码率（VCL）	最大分辨率@帧率（DPB）
1	1485	99	64kbit/s	80kbit/s	192kbit/s	256kbit/s	128×96@30.9 (8) 176×144@15.0 (4)
1B	1485	99	128kbit/s	160kbit/s	384kbit/s	512kbit/s	128×96@30.9 (8) 176×144@15.0 (4)
1.1	3000	396	192kbit/s	240kbit/s	576kbit/s	768kbit/s	176×144@30.3 (9) 320×240@10.0 (3) 352×288@7.5 (2)
1.2	6000	396	384kbit/s	480kbit/s	1152kbit/s	1536kbit/s	320×240@20.0 (7) 352×288@15.2 (6)
1.3	11880	396	768kbit/s	960kbit/s	2304kbit/s	3072kbit/s	320×240@36.0 (7) 352×288@30.0 (6)
2	11880	396	2Mbit/s	2.5Mbit/s	6Mbit/s	8Mbit/s	320×240@36.0 (7) 352×288@30.0 (6)
2.1	19800	792	4Mbit/s	5Mbit/s	12Mbit/s	16Mbit/s	352×480@30.0 (7) 352×576@25.0 (6)
2.2	20250	1620	4Mbit/s	5Mbit/s	12Mbit/s	16Mbit/s	352×480@30.7(10) 352×576@25.6 (7) 720×480@15.0 (6) 720×576@12.5 (5)
3	40500	1620	10Mbit/s	12.5Mbit/s	30Mbit/s	40Mbit/s	352×480@61.4 (12) 352×576@51.1 (10) 720×480@30.0 (6) 720×576@25.0 (5)
3.1	108000	3600	14Mbit/s	17.5Mbit/s	42Mbit/s	56Mbit/s	720×480@80.0 (13) 720×576@66.7 (11) 1280×720@30.0 (5)
3.2	216000	5120	20Mbit/s	25Mbit/s	60Mbit/s	80Mbit/s	1280×720@60.0 (5) 1280×1024@42.2 (4)
4	245760	8192	20Mbit/s	25Mbit/s	60Mbit/s	80Mbit/s	1280×720@68.3 (9) 1920×1088@30.1 (4) 2048×1024@30.0 (4)
4.1	245760	8192	50Mbit/s	50Mbit/s	150Mbit/s	200Mbit/s	1280×720@68.3 (9) 1920×1088@30.1 (4) 2048×1024@30.0 (4)
4.2	522240	8704	50Mbit/s	50Mbit/s	150Mbit/s	200Mbit/s	1920×1088@64.0 (4) 2048×1088@60.0 (4)
5	589824	22080	135Mbit/s	168.75Mbit/s	405Mbit/s	540Mbit/s	1920×1088@72.3 (13) 2048×1024@72.0 (13) 2048×1088@67.8 (12) 2560×1920@30.7 (5) 3680×1536@26.7 (5)
5.1	983040	36864	240Mbit/s	300Mbit/s	720Mbit/s	960Mbit/s	1920×1088@120.5 (16) 4096×2048@30.0(5) 4096×2304@26.7 (5)

下面使用 baseline profile 编码一个 H.264 视频，然后使用 high profile 编码一个 H.264 视频，并分析两类不同 profile 编码出来的视频的区别。从前面内容可以看到，使用 baseline profile 编码的 H.264 视频不会包含 B slice，而使用 main profile、high profile 编码出来的视频可以包含 B slice。那么下面着重查看 baseline 与 high 两个不同 profile 编码出来的视频是否包含 B slice。

首先，使用 FFmpeg 编码生成 baseline 与 high 两种 profile 的视频。

```
ffmpeg -i input.mp4 -c:v libx264 -profile:v baseline -level 3.1 output_baseline.ts
```

```
ffmpeg -i input.mp4 -c:v libx264 -profile:v high -level 3.1 output_high.ts
```

从上面可以看到共执行了两次编码，分别生成 output_baseline.ts 与 output_high.ts 两个视频文件。前面章节中提到过，使用 ffprobe 可以查看每一帧是 I 帧、P 帧还是 B 帧，下面使用 ffprobe 查看这两个文件中包含 B 帧的情况。

```
ffprobe -v quiet -show_frames -select_streams v output_baseline.ts|grep "pict_type=
B"|wc -l

    0

ffprobe -v quiet -show_frames -select_streams v output_high.ts |grep "pict_type=B"|wc -l

    140
```

从输出的结果可以看到，baseline profile 中包含了 0 个 B 帧，而 high profile 的视频中则包含了 140 个 B 帧。在实时流媒体直播时，相对 main 或 high profile，采用 baseline 编码会使得编解码的压力较小，且因为没有 B 帧引入编码重排，延迟也相应小一些。而代价是相同码率下，其质量较差。适当地加入 B 帧能够有效地降低码率，但会引入延迟，所以需要根据特定需求与具体的业务场景综合平衡，再进行选择。

4. 控制场景切换时关键帧的插入

在 FFmpeg 中，通过命令行的-g 参数设置以帧数间隔为 GoP 的长度，但是当遇到场景切换时，如从一个画面场景突然变成另外一个画面场景时，会强行插入一个关键帧，这时候 GoP 的间隔将会重新开始计算。这样的场景切换在点播视频文件中会时常遇到，如果将点播文件进行 M3U8 切片，或者将点播文件进行串流虚拟直播，GoP 的间隔也会有相同的情况。在有些情况下，我们不希望因为场景变动而产生可变的 GoP，这时可以使用 sc_threshold 参数进行调整来控制场景切换时是否插入关键帧。

下面我们先执行 FFmpeg 命令设置编码时的 GoP 大小，生成的 MP4 文件使用 Elecard StreamEye 来观察 GoP 的情况。

```
ffmpeg -i input.mp4 -c:v libx264 -g 50 -t 60 output.mp4
```

根据这条命令可以看出，每 50 帧设置为一个 GoP，生成 60 秒的 MP4 视频。接下来查看一下 GoP 的情况，如图 5-3 所示。

从图 5-3 可以看到，I 帧之间的平均距离是 21.63，这个是因为 x264 强行插入 IDR 所导致的。插入 IDR 的原因是编码器自动判定了场景切换，并在场景切换时动态插入了 IDR 帧。要使 GoP 更加均匀，使用参数 sc_threshold 关闭场景切换判定即可。

```
ffmpeg -i input.mp4 -c:v libx264 -g 50 -sc_threshold 0 -t 60 -y output.mp4
```

执行这条命令行之后，设置 GoP 间隔为 50 帧，并且在场景切换时不再插入关键帧。执行生成的 MP4 使用 Elecard StreamEye 观察的效果如图 5-4 所示。可见，IDR 的分布非常均匀，均为 50 帧一个 GoP，场景切换时也没有强行插入 IDR。这样的好处是可以精确地控制关键帧的出现频率，代价则是损失了一些编码质量。

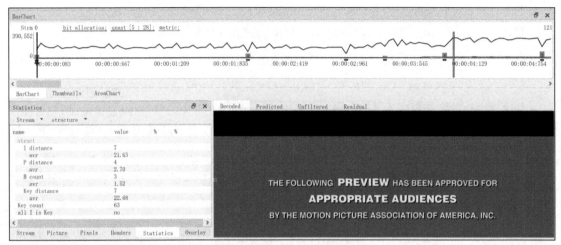

图 5-3　查看固定 GoP 长度视频

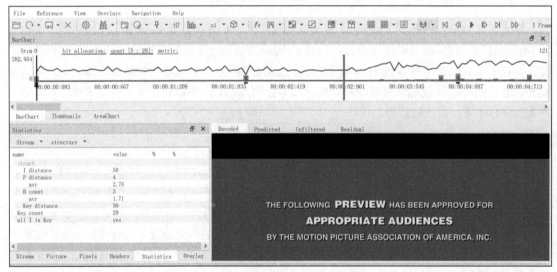

图 5-4　查看固定 GoP 长度视频

5. 设置 x264 内部参数

由于 FFmpeg 设置 x264 参数时增加的参数比较多，所以 FFmpeg 开放了 x264-params，可以通过这个参数设置 x264 内部私有参数，如设置 I 帧、P 帧、B 帧的顺序及规律等。通过 x264-params 可以设置很多 x264 本身的参数，下面举个例子：控制 I 帧、P 帧、B 帧的出现顺序及频率。首先分析一下 GoP 参数，如果视频 GoP 设置为 50 帧，那么如果这 50 帧中不希望出现 B 帧，则客户通过设置 x264 参数 bframes 为 0 即可。

```
ffmpeg -i input.mp4 -vframes 500 -c:v libx264 -x264-params "bframes=0" -g 50 -sc_threshold
0 output-nb.mp4
```

从 libx264 的统计输出可以确认，没有产生 B 帧。也可以使用 Elecard StreamEye 查看帧的信息来确认 output-nb.mp4 帧排列中并不包含 B 帧，全部为 P 帧与 I 帧。

```
[libx264 @ 0x5c21980] frame I:10    Avg QP:15.98  size: 93676
[libx264 @ 0x5c21980] frame P:490   Avg QP:20.11  size: 19357
[libx264 @ 0x5c21980] mb I  I16..4: 48.0% 36.7% 15.3%
[libx264 @ 0x5c21980] mb P  I16..4:  6.7% 10.9%  1.7%  P16..4: 18.3%  5.3%  2.0%  0.0%
0.0%  skip:55.1%
[libx264 @ 0x5c21980] 8x8 transform intra:54.6% inter:68.9%
[libx264 @ 0x5c21980] coded y,uvDC,uvAC intra: 38.1% 44.2% 12.0% inter: 9.9% 10.7% 0.5%
[libx264 @ 0x5c21980] i16 v,h,dc,p: 47% 27%  8% 18%
[libx264 @ 0x5c21980] i8 v,h,dc,ddl,ddr,vr,hd,vl,hu: 29% 20% 23%  3%  5%  6%  5%  3%  5%
[libx264 @ 0x5c21980] i4 v,h,dc,ddl,ddr,vr,hd,vl,hu: 22% 25% 18%  5%  8%  6%  7%  4%  6%
[libx264 @ 0x5c21980] i8c dc,h,v,p: 61% 21% 14%  4%
[libx264 @ 0x5c21980] Weighted P-Frames: Y:2.7% UV:1.8%
[libx264 @ 0x5c21980] ref P L0: 65.4% 13.1% 14.1%  7.3%  0.0%
[libx264 @ 0x5c21980] kb/s:3997.90
```

如果希望控制 I 帧、P 帧、B 帧的出现频率与规律，控制 GoP 中 B 帧的帧数、P 帧的频率即可，同时对 x264 的参数 `b-adapt` 进行设置。

例如，设置 GoP 中每两个 P 帧之间存放 3 个 B 帧。

```
ffmpeg -i input.mp4 -vframes 300 -c:v libx264 -x264-params "bframes=3:b-adapt=0" -g 25
-sc_threshold 0 output-b.mp4
```

命令行执行之后，观察 x264 的编码统计可以看到一共编码 300 帧，GoP 设置为 25 帧，关闭 B 帧自适应功能（`b-adapt=0`），每个 miniGoP 的 B 帧数目设置为 3，这样预计产生的 GoP 结构为 IBBBPBBBP...BBBP，miniGoP 的结构则为 BBBP 这样 4 帧一组，所以每个 GoP 内有 6 组 miniGoP。I 帧总数目为 300/25=12 帧，P 帧总数目为 12×(25-1)/4=72 帧，B 帧数目为 P 帧的 3 倍，即 72×3=216 帧。

```
[libx264 @ 0x4341bc0] frame I:12    Avg QP:14.75  size: 71282
[libx264 @ 0x4341bc0] frame P:72    Avg QP:19.95  size: 33070
[libx264 @ 0x4341bc0] frame B:216   Avg QP:20.52  size: 13329
[libx264 @ 0x4341bc0] consecutive B-frames:  4.0%  0.0%  0.0% 96.0%
[libx264 @ 0x4341bc0] mb I  I16..4: 53.5% 33.3% 13.3%
[libx264 @ 0x4341bc0] mb P  I16..4: 11.9% 22.7%  4.6%  P16..4:  9.5%  3.2%  1.4%  0.0%
0.0%  skip:46.7%
[libx264 @ 0x4341bc0] mb B  I16..4:  5.1%  5.6%  0.7%  B16..8:17.7%  3.7%  0.4%  direct:
3.6%  skip:63.2%  L0:55.7% L1:40.6% BI: 3.7%
[libx264 @ 0x4341bc0] 8x8 transform intra:50.2% inter:72.4%
[libx264 @ 0x4341bc0] coded y,uvDC,uvAC intra: 41.6% 44.7% 13.1% inter: 8.2% 9.5% 0.2%
[libx264 @ 0x4341bc0] i16 v,h,dc,p: 57% 21%  7% 16%
[libx264 @ 0x4341bc0] i8 v,h,dc,ddl,ddr,vr,hd,vl,hu: 25% 23% 20%  4%  4%  5%  5%  5%  9%
[libx264 @ 0x4341bc0] i4 v,h,dc,ddl,ddr,vr,hd,vl,hu: 23% 28% 16%  5%  6%  5%  7%  4%  6%
[libx264 @ 0x4341bc0] i8c dc,h,v,p: 62% 21% 14%  3%
[libx264 @ 0x4341bc0] Weighted P-Frames: Y:1.4% UV:0.0%
[libx264 @ 0x4341bc0] ref P L0: 73.3% 13.1% 10.3%  3.3%
[libx264 @ 0x4341bc0] ref B L0: 92.5%  6.4%  1.1%
[libx264 @ 0x4341bc0] ref B L1: 96.6%  3.4%
[libx264 @ 0x4341bc0] kb/s:3909.97
```

当然，也可以使用 Elecard StreamEye 来确认帧的分布信息，如图 5-5 所示。

一般而言，当视频中的 B 帧增加时，同等码率时压缩质量将会更高，但是 B 帧越多，编码与解码带来的复杂度相应会提高。合理地使用 B 帧非常重要，尤其是在平衡清晰度与码率时。

如果没有 B 帧，一个典型的 x264 流的帧类型是这样的，如 IPPPPP...PI。使用 --bframes 2，则最多两个连续的 P 帧可以被替换为 B 帧，如 IBBPBBPBPPPB...PI。B 帧与 P 帧的不同之处在于它可以使用未来帧来执行运动预测，这样可以在压缩率方面带来明显的好处。它们的平均质量由 -pbratio 参数控制。

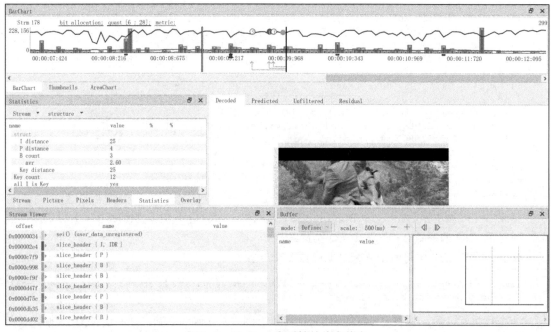

图 5-5   Elecard 查看帧的分布信息

下面介绍另外一个有趣的事情。x264 有时也会区分两种不同的 B 帧。习惯上，一般大写的 B 可以指一个被其他帧作为参考的 B 帧，而小写的 b 可以指一个非 B 帧，即不作为参考。如果看到 B 和 b 的混合，通常与上述情况有关。当其区别不重要时，一般只用 B 来指代所有 B 帧。B 帧被作为参考帧主要是因为 x264 支持了 b-pyramid。

另外，B 帧的出现使得帧的显示时间序 PTS 与解码时间序 DTS 的解耦出现了必要性，原因是此时帧的显示顺序不再同解码顺序有一样的单调递增性。图 5-5 的左下角显示的帧序列就是以 DTS 序列显示的顺序，所以是 IPBBBPBB...。

下面是对上面例子的一个解释，以上面的编码序列为例，可以很明显地看到，DTS 和 PTS 不再同时满足单调递增，需要执行对应的重排以正确显示 P 帧和 B 帧。

```
PTS:     1 5 2 3 4
DTS:     1 2 3 4 5
Stream:  I P B B B
```

6. CBR 设置

从前面对 x264 参数的介绍可以看到，编码能够设置 VBR、CBR、CRF 等码控模式，其中 VBR（Variable Bitrate）为可变码率，CBR（Constant Bitrate）为恒定码率，CRF 则表示以质量为目标。尽管现在互联网中所看到的视频以 VBR 居多，但 CBR 依然存在，它主要用于广电领域等使用固定传输通道的场景。顾名思义，当用恒定码率编码时，整个文件中使用一个恒定的码率，而不管视频文件中的场景有多复杂。当用 FFmpeg 编码时，可以通过设置 b:v、maxrate 和 minrate 使用相同的值来实现 CBR。FFmpeg 通过参数 -b:v 来指定视频的编码码率，但是单独设置它，则设定的码率是平均码率，并不能够很好地控制最大码率及最小码率，如果需要控制最大码率和最小码率以控制码率的波动，需要同时结合 FFmpeg 的 3 个参数：-b:v、maxrate、minrate。为了更好地控制编码时的波动情况，还可以设置编码时 buffer 的大小，使用参数 -bufsize 的设置即可。buffer 并不是越小越好，而是应设置得恰到好处，如下面例子中设置 5Mbit/s 码率的视频，bufsize

设置为 5Mbit，可以很好地控制码率波动。

```
ffmpeg -i input.mp4 -an -c:v libx264 -x264opts "nal-hrd=cbr:force-cfr=1" -b:v 5M -maxrate
5M -minrate 5M -bufsize 5M -muxrate 5.5M output-cbr.ts
```

命令行分析如下：
- 设置 H.264 的编码 HRD 形式为 CBR。
- 设置视频目标平均码率为 5Mbit/s。
- 设置最大码率为 5Mbit/s。
- 设置最小码率为 5Mbit/s。
- 设置编码的 buffer 大小为 5Mbit/s。
- MPEG-TS 在执行封装的时候填充（padding）这个码流到 5.5Mbit/s。

根据上述参数设置生成 output.ts 文件，使用 Bitrate Viewer 查看码率波动效果，如图 5-6 所示。

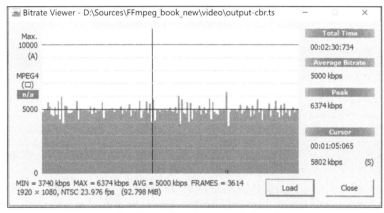

图 5-6 Bitrate Viewer 查看码率波动效果

从图 5-6 中可以看到码率波动最小为 3740kbit/s，最大为 6374kbit/s，平均码率则稳定在 5000kbit/s。将 CBR 视为"每一帧都被分配相同的位数"是一个常见的错误。如果是这样的话，那么 P 或 B 帧的作用是什么呢？P/B 帧出现的根本原因是通过参考另一帧来减少位数，很多 CBR 流都有 P 或 B 帧。可以很容易地看到，即使在 CBR 流中，每一帧都有不同的位数。在 H.264 中，CBR 意味着送入解码器的位数在一段时间内是恒定的。换句话说，到解码器的数据传输率在一个窗口时间内是恒定的。

接下来使用 mediainfo 确认一些视频流信息，如下所示。容器层面是恒定码率 5500kbit/s，Video 部分也是恒定码率，为 5000kbit/s。

```
[root@VM_69_111_centos /data/ffmpeg/t_ffmpeg]# mediainfo output-cbr.ts
General
ID                                       : 1 (0x1)
Complete name                            : output-cbr.ts
Format                                   : MPEG-TS
File size                                : 98.8 MiB
Duration                                 : 2 min 30 s
Overall bit rate mode                    : Constant
Overall bit rate                         : 5 500 kb/s

Video
ID                                       : 256 (0x100)
Menu ID                                  : 1 (0x1)
Format                                   : AVC
```

```
Format/Info                         : Advanced Video Codec
Format profile                      : High@L4
Format settings                     : CABAC / 4 Ref Frames
Format settings, CABAC              : Yes
Format settings, Reference frames   : 4 frames
Codec ID                            : 27
Duration                            : 2 min 30 s
Bit rate mode                       : Constant
Bit rate                            : 5 000 kb/s / 5 000 kb/s
Width                               : 1 920 pixels
Height                              : 1 080 pixels
Display aspect ratio                : 16:9
Frame rate                          : 23.976 (24000/1001) FPS
Color space                         : YUV
Chroma subsampling                  : 4:2:0
Bit depth                           : 8 bits
Scan type                           : Progressive
Bits/(Pixel*Frame)                  : 0.101
Stream size                         : 93.9 MiB (95%)
Writing library                     : x264 core 164 r3094 bfc87b7
Encoding settings                   : cabac=1 / ref=3 / deblock=1:0:0 / analyse=0x3:
0x113 / me=hex / subme=7 / psy=1 / psy_rd=1.00:0.00 / mixed_ref=1 / me_range=16 / chroma_me=1
/ trellis=1 / 8x8dct=1 / cqm=0 / deadzone=21,11 / fast_pskip=1 / chroma_qp_offset=-2 /
threads=12 / lookahead_threads=2 / sliced_threads=0 / nr=0 / decimate=1 / interlaced=0 /
bluray_compat=0 / constrained_intra=0 / bframes=3 / b_pyramid=2 / b_adapt=1 / b_bias=0 /
direct=1 / weightb=1 / open_gop=0 / weightp=2 / keyint=250 / keyint_min=23 / scenecut=40
/ intra_refresh=0 / rc_lookahead=40 / rc=cbr / mbtree=1 / bitrate=5000 / ratetol=1.0 / qcomp=
0.60 / qpmin=0 / qpmax=69 / qpstep=4 / vbv_maxrate=5000 / vbv_bufsize=4000 / nal_hrd=cbr
/ filler=1 / ip_ratio=1.40 / aq=1:1.00
```

可以看到流的码率类型为 CBR。

注意，在上面的例子中，输出文件需要为 .ts（MPEG-TS），因为 MP4 不支持 NAL 填充。如果媒体文件中每帧视频画面内容变化不大，使用 CBR 这种模式会浪费带宽，但它的确能确保码率在整个流中保持不变。在某些应用中，使用这种模式可能是有价值的，但一般来说，在大部分情况下应该使得编码流在可能的情况下使用较低的码率，除非你明确知道使用 CBR 的原因。

> 说明：FFmpeg 中进行 H.265 编码时，可以采用 x265 进行编码，H.265 编码参数与 x264 的编码参数相差不多，基本可以通用，所以我们不再单独介绍 FFmpeg 怎么使用 x265 来进行编码。

5.2 硬件加速

多媒体应用程序是典型的资源密集型应用，因此优化多媒体应用程序至关重要，这也是使用视频处理专用硬件加速的初衷。为了支持硬件加速，应用软件开发厂商面临着各种挑战：一是存在潜在的系统性能风险问题，二是因为要面对各种硬件架构的复杂性而苦苦挣扎，并需要维护不同的代码路径来支持不同的架构和不同的方案。优化这类代码耗时费力：可能需要面对不同的操作系统，诸如 Linux、Windows、macOS/iOS、Android/ChromeOS；需要面对不同的硬件厂商，诸如 Intel、NVIDIA、AMD、ARM、TI、Broadcom……因此，提供一个通用且完整的跨平台、跨硬件厂商的多媒体硬件加速方案显得价值非凡。

专用视频加速硬件可以使得解码、编码或过滤等操作更快完成且使用更少的其他资源（特别是 CPU）。但也需要注意，其可能会存在额外的限制，而这些限制在仅使用软件 Codec 时一般不存在。比如，各种视频加速硬件支持的特性各不相同，所以在使用的时候，建议多阅读相关文档及咨询相应的公司。对于具有多种不同 profile 的复杂的 Codec，硬件解码器很少能实现全部功能（例如，对于 H.264，硬件解码器往往只支持 8 位的 YUV 4:2:0 格式）。

在 PC 平台上，视频硬件通常集成到 GPU（来自 AMD、Intel 或 NVIDIA）中，而在移动 SoC 类型的平台上，它通常是独立的 IP 核（存在着许多不同的供应商）。硬件解码器一般生成与软件解码器相同的输出，但使用更少的耗电和 CPU 算力来完成解码。

许多硬件解码器的一个共同特点是能够输出硬件 Surface（通常直接显示到显示器或屏幕上），而该 Surface 可以被其他组件进一步使用（使用独立显卡时，这意味着硬件 Surface 在 GPU 的存储器中，而非系统内存中）。对于播放的场景，避免了渲染输出之前的复制（copy）操作；在某些情况下，它也可以与支持硬件 Surface 输入的编码器一起使用，以避免在转码情况下进行任何复制操作。另外，通常认为硬件编码器的输出比 x264 等优秀软件编码器的输出质量差一些，但编码速度则通常更快，且不会占用太多的 CPU 资源。也就是说，硬件编码器一般需要更高的码率来达到相同的视觉感知质量，或者说它们在相同码率的情况下以更低的视觉感知质量输出。具有解码或编码能力的硬件系统还可以提供其他相关过滤器加速功能，比如常见的缩放和去隔行等。是否支持后处理功能取决于不同的硬件系统。

FFmpeg 所支持的硬件加速方案，粗略以各 OS 厂商和芯片厂商特定方案及行业联盟定义的标准来区分可分为以下 3 类。

- 以操作系统分：Windows、Linux、macOS/iOS、Android。
- 以芯片厂商的特定方案分：Intel、AMD、NVIDIA 等。
- 以行业标准或事实标准分：着重 OpenMAX 与 OpenCL、Vulkan、OpenGL 及 CUDA 等。

这只是一个粗略的分类，很多时候，它们之间纵横交错，联系繁杂，并非像列出的 3 类这般泾渭分明，这从另一个侧面也印证了硬件加速方案的复杂性。就像我们熟知的大部分事情一样，一方面各种 API 或解决方案在不断地进化，另一方面，它们也背负着历史，从后面的分析中也可以或多或少地窥知其变迁的痕迹。

5.2.1　基于 OS 的硬件加速方案简介

下面我们一起来看一下基于 OS 的硬件加速方案。

1. Windows：Direct3D 及 DirectShow 系列

在 Windows 上，有 Direct3D 9 DXVA2、Direct3D 11 Video API、DirectShow、Media Foundation 等框架 API。大多数用于 Windows 上的多媒体应用程序都基于 Microsoft DirectShow 或 Media Foundation（MF）框架 API，以支持处理媒体文件的各种操作。而 Microsoft DirectShow Plugin 和 Microsoft Foundation Transforms（MFT）均集成了 Microsoft DirectX 视频加速（DXVA）2.0，允许调用标准 DXVA 2.0 接口直接操作 GPU，从而降低视频处理的负载。

DXVA 由一组 API 和对应的 DDI（Device Driver Interface）组成，它被用作硬件加速视频处理。软件 Codec 和软件视频处理器可以使用 DXVA 让某些 CPU 密集型操作在 GPU 上运行。例如，软件解码器可以让逆离散余弦变换（iDCT）在 GPU 上运行。在 DXVA 中，一些解码操作由图形硬件驱动程序实现，这组功能被称为加速器（accelerator）。其他解码操作由用户模式应用软件实现，被称为主机解码器或软件解码器。在通常情况下，加速器使用 GPU 来加速某些操作。当使用加速器执行解码操作时，主机解码器必须向加速器发送包含执行操作所需信息的缓冲区。

　　DXVA 2 API 需要 Windows Vista 或更高版本的支持。为了后向兼容，Windows Vista 仍支持
DXVA 1 API（Windows 提供了一个仿真层，可在 API 和 DDI 的版本之间进行转换。另外，由于
DXVA 1 现在存在的价值基本上是后向兼容，所以我们略过它，书中的 DXVA 大多数情况下指的
是 DXVA 2）。为了使用 DXVA 功能，基本上只能根据需要选择使用 DirectShow 或者 Media
Foundation。另外需要注意的是，DXVA/DXVA 2/DXVA-HD 只定义了解码加速、后处理加速，并
未定义编码加速，如果想从 Windows 层面加速编码的话，只能选择 Media Foundation 或者特定芯
片厂商的编码加速实现。现在，FFmpeg 只支持 DXVA 2 的硬件加速解码，并未支持 DXVA-HD 加
速的后处理和基于 Media Foundation 硬件加速的编码（在 DirectShow 时代，Windows 上的编码支
持需要使用 FSDK）。

　　图 5-7 展示了基于 Media Foundation 媒体框架，支持硬件加速的转码的完整流水线（Pipeline）。

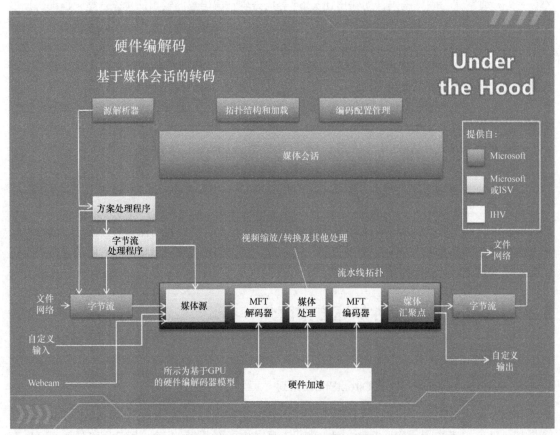

图 5-7　Media Foundation 媒体框架

　　注意，由于微软的多媒体框架的进化，实际上，现在存在两种接口来支持硬件加速，分别是
Direct3D 9 DXVA 2 与 Direct3D 11 Video API。前者应该使用 `IDirect3DDeviceManager9` 接口
作为加速设备句柄，而后者使用 `ID3D11Device` 接口。

　　对于 Direct3D 9 DXVA 2 的接口，基本解码步骤如下：

- 打开一个 Direct3D 9 设备句柄。
- 设置 DXVA 解码器配置选项。
- 分配解压之后得到缓冲空间。
- 开始解码。

Direct3D 11 Video API 接口与上面的步骤差异不大，其基本解码步骤如图 5-8 所示。
- 打开一个 Direct3D 11 设备句柄。
- 发现并设置解码器配置选项。
- 分配解压之后得到缓冲空间。
- 开始解码。

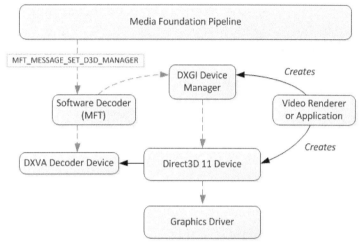

图 5-8 基于 Direct3D11 的解码步骤

在微软网站上，上述两种情况都有很好的描述，参考链接为 https://msdn.microsoft.com/en-us/library/windows/desktop/cc307941(v=vs.85).aspx。

实际上，FFmpeg 基于 Windows 上的硬件加速只有解码部分，且只使用了 Media Foundation 媒体框架，只是同时支持两种设备绑定接口，分别是 Direct3D 9 DXVA 2 与 Direct3D 11 Video API。

注意：DXVA 2 接口主要是为了支持后向兼容，一些硬件编码器可以接受这些硬件帧作为输入。

下面是在 Windows 环境下，基于 AMD、Intel、NVIDIA GPU 使用 DXVA 2 和 D3D11VA 解码，硬件厂商提供的编码器编码的例子。

AMD AMF：

```
ffmpeg -hwaccel dxva2 -hwaccel_output_format dxva2_vld -i <video> -c:v h264_amf -b:v 2M -y out.mp4
ffmpeg -hwaccel d3d11va -hwaccel_output_format d3d11 -i <video> -c:v h264_amf -b:v 2M -y out.mp4
```

Intel QSV：

```
ffmpeg -hwaccel dxva2 -hwaccel_output_format dxva2_vld -i <video> -c:v h264_qsv -vf hwmap=derive_device=qsv,format=qsv -b:v 2M -y out.mp4
ffmpeg -hwaccel d3d11va -hwaccel_output_format d3d11 -i <video> -c:v h264_qsv -vf hwmap=derive_device=qsv,format=qsv -b:v 2M -y out.mp4
```

NVIDIA NVENC：

```
ffmpeg -hwaccel d3d11va -hwaccel_output_format d3d11 -i <video> -c:v h264_nvenc -b:v 2M -y out.mp4
```

2. Linux：VDPAU/VAAPI/V4L2 及 M2M

Linux 上的硬件加速接口经历了一个漫长的演化过程，期间不乏各种力量的角力。如图 5-9 所示漫画[1]非常形象地展示了有关接口的演化与各种力量的角力。

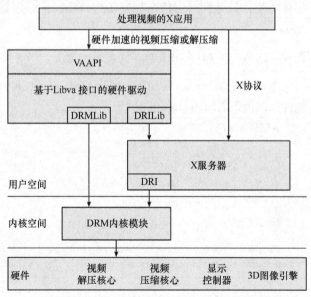

图 5-9　创立标准

最终的结果是 VDPAU[2]与 VAAPI[3]共存这样一个现状，而这两个 API 背后的力量则分别是支持 VDPAU 的 NVIDIA 和支持 VAAPI 的 Intel。另一个熟悉的芯片厂商 AMD 实际上同时提供基于 VDPAU 和 VAAPI 的支持，真是为难他们了。另外，对照 VDPAU 与 VAAPI 可知，VDPAU 仅定义了解码部分的硬件加速，而缺少编码部分的加速（解码部分也缺乏 VP8/VP9 的支持，且 API 的更新状态似乎也比较慢）。此外，值得一提的是——现在最新的状态是 NVIDIA 似乎想用 NVDEC 取代提供 VDPAU 接口的方式来提供 Linux 上的硬件加速[4]，或许在不久的将来，VAAPI 会统一 Linux 上的 Video 硬件加速接口（这样，AMD 也不必再有同时支持 VDPAU 与 VAAPI 而双线作战的窘境），这对 Linux 用户无疑是一个福音。除了 VDPAU 和 VAAPI 以外，Linux 的 Video4Linux2 API 的扩展部分定义了 M2M 接口，通过 M2M 接口，可以把 Codec 作为 Video Filter 实现，现在某些 SoC 平台已经提供支持，这个方案多使用于嵌入式环境。

VAAPI 接口在 X Window 下的框图如图 5-10 所示。

在 Linux 上，FFmpeg 通过使用 VAAPI 接口对 Intel GPU 的支持最为完备，基本上所有主流的 Codec 都支持。Intel GPU 上编码器和解码器支持的细节如表 5-4 和

图 5-10　VAAPI 接口在 X Window 下的框图

---

[1] 这幅漫画来自著名的 XKCD 网站，参见 https://xkcd.com/927。

[2] 参见 https://http.download.nvidia.com/XFree86/vdpau/doxygen/html/index.html。

[3] 参见 https://github.com/intel/libva。

[4] 参见 https://www.phoronix.com/scan.php?page=news_item&px=NVIDIA-NVDEC-GStreamer。

表 5-5 所示，表中的缩写，比如 DG2、SKL 是 Intel CPU/GPU 不同代次的架构缩写。

表 5-4　Intel CPU/GPU 代号（codename）和缩写

缩写	对应的代号或缩写
BDW	Broadwell
SKL	Skylake
BXTx	BXT，Broxton；APL，Apollo Lake；GLK，Gemini Lake
KBLx	KBL，Kaby Lake；CFL，Coffe Lake；WHL，Whiskey Lake；CML，Comet Lake；AML，Amber Lake
ICL	Ice Lake
JSL/EHL	JSL，Jasper Lake；EHL，Elkhart Lake
TGLx	TGL，Tiger Lake；RKL，Rocket Lake；ADL-S/P/N，Alder Lake；RPL-S/P，Raptor Lake
DG1/SG1	DG1，Discrete Graphics 1；SG1，Server Graphics
DG2/ATS-M	DG2，Alchemist；ATS-M，Arctic Sound-M

表 5-5　Intel GPU 支持情况

Codec	编译类型	DG2/ATS-M	DG1/SG1	TGLx	JSL/EHL	ICL	KBLx	BXTx	SKL	BDW
AVC	Full-Feature	D/E	D/E/Es	D/E/Es	D/E	D/E/Es	D/E/Es	D/E/Es	D/E/Es	D/Es
	Free-Kernel	*D/E*	*D/E*	*D/E*	*D/E*	*D/E*	*D/E*	*D/E*	*D/E*	*D*
MPEG-2	Full-Feature	D	D/Es	D/Es	D	D/Es	D/Es	D	D/Es	D/Es
	Free-Kernel	*D*	*D*	*D*	*D*	*D*	*D*	*D*	*D*	*D*
VC-1	Full-Feature		D	D	D	D	D	D	D	D
	Free-Kernel		*D*	*D*	*D*	*D*	*D*	*D*	*D*	*D*
JPEG	Full-Feature	D/E	D/E	D/E	D/E	D/E	D/E	D/E	D/E	D
	Free-Kernel	*D/E*	*D/E*	*D/E*	*D/E*	*D/E*	*D/E*	*D/E*	*D/E*	*D*
VP8	Full-Feature			D*	D	D/Es	D/Es	D	D	D
	Free-Kernel			*D**	*D*	*D*	*D*	*D*	*D*	*D*
HEVC 8bit	Full-Feature	D/E	D/E/Es	D/E/Es	D/E	D/E/Es	D/Es	D/Es	D/Es	
	Free-Kernel	*D/E*	*D/E*	*D/E*	*D/E*	*D/E*	*D*	*D*	*D*	
HEVC 8bit 422	Full-Feature	D/E	D/Es	D/Es	D	D/Es				
	Free-Kernel	*D*	*D*	*D*	*D*	*D*				
HEVC 8bit 444	Full-Feature	D/E	D/E	D/E	D/E	D/E				
	Free-Kernel	*D/E*	*D/E*	*D/E*	*D/E*	*D/E*				
HEVC 10bit	Full-Feature	D/E	D/E/Es	D/E/Es	D/E	D/E/Es	D/Es	D		
	Free-Kernel	*D/E*	*D/E*	*D/E*	*D/E*	*D/E*	*D*	*D*		
HEVC 10bit 422	Full-Feature	D/E	D/Es	D/Es	D	D/Es				
	Free-Kernel	*D*	*D*	*D*	*D*	*D*				
HEVC 10bit 444	Full-Feature	D/E	D/E	D/E	D/E	D/E				
	Free-Kernel	*D/E*	*D/E*	*D/E*	*D/E*	*D/E*				
HEVC 12bit	Full-Feature	D	D/Es	D/Es						
	Free-Kernel	*D*	*D*	*D*						
HEVC 12bit 422	Full-Feature	D	D	D						
	Free-Kernel	*D*	*D*	*D*						
HEVC 12bit 444	Full-Feature	D	D	D						
	Free-Kernel	*D*	*D*	*D*						
VP9 8bit	Full-Feature	D/E	D/E	D/E	D/E	D/E	D	D		
	Free-Kernel	*D/E*	*D/E*	*D/E*	*D/E*	*D/E*	*D*	*D*		

Codec	编译类型	DG2/ATS-M	DG1/SG1	TGLx	JSL/EHL	ICL	KBLx	BXTx	SKL	BDW
VP9 8bit 444	Full-Feature	D/E	D/E	D/E	D/E	D/E				
	Free-Kernel	*D/E*	*D/E*	*D/E*	*D/E*	*D/E*				
VP9 10bit	Full-Feature	D/E	D/E	D/E	D/E	D/E	D			
	Free-Kernel	*D/E*	*D/E*	*D/E*	*D/E*	*D/E*	*D*			
VP9 10bit 444	Full-Feature	D/E	D/E	D/E	D/E	D/E				
	Free-Kernel	*D/E*	*D/E*	*D/E*	*D/E*	*D/E*				
VP9 12bit	Full-Feature	D	D	D						
	Free-Kernel	*D*	*D*	*D*						
VP9 12bit 444	Full-Feature	D	D	D						
	Free-Kernel	*D*	*D*	*D*						
AV1 8bit	Full-Feature	D/E	D	D						
	Free-Kernel	*D/E*	*D*	*D*						
AV1 10bit	Full-Feature	D/E	D	D						
	Free-Kernel	*D/E*	*D*	*D*						

- *：VP8 解码仅在 TGL 平台上支持
- D：硬件解码
- E：硬件解码，低能耗编码（VDEnc/Huc）
- Es：硬件(PAK) + Shader(媒体内核+VME)编码

　　Intel GPU 的视频解码调用基于硬件的解码器（VDBox），它提供完全加速的硬件视频解码，以释放图形引擎用于其他操作。视频编码支持两种模式，一种是调用基于硬件的编码器（VDEnc/Huc）来提供低功耗的编码，另一种是基于硬件（PAK）+ Shader（媒体内核+VME）的混合编码。这两种模式可以通过 VAAPI 来选择。除此之外，视频处理则主要通过基于硬件的视频处理器（VEBox/SFC）和基于着色器（媒体内核）两种方案来支持。

　　FFmpeg 的 AVFilter 部分还支持硬件加速的 Scale、Deinterlace、ProcAmp(color balance)、Denoise 和 Sharpness 等功能。另外，前面提及的 FFmpeg VAAPI 方案中不只有 Intel 的后端驱动，它也可以支持基于 Mesa 的桥接方式的驱动，这样其实可以支持 AMD 的 GPU，但支持的功能明显比 Intel GPU 的少。

　　Intel GPU 视频处理支持的细节如表 5-6 所示。

表 5-6　Intel GPU 视频处理支持细节

功能	编译类型	DG2/ATSM	DG1/SG1	TGLx	JSL/EHL	ICL	KBLx	BXTx	SKL	BDW
Blending	Full-Feature	Yes	Yes	Yes	Yes	Yes	Yes	Yes	Yes	Yes
	Free-Kernel	*Yes*	*Yes*	*Yes*	*Yes*	*Yes*				
CSC	Full-Feature	Yes	Yes	Yes	Yes	Yes	Yes	Yes	Yes	Yes
	Free-Kernel	*Yes*	*Yes*	*Yes*	*Yes*	*Yes*				
Deinterlace	Full-Feature	Yes	Yes	Yes	Yes*	Yes	Yes	Yes	Yes	Yes
	Free-Kernel	*Yes*	*Yes*	*Yes*	*Yes**	*Yes*				
Denoise	Full-Feature	Yes	Yes	Yes		Yes	Yes	Yes	Yes	Yes
	Free-Kernel									
Luma Key	Full-Feature	Yes	Yes	Yes	Yes	Yes	Yes	Yes	Yes	Yes
	Free-Kernel	*Yes*	*Yes*	*Yes*	*Yes*	*Yes*				
Mirroring	Full-Feature	Yes	Yes	Yes	Yes	Yes	Yes	Yes	Yes	Yes
	Free-Kernel	*Yes*	*Yes*	*Yes*	*Yes*	*Yes*				

续表

功能	编译类型	DG2/ATSM	DG1/SG1	TGLx	JSL/EHL	ICL	KBLx	BXTx	SKL	BDW
ProcAmp	Full-Feature	Yes	Yes	Yes	Yes	Yes	Yes	Yes	Yes	Yes
	Free-Kernel	*Yes*	*Yes*	*Yes*	*Yes*	*Yes*				
Rotation	Full-Feature	Yes	Yes	Yes	Yes	Yes	Yes	Yes	Yes	Yes
	Free-Kernel	*Yes*	*Yes*	*Yes*	*Yes*	*Yes*				
Scaling	Full-Feature	Yes	Yes	Yes	Yes	Yes	Yes	Yes	Yes	Yes
	Free-Kernel	*Yes*	*Yes*	*Yes*	*Yes*	*Yes*				
Sharpening	Full-Feature	Yes	Yes	Yes	Yes	Yes	Yes	Yes	Yes	Yes
	Free-Kernel	*Yes*	*Yes*	*Yes*	*Yes*	*Yes*				
STD/E	Full-Feature	Yes	Yes	Yes		Yes	Yes	Yes	Yes	Yes
	Free-Kernel									
TCC	Full-Feature	Yes	Yes	Yes		Yes	Yes	Yes	Yes	Yes
	Free-Kernel									
Color fill	Full-Feature	Yes	Yes	Yes	Yes	Yes	Yes	Yes	Yes	Yes
	Free-Kernel	*Yes*	*Yes*	*Yes*	*Yes*	*Yes*				
Chroma Siting	Full-Feature	Yes	Yes	Yes	Yes	Yes	Yes	Yes	Yes	
	Free-Kernel	*Yes*	*Yes*	*Yes*	*Yes*	*Yes*				
HDR10 TM	Full-Feature	Yes	Yes	Yes		Yes				
	Free-Kernel									

- *：JSL/EHL 仅支持 BOB DI
- CSC：Color Space Conversion，色彩空间转换
- ProcAmp：亮度、对比度、色调、饱和度
- STD/E：Skin Tone Detect & Enhancement，皮肤色调检测与增强
- TCC：Total Color Control，完全颜色控制
- HDR10 TM：HDR10 Tone Mapping，HDR10 色调映射

3. macOS/iOS: VideoToolbox

在 macOS 上的硬件加速接口也随着苹果（Apple）公司经历了漫长的演化，从 20 世纪 90 年代初的 QuickTime 1.0 所使用的基于 C 的 API 开始，一直到 iOS 8 及 Mac OS X 10.8，苹果公司才最终发布完整的 Video Toolbox 框架（之前的硬件加速接口并未对外公布，而是在苹果公司内部使用），期间也出现了现在已经废弃的 Video Decode Acceleration（VDA）接口。Video Toolbox 是一套底层加速框架，依赖 CoreMedia、CoreVideo 及 CoreFoundation 框架，同时支持编码、解码、像素转换等功能。Video Toolbox 所处的基本层次及相关结构如图 5-11 所示。

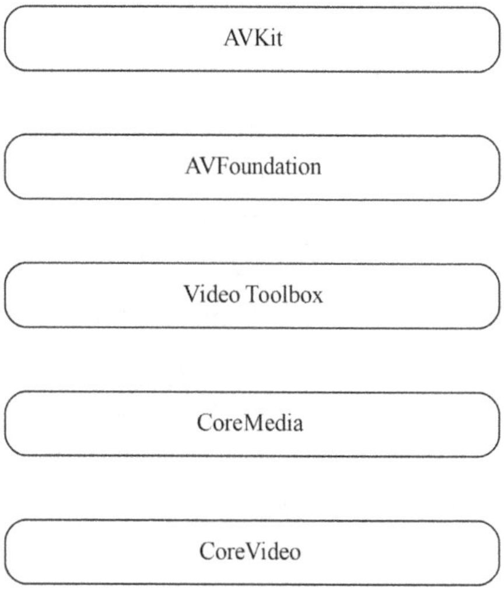

关于 Video Toolbox API 的更多细节说明，可以参考 https://developer.apple.com/documentation/videotoolbox。

对于 Video Toolbox 用于解码的场景，需要特别注意的一个问题是，它要求输入的 NALU 是 AVCC 格式，在 iOS、MacOS 平台播放 MPEG-TS 切片的 HLS 视频时，需要将 Annex B 格式的 SPS/PPS NALU 转为 AVCC 格式的 extradata，并将其他以 start code 方式分割的 NALU 转

图 5-11 Video Toolbox 的层次结构

为基于 4 字节长度的方式。如果源视频流本身已经是 AVCC 格式，但 NALU 是 3 字节，而非 4 字节，则需要转为 4 字节长度格式。具体需要先更改 extradata 中标识 NALU size 的字段为 4，每个视频帧中的 NALU size 都要改成 4 字节。另外，如果一个视频帧由多个 NALU 组成（即多切片编码的情况下），那么必须先将这些 NALU 打包到一个 CMSampleBuffer 中，一次性送给解码器。下面是一个使用 FFmpeg 的 Video Toolbox 加速解码以验证其解码性能的典型命令。

```
ffmpeg -hwaccel videotoolbox -i input.mp4 -f null -
```

FFmpeg 支持 Video Toolbox 加速的 H.263、H.264、HEVC、MPEG12/4、ProRes 解码，以及 H.264、HEVC、ProRes 编码。

4. Android: MediaCodec

MediaCodec 是谷歌公司在 Android API 16 之后推出的用于音视频编解码的一套偏底层的 API，可以直接利用硬件加速视频的编解码处理。最初从 API 16 开始提供 Java 层的 MediaCodec 视频硬解码接口；从 API 21，也就是 Android 5.0 开始提供 native 层的 MediaCodec 接口。一般而言，编解码器处理输入数据并生成输出数据，MediaCodec 异步处理数据并使用一组输入和输出缓冲区。简单来讲，生产方客户端需要请求（或接收）一个空的输入缓冲区，填充数据并将其发送到编解码器进行处理，编解码器处理数据并将其放入输出缓冲区队列，最后，消费方客户端请求（或接收）一个填充的输出缓冲区，消费其内容并将其释放回编解码器。一个简单的示意如图 5-12 所示，来自 Android 官网。

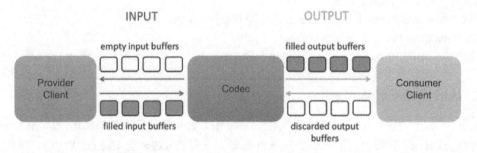

图 5-12   MediaCodec 处理示意

MediaCodec 可以处理的数据有以下 3 种类型：压缩数据、原始音频数据、原始视频数据。可以使用 ByteBuffer 来处理这 3 种数据，但一般使用 Surface 可以提高编解码器的性能。Surface 使用本地视频缓冲区，无须映射或复制到 ByteBuffer，因而效率更高。通常在使用 Surface 时无法访问原始视频数据，但可以使用 ImageReader 类来访问不安全的解码（原始）视频帧，这可能比使用 ByteBuffer 更有效率，因为一些本机缓冲区可能被直接映射到 ByteBuffer。当使用 ByteBuffer 模式时，也可以使用 Image 类和 getInput/OutputImage（int）访问原始视频帧。FFmpeg 3.1 加入了 Android MediaCodec 硬件解码支持，其实现了 FFmpeg 的 HWaccel 接口。但直到 6.0 版本，基于 MediaCodec 的硬件加速编码才被支持。

FFmpeg 是 C 库，而 Android 最初只在 Java 端抛出 MediaCodec 来实现硬解码，所以 FFmpeg 对 MediaCodec 的支持采用的是 JNI（Java Native Interface）方式。FFmpeg 已经为 Android 设计好了调用 Java 层函数的方法 av_jni_set_java_vm。

```
    /*
     * Manually set a Java virtual machine which will be used to retrieve the JNI
```

```
 * environment. Once a Java VM is set it cannot be changed afterwards, meaning
 * you can call multiple times av_jni_set_java_vm with the same Java VM pointer
 * however it will error out if you try to set a different Java VM.
 *
 * @param vm Java virtual machine
 * @param log_ctx context used for logging, can be NULL
 * @return 0 on success, < 0 otherwise
 */
int av_jni_set_java_vm(void *vm, void *log_ctx);
```

但是我们需要在 JNI 层传入 Java 对象，所以一般首先在库加载函数 `JNI_OnLoad` 中调用 FFmpeg 函数 `av_jni_set_java_vm`，给 FFmpeg 设置 Java 虚拟机环境。

介绍完背景知识之后，下面看看 FFmpeg 实际的硬件加速例子。我们知道，当使用 FFmpeg 进行软编码时，常见的基于 CPU 的 H.264 或 H.265 编码成本比较高，其编码速度和规模受到一定的限制，所以基于编码效率及成本考虑，很多时候会考虑采用硬编码。在服务器或者 PC 场景，常见的硬编码有 NVIDIA GPU 与 Intel QSV 两种；而在嵌入式平台，一般使用树莓派、瑞芯微的芯片等。本节接下来重点介绍常见的 NVIDIA GPU 与 Intel QSV 硬编码，以及 Raspberry Pi 上的硬编码。

> 说明：鉴于本书主要以介绍 FFmpeg 为主，所以不会重点介绍硬件相关环境的搭建。相关搭建的操作方式可以在对应硬件的官方网站中找到。

5.2.2 NVIDIA GPU 硬编解码

在服务器或者 PC 场景下，最常见的显卡厂商就是 NVIDIA 了。NVIDIA 在异构计算、编解码加速领域投入颇深，特别是在当前 AI 技术爆发时期，其发展更为迅速。FFmpeg 也集成了 NVIDIA GPU[①]的加速功能，这样，使用 FFmpeg 能够快速将 NVIDIA 的视频编解码功能使用起来。

FFmpeg 支持以下 NVIDIA GPU 上的视频硬件加速功能：

- H.264 和 HEVC 的硬件加速编码，即支持 AV1 硬件加速编码。
- H.264、HEVC、VP9、VP8、MPEG2、MPEG4 和 AV1 的硬件加速解码。
- 细致控制编码设置，如编码预置、速率控制和其他视频质量控制相关参数。
- 可以使用 FFmpeg 中的内置滤镜创建高性能的端到端硬件加速视频处理、1 到 N 编码和 1 到 N 转码的管道。
- 使用 FFmpeg 中的共享 CUDA 上下文实现，能够自行定制高性能 CUDA 加速的滤镜。
- 同时支持 Windows/Linux 系统。

下面介绍 NVIDIA 在 FFmpeg 中支持的操作参数。

1. NVIDIA 硬编码参数

使用 NVIDIA GPU 编码之前需要了解在 FFmpeg 中对于 NVIDIA 的 GPU 硬编码均支持哪些参数，如表 5-7 所示，可以通过命令 `ffmpeg -h encoder=h264_nvenc` 进行查看。

从参数表可以看到，编码的参数与开源的 x264 有些类似，但是参数数量比 x264 少很多，不过关键参数均在，如 preset、profile、level、场景切换参数等。下面针对常用的参数进行举例。

---

① https://developer.nvidia.com/ffmpeg 汇集了 NVIDIA GPU 对 FFmpeg 支持的现状，所提供的非常完整的开发参考文档位于：https://docs.nvidia.com/video-technologies/video-codec-sdk/ffmpeg-with-nvidia-gpu。

表 5-7　NVIDIA 硬编码参数

参数	类型	说明
preset	整数	预设置模板，设置的模板不同，转码的速度和质量也不同，模板如下（默认为 medium 模板）：default、slow、medium、fast、hp、hq、bd、ll、llhq、llhp、lossless、losslesshp
profile	整数	视频编码 profile 参数：baseline、main、high、high444p
level	整数	视频编码 level 参数：auto、1、1.0、1b、1.0b、1.1、1.2、1.3、2、2.0、2.1、2.2、3、3.0、3.1、3.2、4、4.0、4.1、4.2、5、5.0、5.1
rc	整数	预设置码率控制模板：constqp、vbr、cbr、vbr_m、inqp、ll_2pass_quality、ll_2pass_size、vbr_2pass
rc-lookahead	整数	控制预读取帧数目
gpu	整数	GPU 使用以下选项 any：默认使用第一个 GPU list：列取可用 GPU 列表
no-scenecut	布尔	场景切换是否插入 I 帧
forced-idr	布尔	强制将帧换转为 IDR 帧
b_adapt	布尔	开启预读取帧时设置 B 帧适配
zerolatency	布尔	低延时编码设置
nonref_p	布尔	设置 P 帧为非参考帧
cq	整数	VBR 模式时设置量化参数
aud	布尔	设置 AUD 分隔符

2. NVIDIA 硬编解码参数使用举例

在使用 NVIDIA 编解码时，可以使用 ffmpeg -h encoder=h264_nvenc 查看 FFmpeg 中 NVIDIA 做 H.264 编码时的参数支持，使用 ffmpeg -h decoder=h264_cuvid 查看 FFmpeg 中 NVIDIA 做 H.264 解码时的参数支持。在做 H.264 编码时，首先需要确认 nvenc 支持的像素格式。

```
Encoder h264_nvenc [NVIDIA NVENC H.264 encoder]:
    General capabilities: delay
    Threading capabilities: none
    Supported pixel formats: yuv420p nv12 p010le yuv444p yuv444p16le bgr0 rgb0 cuda
```

如 h264_nvenc 基本信息所示，使用 nvenc 进行 H.264 编码时所支持的像素格式为 yuv420p、nv12、p010le、yuv444p、yuv444p16le、bgro、rgb0、cuda。

在做 H.264 解码时，需要查看 cuvid 所支持的解码像素格式。

```
Decoder h264_cuvid [Nvidia CUVID H264 decoder]:
    General capabilities: delay
    Threading capabilities: none
    Supported pixel formats: cuda nv12
```

如 h264_cuvid 基本信息所示，使用 cuvid 解码 H.264 时所支持的像素格式为 cuda、nv12。了解清楚支持的像素格式后，接下来举个硬编码与硬解码的例子，其转码路径如图 5-13 所示。

图 5-13　NVIDIA 转码路径

```
ffmpeg -hwaccel cuvid -vcodec h264_cuvid -i input.mp4 -vf scale_npp=1920:1080 -vcodec
h264_nvenc -acodec copy -f mp4 -y output.mp4
```

执行命令行后，input.mp4 的视频分辨率将改变为 1920×1080，码率设置为 2000kbit/s，输出为 output.mp4。转码的效果如下：

```
Input #0, mov,mp4,m4a,3gp,3g2,mj2, from 'input.mp4':
  Metadata:
    major_brand     : isom
    minor_version   : 512
    compatible_brands: isomiso2avc1mp41
    encoder         : Lavf57.63.100
  Duration: 00:03:31.20, start: 0.000000, bitrate: 36127 kb/s
    Stream #0:0(und): Video: h264 (High) (avc1 / 0x31637661), yuv420p(tv, bt709/unknown/
unknown), 3840x2160 [SAR 1:1 DAR 16:9], 35956 kb/s, 29.97 fps, 29.97 tbr, 1000000000.00 tbn,
2000000000.00 tbc (default)
......省略部分打印
Stream mapping:
  Stream #0:0 -> #0:0 (h264 (h264_cuvid) -> h264 (h264_nvenc))
  Stream #0:1 -> #0:1 (copy)
Press [q] to stop, [?] for help
frame= 951 fps= 35 q=36.0 size= 8594kB time=00:00:31.85 bitrate=2210.4kbits/s speed=1.17x
```

如输出的过程信息所示，使用了 cuvid 硬解码与 nvenc 硬编码，并将视频从 4K 分辨率向下缩为 1080p，同时将码率从 35Mbit/s 降低至 2Mbit/s。对于相同的命令，在普通 PC 中如果不使用硬编解码，转码速度可能会比较慢。在我们的测试环境下，使用 NVIDIA GPU 执行硬转码 4K 视频至 1080P 视频时，CPU 的使用效率可以控制在 10%之内，而在使用软转码时 CPU 占用率可能会很高。

3. 禁用 NVIDIA Nouveau 驱动

在 Linux 环境中，很多 Linux 发行版默认使用第三方开源驱动 Nouveau 支持 NVIDIA 显卡。虽然 Nouveau 更通用，但是由于没有官方支持，其功能特性和性能都不如官方驱动，所以建议安装对应显卡型号的官方驱动以充分利用显卡的能力。安装官方驱动时，为了避免冲突需要禁用 Nouveau。禁用步骤如下：

1）创建 Nouveau 驱动黑名单。

```
echo -e "blacklist nouveau\noptions nouveau modeset=0" > /etc/modprobe.d/blacklist_
nouveau.conf
```

2）备份并重建 initramfs。

```
mv /boot/initramfs-$(uname -r).img /boot/initramfs-$(uname -r).img.bak
dracut -v /boot/initramfs-$(uname -r).img $(uname -r)
```

3）重启系统确认 Nouveau 驱动状态。

```
lsmod | grep nouveau
```

4）关闭 X Window，切换到 init 3 模式并安装 NVIDIA 显卡官方驱动。

5.2.3 Intel QSV 硬编解码

除了可以使用 NVIDIA GPU 进行硬件编解码，Intel QSV[①]也是一种不错的方案。FFmpeg 对

---

① Quick Sync Video 本身使用 Intel 图形技术的专用媒体处理能力，即使用硬核来快速解码和编码，使处理器能够完成其他任务并提高系统的响应速度。在 Linux 环境下，为了使用 QSV 的能力，可以使用基于 VA API 的方案，也可以使用 MediaSDK/OneAPL 方案。

Intel QSV 的支持也比较完备，如果希望使用 FFmpeg 的 Intel QSV 编码，需要在编译 FFmpeg 时开启 QSV 支持。编译成功后，可以通过下面的命令来确认。

```
ffmpeg -hide_banner -codecs | grep h264
```

执行命令行后输出内容如下：

```
DEV.LS h264                H.264 / AVC / MPEG-4 AVC / MPEG-4 part 10 (decoders: h264
h264_qsv ) (encoders: libx264 libx264rgb h264_nvenc h264_qsv h264_vaapi nvenc nvenc_h264 )
```

如输出的信息所示，FFmpeg 通过--enable-libmfx 开启对 Intel QSV 的支持。FFmpeg 项目中已经提供了对 H.264、H.265、VP9、MPEG2、MJPEG 的硬解码和硬编码的支持，下面看一下 H.264 及 H.265 参数相关的支持与操作。

1. Intel QSV H.264 参数说明

在使用 Intel QSV 编码之前，首先查看一下 FFmpeg 支持 Intel Media SDK QSV 的参数，如表 5-8 所示。执行命令行 ffmpeg -h encoder=h264_qsv 可以得到 QSV 参数信息。

表 5-8　Intel QSV H.264 编码参数

参数	类型	说明
async_depth	整数	编码最大并行处理深度
avbr_accuracy	整数	精确的 AVBR 控制
avbr_convergence	整数	收敛的 AVBR 控制
preset	整数	预设值模板，包含 veryfast、faster、fast、medium、slow、slower、veryslow 共 7 种预置参数模板
forced_idr	布尔	将 I 帧编码成 IDR 帧
low_power	布尔	使用低电源模式，但会影响一些编码特性，能提升编码速度，当前是实验性特性
rdo	整数	失真优化
max_frame_size	整数	帧最大 size 设置
max_frame_size_i	整数	I 帧最大 size 设置
max_frame_size_p	整数	P 帧最大 size 设置
max_slice_size	整数	slice 最大 size 设置
bitrate_limit	整数	码率极限值设置
mbbrc	整数	宏块级别码率设置
extbrc	整数	扩展级别码率设置
adaptive_i	整数	I 帧自适应位置设置
adaptive_b	整数	B 帧自适应位置设置
p_strategy	整数	开启 P-pyramid: 0-default，1-simple，2-pyramid（bf 需要被设置成 0）
b_strategy	整数	I/P/B 帧编码策略
dblk_idc	整数	用于控制 deblocking
low_delay_brc	布尔	低延迟场景下的码控开启
max_qp_i	整数	I 帧最大 QP 限定
min_qp_i	整数	I 帧最小 QP 限定

参数	类型	说明
max_qp_p	整数	P 帧最大 QP 限定
min_qp_p	整数	P 帧最小 QP 限定
max_qp_b	整数	B 帧最大 QP 限定
min_qp_b	整数	B 帧最小 QP 限定
scenario	整数	场景设置以让编码器内部调整相关参数，支持的场景设置包含 unknown、displayremoting、videoconference、archive、livestreaming、cameracapture、videosurveillance、gamestreaming、remotegaming
idr_interval	整数	IDR 帧频率（GoP Size）
cavlc	布尔	是否开启 CAVLC
single_sei_nal_unit	整数	NALU 合并设置
max_dec_frame_buffering	整数	DPB 最大数量的帧缓冲设置
look_ahead	整数	在采用 VBR 算法时使用 lookahead 模式
look_ahead_depth	整数	设置 lookahead 预读取的帧数
look_ahead_downsampling	整数	设置 lookahead 下采样方式，用于 lookahead 加速
int_ref_type	整数	帧内参考刷新类型
int_ref_cycle_size	整数	帧内参考刷新类型刷新帧的数量
int_ref_qp_delta	整数	刷新宏块时的量化差值
profile	整数	编码参考 profile，支持 baseline、main、high

从列表中可以看出，Intel QSV 硬件编码所支持的参数虽然比 libx264 软编码参数稍微少一些，但是基本上也可以满足常见的功能。下面举一个硬转码的例子，来对比一下它与软编码的区别。

2. Intel QSV H.264 使用举例

既然使用的是硬件 Codec，一般考虑解码时使用硬件解码加速，编码时使用硬件编码加速。通过 ffmpeg -h encoder=h264_qsv 与 ffmpeg -h decoder=h264_qsv 查看 h264_qsv 硬件参数信息时可以看到，h264_qsv 只支持 nv12、p010le 与 qsv 的像素格式，所以当使用 yuv420p 时需要转换成 nv12 才可以。下面看一下硬编码的例子。执行命令如下：

```
ffmpeg -i 10M1080P.mp4 -pix_fmt nv12 -vcodec h264_qsv -an -y output.mp4
```

命令行执行之后，转码信息如下所示，可以看到对应的转码速度。

```
Input #0, mov,mp4,m4a,3gp,3g2,mj2, from 'H264_1080P_8M_29.97fps.mp4':
  Duration: 00:01:00.29, start: 0.000000, bitrate: 8044 kb/s
......省略相关
  Stream #0:0 -> #0:0 (h264 (native) -> h264 (h264_qsv))
Press [q] to stop, [?] for help
libva info: VA-API version 0.99.0
libva info: va_getDriverName() returns 0
libva info: User requested driver 'iHD'
libva info: Trying to open /opt/intel/mediasdk/lib64/iHD_drv_video.so
libva info: Found init function __vaDriverInit_0_32
libva info: va_openDriver() returns 0
Output #0, mp4, to 'out_h264.mp4':
    Stream #0:0(und): Video: h264 (h264_qsv) ([33][0][0][0] / 0x0021), nv12, 1920x1080
[SAR 1:1 DAR 16:9], q=2-31, 1000 kb/s, 29.97 fps, 11988 tbn, 29.97 tbc (default)
    frame= 1805 fps=241 q=-0.0 Lsize= 6468kB time=00:01:00.16 bitrate= 880.7kbits/s speed=8.03x
```

如输出的内容所示，FFmpeg 采用了 Intel QSV 进行 H.264 转码，将 1080p 分辨率、7.8Mbit/s 的 H.264 视频转为 1080p 分辨率、1Mbit/s 的视频输出，转码速度近 8 倍速。如果只使用 libx264 做软编码，其速度并不会有这么快。因为 h264_qsv 编码采用的是 Intel 的 GPU 编码，对 CPU 资源更加节省。

3. Intel QSV H.265 参数说明

FFmpeg 中的 Intel QSV H.265（HEVC）的参数与 Intel QSV H.264 的参数类似，如表 5-9 所示。但是 FFmpeg 另外还支持指定是使用软编码还是硬编码的参数。

表 5-9　Intel QSV H.265(HEVC)编码参数

参数	类型	说明
async_depth	整数	编码最大并行处理深度
avbr_accuracy	整数	精确的 AVBR 控制
avbr_convergence	整数	收敛的 AVBR 控制
preset	整数	预设值模板，包含 veryfast、faster、fast、medium、slow、slower、veryslow 共 7 种预置参数模板
forced_idr	布尔	将 I 帧编码成 IDR 帧
low_power	布尔	使用低电源模式，但会影响一些编码特性，能提升编码速度，当前是实验特性
rdo	整数	失真优化
max_frame_size	整数	帧最大 size 设置
max_frame_size_i	整数	I 帧最大 size 设置
max_frame_size_p	整数	P 帧最大 size 设置
max_slice_size	整数	slice 最大 size 设置
bitrate_limit	整数	码率极限值设置
mbbrc	整数	宏块级别码率设置
extbrc	整数	扩展级别码率设置
adaptive_i	整数	I 帧自适应位置设置
adaptive_b	整数	B 帧自适应位置设置
p_strategy	整数	开启 P-pyramid：0-default，1-simple，2-pyramid（bf 需要被设置成 0）
b_strategy	整数	I/P/B 帧编码策略
dblk_idc	整数	用于控制 deblocking
low_delay_brc	布尔	低延迟场景下的码控开启
max_qp_i	整数	I 帧最大 QP 限定
min_qp_i	整数	I 帧最小 QP 限定
max_qp_p	整数	P 帧最大 QP 限定
min_qp_p	整数	P 帧最小 QP 限定
max_qp_b	整数	B 帧最大 QP 限定
min_qp_b	整数	B 帧最小 QP 限定
scenario	整数	场景设置以让编码器内部调整相关参数，支持的场景设置包含 unknown、displayremoting、videoconference、archive、livestreaming、cameracapture、videosurveillance、gamestreaming、remotegaming

参数	类型	说明
idr_interval	整数	IDR 帧频率（GoP Size）
cavlc	布尔	是否开启 CAVLC
single_sei_nal_unit	整数	NALU 合并设置
max_dec_frame_buffering	整数	DPB 最大数量的帧缓冲
look_ahead	整数	在采用 VBR 算法时使用 lookahead 模式
look_ahead_depth	整数	设置 lookahead 预读取的帧数
look_ahead_downsampling	整数	设置 lookahead 下采样方式，用于 lookahead 加速
int_ref_type	整数	帧内参考刷新类型
int_ref_cycle_size	整数	帧内参考刷新类型刷新帧的数量
int_ref_qp_delta	整数	刷新宏块时设置的量化差值
profile	整数	编码参考 profile：支持 baseline、main、high
load_plugin	整数	加载编码插件 none：不加载任何插件 hevc_sw：H.265 软编码插件 hevc_hw：H.265 硬编码插件
load_plugins	字符串	加载硬件编码插件时使用十六进制串

4. Intel QSV H.265 使用举例

在使用 Intel 进行高清编码，并达到相同画质情况下，相较 libx264，使用 h264_qsv AVC 编码之后可以观察到码率会比较高。但是使用 H.265（HEVC）则能够在同样清晰度下更好地降低码率。下面举个例子：

```
ffmpeg -hide_banner -y -hwaccel qsv -i 10M1080P.mp4 -an -c:v hevc_qsv -load_plugin hevc_hw
-b:v 5M -maxrate 1M out.mp4
```

执行命令行后，FFmpeg 会将 1080p 的高清视频转为 H.265 视频。如前面一样，可以看到在使用 CPU 进行 1080p 的 H.265 编码时速度相对比较慢，而使用 Intel QSV 进行编码时，效率则会更高，且与上面用 h264_qsv 转码的结果比较，相同码率下其画面质量更优。

```
Input #0, mov,mp4,m4a,3gp,3g2,mj2, from 'H264_1080P_8M_29.97fps.mp4
......省略部分打印
  Stream #0:0 -> #0:0 (h264 (native) -> hevc (hevc_qsv))
Press [q] to stop, [?] for help
libva info: VA-API version 0.99.0
libva info: va_getDriverName() returns 0
libva info: User requested driver 'iHD'
libva info: Trying to open /opt/intel/mediasdk/lib64/iHD_drv_video.so
libva info: Found init function __vaDriverInit_0_32
libva info: va_openDriver() returns 0
Output #0, mp4, to 'out_hevc.mp4':
    Stream #0:0(und): Video: hevc (hevc_qsv) ([35][0][0][0] / 0x0023), nv12, 1920x1080
[SAR 1:1 DAR 16:9], q=2-31, 1000 kb/s, 29.97 fps, 11988 tbn, 29.97 tbc (default)
    frame=1805 fps= 70 q=-0.0 Lsize=36052kB time=00:01:00.06 bitrate=4917.4kbits/s speed=2.34x
```

如输出内容所示，使用 HEVC 编码时转码速度为 2.34 倍速，并且是将视频码率从 7856kbit/s 转为 5000kbit/s，分辨率为 1080p。

考虑自身生态演化策略，Intel 开始往所谓的 oneVPL[①]迁移。oneVPL 目前主要作为一个封装层，底部依然依赖 Media SDK。不知其最终的发展是否能如其所规划的一样，做到大一统，但单以上面提及的加速基础设施而言，任重而道远。oneVPL 和不同底层基础设施之间的关系如图 5-14 所示。

与之类似，oneVPL 与 FFmpeg 的关系如图 5-15 所示。所以，在 Linux 上，后续基于 Intel 平台的加速方案从下到上有 VAAPI、Media SDK 和 oneVPL，选择似乎更为困难了。

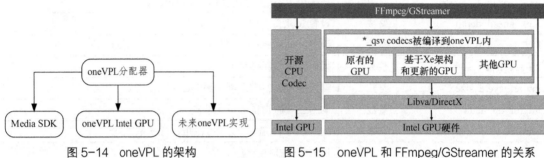

图 5-14   oneVPL 的架构   图 5-15   oneVPL 和 FFmpeg/GStreamer 的关系

至此，FFmpeg 支持的 Intel QSV 硬编解码介绍结束。

5.2.4   Raspberry Pi 硬编解码

树莓派（Raspberry Pi）目前在全球应用极为广泛，常见于智能控制等方面，但是智能控制部分也少不了多媒体的处理。FFmpeg 能够支持在树莓派中进行硬件编解码加速，本节将重点介绍树莓派的 H.264 编码。首先我们要让 FFmpeg 支持树莓派的硬编码，硬编码支持的配置如下：

```
ffmpeg version n6.0 Copyright (c) 2000-2023 the FFmpeg developers
  built with gcc 4.9.2 (Raspbian 4.9.2-10)
  configuration: —enable-omx-rpi
  libavutil      58. 2.100 / 58. 2.100
  libavcodec     60. 3.100 / 60. 3.100
  libavformat    60. 3.100 / 60. 3.100
  libavdevice    60. 1.100 / 60. 1.100
  libavfilter     9. 3.100 /  9. 3.100
  libswscale      7. 1.100 /  7. 1.100
  libswresample   4. 10.100 /  4. 10.100
  libpostproc    57. 1.100 / 57. 1.100
V….. h264_omx            OpenMAX IL H.264 video encoder (codec h264)
```

在 FFmpeg 下支持树莓派的 H.264 编码采用的是 OpenMAX 框架，在编译 FFmpeg 工程之前配置编译时，需使用--enable-omx-rpi 添加环境支持。下面看一下参数。

1. h264_omx 参数说明

在树莓派中进行编码使用的是 h264_omx，FFmpeg 中关于树莓派的 h264_omx 编码参数如表 5-10 所示，可以通过命令行 ffmpeg -h encoder=h264_omx 获得。

从中可以看到，目前一共 3 个参数可用，omx_libname 与 omx_libprefix 均为运行 FFmpeg 时加载 omx 所使用的参数，zerocopy 用于提升编码时的性能。

---

① oneVPL 的全称是 Video Processing Library，是 Intel 雄心勃勃的 OneAPI 项目的 Video 处理部分。如同名称所暗示的，oneAPI 尝试解决的问题是：由于人工智能、视频分析、数据分析及传统高性能计算（HPC）方面的需求，人们对高性能的需求持续增加。

表 5-10 Raspberry Pi H.264 编码参数

参数	类型	说明
omx_libname	字符串	OpenMAX 库名
omx_libprefix	字符串	OpenMAX 库路径
zerocopy	整数	避免复制输入帧

2. h264_omx 使用举例

在树莓派的常规使用环境中，除非 omx_libname 与 omx_libprefix 有多个版本，否则不会频繁地使用它们，而 zerocopy 则为提升性能的参数。下面看一下使用 h264_omx 在树莓派下编码的效率。

```
ffmpeg -i input.mp4 -vcodec h264_omx -b:v 500k -acodec copy -y output.mp4
```

命令行执行后将会解码 input.mp4，然后通过使用 h264_omx 编码器进行编码，最后输出 output.mp4。过程如下：

```
Input #0, mov,mp4,m4a,3gp,3g2,mj2, from 'input.mp4':
......省略部分打印
[h264_omx @ 0x300f400] Using OMX.broadcom.video_encode
Output #0, mp4, to 'output.mp4':
    Stream #0:0(und): Video: h264 (h264_omx) ([33][0][0][0] / 0x0021), yuv420p, 1920x1080
[SAR 1:1 DAR 16:9], q=2-31, 500 kb/s, 24 fps, 5000k tbn, 24 tbc (default)
    Metadata:
      handler_name   : VideoHandler
      encoder        : Lavc57.89.100 h264_omx
    Stream #0:1(und): Audio: ac3 ([165][0][0][0] / 0x00A5), 48000 Hz, 5.1(side), fltp,
448 kb/s (default)
    frame= 396 fps= 32 q=-0.0 size=  1902kB time=00:00:16.64 bitrate= 936.5kbits/s speed=1.35x
```

从命令行执行后的输出内容中可以看到，在不控制转码速度的情况下，转码时的速度为 1.35 倍速，这个速度与在树莓派中使用 CPU 软编码相比是完胜的状态。下面是在树莓派下使用 x264 进行软编码的效率。

```
Input #0, mov,mp4,m4a,3gp,3g2,mj2, from 'input.mp4':
......省略部分打印
Press [q] to stop, [?] for help
[libx264 @ 0x1bb6400] using SAR=1/1
[libx264 @ 0x1bb6400] using cpu capabilities: ARMv6 NEON
[libx264 @ 0x1bb6400] profile High, level 4.0
Output #0, mp4, to 'output.mp4':
    Stream #0:0(und): Video: h264 (libx264) ([33][0][0][0] / 0x0021), yuv420p, 1920x1080
[SAR 1:1 DAR 16:9], q=-1--1, 500 kb/s, 24 fps, 5000k tbn, 24 tbc (default)
    Stream #0:1(und): Audio: ac3 ([165][0][0][0] / 0x00A5), 48000 Hz, 5.1(side), fltp,
448 kb/s (default)
    frame=   86 fps=4.6 q=38.0 size= 210kB time=00:00:03.71 bitrate= 463.7kbits/s speed=0.198x
```

从使用 x264 软编码输出的内容中可以看到，在软编码不控制速度的情况下转码时的速度为 0.198 倍速，效率极其低下。不仅如此，长期这么转码下去，CPU 的温度会非常高，从而引发 CPU 的降频，然后效率会越来越低。

5.2.5 macOS 系统硬编解码

在 macOS 系统下，通常硬编码采用 h264_videotoolbox、硬解码采用 h264_vda，这是最快捷、最节省 CPU 资源的方式。但是 h264_videotoolbox 的码率控制情况并不完美，因为 h264_videotoolbox 做硬编码时目前仅支持 VBR/ABR 模式，不支持 CBR 模式。下面介绍一下 h264_videotoolbox 硬编码的参数。

1. macOS 硬编解参数

在苹果系统下编解码以使用 videotoolbox 为主，h264_videotoolbox 则为苹果系统中硬件编码的主要编码器。使用命令行 ffmpeg -h encoder=h264_videotoolbox 可以查看 h264_videotoolbox 包含哪些参数，如表 5-11 所示。

表 5-11   videotoolbox 编码参数

参数	类型	说明
profile	整数	视频编码 profile 设置：baseline、main、high
level	整数	视频编码 level 设置：1.3、3.0、3.1、3.2、4.0、4.1、4.2、5.0、5.1、5.2
allow_sw	布尔	使用软编码模式，默认关闭
coder	整数	熵编码模式：CAVLC、VLC、CABAC、AC
realtime	布尔	如果编码不够快将会开启实时编码模式，默认关闭

从中可以看出，h264_videotoolbox 硬编码参数并不多，但是在 macOS 下基本够用。下面举个硬转码的例子。

2. macOS 硬转码使用示例

在 macOS 下可使用-hwaccel videotoolbox 的方式加速解码，而硬件编码时可通过类似 ffmpeg -h encoder=h264_videotoolbox 的方式查看编码支持像素的色彩格式。下面看一下硬转码的效率：

```
ffmpeg -hwaccel videotoolbox -hwaccel_output_format videotoolbox_vld -i input. mp4 -b:v
2000k -vcodec hevc_videotoolbox -vtag hvc1 -acodec copy output.mp4
```

这条命令行执行后将会使用 videotoolbox 的方式加速解码，然后使用 hevc_videotoolbox 进行编码，输出视频码率为 2Mbit/s 的文件 output.mp4，效果如下：

```
Duration: 00:02:30.78,start: 0.000000, bitrate: 4001 kb/s
Stream #0:0[0x1](eng):Video: h264(Main)(avc1/0x31637661),yuv420p(tv, progressive),
1920x1080 [SAR 1:1 DAR 16:9],3937 kb/s,23.98 fps,23.98 tbr,24k tbn(default)
......省略部分输出
Stream mapping:
Stream #0:0 ->#0:0(h264(native)->hevc(hevc_videotoolbox))
Stream #0:1->#0:1(copy)
......省略部分输出
Stream #0:0(eng):Video: hevc(hvc1 /0x31637668),nv12(tv,progressive),1928x1080 [SAR 1:1
DAR 16:9],q=2-31,2000 kb/s,23.98 fps,24k tbn(default)
Metadata:
creation_time   :2012-07-31T00:31:48.000000Z
handler_name    :MP4 Video Media Handler
vendor_id       :[0][0][0][0]
encoder         :Lavc60.22.100 hevc_videotoolbox
......省略部分输出
[out#0/mp4 @0x7fa26c80d180] video:36510kB audio:1135kB subtitle:0kB other streams:0kB
global headers:0kB muxing overhead: 0.232810%
frame= 3615 fps= 83 q=-0.0 Lsize=37732kB time=00:02:30.74 bitrate=2050.5kbits/s dup=1
drop=0 speed=3.45x
```

从上面可以看到，输入的视频 input.mp4 分辨率为 1080p、码率为 4Mbit/s、帧率为 23.98fps，经过转码后，输出视频的分辨率为 1080p、码率为 2Mbit/s、帧率为 23.98fps。

5.2.6　其他加速方案简介

加速本身是一个非常庞大的话题，FFmpeg 最初从 CPU 的加速开始，使用多线程及线程池的方式，以充分利用 CPU 的多核心。另外，它也支持底层汇编及 SIMD 的优化，使用数据批量化处理来加速。一方面，CPU 加速的普适性也更好；另一方面，其门槛比其他加速方案也相对低一些。所以如果有加速需求，不妨先从这里着手。

此外，NVIDIA 的 CUDA 以及 Khronos Group（https://www.khronos.org）建立了一系列标准，也可用于加速。最出名的大概是 OpenGL，还有用于异步计算加速的 OpenCL 及 Vulkan。不过如同前面所说的，加速方式及标准如此之多，很难找到一个适用所有场景的方式。一般来说，最好的建议是，充分考虑硬件、开发成本、生态等之后再开始着手优化。另外在很多时候，算法层面的优化应该先行。

5.3　输出 MP3

在过去的 20 多年中，数字音频处理已经被感知音频编码所彻底改变。前面介绍了视频编码，后面两节将介绍一下 FFmpeg 对音频编码的支持，主要介绍目前广泛使用的 MP3 和 AAC。

在生活中听音乐时，很大概率碰到的是 MP3 音乐。MP3 是 MPEG-1 Audio Layer III 的缩写，很多人以为它是 MPEG3 的缩写，但明显并不是。MP3 在 1994 年由运动图像专家组（MPEG）创建，是一种有损压缩算法，这意味着在压缩算法完成后，并非所有的原始数据都被保留下来。MP3 同时使用了基于心理声学领域的思想。其基本想法是，人耳只能辨别 20Hz～20kHz 的声音，所以任何超出这个阈值的数据都可以丢弃，以使文件更小。整个算法部分可以粗略地分成如下 4 个主要部分，MP3 编码的框图如图 5-16 所示。

- 将音频信号分成小块，这些被称为帧。然后对输出进行 MDCT[①]滤波。
- 将采样传入一个 1024 点的 FFT，然后应用心理声学模型。另一个 MDCT 滤波器在输出上执行。
- 对每个采样进行量化和编码。这也被称为噪声/位分配。噪声/位分配会自我调整，以满足码率和声音屏蔽的要求。
- 对码流进行格式化，称为音频帧。一个音频帧由 4 部分组成：头部、错误检查、音频数据和辅助数据。

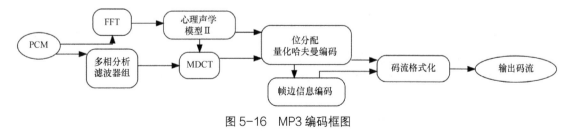

图 5-16　MP3 编码框图

---

① MDCT，即修改后的离散余弦变换（Modified Discrete Cosine Transform），是一种线性正交拉氏变换，基于时域混叠消除（TDAC）的思想。它在 J.Princen、A.Bradley 于 1986 年发表的论文 "Analysis/Synthesis Filter Bank Design Based on Time Domain Aliasing Cancellation" 中被首次提出，随后得到进一步发展。现行的很多音频编码格式都使用了 MDCT 技术。

使用 FFmpeg 可以解码 MP3,同样也可以支持 MP3 编码。FFmpeg 并未原生支持 MP3 编码,需要使用第三方库 libmp3lame[①]。不但如此,MP3 编码还是低延迟的编码,可以支持的采样率比较多,包含 44100、48000、32000、22050、24000、16000、11025、12000、8000 多种采样率,采样格式也比较多,包含 s32p、fltp、s16p 多种格式,声道布局方式支持包含 mono(单声道模式)、stereo(环绕立体声模式)。下面介绍 MP3 编码参数。

5.3.1   MP3 编码参数介绍

查看 FFmpeg 对 MP3 的参数支持,可以通过 ffmpeg -h encoder=libmp3lame 得到,如表 5-12 所示。

表 5-12   MP3 编码参数

参数	类型	说明
b	布尔	设置 MP3 编码的码率
joint_stereo	布尔	设置环绕立体声模式
abr	布尔	设置编码为 ABR 状态,自动调整码率
compression_level	整数	设置压缩算法质量,参数设置为 0～9 即可,数值越大质量越差,但是编码速度越快
q	整型	设置恒质量的 VBR。若调用 LAME 接口的话,设置 global_quality 变量具有同样的效果
cutoff (--lowpass)	整型	设置低通滤波器的截止频率。如果没有指定,编码器会动态地调整截止点
reservoir	布尔	当设置为 1 时,启用比特存储[②]功能。默认值为 1。LAME 默认启用该功能,但可以使用--nores 选项覆盖

从列表中可以看到,FFmpeg 中包含了对 MP3 编码操作的主要控制参数,其他更高级的参数控制尚未从 LAME 移植到 FFmpeg 中,有待开发完善。下面介绍 FFmpeg 中重点支持的这些参数的使用及基本原理。

5.3.2   MP3 的编码质量设置

在 FFmpeg 中进行 MP3 编码采用的是第三方库 libmp3lame,所以进行 MP3 编码时,需要设置编码参数 acodec 为 libmp3lame。命令行如下:

```
ffmpeg --i INPUT --acodec libmp3lame OUTPUT.mp3
```

根据以上命令可以得到音频编码为 MP3 且封装格式也是 MP3 的文件。

MP3 编码的码率得到控制之后,控制质量时需要通过-qscale:a 进行,也可以使用列表中的 q 参数进行控制,质量不同码率也不同,详情如表 5-13 所示。

表 5-13 可以作为参考,将低码率转为高码率时并不一定符合上述参数,但大多数情况下是符合的。下面举一个例子。

```
ffmpeg -i input.mp3 -acodec libmp3lame -q:a 8 output.mp3
```

---

① LAME 是一个高质量的 MP3 编码器,其 license 是 LGPL,网址为 https://lame.sourceforge.io。
② 比特存储(Bit Reservoir)技术可以在信息量少的情况下降低码率,把多余的可用数据量放到 Bit Reservoir 中存储起来,在信息量大的情况下再从 Bit Reservoir 中提取出来,这样就可以结合 CBR 和 VBR 的优点了。

表 5-13　MP3 基本信息与 q 参数对应参数

LAME 码率			
lame 操作参数	平均码率/kbit/s	码率区间/kbit/s	FFmpeg 操作参数
-b 320	320	320（CBR）	-b:a 320k
-v 0	245	220~260	-q:a 0
-v 1	225	190~250	-q:a 1
-v 2	190	170~210	-q:a 2
-v 3	175	150~195	-q:a 3
-v 4	165	140~185	-q:a 4
-v 5	130	120~150	-q:a 5
-v 6	115	100~130	-q:a 6
-v 7	100	80~120	-q:a 7
-v 8	85	70~105	-q:a 8
-v 9	65	45~85	-q:a 9

上面这条命令执行之后，将生成的 output.mp3 码率区间设置为 70~105kbit/s。可以将转码前的 input.mp3 与转码后的 output.mp3 做一个比较。

```
Input #0, mp3, from 'input.mp3':
...... 略去部分打印略去部分打印
  Duration: 00:04:45.99, start: 0.000000, bitrate: 128 kb/s
    Stream #0:0: Audio: mp3, 44100 Hz, stereo, s16p, 128 kb/s
Stream mapping:
  Stream #0:0 -> #0:0 (mp3 (native) -> mp3 (libmp3lame))
...... 略去部分打印
    Stream #0:0: Audio: mp3 (libmp3lame), 44100 Hz, stereo, s16p, 91 kb/s
size=    3194kB time=00:04:45.98 bitrate=  91.5kbits/s speed=56.1x
```

从以上代码可以看到，转码前的 input.mp3 的码率为 128kbit/s，转码后的 output.mp3 的码率为 91kbit/s。在转码的过程中，从 FFmpeg 的输出过程信息中可以看到编码时的码率在不断变动。

```
size= 3194kB time=00:04:45.98 bitrate= 91.5kbits/s speed=56.7x
```

以上码率设置方式为 VBR 码控模式，VBR 即可变码率模式（variable bitrate mode）。当编码目标是用尽可能低的码率达到一个固定的质量水平时，使用 VBR。VBR 主要用于针对以特定的质量水平为目标的编码，而不是特定的码率。VBR 编码的最终文件大小比 ABR 更难预测，但质量通常更好。不像其他 MP3 编码器基于对输出质量的预测进行 VBR 编码，LAME 默认以 VBR 方法测试实际输出质量，以确保始终达到所需的质量水平。

另一种常见的 MP3 编码码控模式设置为 CBR，CBR 即恒定码率模式（constant bitrate mode）。它通过 FFmpeg 的参数-b 即可设置，在 FFmpeg 编码过程中，码率几乎不会波动。CBR 编码压缩效率并不高，VBR 和 ABR 模式可以为复杂的音乐段落提供更多的比特，为简单的段落节省比特，而 CBR 则以相同的码率对每一帧进行编码。CBR 只推荐在流媒体情况下使用，在这种情况下必须严格执行最高码率。通过 LAME 对 MP3 格式的比特存储功能的使用，虽然在幕后仍有一些码率的变化，但它比实际的 VBR 灵活得多。

```
ffmpeg -i input.mp3 -acodec libmp3lame -b:a 64k output.mp3
```

执行上述命令行之后，生成编码为 MP3 的音频编码。以下是转码前与转码后的两个 MP3 文件的对比：

```
Input #0, mp3, from 'input.mp3':
......略去部分打印
  Duration: 00:04:45.99, start: 0.000000, bitrate: 128 kb/s
    Stream #0:0: Audio: mp3, 44100 Hz, stereo, s16p, 128 kb/s
Stream mapping:
  Stream #0:0 -> #0:0 (mp3 (native) -> mp3 (libmp3lame))
Press [q] to stop, [?] for help
Output #0, mp3, to 'output.mp3':
......略去部分打印
    Stream #0:0: Audio: mp3 (libmp3lame), 44100 Hz, stereo, s16p, 64 kb/s
size=    2235kB time=00:04:45.98 bitrate=  64.0kbits/s speed=41.1x
```

两个文件均为 CBR 编码的 MP3，并且可以看到编码过程中码率几乎没有波动。

```
size= 2235kB time=00:04:45.98 bitrate= 64.0kbits/s speed=43.5x
```

5.3.3　平均码率编码 ABR 参数

ABR[①]是 VBR 与 CBR 混合的产物，即平均码率编码（average bitrate encoding，不是自适应码率，adaptive bitrate）。使用 ABR 参数之后，编码速度将会比 VBR 高，但是质量比 VBR 的编码稍逊一些，比 CBR 的稍好一些。在 FFmpeg 中可使用参数 abr 来设置 MP3 编码为 ABR 方式。

```
ffmpeg -i input.mp3 --acodec libmp3lame -b:a 64k -abr 1 output.mp3
```

执行上面这条命令之后，编码的输出信息如下：

```
......略去部分打印
  Duration: 00:04:45.99, start: 0.000000, bitrate: 128 kb/s
    Stream #0:0: Audio: mp3, 44100 Hz, stereo, s16p, 128 kb/s
Stream mapping:
  Stream #0:0 -> #0:0 (mp3 (native) -> mp3 (libmp3lame))
Press [q] to stop, [?] for help
......略去部分打印
    Stream #0:0: Audio: mp3 (libmp3lame), 44100 Hz, stereo, s16p, 64 kb/s
size=    2270kB time=00:04:45.98 bitrate=  65.0kbits/s speed=42.8x
```

原本为 64kbit/s 码率的 CBR 方式的 MP3 音频，因设置 abr 参数之后，成为 ABR 方式编码的 MP3 音频。可以观察编码过程中的输出内容，如下：

```
size= 2270kB time=00:04:45.98 bitrate= 65.0kbits/s speed= 42.8x
```

当你需要知道文件的最终大小，但仍想让编码器有一些灵活性来决定哪些片段需要更多的比特时，应使用 ABR。实际上，它的输出依然是一个普通的 VBR 文件，所以与所有支持 VBR 的 MP3 播放器兼容。从技术角度而言，ABR 并不是一种特殊的码控，只是一种 LAME 特定的编码码控策略，用于产生 VBR。

5.4　输出 AAC

AAC（Advanced Audio Coding）和 MP3 都是音频编码的有损压缩技术。MP3 于 1993 年首次

---

① 关于 ABR 的描述可以参考 https://svn.code.sf.net/p/lame/svn/trunk/lame/doc/html/detailed.html。

发布,比 AAC 早 4 年,现在已经成为流媒体和存储音乐的普遍标准。AAC 被设计为 MP3 的继承者。它摆脱了 MP3 的固有缺陷,在码率接近的情况下实现了比 MP3 更好的音质,特别是在低码率的情况下,它在 ISO/IEC 13818-7 及 ISO/IEC 14496-3 中被标准化,现在也是苹果设备、YouTube 视频流和其他平台的默认标准音频编码格式。

在音视频流媒体中,无论直播与点播,AAC 都是目前最常用的一种音频编码格式,如 RTMP 直播、HLS 直播、RTSP 直播、FLV 直播、FLV 点播、MP4 点播文件等,一般都是采用 AAC 的音频格式。其原因主要在于与 MP3 相比,AAC 的编码效率更高,编码音质更好。AAC 相较于 MP3 的改进主要包含以下内容:

- 支持了更多采样率(8kHz～96kHz,而 MP3 为 16kHz～48kHz),更多的声道数(达 48 个,MP3 在 MPEG-1 模式下为最多双声道,MPEG-2 模式下为 5.1 声道)及任意的码率和可变帧长度。
- 更高效率的滤波器(AAC 使用纯粹的 MDCT,MP3 则使用较复杂的混和滤波器)。
- 对平稳的信号有更高的编码效率(AAC 使用 1024/960 点区块长度,MP3 则为 576 点),对暂态变化的信号有更高编码准确度(AAC 使用 128/120 点区块长度,MP3 则为 192 点)。
- 对于频率在 16kHz 的声音频号成分有更好的处理。
- 有额外的模块如噪声移频、后向预测、感知噪声替代等,这些特性能组合成不同的编码规格。

整体而言,AAC 相较于 MP3 在编码上给予了更多的弹性,并修正了许多在 MPEG-1 音频编码上的设计限制,这些增加的特性使得更多的编码策略可共存,从而获得更高的压缩率。尽管如此,从普及性上来说,AAC 和 MP3 依然处于共存的状态。另外,AAC 标准是一个庞大家族,有多种规格(Profile)以适应不同场合的需要,但也正因为 AAC 的规格繁多,给很多用户也带来了困扰。目前有两种常见的 AAC 版本:AAC-LD(低延迟),也被称为 AAC-LC(低复杂度)和 AAC-HE(高效率),AAC-LD/AAC-LC 用于双向通信,它结合了足够高的音频质量和足够低的延迟,以促进通信;AAC-HE(或 HE-AAC)用于流媒体音频,通常用于数字广播之类的场景。

常见的使用 AAC 编码后的文件存储格式为 m4a,它是 AAC in MP4 文件的一类,当然也可以使用类似 ADTS 这样的裸格式。iPhone 或者 iPad 中一般录制下来的文件为 m4a 格式。

在 FFmpeg 中可以支持以下两个 AAC 编码器。

- 原生 AAC 编码器:FFmpeg 本身的 AAC 编码实现,实现的特性和支持的 Profile 相对比较少,好处在于不需要额外的第三方 AAC 编码库。
- 集成第三方的 libfdk_aac:第三方的 Fraunhofer FDK AAC 编解码库,一般认为编码质量好于原生 AAC 编码库。

libfdk_aac 音频编码器为非 GPL 协议,所以使用时需要注意,在预编译时需要采用 nonfree 的支持,前面章节已有相关介绍。

还有一个问题需要引起注意,我们对不同音频编解码器进行基准测试的主要参数是在一定码率下的音频质量。然而,对于许多应用来说,**延迟**是另一个关键参数,根据编解码器的算法特性,它在几毫秒和几百毫秒之间变化。低延迟音频编码的最新研究成果可以显著提高通信、数字麦克风和与视频信号同步的无线扬声器等应用的性能。但是很不幸,音频编解码器通常使用子带(subband)编码,因为这可以直接纳入心理声学模型。使用的子带越多,压缩率越高。高压缩率的目标导致产生具有高子带数量的音频编码器。例如,MPEG-AAC 编码器有 1024 个子带,可切换到 128 个带。但这种结构导致了很高的编码或解码延迟,使得这样的系统不适合通信应用。基于这个原因,开发了 MPEG-AAC 低延迟编码器。它通过减少子带的数量(480 个而不是 1024 个)获得较低的延迟。其缺点是,这种数量的减少也导致压缩效率的降低。

基于 MDCT 编码算法[①]的性质，AAC 需要超出源 PCM 音频样本的数据，以便正确编码和解码音频样本。AAC 编码在连续的 2048 个音频样本集上使用转换，每 1024 个音频样本应用一次（重叠）。为了对音频正确地进行解码，需要对任何周期的 1024 个音频样本进行两次转换。因此，编码器在第一个"真正的"音频样本之前至少要添加 1024 个静默帧样本，实际使用中可能添加得更多。这就是所谓的 priming、priming sample 或"编码器延迟"。MP3 编码格式也有类似问题，所以这些原理的基本描述对 MP3 也适合。

- 编码器延迟是在编码过程中产生的延迟，以产生正确编码的音频数据包。它通常指添加到 AAC 码流前面的无声媒体样本（priming sample）的数量。
- 解码器延迟是指在给定的时间指数下重现一个编码的源音频信号所需的 pre-roll 音频样本的数量。对于 AAC 来说，这个数字通常是 1024，本身与编码算法相关。与编码器延迟相反，后者是由所用的编码器和编码配置决定的。然而，解码器延迟决定了可能的最小编码器延迟（也就是 AAC 的 1024）。

通常的做法是在 AAC 码流中传播编码器延迟。当这些音频包再被解码回 PCM 时，所代表的源波形将被这个编码器延迟量全部抵消。由于编码后的音频包拥有固定数量的音频样本（例如 1024 个样本），因此需要在最后一个源样本之后增加尾部或"剩余采样"（remainder sample）的无声样本，以便将最终的音频包填充到所需长度。另外，这需要容器格式能明确地表征头部的"编码器延迟"和尾部的"剩余采样"，但实际上，并不是所有的容器格式都能很好地支持它。MP4 格式使用 Edit List box 来表征这个引入的延迟，但很不幸，Edit List box 对解码器的支持并不是很好。传统的解决方案一般如下：对编码器延迟的大小做一个隐含的假设，并要求播放引擎在播放开始时从其输出中丢弃这个指定数量的样本，同时也根据需要对剩余样本进行调整。在 FFmpeg 中，使用 AVCodecContext.initial_padding 来表征音频编码延迟。

5.4.1　AAC 编码器操作

FFmpeg 的中 AAC 编码器在早期为实验版本，而从 2015 年 12 月 5 日起，FFmpeg 中的 AAC 编码器开始正式使用。所以在使用 AAC 编码器之前，首先要确定自己的 FFmpeg 是什么版本，如果是 2015 年 12 月 5 日之前发布的版本，编码时需要使用 -strict experimental 或者 -strict -2 来声明 AAC 为实验版本。下面举几个使用 FFmpeg 中 AAC 编码器编码的例子。

```
ffmpeg -i input.mp4 -c:a aac -b:a 160k output.aac
```

根据这条命令可以看出，编码为 AAC 音频，码率为 160kbit/s，编码生成的输出文件为 output.aac 文件。

```
Input #0, mov,mp4,m4a,3gp,3g2,mj2, from 'input.mp4':
  Duration: 00:00:10.01, start: 0.000000, bitrate: 2309 kb/s
    Stream #0:0(und): Video: h264 (High) (avc1 / 0x31637661), yuv420p, 1280x714 [SAR 1:1
DAR 640:357], 2183 kb/s, 25 fps, 25 tbr, 25k tbn, 50 tbc (default)
    Stream #0:1(und): Audio: aac (LC) (mp4a / 0x6134706D), 48000 Hz, stereo, fltp, 120
kb/s (default)
  Stream mapping:
    Stream #0:1 -> #0:0 (aac (native) -> aac (native))
  Press [q] to stop, [?] for help
Output #0, adts, to 'output.aac':
    Stream #0:0(und): Audio: aac (LC), 48000 Hz, stereo, fltp, 160 kb/s (default)
  size=     199kB time=00:00:10.00 bitrate= 162.9kbits/s speed=29.1x
```

① 论文 "A guideline to audio codec delay" 对 Audio Codec 的延迟有一个非常清晰的描述，网址为 https://www.iis.fraunhofer.de/content/dam/iis/de/doc/ame/conference/AES-116-Convention_guideline-to-audio-codec-delay_AES116.pdf。

接下来再举一个例子。

```
ffmpeg -i input.wav -c:a aac -q:a 2 output.m4a
```

从这条命令可以看到，在编码 AAC 时，同样也用到了 qscale 参数，这个 q 在这里设置的有效范围为 0.1~2，用于设置 AAC 音频的 VBR 质量，效果并不可控。可以设置几个参数看一下效果。

```
Input #0, wav, from 'input.wav':
  Duration: 00:04:13.10, bitrate: 1411 kb/s
    Stream #0:0: Audio: pcm_s16le ([1][0][0][0] / 0x0001), 44100 Hz, stereo, s16, 1411 kb/s
Input #1, mov,mp4,m4a,3gp,3g2,mj2, from 'output_0.1.m4a':
  Duration: 00:04:13.12, start: 0.000000, bitrate: 23 kb/s
    Stream #1:0(und): Audio: aac (LC) (mp4a / 0x6134706D), 44100 Hz, stereo, fltp, 24
kb/s (default)
Input #2, mov,mp4,m4a,3gp,3g2,mj2, from 'output_2.0.m4a':
  Duration: 00:04:13.12, start: 0.000000, bitrate: 186 kb/s
    Stream #2:0(und): Audio: aac (LC) (mp4a / 0x6134706D), 44100 Hz, stereo, fltp, 186
kb/s (default)
```

从以上代码可以看到，一共有 3 个 Input 文件。

- Input #0 为原始文件，码率为 1411kbit/s。
- Input #1 为设置的 q:a 为 0.1 的文件，码率为 24kbit/s。
- Input #2 为设置的 q:a 为 2.0 的文件，码率为 186kbit/s。

可以使用-q:a 设置 AAC 的输出质量。另外也可以看到，原生 AAC 编码器控制项不是很多，且没有支持 CBR 编码模式。

5.4.2　FDK-AAC

FDK-AAC 库是 FFmpeg 支持的第三方编码库中质量最高的 AAC 编码库，FDK 库是基于定点数字的，只支持 16 位整数的 PCM 输入。编码音质的好坏与使用方式同样有着一定的关系。下面介绍 libfdk_aac 的几种编码模式。

1. CBR 模式

在 CBR 编码中，整个文件的码率保持不变，每秒钟的音频都分配相同数量的比特进行编码。在内部，音频数据的帧以定期的、可预测的间隔出现，因此，在给定的音频持续时间内，整个文件的大小是可以预测的。

如果想用 libfdk_aac 设定一个恒定的码率，改变编码后的大小，并且可以兼容 HE-AAC Profile，则可以根据音频设置的经验设置码率。例如，如果一个声道使用 64kbit/s，那么双声道为 128kbit/s，5.1 环绕立体声为 384kbit/s，可以通过 b:a 参数进行设置。下面举几个例子。

```
ffmpeg -i input.wav -c:a libfdk_aac -b:a 128k output.m4a
```

根据这条命令可以看出，FFmpeg 使用 libfdk_aac 将 input.wav 转为恒定码率 128kbit/s、编码为 aac 的 output.m4a 音频文件。

```
ffmpeg -i input.mp4 -c:v copy -c:a libfdk_aac -b:a 384k output.mp4
```

根据这条命令可以看出，FFmpeg 将 input.mp4 的视频文件按照原有的编码方式进行输出封装，使用 libfdk_aac 将音频编码为环绕立体声、384kbit/s 码率，并输出封装为 output.mp4。

以上两个例子均为使用 libfdk_aac 进行 AAC 编码的案例，使用 libfdk_aac 可以编码 AAC 的恒定码率 CBR。

2. VBR 模式

使用 VBR 模式可以有更好的音频质量，使用 libfdk_aac 进行 VBR 模式的 AAC 编码时，可以设置 5 个级别。VBR 模式以质量为目标，而不是以特定的码率为目标，其中 1 是最低质量，5 是最高质量。

在 VBR 编码中，用户选择期望的质量水平或允许的码率范围，如表 5-14 所示。然后，编码器选择最佳的数据量来代表每一帧音频，试图在整个流中保持选定的编码质量。这种编码模式的主要优点是，用户能够指定最终的编码质量水平，并尽可能地节省空间。但不利之处在于，最终的文件大小是不可预测的。

表 5-14　AAC 编码级别参数

VBR	每声道码率范围/kbit/s	编码信息
1	20～32	LC，HE，HEv2
2	32～40	LC，HE，HEv2
3	48～56	LC，HE，HEv2
4	64～72	LC
5	96～112	LC

根据表 5-14 中的内容，第 1 列为 VBR 的类型，第 2 列为每通道编码后的码率范围。第 3 列中有 3 种 AAC 编码信息，分别如下：

- LC：Low Complexity AAC，低复杂度。这种编码相对来说体积比较大，质量稍差。
- HE：High-Efficiency AAC，高效率。这种编码相对来说体积稍小，质量好。
- HEv2：High-Efficiency AAC version 2，高效版本 2。这种编码相对来说体积小，质量优。

关于其发展历程与主要编码工具的差异，Wikipedia 给出了一个清晰的图示，如图 5-17 所示。另外编码 Profile 设置不同，会涉及 AAC 解码器能力的兼容问题。

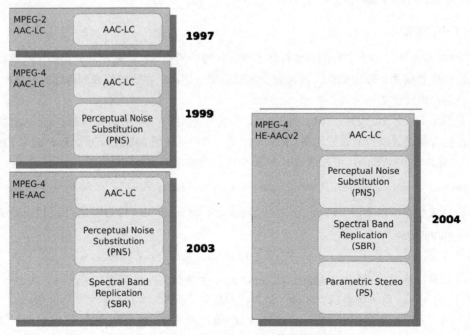

图 5-17　AAC 不同 Profile 的发展历程

表 5-15 列出了 LC、HE 和 HEv2 的推荐参数。

表 5-15　AAC 编码 LC、HE 和 HEv2 的推荐参数

编码类型	码率范围/bit/s	支持的采样率/kHz	推荐采样率/kHz	声道数
HE-AACv2 (AAC-LC + SBR + PS)	8000~11999	22.05，24.00	24.00	2
	12000~17999	32.00	32.00	2
	18000~39999	32.00，44.10，48.00	44.10	2
	40000~56000	32.00，44.10，48.00	48.00	2
HE-AAC (AAC-LC + SBR)	8000~11999	22.05，24.00	24.00	1
	12000~17999	32.00	32.00	1
	18000~39999	32.00，44.10，48.00	44.10	1
	40000~56000	32.00，44.10，48.00	48.00	1
	16000~27999	32.00，44.10，48.00	32.00	2
	28000~63999	32.00，44.10，48.00	44.10	2
	64000~128000	32.00，44.10，48.00	48.00	2
HE-AAC (AAC-LC + SBR)	64000~69999	32.00，44.10，48.00	32.00	5，5.1
	70000~159999	32.00，44.10，48.00	44.10	5，5.1
	160000~245999	32.00，44.10，48.00	48.00	5
	160000~265999	32.00，44.10，48.00	48.00	5.1
AAC-LC	8000~15999	11.025，12.00，16.00	12.00	1
	16000~23999	16.00	16.00	1
	24000~31999	16.00，22.05，24.00	24.00	1
	32000~55999	32.00	32.00	1
	56000~160000	32.00，44.10，48.00	44.10	1
	160001~288000	48.00	48.00	1
AAC-LC	16000~23999	11.025，12.00，16.00	12.00	2
	24000~31999	16.00	16.00	2
	32000~39999	16.00，22.05，24.00	22.05	2
	40000~95999	32.00	32.00	2
	96000~111999	32.00，44.10，48.00	32.00	2
	112000~320001	32.00，44.10，48.00	44.10	2
	320002~576000	48.00	48.00	2
AAC-LC	160000~239999	32.00	32.00	5，5.1
	240000~279999	32.00，44.10，48.00	32.00	5，5.1
	280000~800000	32.00，44.10，48.00	44.10	5，5.1

下面是使用 VBR 将音频压缩为 AAC 编码的 m4a 容器的例子。

```
ffmpeg -i input.wav -c:a libfdk_aac -vbr 3 output.m4a
```

执行命令后，FFmpeg 会将 input.wav 的音频压缩为音频编码为 libfdk_aac 的 output.m4a 音频文件。

5.4.3　高质量 AAC 设置

根据前文介绍，AAC 音频分为 LC、HE 和 HEv2 三种。LC 的编码设置已经介绍过，下面举例介绍 HE 与 HEv2 的设置。

1. HE 音频编码设置

执行如下命令：

```
ffmpeg -i input.wav -c:a libfdk_aac -profile:a aac_he -b:a 64k output.m4a
```

执行这条命令行之后，编码后输出 output.m4a 的信息如下：

```
Input #0, mov,mp4,m4a,3gp,3g2,mj2, from 'output.m4a':
  Duration: 00:04:13.22, start: 0.000000, bitrate: 64 kb/s
    Stream #0:0(und): Audio: aac (HE-AAC) (mp4a / 0x6134706D), 44100 Hz, stereo, fltp,
64 kb/s (default)
```

从以上代码可以看出，音频编码为 HE-AAC，可见编码参数已通过 -profile:a aac_he 设置生效。

2. HEv2 音频编码设置

执行如下命令：

```
ffmpeg -i input.wav -c:a libfdk_aac -profile:a aac_he_v2 -b:a 32k output.m4a
```

编码后输出 output.m4a 的信息如下：

```
Input #0, mov,mp4,m4a,3gp,3g2,mj2, from 'output.m4a':
  Duration: 00:04:13.26, start: -0.021814, bitrate: 32 kb/s
    Stream #0:0(und): Audio: aac (HE-AACv2) (mp4a / 0x6134706D), 44100 Hz, stereo, fltp,
32 kb/s (default)
    Metadata:
      handler_name    : SoundHandler
```

5.4.4　AAC 音频质量对比

AAC-LC 的音频编码可以采用 libfdk_aac 和 FFmpeg 内置 AAC 两种，其质量顺序排列如下：
- libfdk_aac 音频编码质量最优。
- FFmpeg 内置 AAC 编码次于 libfdk_aac。

注意：在新版本的 FFmpeg 中，libfaac 已经被删除，所以本书并不会继续讲解 libfaac 相关的使用。

5.5　系统资源使用情况

音视频转码与音视频转封装的不同在于音视频转码会占用大量计算资源，而转封装主要是将音频数据或者视频数据取出，然后封装成另外一种封装格式。转封装主要占用 IO 资源，而转码主要占用 CPU 资源，同时转码也会使用更多的内存资源。下面观察一下视频转码时 CPU 资源的使用情况。

首先使用 FFmpeg 进行转码。

```
ffmpeg -re -i input.mp4 -vcodec libx264 -an output.mp4
```

执行这条命令行之后，使用系统命令 top 查看 FFmpeg 的 CPU 资源使用情况，如图 5-18 所示。

```
Processes: 325 total, 65 running, 7 stuck, 253 sleeping, 1967 threads
23:05:12 Load Avg: 138.07, 88.31, 52.35
CPU usage: 78.28% user, 17.71% sys, 4.0% idle
SharedLibs: 145M resident, 21M data, 10M linkedit.
MemRegions: 83757 total, 1713M resident, 60M private, 1158M shared.
PhysMem: 8108M used (2679M wired), 82M unused.
VM: 905G vsize, 533M framework vsize, 710388(0) swapins, 1152611(0) swap
Networks: packets: 1798911/1503M in, 1894665/341M out.
Disks: 3680567/72G read, 2501962/74G written.

PID    COMMAND     %CPU  TIME       #TH  #WQ  #POR MEM  PURG CMPR PGRP
96322  ffmpeg      481.1 28:09.93   18/7  0    29   90M  0B   40M  96322
```

图 5-18　FFmpeg 编码对 CPU 资源的使用情况

从图 5-18 中可以看到，FFmpeg 转码时占用了 481.1% 的 CPU 资源，使用了 90Mb+ 的内存。这仅仅是转码，并未进行图像缩放，如果缩放，使用的 CPU 资源将会更多，因为涉及缩放，其计算资源也会有所增加。不同的编码参数也会影响 CPU 及内存使用率，前面提到 x264 编码使用的 preset 参数模板设置不同，编码时所使用的 CPU 及内存也会有所不同。我们可以先对画质的要求及资源情况进行评估，然后选择不同的转码参数。

5.6　小结

第 4 章介绍了音视频容器封装格式，以及使用 FFmpeg 进行容器封装格式的转换等。而本章将重点转换到了音视频的编码和转码，介绍了音视频编码转换的基础知识及如何使用 FFmpeg 进行音视频编码转换。首先，介绍了 FFmpeg 使用 libx264 进行 H.264 软编码的操作，libx264 是使用最广泛的开源编码器，在业界影响力巨大，也影响了后来一众编码器。与此同时，H.264 编码标准也是使用最为广泛的编码标准。使用好 FFmpeg 的 libx264 编码器，对使用好其他编码器有很大的帮助。另外，随着编码标准复杂度的提升及编码密度和功耗的考虑，硬件加速的编解码屡见不鲜，在很多情况下甚至是唯一的选择。我们也新增加了 FFmpeg 环境下常见硬件的硬编码操作的介绍，包括 NVIDIA、Intel、树莓派、苹果系统环境下的硬编码，这样能够帮助读者更好地利用硬件资源，提供高密度、低功耗的编解码操作。但随之而来的问题是，对比软件编码，硬件编码在灵活性、编码质量等方面则有所损失。

其次，音频编码部分介绍了 MP3 和 AAC 编码，介绍如何使用 MP3 和 AAC 的多种参数来控制编码多种质量的音频数据。

最后，我们针对编解码做了资源使用情况的分析。性能问题始终是编解码领域最重要的问题之一，我们简单提及这个问题，并未深入，原因是性能优化本身至少可以用一本书来阐明。这部分的介绍主要是让读者了解编解码和转封装对 CPU、内存等的需求。

第6章

流媒体技术

随着互联网、移动互联网、4G/5G 等网络技术的快速发展，人们获取信息的方式先是从纸质媒体转向从网络获取文字、图片等静态媒体，又从静态媒体方式转向音视频流媒体。音视频流媒体又简称为"流媒体"，而处理流媒体的传输、压缩、录制、编辑等操作所使用的开源并强大的工具屈指可数，FFmpeg 便是常见的流媒体处理工具之一。

流媒体是指以连续的方式从一个源头传递和消费多媒体，其在网络环节（指传输节点和通道）中很少或没有中间存储。需要注意，流媒体指的是内容的传输方法，而不是内容本身。在进入正题之前，我们先了解几个基础问题。

1. 什么是实时流式传输？

流式传输是人们在互联网上观看视频（包括听音频）时使用的数据传输方法。这是一种一次从远程存储交付少许媒体数据的方式，通过一次在互联网上传输少量（如几秒钟）的媒体数据，客户端设备不必在开始播放之前等待下载整个媒体文件。

实时流式传输是指流媒体视频通过网络实时发送，无须预先进行录制和存储。如今，电视广播、视频游戏流和社交媒体视频都可以进行实时流式传输。

常规流式传输和实时流式传输之间的区别可以类比演员背诵独白和即兴演讲之间的区别。前者是预先创建内容，存储下来并转播给观众；后者则是观众在演员创建内容的同时接收内容，就如实时流式传输一样。

术语"实时流式传输"通常是指广播实时流，即同时传给多个用户的一对多连接。Skype、FaceTime 和 Google Hangouts Meet 等视频会议技术采用的是实时通信（RTC）协议，而不是一对多实时流广播所使用的协议。

2. 在技术层面，实时流式传输如何工作？

以下是实时流式传输幕后发生的主要步骤。

1）采集：实时流式传输始于原始视频数据，即摄像机捕捉的视觉信息。在摄像机所连接的计算设备中，此视觉信息表示为数字数据，换句话说，最终表示为 1 和 0。

2）编码：对采集到的视频数据进行压缩和编码。通过删除多余的视觉、统计信息来压缩数据。实时流式传输视频数据编码为各种不同设备可以识别的可解释数字格式。常见的视频编码标准包括 MPEG2、H.264、H.265、VP8/9、AV1 等。

3）分段：视频包含许多数字信息，这就是为什么下载视频文件要比下载简短的 PDF 或图像耗费更久的时间。由于一次将所有视频数据通过 Internet 发送出去需要消耗的时间较长，因此流式传输时视频会被分割成若干个几秒长的小片段。

4）内容交付网络（CDN）与缓存：实时流一旦完成采集和编码（所有过程仅需几秒甚至几毫秒），就需要提供给成千上万的观众。为了在最小延迟的同时保持高品质，并且将流媒体提供给不同位置的多个用户，需要使用 CDN 进行分发。CDN 是分布式服务器网络，代替源站服务器为用户缓存和提供内容。使用 CDN 可以实现更快的性能，因为用户请求不再需要直接行进到源站服务器，而是可以通过附近的 CDN 服务器进行处理。以这种方式处理请求和交付内容还可以减轻源站服务器的工作量。由于 CDN 服务器遍布世界各地，而不是聚集在单个地理区域内，CDN 可以高效地向全球用户提供内容。CDN 还将缓存（临时保存）实时流的各个片段，因此大多数用户将从 CDN 缓存而不是源站服务器获取实时流。即使缓存数据会延迟一段时间，这实际上可以使实时流更接近于实时，因为它削减了来回于源站服务器的往返时间（RTT）。

5）解码以及视频播放：实时流传送至所有正在观看流媒体的用户，通过每个用户的观看设备接收、解码分段的视频数据。最后，用户设备上的媒体播放器（专门的应用或浏览器内的视频播放器）将数据解释为视觉信息，然后播放。

说明：因本书重点介绍 FFmpeg，所以不会介绍与流媒体服务器搭建相关的知识。如果读者对该部分知识有兴趣，可以查看 SRS[①]或者 nginx/nginx-rtmp-module 等。搭建流媒体的相关知识可以从互联网直接获取，按照本章中提到的协议进行关键字搜索即可。

6.1 录制与发布 RTMP 流

在流媒体中，RTMP 直播为实时直播中最为常见的一种。由于是实时直播，精彩画面错过了就永远不会再出现了。为了解决这个问题，可以考虑将实时直播的 RTMP 流录制下来。

RTMP 相关协议经过不断演化实际上已经变成了一个协议族，包括 RTMP、RTMPS、RTMPE、RTMFP 等，其差别主要在于是否加密、使用隧道，以及是否使用 UDP 或者 TCP 来传输等。但狭义下的 RTMP 是本书的重点，它的全称是 Real Time Messaging Protocol，即实时消息传送协议。它最初由 Macromedia 开发，后被 Adobe 收购，作为 Flash 播放器和服务器之间音视频数据传输的私有协议，最初这个协议主要工作在 TCP 之上，默认使用端口 1935。协议中的基本数据单元被称为消息（Message），传输的过程中消息会被分割为更小的消息块（Chunk）单元，最后将分割后的消息块通过 TCP 传输到接收端，接收端再将接收到的消息块恢复成流媒体数据。需要注意，RTMP 的协议格式与 FLV 容器格式有千丝万缕的联系。

RTMP 主要有以下几个优点：

- 专为流媒体开发的协议。
- 最初和 FLV 的生态相得益彰（虽然现在 FLV 相关技术已经日薄西山，但当时它的影响力巨大）。
- RTMP 的延迟相对较低，一般延时为 1～3 秒，对于延迟不是特别敏感的场景，其延迟是可以接受的。

当然 RTMP 并非尽善尽美，它也有不足的地方。一方面是它基于 TCP 传输，导致链路抖动时并不能很好地使用带宽，且使用非公共端口，可能会被防火墙阻拦；另一方面是它是 Adobe 私有

[①] 参见 https://github.com/ossrs/srs。

协议，对于浏览器生态并不友好。目前业界一直在探索各种方向以替换该协议，主要的原因是 Adobe 拥有该协议的版权，但又放弃了该协议的发展，在对新 Codec 及其他特性的支持上也停滞不前。在下行分发领域，RTMP 面临着 HLS、MPEG-DASH 等基于 HTTP 传输协议的竞争，在上行领域也面临一些新的技术方案比如 DASH-IF Live Media Ingest Protocol、WebRTC-HTTP Ingestion Protocol（WHIP）等协议的竞争。不过即便这样，从市场占有率来说，RTMP 依旧是值得研究的技术之一，它也是第一个被广泛使用的流媒体协议。

6.1.1 RTMP 参数说明

下面介绍 FFmpeg 拉取 RTMP 直播流可以使用的参考参数，其基本的 URL 格式如下：

```
rtmp://[username:password@]server[:port][/app][/
instance][/playpath]
```

其基本格式如图 6-1 所示。RTMP 的 URL 中比较重要的字段是 app 和 playpath 部分，图 6-1 中 app 设置为 telvue-rtmp，而 playpath 设置为 fmle。

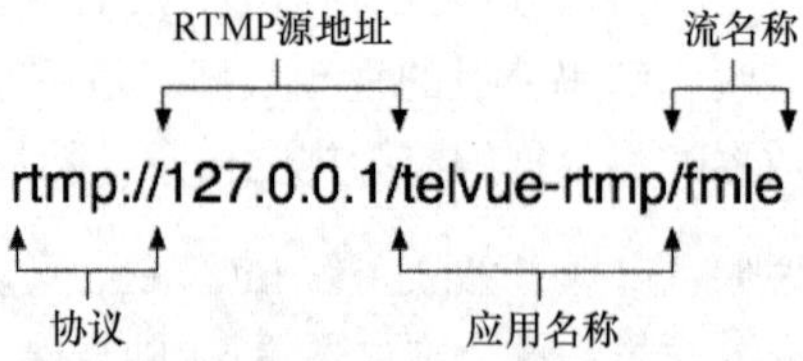

FFmpeg 的 RTMP 支持的参数较多，主要如表 6-1 所示。

图 6-1 RTMP URL 基本格式及意义

表 6-1 FFmpeg 操作 RTMP 的参数

参数	类型	说明
rtmp_app	字符串	RTMP 流发布点，即上面 URL 格式中的 app
rtmp_buffer	整数	客户端 buffer 大小（单位：毫秒），默认 3000 毫秒（3 秒）
rtmp_conn	字符串	在 RTMP 的 Connect 命令中增加自定义 AMF 数据
rtmp_flashver	字符串	设置模拟的 flashplugin 的版本号
rtmp_flush_interval	整数	在同一请求中刷新的包数（仅 RTMPT），取值为 0～INT_MAX，默认为 10
rtmp_live	整数	指定 RTMP 流媒体播放类型，默认值是 any any（-2）：直播或点播任意 live（-1）：直播 recorded（0）：点播
rtmp_pageurl	字符串	RTMP 在 Connect 命令中设置的 PageURL 字段，为播放时所在的 Web 页面的 URL
rtmp_playpath	字符串	RTMP 流播放的 Stream 地址，称为密钥或者发布流，等同于 URL 中的 playpath
rtmp_subscribe	字符串	直播流名称，默认设置为 rtmp_playpath 的值
rtmp_swfhash	二进制数据	解压 swf 文件后的 SHA256 的散列值
rtmp_swfsize	整数	swf 文件的解压大小，用于 swf 认证
rtmp_swfurl	字符串	RTMP 的 Connect 命令中设置的 swfURL 播放器的 URL
rtmp_swfverify	字符串	设置 swf 认证时 swf 文件的 URL 地址
rtmp_tcurl	字符串	RTMP 的 Connect 命令中设置的 tcURL 目标发布点地址，一般形式如 rtmp://xxx.xxx.xxx/app
rtmp_listen	整数	开启 RTMP 服务时所监听的端口
listen	整数	与 rtmp_listen 相同

参数	类型	说明
tcp_nodelay	整数	使用 TCP NODELAY 关闭 Nagle 算法，用来控制底层的 TCP 传输。在特定情况下，关闭 Nagle 算法能够进一步减少延迟
timeout	整数	监听 rtmp 端口时设置的超时时间，以秒为单位

6.1.2　RTMP 参数举例

相关参数已经在上面列出，接下来根据例子进行设置，并分析其作用。

1. rtmp_app 参数

使用 rtmp_app 参数可以设置 RTMP 的推流发布点。

拉流录制的命令如下：

```
ffmpeg -rtmp_app live -i rtmp://publish.chinaffmpeg.com -c copy -f flv output.flv
```

发布流的命令如下：

```
ffmpeg -re -i input.mp4 -c copy -f flv -rtmp_app live rtmp://publish.chinaffmpeg.com
```

执行这条命令时，FFmpeg 会给出错误提示，如下：

```
[rtmp @ 0x7fd0816016e0] Server error: identify stream failed.
rtmp://publish.chinaffmpeg.com: Unknown error occurred
```

输出的内容中错误提示如下：

```
Server error: identify stream failed.
```

这个错误是因为尚未设置 stream 项所致，但设置 app 是成功的。如果需要确定设置 rtmp_app 的结果正确与否，可以通过 FFmpeg 设置 loglevel，打开 FFmpeg 的 log 选项来查看 RTMP 的 path 及 fname 的设置。如下所示：

```
[rtmp @ 000002c09754ee80] Type answer 3
[rtmp @ 000002c09754ee80] Server version 13.14.10.13
[rtmp @ 000002c09754ee80] Proto = rtmp, path = /live, app = live, fname =
[rtmp @ 000002c09754ee80] Window acknowledgement size = 2500000
[rtmp @ 000002c09754ee80] Max sent, unacked = 2500000
[rtmp @ 000002c09754ee80] New incoming chunk size = 1024
[rtmp @ 000002c09754ee80] Releasing stream...
[rtmp @ 000002c09754ee80] FCPublish stream...
```

从以上 log 信息可以看到，在 RTMP 的 Connect 命令中，设置了链接 live 发布点的信息，但在发出 play 时，设置的信息为空。FFmpeg 的调试信息用 fname/path 这两项检查，所以返回前面看到的错误提示。发布流（推流）为 publish 时提示错误。从以上执行结果及 log 信息可以确认，rtmp_app 设置已生效，但并未设置 playpath。

2. rtmp_playpath 参数

设置 rtmp_app 时看到提示 "identify stream failed" 错误，可以使用 rtmp_playpath 参数来解决该错误。下面先举一个推流的例子：

```
ffmpeg -re -i input.mp4 -c copy -f flv -rtmp_app live -rtmp_playpath class rtmp://
publish.chinaffmpeg.com
```

这条命令执行后，将会推流成功，因为设置了 rtmp_app 与 rtmp_playpath 两个参数，分别发布点 live 与流名称 class。执行后结果如下：

```
Input #0, flv, from 'demo.flv':
  Metadata:
  Duration: 00:06:31.50, start: 0.069000, bitrate: 1923 kb/s
  Stream #0:0: Video: h264 (High), yuv420p(progressive), 1280x720 [SAR 1:1 DAR 16:9],
1742 kb/s, 29 fps, 29 tbr, 1k tbn
  Stream #0:1: Audio: aac (LC), 48000 Hz, stereo, fltp, 171 kb/s
Output #0, flv, to 'rtmp://localhost:1935/live/rfBd56ti2SMtYvSgD5xAV0YU99zampta7Z7S575KLkIZ9PYk':
  Stream #0:0: Video: h264 (High) ([7][0][0][0] / 0x0007), yuv420p(progressive), 1280x720
[SAR 1:1 DAR 16:9], q=2-31, 1742 kb/s, 29 fps, 29 tbr, 1k tbn
  Stream #0:1: Audio: aac (LC) ([10][0][0][0] / 0x000A), 48000 Hz, stereo, fltp, 171 kb/s
Stream mapping:
  Stream #0:0 -> #0:0 (copy)
  Stream #0:1 -> #0:1 (copy)
Press [q] to stop, [?] for help
```

看到这个信息为链接成功，推流（发布流）成功。流发布成功后，可以以类似的方式测试拉取 RTMP 流。

```
ffmpeg -rtmp_app live -rtmp_playpath class -i rtmp://publish.chinaffmpeg.com -c copy
-f flv output.flv
```

这条命令执行后，将会成功地从 RTMP 服务器中拉取直播流，并保存为 output.flv，因为设置了 rtmp_app 与 rtmp_playpath 参数。执行效果如下：

```
Input #0, flv, from 'rtmp://publish.chinaffmpeg.com':
...... 省略部分打印
   Stream #0:0: Video: h264 (High) ([7][0][0][0] / 0x0007), yuv420p(progressive),
1280x714 [SAR 1:1 DAR 640:357], q=2-31, 2576 kb/s, 25 fps, 25 tbr, 1k tbn, 1k tbc
   Stream #0:1: Audio: aac (LC) ([10][0][0][0] / 0x000A), 48000 Hz, stereo, fltp, 127 kb/s
Stream mapping:
  Stream #0:0 -> #0:0 (copy)
  Stream #0:1 -> #0:1 (copy)
Press [q] to stop, [?] for help
frame=273 fps=34 q=-1.0 size=4073kB time=00:00:10.80 bitrate=3088.5kbits/s speed=1.36
```

能够成功地推流与拉流证明设置 rtmp_app 与 rtmp_playpath 起到了作用。

如果认为设置 rtmp_app 与 rtmp_playpath 麻烦，可以省略这两个参数，直接将参数设置在 RTMP 的链接 URL 中，这是建议的方式。

```
ffmpeg -i input.mp4 -c copy -f flv rtmp://publish.chinaffmpeg.com/live/class
```

发布流可以通过这种方式直接发布，其中 live 为发布点，class 为流标识。这条命令执行完成之后，可以看到输出信息如下：

```
Input #0, mov,mp4,m4a,3gp,3g2,mj2, from 'input.mp4':
...... 省略部分打印
Output #0, flv, to 'rtmp://publish.chinaffmpeg.com/live/class':
   Stream #0:0(und): Video: h264 (High) ([7][0][0][0] / 0x0007), yuv420p, 1280x714 [SAR
1:1 DAR 640:357], q=2-31, 2183 kb/s, 25 fps, 25 tbr, 1k tbn, 25k tbc (default)
   Stream #0:1(und): Audio: aac (LC) ([10][0][0][0] / 0x000A), 48000 Hz, stereo, fltp,
120 kb/s (default)

Stream mapping:
  Stream #0:0 -> #0:0 (copy)
  Stream #0:1 -> #0:1 (copy)
```

从输出的内容中可以看到，推流成功，并且推流的信息与使用 **rtmp_app** 和 **rtmp_playpath** 组合的相同，可以通过抓包工具分析验证或者打开 FFmpeg 的 loglevel 来确认。

推流成功后，可以拉流录制看一下。

```
ffmpeg -i rtmp://publish.chinaffmpeg.com/live/class -c copy -f flv output.flv
```

与推流的链接相同，将发布点与流名称同时放在 URL 中进行拉流录制。输出结果如下：

```
Input #0, flv, from 'rtmp://publish.chinaffmpeg.com/live/class':
...... 省略部分打印
Output #0, flv, to 'output.flv':
    Stream #0:0: Video: h264 (High) ([7][0][0][0] / 0x0007), yuv420p(progressive),
1280x714 [SAR 1:1 DAR 640:357], q=2-31, 2576 kb/s, 25 fps, 25 tbr, 1k tbn, 1k tbc
    Stream #0:1: Audio: aac (LC) ([10][0][0][0] / 0x000A), 48000 Hz, stereo, fltp, 127 kb/s
Stream mapping:
  Stream #0:0 -> #0:0 (copy)
  Stream #0:1 -> #0:1 (copy)
Press [q] to stop, [?] for help
```

至此，rtmp_app 与 rtmp_playpath 参数介绍完毕。

3. rtmp_pageurl、rtmp_swfurl、rtmp_tcurl 参数

在 RTMP 的 Connect 命令中包含了很多 Object，这些 Object 中有一个 pageUrl，例如通过页面的 flashplayer 播放。而使用 FFmpeg 发起播放时，默认不会在 Connect 命令中携带 pageUrl 字段。FFmpeg 可以使用 rtmp_pageurl 来设置这个字段，以做标识，这个标识与 HTTP 请求中的 referer 防盗链基本上可以认为作用相同，在 RTMP 服务器中可以根据这个信息进行 referer 防盗链操作。使用 FFmpeg 的 rtmp_pageurl 参数可以设置 pageUrl，例如设置一个 http://www.chinaffmpeg.com：

```
ffmpeg -rtmp_pageurl "http://www.chinaffmpeg.com" -i rtmp://publish.chinaffmpeg.com/
live/class
```

执行这条命令后，使用抓包工具可以看到 Connect 命令中包含了 pageUrl 一项，值为 http://www.chinaffmpeg.com。这个值通过 ffmpeg -rtmp_pageurl 设置生效。

按照这个方式，还可以设置 swfUrl 参数以及 tcUrl 的值。常规的 RTMP 推流与播放直播流时，这些参数均可以设为默认，只有在限制使用 HTML 页面中的 swf 播放器，或者指定必须使用某一个 HTML 页面播放时，这些参数的用处才比较大。

6.2 录制与发布 RTSP 流

提到直播流媒体，RTSP（Real Time Streaming Protocol）曾经为最常见的直播方式，这从它的名字中也可以看出来。虽然互联网中已经大多数转向 RTMP、HTTP+FLV、HLS、MPEG-DASH 等方式，但依然还是有些场景在使用 RTSP，如安防领域。所以这里介绍一下 RTSP。RTSP 标准已经发展到 2.0[①]版本，但 FFmpeg 并未支持，FFmpeg 当前支持的仍然是 RTSP1.0[②]。下面介绍一下 FFmpeg 中 RTSP 支持的参数。RTSP 本身定义了信令，其传输协议并未确定。在当前的实现中，大部分情况下都使用 RTP 来传输数据，但实际上，仍然有 Real Data Transport（RDT）这样的私有传输协议被使用。RTSP 是一个典型的 CS 架构，其基本交互流程如图 6-2 所示。

---

① https://datatracker.ietf.org/doc/html/rfc7826。
② https://datatracker.ietf.org/doc/html/rfc2326。

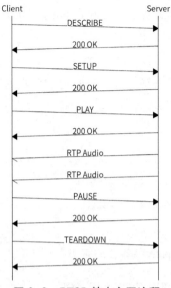

图 6-2 RTSP 基本交互流程

6.2.1 RTSP demuxer 参数介绍

在使用 FFmpeg 处理 RTSP 之前，首先需要了解 RTSP 都有哪些参数，如表 6-2 所示。执行 `ffmpeg -h demuxer=RTSP` 命令后会输出 RTSP 支持的参数。

问题：这里可以看到，RTSP 是以 demuxer 实现的，而 RTMP 是以 protocol 实现的。读者可以考虑一下这两者之间的差异是什么。

表 6-2　FFmpeg 操作 RTSP demuxer 的参数

参数	类型	说明
initial_pause	布尔	建立连接后暂停播放
rtsp_transport	标记	设置以下 RTSP 传输协议 udp：UDP tcp：TCP udp_multicast：UDP 多播协议 http：HTTP 隧道 https：HTTPS 隧道
rtsp_flags	标记	RTSP 使用以下标记 filter_src：只接收指定 IP 的流 listen：设置为被动接收模式，可见 FFmpeg 也支持 RTSP 的 Server 模式 prefer_tcp：TCP 亲和模式，如果 TCP 可用，首选 TCP 传输 satip_raw：输出原始的 MPEG-TS 流，而不是 demuxing
allowed_media_types	标记	设置允许接收以下数据模式，默认全部开启 video：只接收视频 audio：只接收音频 data：只接收数据 subtitle：只接收字幕

参数	类型	说明
min_port	整数	设置最小本地 UDP 端口，默认为 5000
max_port	整数	设置最大本地 UDP 端口，默认为 65000
listen_timeout	整数	设置最大的超时时间（秒），以等待进入的连接（−1 是无限的）
timeout	整数	设置 socket I/O 操作的超时时间
reorder_queue_size	整数	设置录制数据 Buffer 的大小
buffer_size	整数	设置底层传输包 Buffer 的大小
user-agent	字符串	用户客户端标识

从参数列表中看出，RTSP 可以有多种传输方式，不仅可以通过 UDP，还可以通过 TCP、HTTP 隧道等（由于互联网都是基于 HTTP 的，使用 HTTP 隧道有时可以大大减少穿越防火墙的困扰）。下面根据上述参数进行举例说明。

6.2.2 RTSP demuxer 参数使用举例

使用 RTSP 拉流时，时常会遇到因为采用 UDP 方式而导致拉流丢包异常。所以当链路不可靠，而实际又对可靠性要求比较高的时候，可以采用 TCP 方式拉流。但需要注意，虽然 TCP 保证了可靠性，但在网络抖动，特别是有丢包的场景下，TCP 链路的可用带宽会下降很多。

1. 以 TCP 方式录制 RTSP 直播流

FFmpeg 默认使用的拉取 RTSP 流方式为 UDP 传输方式，为了避免丢包导致的花屏、绿屏、灰屏、马赛克等问题，可以考虑将 UDP 改为 TCP 方式。

```
ffmpeg -rtsp_transport tcp -i rtsp://47.90.47.25/test.ts -c copy -f mp4 output.mp4
```

输出如下：

```
Input #0, rtsp, from 'rtsp://47.90.47.25/test.ts':
  Duration: N/A, start: 1.441667, bitrate: N/A
  Program 1
    Stream #0:0: Video: h264 (High) ([27][0][0][0] / 0x001B), yuv420p(progressive),
640x360 [SAR 1:1 DAR 16:9], 24 fps, 24 tbr, 90k tbn, 48 tbc
    Stream #0:1(und): Audio: aac (LC) ([15][0][0][0] / 0x000F), 48000 Hz, stereo, fltp, 6 kb/s
  Output #0, mp4, to 'output.mp4':
    Stream #0:0: Video: h264 (High) ([33][0][0][0] / 0x0021), yuv420p(progressive),
640x360 [SAR 1:1 DAR 16:9], q=2-31, 24 fps, 24 tbr, 90k tbn, 90k tbc
    Stream #0:1(und): Audio: aac (LC) ([64][0][0][0] / 0x0040), 48000 Hz, stereo, fltp, 6 kb/s
  Stream mapping:
  Stream #0:0 -> #0:0 (copy)
  Stream #0:1 -> #0:1 (copy)
Press [q] to stop, [?] for help
frame=204 fps=45 q=-1.0 Lsize=1286kB time=00:00:08.42 bitrate=1250.5kbits/s speed=1.88x
```

从输出的内容可以看到，FFmpeg 正在从 RTSP 服务器中读取 test.ts 数据，并且将其录制到本地文件 output.mp4 中。

在 RTSP 录制流建立连接时，可以通过抓取网络传输的包看到交互内容。内容如下：

```
OPTIONS rtsp://47.90.47.25:554/test.ts RTSP/1.0
CSeq: 1
```

```
User-Agent: Lavf57.71.100

RTSP/1.0 200 OK
CSeq: 1
Date: Thu, Jul 20 2017 11:20:50 GMT
Public: OPTIONS, DESCRIBE, SETUP, TEARDOWN, PLAY, PAUSE, GET_PARAMETER, SET_PARAMETER
```

以上内容为 RTSP 标准中查询 RTSP 服务器所支持的方法。从列表中可以看到，该 RTSP 支持 OPTIONS、DESCRIBE、SETUP、TEARDOWN、PLAY、PAUSE、GET_PARAMETER、SET_ PARAMETER 方法。查询完成之后，继续进入下一步。

```
DESCRIBE rtsp://47.90.47.25:554/test.ts RTSP/1.0
Accept: application/sdp
CSeq: 2
User-Agent: Lavf57.71.100

RTSP/1.0 200 OK
CSeq: 2
Date: Thu, Jul 20 2017 11:32:24 GMT
Content-Base: rtsp://47.90.47.25/test.ts/
Content-Type: application/sdp
Content-Length: 391

v=0
o=- 1500550344674887 1 IN IP4 47.90.47.25
s=MPEG Transport Stream, streamed by the LIVE555 Media Server
i=test.ts
t=0 0
a=tool:LIVE555 Streaming Media v2017.05.29
a=type:broadcast
a=control:*
a=range:npt=0-
a=x-qt-text-nam:MPEG Transport Stream, streamed by the LIVE555 Media Server
a=x-qt-text-inf:test.ts
m=video 0 RTP/AVP 33
c=IN IP4 0.0.0.0
b=AS:5000
a=control:track1
```

从协议中的内容可以看到，FFmpeg 与服务器之间又发起了 DESCRIBE 操作，且使用了 SDP 格式来描述信令相关信息。RTSP 服务器返回了流数据的描述，数据为视频数据，编码为 H.264 格式，通过 RTP 进行传输。接下来进入下一步。

```
SETUP rtsp://47.90.47.25/test.ts/ RTSP/1.0
Transport: RTP/AVP/TCP;unicast;interleaved=0-1
CSeq: 3
User-Agent: Lavf57.71.100

RTSP/1.0 200 OK
CSeq: 3
Date: Thu, Jul 20 2017 11:32:24 GMT
Transport: RTP/AVP/TCP;unicast;destination=218.241.251.147;source=47.90.47.25;
interleaved=0-1
Session: 216B4503;timeout=65
```

从协议内容中可以看到，这一步为设置（SETUP）操作，建立会话，以后的交互都将通过这个会话（Session）进行标识。得到 Session 之后继续进入下一步。

```
PLAY rtsp://47.90.47.25/test.ts/ RTSP/1.0
Range: npt=0.000-
CSeq: 4
```

```
User-Agent: Lavf57.71.100
Session: 216B4503

RTSP/1.0 200 OK
CSeq: 4
Date: Thu, Jul 20 2017 11:32:24 GMT
Range: npt=0.000-
Session: 216B4503
RTP-Info: url=rtsp://47.90.47.25/test.ts/track1;seq=7095;rtptime=3592490952
```

得到 Session 之后，带着这个 Session 发起 PLAY 操作，收到 RTSP 服务器的 OK 状态，即可以进入接收视频数据这一步，也就是播放操作或者录制操作等。如果希望退出播放或者停止录制，则可以使用 TEARDOWN 操作。

```
TEARDOWN rtsp://47.90.47.25/test.ts/ RTSP/1.0
CSeq: 5
User-Agent: Lavf57.71.100
Session: 216B4503

RTSP/1.0 200 OK
CSeq: 5
Date: Thu, Jul 20 2017 11:32:26 GMT
```

从协议内容中可以看到，接收数据的时候使用了 TEARDOWN，服务器关闭了 Session，整个会话结束。

2. 设置 User-Agent 参数

为了在访问的时候区分是否是自己访问的流，可以通过 user-agent 设置一个容易辨识的 User-Agent 做标识。下面是一个设置 User-Agent 进行访问的例子。

```
ffmpeg -user_agent "ChinaFFmpeg-Player" -i rtsp://input:554/live/1/stream.sdp -c copy
-f mp4 -y output.mp4
```

执行这条命令之后即设置了 User-Agent，抓包后并分析过程时可以看到包中的 User-Agent 已经设置生效。

```
OPTIONS rtsp://47.90.47.25:554/test.ts RTSP/1.0
CSeq: 1
User-Agent: ChinaFFmpeg-Player

RTSP/1.0 200 OK
CSeq: 1
Date: Thu, Jul 20 2017 11:35:12 GMT
Public: OPTIONS, DESCRIBE, SETUP, TEARDOWN, PLAY, PAUSE, GET_PARAMETER, SET_PARAMETER
```

从协议内容中可以看到，User-Agent 已经被设置为 ChinaFFmpeg-Player，以后访问 RTSP 的时候如果加上这个 User-Agent，即可判断为是本次访问。

6.2.3 RTSP demuxer/muxer 的一些小说明

因为 RSTP demuxer 可以支持 UDP 或者 TCP 传输数据，当通过 UDP 接收数据时，解封装器会尝试对收到的数据包重新排序（因为它们可能不按顺序到达，或者数据包完全丢失）。这可以通过将最大的解封装延迟设置为 0 来禁用该功能，这样可以控制 RTSP demuxer 带来的延迟（通过设置 AVFormatContext 的 max_delay 字段）。下面是一个通过 UDP 观看 RTSP 流，且设置最大重排延迟为 0.5 秒的例子。

```
ffplay -max_delay 500000 -rtsp_transport udp rtsp://server/video.mp4
```

另外，当用 ffplay 观看多码率的 Real-RTSP 流时，可以用-vst n 和-ast n 选项分别选择要处理的视频和音频流，并可以通过 v 键和 a 键实时切换。

除了主动拉 RTSP 的流以外，RTSP demuxer 也支持被动监听[①]模式，这样使得 FFmpeg 可以作为一个代理，接收 RTSP 的推流并转推其他格式。下面是一个被动接收 RTSP 流的例子。

```
ffmpeg -rtsp_flags listen -i rtsp://localhost/live.sdp test.flv
```

在熟悉了 FFmpeg 的 RTSP demuxer 之后，FFmpeg 的 RTSP muxer 的选项和功能基本上就没有什么问题了，这里不详述。

6.3　录制 HTTP 流

在流媒体服务当中，HTTP 服务最为常见，尤其是点播。当然，直播也支持 HTTP 服务，例如使用 HTTP 传输 FLV、TS 直播流，或者使用 HTTP 传输使用 M3U8 及 TS 文件的 HLS 格式等。

6.3.1　HTTP 参数说明

在 FFmpeg 中进行流媒体的传输，无论是直播还是点播，均可以采用 HTTP。而 FFmpeg 既可以作为播放器，也可以作为服务器使用，针对 HTTP 有很多参数可以使用。FFmpeg 中 HTTP 支持的参数如表 6-3 所示。

表 6-3　FFmpeg 操作 HTTP 的参数

参数	类型	说明
seekable	布尔	设置 HTTP 链接为可以进行 seek 操作
chunked_post	布尔	使用 chunked 模式传输数据
http_proxy	字符串	设置 HTTP 代理传输数据
headers	字符串	自定义 HTTP Header 数据
content_type	字符串	设置传输的内容类型
user_agent	字符串	设置 HTTP 请求客户端信息
multiple_requests	布尔	HTTP 长连接开启
post_data	二进制数据	设置将要传输的数据
cookies	字符串	设置 HTTP 请求时写代码的 Cookies
icy[②]	布尔	请求 ICY 元数据，默认打开
auth_type	整数	HTTP 验证类型设置，支持 none 和 basic
send_expect_100	布尔	强制为 POST 发送 Expect: 100-continue 标头
location	字符串	收到的数据的实际位置
offset	整数	初始化 HTTP 请求时的偏移位置

[①] FFmpeg 也有一个 rtmp 的"监听"选项，所以它可以通过这种方式从一个客户端接收 RTMP 流。
[②] icy 起初被称为"I Can Yell"，它是一个简单的协议，使用 HTTP 分发流媒体音频内容，同时在 HTTP 头中看到很多"icy"开头的标签。有时也称为 ICY 协议。

续表

参数	类型	说明
end_offset	整数	尝试将请求限制在该偏移量之前的字节上
method	字符串	发起 HTTP 请求时使用的 HTTP 的方法
reconnect	布尔	在 EOF 之前断开发起重连
reconnect_at_eof	布尔	在得到 EOF 时发起重连
reconnect_on_network_error	布尔	在连接过程中出现 TCP/TLS 错误时自动重新连接
reconnect_on_http_error	字符串	在重连时列出 HTTP 状态代码列表
reconnect_streamed	布尔	自动重新连接流式或不可 seek 的流
reconnect_delay_max	整型	最大的重新连接延迟（为 0~4294，默认为 120），以秒为单位，之后放弃
reply_code	整数	作为 HTTP 服务时给客户端的反馈状态码
listen	整型	listen 模式，取值为 0~2
resource	字符串	客户端请求的资源
short_seek_size	整型	seek 的阈值

关于 FFmpeg 的 HTTP 参数均已在表中列出，例如设置 HTTP 请求时的 HTTP 头、UserAgent 信息等。上述参数均是 FFmpeg 作为播放器或服务器时的常用参数。

6.3.2 HTTP 参数举例

从参数列表中可以看到，FFmpeg 的 HTTP 既可以作为客户端使用，又可以作为服务端使用，但作为客户端使用的场景更多，所以本小节专门针对客户端使用进行举例。

1. seekable 参数举例

在使用 FFmpeg 打开直播或者点播文件时，可以通过 seek 进行播放进度移动、定位等操作。

注意：对于 seek 的操作，需要 HTTP 服务器端的支持。

```
ffmpeg -ss 300 -seekable 0 -i http://bbs.chinaffmpeg.com/test.ts -c copy output.mp4
```

当 seekable 设置为 0 时，FFmpeg 的参数 ss 指定 seek 的时间位置。而因为 seekable 参数是 0，所以会一直处于阻塞状态。下面这条命令则会出现另一种情况。

```
ffmpeg -ss 30 -seekable 1 -i http://bbs.chinaffmpeg.com/test.ts -c copy -y output.mp4
```

seekable 设置为 1，命令执行后输出如下：

```
Input #0, mpegts, from 'http://bbs.chinaffmpeg.com/test.ts':
  Duration: 02:22:50.15, start: 1.441667, bitrate: 1066 kb/s
  Program 1
    Stream #0:0[0x100]: Video: h264 (High) ([27][0][0][0] / 0x001B), yuv420p
(progressive), 640x360 [SAR 1:1 DAR 16:9], 24 fps, 24 tbr, 90k tbn, 48 tbc
    Stream #0:1[0x101](und): Audio: aac (LC) ([15][0][0][0] / 0x000F), 48000 Hz, stereo,
fltp, 178 kb/s
  Output #0, mp4, to 'output.mp4':
    Stream #0:0: Video: h264 (High) ([33][0][0][0] / 0x0021), yuv420p(progressive),
640x360 [SAR 1:1 DAR 16:9], q=2-31, 24 fps, 24 tbr, 90k tbn, 90k tbc
    Stream #0:1(und): Audio: aac (LC) ([64][0][0][0] / 0x0040), 48000 Hz, stereo, fltp,
178 kb/s
```

```
Stream mapping:
  Stream #0:0 -> #0:0 (copy)
  Stream #0:1 -> #0:1 (copy)
Press [q] to stop, [?] for help
frame= 634 fps= 82 q=-1.0 size= 2419kB time=00:00:26.66 bitrate= 743.1kbits/s speed=3.46x
```

因为 seekable 设置为 1，FFmpeg 可以对 HTTP 服务进行 seek 操作，自然不会有任何异常。

2. headers 参数举例

在使用 FFmpeg 拉取 HTTP 数据时，很多时候需要自己设置 HTTP 的 Header，如使用 HTTP 传输时在 Header 中设置 referer 字段等操作。下面举一个设置 referer 参数的例子。

```
ffmpeg -headers "referer: http://bbs.chinaffmpeg.com/index.html" -i http://play.
chinaffmpeg.com/live/class.flv -c copy -f flv -y output.flv
```

这条命令执行后，即可在 HTTP 传输时在头中增加 referer 字段，使用 Wireshark 抓包可以看到详细信息。

```
GET /live/class.flv HTTP/1.1
User-Agent: Lavf/57.71.100
Accept: */*
Range: bytes=0-
Connection: close
Host: play.chinaffmpeg.com
Icy-MetaData: 1
referer: http://bbs.chinaffmpeg.com/index.html

HTTP/1.1 200 OK
Server: gosun-cdn-server/1.0.3
Date: Wed, 19 Jul 2017 07:44:36 GMT
Content-Type: video/x-flv
Transfer-Encoding: chunked
Connection: close
session_id: 5d39f1d55180620d5003881609164da4
C4H-Cache: sr006.gwbn-bjbj-01.c4hcdn.cn
Access-Control-Allow-Origin: *
```

如抓包信息中所示，在 HTTP 的 Header 中增加了 referer 字段，referer 的值为 http://bbs.chinaffmpeg.com/index.html。可见设置的 HTTP 的 headers 信息已经成功。

3. user_agent 参数设置

在使用 FFmpeg 进行 HTTP 连接时，HTTP 服务器端会对连接的客户端进行记录与区分，例如使用的是 IE 浏览器还是 FireFox 浏览器，又或者是 Chrome 浏览器，均可以记录。在流媒体中，常见的 User-Agent 还包括 Android 的 StageFright 与 iOS 的 QuickTime 等。而 FFmpeg 在进行 HTTP 连接时，所使用的 User-Agent 也有自己的特殊标识。FFmpeg 连接 HTTP 时采用的默认 User-Agent 如下：

```
GET /live/class.flv HTTP/1.1
User-Agent: Lavf/57.71.100
Accept: */*
Range: bytes=0-
Connection: close
Host: play.chinaffmpeg.com
Icy-MetaData: 1
```

从协议包中可以看到，FFmpeg 使用的默认 User-Agent 为 Lavf。在使用 FFmpeg 连接 HTTP 时，为了标明 FFmpeg 是自己的，可以设置参数 user_agent，从而起到区分的作用。

```
ffmpeg -user_agent "LiuQi's Player" -i http://bbs.chinaffmpeg.com/1.flv
```

命令执行后，User-Agent 即被设置为 LiuQi's Player。执行后的效果如下：

```
GET /live/class.flv HTTP/1.1
User-Agent: LiuQi's Player
Accept: */*
Range: bytes=0-
Connection: close
Host: play.chinaffmpeg.com
Icy-MetaData: 1
```

从协议包中可以看到，执行效果与预期相同，User-Agent 设置成功。

4. HTTP 拉流录制

粗略了解了 HTTP 参数后，接下来即可对 HTTP 服务器中的流媒体进行录制。不仅可以录制，还可以进行转封装，例如从 HTTP 传输的 FLV 直播流录制为 HLS（M3U8）、MP4、FLV 等，只要录制的封装格式支持流媒体中包含的音视频编码，就可以进行拉流录制。下面是拉取不同 HTTP 中的流录制 FLV 的一些例子。

- 拉取 FLV 直播流录制为 FLV。

```
ffmpeg -i http://bbs.chinaffmpeg.com/live.flv -c copy -f flv output.flv
```

- 拉取 TS 直播流录制为 FLV。

```
ffmpeg -i http://bbs.chinaffmpeg.com/live.ts -c copy -f flv output.flv
```

- 拉取 HLS 直播流录制为 FLV。

```
ffmpeg -i http://bbs.chinaffmpeg.com/live.m3u8 -c copy -f flv output.flv
```

通过上述 3 个例子可以看到，转封装录制的输出相同，输入略有差别，但均为 HTTP 传输协议的直播流。

6.4 录制与发布 UDP/TCP 流

FFmpeg 不仅支持 RTMP、HTTP 这类高层协议，同样支持 UDP、TCP 这类较为底层的协议，而且可以支持 UDP、TCP 流媒体的录制与发布。下面是 FFmpeg 中 TCP 与 UDP 的相关支持参数。

6.4.1 TCP 与 UDP 参数

对于 TCP 与 UDP 操作，FFmpeg 可以支持很多参数进行组合，如表 6-4、表 6-5 所示。可以通过命令行 ffmpeg --help full 或者 ffmpeg -h protocol=udp、ffmpeg -h protocol=udp 查看 FFmpeg 支持的 UDP 与 TCP 的参数。

表 6-4　TCP 参数列表

参数	类型	说明
listen	整数	作为 Server 时监听 TCP 的端口
timeout	整数	获得数据超时时间（微秒）

续表

参数	类型	说明
listen_timeout	整数	作为 Server 时监听 TCP 端口超时时间（毫秒）
send_buffer_size	整数	通过 socket 发送的 buffer 大小
recv_buffer_size	整数	通过 socket 读取的 buffer 大小
tcp_nodelay	布尔	使用 TCP_NODELAY 关闭 nagle 算法

表 6-5   UDP 参数列表

参数	类型	说明
buffer_size	整数	系统数据 buffer 大小
bitrate	整数	发送的码率
localport/local_port	整数	本地端口
localaddr	整数	本地地址
pkt_size	整数	最大 UDP 数据包大小
reuse/reuse_socket	布尔型	UDP socket 复用
broadcast	布尔型	广播模式开启与关闭
ttl	整数	多播时配合使用的存活时间
connect	布尔	表示 socket 的 connect()函数是否被调用
fifo_size	整数	管道大小
overrun_nonfatal	布尔	在 UDP 接收循环缓冲区溢出的情况下存活
timeout	整数	设置数据传输的超时时间
sources	字符串	多播源地址
block	字符串	多播被阻塞的地址

从参数列表中可以看到，FFmpeg 既支持 TCP、UDP 作为客户端，又支持其作为服务器端。下面举几个使用 UDP、TCP 的例子。

6.4.2 TCP/UDP 参数使用举例

使用 FFmpeg 既可以进行 TCP 的监听，也可以进行 TCP 链接请求，使用 TCP 监听与请求可以为对称方式。下面举几个例子。

1. TCP 监听接收流

根据列表中介绍的 TCP 端口监听模式，使用方式如下：

```
ffmpeg -listen 1 -f flv -i tcp://127.0.0.1:1234/live/stream -c copy -f flv output.flv
```

执行命令后，FFmpeg 会进入端口监听模式，等待客户端连接到本地的 1234 端口。

2. TCP 请求发布流

FFmpeg 通过 TCP 请求发布流的使用方式如下：

```
ffmpeg -re -i input.mp4 -c copy -f flv tcp://127.0.0.1:1234/live/stream
```

前面介绍的 TCP 监听端口为 1234，这里请求的端口即为 1234，并且输出的格式指定为 FLV，因为 TCP 监听接收流时指定了接收 FLV 格式的流。这条命令执行后的输出如下：

```
Input #0, mov,mp4,m4a,3gp,3g2,mj2, from 'input.mp4':
......省略部分输出
Output #0, flv, to 'tcp://127.0.0.1:1234/live/stream':
    Stream #0:0(und): Video: h264 (High) ([7][0][0][0] / 0x0007), yuv420p, 1280x714 [SAR
1:1 DAR 640:357], q=2-31, 2183 kb/s, 25 fps, 25 tbr, 1k tbn, 25k tbc (default)
    Stream #0:1(und): Audio: aac (LC) ([10][0][0][0] / 0x000A), 48000 Hz, stereo, fltp,
120 kb/s (default)

Stream mapping:
  Stream #0:0 -> #0:0 (copy)
  Stream #0:1 -> #0:1 (copy)
Press [q] to stop, [?] for help
frame=  128 fps= 25 q=-1.0 size= 1544kB time=00:00:05.08 bitrate=2489.8kbits/s speed=   1x
```

输出成功，推流成功，推流格式为 FLV，推流地址为 tcp://127.0.0.1:1234/live/stream。

当发布流成功后，在端口监听一端同样也会有数据的输出。因为在前面介绍端口监听时，输入为 FLV 格式，输出为 output.flv，所以可以在监听一端看到输出信息。

```
Input #0, flv, from 'tcp://127.0.0.1:1234/live/stream':
  Duration: 00:00:00.00, start: 0.000000, bitrate: N/A
    Stream #0:0: Video: h264 (High), yuv420p(progressive), 1280x714 [SAR 1:1 DAR 640:357],
2183 kb/s, 25 fps, 25 tbr, 1k tbn, 50 tbc
    Stream #0:1: Audio: aac (LC), 48000 Hz, stereo, fltp, 120 kb/s
File 'output.flv' already exists. Overwrite ? [y/N] y
Output #0, flv, to 'output.flv':
    Stream #0:0: Video: h264 (High) ([7][0][0][0] / 0x0007), yuv420p(progressive),
1280x714 [SAR 1:1 DAR 640:357], q=2-31, 2183 kb/s, 25 fps, 25 tbr, 1k tbn, 1k tbc
    Stream #0:1: Audio: aac (LC) ([10][0][0][0] / 0x000A), 48000 Hz, stereo, fltp, 120 kb/s
Stream mapping:
  Stream #0:0 -> #0:0 (copy)
  Stream #0:1 -> #0:1 (copy)
Press [q] to stop, [?] for help
frame=  250 fps= 76 q=-1.0 Lsize= 2826kB time=00:00:09.98 bitrate=2318.6kbits/s speed=3.02x
```

当监听 TCP 时指定格式与 TCP 客户端连接所发布的格式相同时均正常，如果 TCP 监听的输入格式与 TCP 客户端连接时所发布的格式不同，将会出现解析格式异常。例如将请求发布流时的格式改为 MPEG-TS 格式，监听端将无法正常解析格式而处于"无动于衷"的状态。

3. 监听端口超时

在监听端口时，默认处于持续监听状态，通过使用 listen_timeout 可以设置指定时间长度的监听超时。例如设置 5 秒超时时间，到达超时时间则退出监听。

```
time ffmpeg -listen_timeout 5000 -listen 1 -f flv -i tcp://127.0.0.1:1234/live/stream
-c copy -f flv output.flv
```

命令执行后输出信息如下：

```
tcp://127.0.0.1:1234/live/stream: Operation timed out
real    0m5.350s
user    0m0.011s
sys 0m0.010s
```

从输出的内容中可以看到，超时时间为 5 秒，5 秒未收到任何请求则自动退出监听。

4. TCP 拉流超时参数

使用 TCP 拉取直播流时常常会遇到 TCP 服务器端没有数据却不主动断开连接，导致客户端持续处于连接状态，通过设置 timeout 参数可以解决这个问题。例如，拉取一个 TCP 服务器中的流数据，超过 20 秒没有数据则退出。实现方式如下：

```
time ffmpeg -timeout 20000000 -i tcp://192.168.100.179:1935/live/stream -c copy -f flv
output.flv
```

这条命令设置超时时间为 20 秒，连接 TCP 拉取端口 1935 的数据，如果超过 20 秒没有收到数据则自动退出。命令执行后的效果如下：

```
tcp://192.168.100.179:1935/live/stream: Operation timed out

real    0m20.988s
user    0m0.010s
sys 0m0.016s
```

从输出的内容中可以看到，命令执行耗时时长为 20 秒，设置超时时间生效。

5. TCP 传输 buffer 大小设置

在 TCP 参数列表中可以看到 send_buffer_size 与 recv_buffer_size 参数，这两个参数的作用为设置 TCP 传输时接收和发送 buffer 的大小，buffer 设置得越小，传输越频繁，其开销越大，但同时，延迟会小一些。

```
ffmpeg -re -i input.mp4 -c copy -send_buffer_size 256 -f flv tcp://192.168.100.179:1234/
live/stream
```

执行这条命令后输出速度将会变慢，因为数据发送的 buffer 大小变成了 256，数据发送的频率变大，并且次数变多，网络开销也变大，所以速度变慢。命令执行后相关的输出信息如下：

```
Input #0, mov,mp4,m4a,3gp,3g2,mj2, from 'input.mp4':
  Duration: 00:45:02.06, start: 0.000000, bitrate: 2708 kb/s
    Stream #0:0(und): Video: h264 (High) (avc1 / 0x31637661), yuv420p, 1280x714 [SAR 1:1
DAR 640:357], 2576 kb/s, 25 fps, 25 tbr, 25k tbn, 50 tbc (default)
    Stream #0:1(und): Audio: aac (LC) (mp4a / 0x6134706D), 48000 Hz, stereo, fltp, 127
kb/s (default)
Output #0, flv, to 'tcp://47.90.47.25:1234/live/stream':
    Stream #0:0(und): Video: h264 (High) ([7][0][0][0] / 0x0007), yuv420p, 1280x714 [SAR
1:1 DAR 640:357], q=2-31, 2576 kb/s, 25 fps, 25 tbr, 1k tbn, 25k tbc (default)
    Stream #0:1(und): Audio: aac (LC) ([10][0][0][0] / 0x000A), 48000 Hz, stereo, fltp,
127 kb/s (default)
Stream mapping:
  Stream #0:0 -> #0:0 (copy)
  Stream #0:1 -> #0:1 (copy)
Press [q] to stop, [?] for help
```

从 FFmpeg 执行过程的内容中可以看到速度降低了，不仅仅是输出速度降低了，输出帧率也降低了。验证的情况如下，直接用 time 命令可以看到，设置 send_buffer_size 为 256 前后的传输时长对照如图 6-3、图 6-4 所示。

```
real    0m0.578s
user    0m0.117s
sys     0m0.166s
```

```
real    0m21.242s
user    0m0.148s
sys     0m0.227s
```

图 6-3   send_buffer_size 使用默认值的传输时长   图 6-4   send_buffer_size 使用 256 的传输时长

可以看到，设置 send_buffer_size 为 256 之后，其传输时长远大于默认情况下的时长。在接收 TCP 数据时同样可以使用 recv_buffer_size 设置读取 buffer 的大小，在这里就不再列举更加详细的示例，参考使用 send_buffer_size 的方式进行验证即可。

6. UDP 连接指定本地端口

使用 FFmpeg 的 UDP 传输数据时，默认会由系统分配本地端口，使用 localport 参数时可以设置监听本地端口。

```
ffmpeg -re -i input.mp4 -c copy -localport 23456 -f flv udp://192.168.100.179:1234/
live/stream
```

命令执行后可以看到相关输出如下：

```
Input #0, mov,mp4,m4a,3gp,3g2,mj2, from 'input.mp4':
  Duration: 00:00:10.01, start: 0.000000, bitrate: 2309 kb/s
    Stream #0:0(und): Video: h264 (High) (avc1 / 0x31637661), yuv420p, 1280x714 [SAR 1:1
DAR 640:357], 2183 kb/s, 25 fps, 25 tbr, 25k tbn, 50 tbc (default)
    Stream #0:1(und): Audio: aac (LC) (mp4a / 0x6134706D), 48000 Hz, stereo, fltp, 120
kb/s (default)
  Output #0, flv, to 'udp://192.168.100.179:1234/live/stream':
    Stream #0:0(und): Video: h264 (High) ([7][0][0][0] / 0x0007), yuv420p, 1280x714 [SAR
1:1 DAR 640:357], q=2-31, 2183 kb/s, 25 fps, 25 tbr, 1k tbn, 25k tbc (default)
    Stream #0:1(und): Audio: aac (LC) ([10][0][0][0] / 0x000A), 48000 Hz, stereo, fltp,
120 kb/s (default)
  Stream mapping:
    Stream #0:0 -> #0:0 (copy)
    Stream #0:1 -> #0:1 (copy)
  Press [q] to stop, [?] for help
  frame=141 fps=25 q=-1.0 size=1720kB time=00:00:05.60 bitrate=2516.1kbits/s speed= 1x
```

输出时可以使用 netstat 查看，也可以使用 Wireshark 抓取 UDP 包进行确认。UDP 的 Source Port 已经成功设置为 23456，可见 localport 参数设置生效。UDP 传输在不可控的网络场景下面临丢包、乱序等问题，这使得它并不适合在这些场景下使用。如果必须用在这些场景下，可以使用 RTP 或者带 FEC 功能的 UDP/RTP（RTP with SMPTE 2022 FEC）传输来解决。

除了上面提及的 UDP、RTP 传输方式以外，如 Andrew Tanenbaum 所说的"The nice thing about standards is that there are so many to choose from. And if you do not like any of them, just wait a year or two"。一些新的基于 UDP 的传输协议陆续出现，典型的如 SRT（Secure Reliable Transport）[1]和 RIST（Reliable Internet Stream Transport）[2]等协议，一方面，这些新的协议解决了基于 UDP 的可靠性问题，实现乱序重排，并使得链路传输的延迟很低，背后无一例外是使用了基于 NACK 的重传。另一方面，它们带来了诸如多链路、加密、NAT 穿越等新特性。如果大家有兴趣，可以参考相应链接。

6.4.3 TCP/UDP 使用小结

FFmpeg 的 TCP 与 UDP 传输常见于 TCP 或者 UDP 的网络裸传输场景，例如很多编码器常用的传输方式为 UDP 传输 MPEG-TS 流，可以通过 FFmpeg 进行相关的功能支持。TCP 同理。不过使用 FFmpeg 进行 TCP 与 UDP 传输的功能还在不断更新中，可以根据本节介绍的方法持续关注与尝试。另外，一般而言，除非已经明确知晓要使用 TCP 或 UDP 这种比较底层协议的场景，更多情况下还是建议使用前面介绍的上层流媒体传输协议。

---

① SRT 提供类似于 TCP 的连接和控制、可靠传输。然而它在应用层实现，使用 UDP 作为底层传输层。它支持数据包恢复，同时保持低延迟（默认为 120 毫秒）。SRT 还支持使用 AES 进行加密，该协议来源于 UDT 项目，利用类似的方法保证可靠地提供连接管理、序列号管理、确认和丢包重传，且使用选择性和即时性（基于 NACK）的重传。

② RIST 是一个开源的、开放规范的传输协议，旨在通过有损网络（包括互联网）以低延迟进行高质量可靠的视频传输。它和 SRT 想解决的问题类似。其业界进展和技术讨论的网址位于 https://www.rist.tv。

6.5 多路流输出

早期 FFmpeg 在转码后输出直播流时并不支持一次编码后同时输出多路直播流，需要使用管道方式输出。而在新版本的 FFmpeg 中已经支持 tee 文件封装及协议输出，可以使用 tee 进行多路流输出。本节介绍以管道方式输出多路流与以 tee 协议输出方式输出多路流。

6.5.1 管道方式输出多路流

在前面章节介绍过使用 FFmpeg 进行编码与转封装，编码消耗的资源比较多，转封装相对较少。而在很多时候只需要转一次编码并输出多个不同的封装，早期 FFmpeg 本身并不支持这么做，尤其是一次转码输出多路 RTMP 流等操作，而是使用系统管道的方式进行操作。方式如下：

```
ffmpeg -i input -acodec aac -vcodec libx264 -f flv - | ffmpeg -f mpegts -i - -c copy
output1 -c copy output2 -c copy output3
```

从命令格式中可以看到，音频编码为 AAC，视频编码为 libx264，输出格式为 FLV，然后输出为 "-"，它代表标准输出（Standard Output），输出之后通过管道传给另一条 FFmpeg 命令。另一条 FFmpeg 命令直接执行对 Codec 的 copy 即可实现一次编码、多路输出。

```
ffmpeg -i input.mp4 -vcodec libx264 -acodec aac -f flv - | ffmpeg -f flv -i - -c copy
-f flv rtmp://publish.chinaffmpeg.com/live/stream1 -c copy -f flv rtmp://publish.chinaffmpeg.
com/live/stream2
```

这条命令执行后，将会在 RTMP 服务器 192.168.100.179 中包含两路直播流，一路为 stream1，另外一路为 stream2，两路直播流的信息相同。下面用 FFmpeg 验证一下。

```
ffmpeg -i rtmp://publish.chinaffmpeg.com/live/stream1  -i rtmp://publish.chinaffmpeg.
com/live/stream2
```

命令执行后效果如下：

```
Input #0, flv, from 'rtmp://publish.chinaffmpeg.com/live/stream1':
  Duration: 00:00:00.00, start: 0.080000, bitrate: N/A
    Stream #0:0: Audio: aac (LC), 48000 Hz, stereo, fltp, 128 kb/s
    Stream #0:1: Video: h264 (High), yuv420p(progressive), 1280x714 [SAR 1:1 DAR 640:357],
25 fps, 25 tbr, 1k tbn, 50 tbc
  Input #1, flv, from 'rtmp://publish.chinaffmpeg.com/live/stream2':
  Duration: 00:00:00.00, start: 0.080000, bitrate: N/A
    Stream #1:0: Audio: aac (LC), 48000 Hz, stereo, fltp, 128 kb/s
    Stream #1:1: Video: h264 (High), yuv420p(progressive), 1280x714 [SAR 1:1 DAR 640:357],
25 fps, 25 tbr, 1k tbn, 50 tbc
```

如输出内容所示，两路直播流信息基本一样，因为在编码推流时采用的是一次编码、多路输出的方式。

6.5.2 tee 封装格式输出

FFmpeg 支持 tee 封装格式输出，可以使用 -f tee 方式指定输出格式。下面看一下 tee 封装格式一次编码、多路输出的方式。

```
ffmpeg -re -i input.mp4 -vcodec libx264 -acodec aac -map 0 -f tee "[f=flv]rtmp://publish.
chinaffmpeg.com/live/stream1 | [f=flv]rtmp:// publish.chinaffmpeg.com/live/stream2"
```

命令执行后，FFmpeg 只会执行一次编码即可输出 tee 封装格式，格式中包含两个 FLV 格式的 RTMP 流，一路为 stream1，另一路为 stream2。执行后输出信息如下：

```
Input #0, mov,mp4,m4a,3gp,3g2,mj2, from 'input.mp4':
  Duration: 00:45:02.06, start: 0.000000, bitrate: 2708 kb/s
    Stream #0:0(und): Video: h264 (High) (avc1 / 0x31637661), yuv420p, 1280x714 [SAR 1:1
DAR 640:357], 2576 kb/s, 25 fps, 25 tbr, 25k tbn, 50 tbc (default)
      Stream #0:1(und): Audio: aac (LC) (mp4a / 0x6134706D), 48000 Hz, stereo, fltp, 127
kb/s (default)
  Stream mapping:
    Stream #0:0 -> #0:0 (h264 (native) -> h264 (libx264))
    Stream #0:1 -> #0:1 (aac (native) -> aac (native))
  Press [q] to stop, [?] for help
  [libx264 @ 0x7fa130001800] using SAR=1/1
  [libx264 @ 0x7fa130001800] using cpu capabilities: MMX2 SSE2Fast SSSE3 SSE4.2 AVX
  [libx264 @ 0x7fa130001800] profile High, level 3.1
  Output #0, tee, to '[f=flv]rtmp://publish.chinaffmpeg.com/live/stream1|[f=flv]rtmp://
publish.chinaffmpeg.com/live/stream2':
      Stream #0:0(und): Video: h264 (libx264), yuv420p(progressive), 1280x714 [SAR 1:1 DAR
640:357], q=-1--1, 25 fps, 25 tbn, 25 tbc (default)
      Stream #0:1(und): Audio: aac (LC), 48000 Hz, stereo, fltp, 128 kb/s (default)
  frame=  266 fps= 22 q=28.0 size=N/A time=00:00:10.77 bitrate=N/A dup=2 drop=0 speed=0.908x
```

从输出内容中可以看到，使用 tee 封装格式推多路 RTMP 流成功。接下来可以验证服务器端是否存在两路相同的直播 RTMP 流。

```
ffmpeg -i rtmp://publish.chinaffmpeg.com/live/stream1  -i rtmp://publish.chinaffmpeg.
com/live/stream2
```

命令执行后效果如下：

```
Input #0, flv, from 'rtmp://publish.chinaffmpeg.com/live/stream1':
  Duration: 00:00:00.00, start: 0.080000, bitrate: N/A
    Stream #0:0: Audio: aac (LC), 48000 Hz, stereo, fltp, 128 kb/s
      Stream #0:1: Video: h264 (High), yuv420p(progressive), 1280x714 [SAR 1:1 DAR 640:357],
25 fps, 25 tbr, 1k tbn, 50 tbc
Input #1, flv, from 'rtmp://publish.chinaffmpeg.com/live/stream2':
  Duration: 00:00:00.00, start: 0.080000, bitrate: N/A
    Stream #1:0: Audio: aac (LC), 48000 Hz, stereo, fltp, 128 kb/s
      Stream #1:1: Video: h264 (High), yuv420p(progressive), 1280x714 [SAR 1:1 DAR 640:357],
25 fps, 25 tbr, 1k tbn, 50 tbc
```

经过验证，确认使用 tee 推流成功，在流媒体服务器中存在两路直播流。

6.5.3 tee 协议输出多路流

FFmpeg 在 3.1.3 版本之后支持 tee 多协议输出，使用方式比前面介绍的 FFmpeg 配合管道与 tee 封装格式更简单。下面详细举个例子：

```
ffmpeg -re -i input.mp4 -vcodec libx264 -acodec aac -f flv "tee:rtmp://publish.
chinaffmpeg.com/live/stream1|rtmp://publish.chinaffmpeg.com/live/stream2"
```

命令执行后，FFmpeg 执行了一次编码，然后输出为 tee 协议格式。tee 中包含了两个子链接，全部为 RTMP，输出两路 RTMP 流，一路为 stream1，另一路为 stream2。

```
Input #0, mov,mp4,m4a,3gp,3g2,mj2, from 'input.mp4':
......省略部分输出
Stream mapping:
  Stream #0:0 -> #0:0 (h264 (native) -> h264 (libx264))
  Stream #0:1 -> #0:1 (aac (native) -> aac (native))
```

```
Press [q] to stop, [?] for help
[libx264 @ 0x7f9bfb87aa00] using SAR=1/1
[libx264 @ 0x7f9bfb87aa00] using cpu capabilities: MMX2 SSE2Fast SSSE3 SSE4.2 AVX
[libx264 @ 0x7f9bfb87aa00] profile High, level 3.1
Output #0, flv, to 'tee:rtmp://publish.chinaffmpeg.com/live/stream1|rtmp://publish.
chinaffmpeg.com/live/stream2':
    Stream #0:0(und): Video: h264 (libx264) ([7][0][0][0] / 0x0007), yuv420p, 1280x714
[SAR 1:1 DAR 640:357], q=-1--1, 25 fps, 1k tbn, 25 tbc (default)
    Stream #0:1(und): Audio: aac (LC) ([10][0][0][0] / 0x000A), 48000 Hz, stereo, fltp,
128 kb/s (default)
```

如输出内容所示，推流成功。两路直播流相同与否，可以通过验证 FFmpeg 配合管道的方式或验证 tee 封装支持的方式进行检测，结果将会是相同的。

6.6　DASH 流输出

除了 HLS 和 HTTP+FLV 以外，还有一种也很流行的直播方式是 DASH。本节将重点介绍使用 FFmpeg 支持 DASH 生成。MPEG-DASH 是一种流式传输方法，DASH 代表"基于 HTTP 的动态自适应流式传输"。由于其基于 HTTP，任何源服务器都可以配置提供 MPEG-DASH 流式传输。MPEG-DASH 类似于 HLS，后者是另一种流式传输协议，MPEG-DASH 将视频分解成更小的片段，并以不同的质量级别对这些片段进行编码。这使得它可以流式传输不同质量级别的视频，并可以从一种质量级别切换到另一种质量级别。

类似 HLS，DASH 的工作分为以下几步。

1）编码和分割：源服务器将视频文件分割成几秒时长的小片段。服务器还会创建一个索引文件，就像视频片段的目录。然后对这些片段进行编码，即以多种设备可以解析的方式进行格式化。MPEG-DASH 允许使用任何编码标准，这是相对于 HLS 的一个优势。

2）交付：当用户开始观看流媒体时，已编码的视频片段被通过网络推送到客户端设备。在几乎所有情况下，内容分发网络（CDN）都能更高效地分发流媒体。

3）解码和播放：当用户的设备接收到流数据时，它会解码并播放视频。视频播放器会自动切换到较低或较高质量的图像以适应网络条件。例如，当用户当前的带宽极低时，播放器将播放较少带宽、较低质量级别的视频。

1. 自适应码率流式传输

自适应码率流式传输是一种在网络条件变化时在流中间调整视频质量的能力，包括 MPEG-DASH、HLS 和 HDS 在内的多种流式传输协议允许自适应码率流式传输。

自适应码率流式传输之所以可行，是因为源服务器以多种不同的质量级别对视频片段进行编码。这发生在编码和分段过程中。视频播放器可以在视频播放过程中从一种质量级别切换到另一种，而不会中断播放。这可以防止在网络带宽突然减小时视频出现卡顿甚至完全停止播放的情况。

2. MPEG-DASH 与 HLS 的关系

HLS 是当今另一种广泛使用的流式传输协议，MPEG-DASH 和 HLS 在许多方面相似。这两种协议都在 HTTP 上运行，使用 TCP 作为它们的传输协议，它们将视频分成附带索引文件的片段，并提供自适应码率流式传输。

但是，这两种协议有几个关键区别。

- 编码格式：MPEG-DASH 允许使用任何编码标准。而 HLS 的视频编码格式需要使用 H.264 或 H.265。
- 设备支持：HLS 是唯一受 Apple 设备支持的格式。iPhone、MacBook 和其他 Apple 产品无法直接播放通过 MPEG-DASH 传输的视频，需要使用第三方插件或者播放器来支持。
- 片段长度：在 2016 年以前二者之间的差异较大，当时 HLS 的默认片段长度为 10 秒。如今，HLS 的默认长度为 6 秒，但可以调整。MPEG-DASH 片段的长度通常为 2～10 秒，但最佳长度是 2～4 秒。不过目前 MPEG-DASH 和 HLS 都在低延迟方面发力，预计后期两者在延迟方面差异不大。
- 标准化：MPEG-DASH 是一种国际标准。HLS 由 Apple 开发，最终以 RFC 的方式演化，不过主导权仍然在 Apple。

下面介绍 FFmpeg 的 DASH 参数。

6.6.1　参数介绍

使用 ffmpeg -h muxer=dash 可以得到 DASH 的参数列表，如表 6-6 所示。下面看一下 DASH 都有哪些相关操作的参数。

表 6-6　FFmpeg 生成 DASH 的参数

参数	类型	说明
window_size	整数	索引文件中文件的条目数
extra_window_size	整数	索引文件之外的切片文件保留数
min_seg_duration	整数	最小切片时长（微秒）
remove_at_exit	布尔	当 FFmpeg 退出时删除所有切片
use_template	布尔	按照模板切片
use_timeline	布尔	设置切片模板为时间模板
single_file	布尔	设置切片为单文件模式
single_file_name	字符串	设置切片文件命名模板
init_seg_name	字符串	设置切片初始命名模板
media_seg_name	字符串	设置切片文件名模板

从列表可以看到，FFmpeg 对 DASH 的封装操作支持的参数稍微多一些，例如除了支持多个切片文件的方式，还支持单文件模式、timeline 模式，以及设置切片名等操作。下面举例说明 DASH 封装操作常见参数的使用方法。

6.6.2　参数举例

1. window_size 与 extra_window_size 参数举例

FFmpeg 支持 window_size 与 extra_window_size 参数，设置列表中的切片个数与列表之外切片的保留个数。设置方式如下：

```
ffmpeg -re -i input.mp4 -c:v copy -acodec copy -f dash -window_size 4 -extra_window_size 5 index.mpd
```

命令执行之后会生成文件索引列表 index.mpd，文件列表长度为 4 个切片，切片之外会保留 5 个切片。在 DASH 直播格式中，音视频是分开切片的，即视频是一路切片，音频是一路切片，也即音频切片文件有 9 个，视频切片文件有 9 个，其中包含了 2 个初始化信息切片、1 个索引文件，可以参考如下信息：

```
.
├──chunk-stream0-00204.m4s
├──chunk-stream0-00205.m4s
├──chunk-stream0-00206.m4s
├──chunk-stream0-00207.m4s
省略部分文件
├──chunk-stream1-00209.m4s
├──chunk-stream1-00210.m4s
├──chunk-stream1-00211.m4s
├──chunk-stream1-00212.m4s
├──index.mpd
├──init-stream0.m4s
└──init-stream1.m4s

0 directories, 21 files
```

2. single_file 参数举例

FFmpeg 支持生成 DASH 时将切片列表中的文件写入一个文件，使用 single_file 参数即可。参考命令如下：

```
ffmpeg -re -i input.mp4 -c:v copy -acodec copy -f dash -window_size 4 -extra_window_size 5 -single_file 1 index.mpd
```

命令执行之后，在目录中将生成 3 个文件：1 个索引文件、1 个音频文件和 1 个视频文件。参考信息如下：

```
.
├──index-stream0.m4s
├──index-stream1.m4s
└──index.mpd

0 directories, 3 files
```

6.7   HDS 流输出

HDS（HTTP Dynamic Streaming）协议目前处于一个萎缩的状态，但其基本原理和 HLS、MPEG-DASH 等接近，使用 FFmpeg 可以生成 HDS 切片。本节 HDS 的介绍可以作为一个参考信息。

6.7.1   参数说明

使用 `ffmpeg -h muxer=hds` 可以得到 HDS 的参数列表，如表 6-7 所示。

如列表所示，FFmpeg 中做 HDS 格式封装包含 4 个参数，分别为 HDS 切片信息窗口大小、HDS 切片信息窗口之外保留的切片文件个数、最小切片时间、在 HDS 封装结束时删除所有文件。下面是对这些参数的举例。

表 6-7　FFmpeg 生成 HDS 的参数

参数	类型	说明
window_size	整数	设置 HDS 文件列表的最大文件数
extra_window_size	整数	设置 HDS 文件列表之外的文件保留数
min_frag_duration	整数	设置切片文件时长（微秒）
remove_at_exit	布尔	退出时删除所有列表及文件

6.7.2　HDS 使用举例

由于 FFmpeg 生成 HDS 文件与 HLS 类似，可以生成点播文件列表，也可以生成直播文件列表；可以保留历史文件，也可以刷新历史文件窗口大小。这些均可以通过参数进行控制。

1. window_size 参数控制文件列表大小

设置 HDS 为直播模式时，需要实时更新列表，那么可以通过 window_size 参数控制文件列表窗口大小。例如 HDS 文件列表中只保存 4 个文件，设置 window_size 参数即可。下面举个例子：

```
ffmpeg -i input -c copy -f hds -window_size 4 output
```

以上命令执行之后，会生成 output 目录。目录下面包含以下 3 种文件。

- index.f4m：索引文件，主要为 F4M 参考标准中 mainfest、metadata 相关信息等。
- stream0.abst：文件流相关描述信息。
- stream0Seg1-Frag：相似规则文件切片，文件切片中均为 mdat 信息。

生成的 output 目录信息如下：

```
output
├──index.f4m
├──stream0.abst
├──stream0Seg1-Frag1
├──stream0Seg1-Frag2
├──stream0Seg1-Frag3
├──stream0Seg1-Frag4
└──stream0Seg1-Frag5

0 directories, 7 files
```

可以看到设置的窗口大小已经生效。如果不设置 window_size 来限制窗口大小，使用命令如下：

```
ffmpeg -i input -c copy -f hds output
```

生成的文件列表如下：

```
output
├──index.f4m
├──stream0.abst
├──stream0Seg1-Frag1
├──stream0Seg1-Frag10
省略部分文件
├──stream0Seg1-Frag7
├──stream0Seg1-Frag8
└──stream0Seg1-Frag9

0 directories, 26 files
```

使用 window_size 控制列表大小生效，但默认不控制生成列表的大小。

2. extra_window_size 参数控制文件个数

在控制 window_size 之后，与 HLS 切片有类似的情况，列表之外的文件会有一些残留，通过使用 extra_window_size 可以控制残留文件的个数。将 extra_window_size 设置为 1，则会在 window_size 之外多留一个历史文件。执行下面命令试一下。

```
ffmpeg -re -i input.mp4 -c copy -f hds -window_size 4 -extra_window_size 1 output
```

命令执行之后，在 output 目录生成 HDS 文件，并且比 window_size 规定的窗口大小多 1 个文件。执行效果如下：

```
output
├──index.f4m
├──stream0.abst
├──stream0Seg1-Frag57
├──stream0Seg1-Frag58
├──stream0Seg1-Frag59
├──stream0Seg1-Frag60
└──stream0Seg1-Frag61

0 directories, 7 files
```

从如上内容可以看到，在 output 目录中生成了 index.f4m 索引文件及 5 个切片文件，其中有 4 个文件为 window_size 中的列表文件实体文件，多出来的一个切片文件为 extra_window_size 规定的保留文件。下面将 extra_window_size 设置为 5 个，则目录中将会有 9 个切片文件。

```
ffmpeg -re -i input.mp4 -c copy -f hds -window_size 4 -extra_window_size 5 output
```

命令执行后效果如下：

```
output
├──index.f4m
├──stream0.abst
├──stream0Seg1-Frag88
省略部分文件
└──stream0Seg1-Frag96

0 directories, 11 files
```

如输出的目录所示，extra_window_size 设置成功。

3. 其他参数

remove_at_exit 参数在 FFmpeg 退出时会删除所有生成的文件，而 min_frag_duration 参数在设置得比较小或使用 codec copy 时不会有效果，需要在重新编码时将 GoP 间隔设置得比 min_frag_duration 时间短才行。

6.8   小结

FFmpeg 对流媒体的支持非常广泛，本章重点介绍了 RTMP、RTSP、TCP、UDP、HLS、DASH、HDS 相关的支持情况，主要以推流、生成切片等为主，并对 FFmpeg 支持的 HTTP 传输参数做了简略的分析。阅读本章之后，你将对流媒体协议有一个基本的了解，并能够使用工具进行常规的媒体协议分析。流媒体是一个非常庞大的话题，希望本章内容可以为读者提供一些基础的参考。

第 7 章

bitstream 过滤器

在使用 FFmpeg 处理音视频流的时候，通常有一套介于编解码器输出与封装或传输协议之间的数据和信息的封装约定，这类数据和信息的处理通常不需要消耗太多计算空间和时间，但是又被编解码器与封装或传输协议所需要，这类内容通常被称为 bitstream。本章将重点介绍 bitstream 过滤器相关技术背景、参数与使用。

FFmpeg 对 bitstream 过滤器的定义：bitstream 过滤器作用于编码后的流数据，在不进行解码的情况下执行 bitstream 级别的修改。

这里需要对以下几个 FFmpeg 内部容易引起误解的概念做进一步的说明。

- libavcodec 内部的 parser。
- libavcodec 内部的 bitstream 过滤器。
- libavfilter 内部的各种 Audio、Video 滤镜。

我们先理解 libavcodec 内部的 parser 和 bitstream 过滤器的区别。

举例说明。FFmpeg 视频解码器通常通过调用 `avcodec_send_packet`、`avcodec_receive_frame` 获取一帧被解码的数据。因此，输入被期望为 "一个完整压缩图像或者一个到多个完整的音频帧" 的码流数据。

让我们考虑从文件（即以磁盘上的字节数组的方式）到一个完整的压缩图像的问题。对于 "原始" 格式（Annex B 格式）的 H.264（习惯上以.h264/.bin 作为文件后缀）数据文件，单个的 NAL 单元数据（SPS/PPS 头码流或 CABAC 编码的帧数据）以 NAL 单元的序列连接起来，每个 NAL 单元有一个起始码[①]，其中第 1 字节用来获取 NAL 单元类型（为了防止 NAL 数据本身有 00 00 01 数据，数据部分被 RBSP 转义了，带上了防竞争码），所以一个 H.264 帧解析器可以简单地在起始码标记处切割文件，搜索以 "00 00 01" 开始的连续数据包，直到下一次出现 "00 00 01"。然后解析 NAL 单元类型和片头，以找到每个数据包属于哪一帧，并返回由一组 NAL 单元组成的一个完整的压缩帧，作为 H.264 解码器的输入。

但是，MP4 文件中 H.264 数据的存储方式是不同的（有时这里也被称为 AVCC 格式）。可以想象，如果封装格式中已经有了长度标记，其实就可以用来分割帧了，并不需要特殊的起始码，那么 "00 00 01" 这样的起始码可以被认为是多余的，MP4 就是这样的。因此，为了节省每一帧（准确讲是 NALU，而不一定是帧）的几字节，MP4 删除了 "00 00 01" 前缀。另外，MP4 通常还把 PPS/SPS 放在文件头部，而不是在第 1 帧前预置，这些也不使用 "00 00 01" 前缀。所以，如果把 MP4 文件输入 H.264 解码器中，而这些解码器又希望所有的 NAL 单元要有起始码，它就不会工作。

而 h264_mp4toannexb 码流过滤器解决了这个问题，它识别文件头，并且提取里面的 PPS/SPS

---

① 起始码（start code）其实有两种模式：3 字节模式（00 00 01）或者 4 字节模式（00 00 00 01）。为了简化问题，我们暂时只考虑 3 字节起始码这种情况。

（FFmpeg 称之为 extradata），用起始码"00 00 01"预置 SPS/PPS 部分及每个 NAL 单元，并在输入 H.264 解码器之前将它们连接在一起。

读者可能觉得 libavcodec 内部的 parser（解析器）和 bitstream 过滤器之间的区别非常细微，确实是这样的。在官方的定义中，解析器接收一串输入数据并将其分割成完整的压缩帧，而不丢弃任何数据或增加任何数据。可以这样理解，解析器所做的唯一的事情就是解析码流，在码流中确定数据包的边界；而 bitstream 过滤器则被允许修改数据（需要注意，并非所有的 bitstream 过滤器都会修改数据。关于 H.264 的 AVCC 格式和 Annex B 格式会在 7.2 节做更为细致的说明，所以如果不是很理解 AVCC 格式和 Annex B 格式，先理解 bitstream 过滤器的作用即可）。

AVFilter 中的 Video 或者 Audio 等滤镜与 bitstream 过滤器的区别则非常明显，因为它们的输入是未压缩的视频或音频数据，即大部分情况下，滤镜作用在原始未压缩的 YUV 或者 PCM 数据之上。

7.1　aac_adtstoasc 过滤器

AAC 音频依据流式传输或者存储的需求存在多种格式，其中一种是 ADTS（Audio Data Transport Stream），还有一种是 ASC（Audio Specific Config）。ADTS 通常应用于直播传输流，文件的每一帧前面都包含 ADTS 头信息；而 ASC 通常存储在 MP4 格式中，在全局头部有一个配置，所以比 ADTS 更节省空间。

7.1.1　ADTS 格式

ADTS 在 MPEG-2（ISO-13318-7，2003）中定义。这种格式的特征是码流有一个同步字，解码可以在这个流中的任何位置开始。它类似于 MP3 数据流格式。简单来说，ADTS 可以在任意帧解码，也就是说它的每一帧都有头信息。

MPEG-TS 既支持以 LATM 格式存储 AAC，也支持以 ADTS 格式存储 AAC。MPEG-TS 直接存储 ADTS 格式的 AAC 的例子如图 7-1 所示。

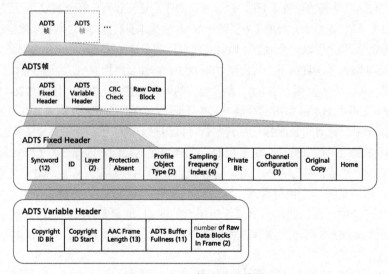

图 7-1　AAC 的 ADTS 格式

　　每一帧的 ADTS 头部都包含音频的采样率、声道数目、帧长度等信息，这样解码器才能解析读取。依据 ADTS 头部是否存在 CRC 数据，ADTS 头部长度可以为 7 或者 9 字节。头部信息分为以下两部分：

- 前面为固定头信息（ADTS Fixed Header）
- 后面是可变头信息（ADTS Variable Header）

　　固定头信息中的数据每一帧都相同，而可变头信息则在帧与帧之间变化。ADTS 头部信息的具体细节如表 7-1 所示。如果以每个字符代表 1 位，它的表示如下（括号内部表示可选的 2 字节的 CRC 数据）：

```
AAAAAAAA  AAAABCCD  EEFFFFGH  HHIJKLMM  MMMMMMMM MMMOOOOO  OOOOOOPP  (QQQQQQQQ QQQQQQQQ)
```

表 7-1　ADTS 头部信息说明

字母	长度/位	描述
A	12	syncword，帧同步标识一个帧的开始，固定为 0xFFF，这使得解析器寻找头部非常方便
B	1	MPEG 标示符，对于 MPEG-4 为 0，对于 MPEG-2 为 1
C	2	layer，固定为 00
D	1	protection_absent，标识是否进行 CRC 误码校验。0 表示有 CRC 校验，1 表示没有 CRC 校验
E	2	profile，标识使用哪个级别的 AAC。1，AAC Main；2，AAC LC（Low Complexity）；3，AAC SSR（Scalable Sample Rate）；4，AAC LTP（Long Term Prediction），它定义为 Audio Object Type-1[①]
F	4	sampling_frequency_index，标识使用的采样率的下标
G	1	private_bit，私有位，编码时设置为 0，解码时忽略
H	3	channel_configuration，标识声道数（在为 0 的情况下，通道配置是通过带内 PCE（program configuration element）发送的）
I	1	original_copy，编码时设置为 0，解码时忽略
J	1	home，编码时设置为 0，解码时忽略。从这里往下是 ADTS 的可变长头部
K	1	copyright_identification_bit，编码时设置为 0，解码时忽略
L	1	copyright_identification_start，编码时设置为 0，解码时忽略
M	13	aac_frame_length，ADTS 帧长度，是 ADTS 头部长度和 AAC 声音数据长度的和：`FrameLength=(ProtectionAbsent==1?7:9)+size(AACFrame)`
O	11	adts_buffer_fullness，解码器可以使用 buffer fullness 预测它在流中可能遇到的帧长，但很少看到一个 AAC 解码器真正使用这个字段
P	2	number_of_raw_data_blocks_in_frame，表示当前帧有 `number_of_raw_data_blocks_in_frame` + 1 个原始帧（一个 AAC 原始帧包含一段时间内 1024 个采样及相关数据）
Q	16	CRC 数据，当 protection absent 是 0 时

7.1.2　ASC 格式

　　ADTS 封装一般用在裸 ADTS 封装中，或者在 MPEG2-TS 内用于流式传输。而对于 FLV、MOV/MP4 及相关的 3GP 格式 M4A，一般使用 LATM（Low-overhead Audio Transport Multiplex）格式的封装，其核心是 MPEG-4 Audio Specific Config（ASC）。ASC 结构在 ISO-14496-3 Audio 中

---

① MPEG-4 以统一的方式处理不同的音频格式，每种格式都被分配一个独特的音频对象类型（Audio Object Type，AOT）。

描述，一般存储在封装容器的独立模块中，作为 AAC 全局元数据。例如 FLV 的第一个音频 Tag 包含 ASC，MP4 的 ESDS（Element Stream Descriptors）box 也包含 ASC。ASC 的完整格式比较复杂，也分为一个固定的部分和 AOT 特定相关的部分。其简化版本的格式如下：

```
5 bits: audio object type
if (audio object type == 31)
    6 bits + 32: audio object type
4 bits: frequency index
if (frequency index == 15)
    24 bits: frequency
4 bits: channel configuration
var bits: AOT Specific Config
```

由上面可以看到，ASC 由两部分组成，第一部分即通用部分，包含大多数 MPEG-4 音频对象类型所共有的信息，第二部分包含特定于音频对象类型的信息（例如帧长）。对于 AAC-LC 和 HE-AAC，第二部分在标准中被称为 GASC，一个结构示意如图 7-2 所示。

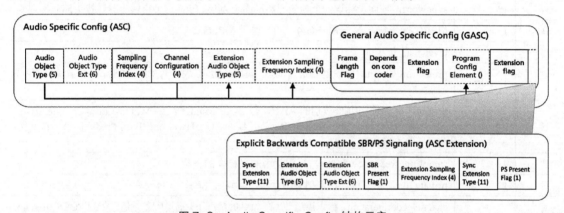

图 7-2　Audio Specific Config 结构示意

Audio Object Type 在前面介绍 ADTS 的时候已经解释过，Sampling Frequency Index 是采样率的索引，Channel Configuration 是声道数的索引，具体取值可以参考 ISO-14496-3[①]。

MP4 和 FLV 分别存储 ASC 和 AAC ES。

当需要在不同封装容器之间转封装时，可能会涉及 ASC 与 ADTS 的互相转换。例如从 FLV 文件或者 MP4 容器拆分出 AAC，一般会生成带 ADTS 的 AAC，这样的 AAC 才能被解码。如果从 FLV 和 MP4 中解封装 AAC 并直接保存在本地，这样的 AAC ES 文件是无法播放的，因为缺少 7 字节的 ADTS 头部。从 MPEG-TS 转封装为 MP4 时，需要通过 aac_adtstoasc 过滤器提取 ASC，并删除 AVPacket 的 ADTS 头部。

7.2　mp4toannexb 过滤器

在封装、传输 HEVC（H.265）/AVC（H.264）编码的数据时，通常有两种编码存储格式，一种是 HEVC（H.265）/AVC（H.264）参考标准的 Annex B（附录 B）的存储格式，另一种是 MP4 方式的

---

① ISO/IEC 14496-3，即 MPEG-4 第 3 部分，目前是第 5 版。其内容庞杂，初看上去，内容超过 1500 页，其原因是它本身包括各种音频编码技术：有损音频编码（HVXC、CELP）、通用音频编码（AAC、TwinVQ、BSAC）、无损音频压缩（MPEG-4 SLS、音频无损编码、MPEG-4 DST）、文本-语音接口（TTSI）、结构化音频（使用 SAOL、SASL、MIDI）和许多其他音频合成和编码技术。

存储格式，也叫 AVCConfiguration 格式。Annex B 存储格式常见于实时传输流中，例如 MPEG-TS 格式，而点播文件 MP4 中常见的是 MP4/AVCC 存储格式。如果要将 MP4 格式中的 HEVC（H.265）/AVC（H.264）编码视频数据抽出来，存储成 MPEG-TS 格式或者 HEVC（H.265）/AVC（H.264）裸流格式，需要使用 hevc_mp4toannexb/h264_mp4toannexb 过滤器为 HEVC（H.265）/AVC（H.264）编码数据增加对应的参数头，以确保 HEVC（H.265）/AVC（H.264）编码数据能够被正常解码出来。在旧版本的 FFmpeg 中，将视频文件格式转换成 MPEG-TS 或 H.265、H.264 格式时，需要手动执行 hevc_mp4toannexb/h264_mp4toannexb 过滤器操作，但是为了使用方便，新版本 FFmpeg 将 mp4toannexb 相关过滤器集成到将视频数据写入文件的过程中自动处理。

我们先详细了解一下 Annex B 和 AVCC 格式的差异，这样能帮助我们对这个过滤器有更多的理解。我们只介绍了 H.264 的 Annex B 和 AVCC 格式，因为 H.265 与之类似，可以直接参考相关知识，这里不再叙述。

7.2.1　Annex B 格式

在许多视频编解码器中，视频的每个顶层单元都有一个预定义的字节序列作为前缀，称为起始码。这个起始码作为顶层单元之间的一个强有力的分隔符，一般是 3 或 4 字节长。它的内容已经被规范化，选择这些规范化内容的原因是它出现在压缩视频中的可能性非常低（准确地说，是在熵编码之后这样的数据序列非常少见）。例如，在 H.264 中，一个典型的起始码是 3 或者 4 字节，如 00 00 01 或 00 00 00 01。

一个算术编码器产生这样一个低熵序列的可能性其实非常低。因此，在原始 H.264 输入文件中寻找这种序列的解析器可以迅速将该序列分割成顶层单元，而不必解析这些单元的内容。不过，起始码有一个问题，它们不能单独工作。事实上，我们无法保证起始码序列不会偶然出现在一个编码输出流中。现实问题是 AVC/H.264 和 HEVC/H.265 都不能保证防止 NAL 数据中不出现起始码。让我们想象一下，一个解码器在寻找起始码时碰到一个包含在 NAL 数据中的 00 00 01，在这种情况下，解码器可能会崩溃。

为了防止起始码出现在编码的码流中，编码器必须插入所谓的"防竞争码"，即 0x03。换句话说，用 0x00000301 替换每个出现在 NAL 中的 0x000001。解析器没有办法将这种意外的 00 00 01 与真正的起始码区分开来，这就是为什么需要另一种机制，以转义这种"意外"出现在码流中的起始码，这种机制被称为"防竞争"（emulation prevention）。从形式上看，这种后处理操作被称为从 RBSP（原始字节序列有效载荷）到 SODB（数据位串）的转换。显然，作为一个预处理步骤，解码器反过来还要删除防竞争码（即用 0x000001 替换 0x00000301），这个操作被称为从 SODB 转换到 RBSP。

为了确定 NALU 的长度，从一个字节流开始（它将有一个起始码），跳到下一个起始码，然后计算中间的字节数。

7.2.2　AVCC 格式

AVCC 非常简单，不需要添加任何起始码，只需要在 NALU 前加上它的长度（一般最常见是使用 4 字节编码，但实际上使用 NALULengthSizeMinusOne 字段来定义其真实使用几字节）。事实上，AVCC 格式在丢失了起始码的时候，也失去了轻松恢复同步的可能性。想象一下，如果在压缩的 H.264 视频流中看到"00 00 01"，就知道它是一个起始码；但是现在，怎么找到一个正确的开头变得有些棘手。在原来的情况下，一个失去同步的解码器可以简单地等待这个"00 00 01"序列在其输入端出现，然后从那里继续解码；而 AVCC 格式失去同步之后，则会麻烦许多。

　　用 AVCC 进行同步恢复涉及的问题要麻烦许多，而且很可能是无解的。然而，这在实际情况中并没有成为一个真实的问题。另外需要提及一句，虽然 AVCC 格式不使用起始码，但在 NALU 的数据部分依然插入了防竞争码 0x03，这样做是为了同时简化编码器和解码器的工作，否则编解码器还要知道对应的 bitstream 到底使用了何种封装格式，虽然这时防竞争码其实并没有什么意义。

　　除了不使用起始码而使用长度字段，AVCC 还使用一个全局的头部，在 FFmpeg 中，通常被叫做 extradata 或者 sequence header。其基本结构如下：

```
bits
8    version ( always 0x01 )
8    avc profile ( sps[0][1] )
8    avc compatibility ( sps[0][2] )
8    avc level ( sps[0][3] )
6    reserved ( all bits on )
2    NALULengthSizeMinusOne // 这个值是（前缀长度-1），如果值是 3，那么前缀就是 4
3    reserved ( all bits on )
5    number of SPS NALUs (usually 1) // SPS NALUs 数目

repeated once per SPS:
 16       SPS size
 variable  SPS NALU data

8   number of PPS NALUs (usually 1) // PPS NALUs 数目

repeated once per PPS:
 16       PPS size
 variable PPS NALU data
```

我们会注意到 SPS 和 PPS 现在是带外存储的，即与 ES 分开。这种数据的存储和传输是容器格式所定义的。一个 AVCC 在 MP4 文件中的例子如图 7-3 所示。

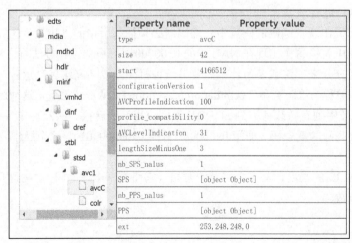

图 7-3　MP4 AVCC

7.2.3　hevc_mp4toannexb/h264_mp4toannexb 的使用

　　下面看一下 hevc_mp4toannexb/h264_mp4toannexb 过滤器的使用。

如果自己手动设置 mp4toannexb 参数的话，FFmpeg 向文件写入视频数据时不会再次自动添加 Annex B 数据。

```
ffmpeg -i input.mp4 -c copy -bsf:v hevc_mp4toannexb -v verbose output.hevc
```

这条命令行执行后，输出的内容如下：

```
Stream mapping:
Stream #0:0 -> #0:0 (copy)
Press [q] to stop, [?] for help
No more output streams to write to, finishing.
frame=  910 fps=448 q=-1.0 Lsize=    67680kB time=00:00:18.12 bitrate=30597.8kbits/s
speed=8.91x
  video:67680kB audio:0kB subtitle:0kB other streams:0kB global headers:0kB muxing
overhead: 0.000000%
Input file #0 (input.mp4):
Input stream #0:0 (video): 910 packets read (69301469 bytes);
Total: 910 packets (69301469 bytes) demuxed
Output file #0 (output.hevc):
Output stream #0:0 (video): 910 packets muxed (69304099 bytes);
Total: 910 packets (69304099 bytes) muxed
[AVIOContext @ 0x7fc45ef4c440] Statistics: 0 seeks, 265 writeouts
[AVIOContext @ 0x7fc45ed06280] Statistics: 69347035 bytes read, 2 seeks
```

如果不手动设置 mp4toannexb 参数，FFmpeg 向文件写入视频数据时会自动转换为 Annex B 数据，原因是 FFmpeg 的新版本会在 Muxer 中判定是否需要自动插入 mp4toannexb 这样的 bitstream 过滤器的操作，从而使得手动插入 bitstream 过滤器的需要被大大降低了。

```
ffmpeg -i input.mp4 -c copy -v verbose output.hevc
```

这条命令执行后，输出内容如下：

```
Stream mapping:
  Stream #0:0 -> #0:0 (copy)
Press [q] to stop, [?] for help
Automatically inserted bitstream filter 'hevc_mp4toannexb'; args=''
No more output streams to write to, finishing.
frame=  910 fps=299 q=-1.0 Lsize=    67680kB time=00:00:18.12 bitrate=30597.8kbits/s
speed=5.96x
  video:67677kB audio:0kB subtitle:0kB other streams:0kB global headers:0kB muxing
overhead: 0.003795%
Input file #0 (input.mp4):
  Input stream #0:0 (video): 910 packets read (69301469 bytes);
  Total: 910 packets (69301469 bytes) demuxed
Output file #0 (output.hevc):
  Output stream #0:0 (video): 910 packets muxed (69301469 bytes);
  Total: 910 packets (69301469 bytes) muxed
[AVIOContext @ 0x7fe87846c3c0] Statistics: 0 seeks, 265 writeouts
[AVIOContext @ 0x7fe87851ed40] Statistics: 69347035 bytes read, 2 seeks
```

从输出的内容中可以看到，多了一条"`Automatically inserted bitstream filter 'hevc_mp4toannexb'; args=''`"。无论是 H.265 还是 H.264 视频数据，FFmpeg 均可以手动添加 mp4toannexb 以转换为 Annex B 格式，当然也可以由 FFmpeg 自动转换。

7.3 h264_metadata 过滤器

这个过滤器会在 H.264 视频流中嵌入 metadata 信息，例如增加 SEI 信息、插入或者删除 AUD

标签、处理显示方向等。

7.3.1 h264_metadata 参数说明

h264_metadata 支持的参数如表 7-2 所示。

表 7-2 FFmpeg 的 h264_metadata 参数

参数	类型	说明
aud	整数	Access Unit Delimiter 处理参数（默认为透传模式） 0：透传模式 1：插入模式 2：删除模式
sample_aspect_ratio	比率	设置图像采样的宽高比，设置编码的 VUI 参数
overscan_appropriate_flag	整数	设置是否支持适合超扫描显示（参考 H.264 标准附录 E）
video_format	整数	设置视频制式格式，例如 PAL、NTSC、SECAM、MAC 等
video_full_range_flag	整数	
colour_primaries	整数	设置视频色彩相关描述信息（参考 H.264 附录表 E-3、E-4、E-5）
transfer_characteristics	整数	
matrix_coefficients	整数	
chroma_sample_loc_type	整数	设置色度采样位置类型（参考 H.264 附录图 E-1）
tick_rate	比率	设置 VUI 参数中最小的时间单位参数
fixed_frame_rate_flag	整数	固定帧率标记（参考 H.264 附录表 E-6）
zero_new_constraint_set_flags	布尔	将 SPS 中的 constraint_set4_flag 和 constraint_set5_flag 置 0。这些位在 H.264 规范的先前版本中是保留字，因此一些硬件解码器要求这些位为 0。将其置 0 的结果仍然是一个有效的码流
crop_left	整数	设置左边界裁剪部分
crop_right	整数	设置右边界裁剪部分
crop_top	整数	设置上边界裁剪部分
crop_bottom	整数	设置下边界裁剪部分
sei_user_data	字符串	设置用户自定义 SEI 数据
delete_filler	整数	删掉所有的自定义 SEI 信息
display_orientation	整数	设置显示方向信息（默认为透传模式） 0：透传模式 1：插入模式 2：删除模式 3：提取模式
rotate	浮点数	设置显示旋转信息，角度为逆时针角度
flip	flags	设置显示旋转 flag 为 horizontal 或者 vertical
level	整数	设置 SPS 参数中的 level 字段

7.3.2 h264_metadata 参数举例

下面通过举例对 h264_metadata 参数进行详细说明。

1. aud 参数

有些播放器比较严格，AUD 不能多也不能少。另外，如果是 MPEG-TS 封装，很多播放器严格要求 AUD 存在。还有的播放器因为实现上的缺陷，不支持 AUD。所以 FFmpeg 提供了 aud 参数的插入和删除模式。下面看一下使用方法。

aud 插入模式如下：

```
ffmpeg -i input.h264 -vcodec libx264 -r:v 5 -t 1 -bsf:v h264_metadata=aud=1 output_insert.h264
```

aud 删除模式如下：

```
ffmpeg -i input.h264 -vcodec libx264 -r:v 5 -t 1 -bsf:v h264_metadata=aud=2 output_remove.h264
```

用 Elecard Stream Analyzer 查看一下 output_insert.h264 和 output_remove.h264 的内容，能够看到 AUD 相关信息在用了删除模式后被删除了，如图 7-4 所示。

图 7-4 AUD 相关信息删除前后

2. sample_aspect_ratio 采样宽高比参数

有些视频在播放的时候会出现明显的图像扭曲，比如图像变得特别"瘦"，或者变得特别"胖"，这些都可以通过 sample_aspect_ratio 参数来调整。例如，视频比例原来是 4∶3，使用宽屏后调整到 16∶9，就有可能出现扭曲。

```
ffmpeg -i input.h264 -vcodec libx264 -r:v 5 -t 1 -bsf:v h264_metadata=sample_aspect_ratio=16/9  output.h264
```

效果验证有两种方式，一种是通过 ffprobe 的 streams 参数查看 sample_aspect_ratio 信息，另外一种就是直接播放来看效果，设置 sample_aspect_ratio 参数后的图像变得拉伸扭曲，如图 7-5 所示。

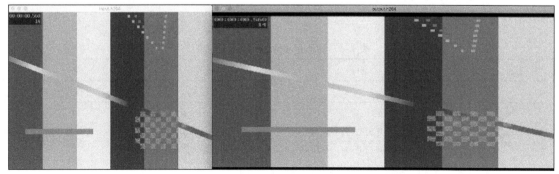

图 7-5 图像拉伸扭曲

3. video_format 视频制式参数

video_format 参数主要是设置 VUI 中的 video_format 字段，这个字段是用来做视频制式参考用的，参数对应的制式如表 7-3 所示，也可以参考 H.264 标准中附录表 E-2。

表 7-3　video_format 的值与含义

video_format 值	对应的含义
0	Component
1	PAL
2	NTSC
3	SECAM
4	MAC
5	未指明的制式
6	保留值
7	保留值

例如，将 video_format 设置为 2，那么这个视频将会被识别为 NTSC 制式。

```
ffmpeg -i input.h264 -vcodec libx264 -t 1 -bsf:v h264_metadata=video_format=2  output.h264
```

制式可以用 ffprobe 查看，也可以用 mediainfo 查看，如图 7-6 所示，视频流是 AVC(NTSC)，
video_format 参数设置生效。

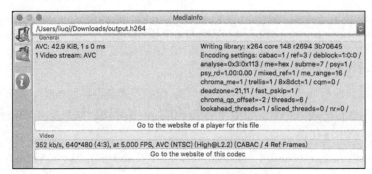

图 7-6　mediainfo 显示视频制式信息

4. colour_primaries 参数

colour_primaries 参数主要用来设置色彩原色，关于色彩原色在 H.264 标准的表 E-3 中有详细
描述，内容如表 7-4 所示。

表 7-4　colour_primaries 取值说明

值	原色			说明
0	保留			未来使用，被 ITU-T/ISO/IEC 保留
1	原色 绿 蓝 红 白（D65）	x 0.300 0.150 0.640 0.3127	y 0.600 0.060 0.330 0.3290	ITU-R BT.709-5 建议书
2	未定义			图像特征未知或由应用决定
3	保留			

续表

值	原色			说明
4	原色 绿 蓝 红 白（C）	x 0.21 0.14 0.67 0.310	y 0.71 0.08 0.33 0.316	ITU-R BT.470-6 建议书 M 系统
5	原色 绿 蓝 红 白（D65）	x 0.30 0.15 0.64 0.3127	y 0.60 0.06 0.33 0.3290	ITU-R BT.470-6 建议书 B、G 系统 ITU-R BT.601-6(625) ITU-R BT.1358(625) ITU-R BT.1700(625)PAL 和(625)SECAM
6	原色 绿 蓝 红 白（D65）	x 0.310 0.155 0.630 0.3127	y 0.595 0.070 0.340 0.3290	ITU-R BT.601-6(525) ITU-R BT.1358(525) ITU-R BT.1700 NTSC 运动图像与电视工程师社团 170M (1999)
7	原色 绿 蓝 红 白（D65）	x 0.310 0.155 0.630 0.3127	y 0.595 0.070 0.340 0.3290	运动图像与电视工程师社团 240M (1999)
8	原色 绿 蓝 红 白（C）	x 0.243 0.145 0.681 0.310	y 0.692 (Wratten58) 0.049 (Wratten58) 0.319 (Wratten58) 0.316	普通电影（色彩滤镜用光源C）
9～255	保留			未来使用，被 ITU-T/ISO/IEC 保留

例如，将视频的色彩原色参数 colour_primaries 设置为 4，那么视频原色将会被识别为 BT.470M。

```
ffmpeg -i input.mp4 -c copy -bsf:v h264_metadata=colour_primaries=4 output.mp4
```

为了确认设置成功，可以用 ffprobe 查看一下对应的参数，也可以用 ffmpeg 直接查看 input 部分的流信息。

```
Input #0, mov,mp4,m4a,3gp,3g2,mj2, from 'output.mp4':
  Metadata:
    major_brand     : isom
    minor_version   : 512
    compatible_brands: isomiso2avc1mp41
    encoder : Lavf58.38.100
  Duration: 00:00:08.00, start: 0.000000, bitrate: 316 kb/s
    Stream #0:0(und): Video: h264 (High) (avc1 / 0x31637661), yuv420p(tv, unknown/bt470m/
unknown), 352x288 [SAR 1:1 DAR 11:9], 314 kb/s, 15 fps, 15 tbr, 15360 tbn, 30 tbc (default)
    Metadata:
      handler_name    : VideoHandler
```

从输出的流内容中可以看到视频的编码是 H.264，图像格式是 yuv420p，色彩原色是 bt470m，可以说明参数设置生效。相关信息用 ffprobe 的 show_streams 参数也可查询到。

5. sei_user_data SEI 数据参数

sei_user_data 可以设置用户自定义的 SEI 数据，使用方法比较简单，通过 UUID 加字符串的方式即可。比如用 UUID 工具生成一个 UUID，也可以自己生成一个 UUID，例如 UUID 值是 31DA5C95-1F94-4DC2-89C2-AB65EDDE21BE，添加的字符串是 FFmpeg，那么 sei_user_data 的参数可以如下设置。

```
ffmpeg -i input.mp4 -c copy -bsf:v h264_metadata=sei_user_data=31DA5C95-1F94-4DC2-
89C2-AB65EDDE21BE+FFmpeg output.h264
```

命令执行后，即将 UUID+FFmpeg 字符串插入 H.264 数据的 SEI 段落中，生成的 H.264 的内容如下。

```
000002b0: 1731 da5c 95f0 404d c290 20ab 65ed de21  .1.\..@M.. .e..!
000002c0: be46 466d 7065 6700 8000 0001 6588 8401  .FFmpeg.....e...
```

数据大小是 23（0x17）字节，从 0x31 到 0xbe 是 UUID 内容，与前面的 UUID 完全相符，然后紧接着的是字符串 FFmpeg。

6. crop_left、crop_right、crop_top 和 crop_bottom 剪切参数

这 4 个参数均为视频图像剪切参数，设置的信息将会被写入 SPS 参数集，而播放器播放视频的时候可以直接根据 SPS 中的这 4 个剪切信息进行剪切展示，以避免剪切视频导致重新编码压缩。举例如下：

```
ffmpeg -i input.mp4 -c copy -bsf:v h264_metadata=crop_left=80 output.mp4
```

使用 crop_left 参数将左边部分从 0 至 80 像素宽度的位置剪切掉，input.mp4 与 output.mp4 的对比如图 7-7 所示。

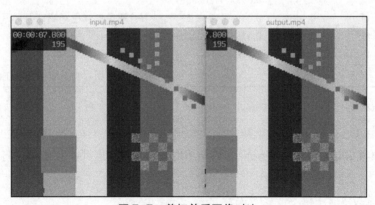

图 7-7　剪切前后图像对比

而 input.mp4 与 output.mp4 的 Stream 信息内容对比如下：

```
Input #0, mov,mp4,m4a,3gp,3g2,mj2, from 'input.mp4':
  Stream #0:0(und): Video: h264 (High) (avc1 / 0x31637661), yuv420p, 352x288 [SAR 1:1 DAR
11:9], 314 kb/s, 15 fps, 15 tbr, 15360 tbn, 30 tbc (default)
Input #0, mov,mp4,m4a,3gp,3g2,mj2, from 'output.mp4':
  Stream #0:0(und): Video: h264 (High) (avc1 / 0x31637661), yuv420p, 272x288 [SAR 1:1 DAR
17:18], 314 kb/s, 15 fps, 15 tbr, 15360 tbn, 30 tbc (default)
```

从输出的 input.mp4 和 output.mp4 的 Stream 信息可以看到，input.mp4 的分辨率是 352×288，而 output.mp4 的分辨率是 272×288，与所设置的 crop 信息完全相符。

7.3.3 其他 Codec 的 metadata 过滤器

HEVC 的设置 metadata 参数的 bitstream 过滤器是 hevc_metadata，AV1 的设置 metadata 参数的过滤器是 av1_metadata，大多数的参数与 h264_metadata 的相同，但是因为 Codec 的参考标准信息不同，具体参数上会略有不同。通过 `ffmpeg -h bsf=hevc_metadata` 和 `ffmpeg -h bsf=av1_metadata` 可以得到详细的参数信息。

7.4 其他常用 bitstream 过滤器

7.4.1 dump_extra

FFmpeg 会将视频的 PPS、SPS、VPS 等信息记录在 extradata 中，有些特定场景下，为了使得 PPS、SPS、VPS 等信息能够以更加密集、冗余的方式传递，可以考虑用 dump_extra 参数将 extradata 写入每一帧的头部。例如在实时视频传输与播放场景中，为了能够更好地保证视频播放的正常，可以将 extradata 以默认的方式写入每一个关键帧头部。查看效果举例如下：

```
ffmpeg -f lavfi -i testsrc2=1280x720 -map 0 -flags:v +global_header -c:v libx264 -bsf:v
dump_extra=freq=e -bf 0 -t 5 -y out.ts
```

这个例子的主要作用是在视频的每一帧前面插入 extradata 数据，使用的参数是 `dump_extra=freq=e`，或者 `dump_extra=freq=all`，如图 7-8 所示。如果在每一个关键帧前面插入 extradata 数据的话，可以将 freq 的参数设置为 k 或 keyframe。

```
ffmpeg -f lavfi -i testsrc2=1280x720 -map 0 -flags:v +global_header -c:v libx264 -g 25
-r:v 25 -bsf:v dump_extra=freq=k  -bf 0 -t 5 -y out.ts
```

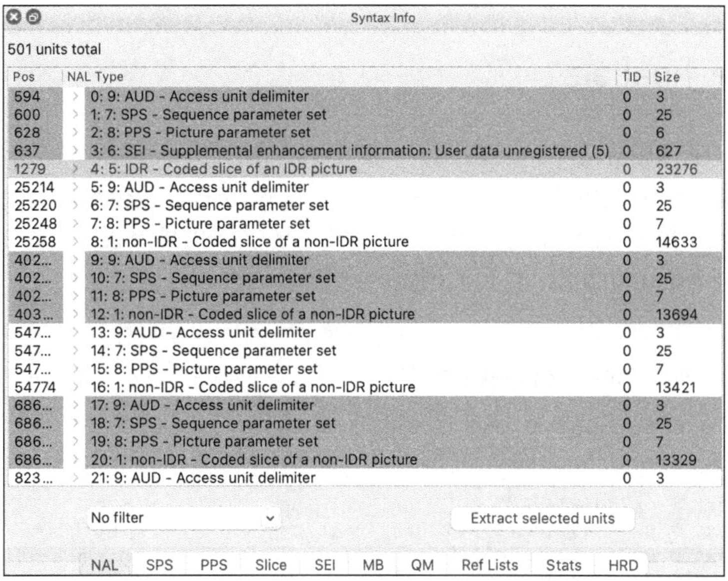

图 7-8　每一帧前面插入 extradata

　　这个例子执行后，生成的 out.ts 文件中将会有 5 个关键帧，每个关键帧前面都会有 extradata，而不是所有的帧前面都有 extradata，如图 7-9 所示。

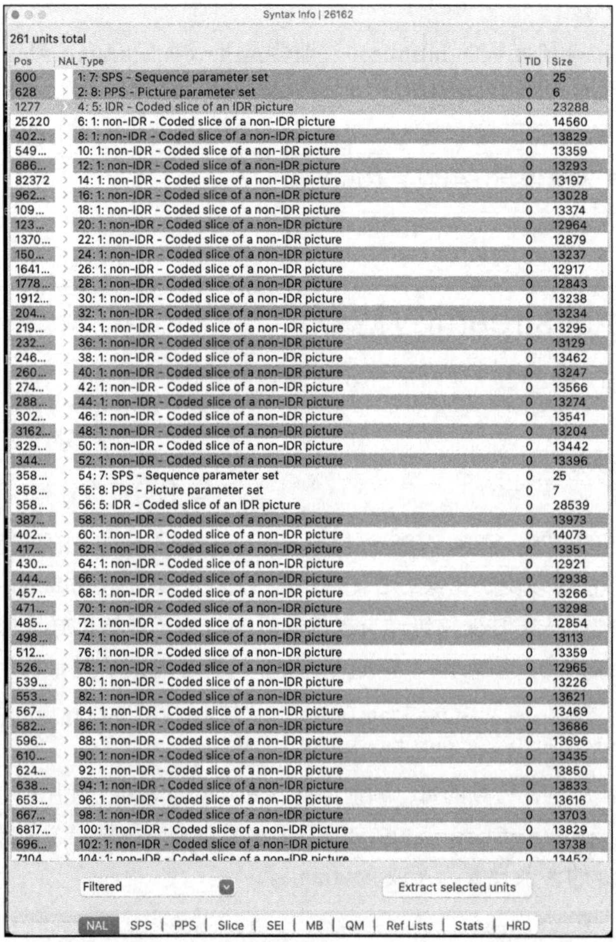

图 7-9　关键帧前面插入 extradata

7.4.2　trace_headers

　　当我们学习分析视频编码相关参数信息时，很多时候是通过一些专业工具分析的。FFmpeg 同样提供了一个对编码出来的码流进行分析的工具 trace_headers。在使用时，通过 bitstream 的 trace_headers 参数将参数集信息打印出来，例如如果需要获得 PPS、SPS 信息，trace_header 会将 PPS、SPS 的每个字段打印出来。举个例子说明会更清晰一些。

```
ffmpeg -i input.ts -c copy -bsf:v trace_headers -y output.ts
```

　　命令执行后，PPS、SPS 的信息输出如下：

```
[AVBSFContext @ 0x7fda874027c0] Extradata
[AVBSFContext @ 0x7fda874027c0] Sequence Parameter Set
[AVBSFContext @ 0x7fda874027c0] 0   forbidden_zero_bit        0 = 0
[AVBSFContext @ 0x7fda874027c0] 1   nal_ref_idc        11 = 3
[AVBSFContext @ 0x7fda874027c0] 3   nal_unit_type        00111 = 7
[AVBSFContext @ 0x7fda874027c0] 8   profile_idc        01100100 = 100
[AVBSFContext @ 0x7fda874027c0] 16  constraint_set0_flag        0 = 0
[AVBSFContext @ 0x7fda874027c0] 17  constraint_set1_flag        0 = 0
```

```
[AVBSFContext @ 0x7fda874027c0] 18  constraint_set2_flag              0 = 0
[AVBSFContext @ 0x7fda874027c0] 19  constraint_set3_flag              0 = 0
[AVBSFContext @ 0x7fda874027c0] 20  constraint_set4_flag              0 = 0
[AVBSFContext @ 0x7fda874027c0] 21  constraint_set5_flag              0 = 0
[AVBSFContext @ 0x7fda874027c0] 22  reserved_zero_2bits             00 = 0
[AVBSFContext @ 0x7fda874027c0] 24  level_idc                 00001011 = 11
[AVBSFContext @ 0x7fda874027c0] 32  seq_parameter_set_id             1 = 0
[AVBSFContext @ 0x7fda874027c0] 33  chroma_format_idc              010 = 1
[AVBSFContext @ 0x7fda874027c0] 36  bit_depth_luma_minus8            1 = 0
[AVBSFContext @ 0x7fda874027c0] 37  bit_depth_chroma_minus8          1 = 0
[AVBSFContext @ 0x7fda874027c0] 38  qpprime_y_zero_transform_bypass_flag      0 = 0
[AVBSFContext @ 0x7fda874027c0] 39  seq_scaling_matrix_present_flag      0 = 0
[AVBSFContext @ 0x7fda874027c0] 40  log2_max_frame_num_minus4        1 = 0
[AVBSFContext @ 0x7fda874027c0] 41  pic_order_cnt_type             011 = 2
[AVBSFContext @ 0x7fda874027c0] 44  max_num_ref_frames           00100 = 3
...... 略去部分 dump 内容
[AVBSFContext @ 0x7fda874027c0] Picture Parameter Set
[AVBSFContext @ 0x7fda874027c0] 0   forbidden_zero_bit               0 = 0
[AVBSFContext @ 0x7fda874027c0] 1   nal_ref_idc                     11 = 3
[AVBSFContext @ 0x7fda874027c0] 3   nal_unit_type                01000 = 8
[AVBSFContext @ 0x7fda874027c0] 8   pic_parameter_set_id             1 = 0
[AVBSFContext @ 0x7fda874027c0] 9   seq_parameter_set_id             1 = 0
[AVBSFContext @ 0x7fda874027c0] 10  entropy_coding_mode_flag         1 = 1
[AVBSFContext @ 0x7fda874027c0] 11  bottom_field_pic_order_in_frame_present_flag 0 = 0
[AVBSFContext @ 0x7fda874027c0] 12  num_slice_groups_minus1          1 = 0
[AVBSFContext @ 0x7fda874027c0] 13  num_ref_idx_l0_default_active_minus1      011 = 2
[AVBSFContext @ 0x7fda874027c0] 16  num_ref_idx_l1_default_active_minus1        1 = 0
...... 略去部分 dump 内容
```

信息打印出来后，可以将这些信息与对应的参考标准中相关字段进行对照理解，如果自己在编写 PPS、SPS 等 NALU 解析器的时候遇到问题，同样可以用这样的方式进行比较，确定自己解析出来的 PPS、SPS 等 NALU 信息是否正确。从这一点来说，trace_headers 是一个非常好的码流分析工具。

trace_headers 目前已经支持了 AV1、H.264、H.265、(M)JPEG、MPEG-2 和 VP9 等，根据编译 FFmpeg 时的配置信息，可能只有其中的某些子集可用。

7.4.3 filter_units

在做视频流处理的时候，有时需要透传或者删除一些 NALU 信息，在 FFmpeg 中可以通过 filter_units 参数进行控制。filter_units 主要包含两个参数，一个是 pass_types，专门用来透传 NALU 的信息；另一个是 remove_types，专门用来删除 NALU 信息。具体的 NALU type 的值，需要自主阅读具体的编码参考标准文档。本节以 H.264（ISO-14496-Part 10）举例，看一下 NALU type 的描述表格，如表 7-5 所示。

表 7-5 NALU type 说明

NALU type	NALU 内容描述
0	预留不指定内容
1	非 IDR 图像编码数据片段
2	编码数据片段 A
3	编码数据片段 B
4	编码数据片段 C
5	IDR 图像编码数据片段
6	补充增强信息（SEI）
7	序列参数集（SPS）
8	图像参数集（PPS）

续表

NALU type	NALU 内容描述
9	单元分隔符（AUD）
10	序列结束
11	流结束

得到对应的 NALU type 值之后，可以先查看输入的视频编码相关信息，如图 7-10 所示。

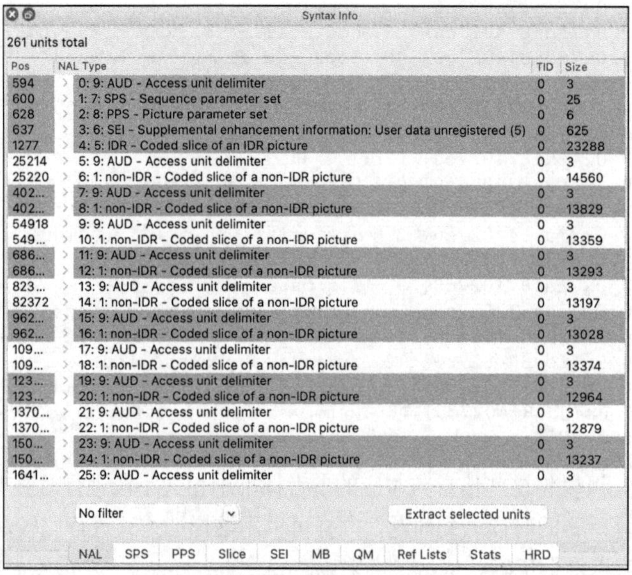

图 7-10　视频编码相关信息

如果希望将这个 H.264 视频流的 AUD 信息删除，可以通过 remove_type 操作。根据参考标准可知 AUD 信息对应的 NALU type 值为 9，那么参数应该设置为 filter_units=remove_type=9。

```
ffmpeg -i input.h264 -c copy -bsf:v 'filter_units=remove_types=9' -y output.h264
```

生成的 output.h264 的视频流信息如图 7-11 所示。

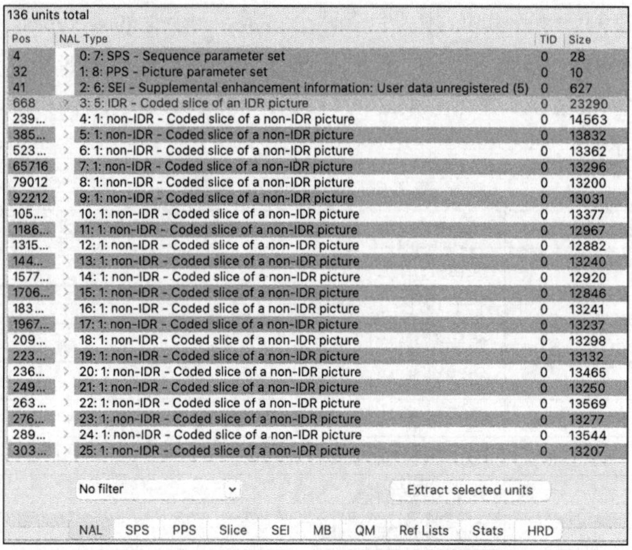

图 7-11　删除 AUD 信息后的视频流图

从图 7-11 中可以看到，视频流中的 AUD 已经被全部删除。如果想要删除多个 NALU type 的话，可以使用符号"|"进行分隔。例如：

```
ffmpeg -i input.h264 -c copy -bsf:v 'filter_units=remove_types=1|2|3|9' -y output.h264
```

执行后的 output.h264 的视频流信息如图 7-12 所示。

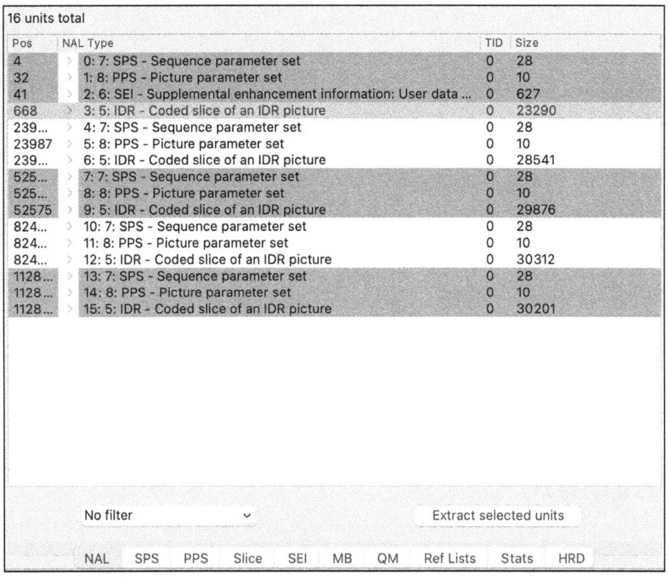

图 7-12　删除多个 NALU type 的视频流图

从图 7-12 可以看到，该视频流中已经没有 AUD 与 NALU type 为 1、2、3 相关的包。还有一种方式，可以将参数 filter_units=remove_types=1|2|3|9 写成 filter_units=remove_types=1-3|9，其中"-"可以理解为从 1 至 3 的所有值，代表一个区间，当然也包含 2，这种写法常用于连续值中。

7.5　小结

FFmpeg 的 bitstream 过滤器是一组强大的工具集合，特别是在需要解决编码出来的流和容器格式之间的流的编辑工作这类问题的时候，它使得我们可以灵活地对 bitstream 进行各种操作。本章还提供了诸如 trace_headers 这类强大的工具，使得我们分析、诊断问题的工具更加多样化，甚至可以作为一个简化版本的码流分析工具，但使用好它的前提是要深入了解不同的 bitstream 格式。

第8章

滤镜使用

在 FFmpeg 中除了具有强大的封装解封装、编解码、缩放功能以外，还有一个非常强大的组件——滤镜（AVFilter）。AVFilter 组件经常被用来进行多媒体处理与编辑，FFmpeg 中包括多种滤镜。

8.1　滤镜表达式使用

FFmpeg 通过 libavutil/eval.h 实现了对算术表达式的支持，这使得 FFmpeg 的滤镜在使用上更为灵活，具备了初步的"可编程"能力，可以视为一个简单的领域特定语言（domain-specific language），但需要注意其并非图灵完备。滤镜的表达式中包含了常量、一元、二元和函数表达式，相关功能如表 8-1~表 8-7 所示。

表 8-1　常量

符号	数值	描述
PI	3.14159265358979323846	圆周率
E	2.7182818284590452354	自然对数的底数，欧拉数
PHI	1.61803398874989484820	黄金分割率

表 8-2　一元表达式

操作符	功能说明	示例
+	正号运算符	+(−3)= −3
−	负号运算符	−(2+3)= −5

表 8-3　二元表达式

操作符	功能说明	示例
+	加法	1+2=3
−	减法	2−1=1
*	乘法	2*3=6
/	除法	6/3=2
^	指数	3^2=3*3=9

表 8-4 关系表达式函数

函数	功能说明
between(x, min, max)	如果 min≤x≤max，则返回 1，否则返回 0
eq(x, y)	如果 x 等于 y，则返回 1，否则返回 0
gt(x, y)	如果 x 大于 y，则返回 1，否则返回 0
gte(x, y)	如果 x 大于或等于 y，则返回 1，否则返回 0
lt(x, y)	如果 x 小于 y，则返回 1，否则返回 0
lte(x, y)	如果 x 小于或等于 y，则返回 1，否则返回 0
max(x, y)	返回 x、y 中较大的值
min(x, y)	返回 x、y 中较小的值

表 8-5 数学表达式函数

函数	功能说明
abs(x)	返回 x 的绝对值
sin(x)	计算 x 的正弦
cos(x)	计算 x 的余弦
acos(x)	计算 x 的反余弦
asin(x)	计算 x 的反正弦
tan(x)	计算 x 的正切
atan(x)	计算 x 的反正切
tanh(x)	计算 x 的双曲线正切
sinh(x)	计算 x 的双曲线正弦
cosh(x)	计算 x 的双曲线余弦
atan2(x, y)	计算坐标(x,y)的四象限反正切
bitand(x, y)	计算(x,y)按位与的值
bitor(x, y)	计算(x,y)按位或的值
exp(x)	计算 x 的指数值，底为 e
gauss(x)	计算 x 的高斯函数值
gcd(x, y)	求 x、y 的最大公约数。如果 x、y 均为 0 或者 x、y 中任意一个为负数，则结果未定义
hypot(x, y)	求 x、y 的平方和的平方根，即 sqrt(x*x + y*y)，例如：二维坐标系中点(x, y)到原点的距离
st(var, expr)	保存 expr 的值到以 var 为索引的内部变量中，var 取值范围为 0～9
ld(var)	返回使用 st 函数保存的索引为 var 的内部变量的值
root(expr, max)	循环取 ld(0)的值为参数计算 expr 的值，在 0 到 max 区间上返回表达式 expr 结果为 0 时 ld(0)的值。其中 ld(0)的值在循环过程中通过给定的表达式变化，表达式 expr 必须是一个连续函数，否则结果不可预期
taylor(expr, x, id)	以 ld(id)为表达式 expr 在 id 处的导数 y，计算表达式 expr 在 x 处的泰勒级数。其中，id 默认为 0，如果非 0 则相当于 taylor(expr, x-y)，如果级数不收敛，则结果不可预期
lerp(x, y, z)	以 z 为单位，返回 x 和 y 之间的线性插值

续表

函数	功能说明
log(x)	求 x 的自然对数
mod(x, y)	返回 x 除以 y 的余数
pow(x, y)	计算 x 的 y 次幂
random(x)	返回一个 0.0 到 1.0 之间的伪随机数，随机数种子/状态是以 x 为索引的内部变量
sgn(x)	计算 x 的阶跃函数值
sqrt(expr)	计算表达式 expr 结果的平方根
squish(x)	计算表达式 1/(1 + exp(4*x)) 的值

表 8-6   条件表达式函数

函数	功能说明
while(cond, expr)	当 cond 的值不为 0 时，循环计算 expr 的值，并返回最后一次 expr 的值。若 cond 的值一直为 false，则返回 NAN（非数字，Not A Number）
not(expr)	如果表达式 expt 等于 0，则返回 1.0，否则返回 0.0
if(x, y)	如果 x 值不为 0，则返回 y，否则返回 0
if(x, y, z)	如果 x 值不为 0，则返回 y，否则返回 z
ifnot(x, y)	如果 x 值为 0，则返回 y，否则返回 0
ifnot(x, y, z)	如果 x 值不为 0，则返回 y，否则返回 z
isinf(x)	若 x 为正/负无穷，则返回 1.0，否则返回 0.0
isnan(x)	如果 x 不为数值，则返回 1.0，否则返回 0.0

表 8-7   其他表达式函数

函数	功能说明
ceil(expr)	对表达式 expr 的结果向上取整，即大于或者等于 expr 的最小整数
floor(expr)	对表达式 expr 的结果向下取整，即小于或者等于 expr 的最大整数
round(expr)	对表达式 expr 的结果四舍五入取整
trunc(expr)	对表达式 expr 的结果舍尾取整
clip(x, min, max)	返回 x 中在 min~max 范围区间的值
print(t)	以日志形式打印 t 的值

FFmpeg 的表达式可以由多个表达式通过分号组合成一个新的表达式："expr1;expr2"，新的表达式将会分别对 expr1、expr2 求值，并将 expr2 的结果作为新表达式的结果返回。

FFmpeg 的表达式常用于滤镜中，实现时间控制、动态调整等。例如时间控制：第 1~2 秒透明度调整为 50%。

```
ffmpeg -i input.mp4 -filter_complex "color=c=black:s=1920x1080:d=5[v0];[0:v]format=
rgba,colorchannelmixer=aa=0.5:enable='between(t,1,2)',[v0]overlay=x='(main_w-overlay_w)/
2':y='(main_h-overlay_h)/2'[v1]" -map [v1] -t 5 -c:v h264 -an between.mp4
```

动态选择帧：选择 2 帧，每隔 2 秒选择一帧。

```
ffmpeg -i input.mp4 -f image2 -vframes 1 -vf "select=(isnan(prev_selected_t)+gte(t-prev_
selected_t\,2)),tile=1x2" select.jpg
```

8.2　滤镜描述格式

在使用 FFmpeg 的滤镜处理音视频特效之前，首先了解一下滤镜（Filter）的基本格式。

8.2.1　滤镜基本排列方式

为了便于理解 Filter 的使用方法，下面用最简单的方式来描述使用 Filter 时的参数排列方式。

[输入流或标记名]滤镜参数[临时标记名];[输入流或标记名]滤镜参数[临时标记名];......

文字描述的排列方式很明确。接下来举一个简单的例子：输入两个文件，一个为视频 input.mp4，一个为图片 logo.png，将图片进行缩放后放在视频的左上角。

```
ffmpeg -i input.mp4 -i logo.png -filter_complex "[1:v]scale=176:144[logo];[0:v][logo]
overlay=x=0:y=0"output.mp4
```

从上述命令可以看到，它将 logo.png 的图像流缩放为 176×144 的分辨率，定义了一个临时标记名 logo，然后将缩放后的图像[logo]铺在输入视频 input.mp4 的视频流[0:v]的左上角。

8.2.2　时间内置变量

在使用 Filter 时，不免会遇到根据时间轴进行操作的需求。在使用 FFmpeg 的 Filter 时可以使用与时间相关的内置变量，如表 8-8 所示。

表 8-8　FFmpeg 滤镜的基本内置变量

变量	说明
t	时间戳以秒表示，如果输入时间戳是未知的，则是 NAN
n	输入帧的顺序编号，从 0 开始
pos	输入帧的位置，如果未知就是 NAN
w	输入视频帧的宽度
h	输入视频帧的高度

在下面的实例中将会使用到这些变量，读者可以根据具体的使用示例加深理解。

8.3　视频水印操作

在 FFmpeg 中可以为视频添加水印，水印既可以是文字，也可以是图片，用于为视频增加标记等。下面看一下 FFmpeg 添加水印的多种方式。

8.3.1　文字水印示例

在视频中增加文字水印的要求比较多，需要有文字的字库处理相关文件，在编译 FFmpeg 时需要支持 FreeType、FontConfig、iconv，系统中要有需要的字库。在 FFmpeg 中增加纯字母水印可以使用 drawtext 滤镜进行支持，drawtext 的滤镜参数如表 8-9 所示。

表 8-9　FFmpeg 文字滤镜参数

参数	类型	说明
fontfile	字符串	字体文件
text	字符串	文字
textfile	字符串	文字文件
fontcolor	色彩	字体颜色
box	布尔	文字区域背景框
boxcolor	色彩	展示字体的区域块的颜色
fontsize	整数	显示字体的大小
font	字符串	字体名称（默认为 Sans 字体）
x	整数	文字显示的 X 坐标
y	整数	文字显示的 Y 坐标

使用 drawtext 可以根据前面介绍过的参数进行加水印设置，例如将文字的水印添加在视频的左上角的命令如下：

```
ffmpeg -i input.mp4 -vf "drawtext=fontsize=100:fontfile=FreeSerif.ttf:text='hello
world':x=20:y=20" output.mp4
```

这条命令执行之后，在 output.mp4 视频的左上角即可增加"hello world"文字水印，为了将文字展示得更清楚一些，将文字大小设置为 100 像素。

上述的文字水印为纯黑色，会显得比较突兀。为了使文字更加柔和，可以通过 drawtext 滤镜的 fontcolor 参数调节颜色。例如，将字体的颜色设置为绿色。

```
ffmpeg -i input.mp4 -vf "drawtext=fontsize=100:fontfile=FreeSerif.ttf:text='hello
world':fontcolor=green" output.mp4
```

命令执行之后，文字水印变为绿色，如图 8-1 所示。

图 8-1　drawtext 设置水印字体颜色效果

如果想调整文字水印显示的位置，调整 x 与 y 参数的数值即可。文字水印还可以增加一个框，然后给框加背景色。

```
ffmpeg -i input.mp4 -vf "drawtext=fontsize=100:fontfile=FreeSerif.ttf:text='hello
world':fontcolor=green:box=1:boxcolor=yellow" output.mp4
```

命令执行后，视频左上角显示文字水印，水印背景色为黄色，如图 8-2 所示。

图 8-2 drawtext 设置文字背景色水印效果

有时希望以本地时间作为文字水印，可以在 drawtext 滤镜中配合一些特殊用法完成。

```
ffmpeg -re -i input.mp4 -vf "drawtext=fontsize=60:fontfile=FreeSerif.ttf:text='%
{localtime:%Y\-%m\-%d%H-%M-%S}':fontcolor=green:box=1:boxcolor=yellow" output.mp4
```

在 text 中显示本地当前时间，格式为年、月、日、时、分、秒，如图 8-3 所示。

图 8-3 drawtext 设置本地时间水印效果

在个别场景中，需要时而显示水印，时而不显示水印，这种方式同样可以配合 drawtext 滤镜进行处理，使用 drawtext 与 enable 配合即可。例如，每 3 秒钟显示一次文字水印。

```
ffmpeg -re -i input.mp4 -vf "drawtext=fontsize=60:fontfile=FreeSerif.ttf:text='test':
fontcolor=green:box=1:boxcolor=yellow:enable='lt(mod(t,3),1)'" output.mp4
```

这条命令执行之后，即可每隔 3 秒钟闪烁一下文字水印。由于是一个动态展示的视频，所以在这里就不抓图展示了。有时候文字水印中会有中文字符，此时系统需要有中文字库与中文编码支持，才能够将中文水印加入视频中。

```
ffmpeg -re -i input.mp4 -vf "drawtext=fontsize=50:fontfile=/Library/Fonts/Songti.
ttc:text='文字水印测试':fontcolor=green:box=1:boxcolor=yellow" output.mp4
```

命令执行之后即可以将中文水印加入视频中，并且中文字符的字体为宋体，效果如图 8-4 所示。

图 8-4　drawtext 设置中文水印效果

8.3.2　图片水印示例

在 FFmpeg 中，除了可以给视频加文字水印之外，还可以给视频加图片水印、视频跑马灯等。本小节将重点介绍为视频添加图片水印。为视频添加图片水印可以使用 movie 滤镜的参数，如表 8-10 所示。

表 8-10　FFmpeg 的 movie 滤镜参数

参数	类型	说明
filename	字符串	输入的文件名，可以是文件、协议、设备
format_name, f	字符串	输入的封装格式
stream_index, si	整数	输入的流索引编号
seek_point, sp	浮点数	定位输入流的时间位置
stream, s	字符串	输入的多个流的流信息
loop	整数	循环次数
discontinuity	时间差值	支持跳动的时间差值

在 FFmpeg 中加入图片水印的方式有两种，一种是通过 movie 指定水印文件路径，另外一种是通过 filter 读取输入文件的流并指定为水印。这里重点介绍读取 movie 图片文件作为水印。下面举个例子。

```
ffmpeg -i input.mp4 -vf "movie=logo.png[wm];[in][wm]overlay=30:10[out]" output.mp4
```

命令执行后会将 logo.png 水印打入 input.mp4 视频中，显示在 x 坐标为 30、y 坐标为 10 的位置，如图 8-5 所示。

由于 logo.png 图片的背景色是白色的，所以显示起来比较生硬，如果水印图片是透明背景的，效果将会更好。下面找一张透明背景色的图片试一下，如图 8-6 所示。

透明水印的效果好一些。当只有纯色背景的 logo 图片时，可以考虑使用 movie 与 colorkey 滤镜，配合做成半透明效果。例如：

```
ffmpeg -i input.mp4 -vf "movie=logo.png,colorkey=black:1.0:1.0[wm]; [in][wm]overlay=30:
10[out]" output.mp4
```

图 8-5　设置图片水印效果

图 8-6　设置图片为透明水印的效果

　　命令执行后，将会根据 colorkey 设置的颜色值、相似度、混合度与原片混合为半透明水印，效果如图 8-7 所示。

图 8-7　设置图片为半透明水印的效果

8.4　画中画操作

　　在使用 FFmpeg 处理流媒体文件时，有时需要制作画中画的效果。在 FFmpeg 的滤镜中，可以将多个视频流、多个多媒体采集设备、多个视频文件合并到一个界面中，生成画中画的效果，这可以通过 overlay 进行操作。在前面包括以后的滤镜使用中，与视频操作相关的处理大多数会与 overlay 滤镜配合使用，尤其是用在图层处理与合并场景中。overlay 的参数如表 8-11 所示。

表 8-11 FFmpeg 滤镜 overlay 的基本参数

参数	类型	说明
x	字符串	x 坐标
y	字符串	y 坐标
eof_action	整数	当遇到 eof 标志时的处理方式，默认为重复 repeat（值为 0）：重复前一帧 endall（值为 1）：停止所有的流 pass（值为 2）：保留主图层
shortest	布尔	当最短的视频终止时全部终止（默认关闭）
format	整数	设置输出的像素格式，默认为 yuv420 yuv420（值为 0） yuv422（值为 1） yuv444（值为 2） rgb（值为 3）

从参数列表中可以看到，主要参数并不多，但实际上在 overlay 滤镜的使用中，有很多组合的参数可以使用，还有一些内部变量可以使用，例如 overlay 图层的宽高、坐标等。下面举几个画中画的例子。

```
ffmpeg -i input.mp4 -vf "movie=sub.mp4,scale=480x320[test];[in][test] overlay [out]"
-vcodec libx264 output.flv
```

上述命令执行后会将 sub.mp4 视频文件缩放成宽 480、高 320 的视频，然后显示在视频 input.mp4 中 x 坐标为 0、y 坐标为 0 的位置。命令行执行后生成的 output.flv 的效果如图 8-8 所示。

图 8-8 设置画中画效果

图 8-8 为显示画中画的最基本方式，如果希望子视频显示在指定位置，例如显示在画面的右下角，则需要用到 overlay 中 x 坐标与 y 坐标的内部变量。

```
ffmpeg -i input.mp4 -vf "movie=sub.mp4,scale=480x320[test];[in][test] overlay=x=main_
w-480:y=main_h-320 [out]" -vcodec libx264 output.flv
```

根据命令可以分析出，子视频将会定位在主画面的最右边减去子视频宽度、最下边减去子视频高度的位置，生成的视频播放效果如图 8-9 所示。

图 8-9　设置画中画子画面指定位置的效果

以上两种视频画中画处理均为静态位置处理，使用 overlay 还可以配合正则表达式进行跑马灯式的画中画处理，只要动态改变子画面的 x 坐标与 y 坐标即可。

```
ffmpeg -i input.mp4 -vf "movie=sub.mp4,scale=480x320[test];[in][test] overlay=x=
'if(gte(t,2), -w+(t-2)*20, NAN)':y=0[out]" -vcodec libx264 output.flv
```

命令行执行之后子视频将会从主视频的左侧渐入，然后在主视频中从左向右移动，效果如图 8-10 所示。

图 8-10　设置移动画中画效果

视频画中画的基本处理至此介绍完毕，重点学习了 overlay 滤镜的使用。

8.5　视频多宫格处理

除了画中画显示，还有一种场景为多宫格方式呈现视频，每个宫格除了可以输入视频文件，还可以输入视频流、采集设备等。从前面章节中可以知道，进行视频图像处理时 overlay 滤镜为关键画布，可以通过 FFmpeg 建立一个画布，也可以使用默认的画布。如果想进行多宫格方式展示，可以自行建立一个足够大的画布。下面看一下多宫格展示的例子。

```
ffmpeg -i 1.avi -i 2.avi -i 3.avi -i 4.avi -filter_
complex "nullsrc=size=640x480 [base]; \
   [0:v] setpts=PTS-STARTPTS, scale=320x240 [upperleft]; \
   [1:v]setpts=PTS-STARTPTS, scale=320x240 [upperright]; \
   [2:v] setpts=PTS-STARTPTS, scale=320x240 [lowerleft]; \
   [3:v]setpts=PTS-STARTPTS, scale=320x240 [lowerright]; \
   [base][upperleft]overlay=shortest=1 [tmp1]; \
   [tmp1][upperright]overlay=shortest=1:x=320 [tmp2]; \
   [tmp2][lowerleft]overlay=shortest=1:y=240 [tmp3]; \
   [tmp3][lowerright]overlay=shortest=1:x=320:y=240" \
   -c:v libx264 output.flv
```

命令行执行后，将会通过 nullsrc 创建一个 overlay 画布，大小为宽 640 像素、高 480 像素。使用[0:v][1:v][2:v][3:v]将输入的 4 个视频流取出，分别进行缩放处理，处理成宽 320、高 240 的视频，然后基于 nullsrc 生成的画布进行视频平铺。平铺的整体情况如图 8-11 所示。

根据命令中定义的 upperleft、upperright、lowerleft、lowerright 进行不同位置的平铺，平铺的整体步骤如图 8-12 所示。

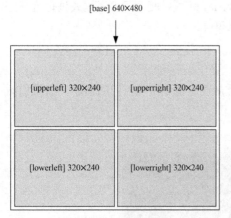

图 8-11　平铺示意图

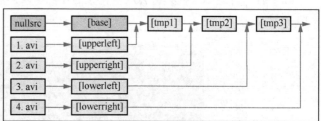

图 8-12　平铺画面滤镜处理步骤

命令执行后最终画面展现形式如图 8-13 所示。

图 8-13　多宫格处理后效果图

如果需要展示直播视频流的多宫格形式,将 avi 文件更改为直播流地址即可。

8.6 视频字幕操作

为视频添加字幕的方式大概可以分为两种:将字幕编码进视频流和在封装容器中加入字幕流。将字幕编码进视频流的方式与为视频增加水印的方式基本相似,而在封装容器中加入字幕流的方式则需要封装容器中支持加入字幕流。下面看一下如何使用 FFmpeg 为视频文件增加字幕。

8.6.1 ASS 字幕流写入视频流

使用 FFmpeg 可以将字幕写入视频流,通过 ASS 滤镜即可。首先需要将视频流进行解码,再将 ASS 字幕写入视频流,然后编码压缩再进行容器封装。字幕文件的内容格式大致如下:

```
[Script Info]
[V4+ Styles]

Format: Name, Fontname, Fontsize, PrimaryColour, SecondaryColour,OutlineColour, BackColour,
Bold, Italic, Underline, StrikeOut, ScaleX, ScaleY, Spacing, Angle, BorderStyle, Outline, Shadow,
Alignment, MarginL, MarginR, MarginV, Encoding
Style:*Default,微软雅黑,21,&H00FFFFFF,&H0000FFFF,&H2D804000,&H32000000,-1,0,0,0,100,
100,0,0,0,2,1,2,5,5,5,134
Style:logo,微软雅黑,21,&H00FFFFFF,&HF0000000,&H00000000,&H00000000,0,0,0,0,100,100,0,
0,1,2,1,2,5,5,5,134


[Events]
Format: Layer, Start, End, Style, Actor, MarginL, MarginR, MarginV, Effect, Text
Dialogue:0,0:00:00.91,0:00:02.56,*Default,NTP,0000,0000,0000,,前情提要\N{\1c&HFFFFFF&}
{\3a&H82&\4c&H030303&}{\fnArial Black}{\fs20}{\b1}{\fe0}{\shad1}{\3c&H030303&}{\4c&H030303&}
Previously on "the Vampire Diaries"...
Dialogue:0,0:00:02.59,0:00:05.47,\*Default,NTP,0000,0000,0000,,Elena 很享受她的生活吧\N
{\1c&HFFFFFF&}{\3a&H82&\4c&H030303&}{\fnArial Black}{\fs20}{\b1}{\fe0}{\shad1}{\3c&H030303&}
{\4c&H030303&}Does Elena enjoy her life?
Dialogue:0,0:00:05.50,0:00:06.66,*Default,NTP,0000,0000,0000,,我听说过你\N{\1c&HFFFFFF&}
{\3a&H82&\4c&H030303&}{\fnArial Black}{\fs20}{\b1}{\fe0}{\shad1}{\3c&H030303&}{\4c&H030303&}
I've heard about you...
```

打开的文件中的内容为字幕文件的片段,内容格式为 ASS 字幕格式。下面将字幕写入视频流中。

```
ffmpeg -i input.mp4 -vf ass=t1.ass -f mp4 output.mp4
```

命令执行之后即可向 input.mp4 中增加 ASS 字幕,将加入字幕的视频流保存到 output.mp4 文件中。输入与输出文件的情况如下:

```
Input #0, mov,mp4,m4a,3gp,3g2,mj2, from 'input.mp4':
    Duration: 00:00:50.01, start: 0.000000, bitrate: 2616 kb/s
        Stream #0:0(und): Video: h264 (High) (avc1 / 0x31637661), yuv420p, 1280x714 [SAR
1:1 DAR 640:357], 2484 kb/s, 25 fps, 25 tbr, 25k tbn, 50 tbc (default)
        Stream #0:1(und): Audio: aac (LC) (mp4a / 0x6134706D), 48000 Hz, stereo, fltp,
126 kb/s (default)
    Input #1, mov,mp4,m4a,3gp,3g2,mj2, from 'output.mp4':
    Duration: 00:00:50.04, start: 0.000000, bitrate: 2625 kb/s
```

```
        Stream #1:0(und): Video: h264 (High) (avc1 / 0x31637661), yuv420p, 1280x714 [SAR
1:1 DAR 640:357], 2490 kb/s, 25 fps, 25 tbr, 12800 tbn, 50 tbc (default)
        Stream #1:1(und): Audio: aac (LC) (mp4a / 0x6134706D), 48000 Hz, stereo, fltp,
128 kb/s (default)
```

　　从 Input 信息中可以看到，输入与输出的封装容器格式基本相同，均为一个视频流、一个音频流，并未包含字幕流，因为字幕流已经通过 ASS 容器写入视频流中，效果如图 8-14 所示。

图 8-14　带字幕的视频效果图

　　从播放效果可以看到，字幕流已经写入视频文件中，在播放时可以看到这些字幕。

8.6.2　ASS 字幕写入封装容器

　　前面已经介绍过，在视频播放时显示字幕，除了可以将字幕加入视频编码中，还可以在视频封装容器中增加字幕流，只要封装容器格式支持字幕流即可。下面利用 FFmpeg 将 ASS 字幕流写入 mkv 封装容器中，并以字幕流的形式存在。

```
ffmpeg -i input.mp4 -i t1.ass -acodec copy -vcodec copy -scodec copy output.mkv
```

　　命令行执行后，会将 input.mp4 中的音频流、视频流及 t1.ass 中的字幕流在不改变编码的情况下封装入 output.mkv 文件中，这样在 output.mkv 文件中将会包含 3 个流，分别为视频流、音频流及字幕流。如果 input.mp4 中或者输入的视频文件原本带有字幕流，但希望使用 t1.ass 字幕流时，可以通过 map 功能指定封装对应的字幕流进入 output.mkv 中。例如：

```
ffmpeg -i input.mp4 -i t1.ass -map 0:0 -map 0:1 -map 1:0 -acodec copy -vcodec copy -scodec
copy output.mkv
```

　　上述命令分别将第 1 个输入文件的第 1 个流和第 2 个流，与第 2 个输入文件的第 1 个流写入 output.mkv 中。输入信息如下：

```
Input #0, mov,mp4,m4a,3gp,3g2,mj2, from 'input.mp4':
    Duration: 00:00:50.01, start: 0.000000, bitrate: 2616 kb/s
        Stream #0:0(und): Video: h264 (High) (avc1 / 0x31637661), yuv420p, 1280x714 [SAR
1:1 DAR 640:357], 2484 kb/s, 25 fps, 25 tbr, 25k tbn, 50 tbc (default)
        Stream #0:1(und): Audio: aac (LC) (mp4a / 0x6134706D), 48000 Hz, stereo, fltp,
126 kb/s (default)
    Input #1, ass, from 'input.ass':
    Duration: N/A, bitrate: N/A
        Stream #1:0: Subtitle: ass
```

　　命令行执行后生成的文件信息如下：

```
Input #0, matroska,webm, from 'output.mkv':
    Duration: 00:00:50.01, start: 0.000000, bitrate: 2616 kb/s
        Stream #0:0: Video: h264 (High), yuv420p(progressive), 1280x714 [SAR 1:1 DAR
640:357], 25 fps, 25 tbr, 1k tbn, 50 tbc (default)
        Stream #0:1: Audio: aac (LC), 48000 Hz, stereo, fltp (default)
        Stream #0:2: Subtitle: ass
```

如上所示，MKV 文件中共 3 个流，其中包含视频流、音频流及字幕流，通过 mplayer 播放视频时可以看到字幕流封装之后的效果，如图 8-15 所示。

图 8-15　播放器播放视频流与字幕流的效果

从图 8-15 中可以看到，字幕流被播放器成功加载并播放出来。至此，为视频添加字幕介绍完毕。

8.7 视频 3D 化处理

随着 3D 视频的出现，3D 视频获得了越来越多的应用场景。当前，常见的 3D 视频的实现方式有两种，一种是红蓝眼镜 3D 视频，一种是左右眼 3D 视频（另外还有一种裸眼 3D，需要使用特殊的显示屏或者特殊的视角设定设备，以便让人眼产生立体感），前者观看时需要配戴专用的红蓝眼镜或者黄蓝眼镜，后者则需要配戴专门的 3D 眼镜。在有些情况下，需要将红蓝眼镜 3D 视频和左右眼 3D 视频进行互相转换，FFmpeg 提供了 stereo3d 滤镜及 hstack 滤镜两种方式以实现不同的 3D 效果。

8.7.1 stereo3d 处理 3D 视频

FFmpeg 滤镜 stereo3d 的参数如表 8-12 所示。

表 8-12　FFmpeg 滤镜 stereo3d 的参数

参数	类型	说明
in	整数	sbsl：并排平行（左眼左，右眼右）
		sbsr：并排对穿（右眼左，左眼右）
		sbs2l：并排半宽度分辨率（左眼左，右眼右）
		sbs2r：并排对穿半宽度分辨率（右眼左，左眼右）
		abl：上下（左眼上，右眼下）

参数	类型	说明
in	整数	abr：上下（右眼上，左眼下）
		ab2l：上下半高度分辨率（左眼上，右眼下）
		ab2r：上下半高度分辨率（右眼上，左眼下）
		al：交替帧显示（左眼先显示，右眼后显示）
		ar：交替帧显示（右眼先显示，左眼后显示）
		irl：交错行（左眼上面一行，右眼开始下一行）
		irr：交错行（右眼上面一行，左眼开始下一行）
		icl：交叉列（左眼先显示）
		icr：交叉列（右眼先显示）
		默认为 sbsl
out	整数	sbsl：并排平行(左眼左，右眼右)
		sbsr：并排对穿（右眼左，左眼右）
		sbs2l：并排半宽度分辨率（左眼左，右眼右）
		sbs2r：并排对穿半宽度分辨率（右眼左，左眼右）
		abl：上下（左眼上，右眼下）
		abr：上下（右眼上，左眼下）
		ab2l：上下半高度分辨率（左眼上，右眼下）
		ab2r：上下半高度分辨率（右眼上，左眼下）
		al：交替帧显示（左眼先显示，右眼后显示）
		ar：交替帧显示（右眼先显示，左眼后显示）
		irl：交错行（左眼上面一行，右眼开始下一行）
		irr：交错行（右眼上面一行，左眼开始下一行）
		arbg：浮雕红/蓝灰色（红色左眼，右眼蓝色）
		argg：浮雕红/绿灰色（红色左眼，绿色右眼）
		arcg：浮雕红/青灰色（红色左眼，右眼青色）
		arch：浮雕红/青半彩色（红色左眼，右眼青色）
		arcc：浮雕红/青颜色（红色左眼，右眼青色）
		arcd：浮雕红/青颜色优化的最小二乘预测（红色左眼，右眼青色）
		agmg：浮雕绿色/红色灰色（绿色左眼，右眼红色）
		agmh：浮雕绿色/红色一半颜色（绿色左眼，右眼红色）
		agmc：浮雕绿色/红色颜色（绿色左眼，右眼红色）
		agmd：浮雕绿色/红色颜色优化的最小二乘预测（绿色左眼，右眼红色）
		aybg：浮雕黄/蓝灰色（黄色左眼，右眼蓝色）
		aybh：浮雕黄/蓝一半颜色（黄色左眼，右眼蓝色）
		aybc：浮雕黄色/蓝色颜色（黄色左眼，右眼蓝色）
		aybd：浮雕黄色/蓝色优化的最小二乘预测（黄色左眼，右眼蓝色）
		ml：mono 输出（只显示左眼）
		mr：mono 输出（只显示右眼）
		irl：交错行（左眼上面一行，右眼开始下一行）
		irr：交错行（右眼上面一行，左眼开始下一行）
		默认值是 arcd

参数介绍完毕，接下来看一个例子，将一个左右眼的 3D 视频转变为黄蓝眼镜和红蓝眼镜观看的视频。

8.7.2 3D 图像转换示例

左右眼 3D 视频图像中，常见的是左右排列的视频图像，通过 hstack 滤镜转换如下：

```
ffplay -vf "split=2[v1][v2],[v1][v2]hstack" input.mp4
```

左右排列的视频图像的效果如图 8-16 所示。

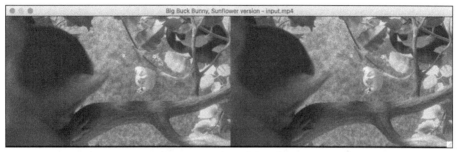

图 8-16　左右眼 3D 效果

如果使用黄蓝眼镜，看这样的视频同样是左右效果但不是 3D 效果。可以通过 stereo3d 滤镜转换后再使用黄蓝眼镜观看。

```
ffplay -vf "stereo3d=sbsl:aybd" input.mp4
```

命令执行后，会将原片的左右排列效果合并为黄蓝合并排列效果，视频播放效果会更有立体感。如果使用红蓝眼镜观看视频，可以用红蓝输出参数。

```
ffplay -vf "stereo3d=sbsl:arbg" input.mp4
```

左右转换为黄蓝排列效果如图 8-17 所示。

图 8-17　黄蓝眼镜 3D 视频效果

图 8-17 中看到视频的宽度变小，但是图像更具立体感，戴上黄蓝眼镜观看处理过的视频将呈现 3D 效果。

8.8　视频截图操作

在视频播放时经常见到一个功能，就是将鼠标移动到播放器进度条上时，播放器会弹出一个与进度条进度对应的缩略图。还有一个场景，当在主播平台中打开首页时，会列出主播当前窗口的缩略图。还有一个场景应用，如特殊场景检测，当主播直播视频时，定期截取主播窗口的当前图像，并上传至特殊场景检测系统进行鉴别等。上述几个场景均要用到截图功能。本节重点介绍使用 FFmpeg 进行定时视频截图。使用 FFmpeg 截图有很多种方式，常见的是使用 vframe 参数与 fps 滤镜。下面介绍 vframe 参数与 fps 滤镜两种方式。

8.8.1　vframes 参数截取一张图片

通过将 FFmpeg 参数 ss 与 vframes 结合起来，即可获取指定时间位置的视频图像缩略图。下面看一个例子。

```
ffmpeg -i input.flv -ss 00:00:7.435 -vframes 1 out.png
```

命令行执行之后，FFmpeg 会定位到 input.flv 的第 7 秒位置，获得对应的视频帧，然后将图像转码并封装成 PNG 图像。过程如下：

```
Input #0, flv, from 'input.flv':
    Duration: 00:00:50.12, start: 0.000000, bitrate: 2614 kb/s
        Stream #0:0: Video: h264 (High), yuv420p(progressive), 1280x714 [SAR 1:1 DAR
640:357], 2484 kb/s, 25 fps, 25 tbr, 1k tbn, 50 tbc
        Stream #0:1: Audio: aac (LC), 48000 Hz, stereo, fltp, 126 kb/s
Stream mapping:
Stream #0:0 -> #0:0 (h264 (native) -> png (native))
Press [q] to stop, [?] for help
Output #0, image2, to 'out.png':
        Stream #0:0: Video: png, rgb24, 1280x714 [SAR 1:1 DAR 640:357], q=2-31, 200 kb/s,
25 fps, 25 tbn, 25 tbc
    frame= 1 fps=0.0 q=-0.0 Lsize=N/A time=00:00:00.04 bitrate=N/A speed=0.0612x
```

8.8.2　fps 滤镜定时获得图片

在直播场景中，有时需要定义每隔一段时间从视频中截取图像以生成图片，例如为进度条做缩略图，这可以通过 fps 参数实现。下面看一下 FFmpeg 的 fps 滤镜是如何在一定间隔时间获得图片的。

```
ffmpeg -i input.flv -vf fps=1 out%d.png
```

命令执行之后，将会每隔 1 秒生成一张 PNG 图片。

```
ffmpeg -i input.flv -vf fps=1/60 img%03d.jpg
```

命令执行之后，将会每隔 1 分钟生成一张 JPEG 图片。

```
ffmpeg -i input.flv -vf fps=1/600 thumb%04d.bmp
```

命令执行之后，将会每隔 10 分钟生成一张 BMP 图片。

以上 3 种方式均为按照时间截取图片。如果希望按照关键帧截取图片，可以使用 select 来截取。

```
ffmpeg -i input.flv -vf "select='eq(pict_type,PICT_TYPE_I)'" -vsync vfr thumb%04d.png
```

命令执行之后，FFmpeg 将会判断图像类型是否为 I 帧，如果是 I 帧则会生成一张 PNG 图像。

8.9 音频流滤镜操作

除了操作视频，FFmpeg 还可以对音频进行操作，例如拆分声道、合并多声道为单声道、调整声道布局及调整音频采样率等。在 FFmpeg 中，可以通过 amix、amerge、pan、channelsplit、volume、volumedetect 等滤镜进行常用的音频操作。本节对音频滤镜进行详细介绍。

8.9.1 双声道合并单声道

在音频转换时常常会遇见音频声道的改变，例如将双声道合并为单声道。通过 ffmpeg -layouts 参数可以查看音频的声道布局支持情况，将双声道合并为单声道操作则是将 stereo 转变为 mono 模式，如图 8-18 所示。

如果要使用 FFmpeg 实现图 8-18 的操作，执行如下命令即可：

```
ffmpeg -i input.aac -ac 1 output.aac
```

input.aac 的音频原为双声道，命令执行之后会被转为单声道。执行后的对比信息如下：

```
Input #0, aac, from 'input.aac':
Duration: 00:00:50.82, bitrate: 127 kb/s
Stream #0:0: Audio: aac (LC), 48000 Hz, stereo, fltp, 127 kb/
Output #0, adts, to 'output.aac':
Metadata:
encoder : Lavf57.71.100
Stream #0:0: Audio: aac (LC), 48000 Hz, mono, fltp, 69 kb/s
```

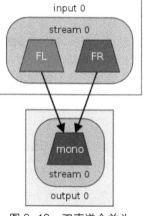

图 8-18 双声道合并为单声道原理图

从信息中可以看到，input.aac 的音频是双声道 stereo 布局方式，即 FL 与 FR 两个声道，通过 ac 将双声道转为单声道 mono 布局，输出为 output.aac。对于原本双声道的音频，左耳和右耳可以分别听到不同声源的声音，调整后，声音布局改变为中央布局，左耳与右耳听到的是相同声源的声音。

8.9.2 双声道提取

使用 FFmpeg 可以提取多声道的音频并输出至新音频文件或者多个音频流，以便于后续的编辑等。双声道音频提取的方式如图 8-19 所示。

从提取方式中可以看到，将音频为 stereo 的布局提取为两个 mono 流，左声道一个流，右声道一个流。命令格式如下，这可以使用 FFmpeg 的 map_channel 参数实现。

```
ffmpeg -i input.aac -map_channel 0.0.0 left.aac
-map_channel 0.0.1 right.aac
```

也可以使用 pan 滤镜实现。

```
ffmpeg -i input.aac -filter_complex "[0:0]pan=1c|c0=
```

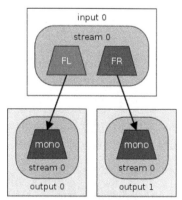

图 8-19 双声道提取多个单声道音频文件原理图

```
c0[left];[0:0]pan=1c|c0=c1[right]" -map "[left]" left.aac -map "[right]" right.aac
```

命令执行后，会将布局格式为 stereo 的 input.aac 转换为两个 mono 布局的 left.aac 与 right.aac。

```
Input #0, aac, from 'input.aac':
Duration: 00:00:50.82, bitrate: 127 kb/s
Stream #0:0: Audio: aac (LC), 48000 Hz, stereo, fltp, 127 kb/s
Input #1, aac, from 'left.aac':
Duration: 00:00:49.21, bitrate: 73 kb/s
Stream #1:0: Audio: aac (LC), 48000 Hz, mono, fltp, 73 kb/s
Input #2, aac, from 'right.aac':
Duration: 00:00:49.21, bitrate: 73 kb/s
Stream #2:0: Audio: aac (LC), 48000 Hz, mono, fltp, 73 kb/s
```

从上面信息可以看到，input.aac 为 stereo，而 left.aac 与 right.aac 为 mono。

8.9.3　双声道转双音频流

FFmpeg 不但可以将双声道音频提取出来生成两个音频文件，还可以将双声道音频提取出来转为一个音频文件的两个音频流，每个音频流为一个声道，转换方式如图 8-20 所示。

根据这个原理举个例子。

```
ffmpeg -i input.aac -filter_complex channelsplit=
channel_layout=stereo output.mka
```

命令通过 channelsplit 滤镜将 stereo 布局方式的音频分开，切分成两个音频流。切分前后的音频效果如下：

```
Input #0, aac, from 'input.aac':
Duration: 00:00:50.82, bitrate: 127 kb/s
Stream #0:0: Audio: aac (LC), 48000 Hz, stereo, fltp, 127
kb/s
Output #0, matroska, to 'output.mka':
Stream #0:0: Audio: ac3 ([0] [0][0] / 0x2000), 48000 Hz,
mono, fltp, 96 kb/s
Stream #0:1: Audio: ac3 ([0] [0][0] / 0x2000), 48000 Hz, mono, fltp, 96 kb/s
```

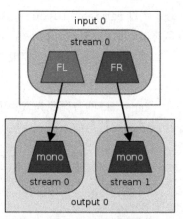

图 8-20　左右声道音频转为
多音频流原理图

如上信息所示，文件 output.mka 中的音频为两个 stream，默认情况下大多数播放器会播放第 1 个音频 stream 而第 2 个将不会被播放，指定播放对应 stream 的除外。

8.9.4　单声道转双声道

使用 FFmpeg 可以将单声道转换为多声道，即当只有中央声道或者只有 mono 布局时，才可以通过 FFmpeg 转换为 stereo 布局，转换方式如图 8-21 所示。

对前面章节提到的从 stereo 布局转出来的 mono 布局的音频文件 left.aac 进行生成，命令行如下：

```
ffmpeg -i left.aac -ac 2 output.m4a
```

命令执行后，会从 left.aac 中将布局为 mono 的音频转换为 stereo 布局的音频文件 output.m4a，输入与输出信息如下：

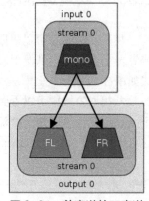

图 8-21　单声道转双声道
音频原理图

```
Input #0, aac, from 'left.aac':
Duration: 00:00:49.21, bitrate: 73 kb/s
Stream #0:0: Audio: aac (LC), 48000 Hz, mono, fltp, 73 kb/s
Output #0, ipod, to 'output.m4a':
Stream #0:0: Audio: aac (LC) (mp4a / 0x6134706D), 48000 Hz, stereo, fltp, 128 kb/s
```

从以上信息可以看到，输入的 left.aac 中音频为 mono 布局，而输出的文件 output.m4a 中的音频布局则为 stereo。除了使用 ac 参数，还可以使用 amerge 滤镜进行处理，命令行如下：

```
ffmpeg -i left.aac -filter_complex "[0:a][0:a]amerge=inputs=2[aout]" -map "[aout]"
output.m4a
```

命令执行后的效果与使用 ac 的效果相同。当然，这么执行之后的双声道并不是真正的双声道，而是由单声道处理成的双声道，效果不会比原来的单声道更好。

8.9.5　两个音频源合并双声道

前面提到将单 mono 声道处理为双声道，如果将输入单 mono 声道转换为 stereo 双声道为伪双声道，可以考虑将两个音频源合并为双声道，这相对来说更容易理解一些。两个音频源输入转为双声道的原理如图 8-22 所示。

输入两个布局为 mono 的音频源，合并为一个布局为 stereo 双声道的音频流，输出到 output 文件。命令举例如下：

```
ffmpeg -i left.aac -i right.aac -filter_complex "[0:a][1:a]amerge=inputs=2[aout]" -map "[aout]" output.mka
```

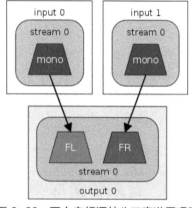

图 8-22　两个音频源转为双声道原理图

命令执行后，会将 left.aac 与 right.aac 两个音频为 mono 布局的 AAC 合并为一个布局为 stereo 的音频流，输出至 output.mka 文件。输入文件与输出文件信息如下：

```
Input #0, aac, from 'left.aac':
Duration: 00:00:49.21, bitrate: 73 kb/s
Stream #0:0: Audio: aac (LC), 48000 Hz, mono, fltp, 73 kb/s
Input #1, aac, from 'right.aac':
Duration: 00:00:49.21, bitrate: 73 kb/s
Stream #1:0: Audio: aac (LC), 48000 Hz, mono, fltp, 73 kb/s
Input #2, matroska,webm, from 'output.mka':
Duration: 00:00:50.05, start: 0.000000, bitrate: 193 kb/s
Stream #2:0: Audio: ac3, 48000 Hz, stereo, fltp, 192 kb/s (default)
```

从 3 个 Input 信息看，输入的两路 mono 转换为 stereo 了，输出音频为 AC3，也可以通过 `acodec aac` 指定为输出 AAC 编码的音频。

8.9.6　多个音频合并为多声道

除了双声道音频，FFmpeg 还可以支持多声道音频，通过 `ffmpeg -layouts` 即可看到声道布局有很多种，常见的多声道除了双声道，还有一种是 5.1 方式的多声道。

由 6 个 mono 布局的音频流合并为一个多声道（5.1 声道）的音频流的原理图如图 8-23 所示。如果希望实现这样的效果，可以使用如下命令：

```
ffmpeg -i front_left.wav -i front_right.wav -i front_center.wav -i lfe.wav -i back_left.wav -i back_right.wav -filter_complex "[0:a][1:a][2:a][3:a][4:a][5:a]amerge=inputs=6[aout]" -map "[aout]" output.wav
```

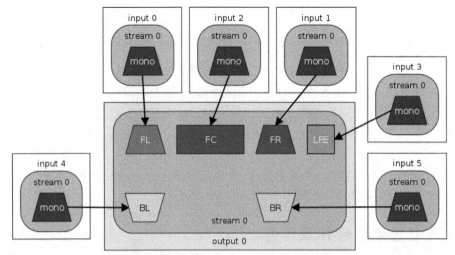

图 8-23 多文件输入转单流多声道原理图

命令执行之后，将会生成一个 5.1 布局的音频，效果如下：

```
Input #0, wav, from 'output.wav':
Metadata:
encoder : Lavf57.71.100
Duration: 00:00:50.03, bitrate: 4608 kb/s
Stream #0:0: Audio: pcm_s16le ([1][0][0][0] / 0x0001), 48000 Hz, 5.1, s16, 4608 kb/s
```

多音频输入合并后生成 5.1 布局的音频，码率为 4608kbit/s。

8.10 音频音量探测

在播放音频时，有时需要根据音频的音量绘制出音频的波形。本节重点介绍音频音量与音频波形相关的滤镜操作。

8.10.1 音频音量获得

要使用 FFmpeg 获得音频的音量分贝及音频相关的一些信息，可以使用滤镜 volumedetect。下面举个例子。

```
ffmpeg -i output.wav -filter_complex volumedetect -c:v copy -f null /dev/null
```

命令执行之后，输出信息如下：

```
Input #0, wav, from 'output.wav':
    Duration: 00:00:50.03, bitrate: 4608 kb/s
        Stream #0:0: Audio: pcm_s16le ([1][0][0][0] / 0x0001), 48000 Hz, 5.1, s16, 4608 kb/s
[Parsed_volumedetect_0 @ 0x7fd34dc10b00] n_samples: 0
Output #0, null, to '/dev/null':
        Stream #0:0: Audio: pcm_s16le, 48000 Hz, 5.1, s16, 4608 kb/s
size=N/A time=00:00:50.02 bitrate=N/A speed= 419x video:0kB audio:28140kB subtitle:0kB
other streams:0kB global headers:0kB muxing overhead: unknown
    [Parsed_volumedetect_0 @ 0x7fd34df00000] n_samples: 14407680
    [Parsed_volumedetect_0 @ 0x7fd34df00000] mean_volume: -16.6 dB
```

```
[Parsed_volumedetect_0 @ 0x7fd34df00000] max_volume: -0.9 dB
[Parsed_volumedetect_0 @ 0x7fd34df00000] histogram_0db: 6
[Parsed_volumedetect_0 @ 0x7fd34df00000] histogram_1db: 186
[Parsed_volumedetect_0 @ 0x7fd34df00000] histogram_2db: 2898
[Parsed_volumedetect_0 @ 0x7fd34df00000] histogram_3db: 10842
[Parsed_volumedetect_0 @ 0x7fd34df00000] histogram_4db: 25656
```

从输出信息中可以看到，mean_volume 为得到的音频音量的平均大小，即−16.6dB。

8.10.2 绘制音频波形

在一些应用场景中需要用到音频的波形图，随着音频分贝的增大，波形越强烈，可以通过 showwavespic 滤镜来绘制音频的波形图。下面举几个例子，首先看一下使用 FFmpeg 绘制简单的音频波形图。

```
ffmpeg -i output.wav -filter_complex "showwavespic=s=640x120" -frames:v 1 output.png
```

命令行执行后会生成一个宽高为 640×120 的 output.png 图片，图片内容为音频波形，如图 8-24 所示。

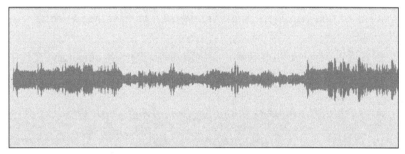

图 8-24　音频波形图

8.9.6 节中介绍了 5.1 布局方式的多声道音频，如果希望看到每一个声道的音频波形图，可以使用 showwavespic 与 split_channels 滤镜，配合绘制出多声道的波形图。命令如下：

```
ffmpeg -i output.wav -filter_complex "showwavespic=s=640x240:split_channels=1" -frames:
v 1 output.png
```

因为 5.1 布局方式有 6 个声道，所以生成的图片的宽高会有些改变，高度应设置得大一些。这条命令执行之后会提取音频的每一个声道，然后绘制出如图 8-25 所示波形图。

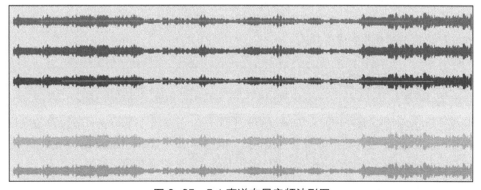

图 8-25　5.1 声道布局音频波形图

8.11　生成测试元数据

FFmpeg 不但可以处理音视频文件，还可以生成音视频文件，即通过 lavfi 设备虚拟音视频源数据。下面简单介绍几个常见的案例。

8.11.1　生成音频测试流

在 FFmpeg 中，可以通过 lavfi 虚拟音频源的 abuffer、aevalsrc、anullsrc、flite、anoisesrc、sine 滤镜并生成音频流。下面举几个例子。

```
ffmpeg -f lavfi -i anullsrc=r=44100:cl=stereo -acodec aac -y output.aac
```

命令行执行后，FFmpeg 会根据 lavfi 设备输入的 anullsrc 中定义的采样率、格式，以及声道布局，通过 AAC 编码生成 AAC 音频文件。下面再举一个例子。

```
ffmpeg -f lavfi -i "aevalsrc=sin(420*2*PI*t)|cos(430*2*PI*t):c=FC|BC" -acodec libfdk_
aac output.aac
```

命令执行之后，通过 aevalsrc 生成音频，编码双通道，输出到 output.aac 文件中。下面使用前面提到过的波形查看方式来查看音频波形，如图 8-26 所示。

图 8-26　aevalsrc 生成数据波形图的效果

从图 8-26 中可以看到，生成的音频波动比较均匀。

以上为 anullsrc 与 aevalsrc 两种方式的使用示例，还可以用类似的方式使用 flite、anoisesrc、sine 等虚拟音频输入设备并生成音频流。

8.11.2　生成视频测试流

在使用 FFmpeg 测试流媒体时，如果没有视频文件，可以通过 FFmpeg 虚拟设备虚拟出来一个输入视频流。FFmpeg 可以虚拟多种视频源，如 allrgb、allyuv、color、haldclutsrc、nullsrc、rgbtestsrc、smptebars、smptehdbars、testsrc、testsrc2 和 yuvtestsrc。常见的视频源测试举例如下：

```
ffmpeg -f lavfi -i testsrc=duration=5.3:size=qcif:rate=25 -vcodec libx264 -r:v 25
output.mp4
```

命令执行之后，FFmpeg 会根据 testsrc 生成长度为 5.3 秒、图像大小为 QCIF 分辨率、帧率为 25fps 的视频图像数据，并编码为 H.264，然后输出到 output.mp4 视频文件。生成的 MP4 文件视频效果如图 8-27 所示。

```
ffmpeg -f lavfi -i testsrc2=duration=5.3:size=qcif:rate=25 -vcodec libx264 -r:v 25
output.mp4
```

命令执行之后，会根据 testsrc2 生成一个视频图像，内容包括时间、条状彩条等，其他参数与 testsrc 相同。命令执行后生成的 output.mp4 文件内容如图 8-28 所示。

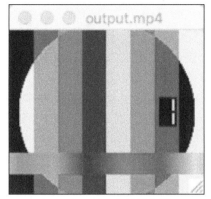

图 8-27　MP4 文件视频效果

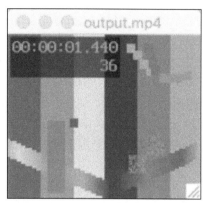

图 8-28　testsrc2 生成的视频效果

```
ffmpeg -f lavfi -i color=c=red@0.2:s=qcif:r=25 -vcodec libx264 -r:v 25 output.mp4
```

上面命令执行后，会使用 color 作为视频源，图像内容为纯红色，编码为 H.264，编码出来后生成的 output.mp4 视频内容如图 8-29 所示。

```
ffmpeg -f lavfi -i "nullsrc=s=256x256, geq=random(1)*255:128:128" -vcodec libx264 -r:v
25 output.mp4
```

上面命令执行后，会使用 nullsrc 作为视频源，生成宽高为 256×256、数据位随机的雪花视频，效果如图 8-30 所示。

图 8-29　color 生成纯色视频效果

图 8-30　nullsrc 生成雪花视频效果

其他视频源的生成方式可以参考上述命令，不赘述。

8.12　音视频倍速处理

在音视频处理中，经常会使用倍速播放，如 2 倍速、4 倍速播放等。倍速播放的常用方式有跳帧播放与不跳帧播放两种。跳帧处理方式的用户体验稍差一些，本节中重点介绍不跳帧的倍速播放。在不跳帧倍速播放时，音频和视频将会很平滑地快速或者慢速播放。下面了解 FFmpeg 处理倍速播放的两个滤镜：atempo 与 setpts。

8.12.1　atempo 音频倍速处理

在 FFmpeg 的音频处理滤镜中，atempo 是用来处理倍速的滤镜，能够控制音频的播放速度。这个滤镜只有一个参数：tempo，这个参数的值设置为浮点型，取值范围为 0.5～2，0.5 则是原来速度的一半的速度，调整为 2 则是 2 倍速。下面举两个测试例子。

1. 半速处理

```
ffmpeg -i input.wav -filter_complex "atempo=tempo=0.5" -acodec aac output.aac
```

命令执行之后，FFmpeg 将会输出如下执行信息：

```
Input #0, aac, from 'input_audio.aac':
    Duration: 00:00:50.82, bitrate: 127 kb/s
        Stream #0:0: Audio: aac (LC), 48000 Hz, stereo, fltp, 127 kb/s
Stream mapping:
Stream #0:0 (aac) -> atempo
atempo -> Stream #0:0 (aac)
...... 略去部分信息
        Stream #0:0: Audio: aac (LC), 48000 Hz, stereo, fltp, 128 kb/s
size= 1600kB time=00:01:39.94 bitrate= 131.1kbits/s speed=31.8
```

从命令执行后的内容中可以看到，输出时长 time 约为输入时长 duration 的 2 倍。处理后的 output.aac 可以通过播放器播放，效果会比源音频慢一半。

2. 2 倍速处理

```
ffmpeg -i input.wav -filter_complex "atempo=tempo=2.0" -acodec aac output.aac
```

命令执行之后，FFmpeg 将会输出如下执行信息：

```
Input #0, aac, from 'input_audio.aac':
    Duration: 00:00:50.82, bitrate: 127 kb/s
        Stream #0:0: Audio: aac (LC), 48000 Hz, stereo, fltp, 127 kb/s
Stream mapping:
Stream #0:0 (aac) -> atempo
atempo -> Stream #0:0 (aac)
...... 略去部分信息
        Stream #0:0: Audio: aac (LC), 48000 Hz, stereo, fltp, 128 kb/s
size= 400kB time=00:00:24.98 bitrate= 131.2kbits/s speed=30.4x
```

从以上输出的内容中可以看到，输出时长 time 约为输入时长 duration 的 1/2。处理后的 output.aac 可以通过播放器播放，效果会比源音频快一倍。

8.12.2　setpts 视频倍速处理

在 FFmpeg 的视频处理滤镜中，通过 setpts 能够实现视频倍速播放。这个滤镜只有一个参数 expr，这个参数用来描述时间戳相关信息。setpts 的常用值如表 8-13 所示。

表 8-13　FFmpeg 滤镜 setpts 参数

值	说明
FRAME_RATE	根据帧率设置帧率值，只用于固定帧率
PTS	输入的 pts 时间戳
RTCTIME	使用 RTC 的时间作为时间戳（即将弃用）
TB	输入的时间戳的时间基

下面是使用 PTS 值控制播放速度的两个例子。

1.　半速处理

```
ffmpeg -re -i input.mp4 -filter_complex "setpts=PTS*2" output.mp4
```

命令执行之后 FFmpeg 将会输出如下信息：

```
Input #0, mov,mp4,m4a,3gp,3g2,mj2, from 'input_video.mp4':
    Duration: 00:00:50.00, start: 0.080000, bitrate: 2486 kb/s
        Stream #0:0(und): Video: h264 (High) (avc1 / 0x31637661), yuv420p, 1280x714 [SAR
1:1 DAR 640:357], 2484 kb/s, 25 fps, 25 tbr, 25k tbn, 50 tbc (default)
    Stream mapping:
    Stream #0:0 (h264) -> setpts
    setpts -> Stream #0:0 (libx264)
    ...... 略去部分内容
        Stream #0:0: Video: h264 (libx264) ([33][0][0][0] / 0x0021), yuv420p, 1280x714
[SAR 1:1 DAR 640:357], q=-1--1, 25 fps, 12800 tbn, 25 tbc (default)
    frame= 2497 fps= 37 q=-1.0 Lsize= 19256kB time=00:01:39.76 bitrate=1581.2kbits/s dup=
1248 drop=0 speed=1.49x
```

如以上输出内容所示，输出的视频 output.mp4 的时长约为 input.mp4 的 duration 的 2 倍，因为是半速的视频，所以用播放器播放 output.mp4 时将会看到速度比原视频慢一半的运动效果。

2.　2 倍速处理

```
ffmpeg -i input.mp4 -filter_complex "setpts=PTS/2" output.mp4
```

命令执行之后 FFmpeg 将会输出如下信息：

```
Input #0, mov,mp4,m4a,3gp,3g2,mj2, from 'input_video.mp4':
    Duration: 00:00:50.00, start: 0.080000, bitrate: 2486 kb/s
        Stream #0:0(und): Video: h264 (High) (avc1 / 0x31637661), yuv420p, 1280x714 [SAR
1:1 DAR 640:357], 2484 kb/s, 25 fps, 25 tbr, 25k tbn, 50 tbc (default)
    Stream mapping:
    Stream #0:0 (h264) -> setpts
    setpts -> Stream #0:0 (libx264)
    ...... 略去部分内容
        Stream #0:0: Video: h264 (libx264) ([33][0][0][0] / 0x0021), yuv420p, 1280x714
[SAR 1:1 DAR 640:357], q=-1--1, 25 fps, 12800tbn, 25 tbc (default)
    frame=627 fps= 24 q=-1.0 Lsize=9988kB time=00:00:24.96 bitrate=3277.9kbits/s dup=0
drop=622 speed=0.947x
```

如以上输出内容所示，输出的视频 output.mp4 的时长约为 input.mp4 的 duration 的一半。因为是 2 倍速的视频，所以用播放器播放 output.mp4 时将会看到速度比原视频快一倍的运动效果。

8.13　云剪辑常用技术

在短视频盛行的当下，很多大厂提供了基于 PC 端浏览器的云端音视频编辑服务（以下简称云剪辑），以帮助音视频创作者更方便、快捷地创作。创作者在浏览器上操作并预览效果，然后通过云端服务器生成所见即所得的作品。整个创作过程通过浏览器和云端编码器配合实现，浏览器端通常需要使用 MSE 播放器、Canvas、WebGL 等技术集合，云端则可以通过 FFmpeg 及 filter 实现对应预览效果，并支持浏览器受限的功能。接下来介绍一些云剪辑服务中常用的技术。

8.13.1　定格帧

云剪辑服务中的定格帧功能即浏览器指定一个画面固定不动一段时间，这就要求浏览器播放器和云端画面定位策略保持一致。以 Chrome 浏览器的 MSE 播放器为例，一般情况下 MSE 根据指定时间通过 currentTime 定位某个画面，而 MSE 的 currentTime 使用向下取舍的方式定位画面，对应的云端处理需要 select（帧选择）、reverse（帧逆序）两个滤镜联合使用来实现，其中 select 表达式获取素材指定时间之前的所有帧，再通过 reverse 倒序获取序列帧，最后取第 1 帧即为浏览器对应预览的定格帧。比如浏览器定位素材第 10 秒的画面，对应的 FFmpeg 命令如下：

```
ffmpeg -i input.mp4 -vf 'select=if(isnan(prev_selected_pts)\,1\,lte(t\, 10)),reverse' -an -frames 1 output.png
```

实际环境中的素材可能是长达几小时的视频，如果定位末尾某个时间点，就需要倒序几乎整个视频，会占用大量内存和计算资源。这个问题可以通过使用 trim（截取）滤镜提前截取小范围的视频内容，再做定格帧处理来解决。比如浏览器定位素材第 3600 秒的画面，截取指定时间点附近的 2 秒视频内容，对应的 FFmpeg 命令如下：

```
ffmpeg -i input.mp4 -vf 'trim=3599:3601,select=if(isnan(prev_selected_pts)\,1\,lte(t\, 3600)),reverse' -an -frames 1 output.png
```

8.13.2　透明视频兼容处理

云剪辑服务一般支持创作者上传和导入素材，这就要求云剪辑服务支持多种封装格式及音视频编码的素材，包括 png、qtrle、prores 等带有 alpha 透明通道的编码格式。由于前端浏览器对音视频素材的支持有限，比如 Chrome 浏览器主要支持 H264、VP8、VP9 等编码格式，虽然 VP8、VP9 编码支持透明通道，但是从技术成熟度、生态环境和场景兼容等方面考虑，浏览器通过 H264 编码支持透明视频是优先的选择方案。由于 H264 编码不支持通道，需要同时提供浏览器两部分内容：视频素材的画面内容和对应的透明信息，浏览器端使用 Canvas 合并两部分内容后显示达到支持透明素材的效果。下面举例说明通过手动生成一个透明素材。

手动生成透明视频对应的 FFmpeg 命令如下：

```
ffmpeg -filter_complex "color=0x000000@0x00:s=1280x720:d=10,format=rgba,drawtext=fontcolor=white:fontsize=100:x=w/2:y=h/2:text='FFmpeg':fontcolor=green" -c:v png alpha.mov
```

效果如图 8-31 所示。

获取素材的透明信息对应的 FFmpeg 命令如下：

```
ffmpeg -i alpha.mov -vf "format=rgba,geq=r='alpha(X,Y)':g='alpha(X,Y)':b='alpha(X,Y)'" -c:v h264 -an mask_simple.mp4
```

效果如图 8-32 所示。

图 8-31　透明素材

图 8-32　素材透明信息

为了减少云端的并发访问压力，可以把素材视频内容和画面合并到一个视频里面，然后由浏览器确定获取和识别规则即可。合并信息需要使用 split 滤镜，提前将视频拆分为 3 路视频流：一路为背景，一路为视频内容，一路获取素材透明信息；然后使用 vstack 滤镜对视频内容和透明信息做上下布局，最后对 3 路视频流做混合即可。对应的 FFmpeg 命令如下：

```
ffmpeg -i alpha.mov -filter_complex "[0:v]format=rgba,split=3[v0][v1][v2];[v0]drawbox=c=black@1:replace=1:t=fill[bg];[bg][v1]overlay[v3];[v2]geq=r='alpha(X,Y)':g='alpha(X,Y)':b='alpha(X,Y)',[v3]vstack[vo]" -map [vo] -c:v h264 -an mask_complex.mp4
```

效果如图 8-33 所示。

根据素材的视频内容和透明信息，浏览器就可以实现透明素材的叠加效果，如图 8-34 所示。

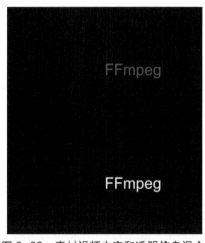

图 8-33　素材视频内容和透明信息混合

图 8-34　透明素材叠加效果

8.13.3　隔行交错视频兼容处理

在云剪辑服务中，有时创作者上传的视频是隔行交错视频。在逐行设备中直接使用隔行交错视频会出现水纹或重影的边缘锯齿现象（如图 1-26 所示），导致视频画质下降。所以在云剪辑服务中需要对视频扫描方式进行检测，如果为隔行交错视频则需要做反交错处理，转换为逐行视频才能继续使用。使用 FFmpeg 实现视频扫描方式检测和反交错处理的方法如下。

首先，视频扫描方式检测可以使用 FFmpeg 滤镜 idet，对应的 FFmpeg 命令如下：

```
ffmpeg -i interlace.mp4 -vf idet -frames:v 10 -an -f null -
```

idet 滤镜检测结果示例如下：

```
[Parsed_idet_0 @ 0x7fa974c08700] Repeated Fields: Neither: 11 Top: 0 Bottom: 0
[Parsed_idet_0 @ 0x7fa974c08700] Single frame detection: TFF: 11 BFF: 0 Progressive:
0 Undetermined: 0
[Parsed_idet_0 @ 0x7fa974c08700] Multi frame detection: TFF: 11 BFF: 0 Progressive: 0
Undetermined: 0
```

检测结果中 TFF、BFF、Progressive 关键字分别代表隔行上场优先、隔行下场优先和逐行。如果 TFF 或 BFF 结果非 0 则视频为隔行交错视频。另外视频扫描方式也可以根据 FFmpeg 滤镜 showinfo 获取的视频帧信息的扫描模式字段进行判断，只是 showinfo 的输出信息中还有很多其他内容，不如 idet 直观。

接下来对隔行交错的视频做反交错处理，一般使用 FFmpeg 滤镜 yadif。对应的 FFmpeg 命令示例如下：

```
ffmpeg -i bg.jpg -i interlace.mp4 -filter_complex '[1:v]yadif,scale=1280x720,[0:v]
overlay[vo]' -map [vo] -c:v h264 progressive.mp4
```

另外，FFmpeg 还有由其他算法或神经网络实现的反交错滤镜 bwdif、estdif 和 nnedi 等，可以根据具体的应用场景选择使用。

8.13.4   HDR 视频兼容处理

随着视频技术的发展，支持更丰富色彩的 HDR 视频[①]的应用越来越常见。由于 HDR 视频是新技术标准，需要专门的显示设备支持，因此在云剪辑服务中为了兼容低端设备，需要对 HDR 视频做色调映射处理，转换为 SDR 视频，避免在低端显示设备上出现画面颜色偏差问题。

首先，使用 ffprobe 检测 HDR 视频。命令如下：

```
ffprobe -show_streams -v error hdr.mp4|grep -E 'color_transfer|color_space |color_
primaries'
```

检测结果示例如下：

```
color_space=bt2020nc
color_transfer=arib-std-b67
color_primaries=bt2020
```

其中的色彩原色 color_primaries 对应的值为 bt2020、传输特性 color_transfer 对应的值为 smpte2084 或 arib-std-b67、色域 color_space 对应的值为 bt2020nc 的视频为 HDR 视频。

接下来对 HDR 视频做兼容处理，使用 FFmpeg 的 zscale 和 tonemap 滤镜把 HDR 视频转换为 SDR 视频。对应的 FFmpeg 命令示例如下：

```
ffmpeg -i bg.jpg -i hdr.mp4 -filter_complex '[1:v]zscale=transfer=linear,tonemap=hable,
zscale=transfer=709:p=709:t=709:m=709,format=yuv420p[v1];[v1][0:v]overlay[vo]' -map [vo]
-c:v h264 -c:a copy sdr.mp4
```

---

① HDR 视频定义见维基百科：https://en.wikipedia.org/wiki/High-dynamic-range_television。

其中 tonemap 滤镜用于色调映射处理，zscale 滤镜对 HDR 视频做线性处理并设置 SDR 显示相关的 meta 信息。

另外，FFmpeg 还有支持 GPU 显卡的色调映射滤镜 onemap_opencl 和 tonemap_vaapi，可以根据具体的应用场景选择使用。

8.13.5　雪碧图和 WebVTT

雪碧图是指按照一定的时间间隔对视频抽取多张图片，并把所有图片根据一定的排列规则拼成一张大图。在云剪辑服务中，通常使用雪碧图以便用户快速定位视频内容，浏览器根据排列规则按时间线横向展示视频内容，类似点播平台预览效果。雪碧图可以使用 FFmpeg 内置的 select 和 tile 滤镜组合生成，例如 10 分 34 秒的视频，按 5 秒间隔，共需要抽取 127 张图，按固定 10 列生成 13 行雪碧图。对应的 FFmpeg 命令如下：

```
ffmpeg -i input.mp4 -f image2 -vframes 1 -vf "select=(isnan(prev_selected_t)+gte(t-prev_selected_t\,5)),scale=180:101,crop=180:100,tile=10x13,format=pix_fmts=rgb24" sprite.jpg
```

其中 scale 滤镜用来减小雪碧图文件大小，crop 滤镜用来避免缩放导致的黑边，效果如图 8-35 所示。

图 8-35　简单雪碧图

上述方式简单方便，非常适用于短视频。在视频时长比较长，同时对视频细节要求更严苛的场景，就需要小的时间间隔，比如 1 秒，但会因为抽图过多而导致雪碧图文件很大，增加雪碧图加载时长，影响创作者体验。这种情况可以通过扩展 WebVTT 字幕格式来解决。WebVTT 是一种文本数据的字幕格式，现已被多数浏览器支持。字幕格式如下：

```
WEBVTT

00:00:00.000 --> 00:00:05.000
```

```
WEBVTT 第一行字幕

00:00:05.000 --> 00:00:10.000
WEBVTT 第二行字幕

00:00:10.000 --> 00:00:15.000
WEBVTT 第三行字幕
```

通过扩展 WebVTT 文本内容，可以把视频的雪碧图拆分为多个雪碧图，比如固定的 1 秒间隔，10 列 10 行排列，并修改 WebVTT 文本内容为雪碧图截图信息，例如截图时间、截图地址、定位等信息。在预览雪碧图时，浏览器只需要加载 VTT 文件，以及分时加载其中的雪碧图，可实现很好的预览效果。同时也避免了使用单一雪碧图时每次加载都需要计算展示图片位置的过程，减轻了浏览器计算压力。扩展后的雪碧图 WebVTT 内容如下：

```
WEBVTT

00:00:00.000 --> 00:00:01.000
13819724604497149114379_sprite_1.jpg#xywh=0,0,180:100

00:00:01.000 --> 00:00:02.000
13819724604497149114379_sprite_1.jpg#xywh=180,0,180:100

00:00:02.000 --> 00:00:03.000
13819724604497149114379_sprite_1.jpg#xywh=360,0,180:100

......

00:00:10.000 --> 00:00:11.000
13819724604497149114379_sprite_1.jpg#xywh=0,100,180:100

......

00:01:40.000 --> 00:01:41.000
13819724604497149114379_sprite_2.jpg#xywh=0,0,180:100
```

8.13.6　缩略图

云剪辑服务会为素材提供缩略图，以便创作者更方便地识别素材。简单的方式是直接根据时间截取素材的某一帧作为素材缩略图。但这种方法很容易得到与素材无关的缩略图，甚至是黑场。FFmpeg 内置的 thumbnail 滤镜可以从给定的连续序列帧中按指定量分组做直方图统计平均分析，选取其中最具有代表性的一帧作为缩略图。对应的 **FFmpeg** 命令如下：

```
ffmpeg -i input.mp4 -vf thumbnail,scale=300:200 -frames:v 1 output.png
```

8.13.7　复杂项目渲染

在云剪辑服务中，创作者使用浏览器创建项目时会使用不同的素材及同一个素材中的不同内容，并为使用的素材添加各种效果和变换滤镜，然后云端对创作者的项目内容进行渲染并输出视频。如果使用 FFmpeg 命令实现云端渲染，可以直接使用 **filter_complex** 参数完成。对应的 **FFmpeg** 命令如下：

```
ffmpeg -i 1_0.mp4 -ss 10 -i 0_0.mp4 -filter_complex "color=c=black:s=1080x1920:d=20.400
[v0];[0:v]fifo,format=rgba,colorchannelmixer=aa=0.000,[v0]overlay=x='(main_w-overlay_w)
/2':y='(main_h-overlay_h)/2':enable='between(t,0.000,20.400)'[v1];[1:v]fifo,trim=10,[v1
```

```
]overlay=x='(main_w-overlay_w)/2':y='(main_h-overlay_h)/2':enable='between(t,0.000,20.4
00)'[v2]" -map [v2] -pix_fmt yuv420p -r 30 -crf 18 -movflags faststart -use_editlist 1
-metadata comment=[tid=610223814484943921066729][type=tran] output.mp4
```

上述渲染方式存在一个问题，由于项目中的素材和对应的效果、变换滤镜数量比较多，渲染的命令行长度会变得很长，很容易超出系统的命令行长度限制，导致渲染失败。FFmpeg 提供的 filter_complex_script 参数和 movie 滤镜可以很好地解决这个问题，其中 filter_complex_script 用来指定一个包含滤镜组合内容的文本文件，movie 滤镜支持设置输入素材，把输入素材和滤镜内容都保存在滤镜脚本的文本文件中，这就大大缩短了 FFmpeg 命令的长度。例如可以将下列滤镜写到 complex.flt 文件中。

```
color=c=black:s=1080x1920:d=20.400[v0];movie=1_0.mp4,fifo,format=rgba,colorchannelm
ixer=aa=0.000,[v0]overlay=x='(main_w-overlay_w)/2':y='(main_h-overlay_h)/2':enable='bet
ween(t,0.000,20.400)'[v1];movie=0_0.mp4,fifo,[v1]overlay=x='(main_w-overlay_w)/2':y='(m
ain_h-overlay_h)/2':enable='between(t,0.000,20.400)'[v2]
```

然后使用 filter_complex_script 指定滤镜脚本 complex.flt。完整命令如下：

```
ffmpeg -filter_complex_script complex.flt -map [v2] -pix_fmt yuv420p -r 30 -crf 18
-movflags faststart -use_editlist 1 -metadata comment=[tid=610223814484943921066729][type=
tran] output.mp4
```

8.13.8 色度抠图

色度抠图功能可以把视频的指定颜色设置为透明，达到抠除颜色效果。FFmpeg 内置 colorkey 和 chromakey 滤镜，通过设置颜色、相似度和混合比例等相关参数实现颜色抠图的功能。chromakey 滤镜主要处理 YUV 数据，通过 yuv 参数指定；而 colorkey 滤镜主要处理 RGB。两者效果略有差异。对应的 FFmpeg 命令如下：

```
ffmpeg -stream_loop -1 -i input.jpg -filter_complex "color=c=black:s=1920x1080[v0];
[0:v]chromakey=color=white:similarity=0.2:blend=0.2[v1];[v0][v1]overlay[vo]" -map [vo]
-frames:v 1 chromakey.jpg
```

```
ffmpeg -stream_loop -1 -i input.jpg -filter_complex "color=c=black:s=1920x1080[v0];[0:
v]colorkey=color=white:similarity=0.2:blend=0.2[v1];[v0][v1]overlay[vo]" -map [vo] -frames:
v 1 colorkey.jpg
```

源图、colorkey 效果图和 chromakey 效果图如图 8-36 所示。

图 8-36 源图、colorkey 和 chromakey 滤镜效果图

需要注意的是：
- chromakey 滤镜主要处理 YUV 数据，在处理绿幕或红幕时更有优势。
- colorkey 和 chromakey 滤镜可以处理简单场景下的色度抠图，复杂场景的色度抠图推荐使用 OpenGL 定制开发的 shader 来实现，在云剪辑服务中浏览器使用 WebGL 对齐算法做相同实现即可。

8.13.9　蒙版抠图

类似色度抠图，云剪辑服务一般也会提供类似 Photoshop 蒙版功能的蒙版抠图功能，可以对视频素材使用不同的遮罩层实现保留想要的部分，其他部分则被透明代替，从而实现抠图效果。首先，蒙版抠图需要蒙版素材，蒙版素材一般通过两种方式获取：一种是定制设计，另一种是从其他素材中提取。FFmpeg 内置的 alphaextract 滤镜支持从带 alpha 通道的素材中提取透明通道作为蒙版素材。

提取蒙版素材对应的 FFmpeg 命令如下：

```
ffmpeg -i input.mov -vf alphaextract -c:v h264 -an mask.mp4
```

生成的蒙版素材效果如图 8-37 所示。

图 8-37　蒙版视频画面

使用 FFmpeg 内置的 alphamerge 滤镜和蒙版素材实现抠图效果，对应的 FFmpeg 命令如下：

```
ffmpeg -i input.mp4 -i mask.mp4 -filter_complex "color=0x000000@0x00:s=1920x1080:d=
600[bg];[0:v][1:v]alphamerge[v1];[bg][v1]overlay[vo]" -map [vo] -c:v png -an output.mov
```

生成的抠图效果如图 8-38 所示。

图 8-38　蒙版抠图效果视频画面

进一步，蒙版抠图后的素材通过叠加素材可实现更换背景的效果。下面将素材叠加到一张图片（4k.jpg）上，如图 8-39 所示。对应的 FFmpeg 命令如下：

```
ffmpeg -i output.mov -i 4k.jpg -filter_complex "[1:v][0:v]overlay=x='(main_w-overlay_
w)/2':y=main_h-overlay_h[vo]" -map [vo] -c:v h264 -an mask_overlay.mp4
```

图 8-39　蒙版抠图更换背景

8.13.10　调色

调色在视频编辑过程中也是一个常用的功能，FFmpeg 内置的 hue 滤镜支持对视频的颜色、饱和度和亮度做调整。对应的 FFmpeg 命令如下：

```
ffmpeg -i input.jpg -filter_complex "[0:v]split=2[v1][v2];[v1]hue=h=60:b=0.5:s=0.7:
s=2,[v2]hstack[vo]" -map [vo] output.jpg
```

调色前后的对比图如图 8-40 所示。

图 8-40　hue 调色效果视频画面

需要注意的是，在云剪辑服务中，前端浏览器通常使用 Canvas 调色。由于 Canvas 使用类似 LCHab 的颜色模型，而 FFmpeg 使用类似 LCHuv 的颜色模型，如果要实现浏览器 Canvas 和服务端 FFmpeg 的调色效果相对应，需要做定制化修改以使用相同的颜色模型。

8.13.11　透明度调整

透明度调整功能在视频编辑过程中使用频率很高，片头、片尾、画中画和场景切换都会用到透明度调整。FFmpeg 内置的 colorchannelmixer、geq 和 fade 滤镜都支持调整视频透明度，但是三者适用的场景不同。假设透明度从 0 到 1 对应完全透明到完全不透明，则 colorchannelmixer 滤镜适应于静态调整某个固定画面的透明值；fade 滤镜适用于从 0～1 或者从 1～0 的完整透明度变化过程；而 geq 则比较灵活，适用于任意的透明度调整区间。对应的 FFmpeg 命令如下：

```
ffmpeg -i input.mp4 -filter_complex "color=c=black:s=1920x1080:d=5[v0];[0:v]format=
rgba,colorchannelmixer=aa=0.5,[v0]overlay[vo]" -map [vo] -c:v h264 -t 5 -an color_mix.mp4
```

```
ffmpeg -i input.mp4 -vf fade=st=5:d=10 -t 15 -c:v h264 -an fade.mp4
```

从第 5 秒到第 12 秒，透明度从 0.2 调整到 0.7：

```
ffmpeg -i input.mp4 -filter_complex "color=c=black:s=1920x1080:d=15[v0];[0:v]format=
rgba,geq=r='p(X,Y)':g='p(X,Y)':b='p(X,Y)':a='(0.5*(T-5)/7+0.2)*p(X,Y)':enable='between
(t,5,12)',[v0]overlay[vo]" -map [vo] -c:v h264 -t 15 -an geq.mp4
```

需要注意的是，虽然 geq 滤镜比较灵活，但是由于需要处理每一个像素，导致计算量太大，从而编码效率下降，增加耗时，影响用户体验，因此要谨慎使用。

8.13.12 动态缩放

动态缩放在视频剪辑中经常用于画中画的场景。FFmpeg 内置的 zoompan 滤镜支持对视频画面的动态缩放。对应的 FFmpeg 命令如下：

```
ffmpeg -i input.mp4 -vf "zoompan=z='min(max(zoom,pzoom)+0.04,1.5)':x='iw/2-(iw/zoom/
2)':y='ih/2-(ih/zoom/2)':d=1:s=1280x720" -c:v libx264 -pix_fmt yuv420p output.mp4
```

zoompan 滤镜存在以下几个问题。

- 缩放只支持大于原视频 1 倍的处理，不能满足动态缩小视频的需求，比如不支持动态地从 1 倍缩小到 0.5 倍。
- 缩放过程中由于需要实时调整图像位置会导致视频画面抖动，虽然可以通过先放大再做缩放处理以减小抖动影响，但是缩放效果还是不够平滑。
- 对相关参数比如 x、y 的设置，文档解释不够清晰，增加使用难度。

基于以上问题，zoompan 滤镜只适合于一些固定场景，如果对缩放功能的需求场景比较复杂多样，则需要对 zoompan 滤镜做优化，或者使用其他方式实现动态缩放功能，比如 OpenGL。

8.13.13 画质检测

保证画质是在视频编辑后期不可或缺的一步，FFmpeg 内置了 psnr、ssim 和 libvmaf 等滤镜，在分辨率相同的前提下计算编码前后的两个视频之间的画质损失。

- psnr 滤镜通过计算两个视频的每一帧的均方差 MSE，进一步计算每一帧的峰值信噪比 PSNR，最后计算出整个序列的平均 PSNR。
- ssim 滤镜通过计算两个视频的每一帧的结构相似性指标 SSIM，计算出整个序列的 SSIM。
- libvmaf 滤镜通过计算两个视频的每一帧的视频多方法评估融合 VMAF，计算出整个序列的 VMAF。

对应的 FFmpeg 命令如下。

（1）计算 PSNR 指标

```
ffmpeg -i input.mp4 -i output.mp4 -filter_complex psnr="stats_file=psnr.log" -f null -
```

每一帧指标如下：

```
n:1 mse_avg:0.00 mse_y:0.00 mse_u:0.00 mse_v:0.00 psnr_avg:inf psnr_y:inf psnr_u:inf
psnr_v:inf
n:2 mse_avg:290.06 mse_y:431.38 mse_u:3.83 mse_v:11.00 psnr_avg:23.51 psnr_y:21.78
psnr_u:42.30 psnr_v:37.72
n:3 mse_avg:1440.06 mse_y:2138.10 mse_u:31.24 mse_v:56.74 psnr_avg:16.55 psnr_y:14.83
psnr_u:33.18 psnr_v:30.59
```

结果指标如下：

```
[Parsed_psnr_0 @ 0x7fe69ddc0440] PSNR y:28.456863 u:39.413558 v:41.855008 average:30.
083128 min:11.124958 max:inf
```

（2）计算 SSIM 指标

```
ffmpeg -i input.mp4 -i output.mp4 -filter_complex ssim="stats_file=ssim.log" -f null -
```

每一帧指标如下：

```
n:1 Y:1.000000 U:1.000000 V:1.000000 All:1.000000 (inf)
n:2 Y:0.731829 U:0.995026 V:0.987977 All:0.818387 (7.408521)
n:3 Y:0.735724 U:0.980612 V:0.975134 All:0.816440 (7.362226)
```

结果指标如下：

```
[Parsed_ssim_0 @ 0x7fce99e16980] SSIM Y:0.915588 (10.735965) U:0.977309 (16.441427)
V:0.979730 (16.931380) All:0.936565 (11.976722)
```

（3）计算 VMAF 指标

```
ffmpeg -i input.mp4 -i output.mp4 -filter_complex libvmaf=model='path=vmaf/model/vmaf_
v0.6.1.json':log_path=vmaf.log -f null -
```

每一帧指标如下：

```
<frame frameNum="0" integer_adm2="1.000000" integer_adm_scale0="1.000000" integer_
adm_scale1="1.000000" integer_adm_scale2="1.000000" integer_adm_scale3="1.000000" integer_
motion2="0.000000" integer_motion="0.000000" integer_vif_scale0="1.000000" integer_vif_
scale1="1.000000" integer_vif_scale2="1.000000" integer_vif_scale3="1.000000" vmaf="97.
428043" />
<frame frameNum="1" integer_adm2="1.000000" integer_adm_scale0="1.000000" integer_
adm_scale1="1.000000" integer_adm_scale2="1.000000" integer_adm_scale3="1.000000" integer_
motion2="0.000000" integer_motion="0.000000" integer_vif_scale0="0.999949" integer_vif_
scale1="0.999965" integer_vif_scale2="0.999967" integer_vif_scale3="0.999964" vmaf="97.
423458" />
<frame frameNum="2" integer_adm2="1.432088" integer_adm_scale0="1.042091" integer_
adm_scale1="1.207446" integer_adm_scale2="1.643958" integer_adm_scale3="2.094671" integer_
motion2="20.446478" integer_motion="20.446478" integer_vif_scale0="1.113246" integer_vif_
scale1="1.166365" integer_vif_scale2="1.187713" integer_vif_scale3="1.222095" vmaf="100.
000000" />
```

结果指标如下：

```
libvmaf WARNING use default log_fmt xml[libvmaf @ 0x7f9b3cf38fc0] VMAF score: 68.711650
```

以上 3 种画质指标对比如下：

- PSNR 是使用最普遍、最广泛的评价画质的客观量测法，取值范围一般是 20~50dB，数值越大质量越好。由于人眼的视觉对于误差的敏感度并不是绝对的，PSNR 的分数无法和人眼看到的视觉品质完全一致，有可能 PSNR 较高者看起来反而比 PSNR 较低者差。
- SSIM 是一种偏主观的客观评价方式，它分别从亮度、对比度、结构 3 方面计算图像相似性，与 PSNR 相比可以较好地反映人眼的主观质量感受，取值范围为 0~1，数值越大质量越好。
- VMAF 是 Netflix 发布的一套将人类视觉建模与机器学习相结合的视频质量评价体系，更符合人眼视觉的质量评分，取值范围为 0~100，数值越大质量越好。VMAF 解决了传统指标不能反映多种场景、多种特征的视频的情况，并且实现了用自动化来代替通常需要人类观看和评价视频的主观质量测试工作，是目前互联网视频最主流的客观视频评价指标。

另外，在做图像质量计算的时候，一个经常碰到的问题是编码后的图像和原参考图像在时间上没有对齐，导致计算出来的结果并不可信。在这种情况下，可以使用解码后的 YUV 文件来对齐或者调整 start time 和 PTS 来强行对齐。

8.13.14 滤镜动态调整

通常 FFmpeg 启动滤镜后就会按照预定设置实现效果，在 FFmpeg 命令退出前滤镜的配置不会变化。在某些特定场景，比如视频会议、导播等一些直播场景中，会有一些动态调整滤镜的需求，FFmpeg 的 zmq 和 azmq 滤镜支持使用 zmq 协议来实现动态调整其他滤镜的配置。首先，FFmpeg 执行命令的同时会启动一个 zmq 协议的 TCP 服务器端，然后通过 FFmpeg 自带的 zmq 客户端 zmqsend 发送修改滤镜请求，FFmpeg 在收到调整请求后根据指定的滤镜实例更新滤镜配置。FFmpeg 为视频添加文字并启动 zmq 服务的命令如下：

```
ffmpeg -y -v verbose -re -i input.mp4 -filter_complex "zmq=bind_address=tcp\\\://*
\\\:5556,drawtext=text='FFmpeg':fontcolor=red:fontsize=200:x=20:y=20" -t 10 zmq.mp4
```

通过 zmqsend 客户端发送请求，修改文字内容为 ZeroMQ、颜色为蓝色的命令如下，效果如图 8-41 所示。

```
echo Parsed_drawtext_1 reinit 'text=ZeroMQ:fontcolor=blue'| zmqsend -b "tcp://127.0.
0.1:5556"
```

图 8-41　zmq 动态调整滤镜效果

需要注意的是：
- 由于使用 zmq 协议需要安装第三方库 libzmq，所以需要指定--enable-libzmq 重新编译 FFmpeg，同时执行 make tools/zmqsend 命令生成对应的 zmq 客户端。
- 并非所有滤镜都支持动态调整，只有实现了 process_command 接口的滤镜才支持。
- zmqsend 的命令滤镜实例可以指定 verbose 日志级别查看。

8.13.15 深度学习

随着短视频的普及，视频创作者在视频剪辑过程中越来越多地遇到复杂制作场景。相较 FFmpeg 传统滤镜处理效果单一的情况，FFmpeg 的深度学习滤镜 dnn_processing 通过支持深度学习模型，引入检测、识别等智能处理功能，可以实现更丰富、平滑的复杂处理效果，能更好地满足视频创作者的复杂效果需求。

dnn_processing 是一个在功能和运行环境方面都比较通用的滤镜。在功能方面，dnn_processing 支持所有基于深度学习模型的图像处理算法的通用滤镜，目前已支持超分（SR）、去雨（DeRrain）、去雾（DeHaze）等深度学习算法模型；在运行环境方面，dnn_processing 滤镜目前已支持 Native、TensorFlow 和 OpenVINO 三种后端运行环境，其中基于 CPU 的 Native 为 FFmpeg 默认方式，但性能较差,实际应用中推荐使用基于 NVIDIA 显卡的 TensorFlow 或者 Intel 显卡的 OpenVINO 后端。下面以 SR(超分)算法和 TensorFlow 后端的 Linux 系统环境为例,对 dnn_processing 举例说明(详见本书参考代码 doc/examples/007 目录下 DNN 环境安装部署脚本[①])。

1)根据 TensorFlow 推荐的构建配置版本对照表[②],分别从 TensorFlow 和 NVIDIA 官网下载并安装对应版本的显卡驱动、计算框架 CUDA、深度学习加速库 CUDNN。

2)重新编译 FFmpeg。由于 FFmpeg 默认不支持 TensorFlow 后端,需要指定参数--enable-libtensorflow 重新编译。

```
./configure --enable-libtensorflow
```

3)准备 SRCNN 和 ESPCN 两个 SR 深度学习模型文件。

```
#下载
git clone https://github.com/HighVoltageRocknRoll/sr.git
cd sr/

#生成 SRCNN 模型文件 srcnn.pb
python generate_header_and_model.py --model=srcnn --ckpt_path=checkpoints/srcnn/

#生成 ESPCN 模型文件 espcn.pb
python generate_header_and_model.py --model=espcn --ckpt_path=checkpoints/espcn
```

4)dnn_processing 滤镜分别使用 SRCNN 和 ESPCN 模型实现 SR 算法效果。dnn_processing 使用 SRCNN 模型,需要先放大素材,然后对放大后的素材的 Y 通道做超分处理,UV 通道保持不变,处理前后的素材分辨率保持不变。

```
ffmpeg -i srcnn_in.mp4 -vf format=yuv420p,scale=w=iw*2:h=ih*2,dnn_processing=dnn_
backend=tensorflow:model=./dnn_processing/models/srcnn.pb:input=x:output=y srcnn_out.mp4
```

dnn_processing 使用 ESPCN 模型,也是只针对素材的 Y 通道做超分处理,UV 通道则调用 swscale 模块(参数 SWS_BICUBIC)进行放大,不需要提前放大。

```
ffmpeg -i espcn_in.mp4 -vf format=yuv420p,dnn_processing=dnn_backend=tensorflow:model=
./dnn_processing/models/espcn.pb:input=x:output=y espcn_out.mp4
```

以上命令行中使用了 format、scale 和 dnn_processing 三个滤镜,其中 format 指定 dnn_processing 滤镜支持的 YUV 格式,scale 用于在调用 SRCNN 模型之前将低分辨率图片放大 2 倍;model 指定模型文件,dnn_backend 指定后端类型,input 和 output 分别为模型的输入和输出变量名称。

另外,准备 GPU 环境时需要注意以下几点:

- 由于 FFmpeg 的限制,不能调用 C++接口,TensorFlow 和 OpenVINO 需要提供 C 语言接口的库文件。
- 由于可能导致运行时混乱,FFmpeg 中无法同时支持 TensorFlow 和 OpenVINO 后端,只能二选一。
- TensorFlow 后端环境尽量使用官网推荐的构建配置版本对照表,以避免额外工作。
- 使用 OpenVINO 后端时,需要安装深度学习工具库 OpenVINO 和计算加速库 OpenCL,重新编译 FFmpeg 的参数为--enable-libopenvino,并将模型文件转换为 OpenVINO 支持的格式。

---

① DNN 环境安装部署脚本: https://github.com/T-bagwell/FFmpeg_Book_Version2/blob/book/base_ffmpeg_6.0/doc/examples/007/nvidia-dnn-install.sh。
② TensorFlow 构建配置版本对照表: https://tensorflow.google.cn/install/source#gpu。

8.14　小结

　　FFmpeg 功能强大的原因之一是因为包含了滤镜处理 AVFilter，FFmpeg 的 AVFilter 能够实现的音频、视频、字幕渲染等效果数不胜数，并且时至今日还在不断地增加新的功能，除了本章介绍的内容之外，还可以从 FFmpeg 官方网站的文档页面获得更多 AVFilter 的信息。

第 9 章

采集设备操作

在使用 FFmpeg 作为编码器时,可以使用 FFmpeg 采集本地音视频采集设备的数据,然后进行编码、封装、传输等操作。例如我们可以采集摄像头的图像作为视频,采集麦克风的数据作为音频,然后对采集到的音视频数据进行编码,最后将编码后的数据封装成多媒体文件或作为音视频流媒体发送到服务器上。

本章介绍在 Linux、macOS、Windows 平台通过 FFmpeg 进行音视频设备采集的方法和步骤,包含很多简单的例子。

9.1 Linux 设备操作

FFmpeg 在 Linux 系统支持下的采集设备多种多样,包括 FrameBuffer 设备、V4L2 设备、DV1394 设备、OSS 设备、x11grab 设备等。本章将重点介绍 FrameBuffer 设备(fbdev)、V4L2 设备(v4l2)和 x11grab 设备(x11grab)。操作设备之前,首先需要查看当前系统中可以支持操作的设备,然后查看对应设备所支持的参数。

9.1.1 查看设备列表

首先查看系统当前支持的设备,将设备列出来。根据前面章节中介绍的 FFmpeg 帮助信息查看方式,可以通过如下命令查看系统当前支持的设备。

```
ffmpeg -hide_banner -devices
```

输出如下:

```
Devices:
D. = Demuxing supported
.E = Muxing supported
--
D dv1394 DV1394 A/V grab
DE fbdev Linux framebuffer
D lavfi Libavfilter virtual input device
DE oss OSS (Open Sound System) playback
E sdl,sdl2 SDL2 output device
E v4l2 Video4Linux2 output device
D video4linux2,v4l2 Video4Linux2 device grab
```

```
D x11grab X11 screen capture, using XCB
```

从以上输出的内容中可以看到，系统当前可以支持以下设备：

- 输入设备：dv1934、fbdev、lavfi、oss、video4linux2、x11grab
- 输出设备：fbdev、sdl、v4l2

查看设备列表之后，可以得到对应的设备名称。接下来重点介绍常用的设备操作参数并举例。

9.1.2 采集设备 fbdev 参数说明和使用

使用 fbdev 设备之前，需要了解 fbdev 设备操作参数的情况。FFmpeg 通过以下命令来查询 fbdev 支持的参数：

```
ffmpeg -h demuxer=fbdev
```

命令行执行后输出参数如表 9-1 所示。

表 9-1   fbdev 设备参数

参数	类型	说明
framerate	帧率	采集时视频图像的刷新帧率，默认值为 25

FFmpeg 针对 FrameBuffer 操作的参数比较少，指定帧率即可。下面举一个查看 fbdev 的例子。

在 Linux 的图形图像设备中，FrameBuffer 是一个比较有年份的设备，专门用于图像展示操作。例如，早期的图形界面就是基于 FrameBuffer 绘制的，有时在向外界展示 Linux 的命令行操作又不希望别人看到你的桌面时，可以通过获得 FrameBuffer 设备图像数据进行编码，然后推流或录制。

```
ffmpeg -framerate 30 -f fbdev -i /dev/fb0 output.mp4
```

命令行执行之后，Linux 系统将会获取终端中的图像，而不是图形界面的图像。可以通过这种方法录制 Linux 终端中的操作，并以视频的方式展现。

9.1.3 采集设备 v4l2 参数说明和使用

在 Linux 下常见的视频设备还有 Video4Linux，现在是 Video4Linux2，一般缩写为 v4l2，常用于摄像头设备。下面查看一下 v4l2 设备的参数。

```
ffmpeg -h demuxer=v4l2
```

命令行执行后将会输出 v4l2 相关的操作参数。输出参数如表 9-2 所示。

表 9-2   v4l2 参数说明

参数	类型	说明
standard	字符串	设置 TV 标准，仅在模拟器分析帧时使用
channel	整数	设置 TV 通道，仅在模拟器分析帧时使用
video_size	图像大小	设置采集视频帧大小
pixel_format	字符串	设置采集视频的色彩格式
input_format	字符串	设置采集视频的分辨率
framerate	字符串	设置采集视频帧率
list_formats	整数	列举输入视频信号的信息

续表

参数	类型	说明
list_standards	整数	列举标准信息（与 standard 配合使用）
timestamps	整数	设置时间戳类型
ts	整数	设置模拟器分析帧时使用的时间戳
use_libv4l2	布尔	使用第三方库 libv4l2 选项

FFmpeg 下的 v4l2 可以支持设置帧率、时间戳、输入分辨率、视频帧大小等。下面针对这些参数进行举例说明。

FFmpeg 采集 Linux 下的 v4l2 设备时，主要是摄像头，而摄像头通常支持多种像素格式，有些摄像头还支持直接输出编码好的 H.264 数据。下面看一下作者的计算机上的 v4l2 摄像头所支持的色彩格式及分辨率。

```
ffmpeg -hide_banner -f v4l2 -list_formats all -i /dev/video0
```

命令行执行后输出内容如下：

```
[video4linux2,v4l2 @ 0x1ff73a0] Raw : yuyv422 : YUYV 4:2:2 :
                      640x480 320x240 352x288
                      1280x720 960x540 800x448
                      640x360 424x240 640x480
[video4linux2,v4l2 @ 0x1ff73a0] Compressed: mjpeg : Motion-JPEG :
                      640x480 320x240 352x288
                      1280x720 960x540 800x448
                      640x360 424x240 640x480
```

正如输出的信息所展示的，输入设备/dev/video0 输出了 raw、yuyv422、yuyv4:2:2，同时输出了支持采集的图像分辨率大小，如 320×240、1280×720 等。除了这些 Raw 数据之外，还支持摄像头常用的 mjpeg 压缩格式，输出的分辨率与 Raw 数据基本上可以对应上。

下面把这个摄像头采集为视频文件来看看效果。

```
ffmpeg -hide_banner -s 1920x1080 -i /dev/video0 output.avi
```

根据命令行分析，设置摄像头采集 1920×1080 分辨率的视频图像，终端输出信息如下：

```
Input #0, video4linux2,v4l2, from '/dev/video0':
    Duration: N/A, start: 312295.946438, bitrate: 117964 kb/s
        Stream #0:0: Video: rawvideo (YUY2 / 0x32595559), yuyv422, 1280x720, 117964 kb/s,
8 fps, 8 tbr, 1000k tbn, 1000k tbc
    Output #0, avi, to 'output.avi':
        Stream #0:0: Video: mpeg4 (FMP4 / 0x34504D46), yuv420p, 1280x720, q=2-31, 200
kb/s, 8 fps, 8 tbn, 8 tbc
    Stream mapping:
    Stream #0:0 -> #0:0 (rawvideo (native) -> mpeg4 (native))
    Press [q] to stop, [?] for help
    frame= 63 fps=7.8 q=31.0 size= 588kB time=00:00:08.50 bitrate=566.5kbits/s speed=1.05x
```

如 FFmpeg 执行时输出的信息所示，如果摄像头不支持 1920×1080 分辨率，会适配最接近的分辨率，实际采集的图像分辨率为 1280×720，输出视频编码采用 AVI 默认视频编码和码率等参数，录制成 output.avi 文件，播放效果如图 9-1 所示。

FFmpeg 采集了摄像头数据，并将摄像头数据录制成为 AVI 文件，播放的视频图像即为摄像头采集的数据。

图 9-1   视频图像采集效果

9.1.4   采集设备 x11grab 参数说明和使用

使用 FFmpeg 采集 Linux 下的图形部分桌面图像时，通常采用 x11grab 设备。x11grab 的参数如表 9-3 所示。

表 9-3   x11grab 参数说明

参数	类型	说明
draw_mouse	整数	支持绘制鼠标光标
follow_mouse	整数	跟踪鼠标轨迹数据
framerate	字符串	输入采集的视频帧率
show_region	整数	获得输入桌面的指定区域
region_border	整数	当 show_region 为 1 时，设置输入指定区域的边框的粗细程度
video_size	字符串	输入采集视频的分辨率

x11grab 可以使用 6 个参数，支持的功能主要有绘制鼠标光标、跟踪鼠标轨迹数据、设置采集视频帧率、指定采集桌面区域、设置指定区域的边框参数、设置采集视频的分辨率。下面针对这些参数进行举例说明。

FFmpeg 通过 x11grab 录制屏幕时，输入设备的设备名规则如下：

[主机名]:显示编号 id.屏幕编号 id[+起始 x 轴,起始 y 轴]

其中主机名、起始 x 轴与起始 y 轴均为可选参数。下面看一下默认获取屏幕的例子。

（1）桌面录制

在教学或者演示时，有时需要使用 Linux 桌面的图像直播或者录制。参考本节前面介绍的设备名规则，可以使用如下命令对桌面进行录制。

```
ffmpeg -f x11grab -framerate 25 -video_size 1366x768 -i :0.0 out.mp4
```

设置输入帧率为 25，图像分辨率为 1366×768（根据当前设备实际的帧率和分辨率进行设置，下同），采集的设备为 0.0，输出文件为 out.mp4，播放效果如图 9-2 所示。

从播放的效果可以看到，Linux 桌面图像已经被录制下来，而且是完整的桌面。

（2）桌面录制指定起始位置

上面录制的区域为整个桌面，有时候并不一定符合我们的要求，FFmpeg 提供了录制某个区域的方法。

```
ffmpeg -f x11grab -framerate 25 -video_size 352x288 -i :0.0+300,200 out.mp4
```

图 9-2　x11grab 录制 Linux 桌面图像

通过参数"0.0+300,200"指定了 x 坐标为 300，y 坐标为 200。需要注意的是，video_size 需要按实际大小指定，最好保证此大小不要超出实际采集区域的大小。

播放效果如图 9-3 所示。从播放的效果可以看到，视频区域显示的是桌面的局部区域，与命令行执行时设置的区域刚好吻合。

至此，Linux 下的桌面图像录制介绍完毕。

图 9-3　指定录制区域

9.2　macOS 设备操作

在 FFmpeg 中采集 macOS 系统的输入输出设备时，常规采用的是 macOS 的 avfoundation 设备。下面了解一下 avfoundation 的参数，如表 9-4 所示。

表 9-4　avfoundation 参数说明

参数	类型	说明
list_devices	布尔	列举当前可用设备信息
video_device_index	整数	视频设备索引编号
audio_device_index	整数	音频设备索引编号
pixel_format	色彩格式	色彩格式，如 yuv420、nv12、rgb24 等
framerate	帧率	视频帧率，如 25
video_size	分辨率	图像分辨率，类似 1280×720

参数	类型	说明
capture_cursor	整数	获取屏幕上鼠标图像
capture_mouse_clicks	整数	获得屏幕上鼠标点击的事件

FFmpeg 对 avfoundation 设备的操作主要涉及枚举设备、音视频设备索引编号、色彩格式、帧率、图像分辨率等。接下来着重对这些参数的使用做介绍。

9.2.1   查看设备列表

FFmpeg 可以直接从系统中采集摄像头、桌面、麦克风等设备。在采集数据之前，首先需要知道当前系统都支持哪些设备。

```
ffmpeg -devices
```

可以查看当前 macOS 支持的设备，输出如下：

```
Devices:
D. = Demuxing supported
.E = Muxing supported
--
D avfoundation AVFoundation input device
D lavfi Libavfilter virtual input device
D qtkit QTKit input device
```

从输出的信息中可以看到，通过 `ffmpeg -devices` 查看的信息分为以下两大部分：

- 解封装或封装的支持情况
- 设备列表

设备列表部分列出了 3 个设备：avfoundation、lavfi 和 qtkit。本章将重点介绍 avfoundation，关于其他两种的使用方法可以参考 8.11 节，本章不再介绍。

9.2.2   设备采集举例

在使用 avfoundation 操作设备采集之前，需要枚举 avfoundation 支持的输入设备。可以通过如下命令查看：

```
ffmpeg -f avfoundation -list_devices true -i ""
```

命令执行之后，结果如下：

```
[AVFoundation input device @ 0x7f96a0500460\] AVFoundation video devices:
[AVFoundation input device @ 0x7f96a0500460\] [0] FaceTime HD Camera (Built-in)
[AVFoundation input device @ 0x7f96a0500460\] [1] Capture screen 0
[AVFoundation input device @ 0x7f96a0500460\] AVFoundation audio devices:
[AVFoundation input device @ 0x7f96a0500460\] [0] Built-in Microphone
```

从输出的信息中可以看到，当前系统中包含以下 3 个设备。
视频输入设备：

- [0] FaceTime HD Camera (Built-in)
- [1] Capture screen 0

音频输入设备：

- [0] Built-in Microphone

avfoundation 除了枚举物理摄像头（FaceTime 高清相机）以外，还包括了 1 个虚拟设备
（Capture screen 0 设备代表了 macOS 桌面）。下面演示在 macOS 上采集摄像头、桌面、系统麦克
风和桌面的例子。

（1）采集内置摄像头

在有些实时沟通场景中会用到摄像头，苹果计算机本身带有内置摄像头，通过 FFmpeg 可以
直接获得摄像头，并将摄像头内容录制下来或者直播推出去。录制命令如下：

```
ffmpeg -f avfoundation -framerate 30 -s 640x480 -i "FaceTime HD Camera (Built-in)" out.mp4
```

命令执行后会生成 out.mp4 视频文件，播
放 out.mp4 的效果如图 9-9 所示。

从图 9-4 可以看到，FFmpeg 从苹果计算
机摄像头采集到了图像。

（2）采集 macOS 桌面

从设备列表中知道，FFmpeg 除了可以获
得 macOS 的摄像头以外，还可以获得桌面图
像。获得桌面图像的命令如下：

```
ffmpeg -f avfoundation -i "Capture
screen 0" -r:v 30 out.mp4
```

图 9-4 macOS 采集摄像头示例

命令行执行后会录制桌面的图像为 out.mp4。播放 out.mp4 的效果如图 9-5 所示。

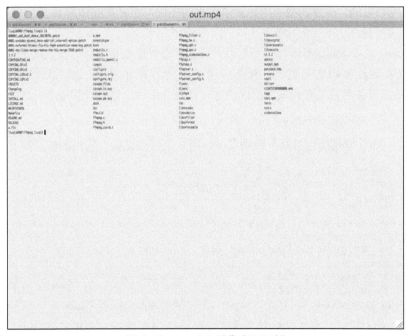

图 9-5 macOS 采集桌面示例

参数 Capture screen 0 指定了桌面为输入设备。与 x11grab 的方式类似，也可以录制鼠标，在
macOS 上通过 capture_cursor 来指定。

```
ffmpeg -f avfoundation -capture_cursor 1 -i "Capture screen 0" -r:v 30 out.mp4
```

　　命令行执行后会将桌面图像带上鼠标一起录制下来。播放 out.mp4 来验证一下，如图 9-6 所示。

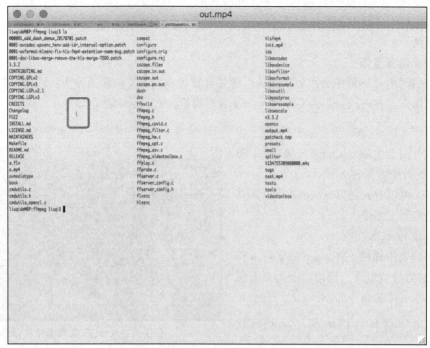

图 9-6　macOS 桌面图像带鼠标采集

　　从图 9-6 可以看到，播放的视频中包含了鼠标的图像，已经高亮圈起来了。

（3）采集麦克风

　　使用 FFmpeg 的 avfoundation 除了可以获得图像，还可以获得音频数据，从 avfoundation 的设备列表中可以看到能够识别麦克风。接下来考虑采集音频和视频，然后只对音频进行录制。avfoundation 通过设备名采集方式采集图像的方式已经介绍过，现在使用设备号的方式进行举例。

```
ffmpeg -f avfoundation -framerate 30 -s 1280x720 -i "0:0" out.aac
```

　　通过参数"0:0"分别指定第 0 个视频设备、第 0 个音频设备。输出的信息如下：

```
Input #0, avfoundation, from '0:0':
    Duration: N/A, start: 18846.215533, bitrate: N/A
        Stream #0:0: Video: rawvideo (UYVY / 0x59565955), uyvy422, 1280x720, 30 tbr, 1000k
tbn, 1000k tbc
        Stream #0:1: Audio: pcm_f32le, 44100 Hz, stereo, flt, 2822 kb/s
Output #0, adts, to 'out.aac':
        Stream #0:0: Audio: aac (LC), 44100 Hz, stereo, fltp, 128 kb/s
Stream mapping:
Stream #0:1 -> #0:0 (pcm_f32le (native) -> aac (native))
Press [q] to stop, [?] for help
size= 187kB time=00:00:11.76 bitrate= 130.0kbits/s speed=1.01x
```

　　如以上输出信息所示，采集的数据包含了视频 rawvideo 数据和音频 pcm_f32le 数据，但是输出只有 AAC 的编码数据。

　　除了这个方法以外，还可以使用设备索引参数指定设备采集。

```
    ffmpeg -f avfoundation -framerate 30 -s 1280x720 -video_device_index 0 -i ":0" out.aac
    ffmpeg -f avfoundation -framerate 30 -s 1280x720 -video_device_index 0 -audio_device_
index 0 -i "" out.aac
```

这两条 FFmpeg 命令与前面的一条效果相同。至此，macOS 下用 avfoundation 采集音视频设备的方法介绍完毕。

9.3　Windows 设备采集

Windows 下采集设备的主要方式是 dshow、vfwcap、gdigrab，其中 dshow 可以用来采集摄像头、采集卡、麦克风等设备，vfwcap 主要用来采集摄像头类设备，gdigrab 则用来抓取 Windows 窗口程序。

9.3.1　使用 dshow 采集音视频设备

（1）使用 dshow 枚举设备

我们可以使用 dshow 来枚举当前系统上存在的音视频设备，这些设备主要是摄像头、麦克风。命令如下：

```
ffmpeg.exe -f dshow -list_devices true -i dummy
```

输出如下：

```
[dshow @ 0048e620] DirectShow video devices (some may be both video and audio devices)
[dshow @ 0048e620] "Integrated Camera"
[dshow @ 0048e620] Alternative name
"@device_pnp_\\?\usb#vid_04f2&pid_b2ea&mi_00#7&6fe2ea7&0&0000#{65e8773d-8f56-11d0-a
3b9-00a0c9223196}global"
[dshow @ 0048e620] DirectShow audio devices
[dshow @ 0048e620] "麦克风 (High Definition Audio 设备)"
[dshow @ 0048e620] Alternative name
"@device_cm_{33D9A762-90C8-11D0-BD43-00A0C911CE86}\麦克风 (High Definition Audio 设备)"
```

第 1 行的提示"some may be both video and audio devices"告诉我们，有些视频设备也同时具备音频输出能力。

（2）使用 dshow 展示摄像头

我们可以尝试打开设备，并使用 ffplay 来展示我们的摄像头。

```
ffplay.exe -f dshow -video_size 1280x720 -i video="Integrated Camera"
```

其中 video_size 指定了视频分辨率，为摄像头支持采集的分辨率值，video="Integrated Camera"指定了需要采集的摄像头名称。摄像头输出效果如图 9-7 所示。

（3）将摄像头数据保存成 MP4

可以通过如下命令把摄像头和计算机播放的声音录制为 MP4 文件，原理就是打开两个设备，一个为摄像头，另一个为麦克风声音采集设备。

```
ffmpeg.exe -f dshow -i video="Integrated Camera" -f dshow -i audio="麦克风 (High
Definition Audio 设备)" out.mp4
```

指定了 FFmpeg 默认的音频和视频编码方式，也可以参照前面章节来指定适合自己的音视频编码方式，如 H.264、AAC 等。预览画面如图 9-8 所示。

图 9-7　dshow 展示摄像头

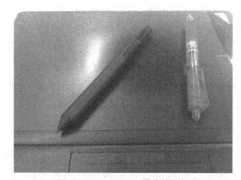

图 9-8　dshow 录制摄像头

9.3.2　使用 vfwcap 采集视频设备

在 Windows 平台上，可以使用 vfwcap 采集摄像头，但是这种方式已经过时了。虽然 FFmpeg 也提供了支持，但还是推荐使用 dshow 采集摄像头和麦克风。

vfwcap 主要支持两个参数 video_size、framerate，分别指示采集图像大小和帧率。

（1）使用 vfwcap 枚举支持采集的设备

```
ffmpeg.exe -f vfwcap -i list
```

输出如下：

```
[vfwcap @ 004fe280] Driver 0
[vfwcap @ 004fe280] Microsoft WDM Image Capture (Win32)
[vfwcap @ 004fe280] Version: 6.1.7601.17514
list: I/O error
```

从输出的内容可以看出，vfwcap 只枚举了一个设备，虚拟摄像头不在其中，这说明 vfwcap 的使用有一定的局限性。

（2）使用 vfwcap 生成 MP4

```
ffmpeg.exe -f vfwcap -i 0 -r 25 -vcodec libx264 out.mp4
```

通过 -i 指定待录像的摄像头索引号，-r 则指定需要录像的帧率，vcodec 指定录像视频的编码格式，输出为 out.mp4。预览画面如图 9-9 所示。

图 9-9　vfwcap 录制摄像头

9.3.3　使用 gdigrab 采集窗口

在 Windows 平台上，FFmpeg 支持采集基于 gdi 的屏幕采集设备，这个设备同时支持采集显示器的某一块区域。gdigrab 支持的主要参数如表 9-5 所示。

gdigrab 主要有两种输入方式：desktop 和 title=*window_title*，其中 desktop 代表采集整个桌面，而 title=*window_title* 则是采集标题为 "*window_title*" 的窗口。下面分别介绍 gdigrab 采集桌面和窗口。

表 9-5　gdigrab 主要参数

参数	主要作用
draw_mouse	是否绘制采集的鼠标指针
show_region	是否绘制采集的边界
framerate	设置视频帧率，默认为 25 帧，两个标准值为 pal、ntsc
video_size	设置视频分辨率
offset_x	采集区域偏移 x 个像素
offset_y	采集区域偏移 y 个像素

（1）使用 gdigrab 采集整个桌面

```
ffmpeg.exe -f gdigrab -framerate 6 -i desktop out.mp4
```

若需要录制整个桌面，只需要简单地指定输入对象为 desktop 即可。输出画面预览如图 9-10 所示。

图 9-10　gdigrab 采集整个桌面

（2）使用 gdigrab 采集某个窗口

```
ffmpeg.exe -f gdigrab -framerate 6 -i title=ffmpeg out.mp4
```

当需要录制某个窗口时，可根据窗口标题来查找窗口，即通过 -i title 来指定。需要注意的是，在录制期间，应该尽量避免调整录制窗口的大小，这可能会导致画面异常。输出预览画面如图 9-11 所示。

（3）使用 gdigrab 录制带偏移量的窗口

```
ffmpeg.exe -f gdigrab -framerate 6 -offset_x 50 -offset_y 50 -video_size 400x400 -i title=ffmpeg out.mp4
```

通过 offset_x 和 offset_y 分别指定 x 和 y 坐标的偏移，当指定 x 或 y 方向的偏移时，需要指定 video_size，否则参数无效，仍然录制整个窗口。输出预览画面如图 9-12 所示。

图 9-11　gdigrab 采集指定窗口

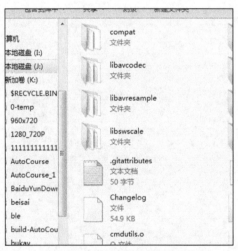

图 9-12　gdigrab 采集带偏移量的窗口

9.4　小结

通过本章的学习，我们可以了解 Linux、macOS、Windows 上的设备采集方式，涉及 fbdev、
v4l2、x11grab、avfoundation、dshow、vfwcap、gdigrab 等。这些设备用于提供实时音视频源，为
后续处理提供实时媒体内容。设备是音视频最先触达的地方，通常可以设置原始采集的分辨率、
帧率等信息，这些"原始"的信息对于音视频的质量至关重要。

下篇

API 使用及开发

上篇介绍了视频、音频、流媒体相关知识，重点介绍了 FFmpeg 命令行的使用方法。但在有些场景下需要直接调用 FFmpeg 的源码，接下来我们介绍 FFmpeg API 的调用方法。在介绍使用 FFmpeg 的 API 之前，为了方便读者查询 API 对应的代码，首先介绍 FFmpeg 的代码结构目录，读者可以先从 FFmpeg 的官方代码库下载一份代码。

```
git clone git://source.ffmpeg.org/ffmpeg.git
```

看一看 FFmpeg 的源代码有哪些文件和目录，如下图所示。

```
CONTRIBUTING.md   LICENSE.md      ffbuild         libswresample
COPYING.GPLv2     MAINTAINERS     fftools         libswscale
COPYING.GPLv3     Makefile        libavcodec      presets
COPYING.LGPLv2.1  README.md       libavdevice     tests
COPYING.LGPLv3    RELEASE         libavfilter     tools
CREDITS           compat          libavformat
Changelog         configure       libavutil
INSTALL.md        doc             libpostproc
```

从中可以看到，FFmpeg 目录包含 FFmpeg 库代码目录、构建工程目录、自测子系统目录等。具体内容如下。

- libavcodec：主要包含编码、解码的框架与子模块代码。
- libavdevice：主要包含输入、输出外设框架与设备模块代码。
- libavfilter：主要包含滤镜模块与视频、音频、字幕的特效处理模块代码。
- libavformat：主要包含封装、解封装、传输协议的框架与子模块代码。
- libavutil：主要包含 FFmpeg 提供的基础组件，比如加密解密算法、内存管理代码。
- libswresample：主要包含音频的采样与重采样处理相关的代码。
- libswscale：主要包含视频图像缩放与色彩转换等处理相关的代码。
- libpostproc：视频后处理库。
- fftools：主要包含 ffmpeg、ffprobe、ffplay 应用程序的代码。
- tests：主要包含 FFmpeg 项目的自动化自测子系统。

- ffbuild、compat：用以做 FFmpeg 工程构建的目录。
- doc：主要包含 FFmpeg 的通用框架的参数、各模块参数的文档，API 说明文档以及提供给 API 用户作为 API 使用用例的参考代码。

以 FFmpeg 最为常用的两个场景（转码和播放）为例，其路径以及使用的库的关系如下图。

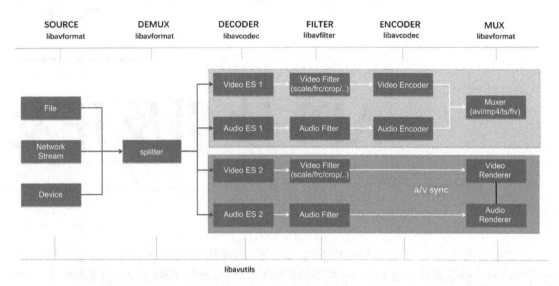

一方面，我们会在后面的内容中以 FFmpeg 的 API 为基础，构建类似上面的媒体处理路径，当我们知道 FFmpeg 的源代码目录中都包含哪些内容之后，在使用 FFmpeg 的 API 做开发并遇到问题时，可以通过查看源代码来了解更多、更详细的内部实现来加深理解。另一方面，FFmpeg 的结构和 API 众多，但只要我们抓住重点，有的放矢，就能提纲挈领，灵活使用。作者也不建议读者前期以面面俱到、滴水不漏的方式来学习上述内容，而是建议先抓住核心，后面在碰到实际问题时，再从本书或者 FFmpeg 的代码中进一步学习。

第 10 章

libavformat 接口的使用

libavformat 是 FFmpeg 中处理音频、视频和字幕等封装和解封装的通用框架，内置了大量多媒体格式的 Muxer 和 Demuxer，它支持 `AVInputFormat` 输入容器和 `AVOutputFormat` 输出容器，同时也支持基于网络的一些流媒体协议，如 HTTP、RTSP、RTMP 等。

本章主要介绍 FFmpeg 的媒体格式处理、协议封装与解封装的 API 函数使用方法，以 libavformat 的 API 使用为主，分别介绍封装、解封装、转封装等。在介绍 API 之前，我们先看看 AVFormat 的全景。作为处理各种媒体容器格式的库，libavformat（FFmpeg 内部一般简写为 lavf）的两个主要作用如下：

- 解封装，即把一个媒体文件分割成单独的流，以及逆过程封装，其以指定的容器格式写入提供的数据。
- 它还有一个 I/O 模块，支持访问数据的不同协议（如文件、TCP、HTTP 等）。在老版本的库中，也建议调用 `avformat_network_init()`[①]，除非确定不会使用 libavformat 的网络功能。

一个支持的输入格式由 `AVInputFormat` 结构描述，反之，一个输出格式由 `AVOutputFormat` 描述。可以使用 `av_demuxer_iterate/av_muxer_iterate()` 函数遍历所有支持的输入/输出格式。需要注意的是，协议层不是公共 API 的一部分，所以只能通过 `avio_enum_protocols()` 函数获得支持的协议名称。

用于封装和解封装的核心数据结构是 `AVFormatContext`，它包含所有关于正在读取或写入的文件的信息。与大多数 libavformat 的结构一样，它的大小不是公共 ABI 的一部分，所以它不能被分配到堆栈或直接用 `av_malloc()` 分配。要创建一个 `AVFormatContext`，通常使用 `avformat_alloc_context()` 函数，或者一些其他内部包含 `AVFormatContext` 申请操作相关的函数，如 `avformat_open_input()`，这些函数会执行对应的创建。这意味着虽然可以访问 `AVFormatContext` 的内部字段，但是需要使用特定的 API 去创建并销毁它。

一个 `AVFormatContext` 最重要的部分如下：

- 输入（`AVInputFormat`）或输出（`AVOutputFormat`）格式。输入格式要么是由 FFmpeg 的内部机制自动检测，要么是由用户人为设置；而输出则需要由用户来设置。如果是读音视频直播流，可以使用 FFmpeg 内部实现的探测功能探测，或者如果用户已经预先知道媒体流传输的格式，也可以自行设置；而对于输出场景，则只能自行设置了。
- 一个 AVStream 数组，它描述了文件中存储的所有基本流（这明显借用了 MPEG2 的概念

---

① avformat_network_init()用于对网络库进行全局初始化。在新版本的 FFmpeg 中它是可选的，而且也不再推荐。这个函数当前存在的目的只是解决旧版本 GnuTLS 或 OpenSSL 库的线程安全问题。如果 libavformat 被链接到 GnuTLS 或 OpenSSL 库的新版本，那么调用这个函数是不必要的，否则，需要在任何使用它们的其他线程启动之前调用这个函数。一旦移除对旧版本 GnuTLS 和 OpenSSL 库的支持，这个函数将被废弃。

elementary stream，从这里也可以看到 MPEG2 标准对 FFmpeg 的影响）。AVStream 通常使用它们在这个数组中的索引以被引用。一般情况下，加载了容器头部之后就可以访问它的流[①]（把流看作最基本的音频和视频数据）。AVStream 实际上也建立了流和具体的编解码格式的关联，这个在后面会看到。

- 一个 I/O 上下文 AVIOContext *pb。输入场景下，它要么由 lavf 在内部打开，要么由用户手动设置；输出场景下，则总是由用户来设置（除非处理的是 AVFMT_NOFILE 格式）。
- priv_data。从层次上讲，解封装和封装模块分为两层，底层是具体容器格式的内部维护的封装、解封装结构，如 FLVContext、MOVContext 等，其关联则由 AVFormatContext.priv_data 来建立。

注意： FFmpeg 6.0 版本做了大量的内部结构封装，将结构体中用于 FFmpeg 内部处理流程的成员变量提取到 FFStream、FFFormatContext 结构体中，用户不能直接在外部使用该结构中的成员变量。

以 AVFormatContext 为核心的几个重要结构体之间的关系如图 10-1 所示。

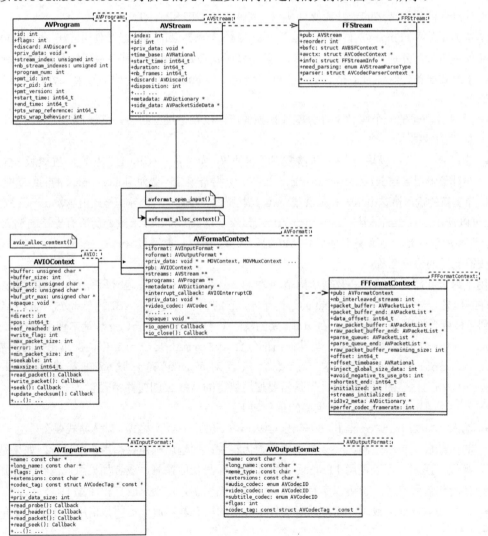

图 10-1 AVFormatContext 与其他重要结构体之间的关系

---

① stream 即流，它指的是连续流动的数据，这个词非常形象。一个流只包含一种数据（如音频、视频或隐藏式字幕）。

另外，可以使用 `AVOptions` 机制来设置 lavf 封装器和解封装器。FFmpeg 提供了以下 3 种设置的方式：

- 通用的（与格式无关的）libavformat Options 由 `AVFormatContext` 提供，它们可以通过在 `AVFormatContext` 上调用 `av_opt_next()`/`av_opt_find()`（或通过 `avformat_get_class()` 获得其 `AVClass`）从用户程序中检查。
- 当且仅当相应格式结构的 `AVInputFormat.priv_class`/`AVOutputFormat.priv_class` 非空时，私有（格式特定）Options 由 `AVFormatContext.priv_data` 提供。
- Options 可以由 I/O 上下文（如果其 `AVClass` 为非 NULL）和协议层提供。

`AVOptions` 相关操作会在本书后面讨论。

libavformat 中的 URL 字符串由一个 scheme/protocol、一个冒号 ":" 和一个 scheme 特定的字符串组成。不含 scheme 和冒号 ":" 的 URL 曾经被用于本地文件访问模式，但现在已经被弃用，而应该使用 "file:" 这样的方式来访问本地文件，这将本地文件、远程链接及设备文件等资源的访问方式很好地统一了起来。

10.1　媒体流封装

媒体流封装（Muxing）过程主要指以 `AVPackets` 的形式获取编码后的数据后，以指定的容器格式将其写入文件或以其他方式输出到字节流中。Muxing 实际执行的主要 API 调用流程如下：

- 初始化，`avformat_alloc_output_context2()`
- 创建媒体流（如果有的话），`avformat_new_stream()`
- 写文件头，`avformat_write_header()`
- 写数据包，`av_write_frame()`/`av_interleaved_write_frame()`
- 写文件尾部信息并释放内部资源，`av_write_trailer()`

在 Muxing 过程的起始阶段，调用者必须创建一个格式上下文 `AVFormatContext`。然后，调用者通过填写该上下文中的不同字段来设置 Muxer。在实际的操作中，一般使用 `avformat_alloc_output_context2()` 函数，它在创建格式上下文 `AVFormatContext` 的同时，也会将 oformat 字段设置好并适当地初始化。其中 `AVFormatContext` 的重要字段如下：

- oformat 字段必须被设置，以选择将要使用的 Muxer。如果使用 `avformat_alloc_output_context2()` 函数，`AVFormatContext` 的 oformat 字段将被设置。
- 除非格式是 `AVFMT_NOFILE` 类型，否则 pb 字段必须被设置为一个已打开的 I/O 上下文，该 I/O 上下文可以是由 `avio_open2()` 返回的，也可以是自定义的方式。
- 除非格式是 `AVFMT_NOSTREAMS` 类型，否则必须用 `avformat_new_stream()` 函数创建至少一个流。调用者应该填写流的编解码器参数信息，如编解码器类型、ID 和其他已知参数（如宽度、高度、像素格式或采样格式等）。流的时间基准（即 `AVStream->time_base`）应该被设置为调用者希望使用这个流的时间基准（注意，Muxer 实际使用的时间基准可能不同，比如 MP4 格式有一个全局的时间基准，但每个内部流也可以覆盖这个全局的时间基准而单独设置）。
- 建议手动初始化 `AVCodecParameters` 中的相关字段，而不是在 Remuxing 的时候使用 `avcodec_parameters_copy()`，原因是不能保证编解码器上下文的值对输入和输出格式的上下文都有效。

- 调用者可以填写额外的信息，如全局或每个流的元数据、章节、节目表等，细节可以参考
  `AVFormatContext` 的内部字段信息。这些信息是否会实际存储在输出中，取决于容器格式和 Muxer 支持的信息。

当 Muxing 的上下文环境被完全设置好后，调用者使用 `avformat_write_header()` 初始化 Muxer 的内部结构并写入文件头。在这一步是否真的有东西被写入 I/O 上下文，取决于具体的 Muxer 的内部实现，但这个函数必须被调用。任何 Muxer 的私有选项必须在这个函数的选项参数中传递。随后通过重复调用 `av_write_frame()` 或 `av_interleaved_write_frame()`[①]将数据发送并写入 Muxer。请注意，发送到 Muxer 的数据包上的时间信息必须映射到相应的 AVStream 的时间基准中，原因是数据包的时间基准与 Muxer 对应的流的时间基准可能并不相同，所以这里需要做一个时间基准的转换。

一旦所有数据被写入完成，调用者必须调用 `av_write_trailer()` 来刷新任何缓冲的数据包并最终确定输出文件，然后关闭 I/O 上下文（如果有的话），最后用 `avformat_free_context()` 释放 Muxing 的上下文结构。使用 FFmpeg 的 API 进行 Muxing 操作的主要步骤如上所述，比较简单，流程如图 10-2 所示。

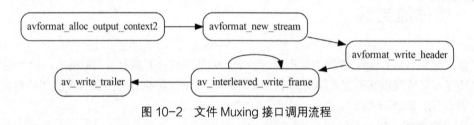

图 10-2　文件 Muxing 接口调用流程

下面通过代码详细说明一下。示例代码位于 doc/examples/muxing.c 文件，也可以通过 FFmpeg 官方网站 demo 查看。

1）API 使用声明。在使用 FFmpeg 的 API 之前，要根据将要支持的功能分析使用的 FFmpeg 的 API 属于哪个部分。在使用 API 之前，需要引用一些必要的头文件，最重要的是头文件 libavformat/avformat.h，其他部分依据实际需要引用。

```
#include <stdlib.h>
#include <stdio.h>
#include <string.h>
#include <math.h>

#include <libavutil/channel_layout.h> //音频声道布局操作
#include <libavutil/opt.h> //设置操作选项
#include <libavutil/mathematics.h> //数学相关操作
#include <libavutil/timestamp.h> //对时间戳操作
#include <libavformat/avformat.h> //封装与解封装操作
#include <libswscale/swscale.h> //缩放、转换颜色格式操作
#include <libswresample/swresample.h> //音频采样率操作
```

2）申请 `AVFormatContext`。在 FFmpeg API 使用封装格式相关的操作时，需要使用

---

① 它们之间的区别主要在于写入容器格式时 Audio 和 Video 的交织由谁来保证，一般而言，建议使用 `av_interleaved_write_ frame()`，除非明确指定音视频的同步方式，才调用 `av_write_frame()`。另外，它们中只能有一个用于单个 Muxer 上下文，而不应该混合调用，否则结果不可预测。`av_interleaved_write_frame()` 的一个参数控制 Audio 和 Video 最大的偏移量，这个参数是 `max_interleave_delta`，默认值是 10 秒，意思是 Video 最多缓存 10 秒的数据，如果等不到 Audio，就会强制输出。有时，若 Muxing 出现一个延迟，不妨调整一下这个参数或者改成基于 `av_write_frame()` 并自行控制流之间的同步关系。

AVFormatContext 作为容器格式操作的上下文操作句柄。在这个例子中，使用 avformat_alloc_output_context2() 来完成，这个函数主要是在 avformat_alloc_context() 的基础上增加了根据格式名字、文件名等推断输出格式的逻辑，并将 AVOutputFormat 与 AVFormatContext 关联起来。

```
AVOutputFormat *fmt;
AVFormatContext *oc;
avformat_alloc_output_context2(&oc, NULL, "flv", filename);
if (!oc) {
    printf("cannot alloc flv format\n");
    return 1;
}
fmt = oc->oformat;
```

3）申请 AVStream。根据实际的需要，申请将要写入的 AVStream 流，这主要由函数 avformat_new_stream() 完成。在 FFmpeg 中，AVStream 流主要用于存放音频、视频、字幕数据流。在我们的例子中，只增加了 Video 流而没有其他，所以只使用了一次 avformat_new_stream()。

```
AVStream *st;
AVCodecContext *c;
st = avformat_new_stream(oc, NULL);
if (!ost->st) {
  fprintf(stderr, "Could not allocate stream\n");
  exit(1);
}
st->id = oc->nb_streams-1;
```

至此，因为需要将 Codec 的参数与 AVStream 的参数进行对应，可以根据视频的实际编码参数对 AVCodecContext 进行设置。

```
c->codec_id = codec_id;
c->bit_rate = 400000;
c->width = 352;
c->height = 288;
st->time_base = (AVRational){ 1, 25 };
c->time_base = st->time_base;
c->gop_size = 12;
c->pix_fmt = AV_PIX_FMT_YUV420P;
```

为了兼容新版本 FFmpeg 的 AVCodecParameters 结构，需要做一个参数的复制操作，这里使用的是 avcodec_parameters_from_context()，这样，AVStream 就能够正确地感知到对应 Codec 的相关信息。

```
/* 从输入的 AVCodecContext 结构体中将音视频流相对应的参数复制到 AVCodecParameter 中 */
ret = avcodec_parameters_from_context(ost->st->codecpar, c);
if (ret < 0) {
  printf("Could not copy the stream parameters\n");
  exit(1);
}
```

这样，相关参数设置就基本结束了。可以通过 av_dump_format() 接口转储（dump）参数信息，以检查相关设置是否如预期。这个函数会打印有关输入或输出格式的详细信息，如持续时间、码率、流、容器、节目、元数据、边数据（side data）和时间基准。

4）写入目标容器头信息。有了前面的操作，一切准备就绪，万事俱备，可以开始真正执行容器格式封装操作了。在操作封装格式时，有些封装格式有头部信息需要写入，所以在 FFmpeg 写封装数据时，需要先写封装格式的头部，这由 avformat_write_header() 完成。但实际上，avformat_ write_header() 不仅会写入容器格式的头部信息，它还有一个很重要的作用是用来初始化 Muxer 并分配其私有数据，所以即使对应的封装格式不需要真实地写入头部信息，也需要调用该函数。

```
ret = avformat_write_header(oc, &opt);
if (ret < 0) {
  printf("Error occurred when opening output file: %s\n",av_err2str(ret));
  return 1;
}
```

5）写入数据。在 FFmpeg 操作数据包时，一般情况下，被压缩后的一帧或者多帧（多帧主要出现在 Audio 场景下）使用 AVPacket 结构存储音视频数据，AVPacket 结构中包含了 PTS、DTS、Data 等信息。数据在写入封装格式中时，会根据封装的特性对对应的信息进行写入。这里需要注意的是需要确定好 AVPacket 和 AVStream 的对应关系，及其时间基准的转换问题。

```
AVFormatContext *ifmt_ctx = NULL;
AVIOContext* read_in = avio_alloc_context(inbuffer, 32 * 1024,0,NULL, get_input_buffer,
NULL,NULL);
  if (read_in == NULL)
    goto end;
ifmt_ctx->pb = read_in;
ifmt_ctx->flags = AVFMT_FLAG_CUSTOM_IO;
if ((ret = avformat_open_input(&ifmt_ctx, "h264", NULL, NULL)) < 0)
{
  av_log(NULL, AV_LOG_ERROR, "Cannot get h264 memory data\n");
  return ret;
}
while(1) {
  AVPacket pkt = { 0 };
  av_init_packet(&pkt);
  ret = av_read_frame(ifmt_ctx, &pkt);
  if (ret < 0)
    break;
  /* 根据 AVCodecContext 获得的 timebase
     与 AVStream 的 timebase 做一次针对 AVPacket 的时间戳的重新计算 */
  av_packet_rescale_ts(pkt, *time_base, st->time_base);
  pkt->stream_index = st->index;
  /* Write the compressed frame to the media file. */
  return av_interleaved_write_frame(fmt_ctx, pkt);
}
```

如上段代码所示，从内存中读取数据，需要通过 avio_alloc_context 接口中获得的 buffer 与 AVFormatConext 相关联，然后像操作文件一样进行操作即可。接下来就可以从 AVFormatContext 中获得 packet，并通过 av_packet_rescale_ts 将读取的 packet 的 PTS 转换成以写入的 AVStream 的 timebase 为基准，最后将 packet 通过 av_interleaved_write_frame 写入输出的封装格式中。

6）写容器尾信息。在写入数据即将结束时，将进行收尾工作，写入封装格式的结束标记等，如 FLV 的 sequence end 标识等。

```
av_write_trailer(oc);
```

加上对应的资源释放操作之后，一个完整的媒体流封装程序就完成了。

10.2　媒体流解封装

在视频播放、转码及转封装中，视频媒体文件的解封装（Demuxing）是最基本的操作。一般而言，解封装过程需要读取一个媒体文件并将其分割成若干数据块（数据包，在 FFmpeg 中使用

AVPacket 表示），一个数据包包含一个或多个属于一个基本流的编码帧。在 lavf 的 API 中，这个过程先使用函数 avformat_open_input() 打开一个文件，然后使用 av_read_frame() 循环读取每一个数据包，最后由函数 avformat_close_input() 执行清理操作。其基本步骤如下。

1）打开一个媒体文件。打开一个文件所需的最基本的信息是 URL，它被传递给 avformat_open_input()，代码如下：

```
const char *url = "file:in.mp3";
AVFormatContext *s = NULL;
int ret = avformat_open_input(&s, url, NULL, NULL);
if (ret < 0)
    abort();
```

上面的代码分配了一个 AVFormatContext，打开指定的文件（自动检测格式）并读取文件头，把存储在那里的信息输出到 s 中。有些格式没有文件头或者没有存储足够的信息，建议调用 avformat_find_stream_info() 函数，该函数试图读取并解码一些帧来获取更多的信息。

在某些情况下，你可能想用 avformat_alloc_context() 预分配一个 AVFormatContext，并在把它传递给 avformat_open_input() 之前对它做一些调整。其中一种情况是你想使用自定义 I/O 函数来读取输入数据，而不是使用内部 I/O 层。要做到这一点，可用 avio_alloc_context() 创建你自己的 AVIOContext，把你的读取回调函数传递给它，然后将 AVFormatContext 的 pb 字段设置为新创建的 AVIOContext，这样可以由调用方接管对应的 I/O 操作。由于打开的文件的格式一般在 avformat_open_input() 返回后才知道，所以不可能在预先分配的上下文中设置 Demuxer 私有选项。取而代之的是，这些选项应该被放入 AVDictionary 中并传递给 avformat_open_input()。

```
AVDictionary *options = NULL;
av_dict_set(&options, "video_size", "640x480", 0);
av_dict_set(&options, "pixel_format", "rgb24", 0);

if (avformat_open_input(&s, url, NULL, &options) < 0)
    abort();
av_dict_free(&options);
```

这段代码将私有选项 video_size 和 pixel_format 传递给解封装器。它们对于 raw video 类型的 Demuxer 来说是必要的，因为它不知道如何解释原始视频数据。如果格式与原始视频不同，这些设置的选项将不会被对应的解封装器所识别，因此也将不会被应用。这些未被识别的选项将被返回到选项字典中（已识别的选项则被消耗，这使得调用方有机会检查哪些选项被正确设置了），调用程序可以按照自己的意愿处理这些未被识别的选项。例如：

```
AVDictionaryEntry *e;
if (e = av_dict_get(options, "", NULL, AV_DICT_IGNORE_SUFFIX)) {
    fprintf(stderr, "Option %s not recognized by the demuxer.\n", e->key);
    abort();
}
```

在完成读取文件后，必须用对应的 avformat_close_input() 关闭它。它将释放所有与该文件相关的内容。

2）从一个打开的文件中读取数据。从容器格式获取数据的过程是从打开的 AVFormatContext 中，通过重复调用 av_read_frame() 来完成的。对于每次调用，如果成功，将返回一个 AVPacket，其包含一个从 AVStream 中解析出来的编码数据，对应的流由 AVPacket.stream_index 标识。如果调用者希望对数据进行解码，这个数据包可以直接传递给 libavcodec 解码函数 avcodec_send_

packet()或 avcodec_decode_subtitle2()。获取 AVPacket 后,AVPacket.pts、AVPacket.
dts 和 AVPacket.duration 这些时间信息可能被设置;如果流不提供这些信息,它们也可以
不被设置(即 pts/dts 为 AV_NOPTS_VALUE,duration 时间为 0)。时间信息是以 AVStream.time_base
为单位的,即必须乘以时间基准才能转换为我们更常用的基于秒的计数方式。

　　由 av_read_frame()返回的数据包总是包含引用计数,即 AVPacket.buf 被设置,用户
可以无限期地保留它。当不再需要该数据包时,必须用 av_packet_unref()释放它。av_read_
frame()会返回一个流里的下一帧。这个函数按照帧返回存储在文件中的内容,但并不保证这个
帧对于解码器来说可以正确解码,这意味着这个函数是从流的角度来确定是否为完整的帧,而非
从解码器正确解码的角度。该函数把存储在文件中的内容分成若干帧,每次调用时返回一个,且
不会省略在两个有效帧之间的无效数据(非帧数据),这是为了给解码器提供尽可能多的信息以用
于解码。一旦成功,返回的数据包将被引用计数(pkt->buf 被设置)。当不再需要该数据包时,
必须用 av_packet_unref()释放它。对于视频,该数据包正好包含一个帧。对于音频来说,如
果每个帧有一个已知的固定大小(例如 PCM 或 ADPCM 数据),它包含整数数目的帧。如果音频
帧是可变大小(如 MPEG 音频),那么它就包含一个帧。pkt->pts、pkt->dts 和 pkt->duration
总是被设置为以 AVStream.time_base 为单位值(如果格式不能提供,则可由内部推测而来)。
函数返回 0 表示成功获取数据,出现错误或文件结束时返回小于 0 的值。如果出错,pkt 将是
空的(就像它来自 av_packet_alloc()一样)。视频文件解封装常见 API 操作步骤如图 10-3
所示。

图 10-3　文件解封装操作步骤

　　下面通过代码详细解析每一个解封装操作的步骤。具体的代码 demo 可以在 FFmpeg 源代码的
doc/examples/demuxing_decoding.c 中进行查看,也可以通过以下 FFmpeg 官方网站 demo 查看:
http://ffmpeg.org/doxygen/trunk/demuxing_decoding_8c-example.html。

　　3)构建 AVFormatContext。首先需要声明输入的封装结构体,然后设置输入文件或者输
入流媒体的地址。

```
static AVFormatContext *fmt_ctx = NULL;
/* 打开输入文件,并且申请 AVFormatContext 结构体 */
if (avformat_open_input(&fmt_ctx, input_filename, NULL, NULL) < 0) {
  fprintf(stderr, "Could not open source file %s\n", input_filename);
  exit(1);
}
```

　　如代码所示,通过 avformat_open_input()接口尝试打开 input_filename 并挂载至 fmt_ctx
结构里,之后即可对 fmt_ctx 进行操作。

　　4)查找音视频流信息。在将输入封装与 AVFormatContext 结构做好关联之后,即可通过
avformat_find_stream_info()从 AVFormatContext 中建立输入文件的对应的流信息。
avformat_find_stream_info()是 FFmpeg 中比较复杂的函数之一,内部执行了大量的操作,
甚至会尝试解码。在访问网络文件时,它还有被阻塞的可能,这时候,需要使用自定义的 I/O 操
作及自定义超时回调来处理,以更好地控制相关的逻辑。另外,在一些播放器场景下,有时为了
减少这个函数的探测时间,可以根据自己的场景调整以下 AVFormatContext 字段再进行探测。

　　● probesize:为了确定流属性,从输入中读取的最大字节数。

- `max_analyze_duration`：从输入中读取数据的最大持续时间（以 **AV_TIME_BASE** 为单位）。可以设置为 0，让 avformat 使用启发式方法选择，也可以自己调整。
- `fps_probe_size`：用于确定帧率的帧数，默认 **FFmpeg** 使用 20 帧来探测帧率。

`avformat_find_stream_info()`所执行的行为颇多，主要包含如下几个：

- 读取媒体文件的音视频包以获取流信息，一般用于 `avformat_open_input()`函数之后。在 `avformat_open_input()`函数中会调用对应输入文件格式的 `read_header()`回调函数，如 FLV 格式的 `flv_read_header()`函数来读取文件头。由于 FLV 格式的头比较简单，只能知道是否存在音频流和视频流，而无法获取流的编码信息，因此，对于 FLV 格式来说该函数就非常重要。该函数会读取 FLV 文件中的音视频包并尝试解码，以从这些包中获知流的编解码信息。对于没有文件头的 MPEG 格式来说存在同样的情况。
- 这个函数还能在 MPEG 的重复帧模式下计算真实的帧率。
- 这个函数不会改变文件访问的逻辑位置（即程序访问文件时的文件偏移 offset），那些读取并用来执行检测的数据包将会被缓存起来，留作后续处理使用。
- 这个函数的参数 AVDictionary **options 如果不为空，那么该参数是一个 AVDictionary 列表，第几个 AVDictionary 就作用于 AVFormatContext.nb_streams 的第几个流。如果在对应的流中找不到相应的选项，函数返回时，该参数中还会保留没有找到的选项。
- 它不会保证打开所有的编解码器，因此，在函数返回时，选项非空是一个正常的行为。

```
/* 尝试获得音视频流信息 */
if (avformat_find_stream_info(fmt_ctx, NULL) < 0) {
  fprintf(stderr, "Could not find stream information\n");
  exit(1);
}
```

如代码所示，从 **fmt_ctx** 中获得音视频流信息。

5）读取音视频流。获得音视频流信息之后，即可通过 av_read_frame()从 **fmt_ctx** 中读取音视频流数据包，将音视频流数据包读取出来并存储至 AVPacket 中，然后对 AVPacket 包进行判断，确定是音频、视频，还是字幕数据等。接下来进行解码，或进行数据存储等后续操作。

```
/* 初始化 AVPacket 结构体，将 data 成员的内存初始化为 NULL，
   后面在解封装格式的时候由 demuxer 来填充 */
av_init_packet(&pkt);
pkt.data = NULL;
pkt.size = 0;
/* read frames from the file */
while (av_read_frame(fmt_ctx, &pkt) >= 0) {
  AVPacket orig_pkt = pkt;
  do {
    ret = decode_packet(&got_frame, pkt);
    if (ret < 0)
      break;
    pkt.data += ret;
    pkt.size -= ret;
  } while (pkt.size > 0);
  av_packet_unref(&orig_pkt);
}
```

如代码所示，通过循环调用 av_read_frame 读取 **fmt_ctx** 中的数据至 pkt 中，然后解码 pkt，如果读取 **fmt_ctx** 中的数据结束，则退出循环，开始执行结束操作。在上面代码中，还有一个有意思的地方来自 av_init_packet()函数，它很明显是用于初始化 AVPacket 的，但又不改变 AVPacket.data 和 AVPacket.size 字段，原因在于 **FFmpeg** 的历史代码依赖了这个行为，虽然看着奇怪，但好在 **FFmpeg** 即将废弃这个函数。

6）收尾。执行结束操作，主要是关闭输入文件及释放资源等。

```
avformat_close_input(&fmt_ctx);
```

到这里，解封装操作的主要步骤的介绍就告一段落。

10.3 文件转封装

视频文件转封装（Remuxing）操作，即将媒体文件或媒体流从一种封装格式转换为另外一种封装格式，如从 FLV 格式转换为 MP4 格式。本节将根据前两节所描述的封装与解封装的过程介绍转封装操作。下面看一下转封装所调用接口的流程，如图 10-4 所示。

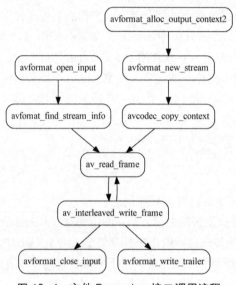

图 10-4   文件 Remuxing 接口调用流程

转封装本身是前两节的一个综合，根据 10.1 节、10.2 节介绍的封装与解封装操作，即可完成一个完整的转封装操作。关于实际的代码 demo，可以在 FFmpeg 源代码的 doc/examples/remuxing.c 中进行查看，也可以通过 FFmpeg 官方网站 demo 查看：http://ffmpeg.org/ doxygen/trunk/remuxing_8c-example.html。转封装主要步骤如下。

1）构建输入 AVFormatContext。打开输入文件并与 AVFormatContext 建立关联，这个部分前面已经提及，不再赘述。

```
AVFormatContext *ifmt_ctx = NULL;
if ((ret = avformat_open_input(&ifmt_ctx, in_filename, 0, 0)) < 0) {
    fprintf(stderr, "Could not open input file '%s'", in_filename);
    goto end;
}
```

2）查找流信息。建立关联之后，与解封装操作类似，可以通过接口 avformat_find_stream_info 获得流的信息。

```
if ((ret = avformat_find_stream_info(ifmt_ctx, 0)) < 0) {
  fprintf(stderr, "Failed to retrieve input stream information");
  goto end;
}
```

3）构建输出 AVFormatContext。打开输入文件之后，可以打开输出文件并与 AVFormatContext 建立关联。

```
AVFormatContext *ofmt_ctx = NULL;
avformat_alloc_output_context2(&ofmt_ctx, NULL, NULL, out_filename);
if (!ofmt_ctx) {
  fprintf(stderr, "Could not create output context\n");
  ret = AVERROR_UNKNOWN;
  goto end;
}
```

4）申请 AVStream。建立关联之后，需要申请输入的 stream 信息与输出的 stream 信息。输入 stream 信息可以从 ifmt_ctx 中获得，但是输出部分的流的信息需要申请并关联至 ofmt_ctx。

```
AVStream *out_stream = avformat_new_stream(ofmt_ctx, in_stream->codec->codec);
if (!out_stream) {
  fprintf(stderr, "Failed allocating output stream\n");
  ret = AVERROR_UNKNOWN;
}
```

5）复制 stream 信息。输出的 stream 信息建立之后，需要从输入的 stream 中将信息复制到输出的 stream 中。由于本节重点介绍转封装，所以 stream 的信息不变，仅仅改变封装格式。

```
ret = avcodec_copy_context(out_stream->codec, in_stream->codec);
if (ret < 0) {
  fprintf(stderr, "Failed to copy context from input to output stream codec context\n");
}
```

在新版本的 FFmpeg 中，AVStream 中的 AVCodecContext 被逐步弃用，而是使用 AVCodecParameter，所以在新版本的 FFmpeg 中一般需要增加以下操作步骤：

```
ret = avcodec_parameters_from_context(out_stream->codecpar, out_stream->codec );
if (ret < 0) {
  fprintf(stderr, "Could not copy the stream parameters\n");
}
```

6）写文件头信息。打开输出文件之后，根据前面章节中介绍的封装部分，接下来可以进行写文件头操作。

```
ret = avformat_write_header(ofmt_ctx, NULL);
if (ret < 0) {
  fprintf(stderr, "Error occurred when opening output file\n");
}
```

7）数据包读取和写入。输入与输出均已经打开并与对应的 AVFormatContext 建立关联，接下来可以从输入格式中读取数据包，然后将数据包写入输出文件中。当然，基于输入的封装格式与输出的封装格式的差异，时间戳也需要进行对应的映射。

```
while (1) {
  AVStream *in_stream, *out_stream;
  ret = av_read_frame(ifmt_ctx, &pkt);
  if (ret < 0)
    break;
  in_stream = ifmt_ctx->streams[pkt.stream_index];
  out_stream = ofmt_ctx->streams[pkt.stream_index];
  /* copy packet */
  pkt.pts = av_rescale_q_rnd(pkt.pts,
                       in_stream->time_base,
                       out_stream->time_base,
                       AV_ROUND_NEAR_INF|AV_ROUND_PASS_MINMAX);
  pkt.dts = av_rescale_q_rnd(pkt.dts,
                       in_stream->time_base,
                       out_stream->time_base,
```

```
                              AV_ROUND_NEAR_INF|AV_ROUND_PASS_MINMAX);
    pkt.duration = av_rescale_q(pkt.duration,
                              in_stream->time_base,
                              out_stream->time_base);
    pkt.pos = -1;
    ret = av_interleaved_write_frame(ofmt_ctx, &pkt);
    if (ret < 0) {
        fprintf(stderr, "Error muxing packet\n");
        break;
    }
    av_packet_unref(&pkt);
}
```

8）写文件尾信息。解封装读取数据并将数据写入新的封装格式中的操作已经完毕，接下来写
文件尾至输出格式中。

```
av_write_trailer(ofmt_ctx);
```

9）收尾。输出格式写完之后即可关闭输入格式并释放输出格式。

```
avformat_close_input(&ifmt_ctx);
avformat_free_context(ofmt_ctx);
```

这样，转封装操作也介绍完了。它本身是解封装与封装操作的结合，并没有引入太多新的知
识，但是一个极好的例子，让我们再次回顾了解封装与封装的流程。

10.4   视频截取

在日常处理视频文件时，经常需要对视频片段进行截取，而 FFmpeg 可以支持该功能（确切地讲，
seek 功能需要底层的容器格式支持，以 MPEG-TS 格式为例，FFmpeg 就没有相应的 seek 操作支持，在
这种情况下，需要使用方自行实现其 seek 操作），处理方式与转封装类似，流程上主要是多了视频
的时间定位，以及截取视频长度的接口调用 av_seek_frame()。截取视频的步骤如图 10-5 所示。

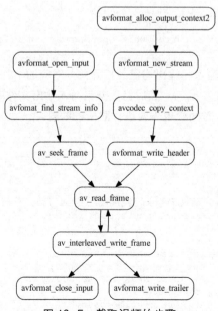

图 10-5   截取视频的步骤

从步骤中可以看到中间加入了 av_seek_frame() 调用，可以参考 av_seek_frame() 接口的说明。

```
int av_seek_frame(AVFormatContext *s, int stream_index, int64_t timestamp, int flags);
```

可以看到，seek 接口中包含以下 4 个参数：

- AVFormatContext，为句柄。
- stream_index，为流索引，如果 stream_index 是-1，会选择一个默认的流，时间戳会自动从以 AV_TIME_BASE 为单位转换为流的特定时间基准。
- timestamp，为 seek 到的时间戳，时间戳以 AVStream.time_base 为单位，如果没有指定流则以 AV_TIME_BASE 为单位。
- flags，用于设定 seek 操作的方向以及模式。

而在传递 flags 参数时，可以设置多种 seek 策略。下面看一下 flags 对应的多种策略的宏定义。

```
#define AVSEEK_FLAG_BACKWARD 1
#define AVSEEK_FLAG_BYTE 2
#define AVSEEK_FLAG_ANY 4
#define AVSEEK_FLAG_FRAME 8
```

flags 包含上述 4 种策略，其意如下：

- 从前向后查找，定位到请求的 timestamp 之前最近的关键帧。
- 根据字节位置进行查找，按照文件的位置（可能不被所有的解封装器支持）。
- 定位至非关键帧查找，非关键帧将被视为关键帧（可能不被所有的解封装器支持）。
- 根据帧位置查找，在内部，帧的序号实际上被映射成了时间戳，时间戳以 stream_index 所映射的流的时间基准为单位（可能不被所有解封装器支持）。如果 stream_index 为-1，则以 AV_TIME_BASE 为单位。

实际上，FFmpeg 还提供了另外一个增强版本的 seek 函数 avformat_seek_file()，如果理解了上面的 av_seek_frame()，理解这个也不复杂。

```
int avformat_seek_file(AVFormatContext *s, int stream_index, int64_t min_ts, int64_t ts, int64_t max_ts, int flags);
```

在播放器拖动时常见的查找策略为 AVSEEK_FLAG_BACKWARD，这种方式虽然定位并不非常精确，但是因为能准确定位到一个靠前的关键帧，所以能够很好地避免解码相关问题。另外需要注意，如果支持 seek 操作，需要对应的封装格式支持，例如 MP4 格式，调用 av_seek_frame() 截取视频时，会调用底层的 mov_read_seek()。下面示例部分的代码对转封装一节的代码进行了改动，主要的修改是在 av_read_frame() 前调用了 av_seek_frame()。

由上面的描述可以看到，seek 操作一般没有达到精确到帧的粒度，如果需要帧粒度精确的 seek，通常是分为两个步骤，第 1 步使用类似 AVSEEK_FLAG_BACKWARD 方式，找到对应帧前面的 IDR 帧，第 2 步使用解码的方式来获取对应帧的 YUV。这种容器格式的 seek 结合解码的方式，在视频剪接中比较常见。

下面看一下通过 seek 操作实现文件截取的部分示例代码。

```
av_seek_frame(ifmt_ctx, ifmt_ctx->streams[pkt.stream_index], ts_start, AVSEEK_FLAG_BACKWARD);
while (1) {
  AVStream *in_stream, *out_stream;
```

```
ret = av_read_frame(ifmt_ctx, &pkt);
if (ret < 0)
  break;
in_stream = ifmt_ctx->streams[pkt.stream_index];
out_stream = ofmt_ctx->streams[pkt.stream_index];
if (av_compare_ts(pkt.pts, in_stream->time_base, 20, (AVRational){1, 1 }) >= 0)
  break;
/* copy packet */
pkt.pts = av_rescale_q_rnd(pkt.pts,
                      in_stream->time_base,
                      out_stream->time_base,
                      AV_ROUND_NEAR_INF|AV_ROUND_PASS_MINMAX);
pkt.dts = av_rescale_q_rnd(pkt.dts,
                      in_stream->time_base,
                      out_stream->time_base,
                      AV_ROUND_NEAR_INF|AV_ROUND_PASS_MINMAX);
pkt.duration = av_rescale_q(pkt.duration,
                       in_stream->time_base,
                       out_stream->time_base);
pkt.pos = -1;
ret = av_interleaved_write_frame(ofmt_ctx, &pkt);
if (ret < 0) {
  fprintf(stderr, "Error muxing packet\n");
  break;
}
av_packet_unref(&pkt);
}
```

　　从代码实现中可以看到，除了 av_seek_frame() 之外，还多了一个辅助函数 av_compare_ts()，它用来比较是否到达设置的截取长度，时间长度为 20 秒。注意，上面只是一个截取操作的粗略版本，可能并不能满足真实的需要，特别是不满足帧级别的截取操作的要求。

10.5　AVIO 以及示例

　　AVIO 相关操作被称为 Buffered I/O operation，之前也被称为 ByteStream I/O。其核心结构是 AVIOContext，其内部则是封装了一个结构 URLContext 并加上了对应的缓存操作。URLContext 是一个不带缓冲的 I/O 结构，如读取操作实际是调用底层的 I/O 接口，主要用于统一不同文件的 I/O API 而已。AVIOContext 在 URLContext 的基础上带上缓冲相关的管理，这样做的好处是可以加快 I/O 处理效率，减少 I/O 次数。假设我们请求的是网络数据，如果读取 1 字节也要发起一次网络请求的话，将使得 I/O 效率大大降低。在这种情况下可以预先申请一块 buff 并提前填充好，当请求的数据小于 buff 中缓存的数据时，直接在 buff 中复制就好了，这样可极大地提高处理性能。但需要注意，缓冲操作也带来了一些复杂度，FFmpeg 中有些 Bug 就与带缓存的 I/O 管理密切相关。从实现上讲，这里的 I/O 操作实际上分为 3 层，最底层是前面提及的文件（file）、网络（TCP、UDP、HTTP、HTTPS 等）、管道（pipe）这些具体的本地文件、网络传输协议等；中间层则以 URLContext 为核心，统一到一个以 URL 格式为基准的操作上，其操作主要是调用底层的具体的支撑函数；最上层则是 AVIOContext，它在 URLContext 的基础上增加了缓存相关操作。AVIO 与 AVFormatContent 和 URLContext 的基本关系如图 10-6 所示。

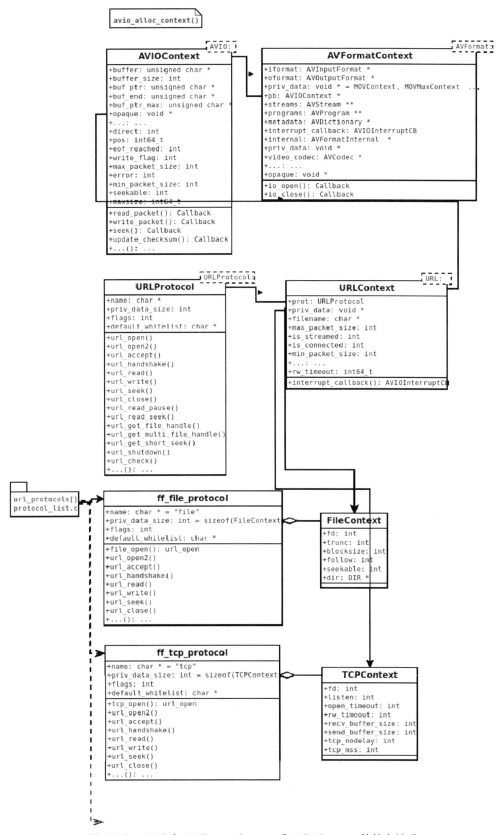

图 10-6 AVIO 与 AVFroamtContent 和 URLContext 的基本关系

AVIO 在底层支持通用的文件、网络 I/O 等操作，但并未支持基于内存的 I/O 操作，在有些应用场景中需要从内存数据中读取 H.264 数据，然后将 H.264 数据封装为 FLV 或者 MP4 格式，使用 FFmpeg 的 libavformat 中的 AVIO 自定义方法即可以达到该目的。这种从内存中直接操作数据的方法，常用于可以得到编码后的视频数据或音频数据，然后将数据直接通过 FFmpeg 封装到文件中。我们通过扩展基于内存的读写 I/O 支持，来熟悉 AVIO 的基本原理。示例代码可以参考 FFmpeg 自带的例子 avio_reading.c，也可以从 FFmpeg 官网中获得。

这个实现并不复杂，只要定义你自己的回调方法和缓冲区，然后告诉 FFmpeg 如何使用它们，就可以接管其 I/O 操作。Muxing 内存数据的 API 调用步骤如图 10-7 所示。

如图 10-7 所示，从内存中读取数据的操作主要通过 avio_alloc_context 注册自己的回调函数，回调接口在本节定义为 read_packet。内存数据操作的主要步骤如下。

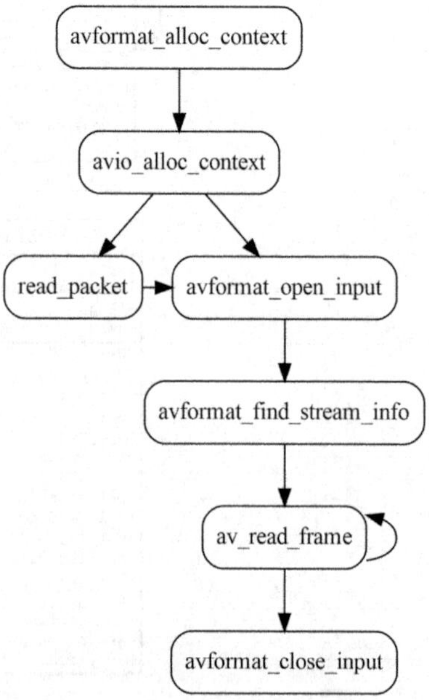

1）读一个文件到内存。首先尝试将一个裸文件读取到内存中，FFmpeg 提供了函数 av_file_map()，如函数名所暗示的那样，这个函数读取文件名为 filename 的文件，并将其内容放入新分配的缓冲区，或者在可用的情况下用 mmap() 进行映射。成功读取数据后，将 bufptr 设置为读取的或映射完成的缓冲区，并将 size 设为 bufptr 中缓冲区的字节大小。与 mmap() 不同的是，这个函数对零大小的文件也能映射成功，在这种情况下，bufptr 将被设置为 NULL，size 将被设置为 0。其返回的缓冲区必须用匹配的 av_file_unmap() 函数释放。

图 10-7　AVIO 内存数据操作接口调用步骤

```
struct buffer_data {
  uint8_t *ptr;
  size_t size; ///< size left in the buffer
};
struct buffer_data bd = { 0 };

char *input_filename;
size_t buffer_size;
uint8_t *buffer = NULL;
ret = av_file_map(input_filename, &buffer, &buffer_size, 0, NULL);
if (ret < 0)
  return ret;
bd.ptr = buffer;
bd.size = buffer_size;
```

如代码所示，通过 av_file_map 将输入的文件 input_filename 中的数据映射到内存 buffer 中。

2）申请 AVFormatContext。内存映射完毕后可以申请一个 AVFormatContext，然后可以将 AVIO 操作的句柄挂载在 AVFormatContext 中。

```
AVFormatContext *fmt_ctx = NULL;
if (!(fmt_ctx = avformat_alloc_context())) {
  ret = AVERROR(ENOMEM);
  return ret;
}
```

因为 FFmpeg 框架中针对 AVFormatContext 进行操作将会非常方便，所以可以将数据挂载在 AVFormatContext 中，然后使用 FFmpeg 进行操作。

3）申请 AVIOContext。申请 AVIOContext，同时将内存数据读取的回调函数实现注册给

AVIOContext。

```
avio_ctx_buffer = av_malloc(avio_ctx_buffer_size);
if (!avio_ctx_buffer) {
  ret = AVERROR(ENOMEM);
  return ret;
}
avio_ctx_buffer_size = 4096;
avio_ctx = avio_alloc_context(avio_ctx_buffer,
                        avio_ctx_buffer_size, 0,
                        &bd, &read_packet, NULL, NULL);
if (!avio_ctx) {
  ret = AVERROR(ENOMEM);
  return ret;
}
fmt_ctx->pb = avio_ctx;
```

如代码所示，内部缓冲区的大小由实现者按照实际需要决定，示例中内部缓冲区设置为 4k（avio_ctx_buffer_size = 4096），然后通过使用接口 avio_alloc_context 申请 AVIOContext 内存，申请的时候注册内存数据读取的回调接口 read_packet，然后将申请的 AVIOContext 句柄挂载至之前申请的 AVFormatContext 中，接下来就可以对 AVFormatContext 进行操作了。

注意：使用 av_malloc() 和 av_free() 等 FFmpeg 的内部内存管理函数来分配和释放你的缓冲区，原因是 FFmpeg 会对它分配的内存进行对齐操作，这使得缓冲 I/O 的操作更可控。另外，释放的时候首先释放缓冲区，然后释放 AVIOContext，并确保使用的是原始的 buffer 指针。而且，即使你实现了自定义 I/O 操作，也不要在多个线程中同时调用 avformat_open_input()。

4）打开 AVFormatContext。基本的自定义 I/O 操作已经注册完成，接下来与文件操作相同，使用 avformat_open_input 打开输入的 AVFormatContext。

```
ret = avformat_open_input(&fmt_ctx, NULL, NULL, NULL);
if (ret < 0) {
  fprintf(stderr, "Could not open input\n");
  return ret;
}
```

与常规的打开文件不同，由于是从内存读取数据，所以是直接读取 read_packet 中的数据，在调用 avformat_open_input 时不需要传递输入文件。

5）查看音视频流信息。打开 AVFormatContext 之后，可以通过 avformat_find_stream_info 获得内存中数据的多媒体相关信息。

```
ret = avformat_find_stream_info(fmt_ctx, NULL);
if (ret < 0) {
  fprintf(stderr, "Could not find stream information\n");
  return ret;
}
```

6）读取帧。获得信息之后，可以尝试通过 av_read_frame 来获得内存中的数据，并尝试将关键帧打印出来。

```
while (av_read_frame(fmt_ctx, &pkt) >= 0) {
  if (pkt.flags & AV_PKT_FLAG_KEY) {
    fprintf(stderr, "pkt.flags = KEY\n");
  }
}
```

帧读取之后，就可以实现自己想要的操作了，如后期处理、转封装等操作。其资源释放操作的注意事项已在前面提及，主要是注意释放顺序和主导权。

到这里，扩展 AVIO 的内存数据读取操作的介绍告一段落。

10.6 AVPacket 常用操作

通过前面的几个例子可以看到，在操作音视频数据时会频繁用到 AVPacket 这个结构体，但是比较有趣的是 AVPacket 的所有操作在 FFmpeg 项目中属于 libavcodec 层的操作，所以 packet.h 文件是被放在 libavcodec 目录里的。在使用 FFmpeg 的接口时，也可能不希望使用 FFmpeg 内置的方法来申请内存与存储音视频包，而是使用既有的 buffer 填充给 AVPacket 以进行操作，这种情况使得对于内存的管理更加灵活。AVPacket 结构体存储压缩后的数据，通常有两种情况出现：一是由 Demuxer 导出，然后作为输入传给解码器；二是作为编码器的输出，然后传给 Muxer。对于视频来说，它通常应包含一个压缩帧；对于音频来说，它可能包含几个压缩帧。另外，编码器也允许输出空包，而没有压缩数据，只包含 side data（例如，在编码结束后更新一些流相关的参数）。

AVPacket.data 的生命周期取决于 buf 字段。如果它被设置，数据包是动态分配的，并且一直有效，直到调用 av_packet_unref() 将引用计数减少到 0。如果 buf 字段没有被设置，av_packet_ref() 将进行复制而不是增加引用计数。side data 总是由 av_malloc() 分配，由 av_packet_ref() 复制，由 av_packet_unref() 释放。另外，在 FFmpeg 中，sizeof(AVPacket) 作为公共 ABI 的一部分已被废弃，所以使用方的代码不能依赖 sizeof(AVPacket)。一旦 av_init_packet() 被移除，新的数据包将只能用 av_packet_alloc() 分配，新的字段可能会被添加到该结构体的末端。若要操作 AVPacket，需要先了解 AVPacket 的内部内容，其重要的字段如表 10-1 所示。

表 10-1　AVPacket 的重要字段

字段	说明
buf	AVBufferRef buffer 管理器，在后面的章节中将会详细介绍。如果为空，表示没有使用引用计数机制
pts	FFmpeg 内部用来做音视频处理的 PTS，也叫显示时间戳，用作图像绘制或者音频输出的参考时间戳
dts	FFmpeg 内部用来做音视频处理的 DTS，也叫解码时间戳，用作音视频解码的参考时间戳
duration	FFmpeg 内部用来做音视频输出持续的参考时长
size	AVPacket 的数据大小
stream_index	记录音视频流的索引编号，因为 AVPacket 被获得后无法确定数据包是哪一路流的包，通过索引编号可以进行对应
flags	标记音视频的 AVPacket 的数据包类型，包括关键帧类型 AV_PKT_FLAG_KEY、损坏包类型 AV_PKT_FLAG_CORRUPT、丢弃包类型 AV_PKT_FLAG_DISCARD、源可信任包类型 AV_PKT_FLAG_TRUSTED，以及用于指示包含可以被解码器丢弃的帧的数据包类型 AV_PKT_FLAG_DISPOSABLE
pos	AVPacket 的数据在文件中的偏移位置
time_base	用以与 pts、dts、duration 做时间戳转换的时间基数，在使用 ffprobe -show_packets 的时候看到的 pts_time、dts_time、duration_time 都是基于这个转换后得到的值
side_data	用以存储音视频数据的额外属性的数据，例如视频图像旋转、直播流刷新 Metadata、调色板等属性的数据
data	AVPacket 存储的数据，通常是指向 AVPacket 的 buf 里面的数据

关于 AVPacket 结构的内存，我们通过图示来加深理解，如图 10-8 所示。

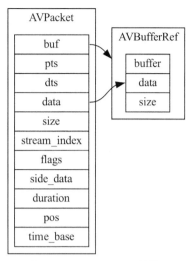

图 10-8　AVPacket 结构

了解 AVPacket 之后，操作 AVPacket 在 FFmpeg 内部也提供了一套自有的流程，同时提供了方便操作的接口，主要接口如表 10-2 所示。

表 10-2　AVPacket 的主要接口

API 接口名	说明
av_init_packet	初始化 AVPacket 结构体内存，后面该函数会被废弃
av_packet_alloc	申请一个 AVPacket 内存空间，但是 AVPacket 里面的 buf 还需要自己额外申请
av_packet_free	释放 AVPacket 内存，包括 AVPacket 的 side_data、buf 等内存，同时清理计数器，相当于调用了 av_packet_unref 并且释放 AVPacket
av_new_packet	申请一个 AVPacket 内存空间，包括 AVPacket 里的 buf
av_shrink_packet	减小 AVPacket 的数据大小
av_grow_packet	增加一段 AVPacket 的数据空间
av_packet_from_data	将自己申请的数据存储到 AVPacket 的 data 里
av_packet_free_side_data	释放 AVPacket 里的 side_data
av_packet_add_side_data	追加 side_data 进 AVPacket 里的 side_data 中
av_packet_new_side_data	新申请 side_data 存储到 AVPacket 里
av_packet_get_side_data	根据内置的 side_data 类型获得 AVPacket 的 side_data 数据
av_packet_side_data_name	根据内置的 side_data 类型获得 AVPacket 的 side_data 对应的字符串形式的名字
av_packet_pack_dictionary	把 AVDictionary 存储到 AVPacket 的 side_data 里
av_packet_unpack_dictionary	读取 side_data 中的 AVDictionary 数据设置到外部的 AVDictionary 中
av_packet_copy_props	从源 AVPacket 复制属性到目标 AVPacket 里，包括 side_data，但是不包含 data
av_packet_unref	释放 AVPacket 的 side_data、buf 等内存，同时清理计数器，并且重新设置 AVPacket 为默认值

续表

API 接口名	说明
av_packet_ref	从源 AVPacket 复制属性到目标 AVPacket 里，包括 side_data 和 data。另外，如果源 AVPacket 使用引用计数，则目标 AVPacket 再次引用它，否则使用拷贝
av_packet_clone	从源 AVPacket 里建立一个新的 AVPacket，并执行 av_packet_ref
av_packet_move_ref	从源 AVPacket 移动到目的 AVPacket
av_packet_make_refcounted	重新将 AVPacket 的 data 指向带引用计数的 buf 里，这使得 AVPacket 所对应的 buffer 变为引用计数管理
av_packet_make_writable	将 AVPacket 里的 buf 设置为可写属性
av_packet_rescale_ts	将 AVPacket 的 pts、dts、duration 与源和目的的时间基准进行计算以获得新的时间值

为了加深对接口的理解，下面举个例子具体说明。先看看如下代码：

```c
#include <stdio.h>
#include <stdlib.h>
#include <inttypes.h>
#include <string.h>
#include "libavcodec/avcodec.h"
#include "libavutil/error.h"

static int setup_side_data_entry(AVPacket* avpkt)
{
    const uint8_t *data_name = NULL;
    int ret = 0, bytes;
    uint8_t *extra_data = NULL;

    /* 获得 side_data_name 字符串 */
    data_name = av_packet_side_data_name(AV_PKT_DATA_NEW_EXTRADATA);

    /* 申请内存空间 */
    bytes = strlen(data_name);

    if(!(extra_data = av_malloc(bytes))){
        ret = AVERROR(ENOMEM);
        fprintf(stderr, "Error occurred: %s\n", av_err2str(ret));
        exit(1);
    }
    /* 从 side_data_name 复制内存数据到 extra_data */
    memcpy(extra_data, data_name, bytes);

    /* 为 AVPacket 申请 side_data */
    ret = av_packet_add_side_data(avpkt, AV_PKT_DATA_NEW_EXTRADATA,
                                  extra_data, bytes);
    if(ret < 0){
        fprintf(stderr,
            "Error occurred in av_packet_add_side_data: %s\n",
            av_err2str(ret));
    }

    return ret;
}

static int initializations(AVPacket* avpkt)
{
    const static uint8_t* data = "selftest for av_packet_clone(...)";
```

```
    int ret = 0;

    /* 为 AVPacket 设置默认值 */
    avpkt->pts = 17;
    avpkt->dts = 2;
    avpkt->data = (uint8_t*)data;
    avpkt->size = strlen(data);
    avpkt->flags = AV_PKT_FLAG_DISCARD;
    avpkt->duration = 100;
    avpkt->pos = 3;

    ret = setup_side_data_entry(avpkt);

    return ret;
}

int main(void)
{
    AVPacket *avpkt = NULL;
    AVPacket *avpkt_clone = NULL;
    int ret = 0;

    /* 演示 av_packet_alloc 接口操作 */
    avpkt = av_packet_alloc();
    if(!avpkt) {
        av_log(NULL, AV_LOG_ERROR, "av_packet_alloc failed to allcoate AVPacket\n");
        return 1;
    }

    /* 初始化 AVPacket 操作 */
    if (initializations(avpkt) < 0) {
        printf("failed to initialize variables\n");
        av_packet_free(&avpkt);
        return 1;
    }
    /* 演示 av_packet_clone 接口操作 */
    avpkt_clone = av_packet_clone(avpkt);

    if(!avpkt_clone) {
        av_log(NULL, AV_LOG_ERROR,"av_packet_clone failed to clone AVPacket\n");
        return 1;
    }
    /* 演示 av_grow_packet 接口操作 */
    if(av_grow_packet(avpkt_clone, 20) < 0){
        av_log(NULL, AV_LOG_ERROR, "av_grow_packet failed\n");
        return 1;
    }
    if(av_grow_packet(avpkt_clone, INT_MAX) == 0){
        printf( "av_grow_packet failed to return error "
                "when \"grow_by\" parameter is too large.\n" );
        ret = 1;
    }
    /* 演示 av_new_packet 接口操作的极限值 */
    if(av_new_packet(avpkt_clone, INT_MAX) == 0){
        printf( "av_new_packet failed to return error "
                "when \"size\" parameter is too large.\n" );
        ret = 1;
    }
    /* 演示 av_packet_from_data 接口操作的极限值 */
    if(av_packet_from_data(avpkt_clone, avpkt_clone->data, INT_MAX) == 0){
        printf("av_packet_from_data failed to return error "
                "when \"size\" parameter is too large.\n" );
        ret = 1;
```

```
        }
        /* 收尾清理 AVPacket */
        av_packet_free(&avpkt_clone);
        av_packet_free(&avpkt);


        return ret;
    }
```

为了方便读者理解和测试，代码中加入了一些注释。有几个需要注意的操作方式。有些场景下并不会使用 AVPacket 的数据申请流程来申请 data，而是自己读取一段内存数据并将数据挂载到 AVPacket 进行操作。可以不用 av_new_packet 来申请 buf 或者 data 的内存空间，但是前面的 av_packet_alloc 还是需要的，只是如果这里的 buf 或者 data 想要指向第三方 data 内存区域的话，最好使用 av_packet_from_data。

```
    int av_packet_from_data(AVPacket *pkt, uint8_t *data, int size);
```

为什么推荐使用 av_packet_from_data 做 data 挂载，而不是直接把 AVPacket 的 data、buf 指向我们自己读到的 data 内存空间呢？将数据挂载到 AVPacket 的主要目的是使用 FFmpeg 的 API 及其内部流程，如果将 data 指向第三方用户自己申请的内存空间，将会缺少 data 指向 buf 的操作，buf 是有 PADDING 空间预留的。内部实现如下：

```
    pkt->buf = av_buffer_create(data, size + AV_INPUT_BUFFER_PADDING_SIZE,av_buffer_
    default_free, NULL, 0);
```

这个 AV_INPUT_BUFFER_PADDING_SIZE 在后续做 AVPacket 的数据分析时可能会出现 crash 错误，因为 FFmpeg 内部的 parser 在解析数据的时候做了一些优化，会有一些额外的开销，FFmpeg 的 codec 模块会预读一段数据，会因为内存越界而出现 crash 错误。所以最好还是使用 av_packet_from_data 来做数据的挂载操作。

10.7   小结

本章通过使用 FFmpeg AVFormat 相关的 API 对文件进行了封装和解封装，总结了对应 API 的使用流程，同时介绍了 AVIO、AVPacket 相关知识点。AVIO 在自定义数据源方面或者自定义 I/O 操作时非常重要，它偶尔也会引起一些麻烦，熟悉它的原理和使用流程往往可以把事情化繁为简，同时它也体现了 FFmpeg 设计上对可扩充性的一个考量。而 AVPacket 和 AVFrame 是 FFmpeg 中最经常使用的结构，其重要性自然不言而喻。

第11章

libavcodec 接口的使用

libavcodec 为音视频的编解码提供了通用的框架,它包含了大量的编码器和解码器,这些编码器、解码器不仅可以用于音频、视频的编解码,还能用于处理字幕流,典型如使用 libavcodec 的 H.264、H.265 的编解码,AAC 的编解码功能等。本章主要介绍 FFmpeg 的编解码器、编码与解码的 API 函数使用方法,重点介绍 API 使用,分别介绍视频流解码为 YUV、视频原始 YUV 编码为 H.264;而音频编解码部分则介绍 AAC 解码为 PCM、音频 PCM 编码为 AAC 编码格式等。截至本书编写时,FFmpeg 已经更新到 6.1 版本,其已经完全废弃了旧的编解码 API,考虑到还有很多产品使用 FFmpeg 的旧版本,其对旧接口的支持可能需要有一个迁移过程,所以本章会同时对旧 API 和新 API 的使用方式都进行细致讲解,但建议读者尽早迁移到新 API 上来。

使用 libavcodec 库需要了解两个重要的结构体,分别是 AVCodec 和 AVCodecContext,前者主要表征编解码器的实现,后者则是表征编解码器的运行时信息,即程序运行时当前 Codec 使用的上下文,着重于所有 Codec 共有的属性(并且是在程序运行时才能确定的值),其中的 codec 字段和具体的 AVCodec 相关联,而 priv_data 关联具体 AVCodec 实例的私有运行时的信息。需要注意的是在 FFmpeg 6.0 以后,AVCodec 对 FFmpeg 内部使用的与 Codec 信息相关的结构体成员进行了封装,命名为 FFCodec。我们在前面的 AVFormat 库中曾经遇到过,这是一个典型的 C 代码实现抽象的方式。以 H.264 解码器为例,如图 11-1 所示。

打开 H.264 解码器,其解码上下文会在 Codec 中指向 ff_h264_decoder,priv_data 则指向 H.264 解码器的私有运行时的上下文 H264Context。

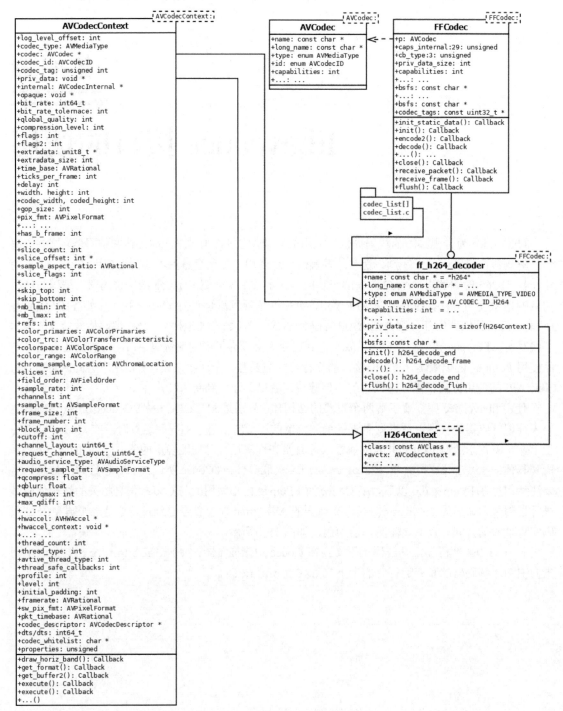

图 11-1 AVCodec 运行时的关系

11.1 旧接口的使用

在 FFmpeg 5.0 之前，编译 FFmpeg 或者编译调用 FFmpeg 的编解码接口实现的功能时，常常会遇到编译告警，告警内容为"调用的编码接口或者解码接口是被弃用的接口"。虽然这些接口在旧版本的 FFmpeg 中还可以使用，但是到 FFmpeg 5.0 的时候已经真正被弃用。在编写本节时，因为还有很大一部分 FFmpeg 用户还在使用旧版本的接口及旧版本的 FFmpeg，所以本节依然会介绍 FFmpeg 旧接口对音视频的编解码操作。需要再次提醒的是，如果已经升级到 FFmpeg 5.0 及以上版本，这些接口实际上已经不可用，请参考本章后面部分，升级使用新接口。

11.1.1　视频解码旧接口

使用 FFmpeg 开发播放器和转码功能，需要首先了解解码部分的关键步骤。本小节将重点介绍使用 FFmpeg 的旧 API（接口）进行视频解码。下面介绍一下使用 FFmpeg 的旧 API 进行视频解码的步骤，而新 API 的变动会在相应的地方提及，有些流程在旧 API 这里依然保留了。具体的流程如图 11-2 所示。

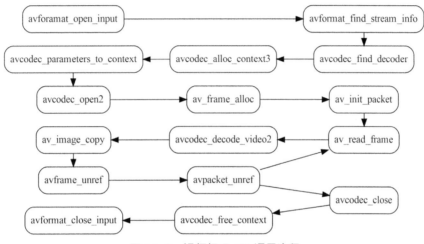

图 11-2　视频解码 API 调用流程

图 11-2 中几点重要的步骤已经罗列出来，下面重点描述 API 使用。详细的代码实现可以参考 FFmpeg 4.0 源代码的 doc/examples/demuxing_decoding.c 文件，或 FFmpeg 官方在线代码。

1）FFmpeg 的 API 注册函数。在使用 API 之前，需要注册使用 FFmpeg 的接口，这与使用 libavformat 基本相同，而在新 API 中，注册过程的 API 已经被剔除，所以不再需要调用 `av_register_all` 了。

2）查找解码器。为了便于理解解码 API 的使用，这里基于 libavformat 接口使用前一章的解封装的示例进行举例，但增加解码方面的操作步骤。解码之前一般需要根据封装中的视频编码压缩相关信息，查找对应的解码器，而在实际的使用中，如果不知道 Codec ID，而是想按照名称找到对应的解码器的话，也可以使用另一个函数 `avcodec_find_decoder_by_name`。下面是两种找到解码器的 API，分别是按照 Codec ID 和名称查找对应的解码器。为什么提供两个不同的函数？原因是一个 Codec ID 可以对应多个不同的 Codec 实现，这种情况下需要使用 Codec 的名称去指定对应的 Codec，而查找的依据则是具体 Codec 实现的 `AVCodec.name`，以前面的 H.264 Decoder 的例子而言，就是"h264"。

```
/**
 * Find a registered decoder with a matching codec ID.
```

```
 *
 * @param id AVCodecID of the requested decoder
 * @return A decoder if one was found, NULL otherwise.
 */
const AVCodec *avcodec_find_decoder(enum AVCodecID id);

/**
 * Find a registered decoder with the specified name.
 *
 * @param name name of the requested decoder
 * @return A decoder if one was found, NULL otherwise.
 */
const AVCodec *avcodec_find_decoder_by_name(const char *name);
```

下面的例子采用的是通过 Codec ID 找到解码器，如果一个 Codec ID 对应多个不同的 Codec 实现，它会返回其中的默认解码器。

```
AVCodecContext *dec_ctx;
AVStream *st = fmt_ctx->streams[stream_index];
AVCodec *dec = NULL;
dec = avcodec_find_decoder(st->codecpar->codec_id);
if (!dec) {
    fprintf(stderr, "Failed to find %s codec\n",
    av_get_media_type_string(type));
    return AVERROR(EINVAL);
}
```

其流程比较简单，首先从输入的 AVFormatContext 中得到对应的 Stream，然后从 Stream 的 codecpar（为 AVCodecParameters 类型）根据编码器的 Codec ID 获得对应的 Decoder。

3）申请 AVCodecContext。获得 Decoder 之后，根据 AVCodec 申请其运行上下文 AVCodecContext，avcodec_alloc_context3 的内部会将 Decoder 挂载在 AVCodecContext 下，并对分配的 AVCodecContext 进行相应的初始化。

```
dec_ctx = avcodec_alloc_context3(dec);
if (!*dec_ctx) {
    fprintf(stderr, "Failed to allocate the %s codec context\n", av_get_media_type_
string(type));
    return AVERROR(ENOMEM);
}
```

前面提及，AVCodecContext 是非常重要的结构，所以需要熟悉它的各个字段，比如解码器的一些特定的设置，需要在申请 AVCodecContext 之后但在真正打开解码器之前设置好。

这里特别提及解码加速的支持，FFmpeg 支持两类解码加速，分别为以 frame 为粒度和以 slice 为粒度的解码加速。以 FFmpeg H.264 解码器为例，它就实现了这两类加速方式，用 ffmpeg -h decoder=h264 命令可以看到其线程加速能力为 "Threading capabilities: frame and slice"。能采用 frame 粒度加速的原因在于，H.264 分为 I、P、B 帧，其中 I、P 被用作参考帧，B 帧常被用作非参考帧。并行算法对于完全不相关的数据能并行处理，即对作为非参考帧的 B 帧才能并行处理。可以采用这种并行算法，判断帧的类型并且把帧分配给不同的核进行处理。H.264 之后的其他高级视频编码标准类似，每一帧都能分成一个或者多个 slice。slice 的目的是增强传输出错时的鲁棒性，一旦传输出现错误，没有出错的 slice 并不会受到影响，这样视频显示质量的下降就会比较有限。一帧的各个 slice 间是相互独立的，也就是说在执行熵解码、预测等各种解码操作时，slice 间并不相互依赖。有了数据上的独立，就能对它们进行并行解码了。

如果我们想更好地控制加速，需要设置好 AVCodecContext 的两个字段。

```
/**
 * thread count
 * is used to decide how many independent tasks should be passed to execute()
 * - encoding: Set by user.
 * - decoding: Set by user.
 */
int thread_count;

/**
 * Which multithreading methods to use.
 * Use of FF_THREAD_FRAME will increase decoding delay by one frame per thread,
 * so clients which cannot provide future frames should not use it.
 *
 * - encoding: Set by user, otherwise the default is used.
 * - decoding: Set by user, otherwise the default is used.
 */
int thread_type;
#define FF_THREAD_FRAME   1 ///< Decode more than one frame at once
#define FF_THREAD_SLICE   2 ///< Decode more than one part of a single frame at once
```

特别是在多核心的场景下，设置合适的解码线程类型和数量是一个值得考虑的问题。有时，包括 FFmpeg 命令行本身，其线程数目的设置策略也并不是特别合适；另外，过多的基于 frame 的线程也会引入解码延迟，这在低延迟场景下可不是好事。

4）同步 AVCodecParameters 参数。FFmpeg 获得的音视频相关编码信息是存储到 AVCodecParameters 中的（还记得前面多次提及的 avformat_find_stream_info()函数吗？），需要将 AVCodecParameters 的参数同步至 AVCodecContext 中，这个函数会根据提供的编解码器参数的值，即 AVCodecParameters 的各个字段来填充编解码器上下文 AVCodecContext。任何在编解码器中分配的字段，只要在 AVCodecParameters 中有相应的字段，就会被释放并被替换为 AVCodecParameters 中相应字段的副本，而其他字段则不会被触及。

```
avcodec_parameters_to_context(*dec_ctx, st->codecpar);
```

5）打开解码器。设置解码器参数之后，接下来需要使用 avcodec_open2 打开解码器，如函数名字所暗示的一样，简单而直接。

```
if ((ret = avcodec_open2(*dec_ctx, dec, NULL) < 0) {
    fprintf(stderr, "Failed to open %s codec\n", av_get_media_type_string(type));
    return ret;
}
```

6）解码。调用 av_read_frame 之后，可以对读到的 AVPacket 进行解码，解码后的数据存储在 frame 中即可。

av_read_frame 返回的数据包在下一次调用 av_read_frame()或 av_close_input_file()之前都是有效的，必须用 av_free_packet 释放。另外，FFmpeg 内部保证了数据解析的完整性，确切地讲：对于视频来说，av_read_frame 返回的数据包正好包含一个帧；对于音频来说，如果每个帧有一个已知的固定大小（例如 PCM 或 ADPCM 数据），它包含一个整数个数的帧。如果音频帧是可变大小的（例如 MPEG 音频），那么它就包含一个帧。这意味着 av_read_frame 能确保返回的数据一定是完整个数的帧，这大大减轻了处理码流时的解析工作。

```
AVCodecContext *video_dec_ctx = dec_ctx;
AVFrame *frame = av_frame_alloc();
AVPacket pkt;
while (av_read_frame(pFormatCtx, &pkt)>=0) {
    ret = avcodec_decode_video2(video_dec_ctx, frame, got_frame, &pkt);
    if (ret < 0) {
```

```
        fprintf(stderr, "Error decoding video frame (%s)\n", av_err2str(ret));
        return ret;
    }
}
```

avcodec_decode_video2 将一个视频帧从 AVPacket 中解码成图片，解码后的帧被存储在 AVFrame 中。got_frame 表示是否有帧被成功解码，如果没有帧可以被解压，则为 0，否则为非 0。

通常来说，一个 packet 会被解码为一个 frame，不过也存在一个 packet 解码出多个 frame 或者多个 packet 才能解码出一个 frame 的情况。另外，有些解码器也可能因为内部缓存导致输出延迟。因此原来的 API 在某种程度上并没有完全覆盖这些场景。新的 API 提供一个输入 packet 的接口及输出 frame 的接口，调用者可以不必了解解码器的内部具体细节，只需要了解这两个接口的调用规则，就能写出适用于所有解码器的代码。从这里也可以窥见 FFmpeg 的编解码从旧 API 改为新 API 的意图。

7）帧存储。解码之后，数据将会被存储在 frame 中，接下来可以对 frame 中的数据进行操作，例如将数据存储到文件中，或者转换为硬件输出的 buffer 支持的格式等。解码的最终目的是将压缩的数据解码为类似 yuv420p 格式的非压缩数据。

```
/* copy decoded frame to destination buffer: */
/* this is required since rawvideo expects non aligned data */
av_image_copy(video_dst_data, video_dst_linesize, (const uint8_t **)(frame->data),
frame->linesize, pix_fmt, width, height);
/* write to rawvideo file */
fwrite(video_dst_data[0], 1, video_dst_bufsize, video_dst_file);
```

解码后的数据通过 av_image_copy 将 frame 中的数据复制到 video_dst_data 中，然后将数据写入输出的文件中，这个文件同样可以为 SDL 的输出 buffer 或者 Framebuffer 等，为以后的缩放、滤镜操作、编码等做准备。

另外一个常见的问题是，解码结束后不能完整获取尾部的几个帧，在这种情况下，需要显式地传递 NULL 给 avcodec_decode_video2，以告诉解码器需要刷新内部缓存的 frame。在实际操作中，这个参数可以是 NULL，也可以是 AVPacket，但 AVPacket 的数据字段设置为 NULL，大小字段设置为 0。发送这个刷新包预示着流的结束，如果解码器仍有缓冲的帧，将会返回缓冲的数据帧。

8）收尾。解码操作完成之后，接下来就要释放之前申请过的资源，释放之后，解码操作即完成。

11.1.2 视频编码旧接口

使用 FFmpeg 开发屏幕截取录制功能或者对摄像头采集的图像进行推流，均需要编码。使用 FFmpeg 对图像进行编码比较简单，其基本流程与视频解码操作流程类似，但也有一些细微的差别。本小节将介绍视频编码的相关关键操作，其细微差异之处也会提及。编码基本流程如图 11-3 所示。

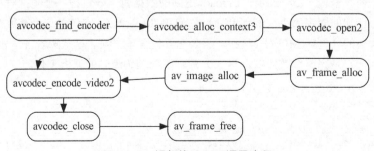

图 11-3 视频编码 API 调用流程

前面解码示例是基于解封装之后的解码，而本小节编码操作举例则直接使用 YUV 文件开始其编码操作，而非与封装操作关联。为避免重复，会跳过前面已经介绍过的知识，只着重介绍编码相关 API 的使用。详细的代码可以参考 FFmpeg 4.0 源代码目录中的 doc/examples/decoding_encoding.c 文件，或参考在线代码 https://ffmpeg.org/doxygen/trunk/decoding_encoding_8c-example.html。下面介绍一下编码操作的主要步骤。

1）查找编码器。在使用编码器之前，首先需要通过接口 avcodec_find_encoder 找到想使用的编码器。当然，与前面解码器的使用一样，也支持按照 Codec ID 和名称查找对应的编码器。示例中使用 Codec ID 找到对应的编码器。

```
AVCodec *codec;
codec = avcodec_find_encoder(codec_id);
if (!codec) {
    fprintf(stderr, "Codec not found\n");
    exit(1);
}
```

设置查找 AVCodec 时，上面是通过 codec_id 进行查找的，例如选择的编码器是做 H.264 编码，那么将 codec_id 设置为 AV_CODEC_ID_H264 即可使用 H.264 编码器。当然，前提是 FFmpeg 中已经编译链接好了 H.264 编码器，如 libx264、openh264、h264_qsv 等。

2）申请 AVCodecContext。创建了 AVCodec 之后，需要根据 AVCodec 信息创建一个 AVCodecContext，由 avcodec_alloc_context3 将 AVCodec 与 AVCodecContext 相关联。这个步骤在解码相关 API 使用的时候已经见过了。

```
AVCodecContext *c= NULL;
c = avcodec_alloc_context3(codec);
if (!c) {
    fprintf(stderr, "Could not allocate video codec context\n");
    exit(1);
}
```

申请 AVCodecContext 之后，需要设置编码参数，通过设置 AVCodecContext 的参数将编码参数传递给编码器，一般是按照实际编码参数的需要，手动依次设置。

```
/* 写视频码率为 400kbit/s */
c->bit_rate = 400000;
/* 设置视频的宽高 */
c->width = 352;
c->height = 288;
/* 设置视频的帧率 */
c->time_base = (AVRational){1,25};
/* 设置视频的关键帧间隔，这个是按照帧数设置的值 */
c->gop_size = 10;
c->max_b_frames = 1;
c->pix_fmt = AV_PIX_FMT_YUV420P;
```

在上面的例子中，设置视频码率为 400kbit/s，视频宽度为 352，高度为 288，帧率为 25fps，GoP 大小为 10 帧一个 GoP，最大可以包含 1 个 B 帧，像素色彩格式为 YUV420P。

3）打开编码器。设置参数之后，就可以通过调用 avcodec_open2 来打开对应的编码器了。

```
if (avcodec_open2(c, codec, NULL) < 0) {
    fprintf(stderr, "Could not open codec\n");
    exit(1);
}
```

4）申请帧结构 AVFrame。打开编码器之后，需要申请视频帧存储空间，用来存储每一帧的视频数据。需要注意的是，AVFrame 的分配与 AVFrame.data 的分配是分离的。

```
AVFrame *frame;
frame = av_frame_alloc();
if (!frame) {
    fprintf(stderr, "Could not allocate video frame\n");
    exit(1);
}
frame->format = c->pix_fmt;
frame->width = c->width;
frame->height = c->height;
/* 根据视频图像的宽、高、像素格式、内存数据，按照 32 位对齐、行大小的值申请 AVFrame 的 data 数据内存
空间 */
ret = av_image_alloc(frame->data, frame->linesize, c->width, c->height, c->pix_fmt, 32);
if (ret < 0) {
    fprintf(stderr, "Could not allocate raw picture buffer\n");
    exit(1);
}
```

5）帧编码。frame 的存储空间申请完成之后，可以将视频裸数据写入 frame->data 中。写入的时候需要注意如果是 YUV 数据，要区分 YUV 的存储空间排布问题。frame 数据写完之后，即可对数据进行编码。

```
/* 设置 YUV420P 数据内存中的 Y 通道数据 */
for (y = 0; y < c->height; y++) {
  for (x = 0; x < c->width; x++) {
    frame->data[0][y * frame->linesize[0] + x] = x + y + i * 3;
  }
}
/* 设置 YUV420P 数据内存中的 Cb 和 Cr 通道数据 */
for (y = 0; y < c->height/2; y++) {
  for (x = 0; x < c->width/2; x++) {
    frame->data[1][y * frame->linesize[1] + x] = 128 + y + i * 2;
    frame->data[2][y * frame->linesize[2] + x] = 64 + x + i * 5;
  }
}
/* 编码图像 */
ret = avcodec_encode_video2(c, &pkt, frame, &got_output);
if (ret < 0) {
  fprintf(stderr, "Error encoding frame\n");
  exit(1);
}
```

编码完成之后，将会生成编码之后的 AVPacket，即代码中的 pkt。编码完成之后，如果需要执行封装操作，可通过调用 av_interleaved_write_frame 接口执行。但是在这里重点不是介绍编码后封装成某种格式，仅仅是编码，所以只是将编码后的数据保存下来。

```
fwrite(pkt.data, 1, pkt.size, f);
```

6）收尾。这里则是将之前申请过的资源进行释放。到这里，使用 FFmpeg 进行编码操作已经介绍完毕。

11.1.3　音频解码旧接口

前面介绍了 FFmpeg 解码视频的操作，这里重点介绍音频解码操作，并通过代码举例方式讲解音频解码。音频解码所使用的 FFmpeg 的主要 API 如图 11-4 所示。

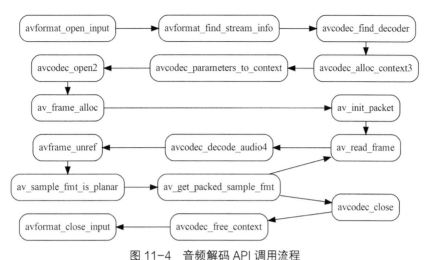

图 11-4　音频解码 API 调用流程

可以看到，音频解码操作步骤与视频解码的操作步骤基本相同。下面通过示例重点描述一下几个有差别的 API 使用，示例代码实现可以参考 FFmpeg 4.0 源代码目录中的 doc/examples/decode_audio.c 文件，或在线代码：https://ffmpeg.org/doxygen/trunk/decode__audio_8c_source.html。

1）音频解码。这里解封装操作、申请解码器操作等与视频解码操作所使用的 API 相同，不同之处在于读取每一帧音频数据后，解码音频与解码视频所使用的 API 有所不同，解码视频使用的是 avcodec_decode_video2，而解码音频使用的 API 为 avcodec_decode_audio4。

```
AVCodecContext *audio_dec_ctx = NULL;
ret = avcodec_decode_audio4(audio_dec_ctx, frame, got_frame, &pkt);
if (ret < 0) {
    fprintf(stderr, "Error decoding audio frame (%s)\n", av_err2str(ret));
    return ret;
}
```

2）数据存储至 AVFrame。解码完成之后，解码的数据会被保存至 frame 中，可以将 frame 中的数据保存下来，也可以通过编码压缩转换为其他格式的音频，例如 MP3、AMR 等。由于本小节重点讲解音频解码，所以不会介绍后续处理方式，仅仅将音频保存下来即可。

3）查看音频参数信息。音频数据保存下来后，如果希望播放或者查看保存的音频数据，需要知道一些参数，如采样格式等，这时可以通过查看解码时获取的参数信息来查看对应的采样格式。下面是一个示例：

```
enum AVSampleFormat sfmt = audio_dec_ctx->sample_fmt;
int n_channels = audio_dec_ctx->channels;
const char *fmt;
if (av_sample_fmt_is_planar(sfmt)) {
    const char *packed = av_get_sample_fmt_name(sfmt);
    printf("Warning: the sample format the decoder produced is planar (%s). This example
will output the first channel only.\n", packed ? packed : "?");
    sfmt = av_get_packed_sample_fmt(sfmt);
    n_channels = 1;
}
```

通过本小节简单的介绍，读者应该熟悉了音频的解码流程，其基本流程和前面的视频解码并无二致，只是细节上有少许不同。

11.1.4　音频编码旧接口

音频的编码操作也非常常见，如通过音频设备采集音频数据之后需要进行编码压缩操作，例如编码为 SPEEX、MP3 或 AAC 等格式，可以使用 FFmpeg 的音频编码操作相关的 API 进行处理，音频编码 API 的使用流程如图 11-5 所示。

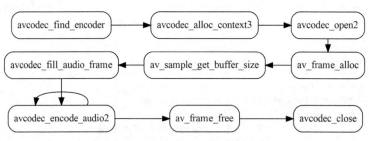

图 11-5　音频编码 API 调用流程

接下来说明一下编码操作的重点步骤，由于音频编码的操作步骤与视频编码操作步骤基本相似，这里不对重复的 API 再进行说明，主要针对音频编码不同部分的设置进行说明，相关代码可以参考 FFmpeg 4.0 源代码目录中的 doc/examples/encode_audio.c 文件或者在线链接 https://ffmpeg.org/doxygen/trunk/encode__audio_8c.html。

1）编码参数设置。在申请编码 AVCodecContext 之后，应对 AVCodecContext 的参数进行设置，主要设置音频相关的参数，例如音频的采样率、码率、采样格式、声道、声道布局等。

```
AVCodecContext *c= NULL;
AVCodec *codec;
codec = avcodec_find_encoder(AV_CODEC_ID_AAC);
if (!codec) {
    fprintf(stderr, "Codec not found\n");
    exit(1);
}
c = avcodec_alloc_context3(codec);
if (!c) {
    fprintf(stderr, "Could not allocate audio codec context\n");
    exit(1);
}
/* 设置音频码率为 64kbit/s */
c->bit_rate = 64000;
/* 首先需要确定音频的采样格式是否支持 s16 */
c->sample_fmt = AV_SAMPLE_FMT_S16;
if (!check_sample_fmt(codec, c->sample_fmt)) {
    fprintf(stderr, "Encoder does not support sample format %s", av_get_sample_fmt_name
(c->sample_fmt));
    exit(1);
}
/* 设置音频的采样率，前提是需要编码器支持这里设置的采样率，否则会出现参数错误的返回值 */
c->sample_rate = select_sample_rate(codec);
c->channel_layout = select_channel_layout(codec);
c->channels = av_get_channel_layout_nb_channels(c->channel_layout);
```

编码器的参数设置完成之后，准备进入编码。

2）设置音频帧参数。编码器参数设置完毕，打开编码器，设置编码用到的音频数据帧的数据布局等参数。

```
/* 为音频申请 AVFrame 内存空间 */
frame = av_frame_alloc();
if (!frame) {
    fprintf(stderr, "Could not allocate audio frame\n");
    exit(1);
}
frame->nb_samples = c->frame_size;
frame->format = c->sample_fmt;
frame->channel_layout = c->channel_layout;
```

根据编码器参数设置每一个音频数据帧的采样大小、采样格式，以及声道布局格式等。

3）计算音频帧信息。设置完编码器参数及需要编码的数据帧相关参数后，可以根据几个参数计算音频采样 buffer 的大小，用来申请存储音频采样 buffer 的内容。

```
/* 通过音频声道数、采样格式、每个声道采样数据的大小获得采样数据需要的内存空间大小 */
buffer_size = av_samples_get_buffer_size(NULL, c->channels, c->frame_size, c->sample_
fmt, 0);
if (buffer_size < 0) {
    fprintf(stderr, "Could not get sample buffer size\n");
    exit(1);
}
samples = av_malloc(buffer_size);
if (!samples) {
    fprintf(stderr, "Could not allocate %d bytes for samples buffer\n", buffer_size);
    exit(1);
}
```

4）挂载数据至 AVFrame。申请音频数据采样 buffer 之后，需要将该空间中对应的数据挂载到 frame 中，这一般通过接口 avcodec_fill_audio_frame 来处理。

```
/* 将音频采样数据地址指给 AVFrame 的 data 字段 */
ret = avcodec_fill_audio_frame(frame, c->channels, c->sample_fmt, (const uint8_t*)
samples, buffer_size, 0);
if (ret < 0) {
    fprintf(stderr, "Could not setup audio frame\n");
    exit(1);
}
```

5）音频编码。挂载好数据之后，即可对音频数据进行编码，编码的每一帧采样数据都会写入 frame 中，然后通过编码接口 avcodec_encode_audio2 将每一帧 frame 中的数据进行编码，之后写入 pkt 中。

```
ret = avcodec_encode_audio2(c, &pkt, frame, &got_output);
if (ret < 0) {
  fprintf(stderr, "Error encoding audio frame\n");
  exit(1);
}
```

编码完成后的数据即为 pkt 中的数据，将 pkt 中的数据保存下来或者通过封装容器的写帧操作接口 av_interleaved_write_frame 将数据写入容器中即可。由于本小节重点介绍编码，所以不对封装操作接口进行过多介绍。至此，音频编码操作介绍完毕。

11.2　新接口的使用

在 FFmpeg 新版本中将会用新接口替换旧接口及结构体，在 FFmpeg 5.0 版本前，编译 FFmpeg

的源代码时会通过弃用告警的方式进行提醒，而在 FFmpeg 5.0 版本中，已经完全弃用旧接口。接下来本节举例介绍 FFmpeg 的新编解码接口的操作。

　　新 API 和旧 API 最大的改动部分来自实际发送数据到编解码器与从编解码器获取数据的过程，本质上是把旧 API 改成两个异步的 API 来完成编码和解码，其将输入和输出解耦，主要是下面两组配对使用的 API。

```
// 解码接口组合
int avcodec_send_packet(AVCodecContext *avctx, const AVPacket *avpkt);
int avcodec_receive_frame(AVCodecContext *avctx, AVFrame *frame);

// 编码接口组合
int avcodec_send_frame(AVCodecContext *avctx, const AVFrame *frame);
int avcodec_receive_packet(AVCodecContext *avctx, AVPacket *avpkt);
```

　　其使用流程基本如下：
- 类似之前设置解码器或编码器，设置好 AVCodecContext。
- 使用 avcodec_send_* 函数输入数据（AVFrame 或 AVPacket），直到得到一个 AVERROR (EAGAIN)，这表明内部输入缓冲区已满。对于解码，调用 avcodec_send_packet() 来给解码器提供 AVPacket 中的原始压缩数据；对于编码，调用 avcodec_send_frame() 给编码器一个包含未压缩的音频或视频的 AVFrame。
- 在一个循环中持续接收输出，使用相匹配的 avcodec_receive_* 函数获得数据（AVFrame 或 AVPacket），直到函数返回一个 AVERROR(EAGAIN)，表示内部输出缓冲区为空。AVERROR(EAGAIN) 的返回值意味着需要输入新的数据才能返回新的输出。对于每个输入的帧/包，编解码器通常会返回 1 个输出帧/包，但从新 API 设计的角度，其实也可以是 0 个或多于 1 个输出。对于解码，调用 avcodec_receive_frame()。一旦成功，它将返回一个包含未压缩的音频或视频数据的 AVFrame。对于编码，调用 avcodec_receive_packet()。一旦成功，它将返回一个包含压缩帧的 AVPacket。
- 一旦完成了所有数据的输入，必须传递一个 NULL 来表示流的结束。流结束的情况下，FFmpeg 会对编解码器进行刷新（flush，又称 draining）操作，因为编解码器可能为了性能或出于需要而在内部缓冲多个帧或数据包（典型的如有 B 帧的场景），在这种情况下，通过传递 NULL 参数，通知编解码器输出内部缓冲的所有数据包。
- 传递 NULL 参数后，继续循环调用 avcodec_receive_* 函数，直到得到 AVROR_EOF，获取全部的编解码数据。
- 像之前的例子一样释放上下文，这部分并无多少变化。

但在实际使用中，可能还有另外一些问题需要注意，我们在后面的例子中详细说明。

11.2.1　视频解码新接口

　　如前所述，FFmpeg 视频解码旧接口与新接口的差异就是由原来的一个同步输入输出的函数 avcodec_decode_video2，改为两个输入输出函数 avcodec_send_packet 和 avcodec_receive_frame，前者用来输入要解码的压缩数据，后者用来输出解码后的视频裸数据，其他设置视频解码参数等接口的方式与旧接口方式基本相同。视频解码的接口调用流程如图 11-6 所示。

　　视频解码时，解码后的视频裸数据通过 avcodec_receive_frame 得到，然后可以根据实际的需要进行处理。在本接口调用流程中进一步对解码的帧进行处理，在最后释放所有的资源后退出。另外，上面流程中比较特殊的地方在于，使用了 FFmpeg 的解析器接口 av_parser_parse2()，它主要用来在解码的时候解析和读取完整的压缩帧数据，它会使用内部缓存收集数据包，直到它能找到足够的数据组成一个完整的帧，然后这个帧被发送到解码器进行解码。关于 FFmpeg 的新接口解码视频操作的示例可以参考官方网站：http://ffmpeg.org/doxygen/trunk/decode_video_8c-example.html。下面对流程的主要接口进行说明。

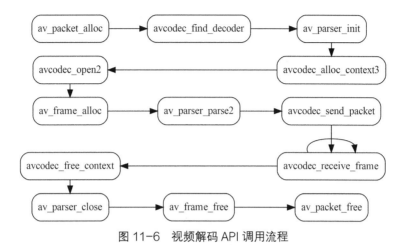

图 11-6　视频解码 API 调用流程

1）查找和打开解码器。查找和打开解码器的操作与旧接口流程基本相同，示例代码如下。需要注意的是引入了用来解析压缩数据帧的 parser 变量。

```
const AVCodec *codec;
AVCodecParserContext *parser = NULL;
AVCodecContext *c= NULL;
......
/* find the MPEG-1 video decoder */
codec = avcodec_find_decoder(AV_CODEC_ID_MPEG1VIDEO);
if (!codec) {
    fprintf(stderr, "Codec not found\n");
    exit(1);
}
parser = av_parser_init(codec->id);
if (!parser) {
    fprintf(stderr, "Parser not found\n");
    exit(1);
}
c = avcodec_alloc_context3(codec);
if (!c) {
    fprintf(stderr, "Could not allocate video codec context\n");
    exit(1);
}
......
if (avcodec_open2(c, codec, NULL) < 0) {
    fprintf(stderr, "Could not open codec\n");
    exit(1);
}
```

2）视频解码准备。视频解码前的准备工作包括为 frame 分配空间、读取视频压缩数据及解析压缩数据。

```
frame = av_frame_alloc();
If (!frame) {
    fprintf(stderr, "Could not allocate audio frame\n");
    exit(1);
```

```
}
do {
    /* read raw data from the input file */
    data_size = fread(inbuf, 1, INBUF_SIZE, f);
    if (ferror(f))
        break;
    eof = !data_size;
    /* use the parser to split the data into frames */
    data = inbuf;
    while (data_size > 0 || eof) {
        ret = av_parser_parse2(parser, c, &pkt->data, &pkt->size,
data, data_size, AV_NOPTS_VALUE, AV_NOPTS_VALUE, 0);
    if (ret < 0) {
        fprintf(stderr, "Error while parsing\n");
        exit(1);
    }
    data += ret;
    data_size -= ret;
```

3）视频解码函数。实际的解码过程主要包括前面介绍的两个函数，分别为输入视频的编码数据和读取解码后的裸数据。

```
static void decode(AVCodecContext *dec_ctx, AVFrame *frame, AVPacket *pkt,const char
*filename)
{
    char buf[1024];
    int ret;
    ret = avcodec_send_packet(dec_ctx, pkt);
    if (ret < 0) {
        fprintf(stderr, "Error sending a packet for decoding\n");
        exit(1);
    }
    while (ret >= 0) {
        ret = avcodec_receive_frame(dec_ctx, frame);
        if (ret == AVERROR(EAGAIN) || ret == AVERROR_EOF)
            return;
        else if (ret < 0) {
            fprintf(stderr, "Error during decoding\n");
            exit(1);
        }
        printf("saving frame %3"PRId64"\n", dec_ctx->frame_num);
        fflush(stdout);
        /* the picture is allocated by the decoder. no need to
        free it */
        snprintf(buf, sizeof(buf), "%s-%"PRId64, filename, dec_ctx->frame_num);
        pgm_save(frame->data[0], frame->linesize[0],
        frame->width, frame->height, buf);
    }
}
```

这里对 avcodec_send_packet 和 avcodec_receive_frame 的返回值进行详细说明，以便读者更好地理解这两个函数的工作方式。

avcodec_send_packet 的返回值主要包含以下这些情况：

- 成功时，该函数返回 0，否则为负的错误代码。返回值为 0，意味着输入的 packet 被解码器正常接收。
- 返回 AVERROR(EAGAIN)，在当前状态下不接受输入，用户必须用 avcodec_receive_frame() 读取输出（一旦所有输出被读取，数据包应该被重新发送，调用将不会以 EAGAIN 失败）。

- 返回 AVERROR_EOF，解码器已经被刷新了，不能向其发送新的数据包（如果发送了超过1 个刷新数据包也会返回）。关于刷新操作，前面已经解释过了。
- 返回 AVERROR(EINVAL)，解码器没有打开或者它是一个编码器，或者需要刷新等。
- 返回 AVERROR(ENOMEM)，未能将数据包添加到内部队列中。
- 其他合法解码错误。

avcodec_receive_frame 的返回值如下。

- 0：成功，返回了一个完整的帧。
- AVERROR(EAGAIN)：在这种状态下没有输出，用户必须尝试发送新的输入 packet。
- AVERROR_EOF：编解码器已经被完全刷新，不会再有输出帧。
- AVERROR(EINVAL)：编解码器没有打开，或者它是一个没有启用 AV_CODEC_FLAG_RECON_FRAME 标志的编码器。
- AVERROR_INPUT_CHANGED：当前解码的帧相对于第 1 个解码的帧，参数已经改变。当标志 AV_CODEC_FLAG_DROPCHANGED 被设置时适用。
- 其他负值表示其他合法解码错误。

可见新 API 有点类似于一个状态机。调用 API 用于执行解码操作，但 API 的返回值则表示解码器的内部状态，需要根据 API 的返回值来确定下一步执行的动作。另外也可以看到，新 API 在带来灵活性的同时，对于调用者的要求其实有所提高。

11.2.2　视频编码新接口

FFmpeg 视频编码新接口从原有的 avcodec_encode_video2 更改为使用 avcodec_send_frame 配合 avcodec_receive_packet 进行编码。接口调用的流程如图 11-7 所示。

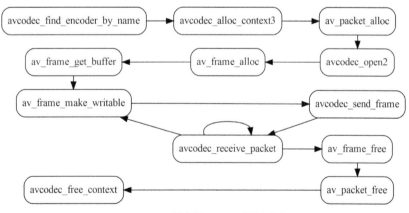

图 11-7　视频编码 API 调用流程

如图 11-7 所示，新接口的视频编码流程和旧接口基本相同。FFmpeg 新接口编码视频的参考示例可以查看官方网站：http://ffmpeg.org/doxygen/trunk/encode_video_8c-example.html。下面以一个例子对主要流程的接口进行说明。

1）查找和打开编码器。

```
const AVCodec *codec;
AVCodecContext *c= NULL;
int i, ret, x, y;
```

```
......
codec_name = argv[2];
/* find the mpeg1video encoder */
codec = avcodec_find_encoder_by_name(codec_name);
if (!codec) {
    fprintf(stderr, "Codec '%s' not found\n", codec_name);
    exit(1);
}
c = avcodec_alloc_context3(codec);
if (!c) {
    fprintf(stderr, "Could not allocate video codec context\n");
    exit(1);
}
pkt = av_packet_alloc();
if (!pkt)
    exit(1);
/* put sample parameters */
c->bit_rate = 400000;
/* resolution must be a multiple of two */
c->width = 352;
c->height = 288;
/* frames per second */
c->time_base = (AVRational){1, 25};
c->framerate = (AVRational){25, 1};
/* emit one intra frame every ten frames
* check frame pict_type before passing frame
* to encoder, if frame->pict_type is AV_PICTURE_TYPE_I
* then gop_size is ignored and the output of encoder
* will always be I frame irrespective to gop_size
*/
c->gop_size = 10;
c->max_b_frames = 1;
c->pix_fmt = AV_PIX_FMT_YUV420P;
if (codec->id == AV_CODEC_ID_H264)
av_opt_set(c->priv_data, "preset", "slow", 0);
/* open it */
ret = avcodec_open2(c, codec, NULL);
if (ret < 0) {
    fprintf(stderr, "Could not open codec: %s\n", av_err2str(ret));
    exit(1);
}
```

包括查找编码器，设置编码相关参数，以及打开编码器。

2）编码前的准备工作。

```
f = fopen(filename, "wb");
if (!f) {
    fprintf(stderr, "Could not open %s\n", filename);
    exit(1);
}
frame = av_frame_alloc();
if (!frame) {
    fprintf(stderr, "Could not allocate video frame\n");
    exit(1);
}
frame->format = c->pix_fmt;
frame->width = c->width;
frame->height = c->height;
ret = av_frame_get_buffer(frame, 0);
if (ret < 0) {
    fprintf(stderr, "Could not allocate the video frame data\n");
    exit(1);
}
```

```
/* encode 1 second of video */
for (i = 0; i < 25; i++) {
    fflush(stdout);
    /* Make sure the frame data is writable.
On the first round, the frame is fresh from av_frame_get_buffer()
and therefore we know it is writable.
But on the next rounds, encode() will have called
avcodec_send_frame(), and the codec may have kept a reference to
the frame in its internal structures, that makes the frame
unwritable.
av_frame_make_writable() checks that and allocates a new buffer
for the frame only if necessary.
*/
    ret = av_frame_make_writable(frame);
    if (ret < 0)
        exit(1);
    /* Prepare a dummy image.
In real code, this is where you would have your own logic for
filling the frame. FFmpeg does not care what you put in the
frame.
*/
    /* Y */
    for (y = 0; y < c->height; y++) {
        for (x = 0; x < c->width; x++) {
            frame->data[0][y * frame->linesize[0] + x] = x + y + i * 3;
        }
    }
    /* Cb and Cr */
    for (y = 0; y < c->height/2; y++) {
        for (x = 0; x < c->width/2; x++) {
            frame->data[1][y * frame->linesize[1] + x] = 128 + y + i * 2;
            frame->data[2][y * frame->linesize[2] + x] = 64 + x + i * 5;
        }
    }
}
```

编码前的准备工作包括初始化 frame，把 dummy image 的 YUV 数据填充到 frame 的缓存中。

3）视频编码。

```
static void encode(AVCodecContext *enc_ctx, AVFrame *frame, AVPacket *pkt,
FILE *outfile)
{
    int ret;
    /* send the frame to the encoder */
    if (frame)
        printf("Send frame %3"PRId64"\n", frame->pts);
    ret = avcodec_send_frame(enc_ctx, frame);
    if (ret < 0) {
        fprintf(stderr, "Error sending a frame for encoding\n");
        exit(1);
    }
    while (ret >= 0) {
        ret = avcodec_receive_packet(enc_ctx, pkt);
        if (ret == AVERROR(EAGAIN) || ret == AVERROR_EOF)
            return;
        else if (ret < 0) {
            fprintf(stderr, "Error during encoding\n");
            exit(1);
        }
        printf("Write packet %3"PRId64" (size=%5d)\n", pkt->pts,        pkt->size);
        fwrite(pkt->data, 1, pkt->size, outfile);
        av_packet_unref(pkt);
    }
}
```

实际的视频编码主要包括发送 frame 到编码器中，再从编码器中循环读取编码后的 packet 数据包。

11.2.3　音频解码新接口

FFmpeg 的音频解码新接口从原来的旧接口 avcodec_decode_audio4 更改为使用 avcodec_send_packet 配合 avcodec_receive_frame 进行解码。接口调用的流程如图 11-8 所示。

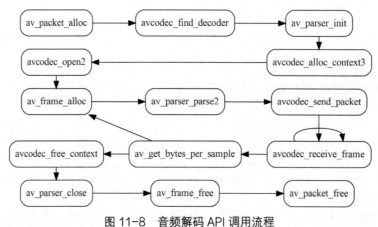

图 11-8　音频解码 API 调用流程

下面对主要流程的接口进行说明，代码可以参考官方网站：http://ffmpeg.org/doxygen/trunk/decode_audio_8c-example.html。

1）查找和打开解码器。在使用 FFmpeg 的新的解码接口之前，前期准备工作与旧接口基本类似，但是有些细微的差别。

```
const AVCodec *codec;
AVCodecContext *c= NULL;
AVCodecParserContext *parser = NULL;
AVPacket *pkt;
AVFrame *decoded_frame = NULL;

pkt = av_packet_alloc();
/* find the MPEG audio decoder */
codec = avcodec_find_decoder(AV_CODEC_ID_MP2);
if (!codec) {
    fprintf(stderr, "Codec not found\n");
    exit(1);
}
parser = av_parser_init(codec->id);
if (!parser) {
    fprintf(stderr, "Parser not found\n");
    exit(1);
}
c = avcodec_alloc_context3(codec);
if (!c) {
    fprintf(stderr, "Could not allocate audio codec context\n");
    exit(1);
}
if (avcodec_open2(c, codec, NULL) < 0) {
    fprintf(stderr, "Could not open codec\n");
    exit(1);
}
```

从示例代码中可以看到,在设置解码器的 Codec ID 之后,使用接口 av_parser_init 建立了一个 Codec 的 parser,然后打开 Codec 解码器。

2)音频解码准备。接下来开始解码前的准备工作,主要是读取编码数据和对编码数据进行解析。

```
while (data_size > 0) {
  if (!decoded_frame) {
    if (!(decoded_frame = av_frame_alloc())) {
      fprintf(stderr, "Could not allocate audio frame\n");
      exit(1);
    }
  }
  ret = av_parser_parse2(parser, c, &pkt->data, &pkt->size, data, data_size, AV_NOPTS_
VALUE, AV_NOPTS_VALUE, 0);
  if (ret < 0) {
    fprintf(stderr, "Error while parsing\n");
    exit(1);
  }
  data += ret;
  data_size -= ret;
  if (pkt->size)
    decode(c, pkt, decoded_frame, outfile);
  if (data_size < AUDIO_REFILL_THRESH) {
    memmove(inbuf, data, data_size);
    data = inbuf;
    len = fread(data + data_size, 1, AUDIO_INBUF_SIZE - data_size, f);
    if (len > 0)
      data_size += len;
  }
}
```

如代码所示,在解码时,首先通过调用接口 av_parser_parse2 将音频数据解析出来,然后开始解码。

3)音频解码函数。解码前的工作准备完成之后,开始进行解码。解码过程如下。

```
static void decode(AVCodecContext *dec_ctx, AVPacket *pkt, AVFrame *frame, FILE *outfile)
{
  int i, ch;
  int ret, data_size;
  /* send the packet with the compressed data to the decoder */
  ret = avcodec_send_packet(dec_ctx, pkt);
  if (ret < 0) {
    fprintf(stderr, "Error submitting the packet to the decoder\n");
    exit(1);
  }
  /* read all the output frames (in general there may be any number of them */
  while (ret >= 0) {
    ret = avcodec_receive_frame(dec_ctx, frame);
    if (ret == AVERROR(EAGAIN) || ret == AVERROR_EOF)
      return;
    else if (ret < 0) {
      fprintf(stderr, "Error during decoding\n");
      exit(1);
    }
    data_size = av_get_bytes_per_sample(dec_ctx->sample_fmt);
    if (data_size < 0) {
      /* This should not occur, checking just for paranoia */
      fprintf(stderr, "Failed to calculate data size\n");
    }
    for (i = 0; i < frame->nb_samples; i++)
```

```
        for (ch = 0; ch < dec_ctx->channels; ch++)
          fwrite(frame->data[ch] + data_size*i, 1, data_size, outfile);
    }
)
```

解码时，首先通过接口 `avcodec_send_packet` 将音频编码数据发送给 Codec 解码器，然后通过接口 `avcodec_receive_frame` 获得解码后的数据，最后进行音频对应的采样处理。

至此，使用 FFmpeg 新版本接口解码音频的示例介绍完毕。

11.2.4   音频编码新接口

FFmpeg 的音频编码新接口从原有的 `avcodec_encode_audio2` 更改为使用 `avcodec_send_frame` 配合 `avcodec_receive_packet` 进行编码。接口调用的流程如图 11-9 所示。

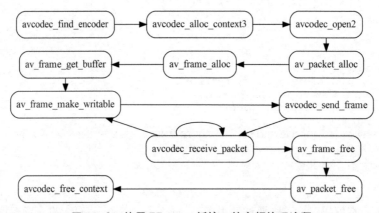

图 11-9   使用 FFmpeg 新接口的音频编码流程

下面对主要流程的接口进行说明，参考代码可以从官方网站的示例中获得，链接地址为 http://ffmpeg.org/doxygen/trunk/encode_audio_8c-example.html。

1）查找和打开编码器。这里使用 FFmpeg 编码器的准备工作部分与使用旧接口类似，在本小节将不赘述，直接介绍编码的关键部分。

```
const AVCodec *codec;
AVCodecContext *c= NULL;
AVFrame *frame;
AVPacket pkt;

codec = avcodec_find_encoder(AV_CODEC_ID_MP2);
if (!codec) {
    fprintf(stderr, "Codec not found\n");
    exit(1);
}
c = avcodec_alloc_context3(codec);
if (!c) {
    fprintf(stderr, "Could not allocate audio codec context\n");
    exit(1);
}
if (avcodec_open2(c, codec, NULL) < 0) {
    fprintf(stderr, "Could not open codec\n");
    exit(1);
}
frame = av_frame_alloc();
if (!frame) {
```

```
        fprintf(stderr, "Could not allocate audio frame\n");
        exit(1);
    }
frame->nb_samples = c->frame_size;
frame->format = c->sample_fmt;
frame->channel_layout = c->channel_layout;
/* 申请数据 buffer 的空间 */
ret = av_frame_get_buffer(frame, 0);
if (ret < 0) {
        fprintf(stderr, "Could not allocate audio data buffers\n");
        exit(1);
    }
```

如代码所示，在编码之前，设置了编码器的 Codec ID，然后打开编码器，接着申请用于存储 frame 数据的空间。

2）填充数据。空间申请完毕之后，可以获得 frame 数据。由于本小节是举例说明，所以将自己生成的音频数据填充至 frame 空间中。

```
t = 0;
tincr = 2 * M_PI * 440.0 / c->sample_rate;
for (i = 0; i < 200; i++) {
    /* make sure the frame is writable -- makes a copy if the encoder
     * kept a reference internally */
    ret = av_frame_make_writable(frame);
    if (ret < 0)
      exit(1);
    samples = (uint16_t*)frame->data[0];
    for (j = 0; j < c->frame_size; j++) {
        samples[2*j] = (int)(sin(t) * 10000);
        for (k = 1; k < c->channels; k++)
            samples[2*j + k] = samples[2*j];
        t += tincr;
    }
    encode(c, frame, pkt, f);
}
```

从代码中可以看到，首先确定了 frame 空间是可以写入数据的，然后将生成数据写入 frame 空间中。接下来开始编码。

3）音频编码。FFmpeg 的新编码接口如前面代码所示，encode(c,frame,pkt,f)为编码封装操作，这个函数的实现如下：

```
static void encode(AVCodecContext *ctx, AVFrame *frame, AVPacket *pkt, FILE *output)
{
  int ret;
  * send the frame for encoding */
  ret = avcodec_send_frame(ctx, frame);
  if (ret < 0) {
    fprintf(stderr, "Error sending the frame to the encoder\n");
    exit(1);
  }
  /* read all the available output packets (in general there may be any
   * number of them) */
  while (ret >= 0) {
    ret = avcodec_receive_packet(ctx, pkt);
    if (ret == AVERROR(EAGAIN) || ret == AVERROR_EOF)
      return;
    else if (ret < 0) {
      fprintf(stderr, "Error encoding audio frame\n");
      exit(1);
    }
```

```
        fwrite(pkt->data, 1, pkt->size, output);
        av_packet_unref(pkt);
    }
)
```

如代码所示，主要调用接口 avcodec_send_frame 将填充好的 frame 数据送至编码器中，然后通过 avcodec_receive_packet 将编码后的数据读取出来，读取的数据为编码后所生成的 AVPacket 数据。最后将压缩好的音频数据写入文件 output 中。至此，使用 FFmpeg 新编码接口编码音频的主要步骤介绍完毕。

11.3　硬件加速的编解码

随着低功耗设备及高密度或者低延迟等场景的普及，视频编解码硬件加速已经迅速成为一种必要。本节介绍硬件加速的背景，并解释 FFmpeg 是如何从中受益的，以及如何使用 FFmpeg 的 API 来执行硬件的解码和编码加速。需要注意的是，除了编解码，FFmpeg 也使用硬件执行诸如 Filter 的加速。

视频编解码是一项 CPU 密集的任务，特别是对于像 1080p、4K、8K 这样的高分辨率设备。幸运的是，配备了 GPU 的现代显卡能够处理这项工作，使 CPU 能够专注于其他任务。尤其对于根本无法快速解码此类媒体的低功耗 CPU 来说，拥有专用硬件也变得至关重要。目前，不同 GPU 制造商提供了不同的方法来访问硬件（不同的 API），但还没有出现一个强大统一的工业标准。FFmpeg 中至少存在 11 种不同的视频编解码或图像处理加速 API。我们在前面章节已经描述了部分加速方式，在这里不赘述。

FFmpeg 尝试在框架层面统一这些硬件加速方式，现在基本可以屏蔽底层的差异。但我们知道，更好的优化需要熟悉硬件基层设施，所以，从这个角度讲，使用 FFmpeg API 来执行相关的硬件加速，需要对底层的硬件有更多的了解，这样才能更好地执行加速。本节以常用的 Intel GPU 为例进行说明，但会提及其他的硬件加速或者接口。

在使用 FFmpeg 的硬件加速前，可以通过 hwaccels 查询一下当前支持的硬件加速接口中哪些已经被 FFmpeg 所支持。

```
  ./ffmpeg -hide_banner -hwaccels
Hardware acceleration methods:
vaapi
qsv
drm
opencl
vulkan
```

这个选项列出了编译的 FFmpeg 中所启用的所有硬件加速组件，实际的运行结果取决于实际安装的硬件和是否安装好了合适的驱动程序。例如，为了确认 Intel GPU 是否可以正常工作，用 Linux 工具 vainfo 检查是否安装好了 Intel GPU 的驱动。

```
barry@barry-HP-ENVY-Laptop-13-ah1xxx:~/Sources/FFmpeg/ffmpeg$ vainfo
libva info: VA-API version 1.17.0
libva info: Trying to open /usr/local/lib/dri/iHD_drv_video.so
libva info: Found init function __vaDriverInit_1_4
libva info: va_openDriver() returns 0
vainfo: VA-API version: 1.17 (libva 2.4.0.pre1)
vainfo: Driver version: Intel iHD driver - 1.0.0
vainfo: Supported profile and entrypoints
```

```
VAProfileNone                       : VAEntrypointVideoProc
VAProfileNone                       : VAEntrypointStats
VAProfileMPEG2Simple                : VAEntrypointVLD
VAProfileMPEG2Simple                : VAEntrypointEncSlice
VAProfileMPEG2Main                  : VAEntrypointVLD
VAProfileMPEG2Main                  : VAEntrypointEncSlice
VAProfileH264Main                   : VAEntrypointVLD
VAProfileH264Main                   : VAEntrypointEncSlice
VAProfileH264Main                   : VAEntrypointFEI
VAProfileH264Main                   : VAEntrypointEncSliceLP
VAProfileH264High                   : VAEntrypointVLD
VAProfileH264High                   : VAEntrypointEncSlice
VAProfileH264High                   : VAEntrypointFEI
VAProfileH264High                   : VAEntrypointEncSliceLP
VAProfileVC1Simple                  : VAEntrypointVLD
VAProfileVC1Main                    : VAEntrypointVLD
VAProfileVC1Advanced                : VAEntrypointVLD
VAProfileJPEGBaseline               : VAEntrypointVLD
VAProfileJPEGBaseline               : VAEntrypointEncPicture
VAProfileH264ConstrainedBaseline: VAEntrypointVLD
VAProfileH264ConstrainedBaseline: VAEntrypointEncSlice
VAProfileH264ConstrainedBaseline: VAEntrypointFEI
VAProfileH264ConstrainedBaseline: VAEntrypointEncSliceLP
VAProfileVP8Version0_3              : VAEntrypointVLD
VAProfileVP8Version0_3              : VAEntrypointEncSlice
VAProfileHEVCMain                   : VAEntrypointVLD
VAProfileHEVCMain                   : VAEntrypointEncSlice
VAProfileHEVCMain                   : VAEntrypointFEI
VAProfileHEVCMain10                 : VAEntrypointVLD
VAProfileHEVCMain10                 : VAEntrypointEncSlice
VAProfileVP9Profile0                : VAEntrypointVLD
VAProfileVP9Profile2                : VAEntrypointVLD
```

提示： 硬件加速方案是一个异常分裂的领域，在前面章节已经提及。以 Intel GPU 为例，在 Linux 下，如果想要加速编解码，可以使用 VA API 接口，也可以使用基于其上的 QSV 接口，它本身在 Linux 上是用 mediasdk/OneVPL 且基于底层的 VA API 接口和驱动，但对上提供了自己的 API。NVIDIA 的 GPU 在 Linux 上也面临着使用更底层的 VDPAU 加速接口，还是使用私有的加速库 NVDEC/NVENC 这样的选择。如果选择 NVDEC/NVENC 方式，这种情况类似 FFmpeg 继承 libx264 等第三方库的方式，直接使用上面类似软编码的流程即可完成编解码操作。

从实际使用角度而言，使用硬件加速方案需要完整考虑整条链路中的解码、媒体处理、编码、渲染等操作，主要的原因在于，在异构计算的场景下，即使有 GPU 用来被加速，如果出现频繁的 CPU 与 GPU 数据交换，这类 I/O 操作的 overhead 很可能抵消 GPU 加速带来的收益。一般而言，如果使用 GPU 加速，我们希望尽量在 GPU 内部完成整条链路大部分的工作。

11.3.1 硬件加速解码

在正式介绍 FFmpeg 硬件加速的 API 之前，先熟悉一些基本概念。FFmpeg 为了支持硬件加速的编解码，抽象了几个概念，主要是 AVHWDeviceContext、AVHWFramesContext、AVCodecHWConfig 等。

AVHWDeviceContext 这个结构体集合了所有硬件特定的"高层"状态，即与具体处理配置无关的状态。例如，在一个支持硬件加速编码和解码的 API 中，这个结构将（如果可能的话）包含编码和解码所共有的状态，并且可以从中衍生出编码器或解码器的具体实例。这个结构通过

AVBuffer 机制进行引用计数。av_hwdevice_ctx_alloc() 构造函数产生一个引用,其数据域指向实际的 AVHWDeviceContext。从 AVHWDeviceContext 派生出来的其他对象(比如 AVHWFramesContext,描述具有特定属性的帧池)将持有对它的内部引用。在所有的引用被释放后,AVHWDeviceContext 本身将被释放,可以选择调用一个用户指定的回调,以解除硬件状态。

而 AVHWFramesContext 这个结构体描述了一组"硬件"帧(即这些数据一般非 CPU 内存中可以正常访问的帧,可能位于显存之中)。所有在相同"硬件"帧池中的帧都被认为是以相同的方式分配的,并且可以互换。这个结构体通过 AVBuffer 机制进行引用计数,并与一个给定的 AVHWDeviceContext 实例相关联。av_hwframe_ctx_alloc() 构造函数产生一个引用,其数据域指向实际的 AVHWFramesContext 结构。

如果对应的 Codec 支持硬件加速,它会注册一个 AVCodec.hw_configs 数组,且对外只能用 avcodec_get_hw_config() 来获取对应 Codec 支持的硬件加速配置。

以 H.264 Decoder 而言,它可以支持 dxva2、d3d11va、d3d11va2、nvdec、vaapi 等。

```
const AVCodec ff_h264_decoder = {
    .name                 = "h264",
    .long_name             = NULL_IF_CONFIG_SMALL("H.264 / AVC / MPEG-4 AVC / MPEG-4 part 10"),
    .type                 = AVMEDIA_TYPE_VIDEO,
    .id                   = AV_CODEC_ID_H264,
    .priv_data_size       = sizeof(H264Context),
...
    .hw_configs           = (const AVCodecHWConfigInternal *const []) {
#if CONFIG_H264_DXVA2_HWACCEL
                            HWACCEL_DXVA2(h264),
#endif
#if CONFIG_H264_D3D11VA_HWACCEL
                            HWACCEL_D3D11VA(h264),
#endif
#if CONFIG_H264_D3D11VA2_HWACCEL
                            HWACCEL_D3D11VA2(h264),
#endif
#if CONFIG_H264_NVDEC_HWACCEL
                            HWACCEL_NVDEC(h264),
#endif
#if CONFIG_H264_VAAPI_HWACCEL
                            HWACCEL_VAAPI(h264),
#endif
#if CONFIG_H264_VDPAU_HWACCEL
                            HWACCEL_VDPAU(h264),
#endif
#if CONFIG_H264_VIDEOTOOLBOX_HWACCEL
                            HWACCEL_VIDEOTOOLBOX(h264),
#endif
                            NULL
                        },
    ...
};
```

上面提及的 avcodec_get_hw_config() 函数用于从 Codec 中查询其支持的硬件配置,获取的结构体是 AVCodecHWConfig。它的定义如下:

```
typedef struct AVCodecHWConfig {
    enum AVPixelFormat pix_fmt;

    int methods;

    enum AVHWDeviceType device_type;
} AVCodecHWConfig;
```

其中，对于解码器来说，如果有合适的硬件，字段 pix_fmt 表示该解码器能够解码的硬件像素格式；对于编码器来说，是编码器可以接受的一种像素格式。如果设置为 AV_PIX_FMT_NONE，则适用于解码器支持的所有像素格式。字段 methods 描述了可用于该配置的可能的设置方法，即 AV_CODEC_HW_CONFIG_METHOD_*标志的位集，所有取值如下：

```
enum {
/**
 * The codec supports this format via the hw_device_ctx interface.
 *
 * When selecting this format, AVCodecContext.hw_device_ctx should
 * have been set to a device of the specified type before calling
 * avcodec_open2().
 */
AV_CODEC_HW_CONFIG_METHOD_HW_DEVICE_CTX = 0x01,
/**
 * The codec supports this format via the hw_frames_ctx interface.
 *
 * When selecting this format for a decoder,
 * AVCodecContext.hw_frames_ctx should be set to a suitable frames
 * context inside the get_format() callback.  The frames context
 * must have been created on a device of the specified type.
 *
 * When selecting this format for an encoder,
 * AVCodecContext.hw_frames_ctx should be set to the context which
 * will be used for the input frames before calling avcodec_open2().
 */
AV_CODEC_HW_CONFIG_METHOD_HW_FRAMES_CTX = 0x02,
/**
 * The codec supports this format by some internal method.
 *
 * This format can be selected without any additional configuration -
 * no device or frames context is required.
 */
AV_CODEC_HW_CONFIG_METHOD_INTERNAL     = 0x04,
/**
 * The codec supports this format by some ad-hoc method.
 *
 * Additional settings and/or function calls are required.  See the
 * codec-specific documentation for details.  (Methods requiring
 * this sort of configuration are deprecated and others should be
 * used in preference.)
 */
AV_CODEC_HW_CONFIG_METHOD_AD_HOC       = 0x08,
};
```

字段 device_type 描述与硬件加速配置相关的设备类型。它要求在字段 methods 设置为 AV_CODEC_HW_CONFIG_METHOD_HW_DEVICE_CTX 或 AV_CODEC_HW_CONFIG_METHOD_HW_FRAMES_CTX 时使用，否则不使用。其可能的取值如下：

```
enum AVHWDeviceType {
    AV_HWDEVICE_TYPE_NONE,
    AV_HWDEVICE_TYPE_VDPAU,
    AV_HWDEVICE_TYPE_CUDA,
    AV_HWDEVICE_TYPE_VAAPI,
    AV_HWDEVICE_TYPE_DXVA2,
    AV_HWDEVICE_TYPE_QSV,
    AV_HWDEVICE_TYPE_VIDEOTOOLBOX,
    AV_HWDEVICE_TYPE_D3D11VA,
    AV_HWDEVICE_TYPE_DRM,
    AV_HWDEVICE_TYPE_OPENCL,
    AV_HWDEVICE_TYPE_MEDIACODEC,
    AV_HWDEVICE_TYPE_VULKAN,
};
```

下面再来看看怎么使用 FFmpeg API 来完成硬件加速的解码。本质上，其流程和软件解码基本一致，相同之处如下：初始化解码器上下文，配置参数，然后读取 AVPacket 数据并送入解码器，随后取出解码的 AVFrame。

不同之处如下：

- 硬件加速的解码需要初始化硬件解码上下文，然后把硬件设备上下文绑定到解码器上下文，并指定其输出格式。
- 硬件解码出来的 AVFrame 有可能本身是指向显存的一块数据，CPU 无法直接访问，如果需要访问，需要显式地使用 av_hwframe_transfer_data()，将其从 GPU 侧复制到 CPU 侧。另外，需要注意，因为复制的是 YUV 数据，这里很可能会变成全链路的性能瓶颈。以 Intel VAAPI 硬件解码为例，在下面的例子中，解码出来的 AVFrame 中 AVFrame.data[3]包含的是 VASurfaceID，其并不能直接访问。

下面是一个基本的硬件加速解码的流程，其来自 FFmpeg 自带的例子 hw_decode.c[①]，如图 11-10 所示。与一般的软解码的不同之处用圆角框加阴影的形式标识了出来。

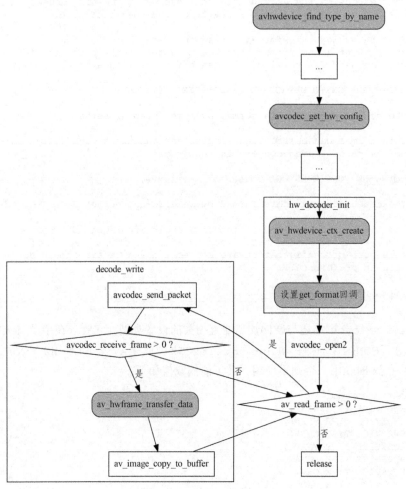

图 11-10 硬件加速解码流程

---

① 位于 FFmpeg/doc/examples。除了 hw_decode.c 这个例子以外，还有同在 FFmpeg/doc/examples 下的 vaapi_encode.c、vaapi_transcode.c，本身也是作者提交到 FFmpeg 项目，作为使用 FFmpeg API 来实现硬件加速解码、编码、转码的示例，目的是以精简但不失重点的方式展示如何使用 FFmpeg API 来完成硬件加速的编码、解码、转码等功能。因为是例子，所以并未像一个完整项目一样处理各种情况，但作为 API 展示已经足够了。本书使用它们来作为 API 示例。

1）在 `avcodec_open2()` 前绑定好硬件设备上下文。

这个步骤主要是设置 `AVCodecContext::hw_device_ctx`。如果编解码器设备不需要硬件帧，或者使用的硬件帧由 libavcodec 内部分配，就应该使用 `AVCodecContext::hw_device_ctx`。如果用户希望提供任何用作编码器输入或解码器输出的帧，那么应该使用 `AVCodecContext::hw_frames_ctx` 来代替。在我们的硬件加速解码例子中，选择前者，即使用 `AVCodecContext::hw_device_ctx`，而不是使用 `AVCodecContext::hw_frames_ctx` 来控制硬件帧的方式。

对于编码器和解码器来说，字段 `AVCodecContext::hw_device_ctx` 应该在调用 `avcodec_open2()` 之前被设置，此后不得更改。在代码示例中，先以设备名称为 string 找到对应的设备类型，然后调用 `avcodec_get_hw_config` 函数以获取该解码器的硬件配置属性，比如可以支持的目标像素格式等。而硬件配置这个信息就存储在 AVCodecHWConfig 中，这个结构体的细节在上面已经提及。

之后，使用 `av_hwdevice_ctx_create()` 创建硬件设备相关的上下文信息 AVHWDevice Context，包括资源分配、对硬件设备上下文进行初始化。准备好硬件设备上下文 AVHWDevice Context 后，需要把这个信息绑定到 AVCodecContext，就可以按照软解码一样的流程执行解码操作了。

同时，我们设置了 `AVCodecContext::get_format` 的回调函数，这个函数的作用就是告诉解码器输出的目标像素格式是什么。在上一步骤获取硬解码器 Codec 可以支持的目标格式之后，就通过这个回调函数告知 Codec。

2）视具体情况决定是否执行 GPU 到 CPU 的数据搬移。

在作者的环境中，使用这个例子程序执行硬件解码的命令如下：

```
./hw_decode vaapi input.mp4 test.yuv
```

以这个例子而言，在调用 `avcodec_receive_frame()` 之后，得到的数据其实还在硬件内部（一般是显存，CPU 无法直接访问），也就是说，如果用 Intel GPU 的 VAAPI 接口解码，数据是在显存上（或者说是在 GPU encoder/decoder 的内置 buffer 上，在上面的命令中，解码出来的 AVFrame 中，AVFrame.data[3] 包含的是 VASurfaceID，AVFrame 对应的像素格式是 AV_PIX_FMT_VAAPI）。对于很多应用而言，解码之后往往还需要使用 CPU 进行后续操作，如保存成一幅幅图片之类，那么这时候就需要把数据从 GPU 搬移到 CPU 侧，这个操作由 `av_hwframe_transfer_data()` 完成。

硬件加速解码的其他部分与软解码一致，在此不赘述。

11.3.2　硬件加速编码

如同硬件加速例子 hw_decode.c 一样，FFmpeg 自然也带了硬件编码、转码的例子。但从实现上讲，FFmpeg 的硬件加速编码和解码的实现并不一样，对 H.264 的硬件加速解码和编码而言，它的底层实现实际上分为两种方式，一种是嵌入 FFmpeg 的原生软解码器，比如 VAAPI 加速的硬件解码嵌入原生 h264 解码器，可以使用下列命令来直接查看和确认。

```
./ffmpeg -h decoder=h264
... 省略其他信息
Decoder h264 [H.264 / AVC / MPEG-4 AVC / MPEG-4 part 10]:
    General capabilities: dr1 delay threads
    Threading capabilities: frame and slice
    Supported hardware devices: vaapi
H264 Decoder AVOptions:
```

```
   -is_avc            <boolean>    .D.V..X.... is avc (default false)
   -nal_length_size  <int>        .D.V..X.... nal_length_size (from 0 to 4) (default 0)
   -enable_er         <boolean>    .D.V....... Enable error resilience on damaged frames
(unsafe) (default auto)
   -x264_build        <int>        .D.V....... Assume this x264 version if no x264 version
found in any SEI (from -1 to INT_MAX) (default -1)
```

可以看到在原生 H.264 解码器中，支持了 VAAPI 的硬件设备加速，即上面显示了"Supported hardware devices: vaapi"。另一种方式则是直接以集成第三方库的方式支持，比如在相同环境下，可以看到另外的 H.264 解码器 h264_qsv。而对于硬件加速的编码器，FFmpeg 则选择了直接注册为单独的编码器的方式来实现，而不是嵌入已经存在的原生编码器中。

```
./ffmpeg -decoders | grep 264
... 省略其他信息
VFS..D h264               H.264 / AVC / MPEG-4 AVC / MPEG-4 part 10
V..... h264_v4l2m2m       V4L2 mem2mem H.264 decoder wrapper (codec h264)
V....D h264_qsv           H264 video (Intel Quick Sync Video acceleration) (codec h264)
V....D libopenh264        OpenH264 H.264 / AVC / MPEG-4 AVC / MPEG-4 part 10 (codec h264)
```

依然以 FFmpeg 自带的 vaapi_encode.c 为例，说明使用 FFmpeg API 执行硬件编码加速的操作。注意，这个例子本身只支持 NV12 格式的输入，所以在自行测试时需要使用 NV12 格式的 YUV 文件。该示例运行命令如下：

```
./vaapi_encode 1920 1080 input.nv12 output.h264
```

与之前软编码的流程相比，这个例子比较特殊的地方在于：
- 需要将 YUV 数据显式地加载到硬件编码的内存中，使用的函数是 av_hwframe_transfer_data()，只是在硬件加速解码的例子中，我们用它来把硬件编码的内存的数据复制到 CPU 侧，现在则是执行一个相反方向的操作。
- 需要显式地管理硬件编码"帧"，这里使用的是在前面提及的 AVHWFramesContext。
该例子的基本流程如图 11-11 所示，与硬件加速相关的操作用圆角框加阴影的形式表示。

1）硬件帧管理上下文与编码 Codec 上下文关联。

硬件设备上下文与 Codec 的关联在硬件加速解码中我们已经看到了，但在硬件编码过程中，我们需要管理位于硬件中的"帧池"，这由 AVHWFramesContext 来完成，主要是在 avcodec_open2() 前设置 AVCodecContext::hw_frames_ctx。另外该引用由调用者设置，但之后由 libavcodec 拥有（和释放），这意味着在被设置后，调用者不应该读取它。还有一个限定是 AVHWFramesContext.format 必须等于 AVCodecContext.pix_fmt，在我们的例子中，它们都是 AV_PIX_FMT_VAAPI，同时我们也预先设置了硬件帧池的大小是 20，这在实际的情况中需要按照编码的实际需要去设定。

2）将原始数据复制到硬件帧并编码。

另一个特殊之处在于，我们需要显式地将原始 YUV 数据复制到硬件"帧"中，因为硬件编码器只能支持特定的帧类型，在我们的例子中，它由两个步骤完成。预先使用 av_hwframe_get_buffer() 从 AVHWFramesContext 的硬件"帧"池中分配好硬件"帧"，随后，使用 av_hwframe_transfer_data() 将原始数据加载到硬件"帧"，最后，同软编码一样，将硬件"帧"传送给编码器正常编码即可。

要使用好硬件加速 API，关键在于理解上述流程，理解硬件设备上下文、硬件帧管理，以及 CPU 和特定硬件的数据交换方式。通过对硬件加速解码、编码的示例介绍，读者可以很好地理解结合了硬件编解码的硬件转码示例 doc/examples/vaapi_transcode.c。

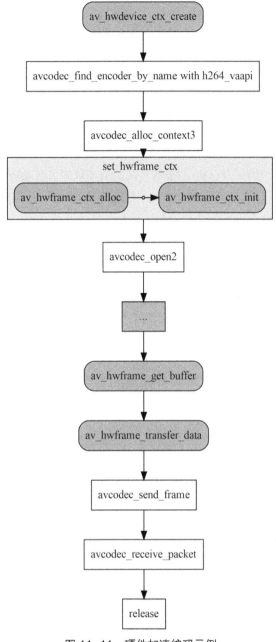

图 11-11   硬件加速编码示例

11.4   AVFrame 操作

在做视频的编码、解码、滤镜操作时均会用到 FFmpeg 的一个常见的结构体 AVFrame，这个 AVFrame 属于 FFmpeg 的 utils 部分。那么 AVFrame 里面的数据主要是干什么用的呢？可以简单理解一下，AVFrame 里面的数据主要是视频或音频编码压缩前的数据、视频或音频解码解压缩后的数据，对于视频我们可以理解它就是一张图像，对于音频就是一个音频的未经压缩的裸数据。可见，这个结构描述了原始的音频或视频数据。

　　AVFrame 必须用 av_frame_alloc() 来分配。注意，这只是分配了 AVFrame 本身，数据的缓冲区必须通过其他方式管理。AVFrame 的释放使用对应的 av_frame_free()。

　　AVFrame 通常被分配一次，然后被多次重复使用以保存不同的数据（例如，用一个 AVFrame 来保存从解码器收到的帧）。在这种情况下，av_frame_unref() 将释放该帧所持有的任何引用，并在它被重用之前将其重置为原来的干净状态。

　　AVFrame 所描述的数据通常是通过 AVBuffer API 进行引用计数的。底层的缓冲区引用被存储在 AVFrame.buf/AVFrame.extended_buf 中。如果至少有一个引用被设置，即 AVFrame.buf[0]!= NULL，那么一个 AVFrame 就被认为是引用计数的。在这种情况下，每一个数据平面必须包含在 AVFrame.buf 或 AVFrame.extended_buf 的一个缓冲区中。所有的数据可能被放在一个缓冲区中，或者每个平面有一个单独的缓冲区。

　　另外需要注意，使用的时候，sizeof(AVFrame) 不是公共 ABI 的一部分。

　　AVFrame 的字段可以通过 AVOptions 访问，使用的名称字符串与通过 AVOptions 访问的字段的 C 结构字段名称相匹配。AVFrame 的 AVClass 则可以通过 avcodec_get_frame_class() 获得。

　　为了更全面地理解 AVFrame 里面的内容，接下来细致看一下 AVFrame 结构里的各个字段。AVFrame 在 FFmpeg 中是最基础的结构之一，先来看一下 AVFrame 中都包含哪些成员。

```c
typedef struct AVFrame {
    uint8_t *data[8];
    int linesize[8];
    uint8_t **extended_data;
    int64_t pts;

    int width, height;
    int format;
    int key_frame;
    enum AVPictureType pict_type;
    AVRational sample_aspect_ratio;
    AVRational time_base;
    int coded_picture_number;
    int display_picture_number;
    void *opaque;
    int interlaced_frame;
    int top_field_first;
    AVBufferRef *buf[8];
    AVBufferRef **extended_buf;
    int       nb_extended_buf;
    AVFrameSideData **side_data;
    int          nb_side_data;
    enum AVColorRange color_range;
    enum AVColorPrimaries color_primaries;
    enum AVColorTransferCharacteristic color_trc;
    enum AVColorSpace colorspace;

    int64_t pkt_dts;
    int64_t pkt_pos;
    int64_t pkt_duration;
    int pkt_size;

    AVDictionary *metadata;

    int nb_samples;
    int sample_rate;
    AVChannelLayout ch_layout;
};
```

AVFrame 结构中的成员名看上去大多数都很眼熟，因为在本书前半部分介绍 ffprobe -show_frames 参数的时候应该已经大部分见过了。

- data：AVFrame 中存储的音视频数据内容，指向图片/音频通道平面的指针，例如 YUV420P 的内存数据、音频的 PCM 采样数据等。data 和 extend_data 数组指针中的所有指针必须指向 buf 或 extend_buf 中的一个 AVBufferRef。有些解码器或者过滤器会访问 (0, 0)（宽度、高度）以外的区域，如一些过滤器和 swscale 可以读取平面以外的 16 字节，如果要使用这些过滤器，那么必须额外分配 16 字节，在这种情况下这些数据内容的空间会超过图片的 W×H，需要保证扩展对齐。
- linesize：AVFrame 中存储的音视频数据的各个区域的行长度。以 YUV420 格式的数据为例，它被单独分为 Y 的存储区域、U 的存储区域、V 的存储区域，所以有 3 个 linesize 值。而 NV12 属于我们说的 semi planar 格式，Y 有一个单独区域，UV 共用一个区域，所以它的有效 linesize 是 2 个。AVFrame 的内存排布模式是经常出问题的原因之一，它和 format 密切相关，需要特别注意。对于视频，它通常表示每个图片行的字节大小，但也可以是负数；对于音频，只可以设置 linesize[0]。对于平面音频，每个通道平面必须是相同的大小。对于视频来说，linesize 应该是 CPU 对齐偏好的倍数，对于现代 CPU 来说，一般是 16 或 32 对齐。一些代码需要这样的对齐方式，另一些代码若没有正确的对齐方式运行起来会比较慢，而有些代码则没有区别。

注意：linesize 的大小可能大于可用数据的大小，其主要出于性能考虑，可能会有额外的填充。对于视频，行的大小值可以是负数，以实现对图像行的垂直方向的颠倒处理。

- extended_data：指向数据平面/通道的指针。对于视频，这应该简单地指向 data[]。对于平面音频，每个通道有一个单独的数据指针，linesize[0] 包含每个通道缓冲区的大小。对于打包格式的音频，只有一个数据指针，linesize[0] 包含所有通道的缓冲区的总大小。

注意：在一个有效的帧中，data 和 extend_data 都应该被设置，但是对于有更多通道的平面音频，可能必须使用 extend_data 才能访问所有通道。其核心的原因在于，音频的通道个数有可能会超过 AV_NUM_DATA_POINTERS(8)，所以有 extend_data 的出现。

- buf[8]/*extended_buf：支持该帧数据的 AVBuffer 引用。data 和 extension_data 中的所有指针必须指向 buf 或 extension_buf 中的一个缓冲区内。这个数组必须是连续填充的，举例来说，对于所有 j<i，如果 buf[i] 是非空的，那么 buf[j] 也必须是非空的。每个数据平面最多只有一个 AVBuffer，所以对于视频，这个数组总是包含所有的引用，因为视频的平面数目不可能超过 8 个。对于有超过 AV_NUM_DATA_POINTERS 通道的平面音频，可能会有更多的缓冲区无法被容纳在这个数组中，额外的 AVBufferRef 指针被存储在 extended_buf 数组中。
- format：当前视频的采样格式，如 AV_PIX_FMT_YUV420P、AV_PIX_FMT_RGB24；或者音频的采样格式，如 AV_SAMPLE_FMT_FLT、AV_SAMPLE_FMT_S16。
- width：视频当前帧宽度。
- height：视频当前帧高度。
- key_frame：当前帧是否是视频的关键帧。
- pict_type：表示当前帧是 I 帧、P 帧或者 B 帧等。
- sample_aspect_ratio：当前帧的采样宽高比。

- pts：当前视频帧的显示时间戳。
- coded_picture_number：当前帧的编码后图像序列号。
- display_picture_number：当前帧的图像显示序列序号。
- interlaced_frame、top_field_first：视频行交错能力相关，如果是行交错的话是否是顶场刷新。
- side_data、nb_side_data：AVFrame 携带的 side data，用于存放当前帧的扩展信息，例如图像是否需要旋转角度，图像中是否有区域识别或者区域画质增强的额外信息。
- color_range、color_primaries、color_trc、colorspace：这 4 个变量是图像调色专用的参数，通常需要参考颜色的参考标准模型来设置对应的参考值，例如色彩是 BT.709、BT.601、BT.2020 或者 Display P3 等。这些色彩大部分是有开放的参考标准的（比如 Recommendation ITU-R BT.709-6、Recommendation BT.2020，均可以在 ITU 开放标准的网站上找到对应的标准），我们在前半部分介绍过基本的色彩模型和色彩可显示的动态范围，如果想要支持 HDR 等能力，这 4 个参数是必然会遇到的。当进行视频转码、视频显示等操作时如果遇到图像偏色，可以通过这 4 个参数作为入口点进行分析与调整。
- pkt_dts、pkt_pos、pkt_duration、pkt_size：这 4 个参数均为与 AVPacket 部分一一对应的参数，在调试与分析当前帧内容时与 AVPacket 可以互为参考进行分析与操作。
- metadata：AVFrame 携带的元数据信息。在 FFmpeg 内部操作时可以在多个滤镜之间通过 metadata 进行传递，例如做人脸识别等功能时。通过 metadata 作为自定义信息记录也可以达到同样的效果，与上面的 side_data 的功能比较相似，但是 side_data 通常是内部定义好的类型，而 metadata 则可以是自定义的私有内容。
- nb_samples：当前帧的音频的一个声道的采样个数。
- sample_rate：当前帧的音频的采样率。
- ch_layout：当前声道的布局相关信息，包括声道数、声道布局等。

AVFrame 是 FFmpeg 中最基础的组件，FFmpeg 提供了关于 AVFrame 操作的接口，如表 11-1 所示。除了必要的申请与释放 AVFrame 接口 av_frame_alloc 和 av_frame_free，还有一些经常会用到的接口。

表 11-1　AVFrame 相关接口

API 名	说明
av_frame_ref	为源 AVFrame 所描述的数据建立一个新的引用。将帧属性从 src 复制到 dst，并为 src 的每个 AVBufferRef 创建一个新的引用。如果 src 没有被引用计数，则会分配新的缓冲区并复制数据
av_frame_unref	解除对 frame 所引用的所有缓冲区的引用，并重置 frame 的相关字段
av_frame_clone	在 av_frame_ref 之前申请了 AVFrame 的内存，然后调用 av_frame_ref，等于 av_frame_alloc()+av_frame_ref()
av_frame_move_ref	将源 AVFrame 的信息移动到目的 AVFrame 中，并且源 AVFrame 全部会被重置为初始化默认状态
av_frame_get_buffer	为音视频帧申请新的内存区域，申请的内存区域可以指定按照多少位对齐，如按 8 位、16 位、32 位对齐
av_frame_is_writable	检查 AVFrame 内容是否可写入
av_frame_make_writable	将 AVFrame 内容变更为可写入
av_frame_copy	将源 AVFrame 复制一份到目的 AVFrame 中

API 名	说明
av_frame_copy_props	复制源 AVFrame 的 side_data、metadata 信息到目的 AVFrame 中
av_frame_get_plane_buffer	从 AVFrame 中获得 data 数组中的一个维度（通常称为 plane）的数组
av_frame_new_side_data	申请一个存放 side_data 的空间并且把 side_data 存到 AVFrame，比 av_frame_new_side_data_from_buf 多一个 AVBufferRef 内存申请操作
av_frame_new_side_data_from_buf	在当前 AVFrame 的 side_data 的基础上再申请一段空间，追加存储新的 side_data
av_frame_get_side_data	从 AVFrame 中读取 side_data 信息，如做图像旋转等操作之前需要从 side_data 中读取旋转信息
av_frame_remove_side_data	从当前的 AVFrame 中删除指定类型的 side_data
av_frame_side_data_name	根据传入的类型名获得 side_data 的名称字符串，通常用于打印或者调试

为了加深对 AVFrame API 的理解，我们通过一个例子来使用这些 API。由于 AVFrame 操作的是基础库中的 API，所以不需要依赖 avcodec、avformat、avfilter 这类第三方库，直接使用 avutil 即可。示例代码如下：

```c
#include <stdio.h>

#include <libavutil/frame.h>

/* 构建一帧 YUV 图像 */
static void fill_yuv_image(AVFrame *pict, int frame_index,
                       int width, int height)
{
    int x, y, i;

    i = frame_index;

    /* 构建 Y 通道数据 */
    for (y = 0; y < height; y++)
        for (x = 0; x < width; x++)
            pict->data[0][y * pict->linesize[0] + x] = x + y + i * 3;

    /* 构建 UV 通道数据 */
    for (y = 0; y < height / 2; y++) {
        for (x = 0; x < width / 2; x++) {
            pict->data[1][y * pict->linesize[1] + x] = 128 + y + i * 2;
            pict->data[2][y * pict->linesize[2] + x] = 64 + x + i * 5;
        }
    }
}

int main(int argc, char **argv)
{
    AVFrame *frame;
    AVFrame *frame_dst;
    int writable = 0;
    int ret;

    frame = av_frame_alloc();
    if (!frame)
        return AVERROR(ENOMEM);
```

```
frame->format = AV_PIX_FMT_YUV420P;
frame->width  = 1280;
frame->height = 720;

writable = av_frame_is_writable(frame);
fprintf(stderr, "frame writable = %d\n", writable);

ret = av_frame_get_buffer(frame, 0);
if (ret < 0) {
    fprintf(stderr, "Could not allocate frame data.\n");
    exit(1);
}
fprintf(stderr, "frame writable = %d\n", writable);

if (av_frame_make_writable(frame) < 0)
    exit(1);

writable = av_frame_is_writable(frame);
fprintf(stderr, "frame writable = %d\n", writable);

fill_yuv_image(frame, 0, 1280, 720);

frame_dst = av_frame_clone(frame);
if (!frame_dst)
    return AVERROR(ENOMEM);

writable = av_frame_is_writable(frame_dst);
fprintf(stderr, "frame_dst writable = %d\n", writable);

av_frame_free(&frame);
av_frame_free(&frame_dst);

return 0;
}
```

从代码示例中可以看到用到了多个操作，申请与释放 AVFrame 用到 av_frame_alloc 与 av_frame_free，而 av_frame_clone 则是在 av_frame_alloc 之后做了 av_frame_ref 操作，av_frame_free 也顺带做了 av_frame_unref 操作。申请 AVFrame 之后通常需要设置可写操作的属性，否则向 AVFrame 内存做写入操作时会报错，可以通过 av_frame_is_writable 先确认一下是否可写，如果不可写入但希望写入的话，需要使用 av_frame_make_writable 更改可写入操作。申请 AVFrame 之后，存储视频或者声音数据的内存不会直接被申请，需要使用 av_frame_get_buffer 申请一段 buffer 以便存储音视频数据，av_frame_unref 会根据 av_frame_get_buffer 申请的内存情况进行释放。对于 AVFrame 的操作，需要注意内存的使用，如不谨慎很容易引起内存泄漏。程序运行的结果如下：

```
frame writable = 0
frame writable = 0
frame writable = 1
frame_dst writable = 0
```

为了确认这段用例是否存在内存泄漏，可以考虑使用 valgrind 来监测一下内存泄漏情况。

```
valgrind --tool=memcheck
--leak-check=full ./doc/examples/avframe_demo_g
==31656== Memcheck, a memory error detector
==31656== Copyright (C) 2002-2017, and GNU GPL'd, by Julian Seward et al.
==31656== Using Valgrind-3.15.0 and LibVEX; rerun with -h for copyright info
==31656== Command: ./doc/examples/avframe_demo_g
==31656==
frame writable = 0
```

```
frame writable = 0
frame writable = 1
frame_dst writable = 0
==31656==
==31656== HEAP SUMMARY:
==31656==     in use at exit: 0 bytes in 0 blocks
==31656==   total heap usage: 6 allocs, 6 frees, 1,414,288 bytes allocated
==31656==
==31656== All heap blocks were freed -- no leaks are possible
==31656==
==31656== For lists of detected and suppressed errors, rerun with: -s
==31656== ERROR SUMMARY: 0 errors from 0 contexts (suppressed: 0 from 0)
```

从输出的信息中可以看到，很显然是没有内存泄漏的。关于 AVFrame 相关的介绍到这里就结束了，更多的 AVFrame 操作可以参考之前介绍的 FFmpeg 中的示例代码以加深理解。

11.5　内存操作

在 FFmpeg 中做音视频处理时会频繁地用到内存操作，常见的有 av_malloc 与 av_free 操作，还有 FFmpeg 为了内存使用安全而改进的 av_freep。除了这些基础的、常见的 API，为了方便，它还提供了 buffer 相关的包装操作。在前面做 AVFrame 操作时，间接使用了 FFmpeg 内部定义的 AVBuffer 与管理 AVBuffer 的 AVBufferRef，由于 AVBuffer 被 FFmpeg 的内部流程所用，所以我们只需要了解 AVBufferRef 及其使用的 API 即可。

```
typedef struct AVBufferRef {
    AVBuffer *buffer;

    /**
     * AVBuffer 里存储的数据. 当且仅当这个 data 是 AVBuffer 的唯一引用的数据时它才被设为是可写的,
     * 在 AVBuffer 是可写的情况下, 用 av_buffer_is_writable() 查看可写属性时会返回 1.
     */
    uint8_t *data;
    /* 数据的大小 */
    size_t   size;
} AVBufferRef;
```

AVBufferRef 的结构看上去比较简单，但是作为较为基础的功能，它所提供的操作 API 非常灵活，相关的 API 如表 11-2 所示。

表 11-2　AVBufferRef 相关的 API

API 名	说明
av_buffer_alloc	申请指定大小的 buffer 内存
av_buffer_allocz	申请指定大小的 buffer 内存并初始化为 0
av_buffer_create	根据 data 数据和指定大小申请 buffer 内存
av_buffer_default_free	av_buffer_create 需要注册一个 free 操作，当未注册 free 回调时使用 av_buffer_default_free 作为默认操作
av_buffer_ref	创建 buffer 的新引用，将计数器加 1
av_buffer_unref	释放 buffer 的引用，将计数器减 1
av_buffer_is_writable	查询 buffer 的状态，如果可写入则返回 1，不可写就返回 0
av_buffer_get_ref_count	获得 buffer 计数器的计数

API 名	说明
av_buffer_make_writable	将 buffer 设置为可写状态
av_buffer_realloc	在原有的 buffer 基础上重新申请 buffer
av_buffer_replace	用源 buffer 覆盖目的 buffer

　　AVBuffer 在很多时候并不会直接被用户使用，而是在调用编解码、滤镜处理等接口的时候会在内部流程中使用。但是使用 AVBuffer 来做内存管理与操作确实方便，为了加深对 AVBufferRef API 的理解，我们通过一个例子来使用这些 API。由于 AVBufferRef 操作的 API 是基础库中的 API，所以不需要依赖 avcodec、avformat、avfilter 这类第三方库，直接使用 avutil 即可。示例代码如下：

```
#include <stdio.h>

#include <libavutil/error.h>
#include <libavutil/buffer.h>
#include <libavutil/mem.h>

int main(int argc, char **argv)
{
    uint8_t *data = av_malloc(1024);

    AVBufferRef *fdd_buf = av_buffer_create(data, 1024, NULL, NULL, AV_BUFFER_FLAG_READONLY);
    if (!fdd_buf)
        return AVERROR(ENOMEM);

    fprintf(stderr, "fdd_buf writable = %d\n", av_buffer_is_writable(fdd_buf));

    av_buffer_ref(fdd_buf);
    av_buffer_ref(fdd_buf);

    fprintf(stderr, "fdd count = %d\n", av_buffer_get_ref_count(fdd_buf));
    av_buffer_make_writable(&fdd_buf);
    fprintf(stderr, "fdd_buf writable = %d\n", av_buffer_is_writable(fdd_buf));

    return 0;
}
```

　　从例子中可以看到，首先需要申请一段内存，根据申请的内存空间创建一段 AVBufferRef，然后可以操作 AVBufferRef 中的 data。其实从 FFmpeg 内部的代码来看，AVBufferRef 常用于 Codec 的内部，在实现 Codec 时使用会很方便，或者在做 AVPacket 的 data 控制与管理时也很方便。到这里关于 AVBufferRef 的基本操作就介绍完了，更多的 FFmpeg 的 AVBufferRef 相关操作还可以参考 FFmpeg 的 Codec 部分实现来加深理解。

　　除了 AVBufferRef 的基本操作，FFmpeg 还提供了 AVBufferPool 的 buffer 池的操作。FFmpeg 支持 buffer 池主要是让用户在做 buffer 操作的时候在方便性和性能方面有一定的提升，尤其是当用户操作 GPU 的显存时。AVBufferPool 操作的 API 如表 11-3 所示。

表 11-3　AVBufferPool 操作的 API

API 名	说明
av_buffer_pool_init	分配和初始化一个 AVBuffer 池
av_buffer_pool_init2	使用复杂分配器分配和初始化 AVBuffer 池
av_buffer_pool_uninit	释放申请的 AVBuffer 池，通常在使用结束以后、退出之前使用

续表

API 名	说明
av_buffer_pool_get	分配一个新的 AVBuffer,在 AVBuffer 池里面有旧的可用的 AVBuffer 时会直接使用旧的可用的 AVBuffer
av_buffer_pool_buffer_get_opaque	查询 AVBuffer 池中已分配 AVBuffer 的原始 opaque 参数

AVBufferPool 在平时基本上不会有太多的使用,在使用滤镜操作的时候会间接地用到,通过使用 av_buffer_pool_get 从内存中获得 AVBuffer,但是如果使用 av_buffer_pool_get 的话,通常是从 AVBuffer 池里面找可用内存来用。所以如果仔细观察的话,在频繁地做滤镜处理操作的时候内存或者显存会有一定的增长积累,但是并不会持续增长,而是在 AVBuffer 池没有可用空间时才会追加申请空间。

11.6 小结

在本章,我们分析了 FFmpeg 使用新旧接口进行视频、音频编解码的方法和流程。到本书编写时,虽然一些旧的编解码 API 仍然被很普遍地使用,但是强烈推荐大家接受新的接口规范,一方面新的接口更加灵活,使用起来会更强大,另一方面,对于 FFmpeg 5.0 之后的版本,旧 API 已经完全不可用,所以建议相关代码早日迁移到新的接口。另外,FFmpeg 在这几年很重要的一个特性就是逐步完善的硬件加速功能,所以特意对这部分内容进行了介绍,这样使得读者想要使用 FFmpeg API 来完成硬件加速编码、解码、转码等操作时,有个良好的基础。同时,作为 FFmpeg 最重要的结构体之一的 AVFrame 也在本章做了介绍,深刻理解 AVPacket 和 AVFrame 的细节会让你对 FFmpeg 的使用有更多启发。

第 **12** 章

libavfilter 接口的使用

　　libavfilter 是 FFmpeg 中一个很重要的模块，提供了很多滤镜，可以对音视频进行各种处理。在做音视频处理时，通过合理使用这些滤镜，可以达到事半功倍的效果。第 8 章介绍过使用 FFmpeg 命令行给视频添加水印、生成画中画、视频多宫格处理，以及音频相关的操作，这些特效操作就是通过 libavfilter 滤镜来完成的。

　　本章主要介绍 FFmpeg 的滤镜 API 函数的使用方法，重点以 API 使用为主，通过使用滤镜对视频添加 Logo 这个例子展开叙述。本章介绍的滤镜操作作为通用操作，其他滤镜操作均可以参考本章中介绍的步骤。

12.1　Filter 和 FilterGraph 简述

　　FFmpeg 中的 Filter 就是我们所说的滤镜，又称过滤器，跟我们日常生活中使用的过滤器类似，只不过在 FFmpeg 中，Filter 中流入和流出的是音视频数据，Filter 在中间对音视频进行各种特效处理。将多个滤镜连接起来，就组成一个链，再进一步则组成一个图，它实际上是一个有向无环图（DAG，Directed Acyclic Graph），在 FFmpeg 中被称为 FilterGraph。滤镜之间可以有多个连接，这个与微软公司的 DirectShow 处理功能模块化的方式是类似的。举个例子，我们从摄像头中采集到图像，输出给滤镜，然后滤镜会对这个图像进行处理，如调节亮度和对比度、进行美颜等，最后输出处理以后的图像。

　　FFmpeg 中内置了很多滤镜功能模块，这些模块描述了滤镜的特性及输入输出端的个数。从输入输出的角度来说，滤镜主要有 3 种类型：Source Filter、Sink Filter 和 Transform Filter，其中 Source Filter 是源滤镜，它只有输出端没有输入端；Sink Filter 则是终端滤镜，只有输入端没有输出端；而 Transform Filter 是位于传输中间位置的滤镜，既有输入端又有输出端。一个示例如图 12-1 所示。如果把大家熟悉的小孔成像实验设备都看成是滤镜，则左边的蜡烛就是 Source Filter，右边的挡板就是 Sink Filter，而中间的小孔就是 Transform Filter。

　　FilterGraph 有规定好的表示方式。使用命令行工具时，在 ffmpeg 中由 -filter/-vf 和 -filter_complex 选项指定，在 ffplay 中由 -vf 选项指定；如果使用的是 API 方式，则由 libavfilter/avfilter.h 中定义的 avfilter_graph_parse()/avfilter_graph_parse_ptr()/avfilter_graph_parse2() 函数来解析。其规则如下：

- 一个**滤镜**（filter）由以下形式的字符串表示。

```
[in_link_1]...[in_link_N]filter_name=arguments[out_link_1]...[out_link_M]
```

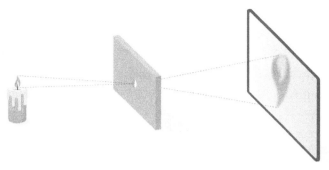

图 12-1 滤镜示意图

- 一个**滤镜链**（filterchain）由一连串的滤镜组成，每一个滤镜都与序列中的前一个滤镜相连。一个滤镜链由用逗号","分隔的滤镜描述列表组成。
- 一个**滤镜图**（filtergraph）由一连串的滤镜链组成。滤镜图由用分号";"分隔的滤镜链描述的列表组成。

filter_name 是滤镜类的名称，所描述的滤镜是其实例，并且必须是已经支持的滤镜的名称。滤镜的名称后面有一个字符串=arguments，其用来对滤镜实例做进一步的参数控制。arguments 是一个字符串，包含用于初始化滤镜实例的参数，可以通过以下两种形式之一来设置。

- 一个由冒号":"分隔的 key=value 方式的键值对，这种情况下明确指定 key 的名字和对应的值。一般推荐这样的方式，因为这样更为清晰，后续调试也更为便利。
- 一个由":"分隔开的值列表，但不带键的名字。在这种情况下，键被假定为选项名称，按照它们在 Filter 中被声明的顺序。例如，fade 滤镜按照这个顺序声明了 3 个选项：type、start_frame 和 nb_frames，那么参数列表 in:0:30 意味着 in 的值被分配给选项 type，0 分配给 start_frame，30 分配给 nb_frames。保留这种方法的原因是有些老的命令行使用了这样的方式，读者可以了解一下。

如果选项值本身是一个列表（例如，format 滤镜可能需要多个像素格式组成的列表），列表中的选项值通常用符号"|"来分隔。参数列表可以用单引号字符"'"作为开始和结束标记，用转义字符"\"来转义引号内的字符；否则，当遇到下一个特殊字符（指的是"[]=;,"集合）时，参数字符串就被认为终止了。

一个滤镜包含一个或多个输入、输出，滤镜的输入或输出被称为 pad，每个 pad 被绑定到一个特定的媒体类型上，支持一个或多个输入、输出格式。输入和输出 pad 再通过一个链接联系在一起，逐级链接构成滤镜链。

另外，滤镜的语法也支持链接标签（flag）方式，这时，滤镜的名称和参数可以选择在链接标签列表的前面和后面。一个链接标签允许显式地命名一个链接，并将其与滤镜的输出或输入 pad 相关联。以上面的例子来说，前面的标签[in_link_1] ... [in_link_N]与滤镜的输入 pad 关联，后面的标签[out_link_1] ... [out_link_M]与输出 pad 关联。当在滤镜图中发现两个具有相同名称的链接标签时，就会在相应的输入和输出 pad 之间创建一个链接。如果一个输出 pad 没有被贴上标签，它就被默认为链接到滤镜链中下一个滤镜的第 1 个未贴标签的输入 pad。滤镜链举例如下：

```
nullsrc, split[L1], [L2]overlay, nullsink
```

split 滤镜实例有两个输出 pad，overlay 滤镜实例有两个输入 pad。split 的第 1 个输出 pad 被标记为 L1，overlay 的第 1 个输入 pad 被标记为 L2，而 split 的第 2 个输出 pad 与 overlay 的第 2 个输入 pad 相连，且都没有被标记。

在一个完整的滤镜链中，所有未被标记的滤镜输入和输出 pad 都必须连接；且只有所有滤镜链的所有输入和输出 pad 都是连接的，该滤镜图才被认为是有效的。需要注意的是，libavfilter 可能会在需要转换格式的地方自动插入 scale 滤镜，在这种情况下，可以通过在 filtergraph 描述中添加 sws_flags=flags 来为那些自动插入的 scale 滤镜指定 swscale 标志。

下面是对 filtergraph 语法的 BNF[①]描述，可以作为完整的语法参考。

```
NAME                ::= sequence of alphanumeric characters and '_'
FILTER_NAME         ::= NAME["@"NAME]
LINKLABEL           ::= "[" NAME "]"
LINKLABELS          ::= LINKLABEL [LINKLABELS]
FILTER_ARGUMENTS    ::= sequence of chars (possibly quoted)
FILTER              ::= [LINKLABELS] FILTER_NAME ["=" FILTER_ARGUMENTS] [LINKLABELS]
FILTERCHAIN         ::= FILTER [,FILTERCHAIN]
FILTERGRAPH         ::= [sws_flags=flags;] FILTERCHAIN [;FILTERGRAPH]
```

另外需要指出的是，AVFilter 的设计理念似乎受到 Windows 的 DirectShow 的设计影响，所以很多最初的概念与 DirectShow 颇为相似。不过后期 AVFilter 的内部也开始逐步迭代出一些自有的创新，比如多输入滤波同步（framesync）、动态参数设置（process_command）等。

12.2   FFmpeg 中内置的滤镜

FFmpeg 中内置了很多滤镜，在 AVFilter 中主要分为 3 种类型：音频滤镜、视频滤镜、多媒体滤镜。注意，这是一个简单但不严谨的分类方式，实际上，滤镜也能处理字幕等。

12.2.1   音频滤镜

1. 音频 Transform Filter

音频 Transform Filter 包含了重采样、混音器、调整音频时间戳、淡入淡出、静音检测等模块。截至本书编写时，FFmpeg 内置了 100 多种音频 Transform Filter，如表 12-1 所示。

表 12-1   音频 Transform Filter

序号	名称	作用
1	abench	对滤镜进行性能基准测试
2	acompressor	主要用于减少声音信号的动态范围
3	acontrast	主要用于对音频信号范围进行简单动态压缩或扩展
4	acopy	将音频从输入原封不动地复制到输出
5	acue	根据一个索引文件延迟音频
6	acrossfade	交叉音频淡入淡出

---

① 巴科斯范式（Backus Normal Form，BNF），又称为巴科斯-诺尔范式（Backus-Naur Form），是一种用于表示上下文无关文法的语言。上下文无关文法描述了一类形式语言，它是由约翰·巴科斯（John Backus）和彼得·诺尔（Peter Naur）首先引入的，用来描述计算机语言语法的符号集。

续表

序号	名称	作用
7	acrossover	将音频按频段分离
8	acrusher	降低声音保真度
9	adeclick	消除脉冲噪声
10	adeclip	删除剪辑的样本
11	adecorrelate	对音频进行装饰
12	adelay	滞后一个或多个声道时间
13	adenorm	通过增加极低噪声进行音频补偿
14	aderivative	计算输入音频的导数
15	adynamicequalizer	动态均衡
16	adynamicsmooth	动态平滑
17	aecho	声音增加回声
18	aemphasis	声音波形滤镜
19	aeval	根据表达式过滤声音
20	aexciter	增强高频部分
21	afade	声音淡入淡出
22	afftdn	快速傅里叶变换音频降噪
23	afftfilt	从频域上对采样应用任意表达式
24	afir	根据附加流中的系数进行有限脉冲响应滤波
25	aformat	强制设置输入音频的输出格式
26	afreqshift	频移
27	afwtdn	小波变换音频降噪
28	agate	减少声音信号的下面部分的值
29	aiir	无限脉冲响应滤波
30	aintegral	计算输入音频的积分
31	alatency	报告音频滤镜延迟
32	alimiter	防止声音信号大小超过预定的阈值
33	allpass	改变声音的频率和相位的关系
34	aloop	声音采样循环
35	amerge	合并多个音频流形成一个多通道流
36	ametadata	处理音频帧中的元数据
37	amix	混合多个音频流到一个输出音频流
38	anequalizer	每个声道进行高位参数多波段补偿
39	amultiply	两个声道相乘
40	anequalizer	应用高阶音频参数多频带均衡器
41	anlmdn	使用非均值局部滤波以减少宽带噪声
42	anlmf	对第 1 个流应用归一化最小值四算法
43	anlms	对第 1 个流应用归一化最小均方算法

序号	名称	作用
44	anull	原始声音无损地传递给输出端
45	apad	声音末尾填充静音数据
46	aperms	对输出音频设置许可
47	aphaser	在输入音频上增加相位调整效果
48	aphaseshift	在输入音频上进行相位平移
49	apsyclip	心理声学裁剪
50	apulsator	根据低频振荡器改变左右声道的音量
51	arealtime	让滤镜适配实时播放进度
52	aresample	对输入音频进行重采样
53	arnndn	通过递归神经网络降噪
54	asdr	测量信号失真度
55	asegment	音频分段
56	aselect	根据公式选择相应的音频帧
57	asendcmd	对滤镜发送命令
58	asetnsamples	对每一个输出帧都设置采样点数
59	asetpts	对每个输出帧都设置 PTS
60	asetrate	不改变 PCM 数据，而修改采样率（慢放/快放）
61	asettb	设置时间基数
62	ashowinfo	显示一行数据，用于展示每帧音频的各种信息，如序号、pts、fmt 等
63	asidedata	处理音频帧上的 side data
64	asoftclip	软裁剪
65	aspectralstats	输出频域统计信息
66	asplit	将输出音频分离成多个输出
67	astats	在时间域上显示声道的统计信息
68	asubboost	低音炮增强
69	asubcut	低音炮消除
70	asupercut	高频消除
71	asuperpass	应用高阶巴特沃斯滤波器
72	asuperstop	应用高阶巴特沃斯带阻滤波器
73	atempo	调整声音播放速度（0.5～2.0）
74	atilt	频谱倾斜
75	atrim	对输入音频进行修剪，从而使输出只包含一部分原始音频
76	axcorrelate	交叉两个音频流
77	bandpass	增加一个两级的巴特沃斯带通滤波器
78	bandreject	增加一个两级的巴特沃斯带阻滤波器
79	bass	增加或减少音频的低频部分
80	biquad	根据指定的系数增加一个双二阶 IIR 滤波器
81	bs2b	Bauer 立体声到立体声变换，用于改善戴耳机的听觉感受

续表

序号	名称	作用
82	channelmap	重新定位（map）通道到新的位置
83	channelsplit	从输入音频流中分离每个通道到一个独立的输出流中
84	chorus	对声音应用副唱效果，就像是有极短延时的回声效果
85	compand	精简或者扩大声音的动态范围
86	compensationdelay	延时补偿
87	crystalizer	扩展声音动态范围的简单算法
88	crossfeed	应用耳机交叉馈电滤波
89	dcshift	对声音应用直流偏移，主要是用于从声音中移除直流偏移（可能在录制环节由硬件引起）
90	dynaudnorm	动态声音标准化，用于把声音峰值提升到一个目标等级，通过对原始声音进行某种增益
91	deesser	去齿音
92	drmeter	测量音频动态范围
93	dynaudnorm	动态均衡
94	earwax	扩展单体声音域，通过耳机声音听起来更柔和
95	ebur128	EBUR128 响度扫描器
96	equalizer	应用一个两极均等化滤镜，在一个范围的频率会被增加或减少
97	extrastereo	增加立体声声道音的差异
98	firequalizer	应用有限脉冲响应（FIR）均衡器
99	flanger	（弗兰基）镶边效果
100	hdcd	解码高分辨率可兼容的数字信号数据
101	headphone	应用耳机双耳空间化 HRTFS 处理
102	highpass	通过 3db 频率点，应用高通滤波器
103	highshelf	通过 3db 频率点，应用高架滤波器
104	join	把多个输入流连接成单一多通道流
105	ladspa	加载 LADSPA 插件
106	loudnorm	EBUR128 响度标准化，包含线性和动态标准化方法
107	lowpass	通过 3db 频率点，应用低通滤波器
108	lowshelf	通过 3db 频率点，应用低架滤波器
109	pan	通过制定的增益等级混合声音通道
110	replaygain	回播增益扫描器，主要是展示 track_gain 和 track_peak 值，对数据无影响
111	resample	改变声音采样的格式、采样率和通道数
112	rubberband	使用 librubberband 进行时间拉伸和变调
113	sidechaincompress	通过第 2 个输入信号来压缩侦测信号，这个滤镜会接收两个输入流而输出一个流
114	sidechaingate	在把信号发送给增益衰减模块前，过滤侦测信号
115	silencedetect	静音检测

序号	名称	作用
116	silenceremove	从声音的开始、中间和结尾处移除静音数据
117	speechnorm	语音归一化处理
118	sofalizer	使用 HRTFS（头部相关的变换函数）来创建虚拟扬声器，通过耳机给听者一种立体听觉效果
119	stereotools	管理立体声信号的工具库
120	stereowiden	增强立体声效果
121	superequalizer	应用 18 段均衡滤波
122	surround	环绕高混滤波
123	treble	增加或消减声音高频部分，通过一个两极 shelving 滤镜
124	tremolo	正弦振幅调制，颤音音效
125	vibrato	正弦相位调制，抖音音效
126	volume	调制输入声音音量
127	volumedetect	侦测输入流的音量大小，当流结束时，打印相关统计信息
128	anullsink	什么都不做，相当于黑洞

2. 音频 Source Filter

截至本书编写时，FFmpeg 一共内置了 6 种音频 Source Filter。当前可用的音频 Source Filter 如表 12-2 所示。

表 12-2　音频 Source Filter

序号	名称	作用
1	abuffer	以某种格式缓存音频帧，用于后续滤镜链使用
2	aevalsrc	根据指定的表达式来产生一个音频信号，一个表达式对应一个通道
3	anullsrc	空的音频源滤镜，返回未处理的声音帧，作为一种模板，用于给分析器或者调试器提供服务，或者作为一些滤镜的源
4	flite	使用 libflite[①]库合成语音,启用该功能,需要用--enable-libflite 来配置FFmpeg。libflite 库线程不安全
5	anoisesrc	产生音频噪声信号
6	sine	通过正弦波振幅的 1/8 创造一个音频源

3. 音频 Sink Filter

截至本书编写时，FFmpeg 一共内置了两种音频 Sink Filter，如表 12-3 所示。

表 12-3　音频 Sink Filter

序号	名称	作用
1	abuffersink	缓存音频帧，在过滤链尾端使用
2	anullsink	空的 Sink 滤镜，对输入数据不处理，直接丢弃，相当于一个黑洞。主要是作为一个模板，为其他分析器或调试工具提供源数据

---

① CMU Flite（festival-lite）是卡耐基梅隆大学开源的一个语音合成库，可以将文本转变成语音。参见 http://cmuflite.org/。

12.2.2　视频滤镜

1. 视频 Transform Filter

FFmpeg 中视频 Transform Filter 非常丰富，包含了图像剪切、Logo 虚化、色彩空间变换、图像缩放、淡入淡出、字幕处理等模块。因为这些滤镜非常多，如果需要禁止一些不需要的滤镜以使得库的尺寸减小，可以通过--disable-filters 来禁用。截至本书编写时，FFmpeg 内置了300 多种视频 Transform Filter，具体如表 12-4 所示。

表 12-4　视频 Transform Filter

序号	名称	作用
1	addroi	标出重点关注区域
2	alphaextract	从输入视频中提取 alpha 部分，作为灰度视频，一般与 alphamerge 混用
3	alphamerge	使用第 2 个视频的灰度值，增加或替换主输入的 alpha 部分
4	ass	字幕库，同 subtitle 滤镜，只是它不需要 libavcodec 和 libavformat 就可以工作。另外，它只限于 ASS（Advanced Substation Alpha）字幕文件
5	amplify	放大前后两帧之间的差异
6	atadenoise	对输入视频进行 ATAD（自适应时域平均降噪器）处理
7	avgblur	使用平均模糊效果
8	bbox	依据输入帧的亮度值平面，计算帧的非纯黑像素的边界（计算一个区域，这个区域的每一个像素的亮度值都低于某个允许的值）
9	bench	对滤镜进行基准测试
10	bilateral	双边滤波
11	bitplanenoise	显示和测量位平面噪声
12	blackdetect	纯黑视频检测
13	blackframe	纯黑帧的检测
14	blend, tblend	两个视频互相混合
15	bm3d	块匹配 3D 降噪
16	boxblur	使用 boxblur 算法模糊
17	bwdif	视频反交错
18	cas	对比度适配锐化处理
19	chromahold	将特定区域的彩色图像转为灰度图像
20	chromakey	YUV 空间的颜色/色度抠图
21	chromanr	色域降噪
22	ciescope	通过把像素覆盖其上，来显示 CIE 颜色表
23	codecview	显示由解码器导出的信息
24	colorbalance	修改 RGB 的强度值
25	colorcontrast	调整 RGB 对比度
27	colorcorrect	白平衡校正

序号	名称	作用
28	colorize	对特定区域进行颜色覆盖
29	colorkey	RGB 颜色空间抠图,将特定区域转为透明
30	colorhold	RGB 颜色空间抠图,将特定区域转为灰度
31	colorlevels	使用一些标准值调整输入帧
32	colorchannelmixer	通过重新混合颜色通道来调整帧
33	colormatrix	颜色矩阵转换
34	colorspace	转换颜色空间,变换特性、基色
35	colortemperature	调整色温
36	convolution	卷积滤波
37	convolve	将第 1 个视频流与第 2 个视频流相互干涉
38	copy	复制源到输出端,不改变源数据
39	coreimage	在 OSX 上使用苹果的 CoreImage(使用 GPU 加速过滤)API
40	crop	裁剪视频到给定的大小
41	cue	根据索引对视频帧进行延迟处理
42	cropdetect	自动检测裁剪尺寸。它计算出必要的裁剪参数,并通过记录系统打印出推荐参数。检测到的尺寸根据模式对应于输入视频的非黑色或视频区域
43	curves	使用某些曲线来调整颜色
44	datascope	视频数据分析滤镜
45	dblur	定向模糊
46	dctdnoiz	使用 2D DCT(频域滤波)降噪
47	deband	消除色波纹
48	deblock	块状消除
49	decimate	使用常规间隔丢弃重帧
50	deconvolve	将两路视频流反干涉
51	dedot	减少交叉明度和色度
52	deflate	应用 deflate 效果
53	deflicker	消除帧的时间亮度变化
54	dejudder	消除由电影电视内存交错引起的颤抖
55	delogo	去除电视台 Logo
56	derain	去除雨滴
57	deshake	尝试修复水平或垂直偏移变化
58	detelecine	应用精准的电影电视逆过程
59	despill	Despill 滤镜
60	dilation	应用放大特效
61	displace	根据第 2 个和第 3 个流来显示像素
62	dnn_classify	DNN 分类滤镜
63	dnn_detect	DNN 检测滤镜

序号	名称	作用
64	dnn_processing	DNN 处理滤镜
65	doubleweave	将输入视频场逐一交错融合成双倍帧数的视频帧
66	drawbox	在输入图像上绘制一个带颜色的框
67	drawgraph	根据元数据画图
68	drawgrid	在输入图像上显示网格
69	drawtext	视频上绘制文字效果，使用 libfreetype 库
70	edgedetect	边缘检测
71	eq	应用亮度、对比度、饱和度和 gamma 调节
72	extractplanes	从输入视频流中提取色彩通道
73	elbg	使用色印特效（ELBG 算法）
74	entropy	熵检测
75	epx	通过 EPX 算法缩放
76	erosion	应用腐蚀特效
77	estdif	应用边缘坡度追踪去隔行扫描
78	exposure	调整曝光度
79	extractplanes	将平面提取为灰度帧
80	fade	使用淡入/淡出特效
81	fftdnoiz	使用 3D 快速傅里叶变换降噪
82	fftfilt	在频域上对采样应用任意的表达式
83	field	使用 stride 算法从图形中提取单场
84	fieldhint	根据提示文件的数字描述，通过复制相关帧的上半部分或者下半部分来创建新的帧
85	fieldmatch	场匹配
86	fieldorder	场序变换
87	fillborders	边界填充
88	floodfill	区域填充
89	fifo	输入图像缓存，需要的时候直接发送出去
90	find_rect	查找矩形对象
91	cover_rect	覆盖或者模糊矩形对象
92	format	转换输入视频到制定的像素格式
93	fps	转换视频到固定帧率，可能会复制帧或者丢弃帧
94	framepack	打包两个不同的视频流到一个立体视频里
95	framerate	通过在源帧里插入新帧来改变帧率
96	framestep	每隔第 N 个帧取出一帧
97	freezedetect	静止视频检测
98	freezeframes	冻结视频帧
99	frei0r	使用 frei0r 特效，配置 FFmpeg 时使能 frei0r

序号	名称	作用
100	fspp	使用快速简单的视频后期处理方法
101	gblur	高斯模糊
102	geq	根据指定的选项来选择颜色空间
103	gradfun	修正色波纹
104	graphmonitor	显示滤镜图的各种统计信息
105	grayworld	使用 LAB grayworld 算法调整白平衡
106	greyedge	通过灰色边缘假设估计场景明度
107	guided	导向滤镜
108	haldclut	应用 HaldCLUT
109	hflip	水平翻转特效
110	histeq	自动对比度调节
111	histogram	计算并绘制一个颜色分布图
112	hqdn3d	3D 降噪
113	hwupload_cuda	上传系统内存帧到 CUDA 设备
114	hqx	输出放大后的图像
115	hstack	多视频水平排列输出
116	hsvhold	将特定 HSV 范围转为灰度图像
117	hstack	将特定 HSV 范围转为透明（抠图），应用于 HSV 色彩空间
118	hue	修改色相及饱和度
119	huesaturation	调整色调、饱和度、强度
120	hwdownload	将硬件解码的帧下载为普通帧
121	hysteresis	把第 1 个视频叠加到第 2 个视频上
122	identity	检测两路视频流的差异
123	idet	检测视频隔行类型
124	il	去交错或者交错场
125	inflate	使用膨胀特效
126	interlace	逐行扫描的内容交错
127	interleave	临时交错输入视频流
128	kerndeint	应用 Donald Graft 的自适应内核去交错
129	kirsch	应用 Kirsch 操作
130	lagfun	慢慢更新暗像素
131	latency	报告视频滤镜的延迟
132	lenscorrection	矫正径向畸变
133	limitdiff	有限差异过滤
134	limiter	将像素限制在一定范围内
135	loop	帧循环
136	lumakey	根据亮度抠图

序号	名称	作用
137	lut1d	应用 1D LUT（Look-Up-Table）
138	lut3d	应用 3D LUT
139	lumakey	改变某些亮度值为透明的
140	lut, lutrgb, lutyuv	计算出一个 LUT，目的是绑定每个像素分量的输入值到一个输出值上，并且把它应用到输入视频上
141	lut2	计算并对两个输入视频应用 LUT
142	maskedclamp	用第 2 个视频流和第 3 个视频流对第 1 个视频流进行箝位
143	maskedmax	根据两个视频流的最大差异应用滤镜
144	maskedmin	根据两个视频流的最小差异应用滤镜
145	maskedmerge	使用第 3 个视频的像素比重来合并第 1 个和第 2 个视频
146	maskedthreshold	根据两路视频流的绝对距离阈值选择像素
147	maskfun	创建遮罩
148	median	使用 Median 滤镜
149	mcdeint	应用反交错影像补偿
150	mergeplanes	从一些视频流中合并颜色通道分量
151	mestimate	使用块匹配算法，估计并导出运动向量
152	metadata	处理视频帧上的元数据
153	midequalizer	应用中路图像均衡化效果
154	minterpolate	通过运动插值，转换视频为指定的帧率
155	mix	混流
156	monochrome	用定制化的视频滤镜将视频转为灰度图像
157	msad	计算两路视频流的 MSAD
158	negate	消除 alpha 分量
159	nlmeans	使用非局部均值算法进行帧降噪
160	nnedi	使用神经网络边缘导向插值进行视频反交错
161	noformat	强制 libavfilter 不给下一个滤镜传递指定的像素格式
162	noise	帧增加噪声
163	normalize	视频归一化处理
164	null	视频不做任何改变传递给输出端
165	ocr	使用 Tesseract 库进行字符识别
166	ocv	使用 OpenCV 进行视频变换
167	oscilloscope	2D 图像示波镜
168	overlay	覆盖一个视频到另一个的顶部
169	owdenoise	应用过完备小波降噪
170	pad	对输入图像进行填充
171	palettegen	为完整的视频创建一个调色板
172	paletteuse	使用调色板进行下采样

序号	名称	作用
173	perspective	对未垂直录制到屏幕上的视频进行远景矫正
174	perms	设置输出视频帧的许可
175	photosensitivity	消除闪光灯
176	phase	为了场序改变，延时交错视频的一场时间
177	pixdesctest	像素格式表述测试滤镜，用于内部测试
178	pixscope	显示颜色通道的采样值，一般用于检测颜色和等级
179	pp	使用 libpostproc 的子滤镜进行后期处理
180	pp7	使用滤镜 7 进行后期处理
181	premultiply	使用第 2 个流的第 1 个平面对输入流进行 alpha 预乘
182	prewitt	prewitt 算子
183	psnr	从两个视频中获取平均、最大、最小的 PSNR
184	pullup	将场序列转换为帧的拉升（用于 24 帧的逐行扫描和 30 帧的逐行扫描混合场景）
185	qp	改变视频量化参数
186	random	使内部缓存的帧乱序
187	readeia608	读取隐藏字幕信息（EIA-608）
188	readvitc	读取垂直间隔时间码信息
189	realtime	实时滤镜
190	remap	通过 x = Xmap(X, Y) 和 y = Ymap(X, Y)取出源位置在(x,y)的像素，其中 X、Y 是目的像素
191	removelogo	使用一幅图像来削弱视频 Logo
192	repeatfields	使用视频 ES 头里面的 repeat_field，根据这个值来重复场
193	reverse	逆向排列图像帧系列
194	rgbashift	RGBA 偏移
195	roberts	应用 Roberts 交叉算子处理图像
196	rotate	使用弧度描述的任意角度来旋转视频
197	removegrain	逐行扫描视频的空间降噪器
198	sab	应用形状自适应模糊
199	scale	使用 libswscale 缩放图像
200	scale_npp	使用 libnpp 缩放图像或像素格式转换
201	scale2ref	根据视频参考帧缩放图像
202	scdet	检查视频场景变化
203	scharr	应用 Scharr 算子
204	segment	视频流分段
205	select	选择视频帧转到输出
206	selectivecolor	调整 CMYK 到某种范围的其他颜色
207	sendcmd	对滤镜发送命令

续表

序号	名称	作用
208	separatefields	划分帧到分量场，产生一个新的 1/2 高度的剪辑，帧率和帧数都是原来的 2 倍
209	setdar	设置显示宽高比（DAR）
210	setfield	标记交错类型的场为输出帧
211	setparams	设置转出场或颜色
212	setrange	设置输出视频的颜色范围
213	setsar	设置像素宽高比（SAR）
214	settb	设置时间基准
215	shear	剪切变换
216	showinfo	显示视频每帧数据的各种信息
217	showpalette	显示每帧数据的 256 色的调色板
218	shuffleframes	重排序、重复、丢弃视频帧
219	shufflepixels	重排像素
220	shuffleplanes	重排序、重复视频平面
221	sidedata	处理边数据
222	signalstats	评估不同的可视化度量值，这些度量值可以帮助查找模拟视频媒体的数字化问题
223	signature	计算 MPEG-7 的视频特征
224	signalstats	信号检测统计信息
225	split	将输入视频流分成多个流
226	sr	基于 DNN 的视频超分
227	smartblur	不用轮廓概述来模糊视频
228	ssim	从两个视频中获取 SSIM（结构相似性度量）
229	stereo3d	立体图形格式转换
230	streamselect	选择视频或音频流
231	astreamselect	
232	sobel	对输入视频应用 sobel 算子
233	spp	简单的后期处理，比如解压缩变换和计算这些平均值
234	subtitles	使用 libass 在视频上绘制字幕
235	super2xsai	对输入进行缩放，并且使用 Super2xSaI 进行平滑
236	swaprect	交换视频里的两个矩形对象区域
237	swapuv	UV 平面互换
238	tblend	混合后续的帧
239	telecine	对视频进行电影/电视处理
240	thistogram	计算并绘制时域直方图
241	threshold	使用阈值效应
242	thumbnail	抓取视频缩略图
243	tile	几个视频帧瓦片化

序号	名称	作用
244	tinterlace	执行不同类型的时间交错场
245	tlut2	在后两个连接的帧上计算并应用 LUT
246	tmedian	在后续帧上选择中位数像素
247	tmidequalizer	应用时域中途均衡
248	tmix	混合后续视频帧
249	tonemap	动态范围互转
250	tpad	临时填充
251	transpose	行列互换
252	trim	截断输入，确保输出中包含一个连续的输出子部分
253	unpremultiply	使用第 2 个流的第 1 个 plane 作为 alpha，将 alpha 预乘效应结果应用于第 1 个输入视频流
254	unsharp	锐化或模糊
255	uspp	应用特别慢或简单的视频后加工处理
256	untile	将一帧变为多帧
257	v360	360 度投影转换
258	vaguedenoiser	依据降噪器，应用小波技术
259	varblur	可换模糊
260	vectorscope	在二维图标中显示两个颜色分量
261	vidstabdetect	分析视频稳定性和视频抖动
262	vidstabtransform	视频稳定性和视频抖动
263	vflip	垂直翻转视频
264	vfrdet	动态帧率检测
265	vibrance	提高或改变饱合度
266	vif	计算两个视频流的 VIF
267	vignette	制作或翻转光晕特效
268	vmafmotion	计算 VMAF 运动分数
269	vstack	垂直排列视频
270	w3fdif	反交错输入视频
271	waveform	视频波形监视器
272	weave, doubleweave	连接两个连续场为一帧，产生一个 2 倍高的剪辑，帧率和帧数降为一半
273	xbr	应用高质量 xBR 放大滤镜
274	xcorrelate	两个视频流干涉
275	xfade	一个视频流渐变为另一个视频流
276	xmedian	在几个视频输入中取中位数像素
277	xstack	将视频输入叠加到定制的布局上
278	yadif	反交错视频
279	yaepblur	保留边缘模糊滤镜

续表

序号	名称	作用
280	zoompan	应用缩放效果
281	zscale	使用 zlib 来缩放视频
282	allrgb	生成所有 RGB 颜色
283	allyuv	生成所有 YUV 颜色
284	cellauto	FFmpeg 内部生成视频源图像数据的滤镜，类似 testsrc2
285	color	提供一个统一的颜色输入
286	colorspectrum	生成颜色频谱
287	coreimagesrc	使用 CoreImage API 作为视频源
288	gradients	渐变
289	haldclutsrc	提供一个 identity HaldCLUT
290	life	构造生命模型
291	mandelbrot	渲染一个 Mandelbrot 分形
292	nullsrc	空视频源，返回不加处理的视频帧
293	pal75bars	生成 PAL 75%彩色条
294	pal100bars	生成 PAL 100%彩色条
295	rgbtestsrc	生成 RGB 测试图案
296	sierpinski	渲染一个 Sierpinski 分形
297	smptebars	生成 SMPTE 彩色条
298	smptehdbars	生成 SMPTE 高清彩色条
299	testsrc	生成测试图案
300	testsrc2	生成另一个测试图案
301	yuvtestsrc	生成 YUV 测试图案
302	nullsink	对输入视频不做任何处理，类似"黑洞"
303	abitscope	将音频的位域输出成视频图像
304	adrawgraph	使用输入音频的元数据画图
305	agraphmonitor	显示各种滤镜统计信息
306	ahistogram	将输入音频转换为直方图视频
307	avectorscope	将输入音频转换为矢量示波器视频
308	showcqt	将输入音频转换为 CQT 频谱视频
309	showfreqs	将输入音频转换为频率视频输出
310	showspatial	将输入音频转换为空间视频输出
311	showspectrum	将输入音频转换为频谱视频输出
312	showspectrumpic	将输入音频转换为频谱视频并输出一帧图像
313	showvolume	将输入音频的音量转换为视频输出
314	showwaves	将音频波形转换为视频输出
315	showwavespic	将音频波形转换为一帧视频输出
316	spectrumsynth	将输入视频频谱转换为音频输出
317	buffer	缓存输入视频帧并提供给全滤镜链使用
318	buffersink	缓存输入视频帧并提供给最后一个滤镜使用

2. 视频 Source Filter

截至本书编写时，FFmpeg 一共内置了 18 种视频 Source Filter，如表 12-5 所示。

表 12-5   视频 Source Filter

序号	名称	作用
1	buffer	预缓存帧数据
2	cellauto	构造元胞自动机模型
3	coreimagesrc	OSX 上使用 CoreImage 以产生视频源
4	mandelbrot	构造曼德尔布罗特集分形
5	mptestsrc	构造各种测试模型
6	frei0r_src	提供 frei0r 源
7	life	构造生命模型
8	allrgb	返回 4096×4096 大小的、包含所有 RGB 色的帧
9	allyuv	返回 4096×4096 大小的、包含所有 YUV 色的帧
10	color	均匀色输出
11	haldclutsrc	输出 HaldCLUT，参照 haldclut 滤镜
12	nullsrc	输出未处理视频帧，一般用于分析和调试
13	rgbtestsrc	构造 RGB 测试模型
14	smptebars	构造彩色条纹模型（依据 SMPTE Engineering Guideline EG 1—1990）
15	smptehdbars	构造彩色条纹模型（依据 SMPTE RP 219—2002）
16	testsrc	构造视频测试模型
17	testsrc2	同 testsrc，不同点是支持更多的像素格式
18	yuvtestsrc	构造 YUV 测试模型

3. 视频 Sink Filter

截至本书编写时，FFmpeg 一共内置了两种视频 Sink Filter，如表 12-6 所示。

表 12-6   视频 Sink Filter

序号	名称	作用
1	buffersink	视频缓冲区，将收到的视频帧存放到内存里
2	nullsink	什么都不做，相当于一个黑洞，多用于分析或调试

12.3   libavfilter 的 API 使用

在前面命令行使用章节中已经介绍过对视频添加水印的操作，下面使用 FFmpeg API 来实现同样的效果。AVFilter 流程图如图 12-2 所示。

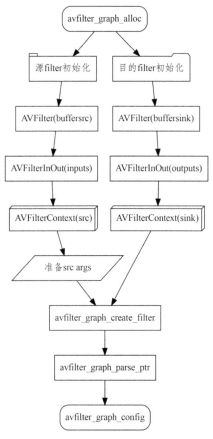

图 12-2　AVFilter 流程图

图 12-2 可以总结为如下步骤：初始化 libavfilter，创建 Source 和 Sink 滤镜，然后调用解析滤镜图接口以正确地创建滤镜图，剩下的就是将解码出来的视频或音频数据以帧的方式放到滤镜中处理，然后再取出来，整个流程就完成了。下面我们通过对视频添加 Logo 来看看这一过程。除了上面的这些 API，使用 libavfilter 也需要对相应的数据结构有清晰的认识，如表 12-7 所示。

表 12-7　AVFilter 库中的重要结构体

重要结构体	说明
AVFilterGraph	表示滤镜图，用于管理整个完整滤波过程的结构体
AVFilterLink	表示滤镜链，主要是用于链接相邻的两个 AVFilterContext。如前所述，为了实现一个滤波过程，可能会需要多个滤镜协同完成，即一个滤镜的输出可能会是另一个滤镜的输入，AVFilterLink 的作用是链接两个相邻的滤镜实例，使得两个滤镜之间的数据可以顺利流通。该结构从 API 的角度而言，并不对外，而是内部实现使用
AVFilterInOut	滤镜链的输入输出的链接列表。它主要对 `avfilter_graph_parse()` 有用，因为这个函数可以接受一个带有非链接输入/输出 pad 的图的描述。这个结构为图中包含的每个非链接 pad 指定了滤镜上下文和建立链接所需的 pad 索引
AVFilter	它是 FFmpeg 内部实现的滤镜类，滤镜的实现是通过 AVFilter 及内部的各种字段和回调函数完成的
AVFilterContext	滤镜上下文，其对应到滤镜的实例，原因是即使是同一个滤镜，在执行实际的滤波时，也会由于输入的参数不同而有不同的滤波行为，AVFilterContext 就是在实际进行滤波时用于维护滤波相关信息的实例，如同其他 FFmpeg 的上下文一样，它是一个运行时（runtime）的概念

重要结构体	说明
AVFilterPad	描述滤镜的输入输出 pad，一个滤镜（AVFilter）可以有多个输入及多个输出端口，相邻滤镜之间是通过 AVFilterLink 链接的，而位于 AVFilterLink 两端的分别就是前一个滤镜的输出 pad 及后一个滤镜的输入 pad
AVFilterCommand	一般用于动态修改滤镜实例的某些选项，这样使得滤镜可以在运行时改变一些行为，使得滤镜的应用场景更为丰富
buffersrc	前面已经提及该特殊滤镜，这个滤镜的作用就是充当整个滤波过程的入口，通过调用该滤镜提供的函数（如 av_buffersrc_add_frame）可以把需要滤波的帧传输进滤波过程。在创建该滤镜实例的时候，还需要提供一些关于所输入的帧的格式的必要参数（典型的如：time_base、图像的宽高、图像像素格式、Audio 采样格式等）
buffersink	前面已经提及该特殊滤镜，作用就是充当整个滤波过程的出口，通过调用该滤镜提供的函数（如 av_buffersink_get_frame）可以提取出被滤波过程滤波完成后的帧

这里对 AVFilterPad 和 AVFilterInOut 做进一步的说明。

AVFilterPad 用于描述一个滤镜的输入或输出，它包含类型、名字、用于处理传入或传出帧的函数指针，以及其他更多的一些技术细节。它是滤镜（AVFilter）的一部分。

AVFilterInOut 主要是对诸如"concat 滤镜的第 4 个输入"这样的信息进行描述，它包含一个指向滤镜上下文的指针，以及指定输入或输出的索引，加上一个建立链接列表的 next 指针，如果这个结构来自于解析滤镜图的字符串描述，其可能还有一个名字。

例如解析一个滤镜图的字符串描述"[0:a] [ex] amerge"，你会得到两个 AVFilterInOut 的输入：

- 一个指向 amerge 的上下文，索引为 0，名称为"0:a"。
- 一个指向 amerge 的上下文，索引为 1，名称为"ex"。

还有一个 AVFilterInOut 用于输出：

- 指向 amerge 的上下文，索引为 0，因为它只有一个输出，名称为 NULL。

12.4   使用滤镜给视频加 Logo

下面我们通过一个例子来讲述上述流程在实际中的使用方法。关于滤镜的操作接口已经列出，接下来重点讲解一下视频的滤镜操作过程，代码中与解封装、解码相关的内容可参考本书的其他部分，我们着重于滤镜操作的主要步骤，参考代码网址为 https://ffmpeg.org/doxygen/trunk/filtering_video_8c-example.html。

1）获得滤镜处理的源及 Sink。获得滤镜处理的源及滤镜处理的 Sink 滤镜（AVFilter），同时申请输入与输出的滤镜结构 AVFilterInOut。

```
AVFilter *buffersrc = avfilter_get_by_name("buffer"); // 源滤镜
AVFilter *buffersink = avfilter_get_by_name("buffersink"); // Sink 滤镜

AVFilterInOut *outputs = avfilter_inout_alloc(); // 初始化滤镜输出
AVFilterInOut *inputs = avfilter_inout_alloc();  // 初始化滤镜输入
```

2）分配 AVFilterGraph。在 AVFilter 与 AVFilterInOut 申请完成之后，申请一个 AVFilterGraph 结构，用来存储 Filter 的 in 与 out 描述信息。如前面所言，AVFilterGraph 是整个滤波过程的总控结构

之一。

```
AVFilterGraph *filter_graph = avfilter_graph_alloc(); // 初始化 AVFilterGraph

if (!outputs || !inputs || !filter_graph) { // 检查是否初始化成功
    ret = AVERROR(ENOMEM);
}
```

3）创建 AVFilterContext。需要创建一个 AVFilterContext 结构以存储 Filter 的处理内容，包括输入与输出的 Filter 等信息。在创建输入信息时，需要加入源视频的相关信息，例如 video_size、pix_fmt、time_base、pixel_aspect 等。

```
AVFilterContext *buffersink_ctx;
AVFilterContext *buffersrc_ctx;

snprintf(args, sizeof(args), // 准备 Filter 参数
    "video_size=%dx%d:pix_fmt=%d:time_base=%d/%d:pixel_aspect=%d/%d",
    dec_ctx->width, dec_ctx->height, dec_ctx->pix_fmt, time_base.num,
    time_base.den, dec_ctx->sample_aspect_ratio.num,
    dec_ctx->sample_aspect_ratio.den);

// 创建源 Filter 实例,这个函数会在开头调用滤镜的 preinit 函数,然后创建滤镜实例并做一些简单的初始化,
解析输入的字符串,最后调用滤镜的 init 函数
ret = avfilter_graph_create_filter(&buffersrc_ctx, buffersrc,
    "in", args, NULL, filter_graph);

if (ret < 0) {
    av_log(NULL, AV_LOG_ERROR, "Cannot create buffer source\n");
}
```

创建好输入的 AVFilterContext 之后，接下来创建一个输出的 AVFilterContext，用于终结 FilterGraph。

```
// 创建 Sink Filter
ret = avfilter_graph_create_filter(&buffersink_ctx, buffersink,
    "out", NULL, NULL, filter_graph);

if (ret < 0) {
    av_log(NULL, AV_LOG_ERROR, "Cannot create buffer sink\n");
}
```

4）设置其他参数。创建完输入与输出的 AVFilterContext 之后，如果还需要设置一些其他的与 Filter 相关的参数，可以使用 av_opt_set_int_list 进行设置。例如设置 AVfilterContext 的输出的 pix_fmt 参数。

```
ret = av_opt_set_int_list(buffersink_ctx, "pix_fmts",
    AV_PIX_FMT_YUV420P, AV_PIX_FMT_NONE, AV_OPT_SEARCH_CHILDREN);

if (ret < 0) {
    av_log(NULL, AV_LOG_ERROR, "Cannot set output pixel format\n");
}
```

5）建立滤镜解析器。参数设置完毕之后，可以针对前面设置的 Filter 相关的内容建立滤镜解析器。滤镜内容与前面章节中介绍的命令行方式基本相同，填入对应的字符串即可。

```
const char * filters_descr =
  "movie=logo.jpg [logo];[logo]colorkey=White:0.2:0.5[alphawm];[in][alphawm]overlay=
20:20[out]";
```

设置 FilterGraph 的连接点。filter_graph 将会连接到以 filters_descr 描述的图上。源滤镜（buffersrc）的输出必须接在 filters_desc 描述的滤镜图的输入端。由于第 1 个

Filter 的输入标签（lable）没有设置，则默认为 "in"。

```
outputs->name = av_strdup("in");
outputs->filter_ctx = buffersrc_ctx;
outputs->pad_idx = 0;
outputs->next = NULL;
```

Sink 滤镜（buffersink）的输入必须接到 filters_descr 描述的最后一个 Filter 的输出上。由于最后一个 Filter 的输出标签（label）没有指定，默认为 "out"。

```
inputs->name = av_strdup("out");
inputs->filter_ctx = buffersink_ctx;
inputs->pad_idx = 0;
inputs->next = NULL;

// 解析 Filter 字符串，建立 Filter 间的连接，主要是用 AVFilterLink 把相邻的两个滤波实例连接起来
avfilter_graph_parse_ptr(filter_graph, filters_descr, &inputs, &outputs, NULL);
avfilter_graph_config(filter_graph, NULL); // 配置 FilterGraph，同时验证参数配置是否正确
```

上面设置的 inputs/outputs 代码初看会觉得有些奇怪，但仔细想想，便觉得合理。outputs 对应的是 in（也就是 buffer），in 是 FilterGraph 第一个 Filter，所以它只有输出端（所以对应到了 outputs）。同理 out（buffersink）是 FilterGraph 的最后一个 Filter，只有输入端，因此对应到了 inputs。

至此，可以看到滤镜输入与输出的关联已建立，并且解析了滤镜的处理过程字符串，将建立的处理过程图 filter_graph 加入 filter 配置。

这样就建立好滤镜图了。如果想要了解构建的滤镜图是否符合预期，可以使用 avfilter_graph_dump 函数 "dump" 一下整个滤镜图，用于调试或者验证。

```
/**
 * Dump a graph into a human-readable string representation.
 *
 * @param graph    the graph to dump
 * @param options  formatting options; currently ignored
 * @return  a string, or NULL in case of memory allocation failure;
 *          the string must be freed using av_free
 */
char *avfilter_graph_dump(AVFilterGraph *graph, const char *options);
```

6）数据放入 Filter 的源。准备工作做完之后，接下来开始进入解码及将数据喂给滤镜图的过程。解码的过程在前面章节已经讲述，参考即可。滤波的流程都是从向 buffersrc 输入帧开始的，FFmpeg 实际上提供了 3 个函数：av_buffersrc_write_frame()、av_buffersrc_add_frame() 和 av_buffersrc_add_frame_flags()。实际上 av_buffersrc_write_frame() 和 av_buffersrc_add_frame() 是 av_buffersrc_add_frame_flags() 的一个特例。

```
/**
 * Add a frame to the buffer source.
 *
 * By default, if the frame is reference-counted, this function will take
 * ownership of the reference(s) and reset the frame. This can be controlled
 * using the flags.
 *
 * If this function returns an error, the input frame is not touched.
 *
 * @param buffer_src  pointer to a buffer source context
 * @param frame       a frame, or NULL to mark EOF
 * @param flags       a combination of AV_BUFFERSRC_FLAG_*
 * @return            >= 0 in case of success, a negative AVERROR code
 *                    in case of failure
```

```
*/
av_warn_unused_result
int av_buffersrc_add_frame_flags(AVFilterContext *buffer_src,
                                 AVFrame *frame, int flags);
```

解码完成后对解码后的数据进行滤镜操作，将解码后的视频的每一帧数据（frame）抛给源 AVFilterContext（buffersrc_ctx）进行处理。具体的操作如下：

```
if (av_buffersrc_add_frame_flags(buffersrc_ctx, frame, AV_BUFFERSRC_FLAG_KEEP_REF) < 0) {
    av_log(NULL, AV_LOG_ERROR, "Error while feeding the filtergraph\n");
}
```

7）获取数据。数据抛给源 AVFilterContext 处理之后，AVFilter 会自行对数据按照先前设定好的处理方式进行处理，通过从输出的 AVFilterContext 中获得输出的帧数据，即可获得滤镜处理过的数据，然后根据实际的需要，对数据进行编码或者存储下来观看效果。保存数据的方式与解码保存方式相同。

在下面的例子中，调用 av_buffersink_get_frame 以尝试获得 buffersink 输出的帧。如果返回值大于 0 则表明得到了一帧，正常情况下如果无法获得帧通常会返回 EAGAIN，这表明要求用户向 buffersrc 输入更多的帧。av_buffersink_get_frame 会向下调用 get_frame_internal，该函数的主要作用就是调用滤镜进行滤波，并返回滤波完成的帧。获取过滤后的帧的代码示例如下：

```
while (1) {
    // 获取经过滤镜处理后的视频数据帧
    ret = av_buffersink_get_frame(buffersink_ctx, filt_frame);
    if (ret == AVERROR(EAGAIN) || ret == AVERROR_EOF) break;
    if (ret < 0) goto end;
    // 复制视频帧数据到 video_dst_data 内存缓冲区
    av_image_copy(video_dst_data, video_dst_linesize,
        (const uint8_t **)(frame->data), frame->linesize, AV_PIX_FMT_YUV420P,
        frame->width, frame->height);
    // 将内存中的数据写到文件中
    fwrite(video_dst_data[0], 1, video_dst_bufsize, video_dst_file);
    av_frame_unref(filt_frame); // 释放滤镜中的视频帧
}

av_frame_unref(frame); // 释放视频帧
```

至此，通过调用滤镜 API 为视频添加 Logo 的处理方式介绍完毕。添加 Logo 后的效果如图 12-3 所示，可以看到 Logo 已经被加入视频中。

图 12-3　滤镜添加效果图

12.5   小结

相对于 libavformat 和 libavcodec，libavfilter 库在 FFmpeg 中出现得更晚一些，期间内部实现也经历了多次迭代，也引起过关于稳定性、文档、性能等问题的争议。但不可否认，libavfilter 的加入使得 FFmpeg 的使用范围更为广泛。另外一个开源项目 GPAC[①]甚至在后续版本的开发中直言，其 filter 的开发借鉴了 FFmpeg 的 libavfilter 库的实现。

本章介绍了 libavfiter 的各种滤镜，更为重要的是介绍了其 API 的使用方式。其构建过程显得有些复杂，但只要实操几次便会熟悉。其他滤镜操作方法与上述添加 Logo 的方法基本相同，而音频的滤镜操作方法与本例也大同小异。另外，在使用滤镜 API 的时候，也需要注意其线程的设置，这在多核心场景下颇为重要。

---

① GPAC 的 filter 的开发进展可以关注 https://github.com/gpac/gpac/wiki/filters_general。

第 13 章

FFmpeg 辅助库的使用

FFmpeg 的辅助库主要由 libavutil、libswscale、libswresample 组成。其中 libavutil 库是一个辅助多媒体编程的实用工具库，它包含的功能非常多，如安全的可移植字符串函数、随机数生成器、各种常用数据结构、扩展的数学函数、密码学和多媒体相关功能（如像素和样本格式的枚举）等。

libavutil 的设计目标如下。

- 模块化：它应该有很少的相互依赖，并可能在 ./configure 期间禁用个别部分。
- 小型化：其内部实现和对应的实例都应该较小。
- 高效：它应该具有较低的 CPU 和内存使用率。
- 实用：它应该避免那些几乎没有人需要的无用功能。

libavutil 被设计为模块化的方式。在大多数情况下，为了使用 libavutil 的某个组件所提供的功能，你必须明确地包含该功能的特定头文件。如果只使用媒体相关的组件，也可以只简单地包含 libavutil/avutil.h 文件，它涵盖了大部分的"核心"组件。

除了 libavutil，还有针对图像转换、缩放的 libswscale，以及针对音频重采样、格式转换的 libswresample。

在 FFmpeg 项目的工程实现中，命令行部分介绍了很多参数，这些参数除了可以通过命令行工具使用，也可以在调用 API 的时候使用。另外，图像缩放和音频格式转换也是常用操作，作为 FFmpeg 的 SDK 用户或 FFmpeg 模块开发者，会经常使用 libavutil、libswscale 和 libswresample 的一些常用的结构体和方法。

13.1 libavutil 的 dict 与 opt 操作

在使用 FFmpeg 命令行做视频的封装、解封装、编码、解码、网络传输的时候，都会使用一些参数，例如第 6 章中讲到的通过 TCP 传输模式拉取 RTSP 视频流，并录制成 MP4 文件等。有时候我们希望在录制 MP4 后将 moov 移动到文件头部，则需要添加一个参数-movflags faststart，在使用 FFmpeg 的 SDK 时将参数传给 RTSP 模块和 MP4 模块。FFmpeg 提供了两种操作方式来传递参数，分别是 dict 与 opt。那么在什么场景下使用 dict，在什么场景下使用 opt 呢？下面我们通过两个例子来进行说明。

以设置-movflags faststart 为例，将 MP4 的 moov 移动到文件头部，示例如下。

通过 opt 操作设置参数示例代码如下：

```
AVFormatContext *oc;
avformat_alloc_output_context2(&oc, NULL, NULL, "out.mp4");
av_opt_set(oc->priv_data, "movflags", "faststart", 0); /* 直接设置容器对象的参数 */
avformat_write_header(oc, NULL);
av_interleaved_write_frame(oc, pkt);
av_write_trailer(oc);
```

通过 dict 操作设置参数示例代码如下：

```
AVFormatContext *oc;
AVDictionary *opt = NULL; /* 先定义一个 AVDictionary 变量 */
avformat_alloc_output_context2(&oc, NULL, NULL, "out.mp4");
av_dict_set(&opt, "movflags", "faststart", 0); /* 将参数设置到 AVDictionary 变量中 */
avformat_write_header(oc, &opt); /* 打开文件时传 AVDictionary 参数 */
av_dict_free(&opt); /* 使用完 AVDictionary 参数后立即释放以防止内存泄漏 */
av_interleaved_write_frame(oc, pkt);
av_write_trailer(oc);
```

以上两种操作方式均可以将 moov 容器移动到 MP4 的文件头部。从操作的示例中可以看到，av_opt_set 可以直接设置对应对象的参数，这么使用的话可以直接对设置的对象生效；而 av_dict_set 可以设置到 AVDictionary 变量中，这样可以复用到多个对象中，但是设置起来会稍微麻烦一些。二者各有优势，由个人使用习惯和场景而定。

除了 av_opt_set 与 av_dict_set，opt 与 dict 还有更多的操作接口可以选择使用，其中 dict 操作接口比 opt 接口少一些，如表 13-1 和表 13-2 所示。

表 13-1　opt 的 set 操作

API 接口名	参数值类型
av_opt_set_int	只接受整数
av_opt_set_double	只接受浮点数
av_opt_set_q	只接受分子与分母，例如{1, 25}
av_opt_set_bin	只接受二进制数据
av_opt_set_image_size	只接受图像宽与高，例如{1920,1080}
av_opt_set_video_rate	只接受分子与分母，例如{1, 25}
av_opt_set_pixel_fmt	只接受枚举类型，例如 AV_PIX_FMT_YUV420P
av_opt_set_sample_fmt	只接受采样数据格式枚举类型，例如 AV_SAMPLE_FMT_S16
av_opt_set_channel_layout	只接受音频通道布局枚举类型，例如 AV_CHANNEL_LAYOUT_5POINT0
av_opt_set_dict_val	接受 AVDictionary 类型，例如设置 metadata 时可以使用
av_opt_set_chlayout	只接受音频通道布局枚举类型，例如 AV_CHANNEL_LAYOUT_5POINT0
av_opt_set_defaults	设置对象的默认值，例如 hlsenc 有自己对应的操作选项的默认值，全部设置对应的默认值
av_opt_set_defaults2	设置对象的默认值，例如 hlsenc 有自己对应的操作选项的默认值，全部设置对应的默认值，只有(opt->flags & mask) == flags 的 AVOption 字段才会应用默认值
av_opt_set_from_string	解析 key=value 格式的字符串并设置对应的参数与值

表 13-2　opt 的 get 操作

API 接口名	参数值类型
av_opt_next	获得 opt 操作的对象的下一个参数
av_opt_get_int	获得对象参数的值为整数

续表

API 接口名	参数值类型
av_opt_get_double	获得对象参数的值为双精度浮点数
av_opt_get_q	获得对象参数为分子与分母，例如{1, 25}
av_opt_get_image_size	获得图像的宽和高，例如{1920,1080}
av_opt_get_video_rate	获得视频的帧率，例如{1, 25}
av_opt_get_pixel_fmt	获得视频的像素点格式枚举类型，例如 AV_PIX_FMT_YUV420P
av_opt_get_sample_fmt	获得音频的采样格式枚举类型，例如 AV_SAMPLE_FMT_S16
av_opt_get_channel_layout	获得音频的采样布局枚举类型，例如 AV_CHANNEL_LAYOUT_5POINT0
av_opt_get_dict_val	获得 AVDictionary 类型，通常是 key-value 方式
av_opt_get_key_value	获得 key=value 类型

从列表中可以看到，opt 的操作接口比较多，与处理的具体数据类型关联比较紧密，使用这些接口操作对象时可以精确地设置参数值类型，且直接操作在对象之上，例如某个封装格式模块的实例或者某个编解码模块的实例。

如表 13-3 所示，dict 的操作接口比较少，常操作于通用的数据类型之上。但是使用 dict 的这些接口操作对象通常只是设置了 AVDictionary，并没有真正设置具体对象，如果想让设置的参数生效，还需要在封装格式或者编解码器 open 的时候设置 AVDictionary，并且需要仔细斟酌内存使用情况，通常需要自己在合适的时机调用 av_dict_free，做内存释放以免内存泄漏。

表 13-3　dict 的常规操作

API 接口名	参数值类型
av_dict_count	获得 dict 参数的数量整数
av_dict_parse_string	一次性解析多组 key=value 格式的字符串为 dict
av_dict_free	释放因设置 dict 申请的内存空间
av_dict_copy	复制 dict 参数与值
av_dict_get_string	获得 dict 的参数值为字符串，用 key=value 格式字符串获得 value
av_dict_set_int	设置 dict 参数的值为整数

为了加深理解，可以自己动手实现一个最简单的例子作为参考。

```
#include <stdlib.h>
#include <stdio.h>
#include <string.h>
#include <math.h>

#include <libavutil/opt.h>
#include <libavutil/mathematics.h>
#include <libavutil/timestamp.h>
#include <libavcodec/avcodec.h>
#include <libavformat/avformat.h>

typedef struct OutputStream {
    AVStream *st; /* 用来存储视频流信息的内容，比如视频的帧率、码率、编码格式等信息 */
    AVCodecContext *enc; /* 用来存放视频编码参数和编码处理操作上下文的结构内容 */
    int64_t next_pts; /* 用来存储将会生成的下一帧的 PTS */
    AVFrame *frame; /* 用来存储视频编码前的每一帧图像的信息 */
    AVPacket *tmp_pkt; /* 用来存储视频编码后的数据包信息 */
```

```
    } OutputStream;

    static int write_frame(AVFormatContext *fmt_ctx, AVCodecContext *c, AVStream *st,
AVFrame *frame, AVPacket *pkt)
    {
        int ret;

        /* 编码操作的时候将图像的帧数据喂给编码器 */
        ret = avcodec_send_frame(c, frame);
        if (ret < 0) {
            fprintf(stderr, "Error sending a frame to the encoder: %s\n",
                    av_err2str(ret));
            exit(1);
        }

        while (ret >= 0) {
            ret = avcodec_receive_packet(c, pkt);
            if (ret == AVERROR(EAGAIN) || ret == AVERROR_EOF)
                break;
            else if (ret < 0) {
                fprintf(stderr, "Error encoding a frame: %s\n", av_err2str(ret));
                exit(1);
            }

            /* 根据视频编码信息及流信息中的 timebase（帧率参考信息），与当前数据包中的 pts 进行重新计算 */
            av_packet_rescale_ts(pkt, c->time_base, st->time_base);
            pkt->stream_index = st->index;

            /* 交错存储编码后的视频数据包到需要输出的目标容器格式中 */
            ret = av_interleaved_write_frame(fmt_ctx, pkt);

            if (ret < 0) {
                fprintf(stderr, "Error while writing output packet: %s\n", av_err2str(ret));
                exit(1);
            }
        }

        return ret == AVERROR_EOF ? 1 : 0;
    }

    /* 添加输出视频流的信息 */
    static void add_stream(OutputStream *ost, AVFormatContext *oc, const AVCodec **codec,
enum AVCodecID codec_id)
    {
        AVCodecContext *c;

        /* 根据传入的 codecid 查找对应的编码器 */
        *codec = avcodec_find_encoder(codec_id);
        if (!(*codec)) {
            fprintf(stderr, "Could not find encoder for '%s'\n", avcodec_get_name(codec_id));
            exit(1);
        }

        ost->tmp_pkt = av_packet_alloc();
        if (!ost->tmp_pkt) {
            fprintf(stderr, "Could not allocate AVPacket\n");
            exit(1);
        }

        ost->st = avformat_new_stream(oc, NULL);
        if (!ost->st) {
            fprintf(stderr, "Could not allocate stream\n");
            exit(1);
```

```
    }
    ost->st->id = oc->nb_streams-1;
    c = avcodec_alloc_context3(*codec);
    if (!c) {
        fprintf(stderr, "Could not alloc an encoding context\n");
        exit(1);
    }
    ost->enc = c;

    switch ((*codec)->type) {
    case AVMEDIA_TYPE_VIDEO:
        c->codec_id = codec_id;
        c->bit_rate = 400000;
        /* 设置图像的宽和高 */
        c->width    = 352;
        c->height   = 288;
        ost->st->time_base = (AVRational){ 1, 25 }; /* 设置帧率 */
        c->time_base       = ost->st->time_base;
        c->gop_size        = 12; /* 设置视频编码的关键帧间隔 */
        c->pix_fmt         = AV_PIX_FMT_YUV420P;
        break;

    default:
        break;
    }
}

static AVFrame *alloc_picture(enum AVPixelFormat pix_fmt, int width, int height)
{
    AVFrame *picture;
    int ret;

    picture = av_frame_alloc();
    if (!picture)
        return NULL;

    picture->format = pix_fmt;
    picture->width  = width;
    picture->height = height;

    /* 为创建视频图像数据申请一个内存空间 */
    ret = av_frame_get_buffer(picture, 0);
    if (ret < 0) {
        fprintf(stderr, "Could not allocate frame data.\n");
        exit(1);
    }

    return picture;
}

static void open_video(AVFormatContext *oc, const AVCodec *codec, OutputStream *ost,
AVDictionary *opt_arg)
{
    int ret;
    AVCodecContext *c = ost->enc;
    AVDictionary *opt = NULL;

    av_dict_copy(&opt, opt_arg, 0);

    /* 打开视频编码器 */
    ret = avcodec_open2(c, codec, &opt);
    av_dict_free(&opt);
    if (ret < 0) {
```

```
        fprintf(stderr, "Could not open video codec: %s\n", av_err2str(ret));
        exit(1);
    }

    /* 申请并且初始化图像帧数据内存 */
    ost->frame = alloc_picture(c->pix_fmt, c->width, c->height);
    if (!ost->frame) {
        fprintf(stderr, "Could not allocate video frame\n");
        exit(1);
    }

    /* 复制视频流信息到封装容器格式对应的字段中 */
    ret = avcodec_parameters_from_context(ost->st->codecpar, c);
    if (ret < 0) {
        fprintf(stderr, "Could not copy the stream parameters\n");
        exit(1);
    }
}

/* 自己手动生成一帧图像，如果自己有 YUV 数据可以不用这个 */
static void fill_yuv_image(AVFrame *pict, int frame_index, int width, int height)
{
    int x, y, i;

    i = frame_index;

    /* 创建一段 Y 数据 */
    for (y = 0; y < height; y++)
        for (x = 0; x < width; x++)
            pict->data[0][y * pict->linesize[0] + x] = x + y + i * 3;

    /* 创建一段 UV 数据 */
    for (y = 0; y < height / 2; y++) {
        for (x = 0; x < width / 2; x++) {
            pict->data[1][y * pict->linesize[1] + x] = 128 + y + i * 2;
            pict->data[2][y * pict->linesize[2] + x] = 64 + x + i * 5;
        }
    }
}

static AVFrame *get_video_frame(OutputStream *ost)
{
    AVCodecContext *c = ost->enc;

    /* 设定 2.0 秒为视频帧最大长度，超过 2.0 秒就退出 */
    if (av_compare_ts(ost->next_pts, c->time_base, 2.0, (AVRational){ 1, 1 }) > 0)
        return NULL;

    /* 当将帧传递给编码器时，它可能会在内部保留对它的引用；确保不会在这里覆盖它*/
    if (av_frame_make_writable(ost->frame) < 0)
        exit(1);

    fill_yuv_image(ost->frame, ost->next_pts, c->width, c->height);
    ost->frame->pts = ost->next_pts++;

    return ost->frame;
}

static void close_stream(AVFormatContext *oc, OutputStream *ost)
{
    avcodec_free_context(&ost->enc);
    av_frame_free(&ost->frame);
    av_packet_free(&ost->tmp_pkt);
```

```
    }

/******************** 程序入口 ********************************/
int main(int argc, char **argv)
{
    OutputStream video_st = { 0 };
    const AVOutputFormat *fmt;
    AVFormatContext *oc;
    const AVCodec *video_codec;
    int ret;
    int have_video = 0;
    int encode_video = 0;
    AVDictionary *opt = NULL;

    /* 申请需要输出的封装容器格式的结构体，这个结构体用于封装/解封装处理的上下文内容记录 */
    avformat_alloc_output_context2(&oc, NULL, NULL, argv[1]);
    if (!oc)
        return AVERROR(ENOMEM);

    fmt = oc->oformat;

    /* 将编码信息并且初始化过的编码参数写入视频流信息中*/
    if (fmt->video_codec != AV_CODEC_ID_NONE) {
        add_stream(&video_st, oc, &video_codec, fmt->video_codec);
        have_video = 1;
        encode_video = 1;
    }

    /* 到这里所有参数设置完成，可以打开视频编码器并且按需申请编码操作时需要的内存*/
    if (have_video)
        open_video(oc, video_codec, &video_st, opt);

    /* 如果需要，则打开输出文件 */
    if (!(fmt->flags & AVFMT_NOFILE)) {
        ret = avio_open(&oc->pb, argv[1], AVIO_FLAG_WRITE);
        if (ret < 0) {
            fprintf(stderr, "Could not open '%s': %s\n", argv[1], av_err2str(ret));
            return 1;
        }
    }
    /* 我们讲到的 av_dict_set 可以在这里设置。也可以尝试在这里做 av_opt_set 试验 */
    av_dict_set(&opt, "movflags", "faststart", 0);

    /* 写封装容器的头部信息 */
    ret = avformat_write_header(oc, &opt);
    av_dict_free(&opt);
    if (ret < 0) {
        fprintf(stderr, "Error occurred when opening output file: %s\n", av_err2str(ret));
        return 1;
    }

    while (encode_video) {
        encode_video = !write_frame(oc, video_st.enc, video_st.st, get_video_frame
(&video_st), video_st.tmp_pkt);
    }

    av_write_trailer(oc); /* 输入容器写内容结束之后的后处理 */
    close_stream(oc, &video_st); /* 关闭 codec 句柄 */
    avio_closep(&oc->pb);      /* 关闭输出的文件句柄 */
    avformat_free_context(oc); /* 释放流对应的上下文内存 */

    return 0;
}
```

这段代码是基于 FFmpeg 源代码目录 API 的示例 Muxing 修改的，可以结合本节开始介绍的 opt 与 dict 操作步骤做修改，达到试验的目的。在日常使用 API 开发的时候，为了更简单地使用 FFmpeg 的参数，多用 opt 与 dict 的操作可以更好地掌握它们。

13.2　libswscale 的 sws_scale 图像转换

在处理视频图像时，编解码器可能要求输入或输出指定颜色空间和大小的图像，为此 FFmpeg 提供了非常灵活和高度优化的图像转换 API——sws_scale，其位于 libswscale。它主要具备如下功能：

- 颜色空间转换，如 RGB24 和 YUV420P 互转，同时也可以实现图像的打包格式转换，如把 packed 转换为 planar。
- 改变图像大小，实现图像的缩放操作，如把 1920×1080 的图像转换为 1280×720 的图像。

需要注意的是，颜色空间转换和改变图像大小通常是一个有损的操作，转换之后，目的图像和原始图像之间可能会存在差异。

13.2.1　图像转换流程

FFmpeg 图像转换依赖一个上下文：SwsContext，这个上下文包含了转换时所需的图像信息，如宽、高、格式等核心数据，如下面代码所示：

```
typedef struct SwsContext {
    // ...
    int srcW;                          // 源图像宽度
    int srcH;                          // 源图像高度
    int dstH;                          // 目标图像的高度
    enum AVPixelFormat dstFormat;      // 目的图像格式
    enum AVPixelFormat srcFormat;      // 源图像格式
    // ...
} SwsContext;
```

图像转换的流程并不复杂，如图 13-1 所示。

图 13-1　图像转换流程

下面我们分步骤重点讲述各个节点参数和函数的意义。

1）创建 SwsContext 上下文。FFmpeg 通过一个复合函数 sws_getContext 快速创建并返回一个上下文。原型如下：

```
struct SwsContext *sws_getContext(int srcW, int srcH, enum AVPixelFormat srcFormat,
                        int dstW, int dstH, enum AVPixelFormat dstFormat,
                        int flags, SwsFilter *srcFilter,
                        SwsFilter *dstFilter, const double *param);
```

传入参数解释如下。

- srcW：原始图像的宽度。
- srcH：原始图像的高度。

- srcFormat：原始图像格式。
- dstW：目的图像宽度。
- dstH：目的图像高度。
- dstFormat：目的图像格式。
- flags：缩放时使用的算法，不同算法的效果略有差异，性能也不一样。本书针对不同的情况进行了性能测试。
- srcFilter：输入图像的滤波信息，不常用，设置为 NULL 即可。
- dstFilter：输出图像的滤波信息，不常用，设置为 NULL 即可。
- param：转换时使用的额外的一些参数，用于指定图像缩放的一些算法参数，如 SWS_BICUBIC、SWS_GAUSS、SWS_LANCZOS 等。
- 返回值：成功时返回申请的上下文指针，失败时返回 0。

sws_scale() 进行图像转换涉及性能问题，这也是很多项目关心的一个方面，为此我们对部分参数进行了一些性能测试。

- 软件环境：FFmpeg 6.0 Windows
- 硬件环境：I7 8 代 CPU
- 目标：对一幅 1920×1080 的图像进行缩放，缩放为 960×540 的图像

测试下来，其性能数据如表 13-4 所示。

表 13-4　`sws_scale` 性能测试数据

缩放算法	每秒处理的图像数	性能点评
SWS_FAST_BILINEAR	312	放大后有大色块，不平滑
SWS_BILINEAR	100	比较平滑
SWS_BICUBIC	87	比较平滑
SWS_X	92	比较平滑
SWS_BICUBLIN	98	较好，平滑
SWS_GAUSS	92	更模糊一些，平滑

综合性能数据和视觉情况，推荐使用 SWS_BILINEAR 和 SWS_BICUBIC 算法。

2）实施转换操作。FFmpeg 通过 sws_scale() 进行具体的图像缩放，这个函数的功能非常强大，不仅可以缩放整张图片，还支持缩放连续的图像切片，同时在像素方面支持 200 多种格式，详见 AVPixelFormat（pixfmt.h）。原型如下：

```
int sws_scale(struct SwsContext *c, const uint8_t *const srcSlice[],
        const int srcStride[], int srcSliceY, int srcSliceH,
        uint8_t *const dst[], const int dstStride[]);
```

参数解释如下。

- struct SwsContext*c：由 sws_getContext() 创建的上下文。
- const uint8_t*const srcSlice[]：srcSlice 是一个指针数组，里面的指针指向包含源 slice 的 plane。
- const int srcStride[]：srcStride 是一个指针数组，里面存储的指针指向每个 plane 的跨度（stride）。
- int srcSliceY：待处理图像切片的第 1 行的行号，起始值为 0，大部分场景下都为 0。
- int srcSliceH：待处理图像切片的高度。

- uint8_t *const dst[]：dst 是一个指针数组，里面存储的指针指向输出图像数据的每个 plane。
- const int dstStride[]：dstStride 是一个指针数组，里面存储的指针指向输出图像的每个 plane 的跨度（stride）。
- 返回值：返回输出图像切片的高度，即已处理的总行数。

3）销毁上下文。这一步很简单，就是直接销毁步骤 1 申请的上下文（swsContext）。原型如下：

```
void sws_freeContext(struct SwsContext *swsContext);
```

13.2.2   代码实例

上面介绍了主要函数的功能和参数的意义，本小节通过一个代码示例来介绍 FFmpeg 图像转换 API 的使用。本例中我们把一帧 YUV420P 图像转换为 RGB24 图像，原始图像的分辨率是 1280×720，目的分辨率是 960×540。首先，从一个 1280×720 分辨率的视频中获取一帧 yuv 数据，ffmpeg 命令如下：

```
ffmpeg -i bigbuckbunny.mp4 -ss 0:0:20 -vframes 1 -pix_fmt yuv420p one_frame.yuv
```

得到 yuv 文件后，用 ffplay 播放一下，查看原始图像的情况。

```
ffplay -i one_frame.yuv -video_size 1280x720 -pix_fmt yuv420p
```

原始图像如图 13-2 所示。

图 13-2   原始 yuv 图像

根据 13.2.1 节介绍的转换流程，图像转换的代码如下：

```
#include <stdio.h>
#include <libswscale/swscale.h>

AVFrame* alloc_buffered_frame(int w, int h, int fmt)
{
    AVFrame *frame = NULL;
    int ret = 0;
    frame = av_frame_alloc();
    if (!frame) {
        goto failed;
    }
```

```
    frame->width = w;
    frame->height = h;
    frame->format = fmt;

    if ((ret = av_frame_get_buffer(frame, 0)) != 0) {
        goto failed;
    } else {
        goto success;
    }

failed:
    if (frame) {
        av_frame_free(&frame);
    }

success:
    return frame;
}

int fill_yuv_from_file(AVFrame *frame, FILE *fp)
{
    int w = frame->width;
    int h = frame->height;

    size_t y_bytes = w * h;
    size_t u_bytes = w * h / 4;
    size_t v_bytes = w * h / 4;
    size_t read_bytes = 0;

    // read Y plane
    read_bytes = fread((void*)frame->data[0], 1, y_bytes, fp);
    if (read_bytes != y_bytes) {
        goto failed;
    }
    // read U plane
    read_bytes = fread((void*)frame->data[1], 1, u_bytes, fp);
    if (read_bytes != u_bytes) {
        goto failed;
    }
    // read V plane
    read_bytes = fread((void*)frame->data[2], 1, v_bytes, fp);
    if (read_bytes != v_bytes) {
        goto failed;
    }

    return 0;

failed:
    return -1;
}

int save_frame_to_file(AVFrame *frame, FILE *fp)
{
    size_t data_size = frame->linesize[0] * frame->height;
    size_t write_bytes = fwrite(frame->data[0], 1, data_size, fp);
    if (write_bytes != data_size) {
        return -1;
    }

    return 0;
}

int main()
```

```
{
    const int src_frame_width  = 1280;
    const int src_frame_height = 720;
    const int dst_frame_width  = 960;
    const int dst_frame_height = 540;
    struct SwsContext * ctx = NULL;

    ctx = sws_getContext(src_frame_width, src_frame_height, AV_PIX_FMT_YUV420P
              , dst_frame_width, dst_frame_height, AV_PIX_FMT_RGB24, 0, NULL, NULL, NULL);
    if (!ctx) {
        printf("sws_getContext error.\n");
        return -1;
    }

    AVFrame *src_frame = alloc_buffered_frame(src_frame_width, src_frame_height, AV_
PIX_FMT_YUV420P);
    AVFrame *dst_frame = alloc_buffered_frame(dst_frame_width, dst_frame_height, AV_
PIX_FMT_RGB24);
    if (!src_frame || !dst_frame) {
        printf("alloc frame data failed.\n");
        return -2;
    }

    FILE *yuv_in = fopen("./one_frame.yuv", "r");
    if (!yuv_in) {
        printf("open file failed.\n");
        return -3;
    }

    if (fill_yuv_from_file(src_frame, yuv_in) != 0) {
        printf("read file data error.\n");
        return -4;
    }

    int h = sws_scale(ctx, (const uint8_t**)src_frame->data, src_frame->linesize, 0
            , src_frame_height, dst_frame->data, dst_frame->linesize);

    if (h != dst_frame_height) {
        printf("sws_scale internal error.\n");
        return -5;
    }

    FILE *rgb_out = fopen("./one_frame.rgb", "w");
    if (!rgb_out) {
        printf("open file failed.\n");
        return -6;
    }

    if (save_frame_to_file(dst_frame, rgb_out) != 0) {
        printf("write file failed.\n");
        return -7;
    }

    return 0;
}
```

这里封装了一个有意思的函数，即 alloc_buffered_frame()，它就是按照宽、高及图像
格式来申请 AVFrame，并且为其填充好必需的内存空间，其他代码思路如图 13-1 所示。程序编译
成功后，运行程序，可以得到输出的 RGB 图像 one_frame.rgb。通过如下命令进行验证：

```
ffplay -i one_frame.rgb -video_size 960x540 -pix_fmt rgb24
```

转换后的图像如图 13-3 所示。

图 13-3 转换后的 yuv 图像

我们看到，人眼几乎无法分辨图像转换前后的差异。

另外，针对一些流式传输的图像，FFmpeg 也提供了方便的 API 进行 slice 级别的转换。主要函数如下：

```
int sws_frame_start(struct SwsContext *c, AVFrame *dst, const AVFrame *src);
```

初始化 dst 和 src 数据，把相关信息绑定到上下文 c 的成员上，同时增加对 dst 和 src 的引用，dst 的 data 部分支持用户自己分配或者由系统分配，src 的数据则需要提前分配，必须在 sws_send_slice 和 sws_receive_slice 之前操作。

```
int sws_send_slice(struct SwsContext *c, unsigned int slice_start,
                   unsigned int slice_height);
```

调用这个函数时，表明 src 的部分切片已经准备完毕，可以进行下一步操作了。其中 slice_start 是这个切片的首行，slice_height 是这个切片的高度，即总行数。成功返回非负值，否则返回负值。

```
int sws_receive_slice(struct SwsContext *c, unsigned int slice_start,
                      unsigned int slice_height);
```

调用这个函数就会把已经处理好的切片输出到 dst 图像上，slice_start 是这个切片的首行，slice_height 是这个切片的高度。关于返回值，返回非负值表明数据成功写入输出；返回 AVERROR (EAGAIN) 表明输入数据不够，无法输出图像；其他的负值错误码表明出现了内部错误。

```
void sws_frame_end(struct SwsContext *c);
```

上述函数在所有数据处理结束后使用，必须在 sws_send_slice 和 sws_receive_slice 之后操作。

FFmpeg 还封装了一个更方便的 API 进行图像转换，下面简单说明一下，读者可以试一试。

```
int sws_scale_frame(struct SwsContext *c, AVFrame *dst, const AVFrame *src);
```

我们看到，这个函数的输入参数更简单，返回值也更容易理解：成功返回 0，失败返回负值。这个函数相当于以下 4 个函数调用的封装：

- sws_frame_start()
- sws_send_slice(0, src->height)
- sws_receive_slice(0, dst->height)
- sws_frame_end()

读者可以按照 demo 过程写一些代码尝试一下，增加对这几个函数的理解。

13.3   libswresample 执行声音转换

PCM 有很多规格，比如 s16be、s16le、s24be、s24le、u16be、u16le、f32be、f32le 等，而很多第三方音频处理模块支持的规格则是有限制的，这时就会用到 FFmpeg 中 libswresample 库的 swr_convert() 函数进行 PCM 规格的转换，以适应多种场景。

swr_convert() 函数的主要作用如下：
- 转换声音的采样数，如一个采样从占用 16 位（2 字节）空间转换为 32 位（4 字节）。
- 转换声音的声道数，如从立体声转换为单声道。
- 转换声音的大小端，如从大端转换为小端。
- 转换声音的采样存储类型，如从 signed 转换为 unsigned 类型。
- 转换声音的采样率，如从 48 000 转换为 44 100。

与图像转换类似，声音的转换也可能是有损的，比如从高采样率转换为低采样率，这些转换对声音带来的损失是不可逆的。下面就介绍这个函数的用法，感受一下这个函数的强大之处。

13.3.1   声音转换流程

FFmpeg 声音转换依赖位于 libswresample 库的核心数据结构：SwrContext。与 SwsContext 结构不一样的是，这个结构对用户是不透明的，我们看不到它的具体信息，对它的修改只能通过 API 函数进行，而且不能直接修改这个结构的值。

```
typedef struct SwrContext SwrContext;
```

与图像转换流程类似，声音转换的流程如图 13-4 所示。据此分步骤来介绍该函数。

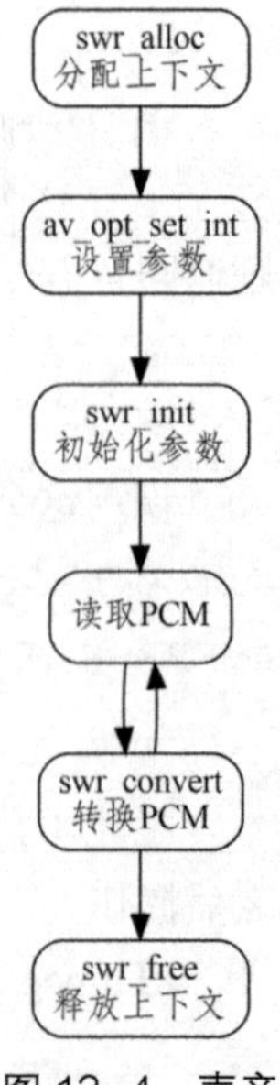

首先分配 SwrContext 上下文，并对其初始化。FFmpeg 提供了两种方式来分配上下文。第 1 种方式：使用 swr_alloc() 来分配内存，使用 av_opt_set_int()、av_opt_set_sample_fmt() 等来设置参数，使用 swr_init() 来初始化设置的参数。它们的原型如下。

```
struct SwrContext *swr_alloc(void);
```

上述函数没有特殊说明，返回一个未初始化的数据结构。然后给上下文设置参数，使用 opt_set_funcs 系列函数，如 av_opt_set_int() 可以设置一些整数键值对，av_opt_set_sample_fmt() 可以设置采样规格。

```
int swr_init(struct SwrContext *s);
```

上述函数对设置参数后的上下文进行初始化，可以根据返回值判断初始化是否成功。这种初始化方式的示例代码如下：

```
// 声音解码器上下文，初始化步骤忽略
AVCodecContext *aCodecCtx;
int out_sample_rate = 48000;
```

图 13-4   声音转换流程

```
SwrContext *swr = swr_alloc();

int64_t out_ch_layout = av_get_default_channel_layout(aCodecCtx->channels);

// 输入参数
av_opt_set_int(swr, "in_channel_layout", out_ch_layout, 0);
av_opt_set_int(swr, "in_sample_rate", aCodecCtx->sample_rate, 0);
av_opt_set_sample_fmt(swr, "in_sample_fmt", aCodecCtx->sample_fmt, 0);

// 输出参数
av_opt_set_int(swr, "out_channel_layout", AV_CH_LAYOUT_STEREO, 0);
av_opt_set_int(swr, "out_sample_rate", out_sample_rate, 0);
av_opt_set_sample_fmt(swr, "out_sample_fmt", AV_SAMPLE_FMT_S16, 0);

swr_init(swr);
```

FFmpeg 还提供了第 2 种快速初始化上下文的方式，即使用 swr_alloc_set_opts2() 以同时分配和初始化上下文，这个方式简单且容易理解，也是官方推荐的初始化方式。函数原型如下：

```
int swr_alloc_set_opts2(
    struct SwrContext **ps,
    AVChannelLayout *out_ch_layout,
    enum AVSampleFormat out_sample_fmt,
    int out_sample_rate,
    AVChannelLayout *in_ch_layout,
    enum AVSampleFormat in_sample_fmt,
    int in_sample_rate,
    int log_offset, void *log_ctx);
```

这个函数的关键是音频参数的设置，核心参数意义如下。

- struct SwrContext **ps：已分配的上下文或者 NULL。当为 NULL 时，FFmpeg 会主动分配一个上下文，并赋值给*ps，推荐直接传 NULL。
- out_ch_layout：输出频道的 layout，使用 AV_CHANNEL_LAYOUT_* 的值，例如使用 **AV_CHANNEL_LAYOUT_STEREO** 来指定立体声 layout。需要注意的是这个值不是频道数，事实上我们可以通过声音频道数来转换得到 layout，使用 av_channel_layout_default(AVChannelLayout *ch_layout, int nb_channels) 即可。
- enum AVSampleFormat out_sample_fmt：输出的采样格式，使用 **AV_SAMPLE_FMT_***的值，例如 **AV_SAMPLE_FMT_S16**。
- int out_sample_rate：输出采样率，单位是 Hz。
- in_ch_layout：输入的声道 layout。
- enum AVSampleFormat in_sample_fmt：输入的采样格式。
- int in_sample_rate：输入采样率，单位是 Hz。
- int log_offset, void *log_ctx：日志相关，传 0 和 NULL 即可。

根据上述参数的意义，相关的示例代码如下：

```
// 声音解码器上下文，初始化步骤忽略
AVCodecContext *aCodecCtx;

SwrContext *swr = NULL;
AVChannelLayout out_ch;
av_channel_layout_default(&out_ch, 2);
swr_alloc_set_opts2(
    &swr,
    &out_ch,
```

```
AV_SAMPLE_FMT_S16,
48000,
&aCodecCtx->ch_layout, a
CodecCtx->sample_fmt,
aCodecCtx->sample_rate, 0, NULL);
```

从上述代码可以看出，相对于第 1 种初始化上下文的方式，这种方式更简单和直接，因此也推荐大家使用这种方式。

其次是转换函数 swr_convert()，原型如下：

```
int swr_convert(struct SwrContext*s, uint8_t**out, int out_count,const uint8_t**in ,
                int in_count);
```

这个函数就是核心的声音转换函数，参数意义如下：

- struct SwrContext *s：已分配的 SwrContext 上下文，并且设置了相关的参数。
- uint8_t **out：输出 PCM 的 buffer，对于 packed 格式的数据，只需要处理 out[0]；对于 planar 格式的数据，则可能需要处理其他数据块。
- int out_count：针对于单个输出声音频道的可用输出空间大小，单位是字节。
- const uint8_t**in：输入 PCM 的 buffer，对于 packed 格式的数据，只需要处理 out[0]；对于 planar 格式的数据，则可能需要处理其他数据块。
- int in_count：针对于单个输入声音频道的可用输出空间大小，单位是字节。

最后是收尾函数 swr_free，原型如下：

```
void swr_free(struct SwrContext **s);
```

传入上面申请的 SwrContext 上下文进行内存释放即可。

13.3.2 代码实例

本小节实现一个声音转换的完整 demo。首先用 FFmpeg 生成一段 PCM，命令如下：

```
ffmpeg -i bigbuckbunny.mp4 -ar 48000 -ac 2 -f s16le bigbuckbunny.pcm
```

这个 PCM 的波形如图 13-5 所示。

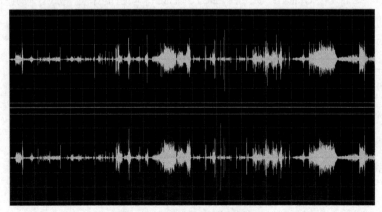

图 13-5　PCM 原始波形图

为了方便对比，把声音通过 FFmpeg 转换为采样率 16 000、声道为 1 的 s16le 规格。根据上述的 API 分析，实现转换代码如下：

```c
#include <libavutil/channel_layout.h>
#include <libswresample/swresample.h>

#define IN_CHANNEL (2)
#define OUT_CHANNEL (1)
#define IN_SAMPLERATE (48000)
#define OUT_SAMPLERATE (16000)

#define MAX_OUT_SAMPLES (1024)

static int read_pcm(FILE *fp, char *buf, int buf_size)
{
    int read_bytes = 0;

    read_bytes = fread((void*)buf, 1, buf_size, fp);
    if (read_bytes == buf_size) {
        return buf_size;
    }

    // eof set
    if (feof(fp) != 0) {
        return read_bytes;
    }

    // error set
    if (ferror(fp) != 0) {
        return -1;
    }

    return 0;
}

static int write_pcm(FILE *fp, char *in_buf, int write_size)
{
    int write_bytes = 0;
    write_bytes = fwrite((void*)in_buf, 1, write_size, fp);
    if (write_bytes == write_size) {
        return write_size;
    }

    return -1;
}

int main(int argc, char *argv[])
{
    int ret = 0;
    SwrContext *swr = NULL;

    AVChannelLayout out_ch;
    av_channel_layout_default(&out_ch, OUT_CHANNEL);

    AVChannelLayout in_ch;
    av_channel_layout_default(&in_ch, IN_CHANNEL);

    // create SwrContext and set parameters
    ret = swr_alloc_set_opts2(&swr, &out_ch, AV_SAMPLE_FMT_S16,
                    OUT_SAMPLERATE, &in_ch, AV_SAMPLE_FMT_S16,
                    IN_SAMPLERATE, 0, NULL);
    if (ret != 0) {
        fprintf(stderr, "swr_alloc_set_opts2() Failed.\n");
        exit(-1);
    }

    // init SwrContext
    ret = swr_init(swr);
```

```
        if (ret != 0) {
            fprintf(stderr, "swr_init() Failed.\n");
            exit(-1);
        }

        // open in pcm file
        FILE *in_file = fopen(argv[1], "rb");
        if (!in_file) {
            fprintf(stderr, "open in pcm file error, path=%s\n", argv[1]);
            exit(-1);
        }

        // open out pcm file
        FILE *out_file = fopen(argv[2], "wb");
        if (!out_file) {
            fprintf(stderr, "open out pcm file error, path=%s\n", argv[2]);
            exit(-1);
        }

        int in_byte_per_sample = 2;
        int out_byte_per_sample = 2;

        int in_samples_per_channel = 1024;
        int out_samples_per_channel = MAX_OUT_SAMPLES;

        int in_buf_size = IN_CHANNEL * in_samples_per_channel * in_byte_per_sample;
        int out_buf_size = OUT_CHANNEL * out_samples_per_channel * out_byte_per_sample;

        uint8_t *in_buf = (uint8_t*)malloc(in_buf_size);
        uint8_t *out_buf = (uint8_t*)malloc(out_buf_size);

        for (;;) {
            int read_bytes = read_pcm(in_file, in_buf, in_buf_size);
            if (read_bytes <= 0) {
                break;
            }

            // convert
            uint8_t *out[4] = {0};
            out[0] = out_buf;

            uint8_t *in[4] = {0};
            in[0] = in_buf;

            int ret_samples = swr_convert(swr, out, out_samples_per_channel, in, in_samples_per_channel);
            if (ret_samples < 0) {
                break;
            }

            if (ret_samples > 0) {
                int write_size = ret_samples * out_byte_per_sample * OUT_CHANNEL;
                int write_bytes = write_pcm(out_file, out_buf, write_size);

                if (write_bytes <= 0) {
                    break;
                }
            }
        }

        swr_free(&swr);
        free(in_buf);
        free(out_buf);

        return 0;
    }
```

编译并运行程序，比如输出程序为 a_exe，则运行如下：

`a_exe ./bigbuckbunny.pcm ./bigbuckbunny_16k.pcm`

查看波形如图 13-6 所示。

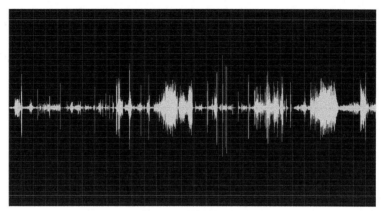

图 13-6 转换后的波形图

可以看到 bigbuckbunny_16k.pcm 转换为单声道了，并且波形和转换前保持一致。

13.4 小结

本章对 libavutil、libswscale 和 libswresample 相关函数进行了介绍。libavutil 包含很多多媒体实用工具，有时大家问：在网上搜索了一些命令行参数，它们能达到相应的效果，但不知道这些命令行参数是怎么跟 C 中的代码对应起来，又怎么传递给相应的函数的？希望通过本章的 opt/dict 的介绍，能解决大家的疑问，并对 libavutil 提供的函数及其功能有一定的了解。同时 libswscale、libswresample 也是非常强大的辅助库，前者主要用在图像的格式转换、缩放等通用操作上，后者则是高效地支持了音频格式的重采样、格式转换等。

第14章

音视频播放器开发实例

在前面的章节中，我们学习了 FFmpeg 各种 API 的使用，通过这些 API 我们可以很方便地实现音视频编解码的功能。本章要讲述的播放器开发则是 API 运用的一个综合体。在开始讲述怎样开发一个播放器之前，先回顾 FFmpeg 内置的强大播放器 ffplay（参考 3.3 节），以了解播放器的相关功能和技术。接下来，我们将开发一个播放器，从解码一个文件入手，然后逐步开发，直到给播放器加上完整的控制功能，如快进、暂停等，从而了解开发播放器都需要使用哪些函数，以及如何实现音视频同步等。

14.1 播放器开发概述

本章的主要目标是根据下面的分析和前面章节学到的 FFmpeg API 知识，从头到尾实现一个播放器，这个播放器具备音视频同步、暂停播放/恢复播放、全屏、获取时长、播放事件回调等基本播放器功能。首先看一个典型的播放器具备的播放流程，如图 14-1 所示。

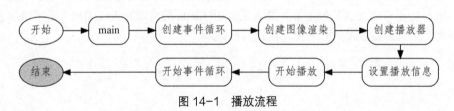

图 14-1　播放流程

图 14-1 是一个播放流程的概述，我们会逐个模块进行分析和子流程拆分。本章将介绍的播放器相关知识，会通过一个事先编码并调试完毕的播放器项目进行展开，这个项目放在了本书参考代码的 GitHub 链接里[①]，代码位于 014 目录，项目名称是 ffmpeg-simple-player，开发语言为 C++，主代码结构如图 14-2 所示。

图 14-2　代码结构

① 播放器实现参考代码网址如下：https://github.com/T-bagwell/FFmpeg_Book_Version2/tree/book/base_ffmpeg_6.0/doc/examples/014/ffmpeg-simple-player。

播放器工程使用的第三方库是 SDL2-2.0.22，负责事件循环、图像渲染、音频播放等功能。

根据不同的平台和用户习惯，build 目录中存放了不同的编译环境，包含 visual studio、Makefile 两种不同的自动化编译环境，读者可以根据不同的计算机环境选择不同的编译环境，如图 14-3 所示。

图 14-3　build 目录结构

由于操作系统差异，读者需要根据自己的系统平台来配置对应的 SDL 库。

14.2 SDL 核心功能 API 介绍

SDL 是一个跨平台的开发库，主要提供对音频设备、图形设备、鼠标和键盘设备的访问。通过 SDL 封装的便捷 API，开发者只需要用同一套代码就能实现代码的跨平台运行，在媒体播放器、图像渲染、模拟器甚至游戏开发方面等有广泛的用途。下面对 SDL 核心 API 进行介绍。

14.2.1 初始化 SDL 库

在使用 SDL 之前，需要对其进行初始化操作。

```
SDL_Init(SDL_INIT_EVERYTHING);
```

其中 SDL_INIT_EVERYTHING 代表我们想初始化 SDL 的所有模块，这个参数还可以是 SDL_INIT_TIMER、SDL_INIT_AUDIO、SDL_INIT_VIDEO、SDL_INIT_EVENTS 等，可以通过这些值按需进行初始化，这可以节省部分内存和提高性能。这个参数的取值如表 14-1 所示。

表 14-1　参数取值表

参数	意义
SDL_INIT_TIMER	初始化定时器
SDL_INIT_AUDIO	初始化音频设备
SDL_INIT_VIDEO	初始化图像渲染模块
SDL_INIT_EVENTS	初始化事件循环模块
SDL_INIT_EVERYTHING	初始化所有模块

14.2.2 图像渲染

SDL 渲染主要的一个应用场景就是通过 OpenGL 和 Direct3D 进行视频渲染，也就是说 SDL 提供平台最优的渲染方式，在 Windows 上支持采用 Direct3D，在 Linux 平台上则使用 OpenGL，最新的 SDL 对 Metal、Vulkan 也提供了支持。在系统方面，SDL 支持 Windows、macOS、Linux、iOS、Android 这几个主流平台。视频渲染技术在很多平台上差异性很大，目前主流的渲染技术有

Direct3D、Desktop OpenGL、OpenGL ES、Vulkan、Metal 等，PC 和主流移动端平台支撑的主要方式如表 14-2 所示。

表 14-2　平台支撑的主要方式

平台	Direct3D	Desktop OpenGL	OpenGL ES	Vulkan	Metal
Windows	支持	支持	支持		
Linux		支持	支持	支持	
macOS		支持	支持		支持
iOS			支持		支持
Android			支持	支持	

SDL 渲染图像的流程如图 14-4 所示。

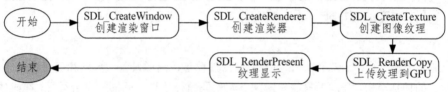

图 14-4　SDL 渲染流程

根据这个流程，本播放器项目对 SDL 进行了一些封装，以便让代码更清晰，使用更简单。我们把显示模块封装到类 RenderView 中，如下所示。

文件：RenderView.h

```
#ifndef RENDERVIEW_H
#define RENDERVIEW_H

#include <SDL.h>
#include <list>
#include <mutex>

using namespace std;

struct RenderItem
{
    SDL_Texture *texture;
    SDL_Rect srcRect;
    SDL_Rect dstRect;
};

class RenderView
{
public:
    explicit RenderView();
    void setNativeHandle(void *handle);
    int initSDL();
    RenderItem* createRGB24Texture(int w, int h);
    void updateTexture(RenderItem*item, unsigned char *pixelData, int rows);
    void onRefresh();

private:
    SDL_Window* m_sdlWindow = nullptr;
    SDL_Renderer* m_sdlRender = nullptr;
    void* m_nativeHandle = nullptr;
```

```
    std::list<RenderItem *> m_items;
    mutex m_updateMutex;
};

#endif // RENDERVIEW_H
```

文件：**RenderView.cpp**

```cpp
#include "RenderView.h"

#define SDL_WINDOW_DEFAULT_WIDTH  (1280)
#define SDL_WINDOW_DEFAULT_HEIGHT (720)

static SDL_Rect makeRect(int x, int y, int w, int h)
{
    SDL_Rect r;
    r.x = x;
    r.y = y;
    r.w = w;
    r.h = h;

    return r;
}

RenderView::RenderView()
{
}

void RenderView::setNativeHandle(void *handle)
{
    m_nativeHandle = handle;
}

int RenderView::initSDL()
{
    if (m_nativeHandle) {
        m_sdlWindow = SDL_CreateWindowFrom(m_nativeHandle);
    } else {
        m_sdlWindow = SDL_CreateWindow("ffmpeg-simple-player",
                            SDL_WINDOWPOS_CENTERED,
                            SDL_WINDOWPOS_CENTERED,
                            SDL_WINDOW_DEFAULT_WIDTH,
                            SDL_WINDOW_DEFAULT_HEIGHT,
                            SDL_WINDOW_RESIZABLE);
    }

    if (!m_sdlWindow) {
        return -1;
    }

    m_sdlRender = SDL_CreateRenderer(m_sdlWindow, -1, SDL_RENDERER_ACCELERATED);
    if (!m_sdlRender) {
        return -2;
    }

    SDL_RenderSetLogicalSize(m_sdlRender,
                    SDL_WINDOW_DEFAULT_WIDTH, SDL_WINDOW_DEFAULT_HEIGHT);
    SDL_SetHint(SDL_HINT_RENDER_SCALE_QUALITY, "1");

    return 0;
}

RenderItem *RenderView::createRGB24Texture(int w, int h)
```

```
    {
        m_updateMutex.lock();

        RenderItem *ret = new RenderItem;
        SDL_Texture *tex = SDL_CreateTexture(m_sdlRender, SDL_PIXELFORMAT_RGB24, SDL_
TEXTUREACCESS_STREAMING, w, h);
        ret->texture = tex;
        ret->srcRect = makeRect(0, 0, w, h);
        ret->dstRect = makeRect(0, 0, SDL_WINDOW_DEFAULT_WIDTH, SDL_WINDOW_DEFAULT_HEIGHT);

        m_items.push_back(ret);

        m_updateMutex.unlock();

        return ret;
    }

    void RenderView::updateTexture(RenderItem *item, unsigned char *pixelData, int rows)
    {
        m_updateMutex.lock();

        void *pixels = nullptr;
        int pitch;
        SDL_LockTexture(item->texture, NULL, &pixels, &pitch);
        memcpy(pixels, pixelData, pitch * rows);
        SDL_UnlockTexture(item->texture);

        std::list<RenderItem *>::iterator iter;
        SDL_RenderClear(m_sdlRender);
        for (iter = m_items.begin(); iter != m_items.end(); iter++)
        {
            RenderItem *item = *iter;
            SDL_RenderCopy(m_sdlRender, item->texture, &item->srcRect, &item->dstRect);
        }

        m_updateMutex.unlock();
    }

    void RenderView::onRefresh()
    {
        m_updateMutex.lock();

        if (m_sdlRender) {
            SDL_RenderPresent(m_sdlRender);
        }

        m_updateMutex.unlock();
    }
```

下面我们对渲染部分核心代码进行分析。首先是创建窗口和渲染器部分。

```
    if (m_nativeHandle) {
        m_sdlWindow = SDL_CreateWindowFrom(m_nativeHandle);
    } else {
        m_sdlWindow = SDL_CreateWindow("ffmpeg-simple-player",
                            SDL_WINDOWPOS_CENTERED,
                            SDL_WINDOWPOS_CENTERED,
                            SDL_WINDOW_DEFAULT_WIDTH,
                            SDL_WINDOW_DEFAULT_HEIGHT,
                            SDL_WINDOW_RESIZABLE);
    }
```

```
    if (!m_sdlWindow) {
        return -1;
    }

    m_sdlRender = SDL_CreateRenderer(m_sdlWindow, -1, SDL_RENDERER_ACCELERATED);
    if (!m_sdlRender) {
        return -2;
    }

    SDL_RenderSetLogicalSize(m_sdlRender,
                        SDL_WINDOW_DEFAULT_WIDTH, SDL_WINDOW_DEFAULT_HEIGHT);
    SDL_SetHint(SDL_HINT_RENDER_SCALE_QUALITY, "1");
```

SDL 通过 SDL_CreateWindow() 和 SDL_CreateWindowFrom() 来创建渲染窗口，SDL_CreateWindow() 可以直接创建一个平台独立的渲染窗口，而 SDL_CreateWindowFrom() 可以通过现有的窗口句柄直接创建渲染上下文，这是本节使用的方式，也是 SDL 和其他 UI 系统窗口集成采用的方式。

```
extern DECLSPEC SDL_Renderer * SDLCALL SDL_CreateRenderer(SDL_Window * window,
                                    int index, Uint32 flags);
```

SDL_CreateRenderer() 根据渲染窗口创建渲染器，其中参数意义如下。

- index：使用的渲染方式索引，推荐使用-1，让 SDL 决定使用的具体渲染方式。
- flags：这个值决定了纹理渲染的方式，直接关系到渲染性能，属于关键字段。下面我们重点解释。

flags 字段释义如表 14-3 所示。

表 14-3　flags 字段释义

flags 字段	释义
SDL_RENDERER_SOFTWARE	使用软渲染方式，在系统显卡驱动异常时使用，作为渲染降级使用，性能非常低，不推荐
SDL_RENDERER_ACCELERATED	使用 GPU 加速渲染，推荐
SDL_RENDERER_PRESENTVSYNC	垂直同步渲染，游戏渲染场景中使用
SDL_RENDERER_TARGETTEXTURE	离屏渲染

与之相对应的是销毁渲染器，使用 SDL_DestroyRender()。

紧接着我们设置一些有用的特性，SDL_RenderSetLogicalSize() 设置渲染窗口逻辑大小，SDL_SetHint() 则可以给 SDL 设置一些特性，如上述的反锯齿等。

```
RenderItem *RenderView::createRGB24Texture(int w, int h)
{
    m_updateMutex.lock();

    RenderItem *ret = new RenderItem;
    SDL_Texture *tex = SDL_CreateTexture(m_sdlRender, SDL_PIXELFORMAT_RGB24, SDL_
TEXTUREACCESS_STREAMING, w, h);
    ret->texture = tex;
    ret->id = ++g_texId;
    ret->srcRect = makeRect(0, 0, w, h);
    ret->dstRect = makeRect(0, 0, g_viewWidth, g_viewHeight);

    m_items << ret;
```

```
    m_updateMutex.unlock();

    return ret;
}
```

SDL 通过 `SDL_CreateTexture()`来创建图像纹理，创建时可以指定纹理像素格式、纹理大小等参数。函数原型如下：

```
extern DECLSPEC SDL_Texture * SDLCALL SDL_CreateTexture(SDL_Renderer * renderer,
                                                        Uint32 format,
                                                        int access, int w, int h);
```

其中 format 指定了我们期望的纹理像素格式。本节中使用 SDL_PIXELFORMAT_RGB24 格式，这与 FFmpeg 中 AV_PIX_FMT_RGB24 是对等的，access 指定了纹理访问的方式，SDL_TEXTUREACCESS_STREAMING 指定纹理属于易变纹理，如视频播放就属于纹理易变场景，w 和 h 分别指定了纹理的宽和高。

SDL 可以支持多种纹理像素格式的渲染，除了 SDL_PIXELFORMAT_RGB24 等 RGB 格式，还直接支持 SDL_PIXELFORMAT_NV12 等 YUV 格式，所有支持的格式详见 SDL_PixelFormatEnum (SDL_pixels.h)。

播放器项目对纹理进行了一次数据结构（RenderItem）包装，这样我们封装的类 RenderView 就可以支持多个纹理的同时渲染，比如在视频上面渲染字幕、渲染 Logo 等，只需要给每个纹理设置 srcRect 和 dstRect 即可。

```
void RenderView::updateTexture(RenderItem *item, unsigned char *pixelData, int rows)
{
    m_updateMutex.lock();

    void *pixels = nullptr;
    int pitch;
    SDL_LockTexture(item->texture, NULL, &pixels, &pitch);
    memcpy(pixels, pixelData, pitch * rows);
    SDL_UnlockTexture(item->texture);

    std::list<RenderItem *>::iterator iter;
    SDL_RenderClear(m_sdlRender);
    for (iter = m_items.begin(); iter != m_items.end(); iter++)
    {
        RenderItem *item = *iter;
        SDL_RenderCopy(m_sdlRender, item->texture, &item->srcRect, &item->dstRect);
    }

    m_updateMutex.unlock();
}
```

在更新纹理数据之前，必须先锁定纹理（`SDL_LockTexture()`），获取内部数据指针并赋值给 pixels，然后把像素数据复制给 pixels 即可，最后解锁纹理（`SDL_UnlockTexture()`）。

像素数据更新到纹理上之后，需要使用 `SDL_RenderCopy()`把纹理数据复制给渲染器。函数原型如下：

```
extern DECLSPEC int SDLCALL SDL_RenderCopy(SDL_Renderer * renderer, SDL_Texture * texture,
                                           const SDL_Rect * srcrect, const SDL_Rect * dstrect);
```

其中 srcrect 和 dstrect 分别对应设置的 RenderItem 的 srcRect 和 dstRect，分别指定纹理的源区域和目的区域。

需要注意的是，在调用 SDL_RenderCopy() 之前，需要调用 SDL_RenderClear() 来清除渲染器中的脏数据，不然显示的图像可能会出现脏数据。

```
void RenderView::onRefresh()
{
    m_updateMutex.lock();

    if (m_sdlRender) {
        SDL_RenderPresent(m_sdlRender);
    }

    m_updateMutex.unlock();
}
```

要实现对画面的持续刷新，需要提供一个定时器，设定一个固定间隔并持续调用 SDL_RenderPresent()，SDL 在底层使用多缓冲渲染机制，即当调用一个渲染函数时先把数据放到缓冲区里，然后当调用 SDL_RenderPresent 时才会把缓冲区的数据刷新到屏幕上。

到此为止，我们封装的多纹理 RenderView 类的主要部分已介绍完毕，读者可以按照上面的代码介绍逐步体验 SDL 的渲染过程。

14.3　SDL 音频播放

SDL 集成了跨平台的音频 API，可以播放多种格式的 PCM 规格，除了可以播放声音，还可以进行音频重采样、混音等操作。与图像渲染一样，它也是全平台支持，其 API 简单，功能强大，可以说是软件设计的一个典范。

SDL 支持多种规格的 PCM 数据，可详细参照 SDL_AudioFormat（在 SDL_audio.h 中）。

在音频数据传输方式方面，SDL 提供了两种方式：主动拉数据（Pull）和被动接数据（Push），播放器项目采用 Pull 的方式，通过声卡驱动主动回调的方式传递数据，这个特性适合把音频设备时钟作为音视频同步的主时钟，播放器项目就是使用音频作为主时钟。下面会重点详述音视频同步的做法和意义。

SDL 音频播放的流程如图 14-5 所示。

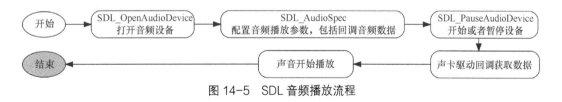

图 14-5　SDL 音频播放流程

播放器项目只用到了音频 API 的播放部分。与视频渲染一样，我们把音频播放也进行了一次封装，把核心功能封装到类 AudioPlay 中。代码如下。

文件：AudioPlay.h

```
#ifndef AUDIOPLAY_H
#define AUDIOPLAY_H

#include <SDL.h>
```

```
class AudioPlay
{
public:
    AudioPlay();
    int openDevice(const SDL_AudioSpec *spec);
    void start();
    void stop();

private:
    SDL_AudioDeviceID m_devId = -1;
};

#endif // AUDIOPLAY_H
```

文件：AudioPlay.cpp

```
#include "AudioPlay.h"

AudioPlay::AudioPlay()
{
}

int AudioPlay::openDevice(const SDL_AudioSpec *spec)
{
    m_devId = SDL_OpenAudioDevice(NULL, 0, spec, NULL, 0);
    return m_devId;
}

void AudioPlay::start()
{
    SDL_PauseAudioDevice(m_devId, 0);
}

void AudioPlay::stop()
{
    SDL_PauseAudioDevice(m_devId, 1);
}
```

SDL_OpenAudio()用于打开音频设备，其原型如下：

```
extern DECLSPEC int SDLCALL SDL_OpenAudio(SDL_AudioSpec * desired, SDL_AudioSpec * obtained);
```

其中 desired 是希望 SDL 回调的音频参数，obtained 是 SDL 实际使用的参数，也就是说希望的参数和实际使用的可能是不一样的，这在一定程度上会带来不确定性。按照 SDL 的官方解释，给 obtained 传 NULL 即可，让 SDL 严格按照设定的参数运作，这也是推荐使用的方式。

SDL_OpenAudioDevice()有一个关键的播放参数配置部分，它通过 SDL_AudioSpec 完成。样例配置如下：

```
SDL_AudioSpec wanted_spec;
wanted_spec.freq = 48000;                 // 48kHz
wanted_spec.format = AUDIO_S16LSB;        // 有符号16位小端格式数据
wanted_spec.channels = 2;                 // 频道数
wanted_spec.silence = 0;
wanted_spec.samples = 1024;               // 每次回调的采样数
wanted_spec.callback = audio_callback;    // 音频数据回调函数（audio_callback）
wanted_spec.userdata = NULL;              // 用户私有数据
```

SDL_PauseAudio()是立即开启播放并回调音频数据，原型如下：

```
extern DECLSPEC void SDLCALL SDL_PauseAudio(int pause_on);
```

　　其中 pause_on 为 0 表示开启播放，非 0 表示停止播放。

14.3.1　SDL 事件循环

　　SDL 把事件装进一个事件队列里，通过查询队列可以得到已经发生的事件，从而做出对应的动作。SDL 支持多种事件类型，如鼠标事件（SDL_MouseMotionEvent）、键盘事件（SDL_KeyboardEvent）、窗口事件（SDL_WindowEvent）、用户自定义事件（SDL_USEREVENT）等，详见 SDL_EventType（在 SDL_events.h 中）。

　　核心数据结构 SDL_Event 是一个 union 类型的联合体，同时支持 SDL 所有的事件类型。

　　播放器项目把 SDL 的事件机制进行了一层封装（类 SDLApp），使逻辑更简单，更贴近传统的 UI 事件循环样式。

文件：SDLApp.h

```
#ifndef SDLAPP_H
#define SDLAPP_H

#include <map>
#include <functional>

#ifdef __cplusplus
extern "C" {
#include <SDL.h>
}
#endif

#define sdlApp (SDLApp::instance())

class SDLApp
{
public:
    SDLApp();

public:
    int exec();
    void quit();
    void registerEvent(int type, const std::function<void(SDL_Event*)> &cb);
    static SDLApp* instance();

private:
    std::map<int, std::function<void(SDL_Event*)> > m_userEventMaps;
};

#endif // SDLAPP_H
```

文件：SDLApp.cpp

```
#include "SDLApp.h"
#include <functional>
#include "SDL.h"

#define SDL_APP_EVENT_TIMEOUT (1)

static SDLApp* globalInstance = nullptr;

SDLApp::SDLApp()
```

```
{
    SDL_Init(SDL_INIT_EVERYTHING);

    if (!globalInstance) {
        globalInstance = this;
    } else {
        fprintf(stderr, "only one instance allowed\n");
        exit(1);
    }
}

int SDLApp::exec()
{
    SDL_Event event;
    for (;;) {
        SDL_WaitEventTimeout(&event, SDL_APP_EVENT_TIMEOUT);
        switch(event.type) {
        case SDL_QUIT:
            SDL_Quit();
            return 0;
        case SDL_USEREVENT:
        {
            std::function<void()> cb = *(std::function<void()>*)event.user.data1;
            cb();
        }
            break;
        default:
            auto iter = m_userEventMaps.find(event.type);
            if (iter != m_userEventMaps.end()) {
                auto onEventCb = iter->second;
                onEventCb(&event);
            }
            break;
        }
    }
}

void SDLApp::quit()
{
    SDL_Event event;
    event.type = SDL_QUIT;
    SDL_PushEvent(&event);
}

void SDLApp::registerEvent(int type, const std::function<void (SDL_Event *)> &cb)
{
    m_userEventMaps[type] = cb;
}

SDLApp *SDLApp::instance()
{
    return globalInstance;
}
```

封装的事件循环采用注册的方式，只需要传入所关心的事件类型和对应的回调函数即可。

```
void registerEvent(int type, const std::function<void (SDL_Event *)> &cb)
```

SDL 处理事件的方式有以下 3 种。

- `SDL_WaitEvent`：不带超时的持续事件等待，直到有事件发生，这个函数在没有事件发生时会阻塞，在非阻塞场景下使用需要特别注意。
- `SDL_WaitEventTimeout`：带超时的事件等待，即使没有事件发生，在设置的时间到来后也会返回，对非阻塞场景比较友好。
- `SDL_PollEvent`：使用传统的事件轮询机制，非阻塞调用，有事件返回 1，无事件返回 0。

SDLApp 类使用 `SDL_WaitEventTimeout` 进行事件等待。

14.3.2　SDL 定时器

SDL 集成了一个精确的定时器，支持循环和一次性定时任务，主要应用场景有图像的定时刷新、游戏画面刷新、定时任务等。在本章中我们使用 Timer 来定时刷新播放器的图像，并且对定时器进行了一层封装（类 Timer），支持开始、停止、设置间隔等功能。代码如下。

文件：**Timer.h**

```
#ifndef TIMER_H
#define TIMER_H

#include "SDL.h"

typedef void (*TimerOutCb)();

class Timer
{
public:
    Timer();
    void start(void* cb, int interval);
    void stop();

private:
    SDL_TimerID m_timerId = 0;
};

#endif // TIMER_H
```

文件：**Timer.cpp**

```
#include "Timer.h"

static Uint32 callbackfunc(Uint32 interval, void *param)
{
    SDL_Event event;
    SDL_UserEvent userevent;

    userevent.type = SDL_USEREVENT;
    userevent.code = 0;
    userevent.data1 = param;
    userevent.data2 = NULL;

    event.type = SDL_USEREVENT;
    event.user = userevent;

    SDL_PushEvent(&event);

    return interval;
}
```

```
Timer::Timer()
{
}

void Timer::start(void *cb, int interval)
{
    // 计时器开始
    if (m_timerId != 0) {
        return;
    }

    // 添加新计时器
    SDL_TimerID timerId = SDL_AddTimer(interval, callbackfunc, cb);
    if (timerId == 0) {
        return;
    }

    m_timerId = timerId;
}

void Timer::stop()
{
    if (m_timerId != 0) {
        // 清理计时器
        SDL_RemoveTimer(m_timerId);
        m_timerId = 0;
    }
}
```

需要注意的是，使用定时器需要在 SDL 初始化时传入 SDL_INIT_TIMER，不然定时器开启不成功。

SDL 通过 SDL_AddTimer() 生成一个定时器，定时器的精度依赖操作系统的调度精度，属于典型的非实时定时器，不过在音视频场景中使用是没有问题的。函数原型如下：

```
SDL_TimerID SDL_AddTimer(Uint32 interval, SDL_TimerCallback callback, void *param);
```

其中 interval 指定了定时器的超时间隔，也就是 Delay 值，callback 是超时后的回调函数，param 则是用户私有数据。回调函数如下：

```
typedef Uint32 (SDLCALL * SDL_TimerCallback) (Uint32 interval, void *param);
```

此回调函数返回使用者要求的 Delay 值。回调函数返回 0，则会取消此定时器，SDL 从定时器队列中移除此任务，如果希望定时器继续，则返回下一次的 Delay 值。

需要注意的是，SDL 定时器回调函数允许在一个独立的线程上，如果希望最终的回调函数和事件循环属于一个线程，可以通过在定时器回调函数中"post"事件的方式，把定时器抛给事件循环线程，从而规避多线程问题。上述代码中的 callbackfunc() 函数就是用这个机制规避了线程问题，让定时器的回调函数在事件循环线程执行。

14.4　播放器解码和展示

播放器项目采用多线程架构，包含事件循环线程（主线程）、demux 线程、视频解码线程、音频播放线程，彼此之间的关系如图 14-6 所示。

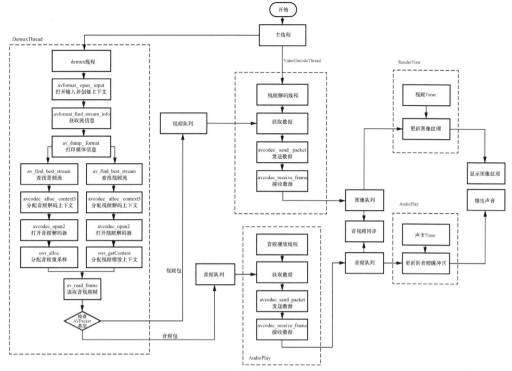

图 14-6　播放器流程

如图 14-6 所示，播放器内部线程交互频繁，属于多线程应用中较为复杂的场景，下面逐个介绍线程的功能。

14.4.1　FFmpegPlayerCtx

FFmpegPlayerCtx 是整个播放器项目的上下文，存储了非常多的信息，这一点与 ffplay 代码保持一致，但是比 ffplay 简洁得多，也更容易理解。

FFmpegPlayerCtx 原型如下：

```
struct FFmpegPlayerCtx {

    AVFormatContext *formatCtx = nullptr;
    AVCodecContext *aCodecCtx = nullptr;
    AVCodecContext *vCodecCtx = nullptr;

    int             videoStream = -1;
    int             audioStream = -1;

    AVStream        *audio_st = nullptr;
    AVStream        *video_st = nullptr;

    PacketQueue     audioq;
    PacketQueue     videoq;

    uint8_t         audio_buf[(MAX_AUDIO_FRAME_SIZE * 3) / 2];
    unsigned int    audio_buf_size = 0;
    unsigned int    audio_buf_index = 0;
    AVFrame         *audio_frame = nullptr;
    AVPacket        *audio_pkt = nullptr;
    uint8_t         *audio_pkt_data = nullptr;
    int             audio_pkt_size = 0;
```

```
    // 用以记录 seek 操作的上下文信息
    std::atomic<int> seek_req;
    int              seek_flags;
    int64_t          seek_pos;

    // 用以 seek 操作的状态机
    std::atomic<bool> flush_actx = false;
    std::atomic<bool> flush_vctx = false;

    // 用以做音视频同步的参数
    double           audio_clock = 0.0;
    double           frame_timer = 0.0;
    double           frame_last_pts = 0.0;
    double           frame_last_delay = 0.0;
    double           video_clock = 0.0;

    // 图像队列
    VideoPicture     pictq[VIDEO_PICTURE_QUEUE_SIZE];
    int              pictq_size = 0;
    int              pictq_rindex = 0;
    int              pictq_windex = 0;
    SDL_mutex        *pictq_mutex = nullptr;
    SDL_cond         *pictq_cond = nullptr;

    char             filename[1024];

    SwsContext       *sws_ctx = nullptr;
    SwrContext       *swr_ctx = nullptr;

    std::atomic<int> pause = UNPAUSE;

    // 图像回调
    Image_Cb         imgCb = nullptr;
    void             *cbData = nullptr;

    void init()
    {
        audio_frame = av_frame_alloc();
        audio_pkt = av_packet_alloc();

        pictq_mutex = SDL_CreateMutex();
        pictq_cond  = SDL_CreateCond();
    }

    void fini()
    {
        if (audio_frame) {
            av_frame_free(&audio_frame);
        }

        if (audio_pkt) {
            av_packet_free(&audio_pkt);
        }

        if (pictq_mutex) {
            SDL_DestroyMutex(pictq_mutex);
        }

        if (pictq_cond) {
            SDL_DestroyCond(pictq_cond);
        }
    }
};
```

　　借助于 C++语言的特性，很多属性在声明时直接进行了默认赋值操作，部分变量使用了原子
类型模板（std::atomic），主要考虑到这些变量需要跨线程，声明为原子类型相对于直接用锁
效果更好。在接下来的播放器代码中，会经常使用 FFmpegPlayerCtx 上下文。

14.4.2　播放器设计

　　一个典型的播放器应该具备播放、暂停、快进、快退、倍速等基础功能，在此基础上增加图
像滤镜、音频滤镜等功能。FFmpegPlayer 本着简洁、容易理解的原则，实现了播放、暂停、快进、
快退四大主要功能，内部使用多线程架构，融合 FFmpeg 常用的 API，并结合 SDL 把图像和声音
进行渲染，已经具备基础的播放能力。感兴趣的读者可以自己实现扩展功能，如加入硬解、精确
跳转、增加音视频滤镜、倍速等高级功能。FFmpegPlayer 的实现如下。

FFmpegPlayer 类声明：

```
class FFmpegPlayer
{
public:
    FFmpegPlayer();
    void setFilePath(const char *filePath);
    void setImageCb(Image_Cb cb, void *userData);
    int initPlayer();
    void start();
    void stop();
    void pause(PauseState state);

public:
    void onRefreshEvent(SDL_Event *e);
    void onKeyEvent(SDL_Event *e);

private:
    FFmpegPlayerCtx playerCtx;
    std::string m_filePath;
    SDL_AudioSpec audio_wanted_spec;
    std::atomic<bool> m_stop = false;

private:
    DemuxThread *m_demuxThread = nullptr;
    VideoDecodeThread *m_videoDecodeThread = nullptr;
    AudioDecodeThread *m_audioDecodeThread = nullptr;
    AudioPlay *m_audioPlay = nullptr;
};
```

FFmpegPlayer 类实现：

```
FFmpegPlayer::FFmpegPlayer()
{
}

void FFmpegPlayer::setFilePath(const char *filePath)
{
    m_filePath = filePath;
}

void FFmpegPlayer::setImageCb(Image_Cb cb, void *userData)
{
    playerCtx.imgCb  = cb;
    playerCtx.cbData = userData;
}
```

```cpp
int FFmpegPlayer::initPlayer()
{
    // 初始化播放器上下文
    playerCtx.init();
    strncpy(playerCtx.filename, m_filePath.c_str(), m_filePath.size());

    // 创建 demux 线程
    m_demuxThread = new DemuxThread;
    m_demuxThread->setPlayerCtx(&playerCtx);
    if (m_demuxThread->initDemuxThread() != 0) {
        ff_log_line("DemuxThread init Failed.");
        return -1;
    }

    // 创建音频解码线程
    m_audioDecodeThread = new AudioDecodeThread;
    m_audioDecodeThread->setPlayerCtx(&playerCtx);

    // 创建视频解码线程
    m_videoDecodeThread = new VideoDecodeThread;
    m_videoDecodeThread->setPlayerCtx(&playerCtx);

    // 设置音频播放的参数
    audio_wanted_spec.freq = 48000;
    audio_wanted_spec.format = AUDIO_S16SYS;
    audio_wanted_spec.channels = 2;
    audio_wanted_spec.silence = 0;
    audio_wanted_spec.samples = SDL_AUDIO_BUFFER_SIZE;
    audio_wanted_spec.callback = FN_Audio_Cb;
    audio_wanted_spec.userdata = m_audioDecodeThread;
    // 创建并打开音频播放设备
    m_audioPlay = new AudioPlay;
    if (m_audioPlay->openDevice(&audio_wanted_spec) <= 0) {
        ff_log_line("open audio device Failed.");
        return -1;
    }

    // 设置播放器事件
    auto refreshEvent = [this](SDL_Event *e) {
        onRefreshEvent(e);
    };

    auto keyEvent = [this](SDL_Event *e) {
        onKeyEvent(e);
    };

    sdlApp->registerEvent(FF_REFRESH_EVENT, refreshEvent);
    sdlApp->registerEvent(SDL_KEYDOWN, keyEvent);

    return 0;
}

void FFmpegPlayer::start()
{
    m_demuxThread->start();
    m_videoDecodeThread->start();
    m_audioDecodeThread->start();
    m_audioPlay->start();

    schedule_refresh(&playerCtx, 40);

    m_stop = false;
```

```
}

#define FREE(x) delete x; x = nullptr

void FFmpegPlayer::stop()
{
    m_stop = true;

    // 停止音频解码线程
    ff_log_line("audio decode thread clean...");
    if (m_audioDecodeThread) {
        m_audioDecodeThread->stop();
        FREE(m_audioDecodeThread);
    }
    ff_log_line("audio decode thread finished.");

    // 停止音频处理线程
    ff_log_line("audio play thread clean...");
    if (m_audioPlay) {
        m_audioPlay->stop();
        FREE(m_audioPlay);
    }
    ff_log_line("audio device finished.");

    // 停止视频解码线程
    ff_log_line("video decode thread clean...");
    if (m_videoDecodeThread) {
        m_videoDecodeThread->stop();
        FREE(m_videoDecodeThread);
    }
    ff_log_line("video decode thread finished.");

    // 停止 demux 线程
    ff_log_line("demux thread clean...");
    if (m_demuxThread) {
        m_demuxThread->stop();
        m_demuxThread->finiDemuxThread();
        FREE(m_demuxThread);
    }
    ff_log_line("demux thread finished.");
    ff_log_line("player ctx clean...");
    playerCtx.fini();
    ff_log_line("player ctx finished.");
}

void FFmpegPlayer::pause(PauseState state)
{
    playerCtx.pause = state;
    playerCtx.frame_timer = av_gettime() / 1000000.0;
}

void FFmpegPlayer::onRefreshEvent(SDL_Event *e)
{
    if (m_stop) {
        return;
    }

    FFmpegPlayerCtx *is = (FFmpegPlayerCtx *)e->user.data1;
    VideoPicture *vp;
    double actual_delay, delay, sync_threshold, ref_clock, diff;

    if(is->video_st) {
        if(is->pictq_size == 0) {
```

```
            schedule_refresh(is, 1);
        } else {
            vp = &is->pictq[is->pictq_rindex];
            delay = vp->pts - is->frame_last_pts;

            if(delay <= 0 || delay >= 1.0) {
                delay = is->frame_last_delay;
            }

            // 为下一次处理保存状态
            is->frame_last_delay = delay;
            is->frame_last_pts = vp->pts;

            ref_clock = get_audio_clock(is);
            diff = vp->pts - ref_clock;

            sync_threshold = (delay > AV_SYNC_THRESHOLD) ? delay : AV_SYNC_THRESHOLD;
            if (fabs(diff) < AV_NOSYNC_THRESHOLD) {
                if (diff <= -sync_threshold) {
                    delay = 0;
                } else if (diff >= sync_threshold) {
                    delay = 2 * delay;
                }
            }

            is->frame_timer += delay;
            actual_delay = is->frame_timer - (av_gettime() / 1000000.0);
            if (actual_delay < 0.010) {
                actual_delay = 0.010;
            }

            schedule_refresh(is, (int)(actual_delay * 1000 + 0.5));
            video_display(is);

            if (++is->pictq_rindex == VIDEO_PICTURE_QUEUE_SIZE) {
                is->pictq_rindex = 0;
            }
            SDL_LockMutex(is->pictq_mutex);
            is->pictq_size--;
            SDL_CondSignal(is->pictq_cond);
            SDL_UnlockMutex(is->pictq_mutex);
        }
    } else {
        schedule_refresh(is, 100);
    }
}

void FFmpegPlayer::onKeyEvent(SDL_Event *e)
{
    double incr, pos;
    switch(e->key.keysym.sym) {
    case SDLK_LEFT:
        incr = -10.0;
        goto do_seek;
    case SDLK_RIGHT:
        incr = 10.0;
        goto do_seek;
    case SDLK_UP:
        incr = 60.0;
        goto do_seek;
    case SDLK_DOWN:
        incr = -60.0;
        goto do_seek;
```

```
do_seek:
    if (true) {
        pos = get_audio_clock(&playerCtx);
        pos += incr;
        if (pos < 0) {
            pos = 0;
        }
        ff_log_line("seek to %lf v:%lf a:%lf", pos, get_audio_clock(&playerCtx), get_
audio_clock(&playerCtx));
        stream_seek(&playerCtx, (int64_t)(pos * AV_TIME_BASE), (int)incr);
    }
    break;
case SDLK_q:
    // 退出
    ff_log_line("request quit, player will quit");
    // 停止播放器
    stop();
    // 退出 SDL 事件循环
    sdlApp->quit();
    break;
case SDLK_SPACE:
    ff_log_line("request pause, cur state=%d", (int)playerCtx.pause);
    if (playerCtx.pause == UNPAUSE) {
        pause(PAUSE);
    } else {
        pause(UNPAUSE);
    }
    break;
default:
    break;
    }
}
```

根据我们的设计，FFmpegPlayer 可以在主线程运行，而不会对主线程造成任务阻塞，同时包含处理键盘和鼠标事件模块、音视频同步模块、声音打开逻辑等，各个模块会在后文进一步详细说明。

14.4.3　事件循环线程

事件循环线程也称作主线程，负责一些简单的代码逻辑，如界面刷新、获取鼠标和键盘事件等。本项目的主线程功能主要是启动定时器更新图像、获取键盘事件并分配事件等。代码逻辑如下：

```
// 渲染视频
RenderView view;
view.initSDL();

Timer ti;
std::function<void()> cb = bind(&RenderView::onRefresh, &view);
ti.start(&cb, 30);

RenderPairData *cbData = new RenderPairData;
cbData->view = &view;

FFmpegPlayer player;
player.setFilePath("E:/temp/111.mp4");  // 测试文件，实际使用时换成自己的文件路径
player.setImageCb(FN_DecodeImage_Cb, cbData);
if (player.initPlayer() != 0) {
    return -1;
}

ff_log_line("FFmpegPlayer init success");
player.start();
```

14.4.4　demux 线程

demux 线程也就是多媒体文件解封装线程（或者称为解复用线程），负责创建上下文、打开输入、读取帧等操作，属于播放器开发中最核心的模块。下面逐个函数进行分析，demux 线程在类 DemuxThread 中实现，使用起来较为简单。

文件：DemuxThread.h

```
#ifndef DEMUXTHREAD_H
#define DEMUXTHREAD_H

#include "ThreadBase.h"
#include <string>

struct FFmpegPlayerCtx;

class DemuxThread : public ThreadBase
{
public:
    DemuxThread();
    void setPlayerCtx(FFmpegPlayerCtx *ctx);
    int initDemuxThread();
    void finiDemuxThread();
    void run();

private:
    int decode_loop();
    int audio_decode_frame(FFmpegPlayerCtx *is, double *pts_ptr);
    int stream_open(FFmpegPlayerCtx *is, int media_type);

private:
    FFmpegPlayerCtx *is = nullptr;
};

#endif // DEMUXTHREAD_H
```

文件：DemuxThread.cpp

```
#include "DemuxThread.h"
#include <functional>
#include "log.h"
#include "FFmpegPlayer.h"

DemuxThread::DemuxThread()
{
}

void DemuxThread::setPlayerCtx(FFmpegPlayerCtx *ctx)
{
    is = ctx;
}

int DemuxThread::initDemuxThread()
{
    AVFormatContext *formatCtx = NULL;
    if (avformat_open_input(&formatCtx, is->filename, NULL, NULL) != 0) {
        ff_log_line("avformat_open_input Failed.");
        return -1;
    }
```

```
    is->formatCtx = formatCtx;

    if (avformat_find_stream_info(formatCtx, NULL) < 0) {
        ff_log_line("avformat_find_stream_info Failed.");
        return -1;
    }

    av_dump_format(formatCtx, 0, is->filename, 0);

    if (stream_open(is, AVMEDIA_TYPE_AUDIO) < 0) {
        ff_log_line("open audio stream Failed.");
        return -1;
    }

    if (stream_open(is, AVMEDIA_TYPE_VIDEO) < 0) {
        ff_log_line("open video stream Failed.");
        return -1;
    }

    return 0;
}

void DemuxThread::finiDemuxThread()
{
    if (is->formatCtx) {
        avformat_close_input(&is->formatCtx);
        is->formatCtx = nullptr;
    }

    if (is->aCodecCtx) {
        avcodec_free_context(&is->aCodecCtx);
        is->aCodecCtx = nullptr;
    }

    if (is->vCodecCtx) {
        avcodec_free_context(&is->vCodecCtx);
        is->vCodecCtx = nullptr;
    }

    if (is->swr_ctx) {
        swr_free(&is->swr_ctx);
        is->swr_ctx = nullptr;
    }

    if (is->sws_ctx) {
        sws_freeContext(is->sws_ctx);
        is->sws_ctx = nullptr;
    }
}

void DemuxThread::run()
{
    decode_loop();
}

int DemuxThread::decode_loop()
{
    AVPacket *packet = av_packet_alloc();

    for(;;) {
        if(m_stop) {
            ff_log_line("request quit while decode_loop");
            break;
```

```
        }

        // 开始 seek
        if (is->seek_req) {
            int stream_index= -1;
            int64_t seek_target = is->seek_pos;

            if (is->videoStream >= 0) {
                stream_index = is->videoStream;
            } else if(is->audioStream >= 0) {
                stream_index = is->audioStream;
            }

            if (stream_index >= 0) {
                seek_target= av_rescale_q(seek_target, AVRational{1, AV_TIME_BASE}, is->
formatCtx->streams[stream_index]->time_base);
            }

            if (av_seek_frame(is->formatCtx, stream_index, seek_target, is->seek_flags) < 0) {
                ff_log_line("%s: error while seeking\n", is->filename);
            } else {
                if(is->audioStream >= 0) {
                    is->audioq.packetFlush();
                    is->flush_actx = true;
                }
                if (is->videoStream >= 0) {
                    is->videoq.packetFlush();
                    is->flush_vctx = true;
                }
            }

            // 当 seek 操作结束后将状态重置为 0
            is->seek_req = 0;
        }

        if (is->audioq.packetSize() > MAX_AUDIOQ_SIZE || is->videoq.packetSize() >
MAX_VIDEOQ_SIZE) {
            SDL_Delay(10);
            continue;
        }

        if (av_read_frame(is->formatCtx, packet) < 0) {
            ff_log_line("av_read_frame error");
            break;
        }

        if (packet->stream_index == is->videoStream) {
            is->videoq.packetPut(packet);
        } else if (packet->stream_index == is->audioStream) {
            is->audioq.packetPut(packet);
        } else {
            av_packet_unref(packet);
        }
    }

    while (!m_stop) {
        SDL_Delay(100);
    }

    av_packet_free(&packet);

    SDL_Event event;
    event.type = FF_QUIT_EVENT;
```

```
        event.user.data1 = is;
        SDL_PushEvent(&event);

        return 0;
    }

    int DemuxThread::stream_open(FFmpegPlayerCtx *is, int media_type)
    {
        AVFormatContext *formatCtx = is->formatCtx;
        AVCodecContext *codecCtx = NULL;
        AVCodec *codec = NULL;

        int stream_index = av_find_best_stream(formatCtx, (AVMediaType)media_type, -1, -1,
(const AVCodec **)&codec, 0);
        if (stream_index < 0 || stream_index >= (int)formatCtx->nb_streams) {
            ff_log_line("Cannot find an audio stream in the input file\n");
            return -1;
        }

        codecCtx = avcodec_alloc_context3(codec);
        avcodec_parameters_to_context(codecCtx, formatCtx->streams[stream_index]->codecpar);

        if (avcodec_open2(codecCtx, codec, NULL) < 0) {
            ff_log_line("Failed to open codec for stream #%d\n", stream_index);
            return -1;
        }

        switch(codecCtx->codec_type) {
        case AVMEDIA_TYPE_AUDIO:
            is->audioStream = stream_index;
            is->aCodecCtx = codecCtx;
            is->audio_st = formatCtx->streams[stream_index];
            is->swr_ctx = swr_alloc();
            av_opt_set_chlayout(is->swr_ctx, "in_chlayout", &codecCtx->ch_layout, 0);
            av_opt_set_int(is->swr_ctx, "in_sample_rate",      codecCtx->sample_rate, 0);
            av_opt_set_sample_fmt(is->swr_ctx, "in_sample_fmt", codecCtx->sample_fmt, 0);

            AVChannelLayout outLayout;
            // use stereo
            av_channel_layout_default(&outLayout, 2);

            av_opt_set_chlayout(is->swr_ctx, "out_chlayout", &outLayout, 0);
            av_opt_set_int(is->swr_ctx, "out_sample_rate",      48000, 0);
            av_opt_set_sample_fmt(is->swr_ctx, "out_sample_fmt", AV_SAMPLE_FMT_S16, 0);
            swr_init(is->swr_ctx);
            break;
        case AVMEDIA_TYPE_VIDEO:
            is->videoStream = stream_index;
            is->vCodecCtx   = codecCtx;
            is->video_st    = formatCtx->streams[stream_index];
            is->frame_timer = (double)av_gettime() / 1000000.0;
            is->frame_last_delay = 40e-3;
            is->sws_ctx = sws_getContext(codecCtx->width, codecCtx->height,
                    codecCtx->pix_fmt, codecCtx->width, codecCtx->height,
                    AV_PIX_FMT_RGB24, SWS_BILINEAR,
                    NULL, NULL, NULL);
            break;
        default:
            break;
        }

        return 0;
    }
```

其中包含了较多的 FFmpeg 函数调用，很有必要进行说明，根据播放器的流程图，我们逐个分析。

```
AVFormatContext *formatCtx = NULL;
if (avformat_open_input(&formatCtx, is->filename, NULL, NULL) != 0) {
    ff_log_line("avformat_open_input Failed.");
    return -1;
}

is->formatCtx = formatCtx;

if (avformat_find_stream_info(formatCtx, NULL) < 0) {
    ff_log_line("avformat_find_stream_info Failed.");
    return -1;
}
```

使用 avformat_open_input() 自动分配上下文（formatCtx）。注意，这个函数即使已经正常返回，此时解码器仍然处于未打开状态，而且 formatCtx 必须通过 avformat_close_input() 关闭，然后通过 avformat_find_stream_info() 查找流信息。此时 FFmpeg 会预读部分数据，但是不用担心文件的读指针位置会因此发生偏移，FFmpeg 内部会还原这部分的指针偏移，读取的这些数据包可能会被缓存以用于后续处理。

```
if (avformat_find_stream_info(formatCtx, NULL) < 0) {
    ff_log_line("avformat_find_stream_info Failed.");
    return -1;
}

av_dump_format(formatCtx, 0, is->filename, 0);

if (stream_open(is, AVMEDIA_TYPE_AUDIO) < 0) {
    ff_log_line("open audio stream Failed.");
    return -1;
}

if (stream_open(is, AVMEDIA_TYPE_VIDEO) < 0) {
    ff_log_line("open video stream Failed.");
    return -1;
}
```

av_dump_format() 函数是可选的，通过调用此函数会把输入的文件详细信息打印出来，包括时长、码率、流、容器、解码器等，然后根据类型调用 stream_open() 打开音频解码器和视频解码器。stream_open() 的实现如下：

```
AVFormatContext *formatCtx = is->formatCtx;
AVCodecContext *codecCtx = NULL;
AVCodec *codec = NULL;

int stream_index = av_find_best_stream(formatCtx, (AVMediaType)media_type, -1, -1,
(const AVCodec **)&codec, 0);
if (stream_index < 0 || stream_index >= (int)formatCtx->nb_streams) {
    ff_log_line("Cannot find a audio stream in the input file\n");
    return -1;
}

codecCtx = avcodec_alloc_context3(codec);
avcodec_parameters_to_context(codecCtx, formatCtx->streams[stream_index]->codecpar);

if (avcodec_open2(codecCtx, codec, NULL) < 0) {
    ff_log_line("Failed to open codec for stream #%d\n", stream_index);
    return -1;
```

```
        }

        switch(codecCtx->codec_type) {
        case AVMEDIA_TYPE_AUDIO:
            is->audioStream = stream_index;
            is->aCodecCtx = codecCtx;
            is->audio_st = formatCtx->streams[stream_index];
            is->swr_ctx = swr_alloc();
            av_opt_set_int(is->swr_ctx, "in_channel_layout",   av_get_default_channel_
layout(codecCtx->ch_layout.nb_channels), 0);
            av_opt_set_int(is->swr_ctx, "in_sample_rate",       codecCtx->sample_rate, 0);
            av_opt_set_sample_fmt(is->swr_ctx, "in_sample_fmt", codecCtx->sample_fmt, 0);

            av_opt_set_int(is->swr_ctx, "out_channel_layout",   AV_CH_LAYOUT_STEREO, 0);
            av_opt_set_int(is->swr_ctx, "out_sample_rate",        48000, 0);
            av_opt_set_sample_fmt(is->swr_ctx, "out_sample_fmt", AV_SAMPLE_FMT_S16, 0);
            swr_init(is->swr_ctx);

            break;
        case AVMEDIA_TYPE_VIDEO:
            is->videoStream = stream_index;
            is->vCodecCtx   = codecCtx;
            is->video_st    = formatCtx->streams[stream_index];
            is->frame_timer = (double)av_gettime() / 1000000.0;
            is->frame_last_delay = 40e-3;
            is->sws_ctx = sws_getContext(codecCtx->width, codecCtx->height,
                    codecCtx->pix_fmt, codecCtx->width, codecCtx->height,
                    AV_PIX_FMT_RGB24, SWS_BILINEAR,
                    NULL, NULL, NULL);
            break;
        default:
            break;
        }
```

av_find_best_stream()返回指定类型的最好的一个流给调用者,何为最好?按照官方的说法就是根据一些历史经验返回的值。同时 av_find_best_stream()会返回对应流的解码器,此时解码器仍是未打开状态。

avcodec_alloc_context3()根据上述返回的解码器创建解码器上下文。需要注意的是,此时分配的解码器上下文的大部分信息还未填充,通过 avcodec_parameters_to_context()可以把 format 上的关键信息赋值给解码器上下文。这个赋值行为比较关键,如果不通过 avcodec_parameters_to_context()的参数赋值,则解码器上下文中 width 和 height 字段的值为默认值 0。至此,就可以执行关键的解码器打开动作了,调用 avcodec_open2()即可。

通过 swr_alloc()创建的 SwrContext 和通过 sws_getContext()创建的 SwsContext,分别用于处理音频重采样和视频图像的缩放、颜色空间转换,具体用法可以参照前文中音频重采样和视频图像缩放的介绍。

```
        if (is->audioq.packetSize() > MAX_AUDIOQ_SIZE || is->videoq.packetSize() >
MAX_VIDEOQ_SIZE) {
            SDL_Delay(10);
            continue;
        }

        if (av_read_frame(is->formatCtx, packet) < 0) {
            ff_log_line("av_read_frame error");
            break;
        }

        if (packet->stream_index == is->videoStream) {
```

```
        is->videoq.packetPut(packet);
    } else if (packet->stream_index == is->audioStream) {
        is->audioq.packetPut(packet);
    } else {
        av_packet_unref(packet);
    }
```

demux 线程通过 av_read_frame() 读取数据，并把未解码数据存储在 packet（AVPacket）里，然后进行判断。如果是视频帧，则把 packet 存放到视频队列，packet 里存储的数据对于视频来说一般是单一帧视频数据，而对于音频则可能包含多个帧；同样如果判断是音频帧，则把 packet 存放到音频队列里，音视频之外的 packet，比如字幕等，暂时不做处理，感兴趣的读者可以自行研究。本例中调用 av_packet_unref() 直接释放数据，当音频或者视频队列的数据大于设定的阈值时，程序会延时 10 毫秒（SDL_Delay(10)），然后继续读包的操作。

```
        if (m_stop) {
            ff_log_line("request quit while decode_loop");
            break;
        }

        // 开始 seek
        if (is->seek_req) {
            int stream_index= -1;
            int64_t seek_target = is->seek_pos;

            if (is->videoStream >= 0) {
                stream_index = is->videoStream;
            } else if(is->audioStream >= 0) {
                stream_index = is->audioStream;
            }

            if (stream_index >= 0) {
                seek_target= av_rescale_q(seek_target, AVRational{1, AV_TIME_BASE},
is->formatCtx->streams[stream_index]->time_base);
            }

            if (av_seek_frame(is->formatCtx, stream_index, seek_target, is->seek_flags) < 0) {
                ff_log_line("%s: error while seeking\n", is->filename);
            } else {
                if(is->audioStream >= 0) {
                    is->audioq.packetFlush();
                    is->flush_actx = true;
                }
                if (is->videoStream >= 0) {
                    is->videoq.packetFlush();
                    is->flush_vctx = true;
                }
            }

            // seek 操作完成后将状态重置为 0
            is->seek_req = 0;
        }

        if (is->audioq.packetSize() > MAX_AUDIOQ_SIZE || is->videoq.packetSize() >
MAX_VIDEOQ_SIZE) {
            SDL_Delay(10);
            continue;
        }
```

我们使用了 for(;;) 死循环来持续读取帧数据，考虑到多线程场景，使用了原子变量 m_stop（std::atomic<bool>类型）。在这个循环里，还增加了 seek 操作，可以快速跳转到希望的时间点。

seek 操作属于跨线程操作，主线程接收鼠标或者键盘事件并转化为时间，通过 `av_seek_frame()` 进行跳转，流程如图 14-7 所示。

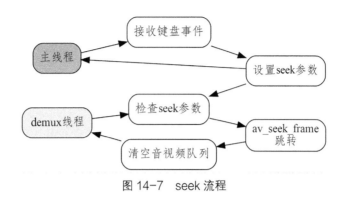

图 14-7　seek 流程

`av_seek_frame()` 在前面的章节已经详细说明，这里略过。

如何设置 seek 的参数呢？这段代码在类 **FFmpegPlayer** 的事件处理函数中。

```
do_seek:
    if (true) {
        pos = get_audio_clock(&playerCtx);
        pos += incr;
        if (pos < 0) {
            pos = 0;
        }
        ff_log_line("seek to %lf v:%lf a:%lf", pos, get_audio_clock(&playerCtx),
get_audio_clock(&playerCtx));
        stream_seek(&playerCtx, (int64_t)(pos * AV_TIME_BASE), (int)incr);
    }
```

这里的 `(int64_t)(pos * AV_TIME_BASE)` 不太好理解，先来看看 **AV_TIME_BASE** 是什么。

```
#define AV_TIME_BASE        1000000
```

也就是说把 pos 乘以 1 000 000，其实就是把音频时钟从秒转到了微秒，但是 `av_seek_frame()` 的第 3 个参数 timestamp 是基于 `AVStream.time_base` 的，明显又不是微秒，所以在调用 `av_seek_frame()` 之前还需要把 pos 转换成以 `AVStream.time_base` 为基准，这个转换是通过 `av_rescale_q()` 实现的，这个是关键函数，常用于在不同的时间基准中互相转换。

那么时间基准又是什么呢？我们通过一个带刻度的尺子来举例：比如一个尺子一共有 12 000 个刻度，整个尺子对应 1 秒的物理时长，那么如果占据了 1200 个刻度，则代表了物理时间为 1200/12000=0.1（秒）。类比到音视频的音频，如果 1 秒的采样率是 48 000，一个音频帧的采样数是 1024，则 1024 代表物理时长为 1024/48000=0.0213333（秒）。类比到视频，如视频的帧率为 25 帧，则每帧占用 1/25=0.04（秒）。

音视频的时间基准是以毫秒或者秒为单位的吗？实际上并不是，音视频流有各自的时间基准。FFmpeg 中处理时间基准的函数主要有下面几个。

- `av_rescale_q()`：不同时间基准的转换，用于将一种时间基准转换为另一种时间基准。
- `av_q2d()`：把时间从 **AVRational** 转换为 double 形式，单位是秒。
- `av_compare_ts()`：不同基准的时间戳比对。

其中，我们用到的 `av_rescale_q()` 原型如下：

```
int64_t av_rescale_q(int64_t a, AVRational bq, AVRational cq) av_const;
```

其实就是这样的数学运算：a×bq / cq。

当执行 seek 操作后，原来存在于音视频队列的 AVPacket 已经不再使用，需要清除。同时设置 flush_actx、flush_vctx 为 true，并在音频解码线程和视频解码线程中调用 avcodec_flush_buffers() 来刷新内部 buffer，并重置解码器状态。如下代码就根据 flush_vctx 为 true 的状态来重置解码器。

```
if (is->flush_vctx) {
    ff_log_line("avcodec_flush_buffers(vCodecCtx) for seeking");
    avcodec_flush_buffers(is->vCodecCtx);
    is->flush_vctx = false;
    continue;
}
```

14.4.5　视频解码线程

视频解码部分的代码封装在类 VideoDecodeThread 中，主要完成从视频队列读取数据（AVPacket）、解码数据、把解码后的数据（AVFrame）放到图像队列（pictq）中的功能。下面是 VideoDecodeThread 的核心代码：

```
#include "VideoDecodeThread.h"

#include "FFmpegPlayer.h"
#include "log.h"

static double synchronize_video(FFmpegPlayerCtx *is, AVFrame *src_frame, double pts)
{
    double frame_delay;

    if(pts != 0) {
        // 如果有pts，则将视频时钟设置为pts值
        is->video_clock = pts;
    } else {
        // 如果没有设置过pts，则将pts设置为时钟的值
        pts = is->video_clock;
    }
    // 更新视频计时器
    frame_delay = av_q2d(is->vCodecCtx->time_base);
    // 如果重复1帧，就相应调整一下时钟
    frame_delay += src_frame->repeat_pict * (frame_delay * 0.5);
    is->video_clock += frame_delay;

    return pts;
}

VideoDecodeThread::VideoDecodeThread()
{
}

void VideoDecodeThread::setPlayerCtx(FFmpegPlayerCtx *ctx)
{
    playerCtx = ctx;
}

void VideoDecodeThread::run()
{
    int ret = video_entry();
    ff_log_line("VideoDecodeThread finished, ret=%d", ret);
```

```
    }

    int VideoDecodeThread::video_entry()
    {
        FFmpegPlayerCtx *is = playerCtx;
        AVPacket *packet = av_packet_alloc();
        AVCodecContext *pCodecCtx = is->vCodecCtx;
        int ret = -1;
        double pts = 0;

        AVFrame * pFrame = av_frame_alloc();
        AVFrame * pFrameRGB = av_frame_alloc();

        av_image_alloc(pFrameRGB->data, pFrameRGB->linesize, pCodecCtx->width, pCodecCtx->
height, AV_PIX_FMT_RGB24, 32);

        for (;;) {
            if (m_stop) {
                break;
            }

            if (is->pause == PAUSE) {
                SDL_Delay(5);
                continue;
            }

            if (is->flush_vctx) {
                ff_log_line("avcodec_flush_buffers(vCodecCtx) for seeking");
                avcodec_flush_buffers(is->vCodecCtx);
                is->flush_vctx = false;
                continue;
            }

            av_packet_unref(packet);

            if (is->videoq.packetGet(packet, m_stop) < 0) {
                break;
            }

            // 解码视频
            ret = avcodec_send_packet(pCodecCtx, packet);
            if (ret == 0) {
                ret = avcodec_receive_frame(pCodecCtx, pFrame);
            }

            if (packet->dts == AV_NOPTS_VALUE
                    && pFrame->opaque && *(uint64_t*)pFrame->opaque != AV_NOPTS_VALUE) {
                pts = (double)*(uint64_t *)pFrame->opaque;
            } else if(packet->dts != AV_NOPTS_VALUE) {
                pts = (double)packet->dts;
            } else {
                pts = 0;
            }
            pts *= av_q2d(is->video_st->time_base);

            // 已经成功得到视频帧
            if (ret == 0) {
                ret = sws_scale(is->sws_ctx, (uint8_t const * const *)pFrame->data, pFrame->
linesize, 0,
                              pCodecCtx->height, pFrameRGB->data, pFrameRGB->linesize);
                pts = synchronize_video(is, pFrame, pts);

                if (ret == pCodecCtx->height) {
```

```
                    if (queue_picture(is, pFrameRGB, pts) < 0) {
                        break;
                    }
                }
            }
        }

        av_frame_free(&pFrame);
        av_frame_free(&pFrameRGB);
        av_packet_free(&packet);

        return 0;
    }

    int VideoDecodeThread::queue_picture(FFmpegPlayerCtx *is, AVFrame *pFrame, double pts)
    {
        VideoPicture *vp;

        // 阻塞等待获得显示新图像的空间
        SDL_LockMutex(is->pictq_mutex);
        while (is->pictq_size >= VIDEO_PICTURE_QUEUE_SIZE) {
            SDL_CondWaitTimeout(is->pictq_cond, is->pictq_mutex, 500);
            if (m_stop) {
                break;
            }
        }
        SDL_UnlockMutex(is->pictq_mutex);

        if (m_stop) {
            return 0;
        }

        // windex 初始化为 0
        vp = &is->pictq[is->pictq_windex];

        if (!vp->bmp) {
            SDL_LockMutex(is->pictq_mutex);
            vp->bmp = av_frame_alloc();
            av_image_alloc(vp->bmp->data, vp->bmp->linesize, is->vCodecCtx->width, is->
vCodecCtx->height, AV_PIX_FMT_RGB24, 32);
            SDL_UnlockMutex(is->pictq_mutex);
        }

        // 设置图像数据，并且设置 pts 值
        memcpy(vp->bmp->data[0], pFrame->data[0], is->vCodecCtx->height * pFrame->
linesize[0]);
        vp->pts = pts;

        // 现在通知显示线程我们已经准备好了图像数据
        if(++is->pictq_windex == VIDEO_PICTURE_QUEUE_SIZE) {
            is->pictq_windex = 0;
        }
        SDL_LockMutex(is->pictq_mutex);
        is->pictq_size++;
        SDL_UnlockMutex(is->pictq_mutex);

        return 0;
    }
```

VideoDecodeThread 流程较为复杂，我们通过图 14-8 进行分析。

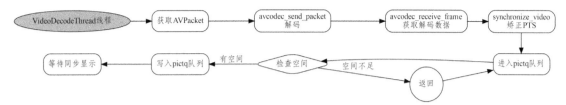

图 14-8 视频解码线程

由于视频解码线程和图像展示共用一个队列（pictq），并且设置队列大小为 1，这样视频解码后就需要进行等待，一旦图像显示完毕，队列空出来，就可以结束等待并把 AVFrame 插入 pictq 队列中。多线程的等待和唤醒使用了多线程中常用的锁和条件变量，不熟悉的读者可以自行学习多线程相关知识。

```
while (is->pictq_size >= VIDEO_PICTURE_QUEUE_SIZE) {
    SDL_CondWaitTimeout(is->pictq_cond, is->pictq_mutex, 500);
    if (m_stop) {
        break;
    }
}
```

在等待队列的过程中，使用了 SDL_CondWaitTimeout() 这种带超时功能的条件等待，主要是方便程序可以随时退出。

```
if (!vp->bmp) {
    SDL_LockMutex(is->pictq_mutex);
    vp->bmp = av_frame_alloc();
    av_image_alloc(vp->bmp->data, vp->bmp->linesize, is->vCodecCtx->width, is->vCodecCtx->height, AV_PIX_FMT_RGB24, 32);
    SDL_UnlockMutex(is->pictq_mutex);
}

// 设置图像数据，并且设置 pts 值
memcpy(vp->bmp->data[0], pFrame->data[0], is->vCodecCtx->height * pFrame->linesize[0]);
vp->pts = pts;
```

上述代码使用 av_image_alloc() 给 AVFrame 分配图像数据。FFmpeg 给 AVFrame 分配空间的方式主要有以下两种。

1）av_image_alloc()：这个函数较为简单，指定图像的宽高、格式、内存对齐方式即可。

```
int av_image_alloc(uint8_t *pointers[4], int linesizes[4],
                   int w, int h, enum AVPixelFormat pix_fmt, int align);
```

2）av_frame_get_buffer()：既能给视频 AVFrame 分配空间，也能给音频 AVFrame 分配空间。有一些使用上的注意项，在分配空间之前必须设置以下必要的字段，否则就会失败。

- format：音频或者视频包的格式。
- width：视频图像宽度。
- height：视频图像高度。
- nb_samples：音频采样数。
- ch_layout：音频声道 layout。

在复制图像数据时，通过计算 is->vCodecCtx->height * pFrame->linesize[0] 来获取图像所占用存储空间大小。

```
memcpy(vp->bmp->data[0], pFrame->data[0], is->vCodecCtx->height * pFrame->linesize[0]);
```

14.4.6 音视频同步

音视频同步是播放器开发中最需要做的一个步骤，不然整个播放过程可能会出现角色口型和声音对不上的情况，其主要目的就是使声音播放和画面播放保持一致。可能有人觉得让音视频同时开始播放就可以实现音视频同步了，理论上说只要同时播放是可以达到同步的，但是计算机环境会受多方面的影响，同时视频文件的音视频帧是否有异常也会影响同步，随着时间的流逝，可能播放就会出现不一致。为了解决这个问题，提出了时钟（clock）的概念。

目前主要有以下 3 种时钟。
* 音频时钟：主流播放器均使用音频时钟作为主时钟。
* 视频时钟：较少使用。
* 外部时钟：较少使用。

3 种时钟有不同的同步策略。
* 音频时钟：以音频的时间为基准时间，把视频同步到音频。在显示的过程中，视频如果受到多种因素的影响变慢了，则加快视频播放，甚至可以直接丢帧，本播放器使用加快播放策略；如果视频快了，则加大延时时间。
* 视频时钟：以视频的时间为基准，把音频同步到视频上。同样如果音频慢了，则加快音频播放，可以通过重采样来快速播放，甚至也可以直接丢帧；如果音频快了，则降低音频的播放速度。
* 外部时钟：用一个外部时间线作为时钟，把音频和视频都同步到这个时钟上。同步的策略和上述一致。

那么不包含音频的文件需要同步吗？事实上是不需要的，只需要按照固定延时播放视频图像即可。同样对于音频文件也不需要同步，按照音频设备回调，补给音频缓冲区数据即可，同步只针对音视频共存的文件。

本播放器项目使用第 1 种时钟，即音频时钟，它稳定性高，时间线性增长，故播放器基本都是使用音频时钟。本书对其他两种时钟不做详细代码讲解，本播放器时钟参照了 ffplay 的思路，但比 ffplay 简单很多，更容易理解，主要是方便开发者入门。

音频解码线程相关的功能封装在类 AudioDecodeThread 中，通过 SDL 持续的回调，读取数据和解码数据，同时更新音频时钟，流程图如图 14-9 所示。

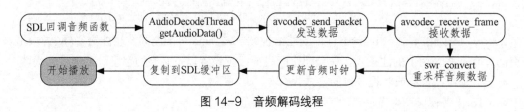

图 14-9 音频解码线程

对应的核心代码如下：

```
void AudioDecodeThread::getAudioData(unsigned char *stream, int len)
{
    // 解码器未准备好或处于暂停状态，输出静音
    if (!is->aCodecCtx || is->pause == PAUSE) {
        memset(stream, 0, len);
        return;
```

```
    }

    int len1, audio_size;
    double pts;

    while(len > 0) {
        if (is->audio_buf_index >= is->audio_buf_size) {
            audio_size = audio_decode_frame(is, &pts);
            if (audio_size < 0) {
                is->audio_buf_size = 1024;
                memset(is->audio_buf, 0, is->audio_buf_size);
            } else {
                is->audio_buf_size = audio_size;
            }
            is->audio_buf_index = 0;
        }

        len1 = is->audio_buf_size - is->audio_buf_index;
        if (len1 > len)
            len1 = len;

        memcpy(stream, (uint8_t *)is->audio_buf + is->audio_buf_index, len1);
        len -= len1;
        stream += len1;
        is->audio_buf_index += len1;
    }
}

void AudioDecodeThread::run()
{
    // 什么都不用做
}

int AudioDecodeThread::audio_decode_frame(FFmpegPlayerCtx *is, double *pts_ptr)
{
    int len1, data_size = 0, n;
    AVPacket *pkt = is->audio_pkt;
    double pts;
    int ret = 0;

    for(;;) {
        while (is->audio_pkt_size > 0) {
            ret = avcodec_send_packet(is->aCodecCtx, pkt);
            if(ret != 0) {
                // 出错的时候跳过帧
                is->audio_pkt_size = 0;
                break;
            }

            av_frame_unref(is->audio_frame);
            ret = avcodec_receive_frame(is->aCodecCtx, is->audio_frame);
            if (ret != 0) {
                // 出错的时候跳过帧
                is->audio_pkt_size = 0;
                break;
            }

            if (ret == 0) {
                int upper_bound_samples = swr_get_out_samples(is->swr_ctx, is->audio_
frame->nb_samples);

                uint8_t *out[4] = {0};
                out[0] = (uint8_t*)av_malloc(upper_bound_samples * 2 * 2);

                // 每个通道输出的采样
                int samples = swr_convert(is->swr_ctx,
```

```
                                    out,
                                    upper_bound_samples,
                                    (const uint8_t**)is->audio_frame->data,
                                    is->audio_frame->nb_samples
                                    );
                if (samples > 0) {
                    memcpy(is->audio_buf, out[0], samples * 2 * 2);
                }

                av_free(out[0]);
                data_size = samples * 2 * 2;
            }

            len1 = pkt->size;
            is->audio_pkt_data += len1;
            is->audio_pkt_size -= len1;

            if (data_size <= 0) {
                // 没有获得数据，需要继续获得数据
                continue;
            }

            pts = is->audio_clock;
            *pts_ptr = pts;
            n = 2 * is->aCodecCtx->ch_layout.nb_channels;
            is->audio_clock += (double)data_size / (double)(n * (is->aCodecCtx->
sample_rate));

            return data_size;
        }

        if (m_stop) {
            ff_log_line("request quit while decode audio");
            return -1;
        }

        if (is->flush_actx) {
            is->flush_actx = false;
            ff_log_line("avcodec_flush_buffers(aCodecCtx) for seeking");
            avcodec_flush_buffers(is->aCodecCtx);
            continue;
        }

        av_packet_unref(pkt);

        if (is->audioq.packetGet(pkt, m_stop) < 0) {
            return -1;
        }

        is->audio_pkt_data = pkt->data;
        is->audio_pkt_size = pkt->size;

        if (pkt->pts != AV_NOPTS_VALUE) {
            is->audio_clock = av_q2d(is->audio_st->time_base) * pkt->pts;
        }
    }
}
```

根据上述代码，我们重点解决如何更新音频时钟的问题。核心代码如下：

```
            n = 2 * is->aCodecCtx->ch_layout.nb_channels;
            is->audio_clock += (double)data_size / (double)(n * (is->aCodecCtx->
sample_rate));
        if (pkt->pts != AV_NOPTS_VALUE) {
            is->audio_clock = av_q2d(is->audio_st->time_base) * pkt->pts;
        }
```

上面代码中，首先把音频时钟设置为包的 pts，并转换为以秒为单位（av_q2d()），在得到解码数据后，再补充此帧数据所占的时间，相当于时钟已经到了下一帧的开始处。

播放器的音频时钟代码如下：

```
static double get_audio_clock(FFmpegPlayerCtx *is)
{
    double pts;
    int hw_buf_size, bytes_per_sec, n;

    pts = is->audio_clock;
    hw_buf_size = is->audio_buf_size - is->audio_buf_index;
    bytes_per_sec = 0;
    n = is->aCodecCtx->ch_layout.nb_channels * 2;

    if(is->audio_st) {
        bytes_per_sec = is->aCodecCtx->sample_rate * n;
    }

    if (bytes_per_sec) {
        pts -= (double)hw_buf_size / bytes_per_sec;
    }
    return pts;
}
```

其中 hw_buf_size 是已经解码出来但还没有取走的数据大小，而 pts 已经在解码后进行了更新，所以需要减去这段数据占用的时间（(double)hw_buf_size / bytes_per_sec），然后重新返回即可。

接下来看看视频是怎样驱动并显示的。通过一个流程图先观察一下，如图 14-10 所示。

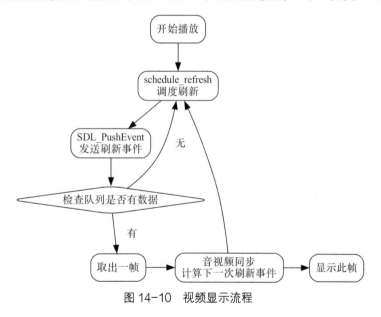

图 14-10　视频显示流程

下面是音视频同步并且计算下一次刷新事件的代码。

```
if(is->pictq_size == 0) {
        schedule_refresh(is, 1);
    } else {
        vp = &is->pictq[is->pictq_rindex];
        delay = vp->pts - is->frame_last_pts;

        if(delay <= 0 || delay >= 1.0) {
```

```
            delay = is->frame_last_delay;
        }

        is->frame_last_delay = delay;
        is->frame_last_pts = vp->pts;

        ref_clock = get_audio_clock(is);
        diff = vp->pts - ref_clock;

        sync_threshold = (delay > AV_SYNC_THRESHOLD) ? delay : AV_SYNC_THRESHOLD;
        if (fabs(diff) < AV_NOSYNC_THRESHOLD) {
            if (diff <= -sync_threshold) {
                delay = 0;
            } else if (diff >= sync_threshold) {
                delay = 2 * delay;
            }
        }

        is->frame_timer += delay;
        actual_delay = is->frame_timer - (av_gettime() / 1000000.0);
        if (actual_delay < 0.010) {
            actual_delay = 0.010;
        }

        schedule_refresh(is, (int)(actual_delay * 1000 + 0.5));
        video_display(is);

        if (++is->pictq_rindex == VIDEO_PICTURE_QUEUE_SIZE) {
            is->pictq_rindex = 0;
        }
        SDL_LockMutex(is->pictq_mutex);
        is->pictq_size--;
        SDL_CondSignal(is->pictq_cond);
        SDL_UnlockMutex(is->pictq_mutex);
    }
```

上述代码涉及不少变量，核心上下文（**FFmpegPlayerCtx**）中涉及同步的变量如下：

```
// for sync
double        audio_clock = 0.0;
double        frame_timer = 0.0;
double        frame_last_pts = 0.0;
double        frame_last_delay = 0.0;
double        video_clock = 0.0;
```

宏如下：

```
#define AV_SYNC_THRESHOLD 0.01
#define AV_NOSYNC_THRESHOLD 10.0
```

上述代码的主要目的是计算下一帧的延时，并显示当前帧。

假如视频帧率是 25，我们分析以下 3 种情况：

- 音视频一切正常，delay 一直是 0.04 秒（delay = vp->pts - is->frame_last_pts;），下一帧延时 0.04 秒继续显示即可。
- 如果视频比音频慢（diff < 0），计算 sync_threshold，对于 25 帧的视频，sync_threshold 为 0.04 秒，如果延时超过 1 帧，则 delay=0 即可，相当于丢帧了。

```
if (diff <= -sync_threshold) {
    delay = 0;
} else if (diff >= sync_threshold) {
    delay = 2 * delay;
}
```

- 如果视频比音频快（diff > 0），如果快了超过 1 帧的时间 0.04 秒，则直接增大 2 倍延时。这个策略未必是最完美的，但是从整体播放效果来看，还是可以接受的。

然后计算实际延时。

```
is->frame_timer += delay;
actual_delay = is->frame_timer - (av_gettime() / 1000000.0);
if (actual_delay < 0.010) {
    actual_delay = 0.010;
}
```

通过计算视频累计的时间和系统时间的差值，让实际延时一直大于或者等于 0.01 秒，这个值是可以调整的。

14.4.7 音视频扩展

本播放器主要实现了基础的播放、同步和 seek。作为一个生产环境的播放器，考虑的因素可能会更多一些，同样也有很多新特性。

- 精确 seek：在精确的时间点上 seek，而不仅仅在关键帧上。
- 视频滤镜：可以通过 FFmpeg 内置视频滤镜（vf），或者通过图像处理直接给解码后的图像加特效，如增强图像、降低噪点等。
- 特效处理：如 AI 人脸识别、动作识别、美颜等。
- 音频处理：可以通过 FFmpeg 内置音频滤镜（af），或者通过特定的音频处理库来处理音频，如音频增强、噪声抑制等。

感兴趣的读者可以尝试加一些特殊的滤镜，来增强对播放器开发的理解。

14.5 小结

本章通过分析 SDL 在播放器开发中的使用、音视频解码、音视频同步等相关知识，带领读者一步一步完成了一个简易的播放器。播放器的实际播放效果如图 14-11 所示，同步和 seek 均支持得很好。

图 14-11 播放器显示

在播放器开发中，如何播放和展示视频当然是最重要的内容，但比较难的内容却是音视频同步。读者可以根据本书附带的 demo 实例，加深对 FFmpeg API 和播放器开发的理解。

第 15 章

FFmpeg 在 RTC 中的实例解析

在大部分多媒体应用中，帧率和带宽通常是比较固定的。但在 RTC 应用中，由于网络条件的不确定性，帧率和带宽甚至视频的分辨率等都可能是实时变化的，所以编解码器也要能实时地适应这些变化。此外，在 RTC 中还涉及拥塞控制、丢包处理、关键帧请求等问题，在实际使用中就更复杂了。下面我们结合一些开源软件中的实例，分析一下 RTC 中的 FFmpeg 应用，以帮助读者更好地了解 FFmpeg 在实际环境中的用法。FFmpeg 包罗万象、功能强大，但在实际的应用中可能不会用到 FFmpeg 的所有功能。结合这些实际应用，大家可以看到在不同的应用场景中对 FFmpeg 功能的取舍和考量。

15.1　RTC 的特点

我们先来看一下 RTC 的基本概念和流媒体传输的特点。

15.1.1　什么是 RTC

RTC 起源于 WebRTC。WebRTC 的全称是 Web Real-Time Communication，即基于 Web 的实时通信。大家都知道，早期的互联网应用是通过浏览器看网页、进行文字聊天，或者听音乐、看视频等，但双向的音视频交互却比较困难。早期基于 Web 的交互式音视频尝试主要通过 IE 浏览器中的 ActiveX 插件，以及比较通用的插件技术，如 Flash（有较好的跨浏览器支持）等。但由于技术以及网络条件的限制，这类应用并不普及。

随着宽带上网的普及，在网络上传输交互式高清音视频逐渐变成现实，同时，谷歌的 Chrome 浏览器也占有越来越多的份额，很快超越 Firefox，打破了 IE 浏览器一家独大的局面。谷歌牵头做了 WebRTC，并首先在自己的浏览器中进行实验。WebRTC 直接将音视频双向互动能力内置于浏览器中，而不需要各种插件，不仅简化了应用，还提高了安全性，使得 WebRTC 迅速普及。

实际上 WebRTC 提供了在浏览器中使用 JavaScript API 来访问本地音频和视频设备的手段，以及点对点流媒体实时传输等功能，时至今日，大部分浏览器（Chrome、Firefox、Safari、Microsoft Edge、Opera 等）都已经支持 WebRTC，也包括一些移动端浏览器。

当然，移动端浏览器对 WebRTC 的支持尚不够好，这当然有很多原因，但更多是由移动端应用的特殊性所决定的。实际上，WebRTC 最初的设计可能根本就没有考虑移动端。但从第一代 iPhone

开始，移动设备及移动应用迅速发展起来。而 Chrome 及 WebRTC 都是开源的，很多人就直接将代码移植到移动端，做成各种各样的 App 和 SDK。由于独立的 App 脱离了 Web，因而没有 Web 的 WebRTC 就直接被称为 RTC，通俗来讲 RTC 就是双向实时音视频通信。

15.1.2　RTC 媒体传输

WebRTC 只是媒体层的标准，没有规定信令。实际上，双向通信的建立和释放是需要信令支持的。那什么是媒体、信令呢？简单来讲，双向通信实时互动所传输的音视频就是媒体，而跟谁通信、怎么通信就是信令。WebRTC 没有规定信令的做法有好处也有缺点。好处是考虑到现有的各种通信场景间可能已经有了消息收发机制，它可以承载信令，这样信令没有限制，大家可以自由发挥，各显其能；当然缺点就是大家各自为政，互联互通比较困难。不过，互联互通更大的问题可能不是技术上的（考虑一下微信、钉钉、飞书间是否可以互通），但这些都已经超出了本书讨论的范围，所以，我们在此抛开信令，只谈媒体。

WebRTC 中使用的很多技术其实在十几甚至几十年前就有了。谷歌收购了很多公司（比较有代表性的就是 GIPS 和 On2），它把这些公司的技术跟自家在 gTalk 中的一些技术相结合，就推出了 WebRTC。当然，后期基于 WebRTC 的实践又有很多优化和改进。简单来说，这些技术如下：

- 音视频编解码技术
- 流媒体传输技术
- 安全加密技术
- 回声消除、降噪等技术
- NAT 穿透技术
- 网络拥塞控制、丢包补偿等技术

实际上，在浏览器中完成一个简单的 WebRTC 通信主要使用两个组件和 API：GetUserMedia() 和 PeerConnection。前者用于打开设备的麦克风和摄像头进行音视频采集，后者用于建立点对点网络连接，从而进行媒体传输。

GetUserMedia() 函数返回一个 SDP。SDP 的全称是 Session Description Protocol，即会话描述协议，它其实就是一个文本字符串。下面是笔者在 Chrome 浏览器中抓到的一个 SDP（非常长，篇幅所限，仅保留其中重要的部分，括号里的内容为作者注释）。

```
v=0                        （v 即 version，版本号）
a=group:BUNDLE 0 1         （a 即 attribute，BUNDLE 可以将音视频合到一个 RTP 流上传输）
m=audio 56202 UDP/TLS/RTP/SAVPF 111 63 103 104 9 0 8 106 105 13 110 112 113 126
（m 即 media 媒体，audio 是音频，56202 是端口，采用 UDP 传输，后面的数字是音频编码的类型，详见后文）
a=rtcp:9 IN IP4 0.0.0.0        （RTCP 是 RTP 的姊妹协议，详见后文）
a=candidate:682017941 1 udp 2122260223 192.168.7.8 56202 typ host generation 0 network-id
1 network-cost 10（candidate 是 ICE 媒体候选 IP）
a=candidate:1713715301 1 tcp 1518280447 192.168.7.8 9 typ host tcptype active generation
0 network-id 1 network-cost 10
a=mid:0                （媒体 ID）
a=sendrecv             （sendrecv 是双向收发，其他如 sendonly 是单发，recvonly 是单收等）
a=rtpmap:111 opus/48000/2（这个 rtpmap 是映射表，111 与上面 m=audio 行对应，对于这个对应关系，
每个会话可能不一样）
a=rtcp-fb:111 transport-cc（RTCP 反馈，用于拥塞控制）
a=fmtp:111 minptime=10;useinbandfec=1;x-google-max-bitrate=2048;x-google-min-bitrate=
1024;x-google-start-bitrate=1024; stereo=1; sprop-stereo=1
（码率范围，x-google 代表只在 Chrome 浏览器中有效）
（此处省略很多行。理论上 m=audio 中的编码类型都会有一行对应的）
m=video 49409 UDP/TLS/RTP/SAVPF 96 97 98 99 100 101 102 121 127 120 125 107 108 109 35
```

36 124 119 123 118 114 115 116（m=video 是视频，其他含义与音频类似）
　　b=AS:2048　　　　　　　　　　　　（最大带宽，这里是 2M）
　　a=candidate:682017941 1 udp 2122260223 192.168.7.8 49409 typ host generation 0 network-id
1 network-cost 10
　　a=candidate:1713715301 1 tcp 1518280447 192.168.7.8 9 typ host tcptype active generation
0 network-id 1 network-cost 10
　　（视频传输候选 IP）
　　a=mid:1　　　　　　　　　　　　　（媒体 ID）
　　a=sendrecv
　　a=rtcp-mux　　　　　　　　　　　　（表示可以在与 RTP 相同的媒体端口上传 RTCP 消息）
　　a=rtcp-rsize
　　a=rtpmap:96 VP8/90000　　　　　　（Chrome 视频默认使用 VP8 编码，96 对应 m=video 行上的数字）
　　a=rtcp-fb:96 goog-remb　　　　　　（带宽控制机制）
　　a=rtcp-fb:96 transport-cc　　　　　（拥塞控制）
　　a=rtcp-fb:96 ccm fir　　　　　　　　（fir 即 Fresh Intra Request，请求一个新的关键帧）
　　a=rtcp-fb:96 nack　　　　　　　　　（丢包重传）
　　a=rtcp-fb:96 nack pli　　　　　　　　（丢包重传和丢包指示）
　　a=rtpmap:98 VP9/90000　　　　　　（VP9，在此省略了下面的参数）
　　a=rtpmap:102 H264/90000　　　　　（H264，下面是相关的参数）
　　a=fmtp:102 level-asymmetry-allowed=1;packetization-mode=1;profile-level-id=42001f;x-
google-max-bitrate=2048;x-google-min-bitrate=1024;x-google-start-bitrate=1024
　　a=rtpmap:127 H264/90000
　　a=fmtp:127 level-asymmetry-allowed=1;packetization-mode=0;profile-level-id=42001f;x-
google-max-bitrate=2048;x-google-min-bitrate=1024;x-google-start-bitrate=1024
　　a=rtpmap:125 H264/90000
　　a=rtpmap:108 H264/90000
　　a=rtpmap:35 AV1/90000

　　如果两个人用浏览器进行视频通信，那么，他们就分别调用 GetUserMedia() 以获取自己的 SDP，然后通过信令交换 SDP，也就是说各自知道自己的 SDP 和对方的 SDP 了。前面说了，SDP 的交换没有固定的标准，可以使用任何方式交换（如通过 HTTP 或 Websocket 等，甚至可以打印到纸上递给对方看）。彼此有了对方的 SDP 后，就可以建立 PeerConnection 了。由于 SDP 中有对方的媒体信息和网络地址，因而 PeerConnection 完全知道该怎么做。

　　当然，在实际应用中，媒体有个协商的过程。协商机制很简单，叫做 Offer/Answer。比如 A 呼叫 B，A 的 SDP 到达 B 以后，A 的 SDP 就是一个 Offer（提供者），而 B 根据 A 的 SDP 中描述的媒体信息，选择它支持的媒体编解码进行应答（Answer），产生一个应答 SDP。比如上述 SDP 中，A 支持 VP8、H264、AV1 视频编码，B 决定使用 VP8，则可以在应答的 SDP 中只包含 VP8[①]。

　　接下来是 UDP 的网络连接和握手。由于彼此知道对方的候选 IP（本例中只有本地 IP，如果启用了 STUN、TURN 等，服务候选 IP 中还会有公网 IP 等），因而都可以往对方的 IP 地址和端口上发包，直至握手成功。在比较复杂的网络情况下（比如穿越多层 NAT），握手时间可能比较长，也可能不成功，但这不是我们的重点，因此也就不展开说明了。我们可以简单地认为 A 与 B 建立了一个点对点的 UDP 的传输通道。这个握手过程称为交互式连接建立（Interactive Connection Establishment，ICE）。

　　一般来说，音视频通道要分别进行握手，建立独立的传输通道。但 ICE 是比较费劲的操作，通过将 "a=group:BUNDLE 0 1" 和 "a=msid: 0" 以及 "a=msid: 1" 进行配合，可以把音频和视频放在同一个 RTP 端口上传输。

　　RTP 的全称是 Real-Time Protocol，即实时传输协议。它一般是基于 UDP 的，常用的 RTP 包头有 12 字节（也可以根据需要扩展），包含媒体类型（Payload Type，PT）、序号（Seq）、时间戳等。PT 对应 SDP 中 m=audio 或 m=video 行末尾的数字，取值范围是 0～127，如在上述 SDP

---

① 当然 B 也可以选择支持多种编码，那么双方必须都准备好对多种编码的收发支持，用起来要复杂得多。

中，111 代表 opus、96 代表 VP8。小于 96 的值是有固定含义的，如 0 代表 PCMU、8 代表 PCMA、34 代表 H263 等。由于 opus、VP8、H264 等编码标准出现得比较晚，无法使用小于 96 的数字，它们所用的 PT 值只能在大于或等于 96 的区间内选，称为动态 PT。所以，它们需要与 SDP 中的 a=fmtp 行配合才能知道具体的含义。序号比较容易理解，它占 2 字节，取值范围为 0~65535，在相邻的两个包中，后包比前包大 1（除非到了 65535，发生归零情况）。通过它可以检查丢包或乱序。在视频流中，当一帧视频画面编码出来的数据比较长（超过 MTU，如 1500 字节）时，会发生分包（即分到多个 RTP 包中传输），分包时同一帧视频的时间戳是一样的。时间戳占 4 字节，是一个无符号整数。除此之外，RTP 头域中还有一个 m（Marker）位，在音频中，m=1 表示音频流重置（如发生音源切换、时间戳变化等）；视频中，如果发生分包时，同一帧中最后一个分包的 m=1，也就是说下一个包的时间戳将发生变化[1]。

WebRTC 标准规定 RTP 传输必须是加密的，加密的 RTP 被称为 sRTP。如同大家熟知的 HTTPS 协议底层是 TLS（Transport Layer Security）一样，基于 UDP 的 TLS 被称为 DTLS（Datagram Transport Layer Security）。因而，PeerConnection 建立 RTP 连接后还需要进行 DTLS 握手，之后媒体传输通道才算真正打通。不过，加密只是针对 RTP 包的数据（Payload）部分而言，对 RTP 头是不加密的。

RTCP 是 RTP 的姊妹协议，全称是 Real-Time Control Protocol，即实时控制协议，用于控制 RTP 传输。一般来说，RTCP 需要独立的端口号，通常 RTP 使用偶数端口，RTCP 使用与之相邻的下一个奇数端口。但是在使用 rtcp-mux 的情况下，RTCP 也可以与 RTP 在同一个端口上传输（这样可以节省端口及 ICE 开销）。

NACK（Negtive Acknowlegement，负反馈）常用于丢包重传。比如在视频应用中，接收端收到 Seq 为 "1, 3" 号的包，"2" 号包丢失了，接收端就可以通过 RTCP 给发送端发一个 NACK 消息，让发送端把 "2" 号包重发一下。但是当丢包个数太多时，全部重传就比较慢，也不实用，这时候接收端可以发一个 FIR 消息，让发送端直接产生一个关键帧发过来。

当然，实际的情况比这个更复杂，丢包可能是因为带宽不够，重发关键帧势必会增加带宽占用，过于频繁的关键帧请求也会增加码率，这样就得降低帧率或分辨率等，以便降低码率以减小丢包概率，总之鱼与熊掌不可兼得。而这些就涉及对当前带宽评估及对未来可用带宽的预测，就更为复杂了。WebRTC 使用 transport-cc 做拥塞控制，也使用 ulpfec 及 FlexFEC 前向纠错机制[2]，这些内容也是靠 RTCP 控制的，在上面的 SDP 中也有所体现。不过，这些机制都需要对前后一段时间内的包进行统计，更加复杂，也超出了本书的范围，就不多讨论了。

上面讨论的内容基本上能够帮助读者理解本章剩余的内容。接下来，看一看 FFmpeg 的一些实际应用。

15.2 FFmpeg 在 Chromium 中的应用

Chrome 是由 Google 开发的免费网页浏览器，其相应的开放源代码计划名为 Chromium。可以简单理解为 Chrome 是 Google 公司的产品，而 Chromium 是一个开源的社区版本，前者主要包含

---

① 实际的标准比这里说得要复杂得多。这个 Marker 位主要是用于提示视频解码器一帧结束，以方便进行缓存组包等。但标准里又说解码器在某些情况下**必须不能依赖该特性**，详见 https://www.rfc-editor.org/rfc/rfc6184 中的 5.1 节。

② 所谓前向就是预防性地多发一些包或在现有包中多包含一些冗余信息，以便在接收方有丢包时不需要重发就能通过现有的包计算出丢失的包中的内容。与之相对应，前面讲过的 NACK 属于后向纠错。

Google 公司的品牌配色方案、Logo、API Key、自动更新等。在下面的介绍中，我们将忽略二者的不同。

作为一家搜索引擎公司，Google 一开始并不做浏览器。第一个 Chrome 测试版本发布于 2008 年 9 月，并同时发布了开源版本的 Chromium。Chrome 一经发布，就占了 1% 的浏览器份额，虽然后来有回落，但很快就超过 1% 并稳步增长。据 StatCounter 统计，截至 2022 年 12 月初，Google Chrome 在全球桌面浏览器中有 65.84% 的占有率。作为搜索引擎公司，Google 本来就有大量的互联网资料，借助 Chrome，Google 更是可以方便地获取大量的一手资料。同时，Google 也在自家的浏览器中试验各种新的协议和功能，包括 SPDY（后来演化为 HTTP/2）和 WebRTC。受益于 Google 强大的开发能力，Chrome（Chromium）的版本迭代非常快，目前主版本号已超过 100，很多年前就被"江湖人"称为"版本帝"。

Chromium 使用开源的 Apple WebKit HTML 渲染引擎，并开发出被称为"V8"的高性能 JavaScript 引擎。Chromium 代码采用多进程多线程的架构，主线程用于窗口显示和综合处理，而系统的每一个 Tab 页都由一个独立的线程处理，进程间有相应的 IPC 通信机制[1]。这种架构最大的好处是当一个 Tab 页"卡住"或崩溃时，不影响其他 Tab 页的显示和使用[2]。世界是复杂的，浏览器的世界更是如此，即使 Google 工程师写出来的代码也不能完全避免崩溃。比较经典的 Chrome 进程崩溃页面如图 15-1 所示，但关闭该 Tab 页后不影响后续使用。

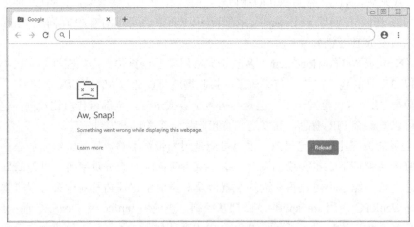

图 15-1   Chrome 进程崩溃页面

15.2.1   FFmpeg 在 Chromium WebRTC 中的应用

如同 FFmpeg，Chromium 也是一个超级大的项目[3]，使用了大量的第三方组件和库（有些组件是 Google 自己开发的）。WebRTC 相关代码在以下独立的代码仓库中。

- 主代码仓库[4]：https://webrtc.googlesource.com。

---

① IPC：Inter-Process Communication，进程间通信。Chromium 中的 IPC 叫做 mojo。
② 当然，这种方案也不是万能的。在写作本书时，笔者就遇到 Chrome（Version 97.0.4692.99）在访问 Google Drive 网盘路径时（比如保存文件时）被卡住（新的 Google Drive 在无法访问 Google 服务器时会长时间卡住）而导致整体崩溃的情况，可能这部分代码是在主线程中的。
③ 实际上，Chromium 的代码仓库仅供参考，Google 有完整（且复杂）的编译工具链用于编译 Chromium，而且 Google 内部和社区的编译工具链是不一样的。如何编译 Chromium 超出本书范围，本章仅解析相关的源代码，感兴趣的读者可以参考 Chromium 项目网站上的相关说明。
④ 本章中的 WebRTC 代码基于该仓库 main 分支 2022 年 2 月 5 日版本 Commit：6cd64b6b。

- 在 Chromium 中引用的 WebRTC 代码库：https://chromium.googlesource.com/external/webrtc。

Chromium 使用自己维护的 FFmpeg 版本，在编译时会下载到主代码树的 `src/third_party/ffmpeg` 目录中。在 WebRTC 中，主要使用 FFmpeg 进行 H264 视频解码。WebRTC 使用 C++编写，实现代码在 `modules/video_coding/codecs/h264/h264_decoder_impl.cc` 文件中。为了方便阅读，这里给源文件加了行号。同时为了节约篇幅，删掉了一部分不重要的代码和空行。

```
 2 /* Copyright (c) 2015 The WebRTC project authors. All Rights Reserved. */
14 // WebRTC 中的 H264 支持可选编译，只有需要时才编译，由以下宏控制
15 #ifdef WEBRTC_USE_H264
17 #include "modules/video_coding/codecs/h264/h264_decoder_impl.h"
19 #include <algorithm>
20 #include <limits>
21 #include <memory>
23 extern "C" { // 在 C++中调用 C 的 API 的标准方法，因为 FFmpeg 是用 C 写的
24 #include "third_party/ffmpeg/libavcodec/avcodec.h"
25 #include "third_party/ffmpeg/libavformat/avformat.h"
26 #include "third_party/ffmpeg/libavutil/imgutils.h"
27 } // extern "C"
28 // 下面头文件中基本都是结构体定义，没有 API 函数，故不需要放在 extern "C"中
29 #include "api/video/color_space.h"
30 #include "api/video/i010_buffer.h"
31 #include "api/video/i420_buffer.h"
32 #include "common_video/include/video_frame_buffer.h"
33 #include "modules/video_coding/codecs/h264/h264_color_space.h"
34 #include "rtc_base/checks.h"
35 #include "rtc_base/logging.h"
36 #include "system_wrappers/include/field_trial.h"
37 #include "system_wrappers/include/metrics.h"
38 #include "third_party/libyuv/include/libyuv/convert.h"
39
40 namespace webrtc { // Chrome 中 webrtc 使用专门的命名空间
42 namespace {
44 const AVPixelFormat kPixelFormatDefault = AV_PIX_FMT_YUV420P;    // Chrome 中使用的
视频图像格式
45 const AVPixelFormat kPixelFormatFullRange = AV_PIX_FMT_YUVJ420P; // 完整色彩空间
46 const size_t kYPlaneIndex = 0; // YUV 平面在内存中的数组索引分别对应 0、1、2
47 const size_t kUPlaneIndex = 1;
48 const size_t kVPlaneIndex = 2;
50 // 用于 Chrome 中调试页面的直方图常量，需要与 Chrome 中的对应起来，不得更改
51 enum H264DecoderImplEvent {
52   kH264DecoderEventInit = 0,
53   kH264DecoderEventError = 1,
54   kH264DecoderEventMax = 16,
55 };
57 struct ScopedPtrAVFreePacket { // 定义一个有作用域的安全的 FFmpeg AVPacket Free 结构
58   void operator()(AVPacket* packet) { av_packet_free(&packet); }
59 };
60 typedef std::unique_ptr<AVPacket, ScopedPtrAVFreePacket> ScopedAVPacket;
61 // 定义一个有作用域的安全的 FFmpeg AVPacket 结构
62 ScopedAVPacket MakeScopedAVPacket() {
63   ScopedAVPacket packet(av_packet_alloc());
64   return packet;
65 }
67 } // namespace
68 // Impl 是 Implementation 的缩写，即 H264 解码器在 WebRTC 中的具体实现类，该函数用于申请一个
AVFrame 缓冲区
69 int H264DecoderImpl::AVGetBuffer2(AVCodecContext* context,
70                                   AVFrame* av_frame,
71                                   int flags) {
```

```
72    // 在 Configure 阶段实现的
73    H264DecoderImpl* decoder = static_cast<H264DecoderImpl*>(context->opaque);
74    // 该 DCHECK 的值是在 Configure 阶段实现的
75    RTC_DCHECK(decoder);  // 非空检查
76    // 检查该 codec 是否允许使用 WebRTC 自己申请的缓冲区，而不是使用 FFmpeg 内部缓冲区
77    RTC_DCHECK(context->codec->capabilities | AV_CODEC_CAP_DR1);
79    // 检查 Chrome 支持的像素色彩范围
80    RTC_CHECK(context->pix_fmt == kPixelFormatDefault ||
81            context->pix_fmt == kPixelFormatFullRange);
83    // av_frame->width 与 av_frame->height 是由 FFmpeg 设置的，这是图像实际的分辨率
84    // 当发生 reordering（解码顺序不一致）时，可能与 context->width 和 context->coded_width
有所不同
86    int width = av_frame->width;
87    int height = av_frame->height;
88    // 如果使用的话，解码器将图像缩为原来的 1/2^(lowres)，在此并未使用
89    // 详见 WebRTC 中的 lowres 相关说明。
90    RTC_CHECK_EQ(context->lowres, 0);  // Equal，相等检查
91    // 将 width 和 height 调整为解码器可以接受的值，否则，FFmpeg 可能会发生缓冲区溢出
92    // 如果修改后，width 和（或）height 比实际的图像要大，则解码后的图像必须从左上角剪裁
94    // 以免看到实际图像右侧及下侧本不应该看到的部分
96    avcodec_align_dimensions(context, &width, &height);
98    RTC_CHECK_GE(width, 0);  // Great Than，大于检查，即 width 和 height 必须大于 0
99    RTC_CHECK_GE(height, 0);
      // 调用 FFmpeg 函数检查图像尺寸是否合法
100   int ret = av_image_check_size(static_cast<unsigned int>(width),
101                           static_cast<unsigned int>(height), 0, nullptr);
102   if (ret < 0) {  // 错误处理
103     RTC_LOG(LS_ERROR) << "Invalid picture size " << width << "x" << height;
104     decoder->ReportError();
105     return ret;
106   }
107
108   // WebRTC 的视频帧存在 frame_buffer 中。av_frame 是 FFmpeg 中的视频图像结构体
109   // 为了避免内存拷贝，av_frame 中的数据缓冲区指针将会直接指向 WebRTC 中的 frame_buffer
111   // 根据 http://crbug.com/390941，FFmpeg 期望新申请的数据缓冲区全部置为 0
115   rtc::scoped_refptr<I420Buffer> frame_buffer =
116     decoder->ffmpeg_buffer_pool_.CreateI420Buffer(width, height);
118   int y_size = width * height;  // Y 平台的大小
119   int uv_size = frame_buffer->ChromaWidth() * frame_buffer->ChromaHeight();// UV
平面的大小
120   // 需要一个连续的缓冲区，以便简化代码实现
121   RTC_DCHECK_EQ(frame_buffer->DataU(), frame_buffer->DataY() + y_size);
122   RTC_DCHECK_EQ(frame_buffer->DataV(), frame_buffer->DataU() + uv_size);
123   int total_size = y_size + 2 * uv_size;  // 全部的 YUV 数据缓冲区大小
125   av_frame->format = context->pix_fmt;    // 设置 av_frame 的像素格式
126   av_frame->reordered_opaque = context->reordered_opaque;  // 与图像解码顺序重排序相关
128   // 设置 av_frame 的数据缓冲区，指向 WebRTC 申请的内存区域
129   av_frame->data[kYPlaneIndex] = frame_buffer->MutableDataY();
130   av_frame->linesize[kYPlaneIndex] = frame_buffer->StrideY();
131   av_frame->data[kUPlaneIndex] = frame_buffer->MutableDataU();
132   av_frame->linesize[kUPlaneIndex] = frame_buffer->StrideU();
133   av_frame->data[kVPlaneIndex] = frame_buffer->MutableDataV();
134   av_frame->linesize[kVPlaneIndex] = frame_buffer->StrideV();
135   RTC_DCHECK_EQ(av_frame->extended_data, av_frame->data);
136
137   // 创建一个 VideoFrame 对象，保存到缓冲区的指针引用
140   av_frame->buf[0] = av_buffer_create(
141     av_frame->data[kYPlaneIndex], total_size, AVFreeBuffer2,
142     static_cast<void*>(
143       std::make_unique<VideoFrame>(VideoFrame::Builder()
144                                       .set_video_frame_buffer(frame_buffer)
145                                       .set_rotation(kVideoRotation_0)
146                                       .set_timestamp_us(0)
```

```
147                                          .build())
148                    .release()),
149        0);
150    RTC_CHECK(av_frame->buf[0]);
151    return 0;
152  }
153
154  void H264DecoderImpl::AVFreeBuffer2(void* opaque, uint8_t* data) {
155    // video_frame 使用的内存缓冲区会被内存池回收, 但 video_frame 本身占很少内存而不会被自动回收
158    VideoFrame* video_frame = static_cast<VideoFrame*>(opaque);
159    delete video_frame;
160  }
161
162  H264DecoderImpl::H264DecoderImpl() // 构造函数
163      : ffmpeg_buffer_pool_(true),
164        decoded_image_callback_(nullptr),
165        has_reported_init_(false),
166        has_reported_error_(false),
167        preferred_output_format_(field_trial::IsEnabled("WebRTC-NV12Decode")
168                                     ? VideoFrameBuffer::Type::kNV12
169                                     : VideoFrameBuffer::Type::kI420) {}
171  H264DecoderImpl::~H264DecoderImpl() { // 析构函数
172    Release(); // 释放内存
173  }
175  bool H264DecoderImpl::Configure(const Settings& settings) { // 配置
182    // 先调用一次 Release, 这在重新初始化时是必要的
183    int32_t ret = Release();
188    RTC_DCHECK(!av_context_); // 检查 av_context_ 必须为空
191    av_context_.reset(avcodec_alloc_context3(nullptr)); // 初始化 AVCodecContext
193    av_context_->codec_type = AVMEDIA_TYPE_VIDEO; // 设为视频
194    av_context_->codec_id = AV_CODEC_ID_H264; // 设为 H264
195    const RenderResolution& resolution = settings.max_render_resolution(); // 分辨率
196    if (resolution.Valid()) {
197      av_context_->coded_width = resolution.Width();
198      av_context_->coded_height = resolution.Height();
199    }
200    av_context_->pix_fmt = kPixelFormatDefault;
201    av_context_->extradata = nullptr;
202    av_context_->extradata_size = 0;
206    av_context_->thread_count = 1; // 仅使用一个解码线程（多线程解码在有多个解码器时可能未完
全测试稳定）
207    av_context_->thread_type = FF_THREAD_SLICE;
208    // 告诉 FFmpeg 使用 WebRTC 版本的函数来申请内存而不使用 FFmpeg 内置的函数, 该内存将用于存放解
码后的图像数据
209    // 该函数申请的内存可以由 WebRTC 自己管理, 可以避免内存拷贝, 提高效率
210    av_context_->get_buffer2 = AVGetBuffer2;
213    av_context_->opaque = this; // 调用时将 this 指针传入 AVGetBuffer2 函数, 以便保持关联关系
215    const AVCodec* codec = avcodec_find_decoder(av_context_->codec_id); // 查找 FFmpeg
的 codec
216    if (!codec) { /* 错误处理, 略 */}
224    int res = avcodec_open2(av_context_.get(), codec, nullptr); // 打开 FFmpeg 解码器
225    if (res < 0) { /* 错误处理, 略 */ }
232    av_frame_.reset(av_frame_alloc()); // 申请 AVFrame 内存, 并置 0
234    if (absl::optional<int> buffer_pool_size = settings.buffer_pool_size()) {
235      if (!ffmpeg_buffer_pool_.Resize(*buffer_pool_size) ||
236          !output_buffer_pool_.Resize(*buffer_pool_size)) {
237        return false;
238      }
239    }
240    return true;
241  }
243  int32_t H264DecoderImpl::Release() { // 释放内存
244    av_context_.reset();
```

```
245   av_frame_.reset();
246   return WEBRTC_VIDEO_CODEC_OK;
247 }
249 int32_t H264DecoderImpl::RegisterDecodeCompleteCallback( // 注册回调函数，当解码完成时回调
250     DecodedImageCallback* callback) {
251   decoded_image_callback_ = callback;
252   return WEBRTC_VIDEO_CODEC_OK;
253 }
254 // 解码，输入参数 input_image 是 WebRTC 中的图像格式
255 int32_t H264DecoderImpl::Decode(const EncodedImage& input_image,
256                                 bool /*missing_frames*/,
257                                 int64_t /*render_time_ms*/) {
258   // ... 此处跳过一些合法性检查 ...
274   ScopedAVPacket packet = MakeScopedAVPacket(); // 申请一个 FFmpeg AVPacket 结构体指针
280   // 直接将 packet->data 指向 WebRTC 中的图像内存
281   packet->data = const_cast<uint8_t*>(input_image.data());
287   packet->size = static_cast<int>(input_image.size());
288   int64_t frame_timestamp_us = input_image.ntp_time_ms_ * 1000;  // 将 ms 转换成 µs
289   av_context_->reordered_opaque = frame_timestamp_us; // 如果发生解码顺序重排，传入这
个时间戳
290   // 将待解码的图像数据发送给解码器，这是 FFmpeg 中新的解码函数
291   int result = avcodec_send_packet(av_context_.get(), packet.get());
298   // 检查是否有解码后的数据（与上一行调用中的图像可能不是同一帧，比如 B 帧的情况），放入 av_frame 中
299   result = avcodec_receive_frame(av_context_.get(), av_frame_.get());
306   // 在此，我们不使用解码重排序（不使用 B 帧），因而解码后的时间戳必然与传入的时间戳是一致的
308   RTC_DCHECK_EQ(av_frame_->reordered_opaque, frame_timestamp_us);
310   // 暂时不知道如何直接从 FFmpeg 函数中获取 QP，这里需要解析一下 H264 码流以便获取 QP
311   h264_bitstream_parser_.ParseBitstream(input_image);
312   absl::optional<int> qp = h264_bitstream_parser_.GetLastSliceQp();
314   // 将解码后的数据转换成 WebRTC 中的 video_frame 对象，这是 WebRTC 中的图像格式
315   VideoFrame* input_frame =
316     static_cast<VideoFrame*>(av_buffer_get_opaque(av_frame_->buf[0]));
317   RTC_DCHECK(input_frame);
318   rtc::scoped_refptr<VideoFrameBuffer> frame_buffer =
319     input_frame->video_frame_buffer();
320   const webrtc::I420BufferInterface* i420_buffer =
321 frame_buffer->GetI420();
322     // 在必要的情况下，FFmpeg 解码后对图像进行剪裁时会移动 YUV 平面的指针并修改图像的
width/height
323   // 确保剪裁后的缓冲区不会超出所申请的内存空间范围
325   RTC_DCHECK_LE(av_frame_->width, i420_buffer->width());
326   RTC_DCHECK_LE(av_frame_->height, i420_buffer->height());
327   RTC_DCHECK_GE(av_frame_->data[kYPlaneIndex], i420_buffer->DataY());
328   RTC_DCHECK_LE(
329     av_frame_->data[kYPlaneIndex] +
330       av_frame_->linesize[kYPlaneIndex] * av_frame_->height,
331     i420_buffer->DataY() + i420_buffer->StrideY() * i420_buffer->height());
332   RTC_DCHECK_GE(av_frame_->data[kUPlaneIndex], i420_buffer->DataU());
333   RTC_DCHECK_LE(av_frame_->data[kUPlaneIndex] +
334                 av_frame_->linesize[kUPlaneIndex] * av_frame_->height / 2,
335           i420_buffer->DataU() +
336           i420_buffer->StrideU() * i420_buffer->height() / 2);
337   RTC_DCHECK_GE(av_frame_->data[kVPlaneIndex], i420_buffer->DataV());
338   RTC_DCHECK_LE(av_frame_->data[kVPlaneIndex] +
339           av_frame_->linesize[kVPlaneIndex] * av_frame_->height / 2,
340           i420_buffer->DataV() +
341           i420_buffer->StrideV() * i420_buffer->height() / 2);
342   // 剪裁后的缓冲区
343   rtc::scoped_refptr<webrtc::VideoFrameBuffer> cropped_buffer = WrapI420Buffer(
344     av_frame_->width, av_frame_->height, av_frame_->data[kYPlaneIndex],
345     av_frame_->linesize[kYPlaneIndex], av_frame_->data[kUPlaneIndex],
346     av_frame_->linesize[kUPlaneIndex], av_frame_->data[kVPlaneIndex],
347     av_frame_->linesize[kVPlaneIndex],
```

```
348        // To keep reference alive.
349        [frame_buffer] {});
350   // 如果 Chrome 希望输出 NV12 格式（在 Android 中常用），则从 I420 转换为 NV12，这里调用 libyuv
中的函数
351   if (preferred_output_format_ == VideoFrameBuffer::Type::kNV12) {
352     const I420BufferInterface* cropped_i420 = cropped_buffer->GetI420();
353     auto nv12_buffer = output_buffer_pool_.CreateNV12Buffer(
354         cropped_i420->width(), cropped_i420->height());
355     libyuv::I420ToNV12(cropped_i420->DataY(), cropped_i420->StrideY(),
356                        cropped_i420->DataU(), cropped_i420->StrideU(),
357                        cropped_i420->DataV(), cropped_i420->StrideV(),
358                        nv12_buffer->MutableDataY(), nv12_buffer->StrideY(),
359                        nv12_buffer->MutableDataUV(), nv12_buffer->StrideUV(),
360                        i420_buffer->width(), i420_buffer->height());
361     cropped_buffer = nv12_buffer;
362   }
364   // 如果有明确指定 color space，则从输入中传递到输出
365   const ColorSpace& color_space =
366       input_image.ColorSpace() ? *input_image.ColorSpace()
367                                : ExtractH264ColorSpace(av_context_.get());
368   // 创建一个解码后的视频图像帧
369   VideoFrame decoded_frame = VideoFrame::Builder()
370                                 .set_video_frame_buffer(cropped_buffer)
371                                 .set_timestamp_rtp(input_image.Timestamp())
372                                 .set_color_space(color_space)
373                                 .build();
375   // 执行回调函数返回解码后的图像
378   decoded_image_callback_->Decoded(decoded_frame, absl::nullopt, qp);
380   // 解除引用，有可能会导致 input_frame 被自动回收（调用 free 函数）
381   av_frame_unref(av_frame_.get());
382   input_frame = nullptr;
384   return WEBRTC_VIDEO_CODEC_OK;
385 }
387 const char* H264DecoderImpl::ImplementationName() const {
388   return "FFmpeg";
389 }
391 bool H264DecoderImpl::IsInitialized() const { // 检查是否已初始化
392   return av_context_ != nullptr;
393 }
403 void H264DecoderImpl::ReportError() { // 报错
404   if (has_reported_error_)
405     return;
406   RTC_HISTOGRAM_ENUMERATION("WebRTC.Video.H264DecoderImpl.Event",
407                        kH264DecoderEventError, kH264DecoderEventMax);
408   has_reported_error_ = true;
409 }
411 }  // namespace webrtc
413 #endif  // WEBRTC_USE_H264
```

从以上代码可以看出，H264 解码在 WebRTC 中的实现还是比较简单的。WebRTC 通过向 FFmpeg 注入一个 AVGetBuffer2 函数，可以自行申请缓冲区，避免了从内存来回拷贝，既节省内存，又提高了效率。在使用 I420 格式时，WebRTC 内部使用的图像缓冲区与 FFmpeg 是兼容的，这就避免了像素格式转换。

Chromium 仅使用 FFmpeg 的 H264 解码器，编码器却使用了 OpenH264[①]，这可能是由于许可证和版权问题。FFmpeg 默认使用 libx264 进行 H264 编码，libx264 使用的是 GPL 的许可证，且版权不明确。而在 OpenH264 中明确说明只要使用它们编译的二进制版本，就可以免版税。当然 Google 的 Chrome 版本可能也与 Cisco 有正式的使用协议。

---

① Cisco 开源的 H264 编解码实现，参见 https://github.com/cisco/openh264。

至于 Chromium 为什么没有使用 OpenH264 解码，主要是因为 FFmpeg 在 Chromium 中已经广泛使用了。

当然，最新的 FFmpeg 其实也支持使用 OpenH264 作为 H264 编码器，但考虑到与旧版本的兼容问题，以及 OpenH264 的 API 其实也很易于使用，Chromium 还是直接使用了 OpenH264 的 API。

除此之外，通过分析 Chromium 代码还可以看出，Chromium 中也实现了 H264 码流，以及 SPS、PPS 的解析函数（如 common_video/h264/sps_parser.cc），这些函数在处理 H264 码流时是必要的。虽然 FFmpeg 中也有相关的代码，但 FFmpeg 并没有对外暴露这些 API。由于这些代码与 FFmpeg 无关，在此就不进一步解析了。

15.2.2　FFmpeg 在 Chromium 中的其他应用

上一小节已经提到，除了在 WebRTC 中，FFmpeg 在 Chromium 中也被广泛使用。虽然本章主要是讨论 RTC，但既然已经讲到 Chromium，不妨简略看一下 FFmpeg 在 Chromium 中的其他应用。Chromium 源代码可以从以下地址获取。

- Chromium 源代码：https://chromium.googlesource.com/chromium/src.git。
- Chromium 源代码浏览器：https://source.chromium.org/chromium/chromium/src。
- Chromium 源代码 GitHub 镜像：https://github.com/chromium/chromium。

本小节的 Chromium 源代码基于 Commit 7b7ecfe3（2022 年 2 月 6 日版本）。FFmpeg 相关代码位于 media/ffmpeg 目录。主要有以下文件：

```
BUILD.gn                    # 编译相关的工程文件
ffmpeg_common.cc            # 通用函数
ffmpeg_common.h             # 通用函数头文件
ffmpeg_common_unittest.cc   # 单元测试
ffmpeg_decoding_loop.cc     # 解码循环
ffmpeg_decoding_loop.h      # 头文件
ffmpeg_deleters.h           # 删除
ffmpeg_regression_tests.cc  # 回归测试
```

先看看 ffmpeg_common.cc。代码节选如下：

```
 1 // Copyright (c) 2012 The Chromium Authors. All rights reserved.
 5 #include "media/ffmpeg/ffmpeg_common.h"
 9 #include "base/strings/string_number_conversions.h"   // Chromium 自己的字符串函数
10 #include "base/strings/string_split.h"
11 #include "base/strings/string_util.h"
13 #include "media/base/audio_decoder_config.h"           // Chromium 内部的音频解码
14 #include "media/base/decoder_buffer.h"                 // Chromium 内部的解码缓冲区
16 #include "media/base/media_util.h"                     // Chromium 内部的媒体工具
17 #include "media/base/video_aspect_ratio.h"             // Chromium 内部的视频宽高比
18 #include "media/base/video_decoder_config.h"           // Chromium 内部的视频解码器配置
19 #include "media/base/video_util.h"                     // Chromium 内部的视频工具
20 #include "media/formats/mp4/box_definitions.h"         // Chromium 内部的 MP4 封装工具
21 #include "media/media_buildflags.h"                    // Chromium 编译相关参数
23 #if BUILDFLAG(USE_PROPRIETARY_CODECS)                  // 是否支持版权相关的编码
24 #include "media/formats/mp4/aac.h"                     // 支持 AAC 编码
25 #endif
26
27 namespace media {  // 媒体相关的命名空间
29 namespace {
31 EncryptionScheme GetEncryptionScheme(const AVStream* stream) {
32   AVDictionaryEntry* key =
```

```
33          av_dict_get(stream->metadata, "enc_key_id", nullptr, 0);
34    return key ? EncryptionScheme::kCenc : EncryptionScheme::kUnencrypted;
35  }
37  }  // namespace
38  // FFmpeg 期望所有的输入缓冲区都有正常的 padding 空间
39  AV_INPUT_BUFFER_PADDING_SIZE
40  // 这样可便于内存数据对齐，提高效率
42  static_assert(DecoderBuffer::kPaddingSize >= AV_INPUT_BUFFER_PADDING_SIZE,
43              "DecoderBuffer padding size does not fit ffmpeg requirement");
45  // 不同 CPU 有不同的对齐策略，要与 FFmpeg 中的值对应
47  #if defined(ARCH_CPU_ARM_FAMILY)
48  static const int kFFmpegBufferAddressAlignment = 16;
49  #else
50  static const int kFFmpegBufferAddressAlignment = 32;
51  #endif
53  // 确定 Chromium 中的数据对齐与 FFmpeg 中一致
54  static_assert(
55    DecoderBuffer::kAlignmentSize >= kFFmpegBufferAddressAlignment &&
56    DecoderBuffer::kAlignmentSize % kFFmpegBufferAddressAlignment == 0,
57    "DecoderBuffer alignment size does not fit ffmpeg requirement");
58
59  // 允许快速 SIMD YUV 转换，而且 FFmpeg 有时会在读写缓冲区时超界
60  // 详见 libavcodec/utils.c 代码中的 video_get_buffer()
61  static const int kFFmpegOutputBufferPaddingSize = 16;
63  static_assert(VideoFrame::kFrameSizePadding >= kFFmpegOutputBufferPaddingSize,
64              "VideoFrame padding size does not fit ffmpeg requirement");
66  static_assert(
67    VideoFrame::kFrameAddressAlignment >= kFFmpegBufferAddressAlignment &&
68    VideoFrame::kFrameAddressAlignment % kFFmpegBufferAddressAlignment == 0,
69    "VideoFrame frame address alignment does not fit ffmpeg requirement");
70  // 时间基准
71  static const AVRational kMicrosBase = { 1, base::Time::kMicrosecondsPerSecond };
72  // 将 Chromium 时间转换为 FFmpeg 时间
73  base::TimeDelta ConvertFromTimeBase(const AVRational& time_base,
74                               int64_t timestamp) {
75    int64_t microseconds = av_rescale_q(timestamp, time_base, kMicrosBase);
76    return base::Microseconds(microseconds);
77  }
78  // 将 FFmpeg 时间转换为 Chromium 时间
79  int64_t ConvertToTimeBase(const AVRational& time_base,
80                       const base::TimeDelta& timestamp) {
81    return av_rescale_q(timestamp.InMicroseconds(), kMicrosBase, time_base);
82  }
83  // Chromium 的 Codec 格式转为 FFmpeg Codec 格式
84  AudioCodec CodecIDToAudioCodec(AVCodecID codec_id) {
85    switch (codec_id) {
86      case AV_CODEC_ID_AAC:
87        return AudioCodec::kAAC;
88  #if BUILDFLAG(ENABLE_PLATFORM_AC3_EAC3_AUDIO)
89      case AV_CODEC_ID_AC3:
90        return AudioCodec::kAC3;
91      case AV_CODEC_ID_EAC3:
92        return AudioCodec::kEAC3;
93  #endif
94      case AV_CODEC_ID_MP3:
95        return AudioCodec::kMP3;
96      case AV_CODEC_ID_VORBIS:
97        return AudioCodec::kVorbis;
98      case AV_CODEC_ID_PCM_U8:
99      case AV_CODEC_ID_PCM_S16LE:
100     case AV_CODEC_ID_PCM_S24LE:
101     case AV_CODEC_ID_PCM_S32LE:
102     case AV_CODEC_ID_PCM_F32LE:
```

```
103     return AudioCodec::kPCM;
...     // 略
120    case AV_CODEC_ID_OPUS:
121     return AudioCodec::kOpus;
122    case AV_CODEC_ID_ALAC:
123     return AudioCodec::kALAC;
124 #if BUILDFLAG(ENABLE_PLATFORM_MPEG_H_AUDIO)
125    case AV_CODEC_ID_MPEGH_3D_AUDIO:
126     return AudioCodec::kMpegHAudio;
127 #endif
128    default:
129     DVLOG(1) << "Unknown audio CodecID: " << codec_id;
130   }
131   return AudioCodec::kUnknown;
132 }
133 // Chromium 中的音频编码转为 FFmpeg 中的音频编码
134 AVCodecID AudioCodecToCodecID(AudioCodec audio_codec,
135                           SampleFormat sample_format) {
136   switch (audio_codec) {
137    case AudioCodec::kAAC:
138     return AV_CODEC_ID_AAC;
139    case AudioCodec::kALAC:
140     return AV_CODEC_ID_ALAC;
141    case AudioCodec::kMP3:
142     return AV_CODEC_ID_MP3;
143    case AudioCodec::kPCM:
144     switch (sample_format) {
145      case kSampleFormatU8:
146       return AV_CODEC_ID_PCM_U8;
147      case kSampleFormatS16:
148       return AV_CODEC_ID_PCM_S16LE;
149      case kSampleFormatS24:
150       return AV_CODEC_ID_PCM_S24LE;
151      case kSampleFormatS32:
152       return AV_CODEC_ID_PCM_S32LE;
153      case kSampleFormatF32:
154       return AV_CODEC_ID_PCM_F32LE;
155      default:
156       DVLOG(1) << "Unsupported sample format: " << sample_format;
157     }
158     break;
...     // 略
177    case AudioCodec::kOpus:
178     return AV_CODEC_ID_OPUS;
179 #if BUILDFLAG(ENABLE_PLATFORM_MPEG_H_AUDIO)
180    case AudioCodec::kMpegHAudio:
181     return AV_CODEC_ID_MPEGH_3D_AUDIO;
182 #endif
183    default:
184     DVLOG(1) << "Unknown AudioCodec: " << audio_codec;
185   }
186   return AV_CODEC_ID_NONE;
187 }
189 // 将 FFmpeg 视频 codec id 转为 Chromium 支持的 codec id
190 static VideoCodec CodecIDToVideoCodec(AVCodecID codec_id) {
191   switch (codec_id) {
192    case AV_CODEC_ID_H264:
193     return VideoCodec::kH264;
194 #if BUILDFLAG(ENABLE_PLATFORM_HEVC)
195    case AV_CODEC_ID_HEVC:
196     return VideoCodec::kHEVC;
197 #endif
198    case AV_CODEC_ID_THEORA:
```

```
199      return VideoCodec::kTheora;
200    case AV_CODEC_ID_MPEG4:
201      return VideoCodec::kMPEG4;
202    case AV_CODEC_ID_VP8:
203      return VideoCodec::kVP8;
204    case AV_CODEC_ID_VP9:
205      return VideoCodec::kVP9;
206    case AV_CODEC_ID_AV1:
207      return VideoCodec::kAV1;
208    default:
209      DVLOG(1) << "Unknown video CodecID: " << codec_id;
210  }
211  return VideoCodec::kUnknown;
212 }
213 // 将 Chromium 中的视频 codec id 转为 FFmpeg 的 codec id
214 AVCodecID VideoCodecToCodecID(VideoCodec video_codec) {
215  switch (video_codec) {
216    case VideoCodec::kH264:
217      return AV_CODEC_ID_H264;
218 #if BUILDFLAG(ENABLE_PLATFORM_HEVC)
219    case VideoCodec::kHEVC:
220      return AV_CODEC_ID_HEVC;
221 #endif
222    case VideoCodec::kTheora:
223      return AV_CODEC_ID_THEORA;
224    case VideoCodec::kMPEG4:
225      return AV_CODEC_ID_MPEG4;
226    case VideoCodec::kVP8:
227      return AV_CODEC_ID_VP8;
228    case VideoCodec::kVP9:
229      return AV_CODEC_ID_VP9;
230    case VideoCodec::kAV1:
231      return AV_CODEC_ID_AV1;
232    default:
233      DVLOG(1) << "Unknown VideoCodec: " << video_codec;
234  }
235  return AV_CODEC_ID_NONE;
236 }
237 // 接下来，该文件中大都是此 Chrome 与 FFmpeg 结构互转的代码，就不多罗列了，以下几行可见一斑
238 static VideoCodecProfile ProfileIDToVideoCodecProfile(int profile) {...}
264 static int VideoCodecProfileToProfileID(VideoCodecProfile profile) {...}
286 SampleFormat AVSampleFormatToSampleFormat(AVSampleFormat sample_format,
287   AVCodecID codec_id) {...}
312 static AVSampleFormat SampleFormatToAVSampleFormat(SampleFormat sample_format) {...}
865 } // namespace media
```

ffmpeg_decoding_loop.cc 中是解码循环。

```
 1 // Copyright 2017 The Chromium Authors. All rights reserved.
 5 #include "media/ffmpeg/ffmpeg_decoding_loop.h"
 6 #include "base/callback.h"
 7 #include "base/logging.h"
 8 #include "media/ffmpeg/ffmpeg_common.h"
 9
10 namespace media {
12 FFmpegDecodingLoop::FFmpegDecodingLoop(AVCodecContext* context,
14                                        bool continue_on_decoding_errors)
15   : continue_on_decoding_errors_(continue_on_decoding_errors),
16     context_(context),
17     frame_(av_frame_alloc()) {}
18
```

```
19 FFmpegDecodingLoop::~FFmpegDecodingLoop() = default;
20
21 FFmpegDecodingLoop::DecodeStatus FFmpegDecodingLoop::DecodePacket(
22   const AVPacket* packet,
23   FrameReadyCB frame_ready_cb) {
24  bool sent_packet = false, frames_remaining = true, decoder_error = false;
25  while (!sent_packet || frames_remaining) { // 循环，如果发送失败则重试发送
26    if (!sent_packet) {
27      const int result = avcodec_send_packet(context_, packet); // 将待解码数据发送
到解码器
28      if (result < 0 && result != AVERROR(EAGAIN) && result != AVERROR_EOF) {
29        DLOG(ERROR) << "Failed to send packet for decoding: " << result;
30        return DecodeStatus::kSendPacketFailed;
31      }
33      sent_packet = result != AVERROR(EAGAIN); // 检查是否发送成功，如果上述函数返回
EAGAIN，则下次重试
34    }
36    // 检查是否有解码后的帧。如果收到 EOF 或 EAGAIN，那此时就没有什么可做了
37    // 因为我们已经将唯一的输入数据送入解码器了
39    const int result = avcodec_receive_frame(context_, frame_.get());
40    if (result == AVERROR_EOF || result == AVERROR(EAGAIN)) {
41      frames_remaining = false;
42
43      // 这段代码被标志为 TODO(dalecurtis)：这里应该使用 DCHECK() 或 MEDIA_LOG，但由于这里使
用的是新的解码 API
44      // 使用 CHECK 宏（该宏打印日志而不报错），然后可以观察日志。可见 Chromium 开发者对 FFmpeg
的新 API 的使用也是慎重的
45      if (result == AVERROR(EAGAIN)) { // 这一段不可能出现，如果出现，就是 Bug
46        CHECK(sent_packet) << "avcodec_receive_frame() and "
47                             "avcodec_send_packet() both returned EAGAIN, "
48                             "which is an API violation.";
49      }
51      continue;
52    } else if (result < 0) { // 失败处理
53      DLOG(ERROR) << "Failed to decode frame: " << result;
54      last_averror_code_ = result;
55      if (!continue_on_decoding_errors_)
56        return DecodeStatus::kDecodeFrameFailed;
57      decoder_error = true;
58      continue;
59    }
60    // 通过回调函数将解码后的图像数据返回调用者
61    const bool frame_processing_success = frame_ready_cb.Run(frame_.get());
62    av_frame_unref(frame_.get());  // 释放内存引用计数
63    if (!frame_processing_success) // 出错处理
64      return DecodeStatus::kFrameProcessingFailed;
65  }
67  return decoder_error ? DecodeStatus::kDecodeFrameFailed : DecodeStatus::kOkay;
68 }
70 }  // namespace media
```

　　上述代码非常短，它实际上包括了 FFmpeg 解码函数。FFmpeg 新版本的解码函数是异步的，发送和接收并不一定是同一帧，这与在 RTC 中不同。在 RTC 中一般不使用 B 帧，但 MP4 或非 RTC 的网络视频流通常有 B 帧（B 帧会节省带宽）。此外，由于解码器的异步效应，在“喂”（发送）进一帧后，可能会得到多个解码后的帧（以前“喂”的数据）。这时候，应该在下一次“喂”数据前尽快循环读出来，本函数就是起这个作用。

　　此外，在 media/filters/ 目录下也有一些 FFmpeg 应用，如 ffmpeg_audio_decoder. cc、ffmpeg_ demuxer.cc 等，感兴趣的读者可以自己阅读分析，在此就不多介绍了。

15.3 FFmpeg 在 FreeSWITCH 中的应用

FreeSWITCH 是一个软交换系统和媒体引擎，支持 PSTN 互通、音视频会议和 MCU 功能，内部也使用了 FFmpeg 库。

15.3.1 FreeSWITCH 简介

FreeSWITCH 最初是一个开源的电话软交换系统，基于 MPL1.1 协议发布，可以用作 IP-PBX，支持 IP 电话通信，多用于企业电话交换机、呼叫中心和视频会议等。FreeSWITCH 主要用于服务器端，它虽然没有 FFmpeg 和 Chrome 那么流行，但在日常生活中拨打一个服务电话并听到 "XX 请按 1……" 时，可能就是由 FreeSWITCH 播放的。

FreeSWITCH 主要支持的协议是 SIP 和 RTP。SIP 的全称是 Session Initialization Protocol，即会话初始协议，它负责电话的建立和释放。比如，当你拿起电话拨打一个号码时，你的号码就称为 "主叫号码"，对方的号码称为 "被叫号码"，主被叫号码都会在 SIP 消息中携带。SIP 消息的流程图如图 15-2 所示。

从图 15-2 中可以看出，Bob 呼叫 Alice，发起一个 INVITE 请求，该请求中带了它自己的 SDP，而 Alice 应答（200 OK）的消息中也带了一个 SDP，这就是 SDP 的交换过程。通过 SDP 的交换，双方就可以互相传输 RTP（语音）了。其中 ACK 是一个证实消息，用于对 "200 OK" 响应的确认。INVITE-200-ACK 是一个三次握手机制，与 TCP 的三次握手异曲同工，用于保障接下来的媒体传输。如果有一方挂机，就会给对方发送 BYE 消息，对方收到后回复 "200 OK"，挂机流程不需要 ACK。

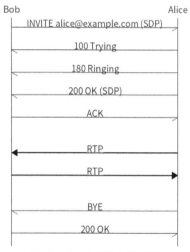

图 15-2 SIP 消息流程图

SIP 消息通常基于 UDP 承载，但也支持 TCP 和 TLS，事实上，SIP 标准（RFC3261）规定，所有 SIP 实现必须至少同时支持 UDP 和 TCP，这主要是考虑到有时候 SDP 比较长，在超过网络 MTU 时（如 1500 字节），SIP 消息会发生分包，而 UDP 分包后无法可靠地重组。

有了 WebRTC 以后，FreeSWITCH 也开始支持 WebRTC。由于 WebRTC 最初是在浏览器里实现的，而浏览器里没有底层的 UDP 和 TCP 接口，因而，一种新的 SIP 规范被提出来并迅速实现，称为 SIP over Websocket[1]，人们就可以在浏览器里通过 JavaScript 控制 WebRTC 进行电话通话。接着 FreeSWITCH 实现了视频通话和视频会议 MCU（多点控制单元，一种传统的视频会议单元）功能，那都是后话了。

FreeSWITCH 主要使用 C 语言实现，是一个模块化的结构，核心是一些通信状态机及媒体处理，外围是一些模块实现[2]。在这一点上，跟 FFmpeg 也类似，当然，更类似的是，FreeSWITCH

---

[1] 参见 https://www.rfc-editor.org/rfc/rfc7118。

[2] FreeSWITCH 中的模块是动态可加载的，模块在 Linux 上是.so，在 Windows 上就是大家熟知的.dll，可以根据需要加载不同的模块。在 UNIX 类平台上，主要使用 `dlopen` 和 `dlsym` 函数打开和查找符号表，在 Windows 上则使用 `LoadLibraryEx` 和 `GetProcAddress`。

也是一个超级应用，有很多的依赖，毕竟重新发明轮子也需要在别人的轮子的基础上做。其中一个依赖就是 FFmpeg。

15.3.2　FreeSWITCH 的 FFmpeg 模块开发环境准备

笔者是 FreeSWITCH 视频代码的主要贡献者，早在 FreeSWITCH 支持视频之前我们就在探索各种视频功能了，这些探索最终得以实现并合并进 FreeSWITCH 主分支。最初笔者尝试基于 FFmpeg 写一个模块 mod_ffmpeg。第一个可以运行的版本是在某一年从美国 Cluecon 大会回来的飞机上调试成功的。

不久以后，FFmpeg 社区的部分开发者另起炉灶，将 FFmpeg 项目 Fork 一下，起名 Libav。但问题是，虽然项目名称改了，但为了与大多数现有应用兼容，库名依然叫 libavcodec、libavformat 之类。

后来，由于 FreeSWITCH 在 CentOS 上的异常表现[①]，FreeSWITCH 开发团队将开发平台从 CentOS 迁移到了 Debian，而 Debian 从 8 开始由 FFmpeg 换成了 Libav，我们趁机将 mod_ffmpeg 改为 mod_avcodec 和 mod_avformat 两个模块。

Libavcodec 用于编解码处理，libavformat 用于处理多媒体文件。与此相对应，mod_avcodec 就实现了 H264、H263 等视频编解码，而 mod_avformat 就支持 MP4 等文件的播放和录像等。

再后来，这两个模块又合并成了一个模块（因为两个模块都尝试初始化一些公共数据，这会有冲突），命名为 mod_av，就是大家现在看到的模块。

考虑到对当时操作系统的支持（最初是 CentOS 6、Debian 7），当时并不能随意选择最新的 FFmpeg 版本。最初开发是基于 FFmpeg 0.8.x 开发的，后来又适配了 Libav 11.3、11.4、11.6，FFmpeg 2.6.x、2.8.x、3.0 等。现在的 FreeSWITCH 最新应该支持到 FFmpeg 4.x，截至本书截稿时，尚未适配 5.x 版本。

为了同时测试多个版本，我们需要一些技巧。首先是测试系统自带的版本，这一点，通过 apt-get（Debian）或 yum（CentOS）就可以安装。FreeSWITCH 是一个标准的 Linux 程序，使用 autotools（autoconf、automake）等工程文件，因而，使用标准的 ./configure、make、make install 就可以完成编译及安装。

当使用自己编译的 FFmpeg 版本时，就需要先卸载所有随系统安装的版本（主要是为了防止冲突）。然后，编译安装各个版本的 Libav 和 FFmpeg。本书前面的章节也提到过 FFmpeg 的编译步骤。在与 FreeSWITCH 配合使用时用到的参数如下：

```
--prefix=/opt/av
```

上述命令用于将 Libav 安装到/opt/av 目录，当然也可以安装到/opt/av-11.3、/opt/ av-11.6，FFmpeg 类似。

在开发过程中笔者还遇到由 libx264 新版本导致的问题，所以还测试了其他版本的 libx264。

```
./configure --prefix=/opt/x264
```

为了让 Libav 找到我们自己编译的 x264，编译 FFmpeg 或 Libav 时需要指定 PKG_CONFIG_PATH。

```
PKG_CONFIG_PATH=/opt/x264/lib/pkgconfig ./configure --prefix=/opt/av
```

---

① 主要是当时的 FreeSWITCH 版本在 CentOS 6.0 开始的几个版本上性能表现不佳，而同样的代码换到 Debian 7 上性能就好得多。

其他参数需要根据实际需求进行选择。下面是笔者在 macOS 上编译 Libav 的例子：

```
/configure --prefix=/opt/av --enable-shared --enable-pthreads --enable-gpl -enable
-version3 --enable-hardcoded-tables --enable-avresample --cc=clang --host-cflags= --host
-ldflags= --enable-libx264 --enable-libmp3lame --enable-libvo-aacenc --enable-libxvid
--enable-libvorbis --enable-libvpx --enable-libfaac --enable-libspeex --enable-libx265
--enable-nonfree --enable-vda
```

FFmpeg 的命令行类似。实际上，最重要的是--enable-libx264，因为我们要用它做 H264
编解码。

当然，执行 configure 后需要执行 make && make install，这是 UNIX 类软件编译安
装的标准步骤，不赘述。

有了多个 Libav 和 FFmpeg 后，怎么让 FreeSWITCH 找到它们呢？

到 FreeSWITCH 源代码目录下，执行以下命令行：

```
cd src/mod/applications/mod_av
```

创建如下 Makefile（如果已经有了就替换掉）：

```
AV=/usr/local/Cellar/ffmpeg/2.8.6
LOCAL_CFLAGS=-I$(AV)/include
LOCAL_LDFLAGS=-L$(AV)/lib -lavcodec -lavformat -lavutil -lavresample -lswscale
LOCAL_OBJS=avcodec.o avformat.o

include ../../../../build/modmake.rules
```

然后在 mod_av 下执行 make install（当然，FreeSWITCH 必须先正常编译一遍，具体步
骤就不赘述了）。如果一切顺利的话，就可以在 FreeSWITCH 里面执行 load mod_av 了（动态
加载该模块）。

如果在加载时出错，可能是因为 FFmpeg 的动态库不在标准的搜索路径上。在 Linux 上，还
需要设置动态库的加载路径。最简单的办法是在启动 FreeSWITCH 时将其加到环境变量里，例如
可以用以下命令启动 FreeSWITCH：

```
LD_LIBRARY_PATH=/opt/av/lib /usr/local/freeswitch
```

另一种办法就是放到/etc/ld.so.conf 或/etc/ld.so.conf.d 里，并执行 ldconfig。如果需要经常切
换多个版本，还是用环境变量更便捷。

当然，除此之外，还可以在配置 FreeSWITCH 时直接指定库文件的搜索路径，如：

```
PKG_CONFIG_PATH=/opt/ffmpeg-2.8.6 ./configure
```

PKG_CONFIG_PATH 环境变量也是 autotools 的标准功能，在配置时它会先查找对应目录下
的.pc 文件，进而找到对应的头文件和库文件。

当然，如果你使用的是 Docker，则测试多个版本可能更容易。可以在测试版本时从宿主
机上将不同版本的源代码目录在不同的时刻挂载到 Docker 容器中，也可以启动不同版本的
容器。

这一小节主要讲如何让 FreeSWITCH 在编译和运行时"找到" FFmpeg，尤其是当需要测试多
个版本的 FFmpeg 时。一般开发者或许不会用到这些，但是，如果在开发过程中遇到各种不兼容
的环境、版本，以及不同版本的库之间有不同的表现时，则解决这些问题比较有效的方法就是对
比它们之间的不同，进而找出其中的差异，缩小范围以便最终找到问题所在。好了，准备好了环
境，下面来看一些代码实例。

15.3.3　FFmpeg 初始化和加载

FreeSWITCH 是一个模块化结构，可以在运行时自由地加载和卸载模块（FreeSWITCH 核心有引用计数，保证正在使用中的模块无法卸载）。FreeSWITCH 的模块定义了一个宏。

```
SWITCH_MODULE_DEFINITION(mod_av, mod_av_load, mod_av_shutdown, NULL);
```

其中，mod_av_load 指定模块加载时运行的回调函数，mod_av_shutdown 指定模块卸载时运行的函数。前者代码如下[①]：

```
SWITCH_MODULE_LOAD_FUNCTION(mod_av_load)
{
    switch_api_interface_t *api_interface = NULL;
// 旧版本的 FFmpeg 需要这个初始化函数，新版本已经不需要了
#if (LIBAVCODEC_VERSION_INT < AV_VERSION_INT(58,9,100))
    av_lockmgr_register(&mod_av_lockmgr_cb);
#endif
    // 设置日志回调，可以将 FFmpeg 日志写入 FreeSWITCH 日志文件，具体的 log_callback 函数略
    av_log_set_callback(log_callback);
    av_log_set_level(AV_LOG_INFO);      // 设置 FFmpeg 日志级别
    avformat_network_init();            // 初始化 FFmpeg 网络，以便支持 rtmp、rtsp 等
// 旧版本的 FFmpeg 还需要注册所有的媒体封装格式，新版本不需要了
#if (LIBAVFORMAT_VERSION_INT < AV_VERSION_INT(58,9,100))
    av_register_all();
#endif
    // 将下面两个函数放到独立的文件中，分别初始化，下面会讲到这两个函数
    mod_avformat_load(module_interface, pool);
    mod_avcodec_load(module_interface, pool);
    return SWITCH_STATUS_SUCCESS;
}
```

当 mod_av 模块被加载时，就会执行上面这段代码，执行 FFmpeg 相应函数进行初始化。其中 LIBAVCODEC_VERSION_INT、LIBAVFORMAT_VERSION_INT 分别是 libavcodec 和 libavformat 的版本号。FFmpeg 是个巨型项目，历史也非常久，因而有些函数会随着时代的发展发生变化或被废弃，至于哪些函数在哪些版本里被废弃了，需要查看 FFmpeg 的 Release Notes 甚至源代码才能知道。作为一个开源项目，FreeSWITCH 会尽量支持更多的操作系统和库版本，因而代码中有很多这样的预处理宏。

15.3.4　avcodec 实例

H263、H264[②]的编解码模块主要在 mod_av 的 avcodec.c 中实现。从上一小节的代码可以看出，当模块被加载时，会执行 mod_avcodec_load 函数进行初始化。

```
SWITCH_MODULE_LOAD_FUNCTION(mod_avcodec_load)
{
    switch_codec_interface_t *codec_interface;
    // 初始化 FreeSWITCH 模块级全局结构体变量
```

---

① 本章中的 FreeSWITCH 代码基于 1.10.7 版本，由于篇幅所限，在不影响阅读的情况下删除了一些空行、打印日志和错误处理的代码行。编解码主要以 H264 讲解，其他编码如 H263 也有删减。详细代码可参阅 https://github.com/signalwire/freeswitch/tree/master/src/mod/applications/mod_av。

② 虽然 H263 是上一个时代的编码，但是 FreeSWITCH 还是支持了它，以便与一些旧的设备进行通信。在此处提到它也是为了在代码中可以提供多种编码实现的参考。较新的编码是 H265，业界已经有很多支持，在 FreeSWITCH 中也有相应的补丁，但在本书写作时尚未合并进主分支，在此就不提了。

```
        memset(&avcodec_globals, 0, sizeof(struct avcodec_globals));
        load_config();          // 架构模块相关的配置文件

        SWITCH_ADD_CODEC(codec_interface, "H264 Video"); // 向核心注册一个 H264 编解码模块
        // 设置该编解码相关的回调函数
        switch_core_codec_add_video_implementation(pool, codec_interface, 99, "H264", NULL,
                                        switch_h264_init, switch_h264_encode, switch_
    h264_decode, switch_h264_control, switch_h264_destroy);
        // 除 H264 外，也支持 H263 和 H263+
        SWITCH_ADD_CODEC(codec_interface, "H263 Video");
        switch_core_codec_add_video_implementation(pool, codec_interface, 34, "H263", NULL,
                                        switch_h264_init, switch_h264_encode, switch_
    h264_decode, switch_h264_control, switch_h264_destroy);

        SWITCH_ADD_CODEC(codec_interface, "H263+ Video");
        switch_core_codec_add_video_implementation(pool, codec_interface, 115, "H263-1998", NULL,
                                        switch_h264_init, switch_h264_encode, switch_
    h264_decode, switch_h264_control, switch_h264_destroy);

        /* indicate that the module should continue to be loaded */
        return SWITCH_STATUS_SUCCESS;
    }

    SWITCH_MODULE_SHUTDOWN_FUNCTION(mod_avcodec_shutdown)
    {
        int i;
        // 模块卸载时清理现场，不需要关注细节
        for (i = 0; i < MAX_PROFILES; i++) {
            avcodec_profile_t *profile = avcodec_globals.profiles[i];
            if (!profile) break;
            if (profile->options) {
                switch_event_destroy(&profile->options);
            }
            if (profile->codecs) {
                switch_event_destroy(&profile->codecs);
            }
            free(profile);
        }
        return SWITCH_STATUS_SUCCESS;
    }
```

上面的代码块其实跟 **FFmpeg** 关系不大，因而也无须关注细节，其中最主要的就是注册了下面的回调函数[①]，它们在不同的阶段被 FreeSWITCH 核心回调。

- `switch_h264_init`：初始化编解码器。
- `switch_h264_encode`：编码。
- `switch_h264_decode`：解码。
- `switch_h264_control`：运行中控制。
- `switch_h264_destroy`：销毁。

FreeSWITCH 主要是以会话（即 Session）为单位的。每当来了一路通话，如果需要视频编码，就会启动一个编码器，执行该编码器对应的 _init 回调函数。同理，当电话挂断时，执行 _destroy。其他函数以此类推。

1. `switch_h264_init`

该函数在编码器初始化时调用，参数如下。

---

① 细心的读者可以发现，H263 和 H264 编码器实际上调用了同样的回调函数，这是因为它们差别不大，具体的区别是在函数内部。

- codec：FreeSWITCH 中的编解码结构体指针。
- flags：一些标志位。
- codec_settings：编解码相关参数。

可以看出，这些参数与 FFmpeg 无关，这样就可以做到代码隔离，与 FFmpeg 相关的代码都在函数内部，没有 FFmpeg 只会导致该模块无法编译和加载，却不会影响 FreeSWITCH 的功能。其他解释见代码内注释。

```
static switch_status_t switch_h264_init(switch_codec_t *codec, switch_codec_flag_t
flags, const switch_codec_settings_t *codec_settings)
{
    int encoding, decoding;
    h264_codec_context_t *context = NULL;
    avcodec_profile_t *profile = NULL;

    encoding = (flags & SWITCH_CODEC_FLAG_ENCODE); // 该编码器支持编码
    decoding = (flags & SWITCH_CODEC_FLAG_DECODE); // 该编码器支持解码

    if (codec->fmtp_in) { // fmtp 通常是从 SDP 里来的，当然，也可以在使用编码器时人为设置
        // in 是输入，out 是输出，可以在这里协商，但这里为简单起见，直接让输出与输入一致，没有做过多处理
        codec->fmtp_out = switch_core_strdup(codec->memory_pool, codec->fmtp_in);
    }
    // 初始化一个 context，用来代表这个编解码器，memory_pool 是编解码器的内存池，该函数调用时已存在
    context = switch_core_alloc(codec->memory_pool, sizeof(h264_codec_context_t));

    if (codec_settings) { // 将输入 codec_settings 复制一份存在 context 里，以备用
        context->codec_settings = *codec_settings;
    }
    // 将 FreeSWITCH 的编解码名称与 FFmpeg 中的 av_codec_id 相对应
    if (!strcmp(codec->implementation->iananame, "H263")) {
        context->av_codec_id = AV_CODEC_ID_H263;
    } else if (!strcmp(codec->implementation->iananame, "H263-1998")) {
        context->av_codec_id = AV_CODEC_ID_H263P;
    } else {
        context->av_codec_id = AV_CODEC_ID_H264;
    }
    // 这时原 profile 是 FreeSWITCH 侧的配置文件，配置了不同的编解码器参数
    profile = find_profile(get_profile_name(context->av_codec_id), SWITCH_FALSE);

    if (decoding) { // 解码器的单独处理
        // 初始化一个 FFmpeg 解码器，存在 context 里
        context->decoder = avcodec_find_decoder(context->av_codec_id);
        // 申请 FFmpeg 解码器的 decoder context
        context->decoder_ctx = avcodec_alloc_context3(context->decoder);
        // 使用几个线程，一般是一个，可以在配置文件中配置
        context->decoder_ctx->thread_count = profile->decoder_thread_count;
        // 可以打开解码器了，如果初始化失败，则报错
        if (avcodec_open2(context->decoder_ctx, context->decoder, NULL) < 0) {
            switch_log_printf(SWITCH_CHANNEL_LOG, SWITCH_LOG_ERROR, "Error openning
codec\n");
            goto error;
        }
    }
    // 创建一个缓冲区用于存放 NALU，该缓冲区可能是一串连续的内存区域，在空间不够时会自动扩展
    switch_buffer_create_dynamic(&(context->nalu_buffer),      H264_NALU_BUFFER_SIZE,
H264_NALU_BUFFER_SIZE * 8, 0);
    codec->private_info = context; // 记住这个 context，以便在其他函数中引用
    return SWITCH_STATUS_SUCCESS;
error:
    return SWITCH_STATUS_FALSE;
}
```

可见，在初始化函数中仅初始化了 FFmpeg 解码器，并没有初始化 FFmpeg 编码器，这是因为编码器初始化需要更多参数，有些目前还不具备，因此使用了"懒"初始化方式，这种方法在后面会介绍。

2. `switch_h264_encode`

这个是编码函数，对于每一帧视频，都会多次调用该函数。为什么是多次呢？这是因为该函数不仅需要编码，还需要分包，FreeSWITCH 核心需要多次调用该函数，直到获得最后一个分包（marker 标志为 1，其他为 0）。函数参数如下。

- codec：FreeSWITCH 中的编码器指针。
- frame：FreeSWITCH 中的视频帧结构，待编码图像在 frame->img 中，编码后的数据放在 frame->data 中。

```
static switch_status_t switch_h264_encode(switch_codec_t *codec, switch_frame_t *frame)
{   // 从编码器指针中获取 context 结构体
    h264_codec_context_t *context = (h264_codec_context_t *)codec->private_info;
    AVCodecContext *avctx = context->encoder_ctx;
    int ret;
    int *got_output = &context->got_encoded_output;
    AVFrame *avframe = NULL;          // FFmpeg 中的视频帧
    // FFmpeg 中的 Packet 内存，用于存放编码后的数据，记住它以便后面继续使用
    AVPacket *pkt = &context->encoder_avpacket;
    uint32_t width = 0;               // 视频宽度
    uint32_t height = 0;              // 视频高度
    switch_image_t *img = frame->img; // FreeSWITCH 中的一帧图像
    frame->m = 0;
    width = img->d_w;                 // 记住图像的大小
    height = img->d_h;
    // H263 仅支持一些特定分辨率
    if (context->av_codec_id == AV_CODEC_ID_H263 && (!is_valid_h263_dimension(width,
height))) {
        switch_log_printf(SWITCH_CHANNEL_LOG, SWITCH_LOG_WARNING,
                          "You want %dx%d, but valid H263 sizes are 128x96, 176x144, 352x288,
704x576, and 1408x1152. Try H.263+\n", width, height);
        goto error;
    }
    // SAME_IMAGE 代码是对同一帧图像的多次编码，这说明编码器已编码成功并发生了分包
    if (frame->flags & SFF_SAME_IMAGE) {
        // 直接返回缓冲区中后续的分包数据
        return consume_nalu(context, frame);
    }
    if (!avctx || !avcodec_is_open(avctx)) {
        // 初始化 FFmpeg 中的编码器
        if (open_encoder(context, width, height) != SWITCH_STATUS_SUCCESS) {
            goto error;
        }
        avctx = context->encoder_ctx;
    }
    // 在实时应用中，下一帧图像的分辨率可能会发生变化，这时候需要重新初始化编码器
    if (avctx->width != width || avctx->height != height) {
        switch_log_printf(SWITCH_CHANNEL_LOG, SWITCH_LOG_DEBUG, "picture size changed
from %dx%d to %dx%d, reinitializing encoder\n",
                          avctx->width, avctx->height, width, height);
        if (open_encoder(context, width, height) != SWITCH_STATUS_SUCCESS) {
            goto error;
        }
        avctx = context->encoder_ctx;
    }
```

```
        // 带宽也可能发生变化，需要重新计算并重新初始化编码器
        if (context->change_bandwidth) {
            context->codec_settings.video.bandwidth = context->change_bandwidth;
            context->change_bandwidth = 0;
            if (open_encoder(context, width, height) != SWITCH_STATUS_SUCCESS) {
                goto error;
            }
            avctx = context->encoder_ctx;
            switch_set_flag(frame, SFF_WAIT_KEY_FRAME); // 通知 FreeSWITCH 核心等待下一个关键帧
        }
        av_init_packet(pkt);    // FFmpeg 中的 pkt 在编码前需要初始化
        pkt->data = NULL;       // 确保内存是空的，编码器将会自动初始化它
        pkt->size = 0;
        avframe = context->encoder_avframe; // 这个 avframe 是给 FFmpeg 用的
        if (avframe) { // 如果 avframe 已存在，但分辨率变了，则释放它以便后面重新申请内存
            if (avframe->width != width || avframe->height != height) {
                av_frame_free(&avframe);
            }
        }
        if (!avframe) { // 首次使用时初始化，以后在编码器生命周期内可以重用
            avframe = av_frame_alloc();
            context->encoder_avframe = avframe; // 记住这个 avframe，以便以后重用
            if (!avframe) goto error;
            // 初始化这个 avframe，这个 format 代表图像原始数据在内存中的格式，一般是 YUV420P
            avframe->format = avctx->pix_fmt;
            avframe->width = avctx->width;
            avframe->height = avctx->height;
            avframe->pts = frame->timestamp / 1000; // FreeSWITCH 中的时间转成 FFmpeg 时间戳
            ret = av_frame_get_buffer(avframe, 32); // 申请 avframe 内存
        }
        fill_avframe(avframe, img); // 将 FreeSWITCH 的 img 图像内存格式转成 FFmpeg 要求的格式
        avframe->pts = context->pts++;
        // 如果有关键帧请求，则需要告诉 FFmpeg 立即生成一个关键帧
        if (context->need_key_frame && (context->last_keyframe_request + avcodec_globals.
key_frame_min_freq) < switch_time_now()) {
            avframe->pict_type = AV_PICTURE_TYPE_I;  // 这两行配置用于告诉编码器立即生成一个关键帧
            avframe->key_frame = 1;
            context->last_keyframe_request = switch_time_now(); // 记住当前时间，以防请求太频繁
        }
        memset(context->nalus, 0, sizeof(context->nalus));
        context->nalu_current_index = 0;
// 下面的函数实际上是旧函数，使用这个宏告诉编译器不要产生警告
GCC_DIAG_OFF(deprecated-declarations)
        // 用编码器进行编码，编码前的图像是 avframe，pkt 存放编码后的数据
        ret = avcodec_encode_video2(avctx, pkt, avframe, got_output);
GCC_DIAG_ON(deprecated-declarations)
        if (*got_output) { // 编码器会有延迟，比如说输入 4 帧图像后编码器才吐出第 1 帧的数据
            const uint8_t *p = pkt->data; // 编码输出的数据都在 data 里
            int i = 0;
            *got_output = 0;

            if (context->av_codec_id == AV_CODEC_ID_H263) {
#ifdef H263_MODE_B
                fs_rtp_parse_h263_rfc2190(context, pkt);
#endif
                context->nalu_current_index = 0;
                return consume_nalu(context, frame); // 263 分包
            } else if (context->av_codec_id == AV_CODEC_ID_H263P){
                fs_rtp_parse_h263_rfc4629(context, pkt);
                context->nalu_current_index = 0;
                return consume_nalu(context, frame); // 263+分包
            }
```

```
    // 264 码流,先切成 NALU,即根据 0 0 1 或 0 0 0 1 将 H264 数据切开
    memset(context->nalus, 0, sizeof(context->nalus));
    // fs_avc_find_startcode 是从 FFmpeg 代码里复制过来的,用于找到 NALU 的起始位置
    while ((p = fs_avc_find_startcode(p, pkt->data+pkt->size)) < (pkt->data + pkt->size)) {
        if (!context->nalus[i].start) { // 第 1 个起始位置
            while (!(*p++)) ; // 兼容 0 0 1 或 0 0 0 1
            context->nalus[i].start = p;
            context->nalus[i].eat = p;
            if ((*p & 0x1f) == 7) { // 这是一个 SPS,后面有关键帧
                // 防止后续有关键帧请求时产生太多关键帧
                context->last_keyframe_request = switch_time_now();
            }
        } else { // 后续的 NALU
            context->nalus[i].len = p - context->nalus[i].start;
            while (!(*p++)) ; // 兼容 0 0 1 或 0 0 0 1
            i++;
            context->nalus[i].start = p;
            context->nalus[i].eat = p;
        }
    }
    context->nalus[i].len = p - context->nalus[i].start;
    context->nalu_current_index = 0;
    return consume_nalu(context, frame); // 切好 NALU 后,如果 NALU 还是比较大,继续分包
    }
error:
    frame->datalen = 0;
    return SWITCH_STATUS_FALSE;
}
```

　　这里我们仅考虑 H264 的情况。从上面代码可以看出,最终调用 consume_nalu 对 NALU 数据进行分包。该函数返回不大于 SWITCH_DEFAULT_VIDEO_SIZE (默认为 1200) 的分包,该分包会有相应的 marker 位,FreeSWITCH 核心获取分包后通过 RTP 发送出去,并继续使用同一帧图像调用该函数,直至返回的数据中 marker = 1,也就是最后一个分包。FreeSWITCH 核心调用模块中视频编码函数的流程如图 15-3 所示。当前编码结束后 FreeSWITCH 核心会继续编码下一帧图像 (如果有的话)。

　　fs_avc_find_startcode 实际上是 FFmpeg 代码中 ff_avc_find_startcode 的翻版,由于后者没有公开的 API,因而不能直接调用,只好复制一份并改了名字。同理,对 H264 分包的代码在 FFmpeg 里也是有的,但无法调用,因而在 FreeSWITCH 的 consume_nalu 中重新实现了分包算法。由于 FreeSWITCH 核心中支持很多不同的视频编码,不同视频编码的分包算法是不同的,因而直接在编码阶段在对应的模块中实现了分包算法。

　　open_encoder 函数主要用于设置编码器的参数和打开编码器,有必要分析一下。代码注释如下[①]。

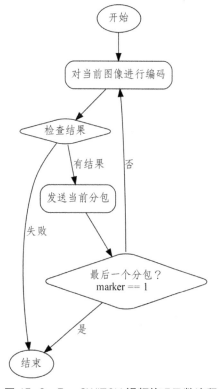

图 15-3　FreeSWITCH 视频编码函数流程

[①] 这段代码在 FreeSWITCH master 版本中有一个 Bug,由于 timebase 设置不当导致 FFmpeg 内部一些参数未正确设置,无法达到目标带宽,因此代码中使用了 context->bandwidth *=3,试图绕过该问题。该代码是包含 https://github.com/signalwire/freeswitch/ pull/824/files 中这个补丁的,但在本书写作时该补丁尚未合并进 master 分支。

```
    static switch_status_t open_encoder(h264_codec_context_t *context, uint32_t width,
uint32_t height)
    {
        avcodec_profile_t *aprofile = NULL;
        char codec_string[1024];
        if (!context->encoder) {        // 首次使用初始化
            if (context->av_codec_id == AV_CODEC_ID_H264) { // H264
                // 尝试使用硬件编码，需要 GPU 支持
                if (context->codec_settings.video.try_hardware_encoder && (context->encoder
= avcodec_find_encoder_by_name("nvenc_h264"))) {
                    switch_log_printf(SWITCH_CHANNEL_LOG, SWITCH_LOG_NOTICE, "NVENC HW CODEC
ENABLED\n");
                    context->hw_encoder = 1;
                }
            }
        }
        if (!context->encoder) { // 查找 FFmpeg 是否实现该编码器
            context->encoder = avcodec_find_encoder(context->av_codec_id);
        }
        if (!context->encoder) {
            switch_log_printf(SWITCH_CHANNEL_LOG, SWITCH_LOG_ERROR, "Cannot find encoder id:
%d\n", context->av_codec_id);
            return SWITCH_STATUS_FALSE;
        }
        // 这个 aprofile 是 FreeSWITCH 侧对编码器的配置，不同的 aprofile 对应一组不同的配置
        if (!zstr(context->codec_settings.video.config_profile_name)) {
            aprofile = find_profile(context->codec_settings.video.config_profile_name,
SWITCH_FALSE);
        }
        if (!aprofile) {
            aprofile = find_profile(get_profile_name(context->av_codec_id), SWITCH_FALSE);
        }
        if (!aprofile) return SWITCH_STATUS_FALSE;
        if (context->encoder_ctx) { // 如果是则重新打开编码器，释放历史数据
            if (avcodec_is_open(context->encoder_ctx)) {
                avcodec_close(context->encoder_ctx);
            }
            av_free(context->encoder_ctx);
            context->encoder_ctx = NULL;
        }
        // 初始化 FFmpeg 的 codec context
        context->encoder_ctx = avcodec_alloc_context3(context->encoder);
        if (!context->encoder_ctx) {
            return SWITCH_STATUS_FALSE;
        }
        if (width && height) { // 记住分辨率
            context->codec_settings.video.width = width;
            context->codec_settings.video.height = height;
        }
        // FreeSWITCH 核心会计算帧率，如果计算不出来，则使用 15.0 作为初始帧率
        context->encode_fps = fps = context->codec_settings.video.fps > 0 ? context->codec_
settings.video.fps : 15.0;
        // 使用预设带宽或根据分辨率和帧率自动计算一个合适的带宽
        if (context->codec_settings.video.bandwidth) {
            context->bandwidth = context->codec_settings.video.bandwidth;
        } else {
            context->bandwidth = switch_calc_bitrate(context->codec_settings.video.width,
context->codec_settings.video.height, 1, fps);
        }
        if (context->bandwidth > avcodec_globals.max_bitrate) {
            context->bandwidth = avcodec_globals.max_bitrate; // 防止带宽超标
        }
        context->encoder_ctx->bit_rate = context->bandwidth * 1000; // 调整为 FFmpeg 中的带宽
```

```
    context->encoder_ctx->rc_min_rate = context->encoder_ctx->bit_rate; // 固定码率
    context->encoder_ctx->rc_max_rate = context->encoder_ctx->bit_rate; // 固定码率
    context->encoder_ctx->rc_buffer_size = context->encoder_ctx->bit_rate;
    context->encoder_ctx->rc_initial_buffer_occupancy = context->encoder_ctx->rc_
buffer_size * 3 / 4;
    context->encoder_ctx->qcompress = 0.6;
    context->encoder_ctx->gop_size = 1000;    // 默认的关键帧间隔
    context->encoder_ctx->keyint_min = 1000; // 最小关键帧间隔
    context->encoder_ctx->width = context->codec_settings.video.width;
    context->encoder_ctx->height = context->codec_settings.video.height;
    if (context->pts) { // 适用于已知 fps 的情况
        context->encoder_ctx->time_base = (AVRational){1, fps};
        context->encoder_ctx->framerate = (AVRational){fps, 1};
        context->encoder_ctx->ticks_per_frame = 1;
    } else { // 否则使用自然时间
        context->encoder_ctx->ticks_per_frame = 1000000 / fps;
        context->encoder_ctx->time_base = (AVRational){1, 1000000};
    }
    context->encoder_ctx->pkt_timebase = context->encoder_ctx->time_base;
    context->encoder_ctx->max_b_frames = aprofile->ctx.max_b_frames; // 实时应用一般不
使用 B 帧，默认为 0
    context->encoder_ctx->pix_fmt = AV_PIX_FMT_YUV420P;
    context->encoder_ctx->thread_count = aprofile->ctx.thread_count;

    if (context->av_codec_id == AV_CODEC_ID_H263 || context->av_codec_id == AV_CODEC_ID_
H263P) {
        // 让 H263 底层自己分包
        av_opt_set_int(context->encoder_ctx->priv_data, "mb_info", SLICE_SIZE - 8, 0);
    } else if (context->av_codec_id == AV_CODEC_ID_H264) {
        context->encoder_ctx->profile = context->profile_idc > 0 ? context->profile_idc :
aprofile->ctx.profile;
        context->encoder_ctx->level = context->level_id > 0 ? context->level_id :
aprofile->ctx.level;
        set_h264_private_data(context, aprofile); // 设置 H264 编码器参数
    }
    // 打开 FFmpeg 编码器
    if (avcodec_open2(context->encoder_ctx, context->encoder, NULL) < 0) {
        if (!context->hw_encoder) { // 如果是软件编码器，返回错误
            return SWITCH_STATUS_FALSE;
        }
        // 如果打开硬件编码器失败，则关掉硬件编码，尝试以软件方式打开
        context->hw_encoder = 0;
        context->codec_settings.video.try_hardware_encoder = 0;
        return open_encoder(context, width, height);
    }
    return SWITCH_STATUS_SUCCESS;
}
```

　　打开编码器的操作不复杂，关键是根据不同的情况填充不同的参数。FreeSWITCH 中默认使用 CBR（固定码率）编码，若关键帧请求过于频繁，或画面变化比较大，就会导致画面模糊。但 FreeSWITCH 的应用场景一般是一对一视频通话或简单的视频会议场景，画面变化不大，在实际使用时总体效果还不错。VBR（动态码率）能节省带宽，但是最大带宽不好控制。

　　FreeSWITCH 的码率使用 Kush Gauge[①]算法。参考代码如下：

```
static inline int32_t switch_calc_bitrate(int w, int h, float quality, double fps)
{
    int r;
    if (quality == 0) quality = 1;
    if (!fps) fps = 15;
```

---

① 参见 http://blog.sporv.com/restoration-tips-kush-gauge。

```
    r = (int32_t)((double)(w * h * fps * quality) * 0.07) / 1000;
    if (!quality) r /= 2;
    if (quality < 0.0f) {
        r = (int) ((float)r * quality);
    }
    return r;
}
```

Kush Gauge 公式定义为：宽×高×fps×运动系数×固定常数 0.07，可以看出，目标带宽与帧率是正相关的，运动系数取值为 1、2、4，可以简单理解为低、中、高，如人在摄像头前讲话，背景基本不动，取值为 "1"，而电影宣传片动作与场景切换都很快且不可预测，则取值为 "4"。0.07 是个经验常数，该值是基于 H264 编码的，如果是其他编码，可以调整这个常数。目标码率单位为 bit/s。

对于 H264 编码，有一些私有参数可以传给底层的编码器，如 libx264 等。代码如下：

```
static void set_h264_private_data(h264_codec_context_t *context, avcodec_profile_t *profile)
{
    if (context->hw_encoder) {  // 硬件编码器的可控参数较少
        av_opt_set(context->encoder_ctx->priv_data, "preset", "llhp", 0);
        av_opt_set_int(context->encoder_ctx->priv_data, "2pass", 1, 0);
        av_opt_set_int(context->encoder_ctx->priv_data, "delay", 0, 0);
        av_opt_set(context->encoder_ctx->priv_data, "forced-idr", "true", 0);
        return;
    }
    // 软件编码器参数很多，但 preset 是预设的一组参数，在实际应用中使用 veryfast 是一个比较好的选择
    av_opt_set(context->encoder_ctx->priv_data, "preset", "veryfast", 0);
    av_opt_set(context->encoder_ctx->priv_data, "intra-refresh", "1", 0);
    av_opt_set(context->encoder_ctx->priv_data, "tune", "animation+zerolatency", 0);
    // 后续代码可以根据 FreeSWITCH 配置文件中的配置来调整这些预设参数，在此不叙述
}
```

3. switch_h264_decode

这个是解码函数，FreeSWITCH 收到的每一个 RTP 包（可能是整个 NALU，也可能是个分包），都会调用该函数。该函数会执行组包操作（分包的逆操作），它有一个缓冲区，会等待一个完整的包到达后再进行解码。该函数的参数如下。

- codec：当前编解码器指针。
- frame：FreeSWITCH 中的视频帧，待解码的数据放在 frame->data 中，解码后的图像放在 frame->img 中。

```
static switch_status_t switch_h264_decode(switch_codec_t *codec, switch_frame_t *frame)
{
    h264_codec_context_t *context = (h264_codec_context_t *)codec->private_info;
    AVCodecContext *avctx= context->decoder_ctx;
    switch_status_t status;
    context->last_received_timestamp = frame->timestamp; // 记住最后一个包的时间戳
    // 如果这个包 marker = 1，则是最后一个分包
    context->last_received_complete_picture = frame->m ? SWITCH_TRUE : SWITCH_FALSE;
    // 根据编码类型使用相应的组包算法
    if (context->av_codec_id == AV_CODEC_ID_H263) {
        status = buffer_h263_packets(context, frame);
    } else if (context->av_codec_id == AV_CODEC_ID_H263P) {
        status = buffer_h263_rfc4629_packets(context, frame);
    } else { // 这是 H264 的组包
        status = buffer_h264_nalu(context, frame);
    }
    if (status == SWITCH_STATUS_RESTART) { // 如果组包过程中校验出错（如发生丢包或错包）
        switch_set_flag(frame, SFF_WAIT_KEY_FRAME); // 告诉核心无法解码，需要请求一个关键帧
```

```
        switch_buffer_zero(context->nalu_buffer);    // 清空已缓存的 NALU 缓冲区
        context->nalu_28_start = 0;                   // 清除 FU-A 包的组包标志
        return SWITCH_STATUS_MORE_DATA;               // 告诉核心需要更多数据才能解码
    }
    if (frame->m) { // 收到 marker = 1 的包，可以解码了
        uint32_t size = switch_buffer_inuse(context->nalu_buffer);
        AVPacket pkt = { 0 };
        AVFrame *picture;
        int got_picture = 0;
        int decoded_len;
        if (size > 0) {              // 缓冲区中的码流长度大于 0 才解码
            av_init_packet(&pkt); // 初始化 FFmpeg 中解码前的数据缓冲区
            // 往 FreeSWITCH 组包后的数据中额外写入一些占位数据，FFmpeg 需要用这些额外空间
            switch_buffer_write(context->nalu_buffer, ff_input_buffer_padding, sizeof
(ff_input_buffer_padding));
            // 将 FFmpeg 中的 pkt.data 指针指向 FreeSWITCH 组包后的数据缓冲区，无 Copy，数据包含 padding
            switch_buffer_peek_zerocopy(context->nalu_buffer, (const void **)&pkt.data);
            pkt.size = size;         // 设置 FFmpeg 中数据的大小
            if (!context->decoder_avframe) context->decoder_avframe =
av_frame_alloc();// decoder_avframe 用于存放 FFmpeg 解码后的图像数据，首次使用时先初始化
            picture = context->decoder_avframe;
    GCC_DIAG_OFF(deprecated-declarations) // 避免编译器警告，使用旧的解码函数解码
            decoded_len = avcodec_decode_video2(avctx, picture, &got_picture, &pkt);
    GCC_DIAG_ON(deprecated-declarations)
            if (got_picture && decoded_len > 0) { // 如果解码成功
                int width = picture->width;      // 获取解码后图像的分辨率、宽度
                int height = picture->height;    // 高度
                if (!context->img || (context->img->d_w != width || context->img->d_h !=
height)) {
                    // FreeSWITCH 中的图像缓存，首次使用或者图像分辨率变化后要重新初始化
                    switch_img_free(&context->img);
                    context->img = switch_img_alloc(NULL, SWITCH_IMG_FMT_I420, width, height, 1);
                }
                // 解码后的图像是 YUV420P 格式，复制到 FreeSWITCH 的图像缓冲区 context->img 中
                switch_I420_copy2(picture->data, picture->linesize,
                        context->img->planes, context->img->stride,
                        width, height);
                frame->img = context->img; // 修改返回的视频图像指针指向最新解码的图像
            }
            av_frame_unref(picture);         // 解除 FFmpeg 中的图像缓冲区引用
        }
        switch_buffer_zero(context->nalu_buffer); // 清空组包缓冲区
        context->nalu_28_start = 0;
        return SWITCH_STATUS_SUCCESS;
    }
    return SWITCH_STATUS_SUCCESS;
}
```

解码的函数相对简单，组包的主要逻辑在 buffer_h264_nalu 中，它用于将收到的 RTP 包中的 H264 数据组合成完整的一帧图像的码流，然后送入 FFmpeg 解码器。FreeSWITCH 核心有一个 Jitter Buffer，以处理 RTP 抖动和丢包，如果有必要会通过 RTCP 发送 NACK 或 FIR 消息以请求对方重传丢包或请求关键帧。如果经过核心处理后还有丢包或不合法的包，buffer_h264_nalu 也能进行一些检测，尽量避免不完整的 H264 码流进入 FFmpeg 解码器。如果有不完整的数据，则解码后可能出现花屏，甚至可能解码失败。FreeSWITCH 核心调用解码模块的解码函数进行解码的流程如图 15-4 所示（仅供参考）。

4. switch_h264_control

该函数用于在编解码器生存期间对其进行控制，输入参数如下。

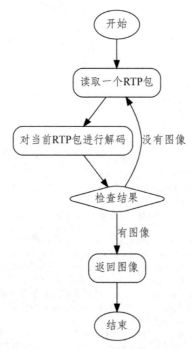

图 15-4 FreeSWITCH 核心解码流程示意图

- codec：当前编码器。
- cmd：控制指令。
- ctype：数据类型，整数或字符串。
- cmd_data：指令数据。
- atype：参数类型，整数或字符串。
- cmd_arg：参数数据。
- rtype：返回值数据类型。
- ret_data：返回数据指针地址。

```c
static switch_status_t switch_h264_control(switch_codec_t *codec,
                                  switch_codec_control_command_t cmd,
                                  switch_codec_control_type_t ctype,
                                  void *cmd_data,
                                  switch_codec_control_type_t atype,
                                  void *cmd_arg,
                                  switch_codec_control_type_t *rtype,
                                  void **ret_data) {

    h264_codec_context_t *context = (h264_codec_context_t *)codec->private_info;
    switch(cmd) {
    case SCC_DEBUG: // 动态控制调试级别，打印不同级别的日志
        {
            int32_t level = *((uint32_t *) cmd_data);
            mod_av_globals.debug = level;
        }
        break;
    case SCC_VIDEO_GEN_KEYFRAME:    // 对方或核心要求编码器立即产生一个关键帧
        context->need_key_frame = 1; // 详见 switch_h264_encode 函数
        break;
    case SCC_VIDEO_BANDWIDTH:        // 动态调整带宽
        {
```

```
        switch(ctype) {
        case SCCT_INT:              // 详见 switch_h264_encode 函数
            context->change_bandwidth = *((int *) cmd_data);
            break;
        case SCCT_STRING:           // 如果参数为字符串则需要先转成整数
            {
                char *bwv = (char *) cmd_data;
                context->change_bandwidth = switch_parse_bandwidth_string(bwv);
            }
        }
    }
}

    return SWITCH_STATUS_SUCCESS;
}
```

该函数根据传入的指令和参数设置一些参数,具体的逻辑在 switch_h264_encode 中执行,主要用于在编码器生存期间(通话中)根据情况动态调整编解码器。

5. switch_h264_destroy

该函数主要用于销毁 FFmpeg 编码器,释放内存。代码不长,列在这里供参考,内容比较直观,就不多解释了。

```
static switch_status_t switch_h264_destroy(switch_codec_t *codec)
{
    h264_codec_context_t *context = (h264_codec_context_t *)codec->private_info;
    switch_img_free(&context->encimg);
    switch_buffer_destroy(&context->nalu_buffer);
    if (context->decoder_ctx) {
        if (avcodec_is_open(context->decoder_ctx)) avcodec_close(context->decoder_ctx);
        av_free(context->decoder_ctx);
    }
    switch_img_free(&context->img);
    if (context->encoder_ctx) {
        if (avcodec_is_open(context->encoder_ctx)) avcodec_close(context->encoder_ctx);
        av_free(context->encoder_ctx);
    }
    if (context->encoder_avframe) {
        av_frame_free(&context->encoder_avframe);
    }
    if (context->decoder_avframe) {
        av_frame_free(&context->decoder_avframe);
    }
    return SWITCH_STATUS_SUCCESS;
}
```

15.3.5　avformat 实例

FreeSWITCH 中实现了一个文件接口,用于音视频文件的读(播放)写(录像)。mod_av 使用 FFmpeg 的功能实现了 MP4、MKV 等文件的播放和录像,也支持 RTMP 的推拉流,支持播放 RTSP 流媒体文件和摄像头实时视频等。这些是在 avformat.c 中实现的。下面我们从 mod_avformat_load 函数开始看,该函数在模块加载时执行。

```
SWITCH_MODULE_LOAD_FUNCTION(mod_avformat_load)
{
    switch_file_interface_t *file_interface;  // 定义一个 FreeSWITCH 的文件接口
    int i = 0;
```

```
    memset(&avformat_globals, 0, sizeof(struct avformat_globals));
    load_config();                          // 加载相关的配置参数
    // 在 FreeSWITCH 中支持如下媒体文件和网络协议
    supported_formats[i++] = "av";
    supported_formats[i++] = "rtmp";
    supported_formats[i++] = "rtmps";
    supported_formats[i++] = "rtsp";
    supported_formats[i++] = "mp4";
    supported_formats[i++] = "m4a";
    supported_formats[i++] = "mov";
    supported_formats[i++] = "mkv";
    supported_formats[i++] = "webm";

    file_interface = (switch_file_interface_t *)switch_loadable_module_create_interface
(*module_interface, SWITCH_FILE_INTERFACE);
    file_interface->interface_name = modname;
    file_interface->extens = supported_formats;
    // 设置相关的回调函数
    file_interface->file_open = av_file_open;        // FreeSWITCH 核心打开文件时执行
    file_interface->file_close = av_file_close;      // 关闭文件时执行
    file_interface->file_read = av_file_read;        // 读音频
    file_interface->file_write = av_file_write;      // 写音频
    file_interface->file_read_video = av_file_read_video;   // 读视频
    file_interface->file_write_video = av_file_write_video;  // 写视频
    file_interface->file_seek = av_file_seek;       // 跳到其他位置
    file_interface->file_command = av_file_command; // 运行时对文件的动态控制
    return SWITCH_STATUS_SUCCESS;
}
```

文件的初始化操作主要是向 FreeSWITCH 核心注入文件接口，同时初始化一些回调函数。FFmpeg 的文件初始化已经在模块加载时做过了（如旧版中的 av_register_all），因此这里无须再进行额外的初始化操作。FreeSWITCH 在每次用到一个文件时（比如来了一路电话时需要播放一个文件），就会调用这些指定的回调函数来打开文件并读取其中的音视频。

1. av_file_open

打开文件。输入参数是 FreeSWITCH 中的一个文件句柄（handle）及一个文件路径（path）字符串。输入参数本身与 FFmpeg 没有关系，与 FFmpeg 有关的代码都在函数内部，这样做也是为了隔离 FFmpeg 代码。

```
static switch_status_t av_file_open(switch_file_handle_t *handle, const char *path)
{
    av_file_context_t *context = NULL; // 初始化一个文件 context 结构体
    AVOutputFormat *fmt;                // FFmpeg 的文件结构体，写文件时使用
    char file[1024];
    switch_set_string(file, path);     // 复制文件路径
    if (handle->stream_name && (!strcasecmp(handle->stream_name, "rtmp") || !strcasecmp
(handle->stream_name, "rtmps") || !strcasecmp(handle->stream_name, "youtube"))) {
        // 对 rtmp 和 rtmps 的特殊处理，比如将用户名和密码写入文件路径等
        char *secure = "";
        format = "flv";
        if ((ext = strchr((char *)path, '.')) == 0) {
            ext = ".flv";
        }
        if (!strcasecmp(handle->stream_name, "rtmps")) secure = "s";
        if (handle->mm.auth_username && handle->mm.auth_password) {
            switch_snprintf(file, sizeof(file), "rtmp%s://%s pubUser=%s pubPasswd=%s
flashver=FMLE/3.0", secure, path, handle->mm.auth_username, handle->mm.auth_password);
        } else {
            switch_snprintf(file, sizeof(file), "rtmp%s://%s", secure, path);
```

```
        }
    } else if (handle->stream_name && !strcasecmp(handle->stream_name, "rtsp")) { // 对
rtsp 路径的处理
        format = "rtsp";
        if ((ext = strrchr((char *)path, '.')) == 0) {
            ext = ".rtsp";
        }
        switch_snprintf(file, sizeof(file), "rtsp://%s", path);
        disable_write_buffer = 1;
    }
    // 初始化 FreeSWITCH 内部的 context 结构体，用于记住该文件的各种参数
    if ((context = (av_file_context_t *)switch_core_alloc(handle->memory_pool, sizeof
(av_file_context_t))) == 0) {
        switch_goto_status(SWITCH_STATUS_MEMERR, end);
    }
    memset(context, 0, sizeof(av_file_context_t));
    handle->private_info = context;        // 与 FreeSWITCH 内部文件句柄关联

    if (handle->params) {
        // FreeSWITCH 内部传入的文件参数处理，略
    }
    // FreeSWITCH 是一个多线程系统，读写文件有时候是阻塞的，需要多线程处理，初始化 mutex 和 condition
    switch_mutex_init(&context->mutex, SWITCH_MUTEX_NESTED, handle->memory_pool);
    switch_thread_cond_create(&context->cond, handle->memory_pool);
    // 创建 FreeSWITCH 音频缓冲区
    switch_buffer_create_dynamic(&context->audio_buffer, 512, 512, 0);
    if (switch_test_flag(handle, SWITCH_FILE_FLAG_READ)) { // 打开文件准备读
        if (open_input_file(context, handle, path) != SWITCH_STATUS_SUCCESS) {
            //clean up;
            switch_goto_status(SWITCH_STATUS_GENERR, end);
        }
        if (context->has_video) { // 如果是视频文件，准备一些视频参数和缓冲区，略
            ...
        }
        // 启动一个新的线程读文件，执行 file_read_thread_run 函数
        switch_thread_create(&context->file_read_thread, thd_attr, file_read_thread_run,
context, handle->memory_pool);
        return SWITCH_STATUS_SUCCESS; // 如果文件是只读的，到这里就可以返回了
    }
    // 后面是写文件的代码，如果是录像操作，继续初始化一些参数
    mod_avformat_alloc_output_context2(&context->fc, NULL, format, (char *)file, context);
    fmt = context->fc->oformat; // 这是 FFmpeg 内部的 Output Context，用于文件输出
    if (!(fmt->flags & AVFMT_NOFILE)) { // 普通文件，使用 avio_open 打开
        ret = avio_open(&context->fc->pb, file, AVIO_FLAG_WRITE);
    }

    if (switch_test_flag(handle, SWITCH_FILE_FLAG_VIDEO) && fmt->video_codec != AV_
CODEC_ID_NONE) {
        const AVCodecDescriptor *desc;

        if ((handle->stream_name && (!strcasecmp(handle->stream_name, "rtmp") || !
strcasecmp(handle->stream_name, "rtmps") || !strcasecmp(handle->stream_name, "youtube")))) {
            // rtmp 及 youtube 推流需要一些固定参数
            fmt->audio_codec = AV_CODEC_ID_AAC;
            handle->samplerate = 44100;
            handle->mm.samplerate = 44100;
            handle->mm.ab = 128;
            handle->mm.cbr = 1;
        }
    }
    if (fmt->audio_codec != AV_CODEC_ID_NONE) { // 如果有音频
        context->audio_st[0].channels = handle->channels;
        context->audio_st[1].sample_rate = handle->samplerate;
```

```
            if (!context->audio_st[0].active) { // 向文件中添加一个音频流
                add_stream(context, &context->audio_st[0], context->fc, &context->audio_
codec, fmt->audio_codec, &handle->mm);
            }
            // 打开音频流以备写入
            if (open_audio(context->fc, context->audio_codec, &context->audio_st[0]) !=
SWITCH_STATUS_SUCCESS) {
                switch_goto_status(SWITCH_STATUS_GENERR, end);
            }
            context->has_audio = 1;
            if (context->audio_st[1].active) { // 打开第 2 路音频流
                if (open_audio(context->fc, context->audio_codec, &context->audio_st[1]) !=
SWITCH_STATUS_SUCCESS) {
                    switch_goto_status(SWITCH_STATUS_GENERR, end);
                }
                context->has_audio++;
            }
        }
    }
    return SWITCH_STATUS_SUCCESS;
}
```

　　上述代码大部分是在 FreeSWITCH 中打开文件的一些预处理，与 FFmpeg 关系不大，具体的以只读方式打开文件的代码在 open_input_file 函数中实现，它依赖 FFmpeg 中的很多函数，如果需要写文件，则在文件打开后再使用 add_stream 函数添加音频流。open_input_file 函数代码如下：

```
    static switch_status_t open_input_file(av_file_context_t *context, switch_file_
handle_t *handle, const char *filename)
    {
        AVCodec *audio_codec = NULL;
        AVCodec *video_codec = NULL;
        AVDictionary *opts = NULL;
        // 以 FFmpeg 默认的格式打开文件，如果希望以特定的格式打开，也可以传入字典参数，如
        // av_dict_set(&opts, "c:v", "libvpx", 0); // 这段代码只是一个例子，默认是注释掉的
        if (!context->fc) { // 首次打开文件，初始化一个 FFmpeg Format Context 用于跟踪文件
            context->fc = avformat_alloc_context();
        }
        // 设置回调函数，以便在播放网络文件时能中断播放，防止在网络发包而对方无响应时卡死整个系统
        context->fc->interrupt_callback.callback = interrupt_cb;
        context->fc->interrupt_callback.opaque = context;
        // 可以调用 FFmpeg 函数打开文件了
        if ((error = avformat_open_input(&context->fc, filename, NULL, NULL)) < 0) {
            // 错误处理
        }
        // 判断文件是否支持播放中跳转
        handle->seekable = context->fc->iformat->read_seek2 ? 1 : (context->fc->iformat->
read_seek ? 1 : 0);
        // 获取文件信息
        if ((error = avformat_find_stream_info(context->fc, opts ? &opts : NULL)) < 0) {
        }
        av_dump_format(context->fc, 0, filename, 0); // 在日志中打印文件信息，方便调试
        for (i = 0; i< context->fc->nb_streams; i++) { // 遍历文件中所有的音视频流
    GCC_DIAG_OFF(deprecated-declarations) // 这里用到一些旧函数，该宏用于防止编译器警告
            if (context->fc->streams[i]->codec->codec_type == AVMEDIA_TYPE_AUDIO && context->
has_audio < 2 && idx < 2) {
                context->audio_st[idx++].st = context->fc->streams[i];
                context->has_audio++; // 发现音频流
            } else if (context->fc->streams[i]->codec->codec_type == AVMEDIA_TYPE_VIDEO
&& !context->has_video) {
    GCC_DIAG_ON(deprecated-declarations)
                context->video_st.st = context->fc->streams[i];
                if (switch_test_flag(handle, SWITCH_FILE_FLAG_VIDEO)) {
                    context->has_video = 1; // 发现视频流
```

```
                // 计算视频长度
                handle->duration = av_rescale_q(context->video_st.st->duration != AV_
NOPTS_VALUE ? context->video_st.st->duration : context->fc->duration / AV_TIME_BASE * 1000,
                    context->video_st.st->time_base, AV_TIME_BASE_Q);
            }
            if (context->fc->bit_rate) { // 视频码率
                handle->mm.source_kps = context->fc->bit_rate / 1024;
            }
            if (context->video_st.st->avg_frame_rate.num) { // 获取帧率
                handle->mm.source_fps = ceil(av_q2d(context->video_st.st->avg_frame_rate));
            } else { // 无法获取帧率，设置一个固定帧率
                handle->mm.source_fps = 25;
            }
            context->read_fps = (int)handle->mm.source_fps; // 将帧率告诉 FreeSWITCH 核心
        }
    }

    GCC_DIAG_OFF(deprecated-declarations) // 查找音频解码器
        if (context->has_audio && !(audio_codec = avcodec_find_decoder(context->audio_
st[0].st->codec->codec_id))) {
            context->has_audio = 0; // 如果找不到解码器就不开音频
        }
        // 查找视频解码器
        if (context->has_video && !(video_codec = avcodec_find_decoder(context->video_
st.st->codec->codec_id))) {
            context->has_video = 0; // 如果找不到解码器就不开视频
        }
        // 打开音频解码器，如果失败就不开音频
        if (context->has_audio && (error = avcodec_open2(context->audio_st[0].st->codec,
audio_codec, NULL)) < 0) {
            context->has_audio = 0;
        }
        // 如果有多个音频流也打开
        if (context->has_audio == 2 && (error = avcodec_open2(context->audio_st[1].st->codec,
audio_codec, NULL)) < 0) {
        }
        // 打开视频解码器，如果失败就不开视频
        if (context->has_video && (error = avcodec_open2(context->video_st.st->codec,
video_codec, NULL)) < 0) {
            context->has_video = 0;
        }

    GCC_DIAG_ON(deprecated-declarations)
        context->video_st.active = 1;
        if ((!context->has_audio) && (!context->has_video)) {
            // 音视频都没有，返回错误
        }
        if (context->has_audio) {
    GCC_DIAG_OFF(deprecated-declarations)
            AVCodecContext *c[2] = { NULL }; // 最多支持两个声道
            c[0] = context->audio_st[0].st->codec; // 声道 0 的 codec
            if (context->audio_st[1].st && context->audio_st[1].st->codec) {
                c[1] = context->audio_st[1].st->codec; // 如果有声道 1，也处理
            }
    GCC_DIAG_ON(deprecated-declarations)
        context->audio_st[0].frame = av_frame_alloc(); // 初始化 FFmpeg 中的 avframe
        context->audio_st[0].active = 1;
        if (c[1]) { // 每个声道都需要有一个对应的 avframe
            context->audio_st[1].frame = av_frame_alloc();
        }
        if (c[0] && c[1]) { // 多声道处理
            context->audio_st[0].channels = 1;
            context->audio_st[1].channels = 1;
```

```
            } else { // 单个音频流里也可能有两个声道，但最多处理两个声道
                handle->channels = c[0]->channels > 2 ? 2 : c[0]->channels;
                context->audio_st[0].channels = handle->channels;
            }
            context->audio_st[0].sample_rate = handle->samplerate; // 采样率
            context->audio_st[1].sample_rate = handle->samplerate;
    GCC_DIAG_OFF(deprecated-declarations)
            if   (context->audio_st[0].st->codec->sample_fmt   != AV_SAMPLE_FMT_S16   ||
    context->audio_st[0].st->codec->sample_rate != handle->samplerate) {
    GCC_DIAG_ON(deprecated-declarations)
                // FreeSWITCH 内部使用 16 位 PCM 线性编码，对应 AV_SAMPLE_FMT_S16，如果不一致，则需要转码
                int x;
                for (x = 0; x < context->has_audio && x < 2 && c[x]; x++) {
                    struct SwrContext *resample_ctx = swr_alloc(); // 重采样
                    if (resample_ctx) {
                        int ret;
                        // 设置输出、输出声道数、编码和采样率等，以便转码
                        av_opt_set_int(resample_ctx, "in_channel_count",  c[x]->channels,   0);
                        av_opt_set_int(resample_ctx, "in_sample_rate",   c[x]->sample_rate,  0);
                        av_opt_set_int(resample_ctx, "in_sample_fmt",    c[x]->sample_fmt,   0);
                        av_opt_set_int(resample_ctx, "in_channel_layout",
                                      (c[x]->channel_layout == 0 && c[x]->channels == 2) ?
    AV_CH_LAYOUT_STEREO : c[x]->channel_layout, 0);
                        av_opt_set_int(resample_ctx, "out_channel_count", handle->channels, 0);
                        av_opt_set_int(resample_ctx,                      "out_sample_rate",
    handle->samplerate,0);
                        av_opt_set_int(resample_ctx, "out_sample_fmt",    AV_SAMPLE_FMT_S16, 0);
                        av_opt_set_int(resample_ctx, "out_channel_layout", handle->channels
    == 2 ? AV_CH_LAYOUT_STEREO : AV_CH_LAYOUT_MONO, 0);
                        if ((ret = swr_init(resample_ctx)) < 0) { // 初始化转码器
                        }
                        context->audio_st[x].resample_ctx = resample_ctx;
                    }
                }
            }
        }

    if (!context->has_video) { // 如果文件中没有视频，告诉 FreeSWITCH 核心
        switch_clear_flag(handle, SWITCH_FILE_FLAG_VIDEO);
    } else { // 有视频
    GCC_DIAG_OFF(deprecated-declarations)
        // FreeSWITCH 内部支持 ARGB 和 I420 两种视频格式，不管视频文件是何种格式，只能以这两种格式打开
        switch (context->video_st.st->codec->pix_fmt) {
        case AV_PIX_FMT_YUVA420P:
        case AV_PIX_FMT_RGBA:
        case AV_PIX_FMT_ARGB:
        case AV_PIX_FMT_BGRA:
            context->handle->mm.fmt = SWITCH_IMG_FMT_ARGB;
            break;
        default:
            context->handle->mm.fmt = SWITCH_IMG_FMT_I420;
            break;
        }
    GCC_DIAG_ON(deprecated-declarations)
    }
    return status;
}
```

上述代码是读文件的接口，如果打开文件是为了写入（如录像或推流），则参数有所不同。它是在以下函数中实现的：

```
static int mod_avformat_alloc_output_context2(AVFormatContext **avctx, AVOutputFormat *oformat,
```

```
                                    const char *format, const char *filename, av_
file_context_t *context)
    {
        AVFormatContext *s = avformat_alloc_context(); // 初始化一个 AVFormatContext
        // 也要设置打断回调函数，作用与 open_input_file 中相同
        s->interrupt_callback.callback = interrupt_cb;
        s->interrupt_callback.opaque = context;
        *avctx = NULL;
        if (!oformat) { oformat 是一个 AVOutputFormat 指针
            if (format) { // 如果有相关提示
                oformat = av_guess_format(format, NULL, NULL);
            } else { // 缺少文件相关信息，根据文件名 filename 考虑
                oformat = av_guess_format(NULL, filename, NULL);
            }
        }
        s->oformat = oformat; // 记住这个输出格式
        if (s->oformat->priv_data_size > 0) { // 获取一些内部信息
            s->priv_data = av_mallocz(s->oformat->priv_data_size);
            if (s->oformat->priv_class) {
                *(const AVClass**)s->priv_data= s->oformat->priv_class;
                av_opt_set_defaults(s->priv_data);
            }
        } else
            s->priv_data = NULL;

        if (filename) {
#if (LIBAVCODEC_VERSION_INT < AV_VERSION_INT(58,7,100))
            av_strlcpy(s->filename, filename, sizeof(s->filename));
#else
            s->url = av_strdup(filename);
            switch_assert(s->url);
#endif
        }
        *avctx = s; // 打开成功，返回这个 AVFormatContext
        return 0;
    }
```

另外，如果打开文件准备写的话，也会调用 open_audio 函数打开音频媒体流。该函数实现如下：

```
    static switch_status_t open_audio(AVFormatContext *fc, AVCodec *codec, MediaStream *mst)
    {
        AVCodecContext *c;
        int ret;
        switch_status_t status = SWITCH_STATUS_FALSE;
GCC_DIAG_OFF(deprecated-declarations)
        c = mst->st->codec;
GCC_DIAG_ON(deprecated-declarations)
        ret = avcodec_open2(c, codec, NULL); // 打开这个音频流
        if (ret == AVERROR_EXPERIMENTAL) {    // 如果是实验型编码，则添加参数强制打开
            c->strict_std_compliance = FF_COMPLIANCE_EXPERIMENTAL;
            ret = avcodec_open2(c, codec, NULL);
        }
        mst->frame = av_frame_alloc(); // 申请一个 AVStream
        mst->frame->sample_rate    = c->sample_rate; // 采样率
        mst->frame->format         = AV_SAMPLE_FMT_S16; // 使用与 FreeSWITCH 中一致的 PCM 格式
        mst->frame->channel_layout = c->channel_layout;
        // 设置音频帧一帧的采样点数
        if (c->codec->capabilities & AV_CODEC_CAP_VARIABLE_FRAME_SIZE) {
            mst->frame->nb_samples = (mst->frame->sample_rate / 50) * c->channels;
        } else {
            mst->frame->nb_samples = c->frame_size;
        }
```

```
    if (c->sample_fmt != AV_SAMPLE_FMT_S16 || c->sample_rate != mst->sample_rate) {
        // 需要重采样
        mst->resample_ctx = swr_alloc();
        // 设置重采样输入输出参数
        av_opt_set_int(mst->resample_ctx, "in_channel_count",  c->channels,        0);
        av_opt_set_int(mst->resample_ctx, "in_sample_rate",    c->sample_rate,     0);
        av_opt_set_int(mst->resample_ctx, "in_sample_fmt",     AV_SAMPLE_FMT_S16, 0);
        av_opt_set_int(mst->resample_ctx, "in_channel_layout", c->channel_layout, 0);
        av_opt_set_int(mst->resample_ctx, "out_channel_count", c->channels,        0);
        av_opt_set_int(mst->resample_ctx, "out_sample_rate",   c->sample_rate,     0);
        av_opt_set_int(mst->resample_ctx, "out_sample_fmt",    c->sample_fmt,      0);
        av_opt_set_int(mst->resample_ctx, "out_channel_layout", c->channel_layout, 0);
        if ((ret = swr_init(mst->resample_ctx)) < 0) { // 出错处理，略
        }
    }
    ret = av_frame_get_buffer(mst->frame, 0);
    if (mst->resample_ctx) {
        mst->tmp_frame = av_frame_alloc(); // 初始化一个临时 AVFrame，备用
        mst->tmp_frame->sample_rate   = c->sample_rate;
        mst->tmp_frame->format        = c->sample_fmt;
        mst->tmp_frame->channel_layout = c->channel_layout;
        mst->tmp_frame->nb_samples     = mst->frame->nb_samples;
        ret = av_frame_get_buffer(mst->tmp_frame, 0); // 初始化该 AVFrame 的缓冲区
    }
    return SWITCH_STATUS_SUCCESS;
}
```

open_audio 函数主要是为了打开输出的音频码流，并申请一些 AVFrame 备用，这些 AVFrame 在该文件句柄生存期间都可以重用，不用重复申请。

2. av_file_read

读音频比较简单，它只需要把音频读到 FreeSWITCH 传入的缓冲区里即可。输入参数如下。

- handle：文件句柄。
- data：音频缓冲区。
- len：长度指针，输入是期望读到的采样点数，输出是实际读到的采样点数。

FreeSWITCH 内部使用 16 位 PCM 线性编码，一个采样点的每个声道占 2 字节，是一个 16 位整数（short 类型或 int_16）。代码如下：

```
static switch_status_t av_file_read(switch_file_handle_t *handle, void *data, size_t *len)
{
    av_file_context_t *context = (av_file_context_t *)handle->private_info;
    int size;
    size_t need = *len * 2 * context->audio_st[0].channels; // 计算需要的字节数
    if (!context->has_audio && context->has_video && context->file_read_thread_running) {
        // 如果文件中没有音频，则返回对应长度的静音数据
        memset(data, 0, *len * handle->channels * 2);
        return SWITCH_STATUS_SUCCESS;
    }
    // 数据缓冲区是由另一个线程负责的，因此需要加锁
    switch_mutex_lock(context->mutex);
    while (!context->file_read_thread_started) {
        // 等待读线程启动，这个过程通常非常短，而且由于这里有一个 condition，忙等待是允许的
        // 这是 FreeSWITCH 内部的一个同步机制，无须深究
        switch_thread_cond_wait(context->cond, context->mutex);
    }
    switch_mutex_unlock(context->mutex);

    if (context->closed || (!context->file_read_thread_running && switch_buffer_inuse
(context->audio_buffer) == 0)) {
```

```
        *len = 0; // 如果读到结尾则退出
        return SWITCH_STATUS_FALSE;
    }

    while (context->has_video && !context->vid_ready && !context->closed) {
        switch_yield(1000); // 如果有视频,则尝试做一下音视频同步,等待视频就绪
    }
    switch_mutex_lock(context->mutex); // 加锁,从音频缓冲区中读数据
    size = switch_buffer_read(context->audio_buffer, data, need);
    switch_mutex_unlock(context->mutex);

    if (size == 0) { // 如果未读到数据则返回静音数据
        size_t blank = (handle->samplerate / 20) * 2 * handle->real_channels;
        if (need > blank) {
            need = blank;
        }
        memset(data, 0, need);
        *len = need / 2 / handle->real_channels;
    } else { // 返回真实读到的长度,将字节数转换成以采样点为单位
        *len = size / context->audio_st[0].channels / 2;
    }
    handle->pos += *len; // 记住音频的位置
    handle->sample_count += *len; // 记住读到的采样点数
    return *len == 0 ? SWITCH_STATUS_FALSE : SWITCH_STATUS_SUCCESS;
}
```

数据是从音频缓冲区(context->audio_buffer)中读的,而这个缓冲区是由单独的线程负责的,我们已经在前面提到了线程启动。下面是线程执行的函数代码:

```
static void *SWITCH_THREAD_FUNC file_read_thread_run(switch_thread_t *thread, void *obj)
{
    av_file_context_t *context = (av_file_context_t *) obj;
    AVPacket pkt = { 0 };

    switch_mutex_lock(context->mutex);
    context->file_read_thread_started = 1;
    context->file_read_thread_running = 1;
    switch_thread_cond_signal(context->cond); // 通知在这个condition上等待的线程“本线程已就绪”
    switch_mutex_unlock(context->mutex);
    // 循环读文件
    while (context->file_read_thread_running && !context->closed) {
        int vid_frames = 0;
        if (context->seek_ts >= 0) { // 处理文件跳转
            avformat_seek_file(context->fc, stream_id, 0, context->seek_ts, INT64_MAX, 0);
            // 清空已读到的音视频缓冲区数据等,略
        }
        if (context->has_video) { // 将视频帧读到一个 FreeSWITCH 内部队列里,计算队列大小
            vid_frames = switch_queue_size(context->eh.video_queue);
        }

        if (switch_buffer_inuse(context->audio_buffer) > AUDIO_BUF_SEC * context->
handle->samplerate * context->handle->channels * 2 &&
            (!context->has_video || vid_frames > 5)) {
            // 尝试做一些音视频同步,防止读音频过快
            switch_yield(context->has_video ? 1000 : 10000);
            continue;
        }
        av_init_packet(&pkt);
        if ((error = av_read_frame(context->fc, &pkt)) < 0) { // 将数据读到 pkt 里
            if (error == AVERROR_EOF) { // 读到文件结尾了
                if (!context->has_video) break;
                eof = 1;
            }
```

```
            }
            if (context->has_video && pkt.stream_index == context->video_st.st->index) { //
这是一个视频帧
                AVFrame *vframe;
                switch_image_t *img;
                if (context->no_video_decode) { // 非解码模式，直接返回视频原始码流
                    if (eof) {
                        break;
                    } else {
                        switch_status_t status;
                        AVPacket *new_pkt = malloc(sizeof(AVPacket));
                        av_init_packet(new_pkt);
                        av_packet_ref(new_pkt, &pkt); // 将数据复制到 new_pkt
                        // 推到视频队列中
                        status = switch_queue_push(context->video_pkt_queue, new_pkt);
                        context->vid_ready = 1; // 视频已就绪
                        av_packet_unref(&pkt);  // 可以释放 pkt 引用计数了
                        continue;
                    }
                }
                if (!sync) { // 简单音视频同步机制，略
                    switch_buffer_zero(context->audio_buffer);
                    sync = 1;
                }
        again: // 下面是解码模式，需要循环解码
                vframe = av_frame_alloc(); // 初始化一个 AVFrame
        GCC_DIAG_OFF(deprecated-declarations)  // 调用旧的解码函数进行解码
                if ((error = avcodec_decode_video2(context->video_st.st->codec, vframe,
&got_data, &pkt)) < 0) {
        GCC_DIAG_ON(deprecated-declarations)
                }
                av_packet_unref(&pkt);     // 解码后 pkt 就不需要了，释放引用计数
                if (got_data && error >= 0) { // 如果解码成功
                    switch_img_fmt_t fmt = SWITCH_IMG_FMT_I420;
                    if ((
                            vframe->format == AV_PIX_FMT_YUVA420P ||
                            vframe->format == AV_PIX_FMT_RGBA ||
                            vframe->format == AV_PIX_FMT_ARGB ||
                            vframe->format == AV_PIX_FMT_BGRA )) {
                        fmt = SWITCH_IMG_FMT_ARGB; // 带有 Alpha 通道的视频
                    } else if (vframe->format != AV_PIX_FMT_YUV420P) {
                        // FreeSWITCH 内部使用 I420 格式的视频，对应 AV_PIX_FMT_YUV420P
                        // 如果不匹配，则需要转码
                        AVFrame *frm = vframe;
                        int ret;
                        if (!context->video_st.sws_ctx) { // 初始化视频转码器
                            context->video_st.sws_ctx =
                                sws_getContext(frm->width, frm->height,
                                        frm->format,
                                        frm->width, frm->height,
                                        AV_PIX_FMT_YUV420P,
                                        SCALE_FLAGS, NULL, NULL, NULL);
                        }
                        vframe = av_frame_alloc(); // 申请一个 AVFrame
                        vframe->format = AV_PIX_FMT_YUV420P; // 设置目标视频格式
                        vframe->width = frm->width;
                        vframe->height = frm->height;
                        vframe->pts = frm->pts;
        GCC_DIAG_OFF(deprecated-declarations)
                        vframe->pkt_pts = frm->pkt_pts;
        GCC_DIAG_ON(deprecated-declarations)
                        vframe->pkt_dts = frm->pkt_dts;
                        ret = av_frame_get_buffer(vframe, 32);
```

```
                            // 进行视频转码
                            ret = sws_scale(context->video_st.sws_ctx, (const uint8_t *const
*)frm->data, frm->linesize,
                                0, frm->height, vframe->data, vframe->linesize);
                            av_frame_free(&frm);
                        }
                        context->handle->mm.fmt = fmt;
                        // 至此，vframe 中的视频应该是 AV_PIX_FMT_YUV420P 格式
                        // 初始化一个 FreeSWITCH 内部的图像格式
                        img = switch_img_alloc(NULL, fmt, vframe->width, vframe->height, 1);
                        if (img) {
                            int64_t *pts = malloc(sizeof(int64_t));
                            if (pts) {
GCC_DIAG_OFF(deprecated-declarations)
                                *pts = vframe->pkt_pts;
GCC_DIAG_ON(deprecated-declarations)
                                avframe2img(vframe, img); // 将 vframe 转换成 FreeSWITCH 中的图像格式
                                img->user_priv = pts;
                                context->vid_ready = 1;    // 视频准备就绪
                                // 将视频推入队列
                                switch_queue_push(context->eh.video_queue, img);
                                context->last_vid_push = switch_time_now();
                            }
                        }
                    }
                    av_frame_free(&vframe); // 释放 vframe
                    if (eof) {
                        if (got_data) {
                            goto again; // 读到结尾，继续循环直到读完解码器中的所有数据
                        } else {
                            break;
                        }
                    }
                    continue;
                } else if (context->has_audio && pkt.stream_index == context->audio_st[0].st
->index) { // 音频
                    AVFrame in_frame = { { 0 } };
GCC_DIAG_OFF(deprecated-declarations) // 调用旧的 API 对音频进行解码
                    if ((error = avcodec_decode_audio4(context->audio_st[0].st->codec, &in_
frame, &got_data, &pkt)) < 0) {
GCC_DIAG_ON(deprecated-declarations)
                        av_packet_unref(&pkt);
                        continue;
                    }
                    av_packet_unref(&pkt); // 解除 pkt 引用
                    if (got_data) { // 如果解码得到数据
                        if (context->audio_st[0].resample_ctx) { // 如果需要转码或重采样
                            int out_samples = swr_get_out_samples(context->audio_st[0].resample_ctx,
in_frame.nb_samples);
                            int ret;
                            uint8_t *data[2] = { 0 };
                            data[0] = malloc(out_samples * context->audio_st[0].channels * 2);
                            switch_assert(data[0]);
                            // 转码，重采样
                            ret = swr_convert(context->audio_st[0].resample_ctx, data, out_samples,
                                (const uint8_t **)in_frame.data, in_frame.nb_samples);
                            if (ret) {
                                // 加锁，将解码后的数据写入音频缓冲区，以便另一个线程可以读取它
                                switch_mutex_lock(context->mutex);
                                switch_buffer_write(context->audio_buffer, data[0], ret * 2 *
context->audio_st[0].channels);
                                switch_mutex_unlock(context->mutex);
                            }
```

```
                        free(data[0]);
                } else { // 无须转码，直接将音频数据写入缓冲区
                        switch_mutex_lock(context->mutex);
                        switch_buffer_write(context->audio_buffer, in_frame.data[0], in_frame.
nb_samples * 2 * context->audio_st[0].channels);
                        switch_mutex_unlock(context->mutex);
                }
            }
        } else {
            av_packet_unref(&pkt);
        }
    }
    // 结束后往队列中推一个空指针，队列的另一端（消费者）就知道视频结束了
    if (context->has_video) switch_queue_push(context->eh.video_queue, NULL);
    context->file_read_thread_running = 0;
    return NULL;
}
```

从上述代码可以看出，一个专门的线程负责从文件（或网络 URL）中读取数据，音频放入音频缓冲区（连续的字节流），视频转换成一帧一帧的图像推入一个队列。其他线程就可以从这些缓冲区或队列中读取数据。

3. av_file_read_video

读取视频数据。在 FreeSWITCH 中，音频和视频是分开读取的，甚至是在不同的线程里读取的，因此需要处理一些音视频同步操作。输入参数如下。

- handle：文件句柄。
- frame：FreeSWITCH 音视频帧结构。
- flags：一些标志。

```
static switch_status_t av_file_read_video(switch_file_handle_t *handle, switch_frame_
t *frame, switch_video_read_flag_t flags)
{
    av_file_context_t *context = (av_file_context_t *)handle->private_info;
    void *pop;
    MediaStream *mst = &context->video_st;
    AVStream *st = mst->st;
    int ticks = 0;
    int64_t max_delta = 1 * AV_TIME_BASE; // 允许不同步的最大偏差
    switch_status_t status = SWITCH_STATUS_SUCCESS;
    double fl_to = 0.02;
    int do_fl = 0;
    int smaller_ts = context->read_fps;

    if (context->no_video_decode) { // 非解码模式，在单独的函数中处理
        switch_set_flag(frame, SFF_ENCODED);
        status = no_video_decode_packets(handle, frame, flags);
        return status;
    }

    if (!context->file_read_thread_running && switch_queue_size(context->eh.video_
queue) == 0) {
        // 如果读线程停止并且视频队列中没有内容了，就可以返回了
        return SWITCH_STATUS_FALSE;
    }
    if (context->read_paused || context->seek_ts == -2) { // 暂停，或发生了跳转，略
    }

GCC_DIAG_OFF(deprecated-declarations)
```

```
        if (st->codec->time_base.num) { // 尝试读取 ticks 的值
            ticks = st->parser ? st->parser->repeat_pict + 1 : st->codec->ticks_per_frame;
        }
    GCC_DIAG_ON(deprecated-declarations)
    again:
        if (context->last_img) { // 如果记住了上一帧图像，则使用上一帧图像
            pop = (void *) context->last_img;
            context->last_img = NULL;
            status = SWITCH_STATUS_SUCCESS;
        } else {
            if ((flags & SVR_BLOCK)) { // 阻塞读，直到队列中有内容
                status = switch_queue_pop(context->eh.video_queue, &pop);
            } else { // 非阻塞读，不管队列中是否有内容都立即返回
                status = switch_queue_trypop(context->eh.video_queue, &pop);
            }
        }
        if (pop && status == SWITCH_STATUS_SUCCESS) { // 如果读到图像
            switch_image_t *img = (switch_image_t *)pop; // 从队列中读到的图像指针
            int64_t pts;
            int64_t now = switch_time_now(); // 当前时间
            pts = av_rescale_q(*((uint64_t *)img->user_priv), st->time_base, AV_TIME_BASE_
Q); // 根据 time_base 计算 pts
            handle->vpos = pts;
            if (!context->video_start_time) { // 第 1 帧，或者当发生暂停、恢复时这个值都会清零
                context->video_start_time = now - pts; // 把这个时间当作视频开始时间，简单同步
            }
            if (st->time_base.num == 0) { // 有的视频无法获取时间基准
                mst->next_pts = 0;
            } else {
                mst->next_pts = context->video_start_time + pts; // 计算下一帧的时间
            }
            if (pts == 0 || context->video_start_time == 0) mst->next_pts = 0;
            if ((mst->next_pts && (now - mst->next_pts) > max_delta)) {
                // 如果下一帧的时间超过了 max_delta（1 秒）则说明视频滞后
                if (switch_queue_size(context->eh.video_queue) > 0) {
                    goto again; // 如果队列中还有其他帧，则丢掉当前帧，重读
                } else if (!(flags & SVR_BLOCK) && !do_fl) { // 非阻塞环境直接返回，让调用者决
定是否立即重读
                    mst->next_pts = 0;
                    context->video_start_time = 0;
                    return SWITCH_STATUS_BREAK;
                }
            }
            if ((flags & SVR_BLOCK)) { // 阻塞读
                while (switch_micro_time_now() - mst->next_pts < -10000) {
                    switch_yield(1000); // 如果视频比较快，则等一会儿再返回
                }
                frame->img = img; // 返回这帧图像
            } else { // 非阻塞读
                if (switch_micro_time_now() - mst->next_pts > -10000) {
                    frame->img = img; // 如果当前帧的时间比预计时间早 10 毫秒以下，就直接返回
                } else { // 视频来得比较快，还不到播放的时间
                    switch_img_free(&context->last_img);
                    context->last_img = img; // 存在 context 里，等下一次再读
                    return SWITCH_STATUS_BREAK; // 告诉调用者慢一点读
                }
            }
        } else {
            return SWITCH_STATUS_BREAK; // 没有图像，告诉调用者下次再读
        }

    resize_check:
        if (frame->img) {
```

```
        if (context->handle->mm.scale_w && context->handle->mm.scale_h) {
            if (frame->img->d_w != context->handle->mm.scale_w || frame->img->d_h !=
context->handle->mm.scale_h) {
                // 如果需要的话进行缩放
                switch_img_fit(&frame->img, context->handle->mm.scale_w, context->
handle->mm.scale_h, SWITCH_FIT_SCALE);
            }
        }
        context->vid_ready = 1;
    }
    if ((flags & SVR_BLOCK)) { // 阻塞读，如果有图像就返回成功，否则返回失败
        if (!frame->img) context->closed = 1;
        return frame->img ? SWITCH_STATUS_SUCCESS : SWITCH_STATUS_FALSE;
    } else { // 非阻塞读，有图像返回成功，否则返回 BREAK，告诉调用者自己阻塞一下再回来读
        return frame->img ? SWITCH_STATUS_SUCCESS : SWITCH_STATUS_BREAK;
    }
}
```

该函数支持阻塞和非阻塞方式读取文件。一般来说，调用者应该以帧率的频率调用该接口，这时阻塞和非阻塞基本是一样的。但有时调用者的线程只是单纯负责读视频，如果读不到也没有别的任务，这时候就可以使用阻塞读，把阻塞的时间和算法留给本模块处理。阻塞调用比较简单。但有时一个线程可能有其他任务，在读不到视频时可能进行一些其他处理，这时就可以用非阻塞调用，如果读不到数据，则等待一个 1/fps 周期再读。

代码中也实现了简单的视频时钟，根据视频中的 pts 可以算出一个基本的图像呈现时间，最多提前 10 毫秒返回，并根据视频到来的快慢进行一些丢帧，或重放上一帧等操作。

上述函数在读取成功时会返回一帧图像，因而需要对视频进行解码。但解码比较耗费 CPU，如果没有必要解码，比如在目标码流与视频中的码流一致的情况下可以使用非解码方式读，以提高效率。当然，非解码方式是有限制的，比如要求源视频的视频格式本身是 H264 的，且不能有 B 帧（实时流媒体通常不使用 B 帧），关键帧间隔（GoP）也不能太长，通常为 2~3 秒，因为在不解码的情况下也无法重新编码以产生关键帧，在发生丢包且无法补偿的情况下只能寄希望于下一个关键帧快点到来。排除这些限制后，在很多场景下该方法还是有用的，因而代码也有必要解释一下。比起解码方式，此代码要简单一些。详解如下：

```
static switch_status_t no_video_decode_packets(switch_file_handle_t *handle, switch_
frame_t *frame, switch_video_read_flag_t flags)
{
    av_file_context_t *context = (av_file_context_t *)handle->private_info;
    MediaStream *mst = &context->video_st;
    AVStream *st = mst->st;
    switch_status_t status = SWITCH_STATUS_SUCCESS;
    AVPacket *pkt;
    int64_t pts;
    if (!context->packetizer) { // 读到的 H264 字节流是整个 NALU，如果太长需要分包
        // 这个分包器是在 FreeSWITCH 核心中实现的
        context->packetizer = switch_packetizer_create(SPT_H264_SIZED_BITSTREAM,
SLICE_SIZE);
        if (!context->packetizer) return SWITCH_STATUS_FALSE;
        switch_packetizer_feed_extradata(context->packetizer, st->codecpar->extradata,
st->codecpar->extradata_size);
    }
    if (context->last_read_pkt) { // 如果缓存的内容没有读完，则继续从分包器读
        status = switch_packetizer_read(context->packetizer, frame);
        if (status == SWITCH_STATUS_SUCCESS) {
            av_packet_unref(context->last_read_pkt);
            free(context->last_read_pkt);
            context->last_read_pkt = NULL;
```

```
        }
        return status;
    }
    // 从视频队列中读取一个 NALU, 这是未解码的字节流
    status = switch_queue_trypop(context->video_pkt_queue, (void **)&pkt);
    if (status != SWITCH_STATUS_SUCCESS || !pkt) {
        switch_cond_next();
        return SWITCH_STATUS_BREAK; // 如果没有读到内容, 就告诉调用者慢点读
    }
    context->last_read_pkt = pkt; // 记住这个字节流, 以便分包读取
    // 将字节流数据喂进分包器
    switch_packetizer_feed(context->packetizer, pkt->data, pkt->size);
    // 从分包器中读取一个分包
    status = switch_packetizer_read(context->packetizer, frame);
    // 重新计算 pts
    pts = av_rescale_q(pkt->pts, st->time_base, AV_TIME_BASE_Q);
    frame->timestamp = pts * 9 / 100; // scale to sample 900000
    if (status == SWITCH_STATUS_SUCCESS) { // 这说明未分包或已读到最后一个分包
        av_packet_unref(context->last_read_pkt); // 释放记住的 pkt
        free(context->last_read_pkt);
        context->last_read_pkt = NULL;
    }
    if (status == SWITCH_STATUS_SUCCESS || status == SWITCH_STATUS_MORE_DATA) {
        if (!context->video_start_time) { // 计算视频开始时间
            context->video_start_time = switch_time_now() - pts;
        } else if (flags & SVR_BLOCK) { // 阻塞读
            int64_t sleep = pts - (switch_time_now() - context->video_start_time);
            if (sleep > 0) { // 如果视频来得太快则等一会儿
                if (sleep > 1000000) {
                    sleep = 1000000;
                }
                switch_yield(sleep);
            } else { // 若视频来得太慢, 则打印警告
                switch_log_printf(SWITCH_CHANNEL_LOG, SWITCH_LOG_WARNING, "video is late
%" SWITCH_INT64_T_FMT "\n", sleep);
            }
        }
    }
    return status;
}
```

从上述代码可以看出，非解码数据读取的主要工作是分包。好在 FreeSWITCH 核心中已实现了 H264 分包器，代码就简单多了。

4. av_file_write

写音频数据。输入参数如下。

- handle：文件句柄。
- data：音频数据，16 位 PCM 格式。
- len：长度，以采样点为单位。

```
static switch_status_t av_file_write(switch_file_handle_t *handle, void *data, size_t *len)
{
    uint32_t datalen = 0;
    switch_status_t status = SWITCH_STATUS_SUCCESS;
    av_file_context_t *context = (av_file_context_t *)handle->private_info;
    uint32_t bytes;
    int inuse;
    int sample_start = 0;

    if (!context->vid_ready) {
```

```
            if (switch_test_flag(handle, SWITCH_FILE_FLAG_VIDEO)) {
                // 如果有视频的话，等视频来了再写音频，否则可能播放不正常
                switch_buffer_zero(context->audio_buffer);
                return status;
            } else if (!context->aud_ready) { // 纯音频录音
                // 初始化写文件
                int ret = avformat_write_header(context->fc, NULL);
                context->aud_ready = 1;
            }
        }
        if (data && len) {
            datalen = *len * 2 * handle->channels; // 根据采样点数计算实际的字节数
            // 写入音频缓冲区
            switch_buffer_write(context->audio_buffer, data, datalen);
        }
GCC_DIAG_OFF(deprecated-declarations)
        // 计算编码后的字节数
        bytes = context->audio_st[0].frame->nb_samples * 2 * context->handle->channels;
GCC_DIAG_ON(deprecated-declarations)
        if (context->closed) { // 快结束了
            inuse = switch_buffer_inuse(context->audio_buffer);
            if (inuse < bytes) { // 填充，某些音频编码器如 MP4 用的 AAC 编码需要填充满缓冲区
                char buf[SWITCH_RECOMMENDED_BUFFER_SIZE] = {0};
                switch_buffer_write(context->audio_buffer, buf, bytes - inuse);
            }
        }
        while ((inuse = switch_buffer_inuse(context->audio_buffer)) >= bytes) {
            AVPacket pkt[2] = { {0} };
            int got_packet[2] = {0};
            int j = 0, ret = -1, audio_stream_count = 1;
            AVFrame *use_frame = NULL;
            av_init_packet(&pkt[0]);
            av_init_packet(&pkt[1]);
            if (context->audio_st[1].active) {
                // 多声道处理，略
            } else {
                // 从 FreeSWITCH 音频缓冲区读到 FFmpeg 的 frame 中
                switch_buffer_read(context->audio_buffer, context->audio_st[0].frame->data
[0], bytes);
            }

            for (j = 0; j < audio_stream_count; j++) { // 循环处理多个音频流
                av_frame_make_writable(context->audio_st[j].frame);
                use_frame = context->audio_st[j].frame;
                if (context->audio_st[j].resample_ctx) { // 如有必要则重采样
                    int out_samples = swr_get_out_samples(context->audio_st[j].resample_ctx,
context->audio_st[j].frame->nb_samples);
                    av_frame_make_writable(context->audio_st[j].tmp_frame);
                    // 重采样
                    ret = swr_convert(context->audio_st[j].resample_ctx,
                                  context->audio_st[j].tmp_frame->data, out_samples,
                                  (const uint8_t **)context->audio_st[j].frame->data,
context->audio_st[j].frame->nb_samples);
                    use_frame = context->audio_st[j].tmp_frame;
                }
                use_frame->pts = context->audio_st[j].next_pts;
GCC_DIAG_OFF(deprecated-declarations) // 调用旧的接口进行视频编码
                ret = avcodec_encode_audio2(context->audio_st[j].st->codec, &pkt[j], use_
frame, &got_packet[j]);
GCC_DIAG_ON(deprecated-declarations)
                context->audio_st[j].next_pts += use_frame->nb_samples;
            }
            for (j = 0; j < audio_stream_count; j++) { // 循环处理多个音频流
```

```
                if (got_packet[j]) { // 如果编码成功
                    if (context->mutex) switch_mutex_lock(context->mutex);
    GCC_DIAG_OFF(deprecated-declarations)
                    // 将音频写入文件
                    ret = write_frame(context->fc, &context->audio_st[j].st->codec->time_
base, context->audio_st[j].st, &pkt[j]);
    GCC_DIAG_ON(deprecated-declarations)
                    if (context->mutex) switch_mutex_unlock(context->mutex);
                }
            }
        }
     end:
        return status;
    }
```

其中，如果单纯是写文件，add_stream 函数在 av_file_open 中就已经执行了。add_stream 既可以向文件中写音频流，也可以写视频流。代码如下：

```
    static switch_status_t add_stream(av_file_context_t *context, MediaStream *mst,
AVFormatContext *fc, AVCodec **codec, enum AVCodecID codec_id, switch_mm_t *mm)
    {
        AVCodecContext *c;
        switch_status_t status = SWITCH_STATUS_FALSE;
        //int threads = switch_core_cpu_count();
        int buffer_bytes = 2097152; /* 2 mb */
        int fps = 15;
        if (!*codec) {
            *codec = avcodec_find_encoder(codec_id); // 查找对应的 codec
        }
        mst->st = avformat_new_stream(fc, *codec);   // 根据 codec 产生一个新流，音频或视频流
        mst->st->id = fc->nb_streams - 1;
    GCC_DIAG_OFF(deprecated-declarations)
        c = mst->st->codec; // 获取对应的 AVCodecContext，这是旧的用法，但在这里我们仍然用它
    GCC_DIAG_ON(deprecated-declarations)
        switch ((*codec)->type) {
        case AVMEDIA_TYPE_AUDIO: // 如果是音频流，则设置一些音频参数
            c->sample_fmt  = (*codec)->sample_fmts ? (*codec)->sample_fmts[0] : AV_SAMPLE_
FMT_FLTP;
            c->bit_rate    = 128000; // 比特率
            c->sample_rate = mst->sample_rate = context->handle->samplerate; // 采样率
            c->channels    = mst->channels; // 声道数
            c->channel_layout = av_get_default_channel_layout(c->channels);  // 声道排列
            if (mm) {
                if (mm->ab) {
                    c->bit_rate = mm->ab * 1024; // 根据 FreeSWITCH 传过来的参数设置码率
                }
                if (mm->samplerate) {
                    c->sample_rate = mst->sample_rate = mm->samplerate; // 根据 FreeSWITCH 传
入的参数设置采样率
                }
            }
            if (context && context->has_video && !context->handle->stream_name) {
                // 对于非网络类型的文件，设置时间基准
                mst->st->time_base.den = c->sample_rate;
                mst->st->time_base.num = 1;
                c->time_base.den = c->sample_rate;
                c->time_base.num = 1;
            }
            break;
        case AVMEDIA_TYPE_VIDEO: // 视频流
            if (mm->vbuf) {
                buffer_bytes = mm->vbuf;
            }
```

```
if (mm->fps) { // 计算 fps
    fps = mm->fps;
} else {
    mm->fps = fps;
}
if (mm->vw && mm->vh) { 设置分辨率
    mst->width = mm->vw;
    mst->height = mm->vh;
}
c->codec_id = codec_id;
c->width   = mst->width;
c->height  = mst->height;
c->bit_rate = mm->vb * 1024;
mst->st->time_base.den = 90000; // 将视频采样率设为 90000，与 RTP 时间戳对应
mst->st->time_base.num = 1;
c->time_base.den = 90000;
c->time_base.num = 1;
c->gop_size    = fps * 10; //10 秒一个关键帧
c->pix_fmt     = AV_PIX_FMT_YUV420P; // 视频图像类型
c->rc_initial_buffer_occupancy = buffer_bytes * 8;

if (codec_id == AV_CODEC_ID_H264) { //H264 相关的参数
    c->ticks_per_frame = 2;
    c->flags|=AV_CODEC_FLAG_LOOP_FILTER;   // flags=+loop
    c->me_cmp|= 1; // cmp=+chroma, where CHROMA = 1
    c->me_range = 16;   // me_range=16
    c->max_b_frames = 3;    // bf=3
    av_opt_set_int(c->priv_data, "b_strategy", 1, 0);
    //av_opt_set_int(c->priv_data, "motion_est", ME_HEX, 0);
    av_opt_set(c->priv_data, "motion_est", "hex", 0);
    av_opt_set_int(c->priv_data, "coder", 1, 0);
    switch (mm->vprofile) { // 根据 FreeSWITCH 传入的参数设置 H264 Profile
    case SWITCH_VIDEO_PROFILE_BASELINE:
        av_opt_set(c->priv_data, "profile", "baseline", 0);
        c->level = 41; // 不同 Profile 对应不同的 Level
        break;
    case SWITCH_VIDEO_PROFILE_MAIN:
        av_opt_set(c->priv_data, "profile", "main", 0);
        av_opt_set(c->priv_data, "level", "5", 0);
        c->level = 5;
        break;
    case SWITCH_VIDEO_PROFILE_HIGH:
        av_opt_set(c->priv_data, "profile", "high", 0);
        av_opt_set(c->priv_data, "level", "52", 0);
        c->level = 52;
        break;
    }
    switch (mm->vencspd) { // 根据 FreeSWITCH 传入的编码速度设置相关参数
    case SWITCH_VIDEO_ENCODE_SPEED_SLOW:
        av_opt_set(c->priv_data, "preset", "veryslow", 0);
        break;
    case SWITCH_VIDEO_ENCODE_SPEED_MEDIUM:
        av_opt_set(c->priv_data, "preset", "medium", 0);
        break;
    case SWITCH_VIDEO_ENCODE_SPEED_FAST:
        av_opt_set(c->priv_data, "preset", "veryfast", 0);
        av_opt_set(c->priv_data, "tune", "fastdecode", 0);
        break;
    default:
        break;
    }
}
```

```
            if (mm->cbr) { // 恒定码率
                c->rc_min_rate = c->bit_rate;
                c->rc_max_rate = c->bit_rate;
                c->rc_buffer_size = c->bit_rate;
                c->qcompress = 0;
                c->gop_size = fps * 2;
                c->keyint_min = fps * 2;
            } else { // 动态码率
                c->gop_size = fps * 10;
                c->keyint_min = fps;
                c->i_quant_factor = 0.71; // i_qfactor=0.71
                c->qcompress = 0.6; // qcomp=0.6
                c->qmin = 10;   // qmin=10
                c->qmax = 31;   // qmax=31
                c->max_qdiff = 4;   // qdiff=4
                av_opt_set_int(c->priv_data, "crf", 18, 0);
            }
            if (mm->vb) { // 可以用 FreeSWITCH 传入的带宽值覆盖默认带宽
                c->bit_rate = mm->vb * 1024;
            }
            if (mm->keyint) { // 可以用 FreeSWITCH 传入的关键帧间隔覆盖 GoP
                c->gop_size = mm->keyint;
            }
            if (codec_id == AV_CODEC_ID_VP8) { // VP8 编码相关的参数，在遇到 webm、mkv 等格式时使用
                av_set_options_string(c, "quality=realtime", "=", ":");
            }
            c->colorspace = context->colorspace;
            c->color_range = AVCOL_RANGE_JPEG;
            break;
        default:
            break;
    }
    // 有些流媒体格式要求使用全局的媒体头
    if (fc->oformat->flags & AVFMT_GLOBALHEADER) {
        c->flags |= AV_CODEC_FLAG_GLOBAL_HEADER;
    }
    mst->active = 1;
    return SWITCH_STATUS_SUCCESS;
}
```

5. `av_file_write_video`

写视频数据。输入参数 `frame` 是一个 FreeSWITCH `switch_frame_t` 结构体指针，`frame->img` 是待写入的图像。

```
static switch_status_t av_file_write_video(switch_file_handle_t *handle, switch_
frame_t *frame)
{
    switch_status_t status = SWITCH_STATUS_SUCCESS;
    av_file_context_t *context = (av_file_context_t *)handle->private_info;
    switch_image_t *img = NULL;
    if (!context->has_video) { // 首次写入视频
        context->video_st.width = frame->img->d_w;
        context->video_st.height = frame->img->d_h;
        context->video_st.next_pts = switch_time_now() / 1000;
        // 向文件中添加一个视频流
        if (add_stream(context, &context->video_st, context->fc, &context->video_codec,
context->fc->oformat->video_codec, &handle->mm) == SWITCH_STATUS_SUCCESS &&
            // 打开视频流
            open_video(context->fc, context->video_codec, &context->video_st) ==
SWITCH_STATUS_SUCCESS) {
            char codec_str[256];
```

```
                int ret;
                context->has_video = 1;
                ret = avformat_write_header(context->fc, NULL); // 写入视频初始化数据
                if (ret < 0) { // 错误处理
                    switch_goto_status(SWITCH_STATUS_FALSE, end);
                }
            } else { // 错误处理
                switch_goto_status(SWITCH_STATUS_FALSE, end);
            }
        }
        if (!context->eh.video_thread) { // 启动一个独立的线程写数据
            // ... 省略
            switch_thread_create(&context->eh.video_thread, thd_attr, video_thread_run,
context, handle->memory_pool);
        }
        switch_img_copy(frame->img, &img); // 将传入的图像数据复制一份,并推入队列
        switch_queue_push(context->eh.video_queue, img);
    end:
        return status;
    }
```

其中,open_video 函数用于打开视频流以备写入,这是在独立的函数中实现的。代码如下:

```
static switch_status_t open_video(AVFormatContext *fc, AVCodec *codec, MediaStream *mst)
{
    int ret;
GCC_DIAG_OFF(deprecated-declarations)
    AVCodecContext *c = mst->st->codec;
GCC_DIAG_ON(deprecated-declarations)
    switch_status_t status = SWITCH_STATUS_FALSE;
    // 打开 Codec
    ret = avcodec_open2(c, codec, NULL);
    // 申请一个 AVFrame,存放编码前的图像,该 frame 在后面可以重用
    mst->frame = alloc_picture(c->pix_fmt, c->width, c->height);
    mst->frame->pts = 0;
    return SWITCH_STATUS_SUCCESS;
}

static AVFrame *alloc_picture(enum AVPixelFormat pix_fmt, int width, int height)
{
    AVFrame *picture;
    int ret;
    picture = av_frame_alloc(); // 申请一个 AVFrame 结构
    picture->format = pix_fmt;
    picture->width  = width;
    picture->height = height;
    // 申请内存,用于存放编码前的图像
    ret = av_frame_get_buffer(picture, 32);
    return picture;
}
```

由于写数据需要进行视频编码,比较耗时,为避免阻塞调用线程,写操作是异步的,主线程直接将视频图像推入一个队列,具体的编码和写入操作都在独立的线程中执行。独立线程代码如下:

```
static void *SWITCH_THREAD_FUNC video_thread_run(switch_thread_t *thread, void *obj)
{
    av_file_context_t *context = (av_file_context_t *) obj;
    void *pop = NULL;
    switch_image_t *img = NULL;
    for(;;) { // 无限循环
        AVPacket pkt = { 0 };
```

```
        int got_packet;
        int ret = -1;
    top:
        while(switch_queue_size(context->eh.video_queue) > 1) { // 清空图像队列
            switch_image_t *tmp_img;
            switch_queue_pop(context->eh.video_queue, &pop);
            tmp_img = (switch_image_t *) pop;
            switch_img_free(&tmp_img);
        }
        // 从队列中阻塞读取一帧图像
        if (switch_queue_pop(context->eh.video_queue, &pop) == SWITCH_STATUS_SUCCESS) {
            switch_img_free(&img);
            if (!pop) { // 读到 NULL 则视频结束，跳出
                goto endfor;
            }
            img = (switch_image_t *) pop;
            if (!d_w) d_w = img->d_w; // 宽度
            if (!d_h) d_h = img->d_h; // 高度
            if (d_w && d_h && (d_w != img->d_w || d_h != img->d_h)) {
                // MP4 文件不支持改变分辨率，如果分辨率发生变化，后续都按第 1 帧的分辨率缩放
                switch_img_fit(&img, d_w, d_h, SWITCH_FIT_SIZE);
            }
        } else {
            continue;
        }
        if (skip) { // 丢帧处理，如果队列太长就丢帧。具体代码略
            // ... goto top;
        }
        context->eh.in_callback = 1;
        av_init_packet(&pkt); // 初始化一个 pkt，存放编码后的字节流数据
        if (context->eh.video_st->frame) {
            // 准备好写入这个 AVFrame，这是 FFmpeg 中编码前的图像数据
            ret = av_frame_make_writable(context->eh.video_st->frame);
        }
        if (ret < 0) continue;
        fill_avframe(context->eh.video_st->frame, img); // 将 FreeSWITCH 图像转换为 FFmpeg 格式
        if (first) {
            first = 0; // pts = 0;
        } else if (context->eh.finalize) {
            // 当编码到最后一帧视频时，由于编码器的滞后性，编码器中仍然有未输出的数据，这时候，
            // 应该继续调用编码器，传入 NULL 指针进行编码，直至编码器输出所有数据。代码逻辑略
        } else {
            uint64_t delta_tmp;
            // FreeSWITCH 内部时钟，获取当前的时钟值作为 pts，该时钟是自然时间
            switch_core_timer_next(context->eh.video_timer);
            // 计算 pts 与上一个 pts 的差值
            delta_tmp = (context->eh.video_timer->samplecount * 90) - context->eh.last_ts;
            if (delta_tmp != 0) { // 以这个差值作为 pts
                context->eh.video_st->frame->pts = context->eh.video_timer->samplecount * 90;
            } else { // 防止写入两个相同的 pts。实际算法比这个复杂，在此省略了很多代码
                context->eh.video_st->frame->pts = ((context->eh.video_timer->
samplecount) * 90) + 1;
            }
        }
        context->eh.last_ts = context->eh.video_st->frame->pts; // 记住最后一个 pts
GCC_DIAG_OFF(deprecated-declarations) // 调用旧的编码函数进行编码
        ret = avcodec_encode_video2(context->eh.video_st->st->codec, &pkt, context->eh.
video_st->frame, &got_packet);
GCC_DIAG_ON(deprecated-declarations)
        if (got_packet) { // 编码成功，加锁，写入文件
            switch_mutex_lock(context->eh.mutex);
GCC_DIAG_OFF(deprecated-declarations)
            write_frame(context->eh.fc, &context->eh.video_st->st->codec->time_base,
```

```
context->eh.video_st->st, &pkt);
    GCC_DIAG_ON(deprecated-declarations)
                switch_mutex_unlock(context->eh.mutex);
                av_packet_unref(&pkt);
            }
            context->eh.in_callback = 0;
        }
    endfor:
        for(;;) { // 编码器有滞后性，有遗留数据，需要循环取出来
            AVPacket pkt = { 0 };
            av_init_packet(&pkt);
    GCC_DIAG_OFF(deprecated-declarations) // 传入 NULL 指针继续调用编码器编码，以获取最后的数据
            ret = avcodec_encode_video2(context->eh.video_st->st->codec, &pkt, NULL, &got_
packet);
    GCC_DIAG_ON(deprecated-declarations)
            if (ret < 0) {
                break;
            } else if (got_packet) {
                // 加锁写入文件...略
            }
        }
        while(switch_queue_trypop(context->eh.video_queue, &pop) == SWITCH_STATUS_SUCCESS) {
            if (!pop) break;
            img = (switch_image_t *) pop;
            switch_img_free(&img); // 清空视频队列中的数据，万一有数据的话，会发生内存泄漏
        }
        return NULL;
    }
```

从代码中可以看出，写视频的操作如下：
- 写入正确的 pts，以便播放器能正常播放，并且防止写入重复的 pts。
- 结束时，清空编码器中的滞后数据，保持视频完成。
- 如果处理不过来（待写入的视频队列过长），则适当丢帧。
- 当视频分辨率变化时（这在实时音视频中很常见），适当缩放（也可以当检测到分辨率变化时开始录制新的视频文件，然后后期再处理，但那样就需要与业务系统交互了）。

15.3.6 其他

在 FreeSWITCH 中，除了使用 libavcodec 和 libavformat 外，还使用了 libswscale 做视频格式转换和缩放，用 libswresample 做音频格式转换和重采样等，在上面的代码中也有所体现。值得一提的是，由于历史原因，还有一个 libavresample 用于重采样，FreeSWITCH 的代码最初就是基于它写的，但是，在最新的 FFmpeg 中，它已经被标记为 "Deprecated" 了。因此，后来 FreeSWITCH 中的代码转向了 libswresample，并做了一些兼容处理，默认使用 libswresample，在 configure 脚本中如果检查到 libavresample，就定义 USE_AVRESAMPLE 宏，并通过宏定义强制为函数改名。代码如下：

```
#ifdef USE_AVRESAMPLE                         // 检测到 libavresample，加载相应头文件
#include <libavresample/avresample.h>
#define SwrContext AVAudioResampleContext   // 使用宏替换相应函数，下同
#define swr_alloc avresample_alloc_context
#define swr_init avresample_open
#define swr_free avresample_free
#define swr_get_out_samples avresample_get_out_samples
#define swr_get_out_samples avresample_get_out_samples
// 下面这个函数参数的个数和顺序都有变化，定义一个比较复杂的宏
```

```
#define swr_convert(ctx, odata, osamples, idata, isamples) \
    avresample_convert(ctx, odata, 0, osamples, (uint8_t **)idata, 0, isamples)
#else    // 默认使用 libswresample
#include <libswresample/swresample.h>
#endif
```

通过上述宏定义，屏蔽了两个库的代码区别，使用一套代码就可以兼容两个库。当然，由于
libavresample 已经不推荐使用了，未来可以去掉这些宏定义使代码更清晰，但在过渡期间，
还是要借助于类似的方法和技巧。

此外，FreeSWITCH 中的 VP8、VP9 编码并没有使用 FFmpeg，而是直接使用 libvpx。这
是因为 libvpx 更纯粹一些，而不像 FFmpeg 有那么多依赖。实际上，FreeSWITCH 内部的 switch_
img_t 就是直接翻版的 libvpx 中的 vpx_img_t 定义，而且 FreeSWITCH 也直接使用 libyuv[①]
进行图像处理。

15.4　FFmpeg 在 BareSIP 中的应用

BareSIP 是一个 SIP 客户端库，同时也是一个命令行版的 SIP 客户端软件。它支持 SIP/RTP，
支持音视频通话和会议。虽然它不如 FreeSWITCH 流行，但其代码写得非常好，代码更新也比较
活跃，且有几乎全平台（macOS、Linux、Windows、iOS、Android 等）的支持，在 FFmpeg 的使
用上也很有代表性，因此，在这里我们也简单分析一下，以便读者可以有更多的参考和对照。

BareSIP 也是一个模块化架构，模块可以在启动时或运行时动态加载。在 UNIX 类平台上，主
要使用 dlopen 和 dlsym 函数来打开和查找符号表，在 Windows 上则使用 LoadLibraryA 和
GetProcAddress。

BareSIP 依赖几个跨平台的库：libre（跨平台函数实现）和 librem（libre + media，媒体相关函
数），当然还有加密离不开的 openssl，以及各种编解码和多媒体库，包括 FFmpeg。

15.4.1　AVCodec

先从 AVCodec 的使用开始，BareSIP 中也用它来支持 H263、H264、H265 的编解码。本章使
用的 BareSIP 代码是 main 分支的 Commit: 0391e36c，为了方便阅读对照，带了行号。以下代码来
自 avcodec.c（篇幅所限，删掉了一些非必要的错误处理代码、空行、H263 相关的代码等，有
些多行代码在不影响阅读的情况下也合并为一行了）。

```
 1 /**
 2  * @file avcodec.c  Video codecs using libavcodec
 4  * Copyright (C) 2010 - 2016 Alfred E. Heggestad
 5  */
 6 #include <re.h>
 7 #include <rem.h>
 8 #include <baresip.h>
 9 #include <libavutil/pixdesc.h>
10 #include <libavcodec/avcodec.h>
24 // 配置参数
```

---

① 一个 YUV 图像格式处理库，由 Google 提供，libvpx 也直接依赖 libyuv。

```
27 //      avcodec_h264enc <NAME>  ; e.g. h264_nvenc, h264_videotoolbox
28 //      avcodec_h264dec <NAME>  ; e.g. h264_cuvid, h264_vda, h264_qsv
42 const AVCodec *avcodec_h264enc;  // 可选，指定的 H264 编码器
43 const AVCodec *avcodec_h264dec;  // 可选，指定的 H264 解码器
44 const AVCodec *avcodec_h265enc;
45 const AVCodec *avcodec_h265dec;
48 #if LIBAVUTIL_VERSION_MAJOR >= 56 // 版本号探测，只有新版本的 FFmpeg 才有硬件编解码支持
49 AVBufferRef *avcodec_hw_device_ctx = NULL;
50 enum AVPixelFormat avcodec_hw_pix_fmt;
51 enum AVHWDeviceType avcodec_hw_type = AV_HWDEVICE_TYPE_NONE;
52 #endif
55 int avcodec_resolve_codecid(const char *s) // 字符串转换成 FFmpeg Codec ID
56 {
57    if (0 == str_casecmp(s, "H263"))
58       return AV_CODEC_ID_H263;
59    else if (0 == str_casecmp(s, "H264"))
60       return AV_CODEC_ID_H264;
61 #ifdef AV_CODEC_ID_H265                      // H265 比较新，条件编译
62    else if (0 == str_casecmp(s, "H265"))
63       return AV_CODEC_ID_H265;
64 #endif
65    else
66       return AV_CODEC_ID_NONE;
67 }
83 static struct vidcodec h264 = {           // 向 BareSIP 核心注入 H264 编解码结构体
84    .name     = "H264",
85    .variant  = "packetization-mode=0",
86    .encupdh  = avcodec_encode_update,
87    .ench     = avcodec_encode,         // 编码
88    .decupdh  = avcodec_decode_update,  // 更新编码器
89    .dech     = avcodec_decode_h264,    // 解码
90    .fmtp_ench = avcodec_h264_fmtp_enc, // 处理 fmtp
91    .fmtp_cmph = avcodec_h264_fmtp_cmp, // 比较 fmtp
92    .packetizeh= avcodec_packetize,     // 分包
93 };
95 static struct vidcodec h264_1 = {         // 不同的打包格式使用不同的结构体
96    .name     = "H264",
97    .variant  = "packetization-mode=1",
98    .encupdh  = avcodec_encode_update,
99    .ench     = avcodec_encode,
100   .decupdh  = avcodec_decode_update,
101   .dech     = avcodec_decode_h264,
102   .fmtp_ench = avcodec_h264_fmtp_enc,
103   .fmtp_cmph = avcodec_h264_fmtp_cmp,
104   .packetizeh= avcodec_packetize,
105 };
118 static struct vidcodec h265 = {          // H265 结构体
119   .name     = "H265",
120   .fmtp     = "profile-id=1",
121   .encupdh  = avcodec_encode_update,
122   .ench     = avcodec_encode,
123   .decupdh  = avcodec_decode_update,
124   .dech     = avcodec_decode_h265,
125   .packetizeh= avcodec_packetize,
126 };
129 static int module_init(void)
130 {
131   struct list *vidcodecl = baresip_vidcodecl(); // 初始化一个编解码器列表
132   char h264enc[64] = "libx264";
133   char h264dec[64] = "h264";
134   char h265enc[64] = "libx265";
135   char h265dec[64] = "hevc";
136 #if LIBAVUTIL_VERSION_MAJOR >= 56
```

```
137     char hwaccel[64];
138 #endif
140 #if LIBAVCODEC_VERSION_INT < AV_VERSION_INT(53, 10, 0)
141     avcodec_init(); // 旧版 FFmpeg 需要这个初始化
142 #endif
144 #if LIBAVCODEC_VERSION_INT < AV_VERSION_INT(58, 9, 100)
145     avcodec_register_all(); // 旧版 FFmpeg 需要注册相关编解码器和封装格式
146 #endif
147     // 获取配置参数
148     conf_get_str(conf_cur(), "avcodec_h264enc", h264enc, sizeof(h264enc));
149     conf_get_str(conf_cur(), "avcodec_h264dec", h264dec, sizeof(h264dec));
150     conf_get_str(conf_cur(), "avcodec_h265enc", h265enc, sizeof(h265enc));
151     conf_get_str(conf_cur(), "avcodec_h265dec", h265dec, sizeof(h265dec));
153     avcodec_h264enc = avcodec_find_encoder_by_name(h264enc); // 查找 FFmpeg 编码器
158     avcodec_h264dec = avcodec_find_decoder_by_name(h264dec); // 查找 FFmpeg 解码器
163     avcodec_h265enc = avcodec_find_encoder_by_name(h265enc);
164     avcodec_h265dec = avcodec_find_decoder_by_name(h265dec);
166     if (avcodec_h264enc || avcodec_h264dec) {
167         vidcodec_register(vidcodecl, &h264);   // 向 BareSIP 注册 H264 编解码器
168         vidcodec_register(vidcodecl, &h264_1);
169     }
174     if (avcodec_h265enc || avcodec_h265dec)
175         vidcodec_register(vidcodecl, &h265);
195 #if LIBAVUTIL_VERSION_MAJOR >= 56
196     // 查找硬件编解码器
197     if (0 == conf_get_str(conf_cur(), "avcodec_hwaccel",
198                 hwaccel, sizeof(hwaccel))) {
200         enum AVHWDeviceType type;
201         int ret;
202         int i;
204         info("avcodec: enable hwaccel using '%s'\n", hwaccel);
206         type = av_hwdevice_find_type_by_name(hwaccel);
207         if (type == AV_HWDEVICE_TYPE_NONE) { return ENOSYS; }// 没有找到
215         for (i = 0;; i++) { // 循环查找一个可用的设备
216             const AVCodecHWConfig *config;
218             config = avcodec_get_hw_config(avcodec_h264dec, i);
226             if (config->methods & AV_CODEC_HW_CONFIG_METHOD_HW_DEVICE_CTX
228                 && config->device_type == type) {
231                 avcodec_hw_pix_fmt = config->pix_fmt;
236                 break; // 找到第 1 个可用的就返回
237             }
238         }
240         ret = av_hwdevice_ctx_create(&avcodec_hw_device_ctx, type,
241                     NULL, NULL, 0); // 创建一个硬件设备
248         avcodec_hw_type = type;
249     }
250 #endif
252     return 0;
253 }
256 static int module_close(void) // 模块卸载，从 BareSIP 中注销相关引用
257 {
258     vidcodec_unregister(&h265);
259     vidcodec_unregister(&h263);
260     vidcodec_unregister(&h264);
261     vidcodec_unregister(&h264_1);
263 #if LIBAVUTIL_VERSION_MAJOR >= 56
264     if (avcodec_hw_device_ctx)
265         av_buffer_unref(&avcodec_hw_device_ctx);
266 #endif
268     return 0;
269 }
272 EXPORT_SYM const struct mod_export DECL_EXPORTS(avcodec) = { // 向 BareSIP 注册模块
273     "avcodec", "codec",
```

```
275     module_init, // 模块加载回调函数
276     module_close // 模块卸载回调函数
277 };
```

可以看出，作为模块化架构，BareSIP 的模块注册机制与 FFmpeg 及 FreeSWITCH 大同小异，而具体的编解码函数是在单独的文件中实现的。先来看 encoder.c。

```
12 #include <libavcodec/avcodec.h> // 依赖的 FFmpeg 头文件
13 #include <libavutil/mem.h>
14 #include <libavutil/opt.h>
15 #include <libavutil/pixdesc.h>
20 enum {
21     KEYFRAME_INTERVAL = 10  // 10 秒一个关键帧
22 };
31 struct videnc_state { // 定义一个编码结构体，用于记录编码状态
32     const AVCodec *codec;
33     AVCodecContext *ctx;
37     enum vidfmt fmt;
38     enum AVCodecID codec_id;
42     union {          // 共用体，H263 和 H264 有不同的参数
43        struct {                      // H263
44           struct picsz picszv[8];
45           uint32_t picszn;
46        } h263;
48        struct {                      // H264
49           uint32_t packetization_mode; // 打包模式 0 或 1
50           uint32_t profile_idc;        // Profile
51           uint32_t profile_iop;        // Profile IOP
52           uint32_t level_idc;          // Profile Level
53           uint32_t max_fs;             // 最大帧长（宏块数）
54           uint32_t max_smbps;          // 每秒处理最大宏块数
55        } h264;
56     } u;
57 };
60 static void destructor(void *arg)         // 释放内存
61 {
62     struct videnc_state *st = arg;
64     mem_deref(st->mb_frag);
66     if (st->ctx) avcodec_free_context(&st->ctx);
68 }
71 #if LIBAVUTIL_VERSION_MAJOR >= 56
72 static int set_hwframe_ctx(AVCodecContext *ctx, AVBufferRef *device_ctx,
73             int width, int height)
74 {
75   AVBufferRef *hw_frames_ref;
76   AVHWFramesContext *frames_ctx = NULL;
77   int err = 0;
82   if (!(hw_frames_ref = av_hwframe_ctx_alloc(device_ctx))) { // 创建硬件编码器
85      return ENOMEM; // 失败处理
86   }
88   frames_ctx = (AVHWFramesContext *)(void *)hw_frames_ref->data;
89   frames_ctx->format    = avcodec_hw_pix_fmt; // 像素格式
90   frames_ctx->sw_format = AV_PIX_FMT_NV12;     // 固定为 NV12
91   frames_ctx->width     = width;               // 宽度
92   frames_ctx->height    = height;              // 高度
93   frames_ctx->initial_pool_size = 20;
95   if ((err = av_hwframe_ctx_init(hw_frames_ref)) < 0) { // 初始化硬件编码器
99      av_buffer_unref(&hw_frames_ref); return err;
101  }
103  ctx->hw_frames_ctx = av_buffer_ref(hw_frames_ref); // 创建内存引用，记在 ctx 里
107  av_buffer_unref(&hw_frames_ref); // 解除局部变量的内存引用
109  return err;
110 }
```

```
111 #endif
114 static enum AVPixelFormat vidfmt_to_avpixfmt(enum vidfmt fmt)
115 {   // BareSIP 图像格式转为 FFmpeg 图像格式
116     switch (fmt) {
118     case VID_FMT_YUV420P: return AV_PIX_FMT_YUV420P;
119     case VID_FMT_YUV444P: return AV_PIX_FMT_YUV444P;
120     case VID_FMT_NV12:    return AV_PIX_FMT_NV12;
121     case VID_FMT_NV21:    return AV_PIX_FMT_NV21;
122     default:              return AV_PIX_FMT_NONE;
123     }
124 }
167 static int init_encoder(struct videnc_state *st, const char *name)
168 {   // 初始化编码器
172     if (st->codec_id == AV_CODEC_ID_H264 && avcodec_h264enc) {
174         st->codec = avcodec_h264enc; // 绑定 H264 初始化函数
178         return 0;
179     }
181     if (0 == str_casecmp(name, "h265")) {
183         st->codec = avcodec_h265enc; // 绑定 H265 初始化函数
187         return 0;
188     }
190     st->codec = avcodec_find_encoder(st->codec_id); // 查找编码器、H263 等
191     if (!st->codec) return ENOENT;
194     return 0;
195 }
198 static int open_encoder(struct videnc_state *st,
199             const struct videnc_param *prm,
200             const struct vidsz *size, int pix_fmt)
202 {
203     int err = 0;
205     if (st->ctx) avcodec_free_context(&st->ctx); // 确保在重新初始化时释放以前申请的内存
208     st->ctx = avcodec_alloc_context3(st->codec); // 申请一个 AVContext
209     if (!st->ctx) { err = ENOMEM; goto out; } // 出错处理
214     av_opt_set_defaults(st->ctx); // 初始化 AVContext 默认值
216     st->ctx->bit_rate = prm->bitrate; // 设置码率
217     st->ctx->width    = size->w;      // 设置宽度
218     st->ctx->height   = size->h;      // 设置高度
220 #if LIBAVUTIL_VERSION_MAJOR >= 56
221     if (avcodec_hw_type == AV_HWDEVICE_TYPE_VAAPI)
222         st->ctx->pix_fmt   = avcodec_hw_pix_fmt; // 硬件编码像素格式
223     else
224 #endif
225         st->ctx->pix_fmt   = pix_fmt;            // 软件编码像素格式
227     st->ctx->time_base.num = 1;
228     st->ctx->time_base.den = prm->fps;                // 根据帧率设置时间基准
229     st->ctx->gop_size = KEYFRAME_INTERVAL * prm->fps; // 关键帧间隔
231     if (0 == str_cmp(st->codec->name, "libx264")) { // libx264 特定的参数
233         av_opt_set(st->ctx->priv_data, "profile", "baseline", 0);
234         av_opt_set(st->ctx->priv_data, "preset", "ultrafast", 0);
235         av_opt_set(st->ctx->priv_data, "tune", "zerolatency", 0);
237         if (st->u.h264.packetization_mode == 0) { // mode=0, 让编码器根据宏块分包
238             av_opt_set_int(st->ctx->priv_data, "slice-max-size", prm->pktsize, 0);
240         }
241     }
243     // 防止使用 libavcodec/x264 默认的参数报错, 特别设置一下
244     if (st->codec_id == AV_CODEC_ID_H264) {
246         if (0 == str_cmp(st->codec->name, "h264_vaapi")) {
247             av_opt_set(st->ctx->priv_data, "profile", "constrained_baseline", 0);
249         } else {
251             av_opt_set(st->ctx->priv_data, "profile", "baseline", 0);
253         }
255         st->ctx->me_range = 16;
256         st->ctx->qmin = 10;
```

```
257          st->ctx->qmax = 51;
258          st->ctx->max_qdiff = 4;
260          if (st->codec == avcodec_find_encoder_by_name("nvenc_h264") ||
261              st->codec == avcodec_find_encoder_by_name("h264_nvenc")) {
262              // NVDIA 硬件编码器相关参数
263              err = av_opt_set(st->ctx->priv_data, "preset", "llhp", 0);
273              err = av_opt_set_int(st->ctx->priv_data, "2pass", 1, 0);
283          }
284      }
286      if (0 == str_cmp(st->codec->name, "libx265")) { // libx265 特定参数
288          av_opt_set(st->ctx->priv_data, "profile", "main444-8", 0);
289          av_opt_set(st->ctx->priv_data, "preset", "ultrafast", 0);
290          av_opt_set(st->ctx->priv_data, "tune", "zerolatency", 0);
291      }
293 #if LIBAVUTIL_VERSION_MAJOR >= 56
294      if (avcodec_hw_type == AV_HWDEVICE_TYPE_VAAPI) {
296          // VAAPI 硬件编码器相关参数
298          err = set_hwframe_ctx(st->ctx, avcodec_hw_device_ctx, size->w, size->h);
306      }
307 #endif
309      if (avcodec_open2(st->ctx, st->codec, NULL) < 0) { // 打开编码器
310          err = ENOENT; goto out;
312      }
314      st->encsize = *size;
316  out:
317      if (err) { // 错误处理
318          if (st->ctx) avcodec_free_context(&st->ctx);
320      }
322      return err;
323 }
326 static int decode_sdpparam_h264(struct videnc_state *st, const struct pl *name,
327              const struct pl *val)
328 {// 从 H264 SDP 中解析相关参数，SDP 来自对端，表示对端的视频处理能力，编码器应该对外发出对端能
力范围内的包
329      if (0 == pl_strcasecmp(name, "packetization-mode")) { // 打包模式
330          st->u.h264.packetization_mode = pl_u32(val);
332          if (st->u.h264.packetization_mode != 0 &&
333              st->u.h264.packetization_mode != 1 ) { // 仅支持 0 或 1 模式
336              return EPROTO;
337          }
338      } else if (0 == pl_strcasecmp(name, "profile-level-id")) {
340          struct pl prof = *val;
347          prof.l = 2;
348          st->u.h264.profile_idc = pl_x32(&prof); prof.p += 2;
349          st->u.h264.profile_iop = pl_x32(&prof); prof.p += 2;
350          st->u.h264.level_idc   = pl_x32(&prof);
351      } else if (0 == pl_strcasecmp(name, "max-fs")) {
353          st->u.h264.max_fs = pl_u32(val); // 最大帧长
354      } else if (0 == pl_strcasecmp(name, "max-smbps")) {
356          st->u.h264.max_smbps = pl_u32(val); // 每秒最大处理宏块数
357      }
359      return 0;
360 }
363 static void param_handler(const struct pl *name, const struct pl *val,
364              void *arg)
365 {   // 根据编码调用不同的 SDP 解析回调函数
366      struct videnc_state *st = arg;
368      if (st->codec_id == AV_CODEC_ID_H263) (void)decode_sdpparam_h263(st, name, val);
370      else if (st->codec_id == AV_CODEC_ID_H264) (void)decode_sdpparam_h264(st, name, val);
372 }
421 int avcodec_encode_update(struct videnc_state **vesp,
422              const struct vidcodec *vc,
423              struct videnc_param *prm, const char *fmtp,
```

```
424             videnc_packet_h *pkth, void *arg)
425 {   // 编码器运行时动态改变编码器参数
426     struct videnc_state *st;
427     int err = 0;
435     st = mem_zalloc(sizeof(*st), destructor);
436     if (!st) return ENOMEM;
439     st->encprm = *prm; // 输入参数
440     st->pkth = pkth;   // pkt 指针
441     st->arg = arg;     // 参数
443     st->codec_id = avcodec_resolve_codecid(vc->name); // 根据名称查编码器 ID
444     if (st->codec_id == AV_CODEC_ID_NONE) { err = EINVAL; goto out; } // 错误处理
450     st->mb_frag = mbuf_alloc(1024);
456     st->fmt = -1;
458     err = init_encoder(st, vc->name); // 根据新参数重新初始化编码器
459     if (err) { goto out; // 初始化失败 }
464     if (str_isset(fmtp)) { // 如果 SDP 中有 fmtp 属性
465         struct pl sdp_fmtp;
467         pl_set_str(&sdp_fmtp, fmtp);
469         fmt_param_apply(&sdp_fmtp, param_handler, st);
470     }
475 out:
476     if (err) mem_deref(st);
478     else *vesp = st;
481     return err;
482 }
485 int avcodec_encode(struct videnc_state *st, bool update,
486         const struct vidframe *frame, uint64_t timestamp)
487 {   // 视频编码
488     AVFrame *pict = NULL;
489     AVFrame *hw_frame = NULL;
490     AVPacket *pkt = NULL;
491     int i, err = 0, ret;
492 #if LIBAVCODEC_VERSION_INT < AV_VERSION_INT(57, 37, 100)
493     int got_packet = 0;
494 #endif
495     uint64_t ts;
496     struct mbuf mb;
501     if (!st->ctx || !vidsz_cmp(&st->encsize, &frame->size) ||
502         st->fmt != frame->fmt) { // 首次使用时打开，或图像格式变化时重新打开编码器
504         enum AVPixelFormat pix_fmt;
506         pix_fmt = vidfmt_to_avpixfmt(frame->fmt); // BareSIP 格式转 FFmpeg 像素格式
507         if (pix_fmt == AV_PIX_FMT_NONE) { return ENOTSUP; }
513         err = open_encoder(st, &st->encprm, &frame->size, pix_fmt); // 打开编码器
514         if (err) { return err; }
519         st->fmt = frame->fmt;     // 记住最后的像素格式，以便后续检查是否有变化
520     }
522     pict = av_frame_alloc();      // 初始化一个 AVFrame 指针
523     if (!pict) { err = ENOMEM; goto out; } // 出错处理
528 #if LIBAVUTIL_VERSION_MAJOR >= 56
529     if (avcodec_hw_type == AV_HWDEVICE_TYPE_VAAPI) {
530         hw_frame = av_frame_alloc(); // 硬件编码时需要单独申请一个 AVFrame
531         if (!hw_frame) { err = ENOMEM; goto out; }
535     }
536 #endif
538     pict->format = vidfmt_to_avpixfmt(frame->fmt); // BareSIP 格式转换为 FFmpeg 像素格式
539     pict->width = frame->size.w;  // 宽度
540     pict->height = frame->size.h; // 高度
541     pict->pts = timestamp;        // 时间戳
543     for (i=0; i<4; i++) { // BareSIP 与 FFmpeg 视频帧结构是兼容的，直接设置指针指向相应 YUV
数据平面
544         pict->data[i]    = frame->data[i];
545         pict->linesize[i] = frame->linesize[i];
546     }
```

```
548     if (update) { // 请求生成一个新的关键帧
550         pict->key_frame = 1;
551         pict->pict_type = AV_PICTURE_TYPE_I;
552     }
554 #if LIBAVUTIL_VERSION_MAJOR >= 55
555     pict->color_range = AVCOL_RANGE_MPEG;
556 #endif
558 #if LIBAVUTIL_VERSION_MAJOR >= 56
559     if (avcodec_hw_type == AV_HWDEVICE_TYPE_VAAPI) { // 硬件编码
561         if ((err = av_hwframe_get_buffer(st->ctx->hw_frames_ctx, hw_frame, 0)) <0) {
563             warning("avcodec: encode: Error code: %s.\n", av_err2str(err));
565             goto out;
566         }
568         if (!hw_frame->hw_frames_ctx) { err = AVERROR(ENOMEM); goto out; }
573         if ((err = av_hwframe_transfer_data(hw_frame, pict, 0)) < 0) { goto out; }
580         av_frame_copy_props(hw_frame, pict); // 将 pict 编码参数复制到 hw_frame 中
581     }
582 #endif
584 #if LIBAVCODEC_VERSION_INT >= AV_VERSION_INT(57, 37, 100) // 使用新 API 编码
586     pkt = av_packet_alloc(); // 申请一个 AVPacket 存放编码后的数据
587     if (!pkt) { err = ENOMEM; goto out; }
592     ret = avcodec_send_frame(st->ctx, hw_frame ? hw_frame : pict); // 发送给编码器进行编码
593     if (ret < 0) { err = EBADMSG; goto out; } // 错误处理
598     ret = avcodec_receive_packet(st->ctx, pkt); // 从编码器中接收数据，看是否有已编码数据
599     if (ret < 0) { err = 0; goto out; } // 出错
603 #else // 使用旧的 API 进行编码
605     pkt = av_malloc(sizeof(*pkt));
606     if (!pkt) { err = ENOMEM; goto out; }
611     av_init_packet(pkt); // 这个 AVPacket 需要初始化
612     av_new_packet(pkt, 65536); // 申请数据内存
614     ret = avcodec_encode_video2(st->ctx, pkt, pict, &got_packet); // 编码
615     if (ret < 0) { err = EBADMSG; goto out; }
620     if (!got_packet) return 0; // 没有返回数据（编码器可能会有延迟），直接返回
622 #endif
624     mb.buf = pkt->data; // 让 BareSIP 中的图像数据结构指针指向 FFmpeg 的数据缓冲区
625     mb.pos = 0;
626     mb.end = pkt->size;
627     mb.size = pkt->size;
629     ts = video_calc_rtp_timestamp_fix(pkt->pts); // 将 FFmpeg 时间戳转换为 RTP 时间戳
631     switch (st->codec_id) {
637     case AV_CODEC_ID_H264: // H264 分包
638         err = h264_packetize(ts, pkt->data, pkt->size,
639                 st->encprm.pktsize, st->pkth, st->arg);
641         break;
643 #ifdef AV_CODEC_ID_H265
644     case AV_CODEC_ID_H265: // H265 分包
645         err = h265_packetize(ts, pkt->data, pkt->size,
646                 st->encprm.pktsize, st->pkth, st->arg);
648         break;
649 #endif
651     default: err = EPROTO; break;
654     }
656 out:
657     if (pict) av_free(pict);
659     if (pkt) av_packet_free(&pkt);
661     av_frame_free(&hw_frame);
663     return err;
664 }
667 int avcodec_packetize(struct videnc_state *st, const struct vidpacket *packet)
668 {   // 组包函数，略
709 }
```

从上述代码可以看出，BareSIP 作为客户端软件，比服务器端软件 FreeSWITCH 要简单一些。

BareSIP 支持多种硬件编码，并适配了新旧两种编码 API。BareSIP 是一个实时通信软件，如果对端的通信能力有限（体现在 SDP 的 `fmtp` 属性中，如 `max-fs`），还可以根据对端的能力调整本端的编码参数。BareSIP 也可以在运行中根据要求重新初始化编码器，按需产生关键帧等，这都是 RTC 中必备的能力。

此外，上述代码中还有一个 `video_calc_rtp_timestamp_fix` 函数，它用于将 FFmpeg 中的时间戳转换为 RTP 时间戳。对于已知的视频格式，RTP 时间戳固定使用 90000Hz 的采样时钟（如帧率为每秒 30 帧时，每一帧的时间戳间隔是 90000/30 = 3000）。函数内容如下：

```
uint64_t video_calc_rtp_timestamp_fix(uint64_t timestamp)
{
    uint64_t rtp_ts;  // VIDEO_SRATE=90000 VIDEO_TIMEBASE=1000000
    rtp_ts = timestamp * VIDEO_SRATE / VIDEO_TIMEBASE;
    return rtp_ts;
}
```

接下来看解码，它是在 decode.c 中实现的。

```
 9 #include <libavcodec/avcodec.h>
10 #include <libavutil/avutil.h>
11 #include <libavutil/mem.h>
12 #include <libavutil/pixdesc.h>
17 #ifndef AV_INPUT_BUFFER_PADDING_SIZE
18 #define AV_INPUT_BUFFER_PADDING_SIZE 64 // 解码缓冲区需要 padding 填充
19 #endif
22 enum {
23     DECODE_MAXSZ = 524288, // 最大解码缓冲区大小
24 };
27 struct viddec_state {      // 解码器状态机，记住解码器的状态
28     const AVCodec *codec;
29     AVCodecContext *ctx;
30     AVFrame *pict;
31     struct mbuf *mb;
32     bool got_keyframe;
33     size_t frag_start;
34     bool frag;
35     uint16_t frag_seq;
37     struct {
38         unsigned n_key;   // 关键帧数
39         unsigned n_lost;  // 丢失的帧数
40     } stats;
41 };
44 static void destructor(void *arg) // 释放内存
45 {
46     struct viddec_state *st = arg;
52     mem_deref(st->mb);
54     if (st->ctx) avcodec_free_context(&st->ctx);
57     if (st->pict) av_free(st->pict);
59 }
62 static enum vidfmt avpixfmt_to_vidfmt(enum AVPixelFormat pix_fmt)
63 {  // 将 FFmepg 像素格式转换为 BareSIP 格式
64     switch (pix_fmt) {
66     case AV_PIX_FMT_YUV420P:  return VID_FMT_YUV420P;
67     case AV_PIX_FMT_YUVJ420P: return VID_FMT_YUV420P;
68     case AV_PIX_FMT_YUV444P:  return VID_FMT_YUV444P;
69     case AV_PIX_FMT_NV12:     return VID_FMT_NV12;
70     case AV_PIX_FMT_NV21:     return VID_FMT_NV21;
71     default:                  return (enum vidfmt)-1;
72     }
73 }
76 static inline int16_t seq_diff(uint16_t x, uint16_t y)
```

```
77  {    // RTP 时间戳为 16 位无符号整数，比较两个时间戳，当发生归零时（如 0 - 65535）也会返回 1
78      return (int16_t)(y - x);
79  }
82  static inline void fragment_rewind(struct viddec_state *vds)
83  {
84      vds->mb->pos = vds->frag_start;
85      vds->mb->end = vds->frag_start;
86  }
89  #if LIBAVUTIL_VERSION_MAJOR >= 56 // 获取硬件解码器像素格式
90  static enum AVPixelFormat get_hw_format(AVCodecContext *ctx,
91                                    const enum AVPixelFormat *pix_fmts)
92  {
93      const enum AVPixelFormat *p;
96      for (p = pix_fmts; *p != -1; p++) {
97          if (*p == avcodec_hw_pix_fmt) return *p;
99      }
103     return AV_PIX_FMT_NONE;
104 }
105 #endif
108 static int init_decoder(struct viddec_state *st, const char *name)
109 {    // 初始化解码器
110     enum AVCodecID codec_id;
112     codec_id = avcodec_resolve_codecid(name);
113     if (codec_id == AV_CODEC_ID_NONE) return EINVAL;
119     if (codec_id == AV_CODEC_ID_H264 && avcodec_h264dec) {
120         st->codec = avcodec_h264dec;
122     } else if (0 == str_casecmp(name, "h265")) {
124         st->codec = avcodec_h265dec;
126     } else {
128         st->codec = avcodec_find_decoder(codec_id);
129         if (!st->codec) return ENOENT;
131     }
133     st->ctx = avcodec_alloc_context3(st->codec); // 申请解码器 Context
135     //TODO: 如果 avcodec_h264dec 为 h264_mediacodec 时，需要把在调用 avcodec_open2()
136     //      之前的 extradata 加入 context，它包含 SPS 和 PPS
140     st->pict = av_frame_alloc(); // 申请 AVFrame 用于存放解码后的数据
142     if (!st->ctx || !st->pict) return ENOMEM;
145 #if LIBAVUTIL_VERSION_MAJOR >= 56
147     if (avcodec_hw_device_ctx) { // 硬件解码
148         st->ctx->hw_device_ctx = av_buffer_ref(avcodec_hw_device_ctx);
149         st->ctx->get_format = get_hw_format;
156     }
157 #endif
159     if (avcodec_open2(st->ctx, st->codec, NULL) < 0) {return ENOENT; } // 打开解码器
162     return 0;
163 }
166 int avcodec_decode_update(struct viddec_state **vdsp,
167             const struct vidcodec *vc, const char *fmtp)
168 {    // 运行中更新解码器
169     struct viddec_state *st;
170     int err = 0;
180     st = mem_zalloc(sizeof(*st), destructor); // 申请解码状态机数据结构
181     if (!st) return ENOMEM;
184     st->mb = mbuf_alloc(1024);
185     if (!st->mb) { err = ENOMEM; goto out; }
190     err = init_decoder(st, vc->name); // 初始化解码器
191     if (err) { goto out; } // 失败处理
198 out:
199     if (err) mem_deref(st);
201     else *vdsp = st;
204     return err;
205 }
208 static int ffdecode(struct viddec_state *st, struct vidframe *frame,
```

```
209            bool *intra)
210 {   // 解码函数
211     AVFrame *hw_frame = NULL;
212     AVPacket *avpkt;
213     int i, got_picture, ret;
214     int err = 0;
216 #if LIBAVUTIL_VERSION_MAJOR >= 56
217     if (st->ctx->hw_device_ctx) {
218         hw_frame = av_frame_alloc(); // 为硬件解码器准备一个 AVFrame
219         if (!hw_frame) return ENOMEM;
221     }
222 #endif
224     err = mbuf_fill(st->mb, 0x00, AV_INPUT_BUFFER_PADDING_SIZE); // 清空内存
225     if (err) return err;
227     st->mb->end -= AV_INPUT_BUFFER_PADDING_SIZE; // 预留出填充区域，FFmpeg 不被计算在内
229     avpkt = av_packet_alloc(); // 申请一个 AVPacket
230     if (!avpkt) { err = ENOMEM; goto out; }
235     avpkt->data = st->mb->buf; // 指向 BareSIP 申请的内存，里面有待解码的数据
236     avpkt->size = (int)st->mb->end;
238 #if LIBAVCODEC_VERSION_INT >= AV_VERSION_INT(57, 37, 100)
240     ret = avcodec_send_packet(st->ctx, avpkt); // 调用新接口进行解码
241     if (ret < 0) { err = EBADMSG; goto out; }
249     ret = avcodec_receive_frame(st->ctx, hw_frame ? hw_frame : st->pict);
250     if (ret == AVERROR(EAGAIN)) { // 需要重试
251         goto out; // 直接返回，让调用者重新调用
252     } else if (ret < 0) { err = EBADMSG; goto out; }
259     got_picture = true; // 兼容旧接口的变量，到此应该取到解码后的图像了
260 #else
261     ret = avcodec_decode_video2(st->ctx, st->pict, &got_picture, avpkt); // 旧解码接口
262     if (ret < 0) { err = EBADMSG; goto out; }
266 #endif
268     if (got_picture) { // 解码器返回图像
270 #if LIBAVUTIL_VERSION_MAJOR >= 56
271         if (hw_frame) {
272             // 从 GPU 复制到 CPU
273             ret = av_hwframe_transfer_data(st->pict, hw_frame, 0);
274             if (ret < 0) { goto out; }
280             st->pict->key_frame = hw_frame->key_frame;
281         }
282 #endif
284         frame->fmt = avpixfmt_to_vidfmt(st->pict->format); // 从 FFmpeg 格式转换为
BareSIP 格式
285         if (frame->fmt == (enum vidfmt)-1) { goto out; }
293         for (i=0; i<4; i++) { // BareSIP 与 FFmpeg 缓冲区兼容，直接改变数据指针指向 FFmpeg
中的 YUV 数据
294             frame->data[i]     = st->pict->data[i];
295             frame->linesize[i] = st->pict->linesize[i];
296         }
297         frame->size.w = st->ctx->width;  // 图像宽度
298         frame->size.h = st->ctx->height; // 图像高度
300         if (st->pict->key_frame) { // 得到一个关键帧图像
302             *intra = true;
303             st->got_keyframe = true;
304             ++st->stats.n_key;    // 记住收到多少关键帧
305         }
306     }
308 out:
309     av_frame_free(&hw_frame);
310     av_packet_free(&avpkt);
311     return err;
312 }
315 int avcodec_decode_h264(struct viddec_state *st, struct vidframe *frame,
316             bool *intra, bool marker, uint16_t seq,
```

```
317            struct mbuf *src)
318 {   // 解析 H264 包，组包，丢包检查等，与 FFmpeg 无关，略 }
605 int avcodec_decode_h265(struct viddec_state *vds, struct vidframe *frame,
606            bool *intra, bool marker, uint16_t seq, struct mbuf *mb)
607 {   // 解析 H265 包，组包，丢包检查等，与 FFmpeg 无关，略 }
```

从代码中可以看出，BareSIP 解码不像 Chromium 那样自己申请内存以用于存放解码后的数据，而是让 FFmpeg 自动申请。解码器支持硬件解码，但没有直接送至显卡上显示，而是复制到内存中，这可能是因为模块中没有与显示直接关联的关系。从理论上讲它作为客户端软件运行，解码后可以将图像从 GPU 直接送到显卡上显示。

BareSIP 兼容了新、旧两种解码接口，用起来也不复杂。在送往解码器失败时也没有直接重试，而是将 AGAIN 返回码返回，让调用者重试，这样模块中的代码就更简单了。解码时有等待关键帧、丢包检查等处理，但这些代码与 FFmpeg 本身无关，就略过了，感兴趣的读者可以自行查看 BareSIP 源代码。

15.4.2　AVFormat

在 BareSIP 中，使用 AVFormat 提供 media-source（即媒体源），可以用它来向对方播放媒体文件。比如，可以在 BareSIP 的配置文件中使用以下代码配置播放 MP4 音视频。

```
audio_source        avformat,/tmp/testfile.mp4 # 从 MP4 文件中读取音频
video_source        avformat,/tmp/testfile.mp4 # 从 MP4 文件中读取视频
avformat_hwaccel    vaapi # 使用 vaapi 硬件加速
avformat_inputformat mjpeg # 使用 mjpeg 图像格式
```

它也是在 BareSIP 模块中实现的，实现文件为 avformat/avformat.c。内容如下：

```
 9 #define _DEFAULT_SOURCE 1 // 默认源号码
10 #define _BSD_SOURCE 1
17 #include <libavformat/avformat.h> // 装入 FFmpeg 相关头文件
18 #include <libavcodec/avcodec.h>
19 #include <libavdevice/avdevice.h>
20 #if LIBAVUTIL_VERSION_MAJOR >= 56
21 #include <libavutil/hwcontext.h>  // 启用硬件加速支持
22 #endif
43 static struct ausrc *ausrc;
44 static struct vidsrc *mod_avf;
46 #if LIBAVUTIL_VERSION_MAJOR >= 56
47 static enum AVHWDeviceType avformat_hwdevice = AV_HWDEVICE_TYPE_NONE;
48 #endif
49 static char avformat_inputformat[64];
50 static const AVCodec *avformat_decoder;
51 static char pass_through[256] = "";    // 透传
52 static char rtsp_transport[256] = "";   // RTSP 传输协议，如 udp、tcp 等
55 static struct list sharedl;            // 共享设备列表
58 static void shared_destructor(void *arg)// 释放内存
59 {
60    struct shared *st = arg;            // 共享设备指针
62    if (st->run) {
63        st->run = false;
64        pthread_join(st->thread, NULL); // 等待进程结束
65    }
67    if (st->au.ctx) {                   // 音频 context
68        avcodec_close(st->au.ctx);
69        avcodec_free_context(&st->au.ctx);
70    }
72    if (st->vid.ctx) {                  // 视频 context
```

```
73          avcodec_close(st->vid.ctx);
74          avcodec_free_context(&st->vid.ctx);
75      }
77      if (st->ic) avformat_close_input(&st->ic); // 关闭输入 context
80      list_unlink(&st->le);     // 清除设备列表
81      mem_deref(st->lock);      // 释放内存引用计数
82      mem_deref(st->dev);       // 释放内存引用计数
83  }
86  static void *read_thread(void *data) // 专门用于读音视频数据的线程
87  {
88      struct shared *st = data;
89      uint64_t now, offset = tmr_jiffies();
90      double auts = 0, vidts = 0;
91      AVPacket *pkt; // 读取 FFmpeg 数据的内存缓冲区
93      pkt = av_packet_alloc(); // 申请一个 AVPacket 结构指针
94      if (!pkt) return NULL;
97      while (st->run) { // 在线程生存期间循环读取
99          int ret;
101         sys_msleep(4);
103         now = tmr_jiffies(); // 当前时钟
105         for (;;) { //无限循环
106             double xts; // 时间戳
108             if (!st->run) break; // 退出条件
111             if (st->au.idx >=0 && st->vid.idx >=0)
112                 xts = min(auts, vidts); // 取音视频时间戳最小值
113             else if (st->au.idx >=0)
114                 xts = auts; // 只有音频，取音频时间戳
115             else if (st->vid.idx >=0)
116                 xts = vidts; // 只有视频，取视频时间戳
117             else break;
119             // 摄像头是实时的，视频文件如 MP4 等则是非实时的，如果时间不到则跳出 for 循环，外层有
sleep 等待
120             if (!(st->is_realtime)) if (now < (offset + xts)) break;
124             ret = av_read_frame(st->ic, pkt); // 从文件中读取一帧到 pkt 中
125             if (ret == (int)AVERROR_EOF) { // 读取文件结尾
129                 sys_msleep(1000); // 暂停 1 秒
130                 // 跳到文件起始位置最近的关键帧
131                 ret = av_seek_frame(st->ic, -1, 0, AVSEEK_FLAG_BACKWARD);
133                 if (ret < 0) { goto out; }
139                 offset = tmr_jiffies(); // 当前时间戳
140                 break; // 跳出 for 循环，继续外层 while 循环
141             } else if (ret < 0) { goto out; } // 失败则退出
147             if (pkt->stream_index == st->au.idx) { // 音频
149                 if (pkt->pts == AV_NOPTS_VALUE) { // 若取不到 pts 则警告
150                     warning("no audio pts\n");
151                 }
153                 auts = 1000 * pkt->pts * av_q2d(st->au.time_base); // 计算音频时间戳
156                 avformat_audio_decode(st, pkt); // 音频解码，旧接口
157             } else if (pkt->stream_index == st->vid.idx) { // 视频
160                 if (pkt->pts == AV_NOPTS_VALUE) { // 取不到 pts 则警告
161                     warning("no video pts\n");
162                 }
164                 vidts = 1000 * pkt->pts * av_q2d(st->vid.time_base); // 计算视频时间戳
167                 if (st->is_pass_through) { // 不解码模式，将读到的 pkt 复制到 st 中
168                     avformat_video_copy(st, pkt);
169                 } else { // 解码模式
171                     avformat_video_decode(st, pkt); // 调用旧解码接口
172                 }
173             }
175             av_packet_unref(pkt); // 释放 pkt 引用计数，进入下一次循环
176         }
177     }
179  out:
```

```
180     av_packet_free(&pkt); // 释放 pkt
182     return NULL;
183 }
186 static int open_codec(struct stream *s, const struct AVStream *strm, int i,
187             AVCodecContext *ctx)
188 { // 打开 FFmpeg 解码器
189     const AVCodec *codec = avformat_decoder; // 在模块加载时计算出相应的 decoder
190     int ret;
195     if (!codec) { // 如果 codec 为空，则根据当前 ctx 的 codec_id 找一个
196         codec = avcodec_find_decoder(ctx->codec_id);
197         if (!codec) {return ENOENT; } // 找不到则出错
201     }
203     ret = avcodec_open2(ctx, codec, NULL); // 打开解码器
204     if (ret < 0) { return ENOMEM; } // 失败则返回错误
209 #if LIBAVUTIL_VERSION_MAJOR >= 56
210     if (avformat_hwdevice != AV_HWDEVICE_TYPE_NONE) { // 硬件解码
211         AVBufferRef *hwctx;
212         ret = av_hwdevice_ctx_create(&hwctx, avformat_hwdevice, NULL, NULL, 0); //
创建硬件设备
214         if (ret < 0) { return ENOMEM; }
220         ctx->hw_device_ctx = av_buffer_ref(hwctx); // 关联硬件设备内存引用
222         av_buffer_unref(&hwctx); // 关闭局部变量的内存引用
223     }
224 #endif
226     s->time_base = strm->time_base; // 设置时间基准
227     s->ctx = ctx;
228     s->idx = i;
234     return 0;
235 }
238 int avformat_shared_alloc(struct shared **shp, const char *dev,
239             double fps, const struct vidsz *size,
240             bool video)
241 { // 获取共享设备
242     struct shared *st;
243     struct pl pl_fmt, pl_dev;
244     char *device = NULL;
245     AVInputFormat *input_format = NULL;
246     AVDictionary *format_opts = NULL;
247     char buf[16];
248     unsigned i;
249     int err;
250     int ret;
251     // 申请内存，初始化为 0，传入自动销毁函数，在内存释放时自动执行该回调，该函数在第 58 行实现
255     st = mem_zalloc(sizeof(*st), shared_destructor);
256     if (!st) return ENOMEM;
259     st->au.idx  = -1;
260     st->vid.idx = -1;
262     err = str_dup(&st->dev, dev); // 复制设备字符串到 st-dev 中
263     if (err) goto out;
266     conf_get_str(conf_cur(), "avformat_pass_through",
267             pass_through, sizeof(pass_through)); // 从配置文件中读，是否是透传模式
269     if (*pass_through != '\0' && 0==strcmp(pass_through, "yes")) {
270         st->is_pass_through = 1; // 数据透传，不解码
271     }
272     // 使用正则表达式将字符串以逗号分隔开
273     if (0 == re_regex(dev, str_len(dev), "[^,]+,[^,]+", &pl_fmt, &pl_dev)) {
275         char format[32];
277         pl_strcpy(&pl_fmt, format, sizeof(format));
279         pl_strdup(&device, &pl_dev);
280         dev = device; // 计算设备名称
282         st->is_realtime = // 以下这些摄像头或麦克风设备提供的流是实时的
283             0==strcmp(format, "avfoundation") ||
284             0==strcmp(format, "android_camera") ||
```

```
285              0==strcmp(format, "v4l2");
287          input_format = av_find_input_format(format); // 获取输入格式
288          if (input_format) { // 成功，打印日志
289              debug("avformat: using format '%s' (%s)\n",
290                    input_format->name, input_format->long_name);
291          } else { // 警告
293              warning("avformat: input format not found (%s)\n", format);
295          }
296      }
298      err = lock_alloc(&st->lock); // 在 BareSIP 中申请一个锁
299      if (err) goto out;
302      if (video && size->w) {
303          re_snprintf(buf, sizeof(buf), "%ux%u", size->w, size->h);
304          ret = av_dict_set(&format_opts, "video_size", buf, 0); // 设置摄像头或视频文
```
件分辨率
```
305          if (ret != 0) { err = ENOENT; goto out; }
311      }
313      if (video && fps && !st->is_pass_through) { // 非透传，需要转码
314          re_snprintf(buf, sizeof(buf), "%2.f", fps);
315          ret = av_dict_set(&format_opts, "framerate", buf, 0); // 帧率
316          if (ret != 0) { err = ENOENT; goto out; }
322      }
324      if (video && device) { // 视频设备
325          ret = av_dict_set(&format_opts, "camera_index", device, 0); // 选择对应的摄像头
326          if (ret != 0) { err = ENOENT; goto out; }
332      }
334      if (str_isset(avformat_inputformat)) { // 如果配置文件中有期望的视频格式参数，则设置
335          ret = av_dict_set(&format_opts, "input_format", avformat_inputformat, 0);
337          if (ret != 0) { err = ENOENT; goto out; }
343      }
345      if (str_isset(rtsp_transport)) { // 如果输入源为 RTSP 流，则选择相应的传输协议
346          ret = -1;
348          if ((0==strcmp(rtsp_transport, "tcp")) ||
349              (0==strcmp(rtsp_transport, "udp")) ||
350              (0==strcmp(rtsp_transport, "udp_multicast")) ||
351              (0==strcmp(rtsp_transport, "http")) ||
352              (0==strcmp(rtsp_transport, "https"))) {
354              ret = av_dict_set(&format_opts, "rtsp_transport", rtsp_transport, 0);
356          }
358          if (ret != 0) { err = ENOENT; goto out; }
364      }
366      ret = avformat_open_input(&st->ic, dev, input_format, &format_opts); // 打开输入源
367      if (ret < 0) { err = ENOENT; goto out; }
374      for (i=0; i<st->ic->nb_streams; i++) { // 遍历文件中所有流（stream）
376          const struct AVStream *strm = st->ic->streams[i]; // 当前 stream
377          AVCodecContext *ctx;
379          ctx = avcodec_alloc_context3(NULL); // 初始化一个 AVCodecContext
380          if (!ctx) { err = ENOMEM; goto out; }
384          // 从 strm->codecpar 中获取参数到 ctx 中
385          ret = avcodec_parameters_to_context(ctx, strm->codecpar);
386          if (ret < 0) { err = EPROTO; goto out; }
392          switch (ctx->codec_type) {
394          case AVMEDIA_TYPE_AUDIO: // 音频流
395              err = open_codec(&st->au, strm, i, ctx); // 打开音频 codec
396              if (err) goto out;
398              break;
400          case AVMEDIA_TYPE_VIDEO: // 视频流
401              err = open_codec(&st->vid, strm, i, ctx); // 打开视频 codec
402              if (err) goto out;
404              break;
406          default: break;
408          }
409      }
```

```
411      st->run = true; // 准备好，启动一个新线程，专门用于读文件
412      err = pthread_create(&st->thread, NULL, read_thread, st);
413      if (err) { st->run = false; goto out; }
418      list_append(&sharedl, &st->le, st); // 将当前设备加入共享列表中
420  out:
422      if (err) mem_deref(st);
424      else *shp = st;
427      mem_deref(device); // 释放内存引用计数
429      av_dict_free(&format_opts); // 释放 FFmpeg 数据字典内存
431      return err;
432  }
435  struct shared *avformat_shared_lookup(const char *dev) // 查找共享设备
436  {
437      struct le *le;
439      for (le = sharedl.head; le; le = le->next) { // 遍历链表
441          struct shared *sh = le->data;
443          if (0 == str_casecmp(sh->dev, dev)) return sh; // 找到则返回
445      }
447      return NULL; // 找不到则返回空指针
448  }
451  void avformat_shared_set_audio(struct shared *sh, struct ausrc_st *st)
452  {  // 设置音频输入源
453      if (!sh) return;
456      lock_write_get(sh->lock);
457      sh->ausrc_st = st;
458      lock_rel(sh->lock);
459  }
462  void avformat_shared_set_video(struct shared *sh, struct vidsrc_st *st)
463  {  // 设置视频输入源
464      if (!sh) return;
467      lock_write_get(sh->lock);
468      sh->vidsrc_st = st;
469      lock_rel(sh->lock);
470  }
473  static int module_init(void) // 模块初始化
474  {
475      int err;
476  #if LIBAVUTIL_VERSION_MAJOR >= 56
477      char hwaccel[64] = ""; // 启用硬件加速
478  #endif
479      char decoder[64] = "";
481  #if LIBAVCODEC_VERSION_INT < AV_VERSION_INT(58, 9, 100)
482      avcodec_register_all(); // 旧版本的 FFmpeg 需要调用这个注册函数初始化
483  #endif
485  #if LIBAVUTIL_VERSION_MAJOR >= 56
486      conf_get_str(conf_cur(), "avformat_hwaccel", hwaccel, sizeof(hwaccel));
487      if (str_isset(hwaccel)) { // 查找硬件加速设备，找不到则返回 AV_HWDEVICE_TYPE_NONE
488          avformat_hwdevice = av_hwdevice_find_type_by_name(hwaccel);
493      }
494  #endif
495      // 读配置文件中相关参数
496      conf_get_str(conf_cur(), "avformat_inputformat", avformat_inputformat,
497          sizeof(avformat_inputformat));
499      conf_get_str(conf_cur(), "avformat_decoder", decoder,
500          sizeof(decoder));
502      conf_get_str(conf_cur(), "avformat_rtsp_transport",
503          rtsp_transport, sizeof(rtsp_transport));
505      if (str_isset(decoder)) { // 根据配置名称查找对应的解码器
506          avformat_decoder = avcodec_find_decoder_by_name(decoder);
507          if (!avformat_decoder) { return ENOENT; }
511      }
513      avformat_network_init(); // 初始化 FFmpeg AVFormat 网络
515      avdevice_register_all(); // 注册 FFmpeg 所有设备
```

```
517    err  = ausrc_register(&ausrc, baresip_ausrcl(),
518                "avformat", avformat_audio_alloc); // 向 BareSIP 注册媒体输入源
520    err |= vidsrc_register(&mod_avf, baresip_vidsrcl(),
521                "avformat", avformat_video_alloc, NULL); // 向 BareSIP 注册视频输入源
523    return err;
524 }
527 static int module_close(void) // 关闭模块
528 {
529    mod_avf = mem_deref(mod_avf);
530    ausrc = mem_deref(ausrc);
532    avformat_network_deinit();
534    return 0;
535 }
538 EXPORT_SYM const struct mod_export DECL_EXPORTS(avformat) = {
539    "avformat", "avsrc", // 向 BareSIP 注册模块
541    module_init, // 模块初始化回调函数
542    module_close // 模块卸载回调函数
543 };
```

从代码中可以看出，音视频输入媒体流可以从音视频文件中获取，也可以从摄像头或麦克风设备获取，后者是实时的（is_realtime），可以阻塞读取，前者则是循环读取，使用简单的忙等待（sys_msleep(4)）直到读取下一帧。具体的音视频解码函数在后面的文件中定义。

上述代码中用到的时钟函数是一个简单的跨平台函数，是在 libre 中实现的，它返回当前时间的 64 位毫秒数。代码如下：

```
uint64_t tmr_jiffies(void)
{
   uint64_t jfs;
#if defined(WIN32) // Windows 平台
   FILETIME ft;
   ULARGE_INTEGER li;
   GetSystemTimeAsFileTime(&ft);
   li.LowPart = ft.dwLowDateTime;
   li.HighPart = ft.dwHighDateTime;
   jfs = li.QuadPart/10/1000;
#else
   struct timeval now;
   if (0 != gettimeofday(&now, NULL)) { return 0; } // 获取当前时间
   jfs  = (long)now.tv_sec * (uint64_t)1000;
   jfs += now.tv_usec / 1000;
#endif
   return jfs;
}
```

音频相关的函数在单独的文件中实现。下面代码来自 avformat/audio.c。

```
11 #include <libavutil/opt.h>          // FFmpeg 相关的头文件
12 #include <libavformat/avformat.h>
13 #include <libavcodec/avcodec.h>
14 #include <libswresample/swresample.h>
18 struct ausrc_st {                    // 音频流结构体
19    struct shared *shared;
20    struct ausrc_prm prm;
21    SwrContext *swr;
22    ausrc_read_h *readh;
23    ausrc_error_h *errh;
24    void *arg;
25 };
28 static void audio_destructor(void *arg) // 释放内存函数
29 {
30    struct ausrc_st *st = arg;
```

```
32      avformat_shared_set_audio(st->shared, NULL);
33      mem_deref(st->shared);
35      if (st->swr) swr_free(&st->swr);
37  }
40  static enum AVSampleFormat aufmt_to_avsampleformat(enum aufmt fmt)
41  {   // 将 BareSIP 中的音频格式转换为 FFmpeg 音频格式
42      switch (fmt) {
44      case AUFMT_S16LE: return AV_SAMPLE_FMT_S16;
45      case AUFMT_FLOAT: return AV_SAMPLE_FMT_FLT;
46      default:          return AV_SAMPLE_FMT_NONE;
47      }
48  }
51  int avformat_audio_alloc(struct ausrc_st **stp, const struct ausrc *as,
52              struct ausrc_prm *prm, const char *dev,
53              ausrc_read_h *readh, ausrc_error_h *errh, void *arg)
54  {   // 打开音频源
55      struct ausrc_st *st;
56      struct shared *sh;
57      int err = 0;
59      if (!stp || !as || !prm || !readh) return EINVAL;
64      st = mem_zalloc(sizeof(*st), audio_destructor); // 初始化音频源内存，释放时会自动
调用第 28 行的回调函数
65      if (!st) return ENOMEM;
68      st->readh = readh; // 读数据回调函数
69      st->errh  = errh;  // 出错回调函数
70      st->arg   = arg;   // 回调参数，原样回传
71      st->prm   = *prm;  // 参数
73      sh = avformat_shared_lookup(dev); // 查找设备
74      if (sh) { st->shared = mem_ref(sh); } // 创建内存引用计数
77      else { // 申请共享设备
78          err = avformat_shared_alloc(&st->shared, dev, 0.0, NULL, false);
80          if (err) goto out;
82      }
84      sh = st->shared;
86      if (st->shared->au.idx < 0 || !st->shared->au.ctx) { // 媒体文件没有音频流
87          info("avformat: audio: media file has no audio stream\n");
88          err = ENOENT; goto out;
90      }
92      st->swr = swr_alloc(); // 初始化并使用 libswresample 进行重采样
93      if (!st->swr) { err = ENOMEM; goto out; }
98      avformat_shared_set_audio(st->shared, st); // 使用这个音频设备
100     info("avformat: audio: converting %u/%u %s -> %u/%u %s\n", // 打印相关信息
101         sh->au.ctx->sample_rate, sh->au.ctx->channels,
102         av_get_sample_fmt_name(sh->au.ctx->sample_fmt),
103         prm->srate, prm->ch, aufmt_name(prm->fmt));
105 out:
106     if (err) mem_deref(st);
108     else *stp = st; // 返回打开的音频流
111     return err;
112 }
115 void avformat_audio_decode(struct shared *st, AVPacket *pkt) // 音频解码
116 {
117     AVFrame frame;
118     AVFrame frame2;
119     int ret;
120 #if LIBAVCODEC_VERSION_INT < AV_VERSION_INT(57, 37, 100)
121     int got_frame; // 旧解码接口使用
122 #endif
124     if (!st || !st->au.ctx) return;
127     memset(&frame, 0, sizeof(frame));
128     memset(&frame2, 0, sizeof(frame2));
130 #if LIBAVCODEC_VERSION_INT >= AV_VERSION_INT(57, 37, 100)
132     ret = avcodec_send_packet(st->au.ctx, pkt); // 调用新解码接口解码
```

```
133    if (ret < 0) return;
136    ret = avcodec_receive_frame(st->au.ctx, &frame); // 检查是否有已解码的音频
137    if (ret < 0) return;
140 #else
141    ret = avcodec_decode_audio4(st->au.ctx, &frame, &got_frame, pkt); // 旧解码接口
142    if (ret < 0 || !got_frame) return; // 失败处理
144 #endif
148    lock_read_get(st->lock); // 加锁
150    if (st->ausrc_st && st->ausrc_st->readh) { // 需要重采样
152        const AVRational tb = st->au.time_base;
153        struct auframe af;
155        frame.channel_layout = av_get_default_channel_layout(frame.channels);
158        frame2.channels      = st->ausrc_st->prm.ch;
159        frame2.channel_layout = av_get_default_channel_layout(st->ausrc_st->prm.ch);
161        frame2.sample_rate   = st->ausrc_st->prm.srate;
162        frame2.format        = aufmt_to_avsampleformat(st->ausrc_st->prm.fmt);
165        ret = swr_convert_frame(st->ausrc_st->swr, &frame2, &frame);
166        if (ret) { goto unlock; }
171        // 从 FFmpeg 解码出的音频数据（且已重采样的 frame2）填充 BareSIP 音频内存缓冲区
172        auframe_init(&af, st->ausrc_st->prm.fmt, frame2.data[0],
173                frame2.nb_samples * frame2.channels,
174                st->ausrc_st->prm.srate, st->ausrc_st->prm.ch);
175        af.timestamp = frame.pts * AUDIO_TIMEBASE * tb.num / tb.den;
176        // 调用 BareSIP 的回调函数，返回音频数据
177        st->ausrc_st->readh(&af, st->ausrc_st->arg);
178    }
180 unlock:
181    lock_rel(st->lock);        // 释放锁
183    av_frame_unref(&frame2);  // 解除内存引用
184    av_frame_unref(&frame);   // 解除内存引用
185 }
```

从上述代码可以看出，音频解码也兼容了新、旧两种接口。至于重采样等内容在以前的代码中也都介绍过，这里也没有什么特别的。

视频相关的函数也在单独的文件中实现。下面代码来自 avformat/video.c。

```
14 #include <libavformat/avformat.h> // FFmpeg 相关的头文件
15 #include <libavcodec/avcodec.h>
16 #include <libavutil/pixdesc.h>
20 struct vidsrc_st {              // 定义一个视频流结构
21    struct shared *shared;
22    vidsrc_frame_h *frameh;
23    vidsrc_packet_h *packeth;
24    void *arg;
25 };
28 static void video_destructor(void *arg) // 释放内存函数
29 {
30    struct vidsrc_st *st = arg;
32    avformat_shared_set_video(st->shared, NULL);
33    mem_deref(st->shared);
34 }
37 static enum vidfmt avpixfmt_to_vidfmt(enum AVPixelFormat pix_fmt)
38 {  将 FFmpeg 格式转换为 BareSIP 视频像素格式
39    switch (pix_fmt) {
41    case AV_PIX_FMT_YUV420P:  return VID_FMT_YUV420P;
42    case AV_PIX_FMT_YUVJ420P: return VID_FMT_YUV420P;
43    case AV_PIX_FMT_YUV444P:  return VID_FMT_YUV444P;
44    case AV_PIX_FMT_NV12:     return VID_FMT_NV12;
45    case AV_PIX_FMT_NV21:     return VID_FMT_NV21;
46    case AV_PIX_FMT_UYVY422:  return VID_FMT_UYVY422;
47    case AV_PIX_FMT_YUYV422:  return VID_FMT_YUYV422;
48    default:                  return (enum vidfmt)-1;
```

```
49        }
50  }
53  int avformat_video_alloc(struct vidsrc_st **stp, const struct vidsrc *vs,
54             struct vidsrc_prm *prm,
55             const struct vidsz *size, const char *fmt,
56             const char *dev, vidsrc_frame_h *frameh,
57             vidsrc_packet_h *packeth,
58             vidsrc_error_h *errorh, void *arg)
59  {   // 申请视频流
60      struct vidsrc_st *st;
61      struct shared *sh;
62      int err = 0;
68      if (!stp || !vs || !prm || !size || !frameh) return EINVAL;
73      st = mem_zalloc(sizeof(*st), video_destructor); // 申请视频源结构体内存, 释放时会
回调第 28 行的函数
74      if (!st) return ENOMEM;
77      st->frameh = frameh;      // 从 BareSIP 传过来的图像帧回调函数
78      st->packeth = packeth;    // 从 BareSIP 传过来的原始流回调函数
79      st->arg   = arg;          // 回调参数, 原样回传
81      sh = avformat_shared_lookup(dev); // 查找视频设备
82      if (sh) { st->shared = mem_ref(sh); }
85      else {
86          err = avformat_shared_alloc(&st->shared, dev, prm->fps, size, true); // 申
请视频设备
88          if (err) goto out;
90      }
92      if (st->shared->vid.idx < 0 || !st->shared->vid.ctx) { err = ENOENT; goto out; }
98      avformat_shared_set_video(st->shared, st); // 使用该视频设备作为输入源
100 out:
101     if (err) mem_deref(st);
103     else *stp = st; // 返回该视频流
106     return err;
107 }
110 void avformat_video_copy(struct shared *st, AVPacket *pkt) // 不解码, 直接复制视频数据
111 {   // 将视频数据从 FFmpeg 内存 pkt 复制到 BareSIP 内存
112     struct vidpacket vp; // BareSIP 中的视频数据
113     AVRational tb;
115     if (!st || !pkt) return;
118     tb = st->vid.time_base; // 时间基准
120     vp.buf = pkt->data;       // 从 BareSIP 直接指向 FFmpeg 中的数据内存地址
121     vp.size = pkt->size;      // 数据长度
122     vp.timestamp = pkt->pts * VIDEO_TIMEBASE * tb.num / tb.den; // 计算时间戳
124     lock_read_get(st->lock); // 加锁
126     if (st->vidsrc_st && st->vidsrc_st->packeth) {
127         st->vidsrc_st->packeth(&vp, st->vidsrc_st->arg); // 回调, 将数据返回 BareSIP 调用者
128     }
130     lock_rel(st->lock); // 解锁
131 }
134 void avformat_video_decode(struct shared *st, AVPacket *pkt)
135 {
136     AVRational tb;
137     struct vidframe vf;
138     AVFrame *frame = 0;
139     uint64_t timestamp;
140     unsigned i;
141     int ret;
142 #if LIBAVCODEC_VERSION_INT < AV_VERSION_INT(57, 37, 100)
143     int got_pict; // 旧版解码接口使用
144 #endif
146     if (!st || !st->vid.ctx) return;
149     tb = st->vid.time_base; // 时间基准
151     frame = av_frame_alloc(); // 申请一个 AVFrame 用于存放解码后的图像数据
152     if (!frame) return;
```

```
155 #if LIBAVCODEC_VERSION_INT >= AV_VERSION_INT(57, 37, 100)
157     ret = avcodec_send_packet(st->vid.ctx, pkt); // 调用新的解码接口解码，pkt 中有待解
码的数据
158     if (ret < 0) goto out;
161     ret = avcodec_receive_frame(st->vid.ctx, frame); // 检查是否有解码后的图像数据
162     if (ret < 0) goto out;
165 #else
166     ret = avcodec_decode_video2(st->vid.ctx, frame, &got_pict, pkt); // 旧版解码接口
167     if (ret < 0 || !got_pict) goto out;
169 #endif
171 #if LIBAVUTIL_VERSION_MAJOR >= 56
172     if (st->vid.ctx->hw_device_ctx) { // 硬件解码
173         AVFrame *frame2;
174         frame2 = av_frame_alloc();     // 申请一个 AVFrame 用于存储硬件解码器中的图像
175         if (!frame2) goto out;
179         frame2->format = AV_PIX_FMT_YUV420P; // 很多硬件解码器都支持这个像素格式
180         ret = av_hwframe_transfer_data(frame2, frame, 0); // 从硬件解码器读数据
181         if (ret < 0) { av_frame_free(&frame2); goto out; }
186         ret = av_frame_copy_props(frame2, frame); // 将相关参数从 frame 复制到 frame2
187         if (ret < 0) { av_frame_free(&frame2); goto out; }
192         av_frame_unref(frame); // 释放内存引用计数
193         av_frame_move_ref(frame, frame2); // 将内存引用计数从 frame2 转移到 frame
194         av_frame_free(&frame2); // 释放内存引用计数
195     }
196 #endif
198     vf.fmt = avpixfmt_to_vidfmt(frame->format); // 将 FFmpeg 像素格式转换为 BareSIP 中的格式
199     if (vf.fmt == (enum vidfmt)-1) { goto out; }
207     vf.size.w = st->vid.ctx->width;  // 将 FFmpeg 中解码后的图像宽度赋值给 BareSIP
208     vf.size.h = st->vid.ctx->height; // 图像高度
210     for (i=0; i<4; i++) { // BareSIP 与 FFmpeg 像素格式是兼容的，直接移动内存指针指向 FFmpeg
YUV 数据平面
211         vf.data[i]     = frame->data[i];
212         vf.linesize[i] = frame->linesize[i];
213     }
216     timestamp = frame->pts * VIDEO_TIMEBASE * tb.num / tb.den; // 计算时间戳
218     lock_read_get(st->lock); // 加锁
220     if (st->vidsrc_st && st->vidsrc_st->frameh) // 调用回调函数将数据返回 BareSIP 调用者
221         st->vidsrc_st->frameh(&vf, timestamp, st->vidsrc_st->arg);
223     lock_rel(st->lock); // 解锁
225 out:
226     if (frame) av_frame_free(&frame); // 解除引用计数
228 }
```

在上述代码中，对设备（摄像头）直接使用了固定的 `AV_PIX_FMT_YUV420P` 像素格式，大部分摄像头应该都支持这种格式。如果某些摄像头需要特定的格式，则可以从配置参数中传入，不过，那就需要多写一些代码了。代码无止境，总要在实用性和复杂性之间做一些权衡。

15.4.3　AVFilter

AVFilter 是 FFmpeg 中的滤镜，可以对视频图像进行各种处理。AVFilter 是一个链，也就是说图像可以通过多个滤镜进行处理，如美颜（这需要额外的算法）、添加水印等。

BareSIP 也实现了滤镜模块，如下列配置可以在现有的视频上添加一个水印图片。

```
avfilter movie=watermark.png[pic];[in][pic]overlay=10:10[out]
```

滤镜模块在 `avfilter/avfilter.c` 中实现。代码如下：

```
8 #include <libavformat/avformat.h>    // FFmpeg 相关头文件
9 #include <libavfilter/buffersink.h>
```

```
10 #include <libavfilter/buffersrc.h>
11 #include <libavutil/opt.h>
44 static struct lock *lock;                // 锁
45 static char filter_descr[MAX_DESCR] = ""; // 滤镜字符串
46 static bool filter_updated = false;
49 static void st_destructor(void *arg) // 释放内存回调函数
50 {
51     struct avfilter_st *st = arg;
53     list_unlink(&st->vf.le);
54     filter_reset(st);
55 }
58 static int update(struct vidfilt_enc_st **stp, void **ctx,
59         const struct vidfilt *vf, struct vidfilt_prm *prm,
60         const struct video *vid)
61 {   // 更新滤镜
62     struct avfilter_st *st; // 初始化一个 avfilter_st 结构体指针
65     if (!stp || !ctx || !vf || !prm) return EINVAL;
68     if (*stp) return 0;
71     st = mem_zalloc(sizeof(*st), st_destructor); // 申请内存, 释放时自动回调第 49 行的函数
72     if (!st) return ENOMEM;
75     st->enabled = false;
77     *stp = (struct vidfilt_enc_st *)st; // 返回这个指针给 BareSIP
78     return 0;
79 }
82 static int encode(struct vidfilt_enc_st *enc_st, struct vidframe *frame,
83         uint64_t *timestamp)
84 {   // 编码
85     struct avfilter_st *st = (struct avfilter_st *)enc_st;
86     int err;
88     if (!frame) return 0;
91     lock_write_get(lock); // 加锁
92     if (filter_updated || !filter_valid(st, frame)) {
93         filter_reset(st); // 首次使用或更新时重置一下内存状态
94         filter_init(st, filter_descr, frame); // 初始化
95     }
96     filter_updated = false;
97     lock_rel(lock); // 解锁
99     err = filter_encode(st, frame, timestamp); // 调用编码函数, 该函数在另外的文件中实现
101     return err;
102 }
105 static int avfilter_command(struct re_printf *pf, void *arg) // 执行滤镜指令
106 {
107     const struct cmd_arg *carg = arg;
110     lock_write_get(lock); // 加锁
112     if (str_isset(carg->prm)) { // 启用
113         str_ncpy(filter_descr, carg->prm, sizeof(filter_descr));
114         info("avfilter: enabled for %s\n", filter_descr);
115     } else { // 禁用
117         str_ncpy(filter_descr, "", sizeof(filter_descr));
118         info("avfilter: disabled\n");
119     }
121     filter_updated = true;
123     lock_rel(lock); // 解锁
124     return 0;
125 }
128 static struct vidfilt avfilter = { // BareSIP 中视频滤镜结构体, 回调函数
129     .name   = "avfilter",
130     .ench   = encode,
131     .encupdh = update
132 };
135 static const struct cmd cmdv[] = { // 支持的命令数据
136     {"avfilter", 0, CMD_PRM, "Start avfilter", avfilter_command}
137 };
```

```
140  static int module_init(void) // 模块实始化
141  {
142      int err;
143      err = lock_alloc(&lock); // 申请锁
144      if (err) return err;
147      vidfilt_register(baresip_vidfiltl(), &avfilter); // 向 BareSIP 注册滤镜模块
148      return cmd_register(baresip_commands(), cmdv, ARRAY_SIZE(cmdv)); // 注册命令
149  }
152  static int module_close(void) // 模块卸载
153  {
154      lock = mem_deref(lock);              // 解除内存引用
155      vidfilt_unregister(&avfilter);          // 取消滤镜注册
156      cmd_unregister(baresip_commands(), cmdv); // 取消命令注册
157      return 0;
158  }
161  EXPORT_SYM const struct mod_export DECL_EXPORTS(avfilter) = {
162      "avfilter", "vidfilt", // 向 BareSIP 注册滤镜名称
164      module_init, // 模块初始化回调函数
165      module_close // 模块卸载回调函数
166  };
```

上述代码中引用的具体的滤镜函数是在 avfilter/filter.c 中实现的。代码如下：

```
 8  #include <libavformat/avformat.h>     // FFmpeg 相关头文件
 9  #include <libavfilter/buffersink.h>
10  #include <libavfilter/buffersrc.h>
11  #include <libavutil/opt.h>
19  int filter_init(struct avfilter_st *st, const char *filter_descr,
20          struct vidframe *frame)
21  {  // 滤镜初始化
22      const AVFilter *buffersrc, *buffersink;
23      AVFilterInOut *outputs, *inputs;
24      enum AVPixelFormat src_format = vidfmt_to_avpixfmt(frame->fmt); // 将 BareSIP 像
素格式转换为 FFmpeg 格式
25      enum AVPixelFormat pix_fmts[] = { src_format, AV_PIX_FMT_NONE };
26      char args[512];
27      int err = 0;
29      if (!str_isset(filter_descr)) { st->enabled = false; return 0; }
34      buffersrc = avfilter_get_by_name("buffer");       // 获取滤镜源
35      buffersink = avfilter_get_by_name("buffersink");  // 获取滤镜尾
36      outputs = avfilter_inout_alloc(); // 用于滤镜输出
37      inputs = avfilter_inout_alloc();  // 用于滤镜输入
39      st->filter_graph = avfilter_graph_alloc(); // 滤镜是一个图（graph）
40      st->vframe_in = av_frame_alloc();  // 申请一个图像 AVFrame，用于输入
41      st->vframe_out = av_frame_alloc(); // 申请一个图像 AVFrame，用于输出
42      if (!outputs || !inputs || !st->filter_graph || !st->vframe_in || !st->vframe_out) {
44          err = AVERROR(ENOMEM); goto end;
46      }
54      err = avfilter_graph_create_filter( // 创建滤镜源
55          &st->buffersrc_ctx, buffersrc, "in", args, NULL, st->filter_graph);
57      if (err < 0) { goto end; }
63      err = avfilter_graph_create_filter( // 创建滤镜尾，结束滤镜
64          &st->buffersink_ctx, buffersink, "out", NULL, NULL, st->filter_graph);
66      if (err < 0) { goto end; }
71      err = av_opt_set_int_list( // 设置滤镜链上的像素格式，是一个数组
72          st->buffersink_ctx, "pix_fmts", pix_fmts, AV_PIX_FMT_NONE, AV_OPT_SEARCH_CHILDREN);
74      if (err < 0) { goto end; }
79      outputs->name       = av_strdup("in");
80      outputs->filter_ctx = st->buffersrc_ctx; // 图像视频源，接到滤镜输出
81      outputs->pad_idx    = 0;
82      outputs->next       = NULL;
84      inputs->name        = av_strdup("out");
85      inputs->filter_ctx = st->buffersink_ctx; // 滤镜图像尾，接到图像输入
```

```
 86      inputs->pad_idx    = 0;
 87      inputs->next       = NULL;
 88      // 解析滤镜字符串
 89      err = avfilter_graph_parse_ptr(st->filter_graph, filter_descr,
 90                      &inputs, &outputs, NULL);
 91      if (err < 0) { goto end; }
 97      err = avfilter_graph_config(st->filter_graph, NULL); // 根据解析结果配置滤镜资源
 98      if (err < 0) { goto end; }
103      st->size    = frame->size; // 记住视频帧大小
104      st->format  = frame->fmt;  // 记住视频帧格式
105      st->enabled = true;
106      // 滤镜初始化完毕
107      info("avfilter: filter graph initialized for %s\n", filter_descr);
109  end:
110      avfilter_inout_free(&inputs);  // 不再需要这个输入，释放
111      avfilter_inout_free(&outputs); // 不再需要这个输出，释放
113      return err;
114  }
117  void filter_reset(struct avfilter_st *st) // 滤镜重置函数
118  {
119      if (!st) return;
122      if (!st->enabled) return;
124      if (st->filter_graph) avfilter_graph_free(&st->filter_graph); // 释放 graph
126      if (st->vframe_in) av_frame_free(&st->vframe_in);    // 释放 AVFrame
128      if (st->vframe_out) av_frame_free(&st->vframe_out); // 释放 AVFrame
130      st->enabled = false;
132  }
135  bool filter_valid(const struct avfilter_st *st, const struct vidframe *frame)
136  {  // 检查滤镜是否合法
137      bool res = !st->enabled ||
138          ((st->size.h == frame->size.h) &&
139           (st->size.w == frame->size.w) &&
140           (st->format == frame->fmt));
141      return res;
142  }
145  int filter_encode(struct avfilter_st *st, struct vidframe *frame, uint64_t *timestamp)
147  {  // 滤镜编码，应用该滤镜
148      unsigned i;
149      int err;
151      if (!frame) return 0;
154      if (!st->enabled) { return 0; }
158      // 填充视频图像源 AVFrame 内存，数据从 BareSIP 传入
159      st->vframe_in->format = vidfmt_to_avpixfmt(frame->fmt);
160      st->vframe_in->width  = frame->size.w;
161      st->vframe_in->height = frame->size.h;
162      st->vframe_in->pts    = *timestamp;
164      for (i=0; i<4; i++) { // 格式兼容，直接将指针指向 BareSIP 中的内存 YUV 平面
165          st->vframe_in->data[i]    = frame->data[i];
166          st->vframe_in->linesize[i] = frame->linesize[i];
167      }
170      err = av_buffersrc_add_frame_flags( // 将源 AVFrame 推入滤镜链
171          st->buffersrc_ctx, st->vframe_in, AV_BUFFERSRC_FLAG_KEEP_REF);
172      if (err < 0) { goto out; }
178      av_frame_unref(st->vframe_out); // 释放旧的内存引用计数，如果有的话
179      err = av_buffersink_get_frame(st->buffersink_ctx, st->vframe_out); // 从滤镜链
中读取处理后的帧
180      if (err == AVERROR(EAGAIN) || err == AVERROR_EOF) goto out;
182      if (err < 0) { goto out; }
188      avframe_ensure_topdown(st->vframe_out); // 确保内存像素格式是正向的，见下文 util.c
191      for (i=0; i<4; i++) { // 修改原来的 BareSIP 图像，将数据指针指向滤镜处理后的图像内存
192          frame->data[i] = st->vframe_out->data[i];
193          frame->linesize[i] = st->vframe_out->linesize[i];
194      }
```

```
195     frame->size.h = st->vframe_out->height; // 设置新的图像高度
196     frame->size.w = st->vframe_out->width;  // 设置新的图像宽度
197     frame->fmt = avpixfmt_to_vidfmt(st->vframe_out->format); // 新的图像像素格式
199  out:
200     return err;
201 }
```

从上述代码可以看出，**FFmpeg** 提供的滤镜功能强大，用起来也不复杂。滤镜是一个链，源头接上视频，在链上添加一个或多个滤镜（字符串形式描述），就可以在链的另一头得到处理后的视频。多滤镜的语法格式已经在前面的章节中介绍过了，在此不赘述。

上述代码中用到的一些工具函数是在 avfilter/util.c 中实现的，该文件也不长，具有参考意义。简析如下：

```
12 #include <libavutil/frame.h> // FFmpeg 相关头文件，使用了 libavutil
16 static int swap_lines(uint8_t *a, uint8_t *b, uint8_t *tmp, size_t size)
17 {   // 通过一个临时缓冲区 tmp 交换两行数据
18     memcpy(tmp, a, size);
19     memcpy(a, b, size);
20     memcpy(b, tmp, size);
21     return 0;
22 }
25 static int reverse_lines(uint8_t *data, int linesize, int count)
26 {   // 将图像数据反转
27     size_t size = abs(linesize) * sizeof(uint8_t);
28     uint8_t *tmp = malloc(size); // 需要一个临时缓冲区
29     if (!tmp) return ENOMEM;
32     for (int i = 0; i < count/2; i++) // 循环交换每一行
33         swap_lines(data + linesize * i, data + linesize * (count - i - 1), tmp, size);
38     free(tmp);
39     return 0;
40 }
46 // 有的 AVFrame 中的平面数据顺序是从下往上的，其 linesize 为负数，起始指针指向缓冲区中最后一行数据
47 // BareSIP 仅使用正数的 linesize，因此需要将整个平面翻转一下
48 int avframe_ensure_topdown(AVFrame *frame) // 确保图像平面数据是从上到下存储的
49 {
50     int i;
52     if (!frame) return EINVAL;
55     switch (frame->format) {
57     case AV_PIX_FMT_YUV420P:    // 目前仅支持这种格式
58         for (i=0; i<4; i++) {   // 遍历所有平面
59             int ls = frame->linesize[i]; // 获取 linesize
60             int h;
61             if (ls >= 0) continue; // 仅负数的 linesize 需要翻转
63             h = i == 0 ? frame->height : frame->height/2; // U/V 平面为 Y 平面的 1/2
64             reverse_lines(frame->data[i], ls, h); // 翻转平面中所有行
65             frame->data[i]     = frame->data[i] + ls * (h - 1); // 指向正确的平面起始位置
66             frame->linesize[i] = abs(ls); // 翻转 linesize，取绝对值
67         }
68         break;
70     default:
72         for (i=0; i<4; i++) { // TODO：支持更多格式
74             if (frame->linesize[i] <0) {
76                 warning("avfilter: unsupported frame format with negative linesize:
%d", frame->format);
80                 return EPROTO;
81             }
82         }
83     }
85     return 0;
86 }
89 enum AVPixelFormat vidfmt_to_avpixfmt(enum vidfmt fmt)
90 {   // 将 BareSIP 格式转换为 FFmpeg 像素格式
```

```
91      switch (fmt) {
93      case VID_FMT_YUV420P: return AV_PIX_FMT_YUV420P;
94      case VID_FMT_YUV444P: return AV_PIX_FMT_YUV444P;
95      case VID_FMT_NV12:    return AV_PIX_FMT_NV12;
96      case VID_FMT_NV21:    return AV_PIX_FMT_NV21;
97      default:              return AV_PIX_FMT_NONE;
98      }
99  }
102 enum vidfmt avpixfmt_to_vidfmt(enum AVPixelFormat pix_fmt)
103 {    // 将 FFmpeg 像素格式转换为 BareSIP 格式
104     switch (pix_fmt) {
106     case AV_PIX_FMT_YUV420P: return VID_FMT_YUV420P;
107     case AV_PIX_FMT_YUVJ420P: return VID_FMT_YUV420P;
108     case AV_PIX_FMT_YUV444P:  return VID_FMT_YUV444P;
109     case AV_PIX_FMT_NV12:     return VID_FMT_NV12;
110     case AV_PIX_FMT_NV21:     return VID_FMT_NV21;
111     default:                  return (enum vidfmt)-1;
112     }
113 }
```

BareSIP 中使用与 FFmpeg 兼容的 YUV420P 像素格式，可以直接使用修改数据指针的方式避免内存复制，提高效率。当然，BareSIP 并不支持负数的 linesize，因而有时也需要做一下图像翻转。至此，BareSIP 中 FFmpeg 相关的代码就介绍完了，感兴趣的读者可以进一步阅读其源代码。

15.5   小结

通过本章的代码实例我们也可以看到，其实用到的 FFmpeg 函数也就是那么几个，但在实际应用中，更多的代码是要对输入输出参数做各种逻辑判断、检测各种边界条件、有针对性地进行出错处理等。而且，为了支持不同的操作系统、不同版本的库文件也需要做很多兼容性处理。这也是实际系统与 Demo 代码最主要的区别。

本书前面章节主要使用 Demo 代码来讲解相关函数的使用，力求用最简练的语言把使用方法和注意事项描述清楚。而本章则是分析实际场景中的代码实例，希望带给大家一个全面的认识。由于历史包袱的存在，代码总会越来越复杂，不管是 FreeSWITCH、Chromium，还是 FFmpeg，都是如此。这就如同物理学中的"熵"总是会增加一样。

值得一提的是，在上面的 FreeSWITCH 代码中，最高仅支持到 FFmpeg 4.4 版本，且还是使用了旧的编码和解码接口，而 BareSIP 及 Chromium 代码中则使用了新的编解码接口，方便读者对比学习。在本书定稿后即将付印时，FreeSWITCH 合并了支持 FFmpeg 5.1 的补丁[①]，感兴趣的读者可以参考学习。

理论上，在 C 语言中，所有有返回值的函数都需要检查返回值，并进行错误处理。在本章前面的代码（如 FreeSWITCH 代码）中，为了节省篇幅，我们删除了大量错误处理代码，但在 BareSIP 代码中我们尽量保留了一些错误处理代码，主要是考虑到读到后面大家对 FFmpeg 函数本身已经比较熟悉了，反而是错误处理代码更有参考价值，比如在什么情况下应该返回错误并中断执行，什么情况下只需打印出警告，但代码可以继续执行等。

同样是使用 FFmpeg，不同的软件有不同的考虑和侧重点，希望通过本章对这些真实代码的解读，能帮助读者比较全面地理解 FFmpeg 中相关函数的使用。本章的代码毕竟有所删减，如果读者感到困惑，也可以根据本章中给出的链接下载完整的源代码进行阅读，以便得到更加全面的认识。

---

① FreeSWITCH 支持 FFmpeg 5.1 的补丁，参见 https://github.com/signalwire/freeswitch/pull/2166。

第 16 章

定制 FFmpeg 模块

虽然 FFmpeg 提供了大量封装与解封装、编码与解码、输入输出设备、网络传输协议等能力支持，但是有时我们可能依然需要增加功能，这时就需要对 FFmpeg 的模块部分进行修改，增加定制化的模块。通过前面章节的学习，读者应该对 FFmpeg 的整体使用和架构都有了很好的了解。而向 FFmpeg 中添加模块需要对源代码架构比较了解。但 FFmpeg 源代码太多，需要找一个突破口，然后再逐步添加代码。

首先，下载官方的源代码仓库，基于 6.0 分支，建立一个新分支 book，作为我们源代码的基础。关于本章讲解的代码，作者已经从 FFmpeg 官方代码库下载并按照本章讲解的内容一步一步操作实现，然后将修改后的代码上传至本书 GitHub 目录[①]。

```
$ git clone git://source.ffmpeg.org/ffmpeg.git      # 下载源代码
$ cd ffmpeg                                          # 进入源代码主目录
$ git checkout release/6.0 -b book # 基于 6.0 分支建立一个新分支，命名为 book
Switched to a new branch 'book'
```

在源代码根目录中执行如下命令可以列出相应模块的源代码目录。

```
$ ls | grep lib
libavcodec/
libavdevice/
libavfilter/
libavformat/
libavutil/
libpostproc/
libswresample/
libswscale/
```

读者可以用自己喜欢的编辑器，打开整个源代码目录，大致浏览源代码的目录结构，随便看一看代码。可以找自己熟悉的内容看，比如 H264 编码用得比较多，在 libavcodec 目录下就有很多以 h264 开头的文件。如果要写一个新的编解码模块，最简单的方法就是先找一个类似的模块参考。不过，由于 FFmpeg 是一个庞大的项目，里面会有很多代码判断（如 if-else 之类）以应对实际使用环境中的各种问题，这使得源代码看起来很复杂，进而会干扰到我们的阅读。因此，在本章我们尝试构建一些简单、理想的环境，以便从最基本的代码入手，通过最简单的例子把问题讲清楚。

先编译一个可用的 FFmpeg 版本作为基础。由于我们需要自己实现模块，只需要最基本的编译即可，而不需要编译大量的第三方模块，因此在下面的例子中，我们只使用最简单的 ./configure，并没有使用任何其他参数。另外，make -j4 指明使用 4 个并发编译，可以根据自己的 CPU 核数进行调整，并发数越大则编译越快，但会使用更多的 CPU，一般不要超过系统 CPU 核数。

---

① 本书 GitHub 代码链接：https://github.com/T-bagwell/FFmpeg_Book_Version2/tree/book/base_ffmpeg_6.0。

```
./configure
make -j4
```

编译完成后，执行"./ffmpeg -h"，如果运行正常，说明编译成功了。笔者是在 Mac M1 上编译的，使用下面命令统计输出结果（读者可以去掉下列命令行中的"| wc -l"，以便查看完整的输出），这些结果大致可以看出相应模块的数量（行数）。下面是在笔者计算机上运行的结果：

```
./ffmpeg -formats   | wc -l          # 输出 404
./ffmpeg -codecs    | wc -l          # 输出 522
./ffmpeg -filters   | wc -l          # 输出 448
./ffmpeg -protocols | wc -l          # 输出 62
./ffmpeg -devices   | wc -l          # 输出 9
```

有了这个基础环境，下面就可以添加自己的模块了。如果读者参照本章的代码同步做试验，可以在做完本章的示例后，再次运行上述命令，观察前后的异同。

16.1　添加 AVFormat 模块

AVFormat 包含各种音视频文件格式的封装（包括网络文件格式），要添加该模块，首先要想好我们要做什么。下面，我们先"发明"一种自己的文件格式，然后用代码来实现。简单起见，我们使用固定的编解码格式。

16.1.1　book 文件格式

我们将新发明的文件格式命名为 book，格式定义如下：
- 支持音视频，文件固定包含一个音频轨和一个视频轨。
- 音频固定为 AAC，视频固定为 H264。
- 音视频交错存储。
- 音视频数据块的长度：32 位无符号整数，大端序，后面跟音视频数据。
- 长度字段最高位：音频为 0，视频为 1。

文件头定义如下：
- 4 字节的文件魔数（M），固定为 BOOK。
- 4 字节的版本号（V），32 位无符号整数，大端序。
- 4 字节的采样率（R），32 位无符号整数，大端序。
- 1 字节的填充字符（F），无任何意义，固定为 0。
- 1 字节的音频声道数（C）。
- 2 字节的视频宽度（W），16 位整数，大端序。
- 2 字节的视频高度（H），16 位整数，大端序。
- 2 字节的帧率分子（N），16 位整数，大端序。
- 2 字节的帧率分母（D），16 位整数，大端序。
- 26 字节的其他文本信息（I），最后一字节为 0，即 NULL 字符，主要是为了方便字符串处理。

这样规定主要是为了演示不同长度整数的处理，再加一个额外的填充字符也主要是为了让数据对齐，看起来比较直观，文件头数据的排列如图 16-1 所示（每行显示 16 字节）。

图 16-1 book 文件头数据排列示意图

16.1.2 添加文件

1）我们先在 libavformat 目录下创建两个文件：bookenc.c 和 bookdec.c，它们分别对应文件编码和文件解码。我们后面再讲具体内容。

2）在 libavformat/Makefile 中增加如下内容：

```
OBJS-$(CONFIG_BOOK_DEMUXER)               += bookdec.o
OBJS-$(CONFIG_BOOK_MUXER)                 += bookenc.o
```

3）在 libavformat/allformats.c 中增加如下内容：

```
extern const AVOutputFormat ff_book_muxer;
extern const AVInputFormat  ff_book_demuxer;
```

4）执行如下命令可以列出所有的格式，如果能从输出结果中找到 book，就说明添加成功了。

```
./configure --list-muxers
./configure --list-demuxers
```

5）重新执行 configure，命令如下：

```
./configure --enable-muxer=book --enable-demuxer=book
```

至此，我们的源文件和编译环境都准备好了。

16.1.3 添加文件封装格式

文件封装（即 AVOutputFormat）是一个输出格式，它的输入端也是一个 AVFormat（AVInputFormat）。下面首先注册 book 封装文件格式，内容在 bookenc.c 中。

1. 定义文件格式结构体

首先，我们定义一个结构体，用于描述和存储文件的各种参数。该结构体的第 1 个成员必须是一个 AVClass 类型的指针，不需要特别处理，FFmpeg 内部会使用到。其他参数见代码内注释。

```
typedef struct BookMuxContext {
    AVClass *class;         // AVClass 指针
    uint32_t magic;         // 文件魔数，用于标志文件的类型
    uint32_t version;       // 版本号，目前固定为 1
    uint32_t sample_rate;    // 音频采样率，常用的 AAC 格式采样率为 44100
    uint8_t channels;       // 声道数，一般为 1 或 2
    uint32_t width;         // 视频宽度
    uint32_t height;        // 视频高度
```

```
    AVRational fps;              // 帧率，这里用分数表示
    char *info;                  // 文件的其他描述信息，字符串
} BookMuxContext;
```

2. 准备参数

准备一个 AVOption 结构体数组，用于存放该文件格式的相关参数。比如，我们定义了一个
字符串格式的 info 参数和一个整数格式的 version 参数，最后用了一个空（NULL）结构体元
素结尾。这两个参数都可以在命令行上使用，后面会看到具体的用法。FFmpeg 会自动为这些参数
申请存储空间。从下面的代码中可以看到，这些参数其实指向了我们上面定义的结构体（通过
offsetof 宏实现，从一个结构体中找到相关成员的偏移量），当在命令行上指定参数时，会修改
相应的结构体指针。

```
static const AVOption options[] = {
    { "info", "Book info", offsetof(BookMuxContext, info), AV_OPT_TYPE_STRING,
        {.str = NULL}, INT_MIN, INT_MAX, AV_OPT_FLAG_ENCODING_PARAM, "bookflags" },
    { "version", "Book version", offsetof(BookMuxContext, version), AV_OPT_TYPE_INT,
        {.i64 = 1}, 0, 9, AV_OPT_FLAG_ENCODING_PARAM, "bookflags" },
    { NULL },
};
```

3. 定义一个类

定义一个 AVClass 结构体，指定 book 文件格式的名称，关联上面定义的参数等。

```
static const AVClass book_muxer_class = {
    .class_name = "book muxer",
    .item_name  = av_default_item_name,
    .option     = options,
    .version    = LIBAVUTIL_VERSION_INT,
};
```

4. 向 FFmpeg 注册文件格式

有了上述内容，就可以向 FFmpeg 注册 book 文件格式了。其中 ff_book_muxer 这个名字对应前
面在 allformats.c 文件中添加的名字，这样 FFmpeg 在编译时就可以找到我们定义的文件格式。

```
const AVOutputFormat ff_book_muxer = {
    .name           = "book",                        // 格式名称
    .long_name      = NULL_IF_CONFIG_SMALL("BOOK / BOOK"), // 长名称
    .extensions     = "book",                        // 文件扩展名
    .priv_data_size = sizeof(BookMuxContext),        // 私有数据内存大小
    .audio_codec    = AV_CODEC_ID_AAC,               // 音频编码
    .video_codec    = AV_CODEC_ID_H264,              // 视频编码
    .init           = book_init,                     // 初始化回调函数
    .write_header   = book_write_header,             // 写文件头
    .write_packet   = book_write_packet,             // 写文件内容
    .write_trailer  = book_write_trailer,            // 写文件尾
    .deinit         = book_free,                     // 写文件结束后，释放内存
    .flags          = 0,                             // 其他标志（略）
    .priv_class     = &book_muxer_class,             // 私有的文件结构体，指向我们前面定义的类
};
```

5. 实现回调函数

一切准备就绪，下面实现具体的回调函数。

（1）初始化函数

初始化函数在最初打开文件时调用，该函数的输入参数是一个 AVFormatContext 结构体指针，由 FFmpeg 在打开文件时传入。该结构体指针包含了文件的类型、流的数量（nb_streams）和各种参数。根据这些参数，就可以完成我们的 book 封装器的初始化工作。

```c
static int book_init(AVFormatContext *s)
{
    AVStream *st; // 音视频流，每一个 stream 代表一种类型，如音频流、视频流等
    BookMuxContext *book = s->priv_data; // 指向私有的结构体，已初始化为默认值
    printf("init nb_streams: %d\n", s->nb_streams);
    if (s->nb_streams < 2) { // 音视频流数量，我们只接收一个音频流和一个视频流的输入
        return AVERROR_INVALIDDATA; // 简单出错处理
    }
    st = find_stream(s, AVMEDIA_TYPE_AUDIO); // 查找音频流，该函数在后面解释
    if (!st) return AVERROR_INVALIDDATA;      // 简单出错处理，如果找不到音频流则返回错误
    book->sample_rate = st->codecpar->sample_rate;    // 记住输入音频流的采样率
    book->channels = st->codecpar->channels;          // 记住声道数
    st = find_stream(s, AVMEDIA_TYPE_VIDEO);          // 查找视频流
    if (!st) return AVERROR_INVALIDDATA;              // 简单出错处理
    book->width = st->codecpar->width;                // 记住视频宽度
    book->height = st->codecpar->height;              // 记住视频高度
    // book->fps = st->codecpar->fps;
    book->fps = (AVRational){15, 1};                  // 记住帧率
    return 0;                                         // 初始化正常返回 0
}
```

在上面的代码中我们用到了一个 find_stream 函数，用于从 book 格式的输入参数中查找音视频流，内容如下：

```c
static AVStream *find_stream(AVFormatContext *s, enum AVMediaType type)
{
    int i = 0;
    for (i = 0; i < s->nb_streams; i++) {              // 遍历所有输入流
        AVStream *stream = s->streams[i];
        if (stream->codecpar->codec_type == type) { // 找到第一个对应的类型（音频或视频），即返回对应的流
            return stream;
        }
    }
    return NULL;
}
```

（2）写文件头

初始化完成后，下一步就是写文件头，该函数也是一个回调函数，都是由 FFmpeg 的核心逻辑回调的，因而，只需要按照输入输出格式定义好即可。

```c
static int book_write_header(AVFormatContext *s)
{
    BookMuxContext *book = s->priv_data;              // 获取我们的私有结构体
    book->magic = MKTAG('B', 'O', 'O', 'K');          // 初始化魔数
    // avio_wb32(s->pb, book->magic);
    avio_write(s->pb, (uint8_t *)&book->magic, 4);    // 将该魔数写入文件,此时文件有 4 字节,
                                                      //   内容为"BOOK"
    avio_wb32(s->pb, book->version);                  // 以大端序写入版本号,占 4 字节
    avio_wb32(s->pb, book->sample_rate);              // 以大端序写入采样率
    avio_w8(s->pb, 0);                                // 写入 1 字节占位符,无任何意义
    avio_w8(s->pb, book->channels);                   // 写入 1 字节声道数
    avio_wb16(s->pb, book->width);                    // 写入宽度,2 字节
    avio_wb16(s->pb, book->height);                   // 写入高度,2 字节
    avio_wb16(s->pb, book->fps.num);                  // 写入帧率分子部分,2 字节
```

```
    avio_wb16(s->pb, book->fps.den);        // 写入帧率分母部分，2 字节
    char info[26] = {0};
    if (book->info) {                       // 如果命令行上有 info 参数，则将其内容读到临时内存
        strncpy(info, book->info, sizeof(info) - 1);
    }
    avio_write(s->pb, info, sizeof(info)); // 写入 info 字符串内容
    return 0;
}
```

在上述代码中，info 字符串占 26 字节（包含结尾的 NULL 字符），这主要是为了使文件头部分正好是 48 字节，对人眼比较友好（在后面我们会看到具体为什么对人眼友好）。

（3）写音视频数据

如果初始化和写文件头正常，FFmpeg 就开始写音视频数据了。其中，输入参数除了 AVFormatContext 结构体指针外，还有一个 AVPacket 结构体指针，里面存放了具体要求的音视频数据。音视频会交错存储，首先写入当前数据的时间戳（64 位的 pts 值），然后是以 32 位无符号整数表示的长度（其中视频的长度最高位置 1），接着写入实际的音视频数据。下面是写音视频数据的具体实现。

```
static int book_write_packet(AVFormatContext *s, AVPacket *pkt)
{
    uint32_t size = 0;
    AVStream *st = NULL;

    if (!pkt) {
        return AVERROR(EINVAL);
    }
    size = pkt->size;                  // 获取数据大小
    st = s->streams[pkt->stream_index]; // 通过 stream_index 可以找到对应的流，确定是音频还
                                        是视频

    if (st->codecpar->codec_type == AVMEDIA_TYPE_AUDIO) {
        printf("Audio: %04d pts: %lld\n", size, pkt->pts); // 打印音频字节数和 pts
    } else if (st->codecpar->codec_type == AVMEDIA_TYPE_VIDEO) {
        printf("Video: %04d pts: %lld\n", size, pkt->pts); // 打印视频字节数和 pts
        size |= (1 << 31); // 如果是视频，将长度的最高位置 1
    } else {
        return 0; // ignore any other types
    }

    avio_wb64(s->pb, pkt->pts);               // 写入 8 字节 pts，大端序
    avio_wb32(s->pb, size);                   // 写入 4 字节视频长度，大端序
    avio_write(s->pb, pkt->data, pkt->size); // 写入实际的音视频数据

    return 0;
}
```

（4）文件结束处理

文件结束时调用 write_trailer 写尾部数据，并调用 deinit 释放相应的内存。我们的封装器比较简单，因此，放两个空函数即可。

```
static int book_write_trailer(AVFormatContext *s)
{
    return 0;
}

static void book_free(AVFormatContext *s)
{
}
```

至此，我们的文件格式封装器就做好了。

（5）编译运行

直接执行 make 就可以编译了。不过，此时由于没有实现解封装器，会提示 ff_book_demuxer 不存在。为了能"骗过"编译器，先在 bookdec.c 里定义一下就好了。临时代码如下所示（我们将在下一小节具体实现真正的解封装代码）：

```
#include "avformat.h"
const AVInputFormat  ff_book_demuxer;
```

编译通过后，就可以使用我们熟悉的命令行来生成一个 book 类型的文件了。先找一个标准的 MP4 文件（如 input.mp4）作为输入。命令行如下：

```
./ffmpeg -i input.mp4 -bsf:v h264_mp4toannexb -info 'a simple test' out.book
```

在上述命令中，使用了 h264_mp4toannexb 这个 filter，它的作用主要是将 MP4 中的 H264 视频容器数据转封装为传统的、使用 startcode 分隔的 Annex B 码流格式，因为大多数解码器仅支持这种格式。此外，使用 -info 参数增加了一些文本信息，输出文件名为 out.book。

现在，地球上还没有任何一个播放器能播放我们生成的文件，下面先分析一下文件格式是否符合我们的预期。在 Windows 平台上可以使用十六进制编辑器打开文件查看，在 Linux 或 macOS 上可以使用 xxd 命令来查看（该命令一般会随 vim 编辑器一起安装）。具体命令如下（head -n 4 表示只查看输出的前 4 行）：

```
$ xxd out.book | head -n 4
```

输出结果如下。其中，输出结果在横向上分为 3 部分，左侧是文件字节偏移量，以十六进制表示；中间是实际的数据，每行有 16 字节，两个十六进制数字表示一字节（取值为 00～ff），2 字节为一组（即一个字）；最后是文件内容可读的形式，如果是可读的字符，就会显示出来，否则以"."表示。

```
00000000: 424f 4f4b 0000 0001 0000 ac44 0002 0280  BOOK.......D....
00000010: 01e0 000f 0001 6120 7369 6d70 6c65 2074  ......a simple t
00000020: 6573 7400 0000 0000 0000 0000 0000 0000  est.............
00000030: 0000 0000 0000 0000 0000 0017 de02 004c  ...............L
```

对照我们前面对 book 类型文件的定义（参见图 16-1）及代码实现，可以看到上面的输出是符合预期的。从第 1 行看，最开始的 4 字节"424f 4f4b"对应的 ASCII 码是 BOOK，这是我们规定的文件头，也就是魔数；接下来的 4 字节是版本号（此处为 1）；"0000 ac44"转换成十进制是 44100，即采样率；接下来的 1 字节 00 是占位符，没有任何作用；02 表示声道数；0280 表示视频宽度，转换成十进制是 640。

第 2 行的 01e0 是视频高度，即 480；后面是帧率：000f 和 0001，即 15/1。接下来就是在命令行上用 -info 参数设置的字符串，此处是"a simple test"，后面全部以 0 填充，直到第 3 行行尾。我们精心设计了 48 字节的文件头，就是为了让它在输出时正好占满 3 行。

从第 4 行开始，8 字节的 0 是时间戳，它是一个 64 位整数，此处时间戳是从 0 开始的。接下来的"0000 0017"表示后面音视频的长度，由于该数最高位为 0（二进制最高位也是 0），因此它的后面应该是音频数据，占 23（0x17 转换成十进制是 23）字节。往后面跳过 23 字节就是下一组数据了，以此类推。

读者可以在前面的命令行上加上 -version 2，并修改相应的 info，对比相应的变化。完整的命令行参考如下：

```
./ffmpeg -i input.mp4 -bsf:v h264_mp4toannexb -info 'another simple test' -version 2
out.book
```

在下一小节，我们将实现一个解封装格式来读取 book 类型的文件。

16.1.4   添加文件解封装格式

为了能正确地播放生成的文件，我们需要一个解封装器来读取我们的文件。解封装器的代码逻辑与封装器类似，因此，我们仅对代码做简单注释。

```c
typedef struct BookContext { // 为解封装器定义一个结构体
    AVFormatContext *fc;      // 解封装器非常简单，这个指针其实没有用到
} BookContext;

typedef struct BookFormat { // 文件头的结构，与封装器里的含义类似
    char magic[4];
    uint32_t version;
    uint32_t sample_rate;
    uint8_t channels;
    uint32_t width;
    uint32_t height;
    AVRational fps;
    char info[26];
} BookFormat;

static const AVOption book_options[] = { // 在此我们没有定义任何参数
    { NULL },
};

static const AVClass book_class = { // 定义一个解封装器的 class
    .class_name = "book",            // 名称
    .item_name  = av_default_item_name,
    .option     = book_options,      // 关联参数
    .version    = LIBAVUTIL_VERSION_INT,
};

const AVInputFormat ff_book_demuxer = {       // 向 FFmpeg 注册解封装器
    .name           = "book",                 // 解封装器名称
    .long_name      = NULL_IF_CONFIG_SMALL("BOOK / BOOK"),
    .priv_class     = &book_class,            // 关联对应的 class
    .priv_data_size = sizeof(BookContext),    // 私有数据
    .extensions     = "book",                 // 扩展名
    .flags_internal = FF_FMT_INIT_CLEANUP,
    .read_probe     = book_probe,             // 文件类型探测回调函数，后面详细讲
    .read_header    = book_read_header,       // 读文件头回调函数
    .read_packet    = book_read_packet,       // 读数据回调函数
    .read_close     = book_read_close,        // 关闭文件回调函数
    .flags          = AVFMT_NO_BYTE_SEEK,     // 简单起见，不支持快进、快退
};
```

1. 文件类型探测

当读取文件时，FFmpeg 需要查找一个合适的解封装器，这一般可以通过文件扩展名查找，但扩展名不是唯一的查找线索，因此，解封装器还需要实现一个回调函数，如果有多个类似的解封装器，哪个回调函数返回的分值（score）高则用哪个，相当于竞争上岗。

下面是我们实现的文件类型探测回调函数，该函数的输入是一个 AVProbeData 指针，可以通过它读取文件中的数据。详见代码注释。

```
static int book_probe(const AVProbeData *p)
{
    int score = AVPROBE_SCORE_MAX;        // 默认 score 设为最大值
    uint32_t magic = AV_RN32(p->buf);      // 读取文件前 4 字节，解释为 32 位整数

    printf("probe ... score=%d\n", score);

    if (magic != MKTAG('B', 'O', 'O', 'K')) { // 比较前 4 字节是否为 BOOK，如果不是则返回错误代码
        return AVERROR_INVALIDDATA;
    }

    return score; // 返回我们的值，它是系统默认的最大值，可以直接获胜
}
```

如果输入文件的扩展名为 .book 并且文件的前 4 字节为 BOOK，则系统会自动选择我们实现的解封装器。

2. 读文件头

当打开一个文件时，可以先读文件头来获取文件的一些信息。它的输入参数为 AVFormatContext 结构体指针，我们从文件中读到的信息将填充这个指针，以便告诉 FFmpeg 文件里有什么。详见下面代码内的注释（注意，简单起见，我们没有在读的过程中进行出错处理，感兴趣的读者可以自行补充）。

```
static int book_read_header(AVFormatContext *s)
{
    AVStream *st;    // 定义一个流
    FFStream *sti;   // 流的扩展定义，里面有 FFmpeg 私有的参数，这些参数只能在 FFmpeg 的内部模块中访问
    BookFormat fmt = { 0 }; // 记录文件的结构
    uint8_t data[48]; // 48 字节文件头
    uint8_t *pdata = data; // 指针指向文件头的第一个字节

    printf("reading header ...\n");
    avio_read(s->pb, data, 48); // 直接读取 48 字节的文件头到 data 内存缓冲区
    pdata += 4; fmt.version = AV_RB32(pdata); // 跳过 4 字节 BOOK 头，读取版本号
    pdata += 4; fmt.sample_rate = AV_RB32(pdata); // 跳过 4 字节版本号，读采样率
    pdata += 5; fmt.channels = AV_RB8(pdata); // 跳过 4 字节采样率及一个填充字节，读声道数
    pdata += 1; fmt.width = AV_RB16(pdata);   // 跳过 1 字节声道数，读视频宽度
    pdata += 2; fmt.height = AV_RB16(pdata);  // 跳过 2 字节视频宽度，读视频高度
    pdata += 2; fmt.fps.num = AV_RB16(pdata); // 跳过 2 字节视频高度，读帧率分子部分
    pdata += 2; fmt.fps.den = AV_RB16(pdata); // 跳过 2 字节帧率分子，读帧率分母部分
    pdata += 2; strncpy(fmt.info, pdata, sizeof(fmt.info) - 1); // 读 info 信息

    st = avformat_new_stream(s, NULL);           // 创建一个新流
    if (!st) return AVERROR(ENOMEM);
    st->codecpar->codec_type = AVMEDIA_TYPE_AUDIO; // 该流用于音频，索引值为 0
    st->codecpar->codec_id = AV_CODEC_ID_AAC;      // 音频编码固定为 AAC
    st->codecpar->sample_rate = fmt.sample_rate; // 设置音频流的采样率为从文件中读到的值
    st->codecpar->channels = fmt.channels;       // 设置音频流的声道数
    sti = ffstream(st);                          // 获取流的内部数据指针
    sti->need_parsing = AVSTREAM_PARSE_NONE;     // 设置相关的内部参数，不进行深度解析
    st->start_time = 0;                          // 起始时间戳从 0 开始

    st = avformat_new_stream(s, NULL);           // 创建另一个流
    if (!st) return AVERROR(ENOMEM);
    st->codecpar->codec_type = AVMEDIA_TYPE_VIDEO; // 该流为视频流，索引值为 1
    st->codecpar->codec_id = AV_CODEC_ID_H264;   // 视频编码固定为 H264
    st->codecpar->width = fmt.width;             // 设置视频的宽度
    st->codecpar->height = fmt.height;           // 设置视频的高度
    st->codecpar->format = AV_PIX_FMT_YUV420P;   // 设置视频图像格式
    st->start_time = 0;                          // 起始时间戳为 0
```

```
sti = ffstream(st);                          // 获取流内部指针
sti->need_parsing = AVSTREAM_PARSE_NONE;     // 不进行深度解析
sti->avctx->codec_id = AV_CODEC_ID_H264;     // 视频编码的另一种表示，旧接口
sti->avctx->framerate = fmt.fps;             // 帧率
avpriv_set_pts_info(st, 64, fmt.fps.den, fmt.fps.num); // 设置 pts 信息
printf("done read header ... nb_streams=%d\n", s->nb_streams);

    return 0;
}
```

文件头读取完毕后，**FFmpeg** 就知道该文件的相关参数了，并可以将这些参数传递给输出格式使用。

3. 读取音视频数据

在本例中，相对读文件头来说，读取音视频数据的函数反而更短一些。由于我们的 **book** 类型文件保留了原始的时间戳，因而只需要在读取相应数据时设置相应参数即可。该函数的输入是一个 AVFormatContext 结构体指针，表示当前的格式，输出是一个 AVPacket 结构体指针，里面存放读到的数据。代码如下：

```
static int book_read_packet(AVFormatContext *s, AVPacket *pkt)
{
    int ret;
    int stream_index = 0;              // 流索引，0 为音频，1 为视频
    uint64_t pts = avio_rb64(s->pb);   // 读取 pts
    uint32_t size = avio_rb32(s->pb);  // 读取音视频长度

    if (size & (1 << 31)) {       // 如果长度的最高位为 1，则表示这是一个视频帧
        size &= ~(1 << 31);       // 取消最高位的 1，还原为原始数据大小
        stream_index = 1;         // 视频索引号为 1
    }
    if ((ret = av_new_packet(pkt, size)) < 0) return ret; // 初始化 AVPacket 结构，申请相关内存
    pkt->stream_index = stream_index;    // 设置 pkt 的索引，0 为音频，1 为视频
    pkt->pos = avio_tell(s->pb);         // 记住该 pkt 引用的文件的位置
    pkt->pts = pts;                      // 设置 pkt 的 pts 为刚才读到的值
    ret = avio_read(s->pb, pkt->data, size); // 从文件中读取真正的音视频数据，放到 pkt->data
缓冲区中
    if (ret < 0) { // 简单失败处理
        av_packet_unref(pkt);
        return ret;
    }
    if (ret < size) { // 更多失败处理，正常不会出现，但文件可能被人为破坏或由于网络传输不稳定造成破坏
        av_packet_unref(pkt);
        return AVERROR_INVALIDDATA;
    }
    printf("read %s size: %04d pts: %llu\n", stream_index == 1 ? "video" : "audio", size,
pkt->pts);

    return ret;
}
```

4. 读文件结束

由于我们的实现非常简单，读文件结束的回调函数直接返回 0 即可。

```
static int book_read_close(AVFormatContext *s)
{
    return 0;
}
```

有了上述代码，book 文件格式解封装就完成了。接着可以执行 make 进行编译，编译完成后，可以使用如下命令将 book 格式文件转回 MP4 格式。

```
./ffmpeg -i out.book out.mp4
```

当然，也可以直接使用 ffplay 进行播放。

```
./ffplay out.book
```

至此，我们的 book 文件格式就完成了。如果读者想增加更多参数，如文件码率、总时长等，可以尝试自行加入。感兴趣的读者可以参考本节的内容来增加自己的文件格式。

16.2　添加 AVCodec 模块

FFmpeg 通过 AVCodec 接口几乎支持市面上所有的编解码，每当有一款新的编解码被发明出来，大家也会习惯性地写一个 FFmpeg 接口，以便与其他编解码和图像格式互转。在本节，我们以自己"发明"的 book 编解码为例，介绍向 FFmpeg 中添加编解码支持的过程。

16.2.1　book 编解码算法定义

为了简单起见，我们的 book 编解码没有使用任何外置的库。编解码基本定义如下：
- 有损压缩，所有彩色图像都会被"压缩"成黑白灰度图像。
- 仅支持 YUV420P 格式，仅保留 Y 平面，仅支持 8 位。
- 数据以平面格式存储，存储格式为紧凑格式，没有 Stride（跨度）。

虽然这种方式的压缩程度有限，但这样足够简单，以便我们更专注于理解添加编解码支持的过程。

16.2.2　实现 book 编码

首先，需要为我们的编码选择一个 ID，在 codec_id.h 中，参照 AV_CODEC_ID_H264，增加一行 AV_CODEC_ID_BOOK 即可。将具体的 book 编码实现放到 libavcodec/libbooke.c 文件中。先定义一个私有结构体以存放编解码过程中的私有数据。

```
typedef struct libbookContext {
    const AVClass *class; // FFmpeg 内部需要的 AVClass 指针，必须是第 1 个元素
    AVFrame *frame;       // AVFrame 指针，用于保存待编码的视频帧
} libbookContext;
```

定义相关参数及结构，然后向 FFmpeg 注册我们的编码。为简单起见，我们的编码器未使用任何编码参数，详细说明见代码内注释。

```
static const AVCodecDefault libbook_defaults[] = {
    { NULL } // 默认的编解码控制参数为空
};

const enum AVPixelFormat libbook_pix_fmts[] = {
    AV_PIX_FMT_YUV420P, // 仅支持 YUV420P 这一种图像格式作为输入
    AV_PIX_FMT_NONE
```

```
};

static const AVOption options[] = {
    { NULL } // 不使用任何编解码选项参数
};

static const AVClass class = { // 定义我们的编解码类
    .class_name = "libbook",    // 编码名称
    .item_name  = av_default_item_name, // 默认值
    .option     = options,       // 用到的参数结构体指针
    .version    = LIBAVUTIL_VERSION_INT, // 版本号
};

const AVCodec ff_libbook_encoder = {               // 编码器数据结构体
    .name           = "libbook",                   // 编码器名称
    .long_name      = NULL_IF_CONFIG_SMALL("libbook Encoder"), // 长名称
    .type           = AVMEDIA_TYPE_VIDEO,          // 类型为视频
    .id             = AV_CODEC_ID_BOOK,            // 编码类型 ID
    .init           = libbook_encode_init,         // 初始化回调函数
    .receive_packet = libbook_receive_packet,      // 接收待编码的数据的回调函数
    .close          = libbook_encode_close,        // 关闭编码器回调函数
    .priv_data_size = sizeof(libbookContext),      // 私有数据大小
    .priv_class     = &class,                      // 私有数据结构体指针
    .defaults       = libbook_defaults,            // 默认编码器参数
    .pix_fmts       = libbook_pix_fmts,            // 支持的图像格式
    .capabilities   = 0,                           // 编码器能力集，此处不用
    .caps_internal  = 0,                           // 编码器内部能力集，此处不用
    .wrapper_name   = "libbook",                   // 编码器组名
};
```

下面继续看编码器的具体实现。当编码器首次被打开时，回调以下函数。其中，av_cold 会影响编译器的 cold 优化选项（使用 __attribute__((cold)) 定义），常用于告诉编译器所修饰的函数很少被执行，编译器会针对函数的大小进行优化以节省代码空间。与此相反的编译器属性是 hot，编译器会更加积极地优化被修饰的函数。函数的输入参数 avctx 是一个 AVCodecContext 结构体指针，代表当前编码器的上下文环境，由编码器的调用者（如 FFmpeg 核心）传入。

```
static av_cold int libbook_encode_init(AVCodecContext *avctx)
{
    libbookContext *ctx = avctx->priv_data; // 指向我们的私有数据结构体
    // 找到并打印输入的图像格式
    const AVPixFmtDescriptor *desc = av_pix_fmt_desc_get(avctx->pix_fmt);
    av_log(avctx, AV_LOG_INFO, "libbook pix_fmt: %s\n", desc->name);
    if (avctx->pix_fmt != AV_PIX_FMT_YUV420P || desc->comp[0].depth != 8) {
        return AVERROR_INVALIDDATA; // 如果图像格式不符合预期，返回错误
    }
    ctx->frame = av_frame_alloc();  // 初始化我们自己的 AVFrame 结构体指针，备用
    if (!ctx->frame) return AVERROR(ENOMEM); // 如果初始化失败，则返回错误
    return 0; // 一切正常，返回 0
}
```

当编码器关闭时执行如下回调，只需要释放私有的 AVFrame 结构即可。

```
static av_cold int libbook_encode_close(AVCodecContext *avctx)
{
    libbookContext *ctx = avctx->priv_data;
    av_frame_free(&ctx->frame);
    return 0;
}
```

具体的编码实现在如下函数中。每当编码器收到一帧图像，就调用下列函数进行编码，待编码的数据可以从 avctx 中获取，而编码后的数据则放到 pkt 参数中。我们的编码器实现比较简

单，仅从输入图像中复制 Y 平面的数据到输出，并忽略 U 和 V 平面的数据。有时输入数据内存格式中可能会有 Stride，因此，我们使用两种算法进行内存复制，具体解释参考代码内注释。

```
static int libbook_receive_packet(AVCodecContext *avctx, AVPacket *pkt)
{
    libbookContext *ctx = avctx->priv_data;        // 获取私有结构体指针
    AVFrame *frame = ctx->frame;  // 找到在初始化函数中申请的 AVFrame
    // 从传入的 AVCodecContext 中找到待编码的数据，让我们自己的 frame 指向其内存
    int ret = ff_encode_get_frame(avctx, frame);
    if (ret < 0 || ret == AVERROR_EOF) return ret;   // 简单错误处理
    int size = frame->width * frame->height;          // 计算 Y 平面的大小
    // 为编码器输出申请内存，结果将存到 pkt->data 中，大小为 pkt->size
    ret = ff_get_encode_buffer(avctx, pkt, size, 0);
    if (ret < 0) { // 简单出错处理
        av_log(avctx, AV_LOG_ERROR, "Could not allocate packet.\n");
        return ret;
    }
    if (frame->linesize[0] == frame->width) {    // 如果输入数据格式中没有 Stride
        memcpy(pkt->data, frame->data[0], size); // 直接复制整个 Y 平台的数据到输出 pkt 中
    } else { // 否则，需要逐行复制，并忽略行尾的 Stride 填充字节
        int i;
        for (i = 0; i < frame->height; i++) {       // 循环遍历每一行
            // 将该行的前 frame->width 字节复制到目标区域，目标区域每次递增 frame->width 字节
            // 由于输入数据区域有 Stride 填充字节，因此每次需要递增 frame->linesize[0]（该长度包含 Stride 的长度）
            memcpy(pkt->data + frame->width * i,
                frame->data[0] + frame->linesize[0] * i, frame->width);
        }
    }
    return 0; // 编码成功，返回 0
}
```

至此，我们的编码器就写好了。

16.2.3　实现 book 解码

编码器简单，解码器实现更简单。我们把 book 解码器放到 libavcodec/libbookd.c 中实现。先定义一个解码器私有数据结构体。

```
typedef struct BookDecodeContext {
    AVClass *class; // 不需要存放任何私有数据，仅定义一个 AVClass 指针即可
} BookDecodeContext;
```

解码器初始化回调函数。

```
static av_cold int book_init(AVCodecContext *avctx)
{
    // BookDecodeContext *ctx          = avctx->priv_data;
    av_log(avctx, AV_LOG_INFO, "picture size = %dx%d\n", avctx->width, avctx->height);
    avctx->pix_fmt = AV_PIX_FMT_YUV420P; // 设置解码器输入的图像格式，仅支持这一种
    return 0;
}
```

解码器释放时的回调函数，此处没有什么需要清理的，直接返回 0 即可。

```
static av_cold int book_free(AVCodecContext *avctx)
{
    return 0;
}
```

下面是解码器回调函数。输入参数是 pkt，里面的数据是 book 编码器编码后的数据（即只有 Y 平面的数据），输出到 data 中。如果解码器成功获取一帧图像，则应把 got_frame 指针值设为 1，否则为 0。

```
static int book_decode(AVCodecContext *avctx, void *data, int *got_frame,
                       AVPacket *pkt)
{
    AVFrame *picture = data; // 输出数据是一个 AVFrame 结构体指针，代表一帧图像
    int ret;
    int size = avctx->width * avctx->height; // Y 平面的大小
    if (pkt->size != size) return AVERROR_INVALIDDATA; // 输入数据必须正好是一个 Y 平面
    if ((ret = ff_get_buffer(avctx, picture, 0)) < 0) return ret; // 初始化 AVFrame 结构
    memcpy(picture->data[0], pkt->data, size); // 复制 Y 平面数据到图像输出
    // 我们的数据中没有 U 和 V 平面，直接将其数据初始化为默认值
    // U 和 V 平面决定图像的色彩，在 YUV 图像格式中 128 相当于 RGB 中的 0，即没有彩色
    memset(picture->data[1], 128, size / 4); // 将 U 平面设置为色彩默认值，数据块大小是 Y 平面的1/4
    memset(picture->data[2], 128, size / 4); // 将 V 平面设置为色彩默认值，数据块大小是 Y 平面的1/4
    picture->key_frame = 1;                  // 假设所有帧都是关键帧
    picture->pict_type = AV_PICTURE_TYPE_I;  // 假设所有帧都是 I 帧
    picture->pts = pkt->pts;                 // 设置解码后图像的 pts
    *got_frame = 1;                          // 解码器成功获取一帧数据，返回 1
    return pkt->size; // 返回输入数据中已经被成功送入解码器的数据长度，此处我们每次都成功消费所有数据
}
```

至此，我们的解码器也轻松实现了。实际的编解码器比这个要复杂得多，也会有各种各样的控制参数，在此我们仅就编解码器的延迟做一下说明。

一般来说，编解码器都会有一定的延迟。比如，对编码器来说，通常收到几帧以后才能有稳定的输出；对于解码器来说，也需要积累一定的数据量才能解出图像（特别是输出中有类似 H264 编码器中的 B 帧的情况）。因此，编解码的回调函数并不是每一次都会有数据输出。在上面的编码回调（libbook_receive_packet）中，通常通过返回错误码 AVERROR(EAGAIN) 来表示还需要更多的数据才能有 pkt 输出。而对于解码器，如 book_decode 函数，则通过 got_frame 是否为 1 来表示是否成功解码一帧图像。这也是 FFmpeg 旧版本中编解码相关函数名称分别为 encode 和 decode，而在新版本的 FFmpeg 中改成 send_packet 和 receive_packet 的原因。后者语义更明确一些，新版本中的两个函数分别代表发送和接收数据，但每次并不一定有输出结果。

为简单起见，在本节的例子中，我们使用的编解码器没有延迟。如果需要测试延迟，感兴趣的读者可以自行实现。以解码器为例，实现一个延迟参数 latency=3，即每次都缓存 3 帧，这样，如果在输入数据 pts 连续的情况下（如 "0 1 2 3 4 5"），只有当输入数据 pts 为 3 时，got_frame 才会为 1，并且返回的 pts 值为 0，以此类推。

16.2.4 将编解码器注册到 FFmpeg 并加入编译工程

我们的 book 编解码器实现好了，还需要注册到 FFmpeg。首先，修改 libavcodec/Makefile，参考其他编码器（如 libx264）并加入以下内容：

```
OBJS-$(CONFIG_LIBBOOK_ENCODER) += libbooke.o # 编码器对应的文件
OBJS-$(CONFIG_LIBBOOK_DECODER) += libbookd.o # 解码器对应的文件
```

在 libavcodec/allcodecs.c 中加入如下内容：

```
extern const AVCodec ff_libbook_encoder; // 该结构体实际在 libbooke.c 中实现
extern const AVCodec ff_libbook_decoder; // 该结构体实际在 libbookd.c 中实现
```

在 libavcodec/codec_desc.c 中加入如下内容：

```
{
    .id        = AV_CODEC_ID_BOOK, // 这个值是我们前面讲到的在 codec_id.h 中定义的
    .type      = AVMEDIA_TYPE_VIDEO,
    .name      = "libbook",
    .long_name = NULL_IF_CONFIG_SMALL("BOOK Codec"),
}
```

16.2.5　运行测试

经过上述步骤成功编译后，就可以测试了。但是，到目前为止任何文件类型都不支持我们发明的编解码器。不过，在上一节我们实现了 book 文件格式，里面的视频格式固定为 H264。修改源代码，把 libavformat/bookenc.c 和 libavformat/bookdec.c 中的 AV_CODEC_ID_H264 替换成 AV_CODEC_ID_BOOK，就可以支持我们新发明的 book 编解码器了。成功编译后，我们就拥有了自己的文件格式，里面放的是我们自己发明的编解码器。

使用如下命令将 MP4 格式的文件转换为 book 格式，并使用 libbook 编码器做视频编码。

```
./ffmpeg -i input.mp4 -vcodec libbook out.book
```

播放视频文件。

```
./ffplay out.book
```

如果上面的输入文件 input.mp4 是彩色的，那么在播放 out.book 的时候将是黑白的。这是因为我们的编码器是"有损"压缩，而且损失很大（损失了所有的色彩信息），但我们得到一个新的编码器、一个新的文件格式，以及将这两者组合使用并成功修改 FFmpeg 源代码的经验。

16.3　添加 AVFilter 模块

AVFilter 在 FFmpeg 中已经存在了十余年，从最初支持简单的音视频前处理、后处理，到现在变得极为强大，可以进行图像调色、图像叠加、变声处理等。近几年，随着深度学习等技术的发展，FFmpeg 也支持集成 libtensorflow 的能力，可以支持一些简单的音视频 AI 能力。尽管 FFmpeg 的 AVFilter 非常强大，但也并非尽善尽美，总有一些实际场景需要自定义一些滤镜。本节就介绍如何为 FFmpeg 添加一个自定义的 AVFilter。

16.3.1　添加基础滤镜

我们将自己发明的滤镜取名为 book，是专门用来处理视频的滤镜，可以先规划一下这个 book 滤镜都支持哪些功能。
- 视频上半部分保持不变。
- 视频的下半部分变成纯绿色。

添加滤镜之前，我们需要了解添加滤镜需要做的最小化工作。
- 定义一个滤镜名。

- 给滤镜增加一个稍微详细一点的描述。
- 定义一个滤镜的结构体以供 book 滤镜上下文使用。
- 定义一个 book 滤镜的私有 class。
- 定义输入的 AVFilterPad，常见的是一个输入，也可以是多个输入，用来处理多图层。
- 定义输出的 AVFilterPad，常见的是一个输出，也可以是多个输出，用来给多个后续操作使用。
- 定义滤镜处理时用到的色彩格式，例如 AV_PIX_FMT_ARGB 或者 AV_PIX_FMT_ YUV420P 等。
- 给滤镜定义一个支持能力的标签，包括是否支持 timeline 处理方式、是否支持 slice 处理方式等。

根据以上 8 步，编写实现代码如下：

```
static const enum AVPixelFormat pixel_fmts[] = {
    AV_PIX_FMT_ARGB,
    AV_PIX_FMT_NONE
};

const AVFilter ff_vf_book = {
    .name        = "book",
    .description = NULL_IF_CONFIG_SMALL("Book the input video vertically."),
    .priv_size   = sizeof(BookContext),
    .priv_class  = &book_class,
    FILTER_INPUTS(avfilter_vf_book_inputs),
    FILTER_OUTPUTS(avfilter_vf_book_outputs),
    FILTER_PIXFMTS_ARRAY(pixel_fmts),
    .flags       = AVFILTER_FLAG_SUPPORT_TIMELINE_INTERNAL | AVFILTER_FLAG_SLICE_THREADS,
};
```

从代码中可以看到，我们首先定义了一个枚举类型的 pixel_fmts，主要用来表示当前这个滤镜支持的像素色彩格式；然后通过 FILTER_PIXFMTS_ARRAY 将 pixel_fmts 注册到名为 ff_vf_book 的 AVFilter 结构体中，通过 FILTER_INPUTS 将 avfilter_vf_book_inputs 注册到名为 ff_vf_book 的 AVFilter 结构体的输入 AVFilterPad 中，通过 FILTER_OUTPUTS 将 avfilter_vf_book_outputs 注册到名为 ff_vf_book 的 AVFilter 结构体的输出 AVFilterPad 中。

针对输入 AVFilterPad 做内容填充，需要做的工作如下：

1）为输入部分命名，默认填写 default。

```
.name = "default",
```

2）添加输入内容的类型，视频是 AVMEDIA_TYPE_VIDEO，音频是 AVMEDIA_TYPE_AUDIO，字幕是 AVMEDIA_TYPE_SUBTITLE。更多可参考 AVMediaType 的枚举内容。

```
.type = AVMEDIA_TYPE_VIDEO,
```

而 AVMediaType 的枚举内容主要包括视频、音频、数据、字幕、附件等类型。具体代码如下：

```
enum AVMediaType {
    AVMEDIA_TYPE_UNKNOWN = -1,  ///< 通常被视为 AVMEDIA_TYPE_DATA
    AVMEDIA_TYPE_VIDEO,         ///< 视频类型
    AVMEDIA_TYPE_AUDIO,         ///< 音频类型
    AVMEDIA_TYPE_DATA,          ///< 数据信息类型
    AVMEDIA_TYPE_SUBTITLE,      ///< 字幕类型
    AVMEDIA_TYPE_ATTACHMENT,    ///< 附件类型
    AVMEDIA_TYPE_NB             ///< AVMediaType 的边界，也就是最大值，用于判断边界
};
```

3）给输入部分定义 AVFrame 处理的操作接口，通常定义为 `filter_frame`，也可以叫其他名字，可自定义。

```
.filter_frame = filter_frame,
```

4）给输入部分定义 `config_props` 处理的操作接口，通常定义为 `config_input`，主要用来做默认值操作。

```
.config_props = config_input,
```

输入部分的 `AVFilterPad` 的代码定义整体如下：

```
static const AVFilterPad avfilter_vf_book_inputs[] = {
    {
        .name         = "default",
        .type         = AVMEDIA_TYPE_VIDEO,
        .filter_frame = filter_frame,
        .config_props = config_input,
    },
};
```

输出部分的 `AVFilterPad` 通常也可以这么定义，但是一般定义输入即可。如果有必要的话也可以输入和输出都自己定义。

接下来向 `config_input` 与 `filter_frame` 里面填入自定义内容，因为我们第一步实现的功能比较简单，所以不需要给 `config_input` 填入复杂内容，置空直接返回也可以，但是在 `filter_frame` 里需要处理每一个 AVFrame 的内容。代码如下：

```
static int config_input(AVFilterLink *inlink)
{
    return 0;
}

static int filter_frame(AVFilterLink *link, AVFrame *frame)
{
    char *p = frame->data[0] + (frame->height >> 1) * frame->linesize[0];
    int i, j;

    for (i = frame->height >> 1; i < frame->height; i ++) {
        for(j = 0; j < frame->linesize[0]; j += 4) {
            p[j    ] = 0x00;
            p[j + 1] = 0x00;
            p[j + 2] = 0xFF;
            p[j + 3] = 0x00;
        }
        p += frame->linesize[0];
    }

    return ff_filter_frame(link->dst->outputs[0], frame);
}
```

这么处理之后，会把每一帧图像的下半部分设置为纯绿色。然后可以将这个滤镜添加到源代码的 libavfilter 目录下，命名为 **vf_book.c** 即可。接下来将 **vf_book.c** 添加到 FFmpeg 的工程代码中。

1）编辑 libavfilter/Makefile，添加 `OBJS-$(CONFIG_BOOK_FILTER) += vf_book.o`，将 vf_book.o 添加到工程里。

2）编辑 libavfilter/allfilters.c，添加 `extern const AVFilter ff_vf_book`，将定义的 AVFilter 结构体注册到静态的 AVFilter 列表。

然后重新执行 `configure`，即可看到自己添加的 vf_book 滤镜。

16.3.2　支持多线程图像处理

在滤镜的基本功能代码添加完毕之后，此时运行 book 滤镜只使用一个 CPU 核。为了使用 CPU 的多个核，可以将图像切为多个切片（slice），然后将不同的切片放入多个任务线程中处理。执行多线程图像处理任务的代码需要稍微做一些修改，将处理图像的任务改成切片处理的实现方式。以下代码是处理一个切片的代码：

```
// jobnr 是任务号, nb_jobs 是任务总数
static int book_do_slice(AVFilterContext *flt_ctx, void *arg, int jobnr, int nb_jobs)
{
    int j = 0;
    AVFrame *frame = arg;    // AVFrame 指针
    // 根据任务号计算切片的起始位置
    const int slice_start = (frame->height / 2 * jobnr) / nb_jobs;
    const int slice_end = (frame->height / 2 * (jobnr + 1)) / nb_jobs;
    BookContext *ctx = flt_ctx->priv; // 获取原来的 BookContext
    char *p = frame->data[0] +         // 获取数据指针
            slice_start * frame->linesize[0] +
            frame->linesize[0] * frame->height / 2;

    for (int y = slice_start; y < slice_end; y++) { // 遍历切片中的每一行
        for(j = 0; j < frame->linesize[0]; j += 4) { // 遍历行中的每个像素
            p[j    ] = 0x00; // Alpha
            p[j + 1] = 0x00; // R
            p[j + 2] = 0xFF; // G
            p[j + 3] = 0x00; // B
        }
        p += frame->linesize[0]; // 指向下一行
    }

    return 0;
}
```

从代码中可以看到，在进行图像处理时，针对图像做了切片，任务被拆分成 slice_start 和 slice_end，并切割成 nb_jobs 个任务分开处理。因为是多线程处理，为了方便，可以在 config_input 函数里面将处理任务的接口 book_do_slice 挂至 BookContext 的 do_slice 抽象接口。代码如下：

```
static int config_input(AVFilterLink *inlink)
{
    AVFilterContext *avctx = inlink->dst;
    BookContext *ctx = avctx->priv;

    ctx->do_slice = book_do_slice; // 指定切片回调函数

    return 0;
}
```

然后通过 ff_filter_execute 将 BookContext->do_slice 注册到多线程执行任务的回调中，也可以直接把 book_do_slice 注册到回调中。之所以将 book_do_slice 挂至 BookContext 的 do_slice，是因为这么做可以支持更多的 book_do_slice 实现。该实现支持的是 ARGB 图像色彩的处理，如果是 YUV420P，处理方式会有所不同，为了代码的清晰、整洁，通常是指向 do_slice，由 BookContext 代管。代码如下：

```
static int filter_frame(AVFilterLink *link, AVFrame *frame)
{
    AVFilterContext *avctx = link->dst;
```

```
    BookContext *ctx = avctx->priv;
    int res;

    if (res = ff_filter_execute(avctx, ctx->do_slice, frame, NULL,
                              FFMIN(frame->height, ff_filter_get_nb_threads(avctx))))
        return res;

    return ff_filter_frame(link->dst->outputs[0], frame);
}
```

对于 `ff_filter_execute` 的最后一个参数，我们可以自己设定线程数，也可以通过接口 `ff_filter_get_nb_threads` 获得用户传进来的指定的线程个数。

使用 `ff_vf_book` 结构体的 `flags` 标签添加支持切片多线程任务的标签 `AVFILTER_FLAG_SUPPORT_TIMELINE|AVFILTER_FLAG_SLICE_THREADS`，以便让 **FFmpeg** 知道需要使用多线程处理。整体代码如下：

```
const AVFilter ff_vf_book = {
    .name        = "book",
    .description = NULL_IF_CONFIG_SMALL("Book the input video vertically."),
    .priv_size   = sizeof(BookContext),
    .priv_class  = &book_class,
    FILTER_INPUTS(avfilter_vf_book_inputs),
    FILTER_OUTPUTS(avfilter_vf_book_outputs),
    FILTER_PIXFMTS_ARRAY(pixel_fmts),
    .flags       = AVFILTER_FLAG_SUPPORT_TIMELINE|AVFILTER_FLAG_SLICE_THREADS,
};
```

16.3.3　支持图像动态化的表达式

在前半部分讲解滤镜能力时，本书介绍有些滤镜支持通过表达式动态化处理内容。我们的滤镜同样支持用户使用表达式做图像动态化。这一小节将介绍如何为滤镜添加支持图像动态化的表达式。

首先需要定义几个自己希望用到的变量名 `var_names`，如图像的高、帧序列数、数据在文件中的位置、以秒为单位的时间，这些都是在处理视频时可能会发生变化的内容；再定义与变量名称一一对应的枚举 `var_name`；然后添加用来解析的表达式字符串变量 `h_expr` 与 `h_pexpr`。代码如下：

```
static const char *const var_names[] = {
    "h",            // 图像的高
    "n",            // 帧序列数
    "pos",          // 在文件中的位置
    "t",            // 单位为秒的时间
    NULL
};

enum var_name {
    VAR_H,
    VAR_N,
    VAR_POS,
    VAR_T,
    VAR_VARS_NB
};

typedef struct BookContext {
    const AVClass *class;
    int h;
```

```
        double var_values[VAR_VARS_NB];
        char *h_expr;
        AVExpr *h_pexpr;

        int (*do_slice)(AVFilterContext *ctx, void *arg, int jobnr, int nb_jobs);
} BookContext;
```

因为要实现动态化定义图像高度的变量，所以为了能够获得动态化的内容，需要为用户留出来一个操作参数。定义代码如下：

```
#define OFFSET(x) offsetof(BookContext, x)
static const AVOption book_options[] = {
    { "h", "set the h expression of the picture", OFFSET(h_expr), AV_OPT_TYPE_STRING,
{ .str = "0" }, 0, 0, AV_OPT_FLAG_FILTERING_PARAM | AV_OPT_FLAG_VIDEO_PARAM },
    { NULL },
};
```

因为动态化表达式支持 h、n、pos 与 t 四个变量，若解析表达式与 4 个变量建立关联则会出现重复逻辑，所以可以抽象成共用的接口，通过 av_expr_parse 设置需要解析的表达式，通过 av_expr_eval 获得表达式解析后的内容，然后应用解析后的内容。代码如下：

```
static inline int normalize_xy(double d, int chroma_sub)
{
    if (isnan(d))
        return INT_MAX;
    return (int)d & ~((1 << chroma_sub) - 1);
}

static void eval_expr(AVFilterContext *ctx)
{
    BookContext *s = ctx->priv;

    s->var_values[VAR_H] = av_expr_eval(s->h_pexpr, s->var_values, NULL);
    s->h = normalize_xy(s->var_values[VAR_H], 1);
}

static int set_expr(AVExpr **pexpr, const char *expr, const char *option, void *log_ctx)
{
    int ret;
    AVExpr *old = NULL;

    if (*pexpr)
        old = *pexpr;
    ret = av_expr_parse(pexpr, expr, var_names,
                    NULL, NULL, NULL, NULL, 0, log_ctx);
    if (ret < 0) {
        av_log(log_ctx, AV_LOG_ERROR,
        "Error when evaluating the expression '%s' for %s\n",
            expr, option);
        *pexpr = old;
        return ret;
    }

    av_expr_free(old);
    return 0;
}
```

在 config_input 中设置表达式解析的初始化操作如下：

```
static av_cold int config_input(AVFilterLink *inlink)
{
    int ret = 0;
```

```
    AVFilterContext *avctx = inlink->dst;
    BookContext *ctx = avctx->priv;

    ctx->do_slice = book_do_slice;

    ctx->var_values[VAR_H]   = NAN;
    ctx->var_values[VAR_N]   = 0;
    ctx->var_values[VAR_POS] = NAN;
    ctx->var_values[VAR_T]   = NAN;

    if ((ret = set_expr(&ctx->h_pexpr, ctx->h_expr, "h", avctx)) < 0) return ret;

    return 0;
}
```

然后在 `filter_frame` 里面做表达式使用与赋值等应用。

```
static int filter_frame(AVFilterLink *link, AVFrame *frame)
{
    AVFilterContext *avctx = link->dst;
    BookContext *ctx = avctx->priv;
    int res;

    ctx->var_values[VAR_H] = frame->height;
    ctx->var_values[VAR_N] = link->frame_count_out;
    ctx->var_values[VAR_T] = frame->pts == AV_NOPTS_VALUE ? NAN : frame->pts * av_q2d
(link->time_base);
    ctx->var_values[VAR_POS] = frame->pkt_pos == -1 ? NAN : frame->pkt_pos;

    eval_expr(avctx);

    if (res = ff_filter_execute(avctx, ctx->do_slice, frame, NULL,
                            FFMIN(frame->height, ff_filter_get_nb_threads(avctx))))
        return res;

    return ff_filter_frame(link->dst->outputs[0], frame);
}
```

先获得图像帧的高度、当前帧的序号、当前帧的时间戳、当前帧对应的文件位置，然后将这些动态输入进来的变量通过表达式解析，再通过变量的内容转换赋值给 BookContext 的 h 变量。h 变量在每次进入这个滤镜处理时，都会随着 `frame->height`、`link->frame_count_out`、`frame->pts` 及 `frame->pkt_pos` 的变化而变化，然后切片 slice_do 根据这些变量做处理即可。如上编写完毕之后，使用这个滤镜时即可支持表达式的方式。使用方式如下：

```
-filter_complex "book=h='if(lt(n,125), 200, n)'"
```

从这样的表达式参数可以判断，当帧序号小于 125 帧时 book 滤镜处理的图像的高一直为高度减 200，当帧序号大于或等于 125 时 book 滤镜处理的图像的高开始为高度减帧序号。

16.3.4　支持 process_command

之前实现的滤镜还不能像导播程序一样受用户动态控制，如果希望可随时被用户干预控制，还需要增加 process_command 方法。添加 process_command 方法后用户即可通过 FFmpeg 内置的 zmq 接口动态设置 book 的变量值。代码如下：

```
static int process_command(AVFilterContext *ctx, const char *cmd, const char *args,
                    char *res, int res_len, int flags)
{
```

```
    BookContext *s = ctx->priv;
    int ret;

    if (!strcmp(cmd, "h"))
        ret = set_expr(&s->h_pexpr, args, cmd, ctx);
    else
        ret = AVERROR(ENOSYS);

    if (ret < 0)
        return ret;

        eval_expr(ctx);

    return ret;
}
```

动态设置表达式解析内容的代码完成后，还需要将定义的函数添加到之前定义的名为 ff_
vf_book 的 AVFilter 滤镜中，然后才能托管给 FFmpeg 的 avfilter 以在内部处理逻辑中调用。

```
const AVFilter ff_vf_book = {
    .name         = "book",
    .description  = NULL_IF_CONFIG_SMALL("Book the input video vertically."),
    .priv_size    = sizeof(BookContext),
    .priv_class   = &book_class,
    .process_command = process_command,
    FILTER_INPUTS(avfilter_vf_book_inputs),
    FILTER_OUTPUTS(avfilter_vf_book_outputs),
    FILTER_PIXFMTS_ARRAY(pixel_fmts),
    .flags        = AVFILTER_FLAG_SUPPORT_TIMELINE_INTERNAL | AVFILTER_FLAG_SLICE_THREADS,
};
```

到这里，支持常见能力的滤镜 book 即添加完毕。关于本节提到的代码，更详细的代码案例可
以参考 libavfilter/vf_book.c[①]。

16.4   添加 Protocol 模块

FFmpeg 的 Protocol 即一些协议，一般来说是一些网络文件协议，如 UDP、HTTP、RTSP、
RTMP 等，也有一些本地协议，如 FILE、FIFO、UNIX Socket 等。FFmpeg 可以通过这些协议处
理多媒体音视频。

下面以新发明的 book 协议为例，演示向 FFmpeg 中添加一个新协议的过程。

16.4.1   添加新协议的消息结构

book 协议非常简单，FFmpeg 连接一个 TCP 服务器，然后向它发送或通过它读取音视频数据。
先定义一个结构体，存放 book 协议的私有数据，如下：

```
typedef struct BookContext {
    const AVClass *class; // 第 1 个成员必须是一个 AVClass 类型的指针
    int fd;               // 网络文件描述符
    int blocksize;        // 数据块大小
} BookContext;
```

---

① libavfilter/vf_book.c 的代码链接：https://github.com/T-bagwell/FFmpeg_Book_Version2/blob/book/base_ffmpeg_6.0/libavfilter/vf_book.c。

添加命令行选项，在此只设置了一个选项 blocksize，默认值为 1024。其中，AV_OPT_FLAG_DECODING_PARAM 表示"解码"（FFmpeg 读数据）参数，AV_OPT_FLAG_ENCODING_PARAM 表示"编码"（FFmpeg 写数据）参数。其他的与前面讲过的 libavformat 中的含义相同。

```
#define OFFSET(x) offsetof(BookContext, x)
#define D AV_OPT_FLAG_DECODING_PARAM
#define E AV_OPT_FLAG_ENCODING_PARAM
static const AVOption options[] = {
    { "blocksize", "blocksize data size (in bytes)", OFFSET(blocksize),
      AV_OPT_TYPE_INT, { .i64 = 1024 }, 48, INT_MAX, .flags = D|E },
    { NULL }
};
```

定义一个 AVClass，关联前面定义的 options。

```
static const AVClass book_class = {
    .class_name = "book",               // 名称
    .item_name  = av_default_item_name,
    .option     = options,              // 参数
    .version    = LIBAVUTIL_VERSION_INT, // 版本号
};
```

定义一个协议结构体，关联前面定义的 BookContext 及 AVClass 结构，并定义一些回调函数。

```
const URLProtocol ff_book_protocol = {
    .name                = "book",        // 协议名称
    .url_open            = book_open,     // 打开时回调函数
    .url_read            = book_read,     // 读数据回调函数
    .url_write           = book_write,    // 写数据回调函数
    .url_close           = book_close,    // 关闭时回调函数
    .url_get_file_handle = book_get_file_handle, // 获取文件句柄
    .priv_data_size      = sizeof(BookContext),  // 私有数据内存缓冲区大小
    .priv_data_class     = &book_class,          // 私有数据的类
    .flags               = URL_PROTOCOL_FLAG_NETWORK, // 这是一个网络协议
};
```

16.4.2 回调函数

打开文件时回调以下函数：

```
static int book_open(URLContext *h, const char *uri, int flags)
{
    BookContext *s = h->priv_data; // s 指向私有数据
    char ip[256];                   // 存放 IP 地址
    int port = 0;                   // 端口号
    struct sockaddr_in addr;        // Socket 地址
    // 将 URI 拆分为 IP 地址和端口，存放到相应的变量中
    av_url_split(NULL, 0, NULL, 0, ip, sizeof(ip), &port, NULL, 0, uri);
    av_log(h, AV_LOG_INFO, "connecting to %s:%d\n", ip, port);
    memset(&addr, 0, sizeof(addr)); // 初始化 Socket 地址
    addr.sin_family = AF_INET;       // 网络类型为 Internet
    addr.sin_addr.s_addr = inet_addr(ip); // 将 IP 地址转换为二进制表示
    addr.sin_port = htons(port);     // 端口号，大端序
    // 创建一个 Socket，这是 C 语言建立 Socket 的标准方式
    if ((s->fd = socket(AF_INET, SOCK_STREAM, 0)) < 0) {
        return -1; // 如果创建失败则返回负数，表示出错
    }
    // 建立网络连接
```

```
if (connect(s->fd, (struct sockaddr *)&addr, sizeof(addr)) < 0) {
    av_log(h, AV_LOG_ERROR, "Error connecting to %s\n", uri);
    return -1; // 如果连接失败则返回负数
}
return 0; // 返回 0，表示网络连接成功
}
```

当 FFmpeg 需要读数据时会回调以下函数，其中 buf 为数据缓冲区，size 为期望读取的数据长度。

```
static int book_read(URLContext *h, uint8_t *buf, int size)
{
    BookContext *s = h->priv_data; // s 指向私有数据
    int ret;
    size = FFMIN(size, s->blocksize); // 获取 size 和 blocksize 两者的最小值
    ret = read(s->fd, buf, size);  // 从网络中读数据，返回实际读到的字节数，可能小于 size
    if (ret == 0) return AVERROR_EOF; // 如果读到 0，返回 EOF，代表读到文件尾
    return (ret == -1) ? AVERROR(errno) : ret; // 否则返回实际读到的字节数或出错信息
}
```

当 FFmpeg 需要写数据时，触发以下回调函数，其中 buf 为数据缓冲区指针，size 为数据长度。

```
static int book_write(URLContext *h, const uint8_t *buf, int size)
{
    BookContext *s = h->priv_data;  // s 指向私有数据
    return write(s->fd, buf, size); // 向 Socket 发送数据
}
```

当协议关闭时回调如下函数：

```
static int book_close(URLContext *h)
{
    BookContext *s = h->priv_data; // s 指向私有数据
    if (s->fd > -1) close(s->fd); // 关闭 Socket
    return 0;
}
```

此外，还有一个特殊的回调函数，用于获取底层的文件描述符，该文件描述符用于 select 调用，探测网络上是否有可读的数据。在此，直接返回 s->fd 即可。代码如下：

```
static int book_get_file_handle(URLContext *h)
{
    BookContext *s = h->priv_data;
    return s->fd;
}
```

通过上面的代码和解释可以看到，我们实现的 book 协议非常简单，即通过直接调用底层的 read/write 函数从网络收发数据。

16.4.3　编译

将上述代码存到 book.c 中，然后将 book.c 加入编译工程。
1）修改 protocols.c，加入一行：extern const URLProtocol ff_book_protocol。
2）修改 libavformat/Makefile，有以下两种方法。
- 在 OBJS=最后加入一行：book.o，这样，编译时总会包含 book.c。
- 加入一行：OBJS-$(CONFIG_PIPE_PROTOCOL)+=book.o，在执行 ./configure --enable-protocol=book 时会条件编译 book.c。

做完上述修改后，直接执行 make 命令就可以编译了。

16.4.4 测试

为了测试我们的 book 协议，需要有一个 TCP 服务器。在此，使用 netcat 进行测试。netcat 是一个跨平台的网络工具，被誉为网络的"瑞士军刀"，大部分 Linux 平台上都有，可以通过 apt-get install netcat 或 yum install netcat 进行安装，在 macOS 上也有，不过命令行参数与 Linux 略有不同。下面，我们以 macOS 为例讲解。

启动 netcat 服务（缩写为 nc），-l 表示监听。在此我们监听 8000 端口，将收到的所有内容重定向到 out.mp4 文件。

```
nc -l 0.0.0.0 8000 > /tmp/out.mp4
```

打开 FFmpeg，从 in.mp4 中读取文件，内容发送到上面的监听地址。命令如下：

```
ffmpeg -i /tmp/in.mp4 book://127.0.0.1:8000
```

运行结束后，可以用播放器尝试播放 out.mp4 以查看效果。上面的例子会执行前面讲的 book_write 回调函数，向网络发送数据。下面我们反过来测试，用 netcat 启动一个 TCP 服务器，读取一个 in.mp4 文件，并等待网络连接。

```
nc -l 0.0.0.0 8000 < /tmp/in.mp4
```

使用 ffplay 播放该网络文件。

```
ffplay book://127.0.0.1:8000
```

到这里，新的 book 网络协议就实现完毕并测试成功了。可以看到，实现一个网络协议也可以是一件很轻松的事情。当然，在实际应用中，还需要考虑更复杂的情况，如断线重连、拥塞控制等。感兴趣的读者可以翻阅 FFmpeg 的源代码，看一看实际的网络协议是怎么做的。相信到这里，读者再阅读 FFmpeg 的源代码时会变得很轻松了。

16.5 小结

在本章中，我们通过实际的例子，带领大家在 FFmpeg 代码中添加了我们自己发明的音视频封装格式、编解码、滤镜和协议，简单起见，我们统一将它们命名为 book。在示例中，我们详细介绍了相应模块对应参数的获取和解析方法，便于读者理解相应命令行上的参数。读者在阅读过程中可以亲自试一试，以便更深刻地领会 FFmpeg 代码的魅力和开发精髓。

第 17 章

FFmpeg 调试与测试

在前面的章节中，我们介绍了很多 FFmpeg 使用方面的知识，并介绍了 FFmpeg 的源代码及如何在 FFmpeg 中添加代码以实现自己的功能。不管直接使用 FFmpeg 还是修改 FFmpeg 代码，在使用过程中都免不了对 FFmpeg 源代码进行编译、调试等。本章就带大家来看一看 FFmpeg 调试与测试的选项、方法和技巧，以便大家在使用过程中遇到问题时可以很快地排查并解决。

17.1　自身的调试选项

下面先介绍一下 FFmpeg 自身的一些调试选项，这些选项功能比较分散，很多时候可能注意不到。

17.1.1　debug 选项

我们先介绍 AVCodecContext 的 debug 选项，它主要用于解码和编码阶段的一些调试。该选项打印关于选定的音频、字幕或视频流的具体调试信息，如表 17-1 所示。另外，debug 的具体选项与特定的编码器或者解码器密切关联，所以，使用前需要确认对应的编解码器是否被支持。

表 17-1　AVCodecContext 的 debug 选项

选项	描述
pict	打印图片信息。以 H.264 解码器为例，打印 SPS、PPS、Slice 相关的信息
rc	rate control。主要用在 MPEG2、SNOW 等 FFmpeg 原生编码器的场景下
bitstream	使用较少
mb_type	打印宏块的类型
qp	打印 QP 值
dct_coeff	打印 DCT 系数。只支持 MPEG2 解码器
green_metadata	打印 H.264 SEI 中的 Green Metadata 信息。该 SEI 信息的语法在 ISO/IEC 23001-11（绿色元数据）中规定，有利于降低解码器、编码器、显示器和媒体选择的功耗
skip	打印 Skip 信息
startcode	MPEG4 解码器 workaround bug

选项	描述
er	错误识别（error recognition）
mmco	H.264 的 MMCO（memory management control operation）相关信息
bugs	使用较少
buffers	图片缓冲区的分配
thread_ops	线程操作信息
nomc	跳过运动补偿

这些 debug 选项实际使用的场景限制颇多，大部分功能都可用第三方工具或者替代的方案完成，比如上面的 pict 选项，就可以用前面章节中 bitstream 滤镜的 trace_headers 来代替。除非能找到特别明确的场景，有些选项并不特别建议使用。

17.1.2 DTS/PTS 问题的排查

除了 AVCodecContext 的 debug 选项，更为常见的问题与 DTS/PTS 相关。一般而言，如果没有调试过 PTS 及音视频同步问题，大概不能称为入门多媒体领域。一般有 3 个工具可用于调试该类问题。

- 调试选项 -debug_ts，它在处理过程中打印出时间戳信息。
- 选项 -fdebug 只有一个值 ts，经常和 -debug_ts 选项一起使用，例如调试 DTS 和 PTS 关系。
- 滤镜 showinfo。

下面看一些简单的例子。先看看选项 -debug_ts，分析一个只有 3 帧的视频文件。

```
ffmpeg -debug_ts -i output.mp4 -c copy -f null /dev/null
```

主要的输出内容如下：

```
demuxer -> ist_index:0:0 type:video pkt_pts:0 pkt_pts_time:0 pkt_dts:-1024 pkt_dts_
time:-0.08 duration:512 duration_time:0.04
    demuxer -> ist_index:0:0 type:video pkt_pts:512 pkt_pts_time:0.04 pkt_dts:-512 pkt_dts_
time:-0.04 duration:512 duration_time:0.04
    demuxer+ffmpeg -> ist_index:0:0 type:video pkt_pts:0 pkt_pts_time:0 pkt_dts:-1024 pkt_
dts_time:-0.08 duration:512 duration_time:0.04 off:0 off_time:0
    demuxer -> ist_index:0:0 type:video pkt_pts:1024 pkt_pts_time:0.08 pkt_dts:0 pkt_dts_
time:0 duration:512 duration_time:0.04
    muxer <- type:video pkt_pts:0 pkt_pts_time:0 pkt_dts:-1024 pkt_dts_time:-0.08 duration:
512 duration_time:0.04 size:776
    demuxer+ffmpeg -> ist_index:0:0 type:video pkt_pts:512 pkt_pts_time:0.04 pkt_dts:-512
pkt_dts_time:-0.04 duration:512 duration_time:0.04 off:0 off_time:0
    demuxer+ffmpeg -> ist_index:0:0 type:video pkt_pts:1024 pkt_pts_time:0.08 pkt_dts:0
pkt_dts_time:0 duration:512 duration_time:0.04 off:0 off_time:0
    muxer <- type:video pkt_pts:512 pkt_pts_time:0.04 pkt_dts:-512 pkt_dts_time:-0.04
duration:512 duration_time:0.04 size:1086
    muxer <- type:video pkt_pts:1024 pkt_pts_time:0.08 pkt_dts:0 pkt_dts_time:0 duration:
512 duration_time:0.04 size:45
```

在这个例子中，我们并没有执行解码，只是执行了 demuxing 操作，然后就将数据丢弃了。对应的 3 帧数据的 DTS、PTS 信息在整个过程中非常明晰，无须过多解释。读者也可以看看执行解码之后的打印结果，在上述命令中去掉 `-c copy` 部分即可。选项 `-fdebug` 的使用与之类似，读者可以自行测试。

另外一个非常有用的工具是滤镜 showinfo，它可以显示的信息非常多，不光只是用来调试 DTS、PTS 问题。下面是它的一个使用示例：

```
ffmpeg -i output.mp4 -vf showinfo -f null /dev/null
```

里面打印的信息如下：

```
[Parsed_showinfo_0 @ 000001c507902e40] config in time_base: 1/12800, frame_rate: 25/1
[Parsed_showinfo_0 @ 000001c507902e40] config out time_base: 0/0, frame_rate: 0/0
[Parsed_showinfo_0 @ 000001c507902e40] n:  0 pts:     0 pts_time:0     duration:  512
duration_time:0.04    pos:      48 fmt:yuv420p sar:1/1 s:512x512 i:P iskey:1 type:I checksum:
E8800F00 plane_checksum:[00000000 3C000780 3C000780] mean:[0 128 128] stdev:[0.0 0.0 0.0]
[Parsed_showinfo_0 @ 000001c507902e40]   side data - User Data Unregistered:
[Parsed_showinfo_0 @ 000001c507902e40] UUID=dc45e9bd-e6d9-48b7-962c-d820d923eeef
省略掉部分打印信息...
[Parsed_showinfo_0 @ 000001c507902e40]
[Parsed_showinfo_0 @ 000001c507902e40] color_range:unknown color_space:unknown color_
primaries:unknown color_trc:unknown
[Parsed_showinfo_0 @ 000001c507902e40] n:  1 pts:    512 pts_time:0.04    duration:  512
duration_time:0.04    pos:     824 fmt:yuv420p sar:1/1 s:512x512 i:P iskey:0 type:I checksum:
2DBBF707 plane_checksum:[12C5E807 3C000780 3C000780] mean:[8 128 128] stdev:[36.0 0.0 0.0]
[Parsed_showinfo_0 @ 000001c507902e40] color_range:unknown color_space:unknown color_
primaries:unknown color_trc:unknown
[Parsed_showinfo_0 @ 000001c507902e40] n: 2 pts:   1024 pts_time:0.08    duration:  512
duration_time:0.04    pos:    1910 fmt:yuv420p sar:1/1 s:512x512 i:P iskey:0 type:P checksum:
CD9CB9B6 plane_checksum:[E28DAAB6 3C000780 3C000780] mean:[8 128 128] stdev:[35.8 0.0 0.0]
[Parsed_showinfo_0 @ 000001c507902e40] color_range:unknown color_space:unknown color_
primaries:unknown color_trc:unknown
```

打印信息中显示了对应的 timebase、DTS、PTS、帧类型，以及是否为关键帧，也计算了 checksum 等。这个滤镜非常适合用来调试一个滤镜链路前后帧的各种信息变化，并且可以多次使用。

17.2　loglevel 与 report

loglevel 和 report 大概是使用最多的调试、跟踪方案之一了。一般情况下，设置好对应的 loglevel，即可获取相应的调试信息。而当控制台的输出很长或者想把调试信息直接保存在文件中时，就可以使用 report 选项。通过 report 选项可以将测试结果保存到文件中，默认的文件命名规则为 ffmpeg-**yyyymmdd-hhmmss**.log，其中黑体字部分表示当前日期和时间。

17.2.1　使用 loglevel

loglevel 设置的日志级别决定了在处理过程中控制台输出什么内容，可使用的参数为字符串或其对应的整数值，如表 17-2 所示。要设置日志级别，除了使用 `-loglevel` 选项，也可以使用它的精简选项 `-v`。例如，对于 verbose 级别，可以使用以下命令：

```
ffmpeg -i input.avi output.mp4 -v verbose
```

表 17-2　日志级别选项

选项	数字	说明
quiet	−8	完全不显示日志信息
panic	0	只显示可能导致进程崩溃的致命错误，比如断言失败
fatal	8	只显示致命的错误。出现这些错误之后，进程绝对不能继续
error	16	显示所有的错误，包括可以恢复的错误
warning	24	显示所有警告和错误。任何与可能不正确或意外事件有关的信息都将被显示
info	32	除了警告和错误之外，也显示处理过程中具备信息特性的消息。这是默认值
verbose	40	与 info 相同，只是更加冗长
debug	48	包括调试信息
trace	56	显示一切

默认情况下，FFmpeg 会将日志记录到标准错误（stderr）中。如果终端支持颜色，就会用不同的颜色来显示错误和警告。可以通过设置环境变量 AV_LOG_FORCE_NOCOLOR 来禁用日志着色，也可以通过设置环境变量 AV_LOG_FORCE_COLOR 来强制着色。

另外，loglevel 也能将重复的日志信息展开，在默认情况下，重复的日志信息是被折叠的。下面的例子将展开折叠的日志信息，并将 loglevel 设置成 verbose。

```
ffmpeg -loglevel repeat+level+verbose -i input output
```

17.2.2　使用 report

除了上面的 loglevel，我们还可以使用 report 选项将完整的命令行和日志输出转存到当前目录中一个名为 program-**YYYMMDD-HHMMSS**.log 的文件中。这个文件对错误报告很有用，同时也意味着隐含设置了 -loglevel debug。

将环境变量 FFREPORT 设置为任何值都有同样的效果。如果该值是一个以"："分隔的 key=value 序列，这些选项将影响报告；如果选项值包含特殊字符或选项分隔符"："，则必须转义（参见 ffmpeg-utils 手册）。

下列选项可以被识别。

- file：设置报告使用的文件名；%p 被扩展为程序的名称，%t 被扩展为时间戳，%%被扩展为普通的%。
- level：使用一个数值来设置日志的粗略程度（见 17.2.1 节）。

例如，使用数值为 32 的日志级别（日志级别信息的别名）向名为 ffreport.log 的文件输出一份报告。

```
FFREPORT=file=ffreport.log:level=32 ffmpeg -i input output
```

注意：解析环境变量的错误不是致命的，也不会出现在报告中。

17.3　在调用库时的调试

在大部分情况下我们使用 FFmpeg 命令行处理相关工作，但是也有更高级的应用，比如在手机端、服务器侧开发基于 FFmpeg API 的应用程序或者框架，在这种情况下，需要知道怎么来完成对应的调试工作。一般而言，有两类方式：基于日志的方式或者直接基于源代码使用调试信息的方式。

17.3.1　基于日志

FFmpeg 返回的错误码是公用的，比如 -22 表示 "invalid argument"。但是到底是哪一个参数没有设置正确，FFmpeg 根本没有任何提示，特别是对于多层嵌套、代码路径比较深的场景。这种情况下可以考虑使用基于日志的方式来调试。一般而言，使用 av_log_set_level() 来开启更高的日志级别，就能解决很多问题了。其设置细节与前面用命令行方式设置 loglevel 是一致的。下面是一个典型的例子，在代码的开头，将日志级别设置为 DEBUG。

```
/* 在调用 FFmpeg 相关函数前设置 FFmpeg 打印的日志级别为 DEBUG */
av_log_set_level(AV_LOG_DEBUG);
```

在运行程序时，FFmpeg 会打印所有调试信息，这可以帮助我们找到可能原因的错误信息。

在另外一些场景，则需要接管整个日志系统。在这种情况下，一般使用自己的日志回调函数，使用的函数是 av_log_set_callback()。这使得调用方有机会完全接管所有的日志信息，用于存储、网络分发等。

```
/**
 * Set the logging callback
 *
 * @note The callback must be thread safe, even if the application does not use
 *       threads itself as some codecs are multithreaded.
 *
 * @see av_log_default_callback
 *
 * @param callback A logging function with a compatible signature.
 */
void av_log_set_callback(void (*callback)(void*, int, const char*, va_list));
```

17.3.2　基于带调试信息库

在使用 FFmpeg API 接口出现问题时，如果能通过 gdb 断点调试 FFmpeg 相关文件，将有助于快速定位问题。此时需要我们手动编译带调试信息并去掉编译优化的 FFmpeg 库。一般而言，可以直接将其编译成静态库，这样调试起来比动态库稍微方便一些。下面是一个典型的编译带调试信息库方式的代码。

```
./configure \
  --prefix="/usr/" \
  --pkg-config-flags="--static" \
  --extra-libs="-lpthread -lm" \
  --bindir="/usr/bin" \
  --enable-debug=3\
  --disable-optimizations \
  --disable-stripping \
  --disable-asm \
  --disable-shared \
  --enable-pic \
  --enable-gpl \
  --enable-nonfree \
  ...
```

在上面的选项中，比较重要的选项如下。

- `--disable-optimizations`：用于禁止编译优化，这样可以避免在 gdb 调试时出现 "optimized out" 的提示。
- `--disable-stripping`：禁止去掉 gdb 所需的符号信息，这样使得调试便利一些。
- `--disable-asm`：禁止汇编优化，这样使得调试一些 C 的函数而不开启汇编优化。不过这个选项会极大地引起性能问题，在实际产品中不建议开启这个选项。

通过上述方式编译出来的库，就可以使用 gdb 跟踪 FFmpeg 中的具体出错代码。这样，在熟悉代码的情况下能快速定位问题。若想调试 FFmpeg 的这些工具集合，可使用 `ffmpeg_g`、`ffprobe_g`、`ffplay_g` 这些版本。

17.4 给社区汇报 Bug 及提交补丁

如果你遇到一个 Bug，欢迎向社区汇报。当然，如果你发现一个 Bug 并自己写了一个补丁（Patch），社区会更欢迎。但每个社区都有自己的规则，在给社区提交 Bug 或补丁之前，了解一下社区的规则，有助于与维护者更好地沟通，也有助于你的补丁更快地得到认可并被合并。

17.4.1 代码风格

规范代码风格的作用主要就是使代码易读，而无论是对程序员本人，还是对其他人。好的代码风格对于好的程序设计具有非常关键的作用。一个开源项目最先被注意到的地方之一就是其代码风格，我们讨论风格，也是为了使读者在阅读本书其余部分时能特别注意这个问题。

程序风格的设计原则源于实际经验中得到的常识，而不是随意的规则。代码应该是清楚的、简单的，即具有直截了当的逻辑、自然的表达式、通用的语言使用方式、有意义的名字、有帮助作用的注释等，同时，要避免耍小聪明的花招、使用非常规的结构语法等。一致性是一个项目中非常重要的东西，如果大家都坚持同样的风格，其他人就会发现你的代码很容易读懂，你也很容易读懂其他人的代码。FFmpeg 有自己的代码风格要求，这是你在读代码或者向 FFmpeg 添加代码时应该遵循的基本准则。下面我们看看 FFmpeg 的代码风格约定，主要涉及代码格式、注释、C 语言特性、命名约定等。

1. 代码格式约定

关于源代码文件的缩进，FFmpeg 有以下准则：

- 缩进为 4 个字符。
- 在 Makefiles 之外，禁止使用 TAB 字符，也禁止使用任何形式的尾部空白。包含这两种字符的提交将被 Git 仓库拒绝。
- 应该尽量将代码行限制在 80 个字符以内，这样做能极大地提高可读性。
- 使用 K&R 编码风格。

K&R 编码风格的表现形式受到了 `indent -i4 -kr -nut` 的启发。FFmpeg 优先考虑的是简单性和小的代码量，这样可以尽量减少错误的出现，毕竟没有代码就没有错误。

代码使用 K&R 风格，具体如下：

- 控制语句的格式是在语句和小括号之间加空格，具体方法如下。

```
for (i = 0; i < filter->input_count; i++) {
```

- case 语句总是位于 switch 的同一层。

```
switch (link->init_state) {
case AVLINK_INIT:
    continue;
case AVLINK_STARTINIT:
    av_log(filter, AV_LOG_INFO, "circular filter chain detected");
    return 0;
```

- 函数声明中的大括号写在新的一行。

```
const char *avfilter_configuration(void)
{
    return LIBAV_CONFIGURATION;
}
```

- 不要通过比较来检查 NULL 值，if (p) 和 if (!p) 是正确的；if (p == NULL) 和 if (p != NULL) 则不是。
- if 单句不需要大括号。

```
if (!pic || !picref)
    goto fail;
```

- 不要把空格放在括号内。"if (ret)"是有效的样式；"if (ret)"则不是。

2. 注释

FFmpeg 使用 JavaDoc/Doxygen 格式的注释（见下面的例子），这样就可以自动生成代码相关的文档。对于所有重要的函数，都应该在其上方有一个注释，以解释该函数的作用，即使有时候只需要用简单的一句话就能说清楚。另外，所有结构体和它们的成员变量也应该尽量注释。

同时，需要避免使用 Qt 和类似 Qt 注释的 Doxygen 语法，在 FFmpeg 中可以用"///"和类似的语法代替"//!"。另外，对于标记命令应采用@语法，即使用@param 而不是\param 的方式。

```
/**
 * @file
 * MPEG codec.
 * @author ...
 */

/**
 * Summary sentence.
 * more text ...
 * ...
 */
typedef struct Foobar {
    int var1; /**< var1 description */
    int var2; ///< var2 description
    /** var3 description */
    int var3;
} Foobar;

/**
 * Summary sentence.
 * more text ...
 * ...
 * @param my_parameter description of my_parameter
```

```
 * @return return value description
 */
int myfunc(int my_parameter)
...
```

3. C 语言特性

FFmpeg 主要基于 ISO C90 语言编程，但是也使用了非常少的 ISO C99 的一些特性，主要包含以下几个特性：

- inline 关键字。
- 使用"//"注释。
- 结构体指定初始化，如 struct s x = { .i = 17 }。
- 复合字元，如 x = (struct s) { 17, 23 }。
- 带有变量定义的 for 循环，如 for (int i = 0; i < 8; i++)。
- 带变量的宏，如#define ARRAY(nb, ...) (int[nb + 1]){ nb, __VA_ARGS__ }。
- 实现定义的有符号整数的行为被假定为与二进制补码的预期行为一致。整数转换中的非可表示值被二进制截断。有符号值的右移使用符号扩展。

这些特性被 FFmpeg 项目所支持的编译器都支持了，所以提交的代码中可以包括上面这些特性。

所有代码必须用最近版本的 GCC 和其他一些目前支持的编译器来编译。为了确保兼容性，应避免使用额外的 C99 特性或 GCC 扩展。特别要注意避免下面这些：

- 混合语句和声明。
- 使用 long long 类型（建议使用 int64_t 代替它）。
- __attribute__ 没有被#ifdef __GNUC__ 或类似的机制加以保护。
- GCC 语句表达式（(x = ({ int y = 4; y; }))）。

4. 命名约定

所有的名称都应该由下划线"_"组成，而不是驼峰方式。例如，avfilter_get_video_buffer 是一个可接受的函数名称，而 AVFilterGetVideo 则不是可接受的函数名称。关于这一点有一个例外情况即类型名称，如结构体和枚举，它们应该始终使用驼峰方式。

变量和函数的命名有以下惯例：

- 局部变量不需要前缀。
- 声明为静态文件范围的变量和函数不需要前缀。
- 在文件范围之外可见，但只在一个库的内部使用的变量和函数，应该使用 ff_前缀，例如，ff_w64_demuxer。
- 在文件范围之外可见，且在多个库的内部使用的变量和函数，使用 avpriv_作为前缀，例如，avpriv_report_missing_feature。
- 除了常用的 av_之外，每个库都有自己的公共符号前缀（如 libavformat 的 avformat_、libavcodec 的 avcodec_、libswresample 的 swr_等）。检查现有的代码并选择相应的名称。注意：一些没有这些前缀的符号也会被导出，这是考虑了前向兼容性。这些例外在 lib<name>/lib<name>.v 文件中声明。

此外，为系统保留的名称空间不应该被侵入。以_t 结尾的标识符是由 POSIX 保留的。也要避免使用以"__"或"_"结尾的大写字母开头的名称，因为它们是由 C 标准保留的。以"_"开头的名称是在文件级别上保留的，不能用于外部可见的符号。如果有疑问，就完全不使用以"_"开头的名称。

5. 头文件顺序

除了 config.h，FFmpeg 源文件中的头文件应该按照一定的顺序排列。请注意，config.h 只应在你需要使用它里面的条件性检测标记的时候才添加。具体而言，头文件的顺序如下：

- 当需要时，首先是 config.h。
- 然后是系统头文件。
- 接着是其他非本地库的头文件。
- 最后是本地头文件。

记住，在不同的分组之间应该插入一行空行，并保持组内的头文件按照字母顺序排列，这样重复的头文件会很容易被发现。下面是一个不同的组之间使用空行来区分的例子。

```
#include "config.h"

#include <stdint.h>
#include <string.h>

#include "libavutil/mem.h"
#include "libavcodec/internal.h"
#include "avformat.h"
```

如果包含有条件性检测的头文件，应该把“#”作为第 1 个字符，然后在初始块后留 3 个空格。

```
/* 正确的条件包含示意 */
#ifdef ARCH_ARM
#include   "arm/bswap.h"
#endif

/* 不建议的条件包含示意 */
#ifdef ARCH_ARM
#include "arm/bswap.h"
#include "arm/bswap.h"
#include "arm/bswap.h"
#endif
```

最后，检查文件是否包含了它所需要的所有头文件，甚至那些已经被其他文件包含的头文件。运行 `make check` 和 `make checkheader` 是个好办法，可以避免出现头文件相关的问题。

注意：要特别注意 Windows 头文件！windows.h 应该包含在 winsock2.h 之后（如果没有，可能会触发编译警告，但不会出现编译错误），而 libavformat 内部文件可能包括 winsock2.h，所以在这种情况下，要检查它们是否最后被包含。

6. 其他约定

- libavformat 和 libavcodec 中禁止使用 `fprintf` 和 `printf`，可使用 `av_log()` 代替。
- 只有在必要时才应使用圆括号。如果括号不能使代码更容易理解，这类不需要的括号也应该避免使用。

为了避免因代码风格异常检测而消耗人们大量时间，FFmpeg 项目在代码目录的 tools 下提供了 patcheck 工具，专门用于做代码风格检测，可以覆盖大量的代码风格异常检测。

17.4.2 给 FFmpeg 贡献代码

FFmpeg 作为典型的社区驱动的开源项目，对外部贡献者持开放的态度。但如同大部分的开源项目一样，它有自己的运作方式和规范。对于代码而言，一般需要考虑代码风格、版权等。在一些细节方面，可以参考下面这些规则，这些都是一些非常好的开发实践，对于其他项目或者日常的开发工作也颇具价值。

（1）Patch 的许可证必须与 FFmpeg 兼容

前面提及 FFmpeg 主要以 LGPL 2.1 为基础，贡献者提交的 Patch 也应该遵循相应的版权许可。实际上，向任何开源项目贡献代码都应该仔细考虑这个事情。

（2）Patch 不能破坏 FFmpeg 的代码

这意味着未完成的代码被启用并破坏了编译，或者编译了但不工作或破坏了回归测试。在某些情况下，未完成的代码可能会被允许，比如缺少测试文件或只实现一个功能的部分子集。在推送之前，一定要检查邮件列表中是否有审阅者的问题，并测试 FATE 以保证没有引入回归问题。

（3）Commit message 的主提交消息应该简短，并在下面有一个完整精确的描述

Patch 的 Commit message 应该有一个简短的第 1 行，以"主题：简短描述"的形式作为标题，用一个换行符与正文隔开，而在正文中解释为什么需要修改。如果该提交修复了 Bug tracker 上的一个已知 Bug，提交信息应该包括其 Bug ID。对于提到 Bug tracker 上的问题，需要在提交信息中写上该 Bug 的摘录，这样其他人查看时不必每次都去翻看 Bug tracker。下面是一个好的 Commit message 的式样，读者能很快通过它知道作者改了什么模块、具体的原因是什么、作者是谁等关键信息。

```
Author: Andreas Rheinhardt <andreas.rheinhardt@outlook.com>
Date:   Thu Jan 27 16:39:26 2022 +0100

    avcodec/h264_ps: Remove ALLOW_INTERLACED cruft

    Since e1027aba680c4382c103fd1100cc5567a1530abc,
    ALLOW_INTERLACED is no longer defined in h264_ps.c,
    leading to a warning when encountering an SPS compatible
    with MBAFF. This warning was always nonsense, because
    ff_h264_decode_seq_parameter_set() is also used by the parser
    and it makes no sense for the parser to warn about missing
    decoder features; after all, it is not a parser's job
    to warn when a feature is unsupported by a decoder
    (and in this case it is even weirder, because even if the H.264
    decoder is disabled, the warning will only be shown for MBAFF
    sequence parameter sets). So remove the warning in h264_ps.c.

    Signed-off-by: Andreas Rheinhardt <andreas.rheinhardt@outlook.com>
```

（4）测试充分但不要过度

如果 Patch 对你和其他人都有效，并且通过了 FATE 测试，那么只要符合其他提交标准，就可以提交了。不用担心过度测试的问题，如果你的代码有问题（比如可移植性、触发编译器的错误、不寻常的环境等），这些实际上会在后续被最终修复。

（5）不要把不相关的修改放在一起提交

这是很多人容易犯错的地方，实际上，应该把不相关的内容分割成相互独立的部分。同时也不要忘记，如果 B 部分依赖于 A 部分，但 A 不依赖于 B，那么 A 可以先提交，并与 B 分开，这也有助于以后的调试工作。另外，如果你对分割或不分割这些提交有疑问，不要犹豫，直接在开发者邮件列表中询问或讨论。

（6）在你改变构建系统（配置等）之前与社区有充分的沟通

在没有事先讨论的情况下，不要提交对构建系统（如 Makefiles、配置脚本）的改变，这将改

变行为和默认值等。这同样适用于编译器警告修复、微不足道的外观修复以及由其他开发者维护的代码。我们通常有一个理由来做我们所做的事情，即把你的修改作为 Patch 发送到 ffmpeg-devel 邮件列表，如果代码维护者说可以，你就可以提交。这并不适用于你编写或维护的文件。

（7）小的代码美化以单独的提交出现

FFmpeg 社区拒绝将源代码缩进和其他外观上的改变与功能上的修改混在一起，这样的提交会被社区拒绝和删除。

注意：如果你不得不把 if(){ ... }放在一大段（大于 5 行）代码上，那么要么不要改变内部部分的缩进（不要把它移到右边），要么在单独的提交中这样做。

（8）正确填写提交信息

每次提交都需要写提交日志信息，用几行字描述你改变了什么及为什么。如果你修复了一个特定的 Bug，可以参考邮件列表的帖子，诸如"fixed"或"Changed it"这样的提交说明是不被接受的。一般推荐的格式如下：

```
area changed: Short 1 line description

details describing what and why and giving references.
```

（9）Patch 作者的许可

请确保提交的作者设置是正确的（见 git commit -author）。如果你应用了一个补丁，给 ffmpeg-devel（或者你从哪里得到的补丁）发一个回复，说明你应用了这个补丁。

（10）复杂的补丁应该参考相关的讨论

如果应用已经在邮件列表中讨论过的补丁，请在日志信息中提及该主题。

（11）在推送修改前一定要等待足够长的时间

不要在未经允许的情况下提交由他人积极维护的代码。向 ffmpeg-devel 发送一个补丁，如果在一个合理的时间范围内没有人回答（12 小时用于构建失败和安全修复，3 天用于小改动，1 周用于大补丁），那么只要你认为你的补丁没问题，就可以提交。另外请注意，维护者可以要求更多的时间来审查。

17.5   小结

调试是一个非常大且琐碎的话题，一般而言，我们认为编码和调试的工作量之比可能为 1:4，这使得我们在调试时需要掌握大量的技巧，也需要注入更多的心力。本章介绍了一些常用的调试 FFmpeg 相关问题的方式，希望能起到抛砖引玉的作用。另外，找到一个可以复现的过程也非常重要，这差不多代表问题已经被解决了一半。

关于编码风格与约定及怎么往FFmpeg社区提交代码的内容参考了 https://ffmpeg.org/developer. html，读者可以访问该网址以查看更多内容（及相关更新）。

随着本章的结束，笔者也要跟大家说再见了。感谢阅读本书，希望本书能为读者使用 FFmpeg 命令和进行 FFmpeg 相关开发工作提供帮助。也欢迎加入 FFmpeg 社区，为 FFmpeg 提交更多 Bug 汇报和补丁，一起促进 FFmpeg 社区的磅礴发展。